经典译丛·微波与射频技术

微波器件测量手册
——矢量网络分析仪高级测量技术指南

Handbook of Microwave Component Measurements
with Advanced VNA Techniques

[美] Joel P. Dunsmore 著

陈 新 程 宁 胡雨辰 刘 娜
吴 昊 杨 洋 张亚平 译

电子工业出版社
Publishing House of Electronics Industry
北京·**BEIJING**

内 容 简 介

本书是当今射频和微波器件测量领域的一本实用参考手册和工具书,讨论了最先进的射频微波器件测量技术及最佳的测量实践。本书前面的章节先引入一些基本概念,接着在后续章节深入探讨各种有源和无源器件的测量与应用案例,让读者能够全面了解微波器件测量的重要细节,向用户提供了一套全新的见解,指引用户通过实践了解被测器件的真实特性。它的实用性还在于向读者介绍了如何找到最优化的测量设置方法、如何把现代化矢量网络分析仪的强大功能应用到最大的极限,以及如何在测量结果中去除测量设备可能对被测器件特性的影响。

本书适合从事射频和微波器件研发与生产测试的工程技术人员,特别是在航空航天和国防电子设备的研究和制造领域、现代无线通信设备的研究和制造领域的工程技术人员作为参考资料。本书也可以作为高等学校中研究微波设计和理论的学生的最佳测量指导书籍。

版权贸易合同登记号　图字:01-2012-6770

图书在版编目(CIP)数据

微波器件测量手册:矢量网络分析仪高级测量技术指南/(美)敦思摩尔(Dunsmore, J. P.)著;陈新等译.
北京:电子工业出版社,2014.3
(经典译丛·微波与射频技术)
书名原文:Handbook of Microwave Component Measurements: with Advanced VNA Techniques
ISBN 978-7-121-13926-0

I. ①微… II. ①敦… ②陈… III. ①微波元件-测量-手册 IV. ①TN61-62

中国版本图书馆 CIP 数据核字(2014)第 037532 号

策划编辑:马　岚
责任编辑:李秦华
印　　刷:涿州市般润文化传播有限公司
装　　订:涿州市般润文化传播有限公司
出版发行:电子工业出版社
　　　　　北京市海淀区万寿路 173 信箱　邮编　100036
开　　本:787×1092　1/16　印张:32　字数:819 千字
版　　次:2014 年 3 月第 1 版
印　　次:2024 年 11 月第 7 次印刷
定　　价:109.00 元

凡所购买电子工业出版社图书有缺损问题,请向购买书店调换。若书店售缺,请与本社发行部联系,联系及邮购电话:(010)88254888,88258888。

质量投诉请发邮件至 zlts@phei.com.cn,盗版侵权举报请发邮件至 dbqq@phei.com.cn。

本书咨询联系方式:classic-series-info@phei.com.cn。

译 者 简 介

陈新 2003 年毕业于成都电子科技大学，同年加入安捷伦科技担任计量软件工程师，2006 年开始担任 PNA 固件工程师，是脉冲测量、增益压缩、差分测试等应用的主要开发者。与 Joel 合作在 IEEE ARFTG 年会上发表论文一篇。

程宁 2007 年毕业于北京邮电大学电信工程学院，加入安捷伦科技后担任软件研发工程师，有六年的时间负责安捷伦物理层测试系统（PLTS）的研发工作。期间曾和 Joel Dunsmore 一同在 ARFTG，DesignCon 上发表过多篇与夹具移除相关的文章。现在安捷伦元器件测试部担任应用工程师。

胡雨辰 分别于 1999 年和 2001 年获得清华大学电机工程系本科和硕士学位。2006 年 9 月加入安捷伦科技公司，负责物理层测试系统（PLTS）的研发工作，以及和安捷伦元器件测试部团队一起共同研发安捷伦网络分析仪的固件和应用软件。2008 年获得安捷伦科技创新最高奖 Barnholt Award。目前负责非线性矢量网络分析仪（NVNA）的软件研发和材料测试软件的研发指导工作。

刘娜 2009 年毕业于北京邮电大学，同年加入安捷伦公司，主要负责阻抗分析仪和网络分析仪的应用支持，目前担任元器件事业部市场应用工程师。

吴昊 2012 年 7 月毕业于清华大学电子工程系，随后加入安捷伦科技软件有限公司并担任软件研发工程师至今，主要从事安捷伦材料测试软件的研发工作。

杨洋 2010 年毕业于北京邮电大学信息与通信工程学院，2010 年 3 月加入安捷伦科技软件有限公司，担任软件研发工程师至今。负责网络分析仪 Firmware 的研发工作。

张亚平 2004 年毕业于北京科技大学机械工程学院，2006 年加入安捷伦公司元器件测试部门，负责 PNA 应用软件（PLTS，AFR）的设计与开发工作，至今。与 Joel Dunsmore 及程宁共同申请了一项关于测量夹具自动去除的专利。

推 荐 序

电子元器件的不断发展和进步带动了整个产业的升级和变革。无处不在的高速无线互联网，多模多频段的智能终端，大规模 MIMO 天线阵列……无不依赖于元器件性能的提升，新型材料的采用，集成和互连工艺的进步，以及大批量，小型化和低成本带来的精益生产制造管理。作为支撑产业创新发展的基础，电子测试和测量仪器为元器件建模、特征参数提取、设计性能优化，以及质量管理和控制都起到至关重要的作用。现在我非常高兴能向国内同仁介绍乔尔·敦思摩尔（Joel Dunsmore）博士最新推出的专著，相信这本微波器件测量手册能为广大从事射频、微波以及高速数字设计和测试的工程师，电子工程专业的学生，及其他业内专业人士提供最新的测量理论和技术。相信集 30 年微波测试经验于大成的本手册一定能成为广大电子工程师手边的工具书。

我在 7 年前安捷伦中国研发中心启动差分器件测量项目时认识了乔尔博士。作为安捷伦矢量网络分析仪的主要设计者之一，乔尔在测量应用算法设计、测试流程及用户体验，以及产品质量总体把控等诸方面都做出了卓越贡献。作为安捷伦最高级别的技术人员，乔尔用他深厚的微波理论功底和纯熟的器件测量知识而成为众多年轻工程师的偶像；他多年来行走于世界各地最先进的射频和微波技术开发中心，热忱为用户解决最具挑战的测试问题，毫无保留地分享他的经验，从而赢得了众多用户的喜爱与尊敬。在过去 7 年间，通过与乔尔和其他国外同事合作，安捷伦中国通信产品中心在网络分析仪上开发了很多创新软件产品。作为业界翘楚，安捷伦电子测量仪器以高性能、高精度和高可靠性赢得信任。通过把先进的测量方法集成于仪器平台，以系列化应用软件来帮助工程师解决最棘手的测试问题，安捷伦为电子测试和测量行业设立了新的标杆。作为网络分析仪最好的应用指南，这本微波器件测量手册不仅全面系统地阐述了支持高精度测量背后的理论，还将其付诸实际测量，诸如对各种器件测试方法的利弊取舍，仪器设置如何保证符合真实场景，连接和夹具如何影响测量结果……这些对获得完整、可信和有效的测试数据尤为重要。

为数不少的中国工程师曾有机会参加乔尔的技术讲座，他也曾多次拜访国内的多个无线通信研发中心和电子器件设计院所。在北京的一次研讨会后，我曾询问有否可能把他近几年的工作成果集结成册。未曾料想，他已经利用周末和出差间歇开始写作。于是我们国内的同事开始筹措翻译工作，争取尽早推出中文版本。为了高质量地完成这一专业翻译工作，众多研发和应用工程师投入了大量的个人时间。每一位译稿参与者都有幸与乔尔合作。陈新和杨洋是平衡器件测量、脉冲测量、器件控制协同测试软件的主要开发人员；胡雨辰独立完成了非线性 X 参数应用软件的设计和开发；张亚平和程宁是物理层测试应用软件的主要开发者，并在测量夹具自动去除上很有创新；新加入团队的吴昊为材料测试软件的最新发布做出了贡献。刘迪作为应用工程师曾为很多用户在放大器参数提取和测试夹具设计等方面提供技术支持和服务……

完成一本技术专著翻译的挑战大大超越了我们的预想。在此感谢作为翻译项目管理和总协调者的应用工程师刘娜，以及其他为本书能顺利出版做出贡献的同事。希望这本书能为业界同仁提供切实的帮助。

安捷伦科技中国通信产品中心总经理

魏同东

译 者 序

本书是由安捷伦科技公司院士级专家 Joel Dunsmore 博士编写的关于微波测量的理论与应用著作。自 1983 年从俄勒冈州立大学毕业以后，Joel 先生在惠普/安捷伦已经工作了 30 多年，在射频微波测试领域积累了丰富的理论和实践经验。本书的译者全部为安捷伦元器件测量部门在中国的资深研发工程师和市场工程师，在国内射频微波领域也有着丰富的经验。各位译者在通读了各章之后深切体会到本书的博大精深和其对微波测量的实用性，以及 Joel 博士对微波测量的深刻理解和见地。本书的各种公式图表都有助于理解实际测量中的问题，同时文字表述上尽量不用复杂的定义。本书第 1 章中有对常用概念的回顾，但是后面的大部分内容都是偏向应用的，适合对射频微波测量有一定基础的工程师进行阅读。

在翻译过程中，译者对全文中的极少数笔误和疏漏之处进行了修正，并尽量使用业内常用语言进行描述和解释，力求中文版与英文原版一样体现出内容的实用性和易读性，使读者真正理解并受益。

全书的翻译分工为：前言和第 1 章由刘娜翻译，第 2 章由杨洋翻译，第 3 章由杨洋和程宁共同翻译，第 4 章由吴昊翻译，第 5 章由吴昊和胡雨辰共同翻译，第 6 章由胡雨辰和陈新共同翻译，第 7 章由陈新和张亚平共同翻译，第 8 章由张亚平翻译，第 9 章由程宁翻译。参与全书校对工作的除上述翻译工作人员之外，还有刘迪、石会敏和曹旭等。

本书的翻译工作得到了安捷伦科技中国通信产品中心总经理魏向东的大力支持、鼓励和帮助，在此我们深表感谢！同时也由衷地感谢元器件测量部门市场部经理李坚，研发部经理张拥勋，以及现 Maury 公司中国区总经理张念民先生对此书翻译工作和成功出版所付出的时间与努力！

由于时间仓促，其中的错误和不妥之处在所难免，恳请各位读者进行批评指正，共同进步。

序

电子行业在过去的 20 年里发生了翻天覆地的变化：系统性能有了巨大的改进，硬件尺寸越来越小，质量和可靠性都有了很大提高，制造的成本也越来越低。在这种形势下，其底层的射频测试与测量技术也同时飞速发展着。现在的很多射频测试设备可以毫秒级的速度来测量 –100 dBm 以下的信号。更令人称奇的是，测量仪表的射频测量功能与计算机的软件分析功能相结合，可以构建被测件的线性与非线性模型，大大缩短了设计人员的设计周期。

在这种革命性的发展变化中，射频与微波器件起着非常重要的作用。由于器件的尺寸越来越小，塑料的使用减少了，对质量的要求越来越高，成本也大大减少。同时，测试夹具和互连器件经过定性分析与产线测量，其精度也达到了前所未有的高度。与这种发展趋势相呼应的是，测量设备能够对射频微波器件进行快速精准的测量。射频微波器件制造商的成功与否已经与器件设计、验证和生产阶段的测量质量和测量能力直接相关。从实际的角度讲，测试必须是快速的(1 ~ 2 s)，精度必须很高(百分之一 dB)并且重复性非常好。器件生产周期的每一步都对测量精度和数据收集有着独特的要求。

在设计阶段，必须全面地表征元器件的性能(包括幅度和相位)来为以后的制造环节做一个参考。因此需要在实际测试时对整个测试的配置进行测量，以去除测试设置和夹具的影响，保证测试得到的最终数据只包含被测器件的特性。因此，设计阶段得到的性能数据是未来产线中进行批量测试统计评估的黄金参考。根据统计数据定义产线产品为合格和不合格，通常来说其标准偏差就是测试或质检工程师为了评估产品通过率而密切监测的数据。

当给一个器件公布其指标数据时，我们需要知道这个数据只是该器件总体性能的一个描述。只有提供了所有参数的数据和图表(包括幅度和相位)，才能知道这个器件的真实性能。除此之外，当用户测试这些器件的性能时，不仅要提供标定值以内(合规)的数据，也需要提供标定值以外(不合规)的数据。

对于一个非线性器件来说(如混频器)，射频和本振会产生高阶谐波，同时由于指定频率以外的负载阻抗影响，高阶谐波会反射回混频器，导致期望信号和谐波之间互相作用。值得庆幸的是，目前的网络仪可以快速容易地测量这些谐波。Dunsmore 先生抓住了这些现代测量方法的精髓，通过这本书他告诉测试工程师不仅要测量，更要了解测量中的基本概念，对测量的结果进行预估，以及考虑到测试环境中的各种潜在的误差，如何去除测试设置影响而得到真实有效的 DUT 测量结果。我非常相信这本书会作为了解测量方法、测试框图和测量局限性的一本参考读物，并在制造商和测量用户之间搭起一座桥梁。我相信本书在射频微波界未来的发展中具有不可估量的参考价值。

Harvey Kaylie

Mini-Circuits 公司创始人兼总裁

前　言

本书内容的难度介于基础与高级之间,同时也兼顾理论与实际应用。但是其间的界限并非丝丝分明,如果读者的培训或测量经验比较多,也许能察觉一二。本书大部分内容是关于测量技术的,但为了便于设计和测试人员理解,也有相当的内容是有关器件属性的,因为测试的目的就是为了确保测量参数符合器件的简化模型。在实际应用中,一些预期之外的事件可能会占掉测量和查错的大部分时间,尤其是测量放大器、混频器等有源器件时。

测量微波器件的基本仪器就是矢量网络分析仪,而近期的一些技术改进也使得网络分析仪可以测试比简单的增益和匹配复杂百倍的情况。作为一个有 30 多年经验的网络分析仪设计工程师,我曾给大量的微波测试做过顾问,从简单的手机电话,到复杂的雷达多工器等。而本书的出发点和目标是给读者分享一些我多年积累的经验,以帮助研发人员和测试工程师改善测试质量和效率。本书的核心是现代测量方法,也会分享一些随着仪器发展的传统方法与新技术之间的区别。

本书第 1 章是微波理论与微波器件的概述。前半部分介绍了射频和微波的一些通用概念,列举了一些重要的数学结论,这些数学公式非常有助于对后续章节的理解。后半部分介绍了一些常见的微波连接器,传输线和器件,还介绍了基本的微波测量仪器。本章对射频微波测试的新手是非常有用的。

第 2 章介绍了目前常用矢量网络分析仪的结构和组成,以及其局限性。对于有些用户来说这方面的内容不需要知道太多,但对于想深入准确地理解测试结果的测试工程师来说,这部分内容是非常实用的,可以帮助他们发现矢量网络分析仪自身配置对整体测量结果的影响。目前的现代矢量网络分析仪可以进行相当广泛的测量,包括失真、功率和噪声系数等,但究其根本都是一般的 S 参数测量(本章的第二部分将给出由 S 参数计算得到的各种有用参数)。

在使用矢量网络分析仪时最神秘的部分也许就是校准和误差校正了。第 3 章介绍矢量网络分析仪的误差源模型、校准方法,讨论不确定度和校准残留误差。本章还介绍了源功率校准和接收机功率校准技术,这些内容目前在其他的书籍上很难找到。最后给出了一些影响矢量网络分析仪校准效果的因素和实例分析。

第 4 章是与数学公式相关最多的,讨论了一些用网络分析仪进行时域转换时比较实用的问题,特别介绍了"门选通"(gating)的作用和补偿方法。本书的前四章不仅包含了引导性的信息,也覆盖了一些微波器件测量的方法。

其他的章节都是针对特定微波器件的应用实例来进行讨论的。第 5 章是无源微波器件,如电缆和转接头,传输线,滤波器,隔离器和耦合器,等等。对于每一种器件,书中都介绍了一些测量的最佳实践和常见问题的解决方法。

第 6 章的内容是测量放大器,为了更好地理解放大器的特性,中间还穿插了一些必须理解的概念。其间还特别提到了测量高增益和大功率放大器时遇到的一些问题，包括脉冲射频测试。对于非线性测试，如谐波和双音互调测试，失真和噪声测量，无论是用频谱仪还是网络分析仪来测量，其概念都是一致的。

第 7 章将有源器件的讨论扩展到混频器的范围。由于缺乏混频器的测量经验，有些工程师对于混频器测量的知识大多从比较浅显的课程中获得。本章先是详细讨论了混频器和频率转换器件的模型与主要特性。混频器的测量方法可能会非常复杂，尤其是相位和时延响应测量。本章对几种主要的测量方法进行了讨论，包括校准、使用相位参考件等，这些信息都是第一次展现给读者。除了幅度和相位的频率响应，本章也介绍了混频器特性和射频，本振功率，还有失真和噪声的测量。对于混频器和频率转换器件相关的测试工程师来说，本章是绝佳的阅读参考文献。

第 8 章引入了差分与平衡器件的概念，并给出了较为详细的差分器件的分析和测量方法，包括非线性响应、噪声系数与失真等。

第 9 章介绍了一些对测试工程师非常有用的技术与概念，尤其是与测量夹具相关的，例如创建夹具内校准件等。

致　谢

感谢我的同事在本书的编写和检查过程中所给予的帮助。感谢研发经理 Henri Komrij 和元器件测量部门总经理 Greg Peters 从本书的初始规划之时就给予的大力支持。衷心感谢我们实验室的以下研发工程师在原稿内容检查时给予的各自专业领域的意见：Keith Anderson，Dara Sarislani，Dave Blackham，Ken Wong，Shinya Goto，Bob Shoulders，Dave Ballo，Clive Barnett，程宁，陈新，Mihai Marcu 和 Loren Betts 等。感谢他们对于本书的成功完成所给予的巨大帮助。如果书中还残存其他的错误，我表示很抱歉并且承担全部责任。

书中所列举的诸多较新的测量技术和方法都依赖于其复杂但精确的实现，因此在这里我要感谢我们的软件设计组成员：Johan Ericsson，SueWood，Jim Kerr，Phil Hoard，Jade Hughes，Brad Hokkanen，Niels Jensen，Raymond Taylor，Dennis McCarthy，Andy Cannon，Wil Stark，胡雨辰，Zhi-Wen Wong 和杨洋等，以及他们的经理 Sean Hubert，Qi Gao 和 Dexter Yamaguchi，感谢他们几年来对于我们产品的实现所给予的所有帮助。

最后我想纪念一下我在英国利兹大学的博士生顾问，并且同时也是我在 HP 和安捷伦公司的同事 Roger Pollard 博士，感谢他的意见、指导以及对我的友谊。我会永远怀念他。

Joel P. Dunsmore
于 Sebastopol, CA

目 录

第1章 微波测量简介

"测量就是认知"[①]，这是开尔文勋爵关于测量的一句名言。本书介绍微波器件的测量，毋庸置疑是基于科学的，但科学的测量方法往往也蕴含着巧妙的艺术，这也是英文 skilled-in-the-art 和 state-of-the-art（最先进的）中都有 art（艺术）一词的原因。这种科学艺术的结合对于微波器件的测量来说尤其具有特殊的意义。微波器件测量的方法多种多样，本书旨在为读者提供最新的、最先进的方法和技术来达到最佳测量效果。说到微波测量，我们很自然地想到了矢量网络分析仪，此外还要用到功率计、频率分析仪、信号源、噪声源、阻抗调谐器和一些其他的附件。

请注意这里的"最佳"这个词，最佳其实意味着很多方面的折中：测量系统的成本和系统的复杂性之间，测量速度、分析计算的不确定性和溯源性之间，等等。还有一些因素在测量前未知但可能影响整体的测量效果。在不计时间和成本的前提下，为达到最佳的测量效果，通常可以从（美国）国家标准实验室找到最好的方法，但是这些方法可能并不适用于实际的实验室操作或工业中的情况。本书力求在测量误差和测量的可操作性之间找到最佳平衡，并在想要精确地表征元器件特性时，对可能遇到的种种问题给予一些更为深入的见解。其中的细节都源于几十年中数百次的实际测量经验，有些问题比较普遍和明显，而有些问题比较微妙，并且不常见。希望读者通过本书可以在实际测量时节省一些不必要的时间。

本书中的大部分数学推导只是为了给出导出值与其潜在特性的关系，对于在其他文献中找不到的公式，本书中会给出其推导过程；而对于有参考文献的公式，书中会列出其出处。书中还有大量的图表和重要的数学公式，其对数学程度的要求大致为大学高年级或者已工作的工程师。对于重要的公式，书中会尽量用一种易于理解的方式进行解释，例如相对于积分、求导，书中更倾向于使用求和与有限差分，并避免使用散度、梯度和旋度等比较复杂的定义。

本书的大部分章节之间都较为独立，对于各个测量类型之间比较通用的内容，例如参数的数学推导、校准与误差校正方法等，会放入引言中进行介绍，并在具体的测量章节中加以引用。书中有时会提到一些具有历史意义的老方法（可以通过各种渠道找到很多介绍这些老方法的文献），但基本上介绍的都是最先进的测量技术。本书的重点是微波工程师眼下遇到的实际问题。

1.1 六步法测量流程

在测量时，建议参照一个六步的测量流程。这个流程对大多数的测量情况都适用。这六步分别为：

[①] 源自 Lord Kelvin，"On Measurement"。原文为"To measure is to know"——译者注。

- **预测试**：实际测量时经常会忽视掉这重要的第一步，导致在无意义的测试上浪费了很多时间。预测试是对被测件(DUT)进行粗略的测量，以观察它的部分属性。通过预测试，可以发现 DUT 是否成功插入，开机和正常操作。很多时候测量后发现增益、匹配或者功率容量显示值与期望不符，然后又到处找原因。提早发现这些问题可以给测量节省很多时间。

- **测试优化**：知道被测件的大致属性以后，就可以对测量参数进行优化了。优化的目的是为了得到更好的测量效果，比如在测量接收机前加一个衰减器，或者给源输出增加一个推动放大器，又或者只是增加更多的测量点来得到 DUT 更真实的响应。另外，根据被测件对系统误差的不同响应，可能要用到不同的校准方法或校准件。

- **校准**：很多用户会忽略校准这一步骤，发现测量结果与期望不符时再回到第一步去进行重新检查、测试、优化和校准。校准就是测量系统本身的特性并将其从总的测量结果中移除的过程。这里的校准指的不是给仪表加一个校准标签，而是一个获得系统误差并修正的过程，也是改善测量结果的第一步。

- **测量**：终于要给 DUT 施加激励并测量其对激励的响应了。在测量时，需要考虑激励的多个方面，还需要考虑测量顺序和一些其他测量条件的影响。测量条件指的不仅仅是具体的测量设置条件，还包括一些预置条件，例如为了获得 DUT 的非线性响应需要考虑 DUT 之前的功率状态。

- **分析**：得到了原始数据之后，为了得到正确的测量结果，需要给测量结果加上误差修正因子(也就是进行误差修正)。为了得到更有用的数据，还可以对测量结果进行一些数学运算，或者对不同测量条件下的测量结果进行比对来更深入了解 DUT 的特性。

- **保存数据**：最后一步是把测量结果进行有效保存。有时只是简单地对结果进行截屏，但通常都需要把结果数据保存下来，以便以后进行模拟和分析。

1.2   实际的测量重点

微波元器件特性多种多样，其对应的测量技术也在不断发展变化。上节中提到测量的第一步就是要知道 DUT 的预期响应。然而在描述或者测量微波元器件的特性时，人们往往会回到第一原则，希望给每个元器件找到其数学和计算依据，然后测量出它的所有特性，但是这样就会花很多时间，并且测量很多次才能完成。本书的重点在于元器件能体现其特性的测量结果，不涉及复杂的潜在推导过程，而只对这些结果进行分析、引用和参考。

现在市面上有很多书籍涉及了国家实验室使用的计量类测量方法[1]，这些国家实验室包括美国国家标准技术研究所(NIST)、英国国家物理实验室(NPL)等，但这些方法通常不能很好地，或者不适合商用。因此，本书的侧重点在于元器件在工业和航空/国防工业中以及在商业中遇到的实际应用问题，而不在于标准实验室中所用的计量方法。

同时，由于市场上已经有很多有关基本元器件及其术语，以及理想元器件的学术分析书籍，而实际中由于元器件的寄生效应，其表现出的特性与书中的描述已经相差万里。并且，由于不能深入地理解，或者说只通过分析很难确定这些特性，有些特性只能在测量时才被发现。本章描述了元器件的理想特性，也覆盖了导致其实际表现偏离理想响应的各种因素。

1.3　微波参数的定义

本节要提到的很多微波器件的参数都是从最基本的端口电压和电流测量得来的。为了简单起见，主要考虑终端负载为实数的情况，目的是把数学推导更直接地与实际应用联系起来。

在微波测量中，功率是最基本的测量参数。微波电路设计的一个主要目的就是把电路的功率更有效地传输到其他部分，例如把功率从放大器传输到天线。在微波中功率又经常通过传输线来传导，称为入射功率或者反射功率。行波(traveling wave)是微波测量中最基本的概念，而没有学过传输线和行波的工程师(甚至是有经验的工程师)可能会对功率流和行波之间的区别感到困惑。

1.3.1　初步认识 S 参数

S 参数是在微波测量的背景下产生的，但是 S 参数与大多数电子工程师所熟知的电压和电流之间有着千丝万缕的联系。为了便于理解，本节尽量用一种比较严谨和直观的方式讨论行波，并由此引入 S 参数的概念。讨论时不会只列出公式，而是循序渐进地引入。

沿着传输线传输的信号称为行波[2]，行波可以分为两类：前向和反向。图 1.1 为一个接有源和负载的双导线传输线的原理图。

假设源端发出的波为正弦波，那么用矢量法可以把它表示为

$$v_s(t) = \mathrm{Re}\left(|V_s|\,\mathrm{e}^{\mathrm{j}(\omega t + \phi)}\right), \quad \text{或} \quad V_s = |V_s|\,\mathrm{e}^{\mathrm{j}(\omega t + \phi)} \tag{1.1}$$

负载处的电压和电流分别为

$$V_L = |V_L|\,\mathrm{e}^{\mathrm{j}\phi_L^V}, \quad I_L = |I_L|\,\mathrm{e}^{\mathrm{j}\phi_L^I} \tag{1.2}$$

假设传输线上任一点处的电压为 $V(z)$，电流为 $I(z)$，那么由式(1.3)、式(1.4)和式(1.5)，传输线的阻抗可以表示为电压和电流的关系。在参考点处，总电压为 $V(0)$，并且 $V(0) = V_1$；总电流为 $I(0)$。传输到负载的功率可以表示为

$$P_L = P^F - P^R \tag{1.3}$$

其中 P^F 称为前向电压，P^R 称为反向电压，如果用图 1.1 中的电压和电流来表示，那么端口处的总功率可以定义为流入端口的前向电压和流出端口的反向电压之和

$$V_1 = V_F + V_R \tag{1.4}$$

前向的电压波指的是功率从源端流向负载方向，反向的电压波指的是功率从负载流向源的方向。对于一个正弦信号电压源，把电压用时间的函数来表示，即为

$$v_1(t) = V_1^p \cos(\omega t + \phi) = \mathrm{Re}\left(V_1^p\,\mathrm{e}^{\mathrm{j}(\omega t + \phi)}\right) \tag{1.5}$$

从中可以清楚地看到 V_1^p 为峰值电压,那么均方根电压为

$$V_1 = \frac{V_1^p}{\sqrt{2}} \qquad (1.6)$$

在接下来对功率的讨论中经常能看到 $\sqrt{2}$ 这个系数,为了避免疑惑,先来回忆一下:通常用均方根电压(RMS)来计算正弦波的功率。在下面的讨论中它指的是正弦波的幅度。

源阻抗定义为 Z_S,传输线阻抗(或者称为端口阻抗)定义为 Z_0,为简单起见假设 $Z_S = Z_0$,并且 Z_0 为实数,这样就可以把前向和反向电压与其等效的功率联系起来。这时候再看图 1.1 中的参考点,如果可以在参考点的位置插入一个电流表或者电压表,那么就可以得到此处的电压或者电流值。

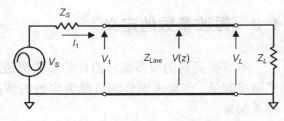

图 1.1　电压源和双导线传输线

源端的输出电压等于源内阻抗产生的压降与端口 1 处的压降之和

$$V_S = V_1 + I_1 Z_0 \qquad (1.7)$$

前向电压为

$$V_F = \frac{1}{2}(V_1 + I_1 Z_0) \qquad (1.8)$$

可以看到前向电压表示负载为 Z_0 时端口 1 处的电压值。从式(1.4)可以得到反向电压为

$$V_R = \frac{1}{2}(V_1 - I_1 Z_0) \qquad (1.9)$$

假设图 1.1 中的传输线为无限长(此时可以忽略负载的影响),那么参考点处的传输线阻抗与源阻抗相等,称为端口参考阻抗,那么流入传输线的瞬时电流为

$$I_F = V_S \left(\frac{1}{Z_0 + Z_S} \right) = \frac{V_S}{2Z_0} \Big|_{Z_0 = Z_S}^{①} \qquad (1.10)$$

该点处的电压等于前向电压为

$$V_F = V_S \left(\frac{Z_0}{Z_0 + Z_S} \right) = \frac{V_S}{2} \Big|_{Z_0 = Z_S} \qquad (1.11)$$

送至传输线(或者负载 Z_0)的功率为

$$P_F = V_F I_F = \left(\frac{V_F^2}{Z_0} \right) = \frac{V_S}{4Z_0} \qquad (1.12)$$

由此可以看出,可以用归一化的输入电压和反射电压 a 和 b 来代表入射功率和反射功率[3]

$$a = \frac{V_F}{\sqrt{Z_0}}, \quad b = \frac{V_R}{\sqrt{Z_0}} \ 假设 \ Z_0 \ 为实数 \qquad (1.13)$$

---

① 原书中式(1.10)为 $I_F = V_S \left(\dfrac{Z_0}{Z_0 + Z_S} \right) = \dfrac{V_S}{zZ_0} \Big|_{Z = Z_S}$,有误——译者注。

一种更正式的表示为

$$a = \frac{1}{2}\left(\frac{V_1 + I_1 Z_0}{\sqrt{|\text{Re } Z_0|}}\right), \quad b = \frac{1}{2}\left(\frac{V_1 - I_1 Z_0^*}{\sqrt{|\text{Re } Z_0|}}\right) \tag{1.14}$$

其中式(1.14)还考虑了 Z_0 不为实数的情况[4]。但是在实际测量中，复数的参考阻抗比较少见。

对于 Z_0 为实数的情况，可以定义前向功率(或者称为入射功率)为 $|a|^2$，反向功率(或者叫散射功率)为 $|b|^2$，并把 a 和 b 分别当成前向和反向电压值，为功率单位的平方根。实际中通常使用式(1.13)的定义，因为 Z_0 的值基本都为 50 Ω 或者 75 Ω。对于波导来说，其阻抗通常与波导类型有关，并且会随着频率变化，因此对于波导阻抗建议用归一化的值，也就是用 1 来表示。1 指的不是 1 Ω，而是代表波导阻抗相对于理想波导阻抗的归一化比值。式(1.13)定义了输入波和反射波，能看出输入波是一个自变量，而反射波是因变量。以图 1.2 中的二端口网络为例。

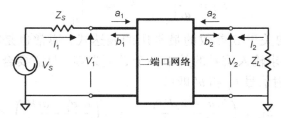

图 1.2　连接了源和负载的二端口网络

在每个端口 i 处都有一个入射波和一个反射波，其中

$$a_i = \frac{V_{Fi}}{\sqrt{Z_{0i}}}, \quad b_i = \frac{V_{Ri}}{\sqrt{Z_{0i}}} \tag{1.15}$$

每个端口处的电压和电流分别为

$$V_i = \sqrt{Z_{0i}}\,(a_i + b_i)$$
$$I_i = \frac{1}{\sqrt{Z_{0i}}}\,(a_i - b_i) \tag{1.16}$$

其中 Z_{0i} 为第 i 个端口处的参考阻抗。在这里值得注意的是：参考阻抗不一定要等于端口阻抗或者网络的阻抗，它只是个"名义上的"阻抗值，也就是说，它只是在决定 S 参数时起的一个名字，与电路中的任何阻抗都无关。因此，可以用一个 50 Ω 的测试系统来测量一个 75 Ω 的器件，其 S 参数测量值是参考阻抗为 75 Ω 时的值。

"反射"这个词最早起源于光学，指的是由于折射率的不同，使得光从透镜或者其他物质反射回来的现象。而 S 参数或者 S 矩阵是从粒子物理学中的波状粒子在石英中的散射现象得来的。在微波领域里，S 参数表示以输入波为自变量，反射波为因变量的关系。对于一个二端口网络来说就是

$$b_1 = S_{11} a_1 + S_{12} a_2$$
$$b_2 = S_{21} a_1 + S_{22} a_2 \tag{1.17}$$

用矩阵来表示就是

$$\begin{bmatrix} b_1 \\ b_2 \end{bmatrix} = \begin{bmatrix} S_{11} & S_{12} \\ S_{21} & S_{22} \end{bmatrix} \cdot \begin{bmatrix} a_1 \\ a_2 \end{bmatrix} \tag{1.18}$$

其中 a 表示端口处的入射功率，也就是输入到端口处的功率，b 表示散射功率，也就是反射的或从端口发出的功率。如果端口数目大于 2，那么矩阵可以推广为

$$\begin{bmatrix} b_1 \\ \vdots \\ b_n \end{bmatrix} = \begin{bmatrix} S_{11} & \cdots & S_{1n} \\ \vdots & \ddots & \vdots \\ S_{1n} & \cdots & S_{nn} \end{bmatrix} \cdot \begin{bmatrix} a_1 \\ \vdots \\ a_n \end{bmatrix} \quad 或 \quad [b_n] = [S] \cdot [a_n] \tag{1.19}$$

从式（1.17）中可以看出从输入波得到反射波需要 4 个参数，而式（1.17）只包含两个等式。因此，为了求得一个网络的 S 参数，需要两组线性独立的 a_1 和 a_2 值（构成 4 个等式），最常见的就是将 a_2 等于零，得到 b 的测量值，然后将 a_1 等于零，得到第二组 b 的测量值如下

$$S_{11} = \frac{b_1}{a_1} \bigg|_{a_2=0} \quad S_{12} = \frac{b_1}{a_2} \bigg|_{a_1=0}$$
$$S_{21} = \frac{b_2}{a_1} \bigg|_{a_2=0} \quad S_{22} = \frac{b_2}{a_2} \bigg|_{a_1=0} \tag{1.20}$$

这就是从 a 和 b 得出的关于 S 参数的最常用的表达式，通常也是唯一的表达式。但是 S 参数的定义中并不要求输入信号的其中一个必须为零，只需要合理地定义两组有效的输入信号 a_n 和 a_n' 的反射信号 b_n 和 b_n' 即可。

$$S_{11} = \left(\frac{b_1 a_2' - a_2 b_1'}{a_1 a_2' - a_2 a_1'} \right) \quad S_{12} = \left(\frac{b_1 a_1' - a_1 b_1'}{a_2 a_1' - a_1 a_2'} \right)$$
$$S_{21} = \left(\frac{b_2 a_2' - a_2 b_2'}{a_1 a_2' - a_2 a_1'} \right) \quad S_{22} = \left(\frac{b_2 a_1' - a_1 b_2'}{a_2 a_1' - a_1 a_2'} \right) \tag{1.21}$$

从式（1.21）可以看出 S 参数通常由一对激励决定。实际情况中对于比较复杂的 S 参数测量，这一点尤其重要，因为实际上由于测量系统的失配，通常无法保证其中一个输入信号为零。

从上面的定义很自然地联想到 S_{nn} 为反射系数，并且与 DUT 端口的输入阻抗直接相关，而 S_{mn} 为传输系数并且与 DUT 从一个端口到另一个端口的增益或者损耗有关。

一旦定义了 S 参数，就能把它与工业中的常用术语联系到一起。对于图 1.3 中的电路来说，Z_L 为任意值，源阻抗为参考阻抗。

观察之后发现

$$V_1 = V_S \left(\frac{Z_L}{Z_L + Z_0} \right), \quad I_1 = V_S \left(\frac{1}{Z_L + Z_0} \right) \tag{1.22}$$

将其代入式（1.8）和式（1.9），结合式（1.15）可以得到 a_1 和 b_1 如下

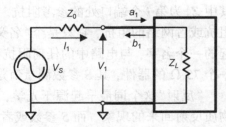

图 1.3　一端口网络

$$a_1 = \frac{V_S}{2\sqrt{Z_0}}, \quad b_1 = \frac{V_S}{2\sqrt{Z_0}} \left(\frac{Z_L - Z_0}{Z_L + Z_0} \right) \tag{1.23}$$

从中可以得到 S_{11} 为

$$S_{11} = \frac{b_1}{a_1} = \frac{Z_L - Z_0}{Z_L + Z_0} \tag{1.24}$$

通常把 S_{11} 当成网络的输入阻抗, 其中

$$Z_{In} = \frac{V_1}{I_1} \qquad (1.25)$$

对于一端口的网络来说是这样。如果网络有多个端口, 并在各个端口处都端接一个参考阻抗值大小的负载, 就可以把该式扩展到 n 端口的网络。但是, 如果不能确定网络端口的端接阻抗, 就不能认为 S_{11} 就是网络的输入阻抗, 这也是在确定网络的输入阻抗或者 S 参数时人们比较容易犯的错误。根据式(1.21), S_{11} 是适用于任何端接负载情况的, 但事实上只有在网络其他端口都端接一个参考阻抗的情况下, 也就是满足式(1.20)中的条件的情况下, S_{11} 才等于网络的输入阻抗。

对于图 1.2 的电路来说, 如果负载不等于参考阻抗, 此时 a_1 和 b_1 存在, 而当网络终端连接任意值负载时, Γ_1(也称为二端口网络的 Γ_{In})变为

$$\Gamma_1 = \frac{b_1}{a_1} \qquad (1.26)$$

此时 Γ_1 代表网络和端接负载整体的输入阻抗。这其中的区别在于: 如果网络的输入和输出端接阻抗都是相对参考阻抗而言的, 那么网络的 S 参数是不随输入或者输出端接负载变化的; 但是网络的输入阻抗却取决于其他各端口的端接阻抗。对于一个二端口的网络来说, 可以直接根据 S 参数和终端负载 Z_L 来计算 Γ_1 的值, 其关系如下

$$\Gamma_1 = \left(S_{11} + \frac{S_{21}S_{12}\Gamma_L}{1 - S_{22}\Gamma_L} \right) \qquad (1.27)$$

其中 Γ_L 可根据式(1.24)得出

$$\Gamma_L = \frac{Z_L - Z_0}{Z_L + Z_0} \qquad (1.28)$$

对于端接任意负载的二端口网络来说

$$\Gamma_L = \frac{a_2}{b_2} \qquad (1.29)$$

同样地, 对于一个具有任意源阻抗的网络, 其输出阻抗为

$$\Gamma_2 = \left(S_{22} + \frac{S_{21}S_{12}\Gamma_S}{1 - S_{11}\Gamma_S} \right) \qquad (1.30)$$

另外一个与输入阻抗有关的常用术语是驻波比(VSWR)(或者简称为 SWR), 它表示在端接任意负载的情况下, 传输线 Z_0 上可以测量到的最大电压与最小电压之比。驻波比也可以用 S 参数表示为

$$\text{VSWR} = \left(\frac{1 + |\Gamma_1|}{1 - |\Gamma_1|} \right) \qquad (1.31)$$

当网络的端接阻抗等于参考阻抗时, $\Gamma_1 = S_{11}$。还有一个用来表示输入阻抗的参数为反射系数 ρ_{In}

$$\rho_{In} = |\Gamma_{In}| \qquad (1.32)$$

更常见的表示方法如下

$$\text{VSWR} = \left(\frac{1 + \rho}{1 - \rho} \right) \qquad (1.33)$$

另外一个与输入阻抗有关的参数为回波损耗(return loss),其定义为

$$RL = 20 \cdot \lg(\rho), \text{ 或 } RL = -20 \cdot \lg(\rho) \tag{1.34}$$

第二种定义更准确一些,因为通常反射信号要小于入射信号,这样计算得到的损耗为一个正值。但是,在很多情况下,前一种定义更为常见,微波工程师在使用时需要考虑实际的应用情况来判别这个符号的实际意义。比如说一个天线的回波损耗为 14 dB,那就可以理解为它的反射系数为 0.2,而测量仪表上显示的数值可能是 -14 dB。

对于传输测量来说,通常增益(Gain),或者插入损耗[insertion loss,当损耗值很大时有时也称为隔离度(isolation)]也是关心的参数。增益通常表示为 dB,并且与回波损耗类似,它也表示为一个正值。也就是

$$增益 = 20\lg(|S_{21}|) \tag{1.35}$$

插入损耗,或者叫隔离度,定义为

$$插入损耗 = 隔离度 = -20\lg(|S_{21}|) \tag{1.36}$$

同样地,实际应用时需要根据情况来区分,例如,一个隔离度为 40 dB 的器件在测量仪表上显示为 -40 dB,因为测量仪表通常采用式(1.35)中的方法来计算。

注意回波损耗、增益或者插入损耗都是用 dB 来进行计算的,$dB = 20\lg(|S_{nm}|)$,而通常人们认为 dB 的公式为 $X_{dB} = 10\lg(X)$。这种差异产生是由于人们总试图把功率的增益 dB 等同于电压的增益,而电压的增益也是用 dB 来计算的。对于一个源阻抗为 Z_0,终端阻抗也为 Z_0 的元器件来说,功率增益定义为发送到负载的功率与源功率输出的比值,也就是

$$功率增益 = 10\lg\left(\frac{P_{\text{To\_Load}}}{P_{\text{From Source}}}\right) \tag{1.37}$$

源端发出的功率为 $|a_1|^2$,发送至负载的功率为 $|b_2|^2$。对于源匹配和负载匹配的元器件来说,其 S 参数的增益(也就是 S_{21})为

$$S_{21} = \frac{b_2}{a_1}, \quad |S_{21}|^2 = \left|\frac{b_2}{a_1}\right|^2 = \frac{|b_2|^2}{|a_1|^2} = 功率增益 \tag{1.38}$$

用式(1.37)计算并将其转换为 dB 为

$$功率增益_{dB} = 10\lg(|S_{21}|^2) = 20\lg(|S_{21}|) \tag{1.39}$$

在这里多讨论一下功率,因为功率通常有多个含义,如果使用不当的话,容易让人混淆。如图 1.1 所示,对于一个给定源阻抗的电路来说,存在一个负载阻抗值,可以使源功率输出到负载的功率最大。而当负载阻抗等于源阻抗,或者负载阻抗为源阻抗的共轭时,可以保证最大功率效率的输出,这个最大功率为

$$P_{\max} = \frac{|V_S|^2}{4 \cdot \text{Re}(Z_S)} \tag{1.40}$$

值得一提的是,如果源阻抗为实数,并且等于参考阻抗的话,式(1.40)中所指的最大功率等于 $|a_1|^2$,从源阻抗为 Z_0 的源发出到负载的功率总是最大。当负载实际吸收的功率用 a 和 b 来表示时,为

$$P_{\text{del}} = |a|^2 - |b|^2 \tag{1.41}$$

对于一个无源的二端口网络来说，考虑到能量守恒定律，发送至负载的功率总是小于等于网络的入射功率减去反射功率，用 S 参数来表示就是

$$|S_{21}|^2 \leqslant 1 - |S_{11}|^2 \tag{1.42}$$

对于一个无耗网络来说，为

$$|S_{21}|^2 + |S_{11}|^2 = 1 \tag{1.43}$$

1.3.2　网络的相位响应

目前为止讨论的 S 参数都是功率参量，包括入射功率、反射功率和负载功率，实际上 S 参数是一个复数，有幅度也有相位角。对于反射测量来说，相位部分尤其重要，因为它提供了网络输入部分的有用信息。第 2 章将详细介绍这些内容，主要在史密斯圆图的部分。

对于传输测量来说，系统中提到最多的是幅度响应，而在很多通信系统中，相位的响应更重要。网络的相位响应式如下

$$\phi_{S21} = \arctan\left[\frac{\mathrm{Im}\,(S_{21})}{\mathrm{Re}\,(S_{21})}\right] \tag{1.44}$$

其中反正切的取值范围为 ±180°。然而，如果想在测量相位时显示相位的绝对值，来保证测量的显示界面不出现相位不连续的情况，那么就需要用到"展开的相位特性"。这种情况下要知道反正切值在某周期内的值，就必须知道它的前一个相位周期，一直到直流。当 S_{21} 的相位响应包含了低至直流的信息以后，其展开的相位特性也就决定了。

给网络输入一个复调制信号来观察相位响应线性度的影响。有人认为线性的网络不会导致失真，但事实上只有在单音正弦信号时才能这么说。由于调制信号的不同频率分量通过网络的时间受网络的相位响应影响，因此对于一个复调制信号来说，即使它的频率响应（S_{21} 的幅度）很平坦，当它通过一个线性网络的时候也可能会产生包络的失真。例如，对于图 1.4 中的网络来说，S_{21} 的相位决定了调制信号的每一个频率分量在通过网络时会产生的相移。如图 1.4（a）和（b）中的两个信号，它们的幅度响应都相同，但由于相位响应不同，其通过网络后输出的信号包络也是不同的。

通常来讲，在网络的输入端和输出端之间有一些时延。群时延是评估网络相位性能常见的参数，其定义为

$$\tau_{\mathrm{GD}} = -\frac{\mathrm{d}\phi_{S_{21}}^{\mathrm{rad}}}{\mathrm{d}\omega} = \frac{-\mathrm{d}\phi_{S_{21}}^{\circ}}{360 \cdot \mathrm{d}f} \tag{1.45}$$

虽然这个公式很简单，但要测量（或者解释）群时延就没那么容易了。因为测量仪表一般只测量离散的相位，而群时延是相位响应的导数，用离散微分算起来比较麻烦。第 5 章中给出了实际测量群时时延经常遇到的问题和相应的解决方案。

对于大部分的复数信号来说，理想的网络相位响应为线性，而实际的测量结果与理想的线性相位响应之间的偏差就是关心的指标，称之为群时延的平坦度。一个理想网络的群时延应该是非常平坦的，或称为是线性的。一些较复杂的通信系统通常使用均衡技术来消除不理想的相位响应所带来的影响。

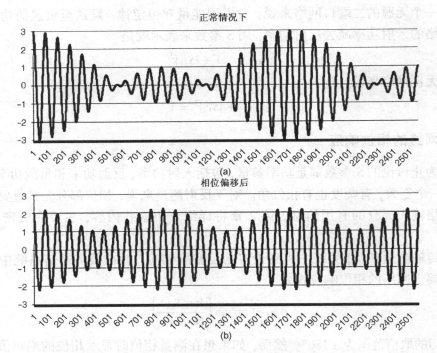

图 1.4　调制信号通过网络时由于相移导致的失真

均衡技术可以解决一次和二次的相位偏差，还有一个指标是与抛物线相位的偏差，也就是测量相位响应和二次多项式之间的契合度。在第 5 章中会做进一步介绍。

1.4　功率参数

1.4.1　入射功率和反射功率

我们已经知道 S 参数是从基本的入射电压 a 和反射电压 b 得来的，类似地，也可以得到一组功率参数。根据之前提到的，当特征阻抗为实数 Z_0 时，可以得到在端口处的入射功率和反射功率（或称为前向功率和反向功率）为

$$P_{\text{Incident}} = P_F = |a|^2, \quad P_{\text{Reflected}} = P_R = |b|^2 \tag{1.46}$$

对这两个参数比较正确的理解为：入射功率和反射功率为发送至匹配负载 Z_0（无反射负载）的功率。如果用一个特征阻抗为 Z_0 的定向耦合器来传输这个信号，那么入射功率/反射功率指的就是（这种条件下的）入射信号（如果将耦合器设置为耦合前向功率）或者反射信号（如果将耦合器设置为耦合反向功率）。仿真时所用的理想定向耦合器通常就是这样定义的。

1.4.2　资用功率（available power）

信号源能输出的最大功率称为资用功率 $P_{\text{Available}}$，假设信号源内阻为 Z_S，那么资用功率的定义为

$$P_{\text{Available}} = P_{\text{AS}} = \frac{|a_S|^2}{\left(1 - |\Gamma_S|^2\right)} \tag{1.47}$$

其中 Γ_S 可根据式(1.24)得出

$$\Gamma_S = \frac{Z_S - Z_0}{Z_S + Z_0} \tag{1.48}$$

当负载阻抗为信号源阻抗的共轭时 $Z_L = Z_S^*$，可以获得最大功率。

1.4.3　负载功率

如果负载为任意值，那么负载吸收的功率称为负载功率(delivered power)，可从以下公式计算得到

$$P_{\text{del}} = |a|^2 - |b|^2 \tag{1.49}$$

大多数情况下，这个功率才是我们最关心的。例如对于发射机来说，负载功率为发送到天线的功率，也就等于辐射功率减去天线的内阻损耗。

1.4.4　网络资用功率

资用功率的一种特殊情况是信号源内阻为任意值时的网络资用功率。在这种情况下，资用功率只是网络和信号源内阻的函数，与负载阻抗无关。它表示在负载完全匹配的情况下负载可以获得的最大功率，并且其公式与式(1.47)类似，只是要把源的反射系数替换为网络输出的反射系数 Γ_2，结合式(1.30)，就可以得到

$$P_{\text{Out\_Available}} = P_{\text{OA}} = \frac{|b_2|^2}{\left(1 - |\Gamma_2|^2\right)} \tag{1.50}$$

当把一个二端口网络与任意源阻抗的信号源相连时，输出到匹配负载的电压波为

$$b_2 = \frac{a_S S_{21}}{1 - \Gamma_S S_{11}} \tag{1.51}$$

在这里把入射波表示为 a_S 而不是 a_1，来说明信号源不匹配的情况。Γ_S 由式(1.48)可得。因此输出到负载的功率为

$$|b_2|^2 = \frac{|a_S|^2 |S_{21}|^2}{|1 - \Gamma_S S_{11}|^2} \tag{1.52}$$

结合式(1.52)和式(1.50)，那么在源反射为 Γ_S 的情况下，由信号源驱动并且在网络的输出端的功率为

$$P_{\text{OA}} = \frac{|b_2|^2}{\left(1 - |\Gamma_2|^2\right)} = \frac{|a_S|^2 |S_{21}|^2}{|1 - \Gamma_S S_{11}|^2 \left(1 - |\Gamma_2|^2\right)} \tag{1.53}$$

其中 Γ_2 如式(1.30)中所定义。

1.4.5　资用增益

资用增益为由指定阻抗的源驱动一个放大器，提供给共轭匹配负载的增益，通过下列公式计算

$$G_A = \frac{\left(1 - |\Gamma_S|^2\right)|S_{21}|^2}{|1 - \Gamma_S S_{11}|^2 \left(1 - |\Gamma_2|^2\right)} \tag{1.54}$$

其中

$$\Gamma_2 = \left(S_{22} + \frac{S_{21}S_{12}\Gamma_S}{1 - S_{11}\Gamma_S}\right)$$

其他一些计算得到的值,例如最大资用功率和最大稳定增益将在第6章讨论。

1.5　噪声系数和噪声参数

对于接收机来说,灵敏度是一个关键指标,它指的是接收机对小信号的检测能力。灵敏度受器件本身的固有噪声影响,而对于放大器和混频器来说,这种固有噪声指的就是噪声系数。噪声系数的定义是元器件输入信噪比与输出信噪比的比值,单位为 dB,公式如下

$$N_F \equiv N_{\text{Figure}} = 10\lg\left(\frac{\text{信号}_{\text{Input}}/\text{噪声}_{\text{Input}}}{\text{信号}_{\text{Output}}/\text{噪声}_{\text{Output}}}\right) = 10\lg\left(\frac{(S/N)_I}{(S/N)_O}\right) \tag{1.55}$$

还有一个相关的参数没有单位,为噪声因子 N_F,表示如下:

$$N_F \equiv N_{\text{Factor}} = \left(\frac{\text{信号}_{\text{Input}}/\text{噪声}_{\text{Input}}}{\text{信号}_{\text{Output}}/\text{噪声}_{\text{Output}}}\right) = \frac{(S/N)_I}{(S/N)_O} \tag{1.56}$$

在这里信号和噪声均为功率,一般指资用功率。对入射功率稍做改动,重新整理式(1.55),可以得到

$$N_{\text{Factor}} = \frac{N_O}{\text{增益} \cdot N_I} = \frac{N_{\text{O\_Avail}}}{G_{\text{Avail}} \cdot N_{\text{I\_Avail}}} \tag{1.57}$$

大多数情况下,输入噪声是已知的,因为它只包括源内阻由于温度影响产生的热噪声。这个噪声可以由以下公式得到

$$N_{\text{Avait}} = N_a = kTB \tag{1.58}$$

其中 k 为玻尔兹曼常数(1.38×10^{-23} J/K),B 为噪声带宽,T 为热力学温度。注意这里所说的资用功率与源内阻无关。从式(1.57)可以看到,对于一个放大器来说,如果其源内阻的温度发生了变化,那么根据这个定义,其噪声系数也会改变。因此,通常给温度规定一个固定值 T_0,$T_0 = 290$ K。

如果负载为源阻抗的共轭,那么这个噪声功率就是负载获得的噪声功率。另外,与信号类似,噪声功率也可以表示为噪声波,就可以定义输入噪声(也就是一个无反射无辐射的负载获得的噪声)为

$$N_{\text{Incident}} = N_E = N_A \left(1 - |\Gamma_S|^2\right) \tag{1.59}$$

这个定义与式(1.47)相符。由于网络输出端的资用噪声与负载阻抗无关,并且从网络获得的资用增益与负载阻抗也无关,网络输入端的资用噪声功率可用式(1.58)来计算,因此噪声系数的测量并不取决于噪声接收机的匹配程度。请注意这里所说的资用增益是指

负载可获得的最大增益。如果负载与 Γ_2 不是共轭匹配,那么输出端的资用增益与资用噪声功率应该是等量减少的,因此噪声系数不变,并且不受噪声接收机的负载阻抗影响。因此对于噪声测量来说,一直以来,使用资用噪声功率和资用增益这两个词是比较合理的。

近些年来基于输入噪声功率和增益的研究取得了很大进步,并发展出了很多先进可行的技术。在阻抗已知的情况下,输入噪声功率可以用式(1.59)来进行计算,如果可以测得输出端的输入噪声功率 N_{OE},那么就可以计算输出的资用噪声

$$N_{\mathrm{OA}} = \frac{N_{\mathrm{OE}}}{(1 - |\Gamma_2|^2)} \tag{1.60}$$

结合式(1.57),可以得到

$$N_F = \frac{1}{G_A} N_{\mathrm{OA}} \frac{1}{N_{\mathrm{IA}}} = \frac{|1 - \Gamma_S S_{11}|^2 (1 - |\Gamma_2|^2)}{(1 - |\Gamma_S|^2)|S_{21}|^2} \frac{N_{\mathrm{OE}}}{(1 - |\Gamma_2|^2)(kTB)} = \frac{|1 - \Gamma_S S_{11}|^2 N_{\mathrm{OE}}}{(1 - |\Gamma_S|^2)|S_{21}|^2 (kTB)} \tag{1.61}$$

当源阻抗匹配时,上述公式可以简化为

$$N_F = \frac{N_{\mathrm{OE}}}{|S_{21}|^2 (kTB)} \tag{1.62}$$

因此,对于一种简单的情况,也就是放大器的源阻抗为 Z_0,负载阻抗也为 Z_0 的情况,其噪声因子可以通过负载处测量到的噪声功率和 S_{21} 增益来计算得到。然而,有一点很重要,式(1.61)对放大器噪声系数的定义考虑了源阻抗的情况。通常来讲,虽然提到的噪声系数均为 50 Ω 噪声系数,它只是指源阻抗精确为 50 Ω 的情况。当源阻抗不为 50 Ω 时,就不能简单地决定 50 Ω 噪声系数了。

1.5.1　噪声温度

由于很多关于噪声系数的计算中都用到了同一个参数——温度,因此有时也把噪声功率定义为资用噪声温度

$$T_A = \frac{N_A}{kB} \tag{1.63}$$

根据这个定义,噪声因子变为

$$N_F = \frac{T_A}{G_A 290} = \frac{T_{\mathrm{RNA}}}{G_A} \tag{1.64}$$

其中 T_{RNA} 为相对资用噪声温度,表示为 290 K 以上的热力学温度。

1.5.2　有效输入噪声温度(超噪温度)

对于噪声系数比较低的器件来说,用有效噪声温度 T_e 来描述其噪声因子或者噪声系数会更方便。它的意义在于,器件产生的噪声功率等效于一个有效噪声温度(相对与零噪声温度)的源产生的功率。因此可以把任何一个实际器件的噪声系数表示为一个有效输入噪声温度,用公式表示为

$$T_e = 290(N_F - 1) \tag{1.65}$$

可以看出对于一个理想的无噪声网络来说,它的输入噪声温度为零;对于一个放大器来说,如果其附加的输入噪声温度为 290 K(或者比参考温度高 290 K),那么它的噪声系数为 3 dB。

1.5.3　超噪功率与工作温度

对于放大器测试来说，输出端的噪声功率与 kTB 噪声功率的比值，称为超噪功率 P_{NE}，其公式为

$$P_{NE} = N_F |S_{21}|^2 \frac{\left(1 - |\Gamma_S|^2\right)}{|1 - \Gamma_S S_{11}|^2 \left(1 - |\Gamma_2|^2\right)} \tag{1.66}$$

对于一个匹配源和负载来说，负载电阻处测量的值为 kTB 之上的超噪，其公式为

$$P_{NE} = \left(|S_{21}|^2 N_F\right) \tag{1.67}$$

有时也称为输入相对噪声或（RNPI 与资用功率 RNP 相对应）。噪声系数测量时的误差主要源于源端或负载端阻抗不是绝对为 Z_0。相关的参数为工作温度，与放大器输出端的输入噪声温度类似，其公式为

$$T_O = \frac{T_{OA}}{\left(1 - |\Gamma|^2\right)} \tag{1.68}$$

由于负载阻抗的效应可以用资用增益（与负载阻抗无关）来解决，需要用一种更复杂的方式来处理源阻抗的失配，在后面的章节会叙述。

1.5.4　噪声功率密度

超噪是相对于 kTB 底噪的测量，其单位为 dBc，温度相对于 T_0。然而，也可以用绝对功率来表示噪声功率，单位为 dBm。绝对噪声功率的测量取决于检测器的带宽，可以用噪声功率密度来表示带宽为 1 Hz 时的噪声功率参考值。噪声功率密度为

$$P_{NoisePowerDensity} = \frac{N_{NE}}{B} = k(T_0 + T_e) \tag{1.69}$$

1.5.5　噪声参数

对于放大器来说，噪声系数的正式定义中只给出了源端阻抗或源端反射系数的噪声系数，指的并不是 50 Ω 系统的噪声系数，而是跟源阻抗有关的放大器噪声系数。通常情况下在不知道放大器更多信息的情况下，只靠这个值是不能计算出 50 Ω 的噪声系数的。就图 1.5 中的放大器来说，噪声源的作用是产生噪声波，可以像理解常用的归一化功率波 a 和 b 一样去理解这个噪声波。

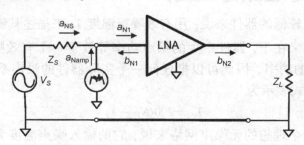

图 1.5　含内部噪声源的放大器

源端产生一个入射的噪声波 a_{NS}，这个噪声波与放大器自身产生的内部噪声（可以表示为输入噪声源 a_{Namp}）相叠加。另外还有从放大器输入端产生的散射噪声波 b_{N1} 和负载的入射噪声 b_{N2}。从这张图中直接将之与 S 参数进行对比，反射的噪声功率可能会叠加到，或者削弱入射噪声而影响总的噪声功率。然而，在放大器的输入端，放大器内部产生的噪声通常与源端输入的噪声不相关，所以它们不是简单的加法叠加。因此，放大器的输出端的噪声功率或者噪声系数，在某种程度上取决于源端阻抗，它们通过两个实数参数和一个虚数参数来定义，统称为噪声参数。由此得出任意源反射系数下的噪声系数为

$$N_F = N_{F\min} + \frac{4R_n}{Z_0} \frac{|\Gamma_{\mathrm{opt}} - \Gamma_S|^2}{|1 + \Gamma_{\mathrm{opt}}|^2 (1 - |\Gamma_S|^2)} \tag{1.70}$$

其中 $N_{F\min}$ 为最小噪声系数，Γ_{opt} 为产生最小噪声系数的反射系数（有幅度和相角）。R_n 有时也称为噪声电阻，描述了噪声系数随着源阻抗的变化情况。表征这些参数的方法比较复杂，将会在第 6 章进行介绍。

1.6　失真参数

到现在为止提到的所有参数都是 DUT 为线性的情况。当用一个大信号来驱动 DUT（尤其是放大器）时，器件的非线性参数影响会变得非常大，于是产生了一组全新的参数来描述这些非线性参数。

1.6.1　谐波

大信号导致的一个比较明显的现象就是在输入频率的倍频处产生谐波。谐波可以用其输出功率，或者输出功率与基波的比值来描述，比较常用的单位为 dBc（与载波相比的功率）。二次阶谐波简称二次谐波，表示的是在二倍基波频率的位置产生的谐波；三次谐波表示在三倍基波频率的位置产生的谐波，以此类推。有趣的是，关于谐波业内并没有建立统一的符号来表示，本书中采用 H2，H3 等来表示在 2，3 倍基波处产生的谐波，单位为 dBc。在第 6 章中，谐波的测量会作为 X 参数的一部分进行描述，并用 $b_{2,m}$ 来表示端口 2 处产生的 m 次谐波。同样地，放大器输入端产生的谐波也用这种方式来表示。

对于大多数元器件来说，谐波的功率是随着基波的功率增长而增长的（单位为 dB），增长速率与谐波次数成正比（参见图 1.6），这是谐波的一个重要属性。在图 1.6 中，x 轴为输入功率，而 y 轴为测量到的基波和谐波的功率值。

1.6.2　二阶截断点

谐波功率根据阶数不同，按照不同斜率随基波功率增长，但这个增长不是无限的，否则从某点开始谐波功率就会比基波功率还高。实际上谐波功率像输出功率一样会饱和，并且永远不会超过输出功率。然而，如果在基波和任意一条谐波随输入功率的变化曲线上，在功率比较低的区域沿着各自斜率画一条直线的话，那么在某一个功率点上这些线会聚到一点，如图 1.6 所示。这个会聚的点称为截距点。比较常见的为二阶截距点 SOI，三阶以上的截距点很少使用。

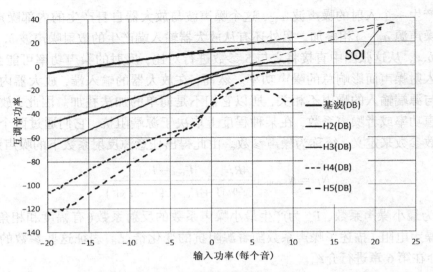

图 1.6　放大器的输出谐波功率

有时候二阶截距点这个词容易让人产生困惑，这个词通常指二次谐波，但是有时候也指双音的二阶截距点。双音是两个单音信号产生的失真产物。这时候就需要说明是双音 SOI 还是谐波 SOI，以此进行区分。

1.6.3　双音互调失真

虽然测量谐波可以直接对元器件的失真特性进行表征，但是谐波频率往往与基波频率相距很远，而网络的频响又会将实际电路中的谐波基本都过滤掉。因此，在这种情况下只测量输出信号是无法辨识网络的非线性响应的。当然，由于放大器的压缩会导致 S_{21} 随着输入功率变化而变化，因此测量增益也是一种方法。如果放大器的失真特性只取决于输出信号，那么测量失真就很方便了。此时可以在放大器的输入端施加两个不同频率的信号，当这两个信号的功率足够大时再测量放大器的非线性响应。图 1.7 为给一个放大器施加双音信号的测量结果，下面的曲线为输入端，上面的曲线为输出端。

很明显可以看到在输出端有几个其他的信号，这些信号为放大器非线性响应的高阶产物混频产生的信号。理论上感兴趣的是高阶和低阶的互调（IM）产物，PwrN_Hi 和 PwrN_Lo，其中 N 为 IMD 的阶数。正常情况下，IM 产物指的是 IM 功率与载波功率的比值，称为 IMN_Hi 和 IMN_Lo，单位为 dBc。例如，三阶的低频部分信号功率为 Pwr3_Lo；三阶信号与载波信号的功率比称为 IM3_Hi。三阶的高频部分信号和低频部分信号频率分别为

$$f_{3\mathrm{Hi}} = 2f_{\mathrm{Hi}} - f_{\mathrm{Lo}}, \quad f_{3\mathrm{Lo}} = 2f_{\mathrm{Lo}} - f_{\mathrm{Hi}} \tag{1.71}$$

一种更常用的表示方法为

$$f_{m\mathrm{Hi}} = \left(\frac{m+1}{2}\right)f_{\mathrm{Hi}} - \left(\frac{m-1}{2}\right)f_{\mathrm{Lo}}, \quad f_{m\mathrm{Lo}} = \left(\frac{m+1}{2}\right)f_{\mathrm{Lo}} - \left(\frac{m-1}{2}\right)f_{\mathrm{Hi}}\Bigg|_{m\ \mathrm{odd}} \tag{1.72}$$

$$f_{m\mathrm{Hi}} = (m-1)f_{\mathrm{Hi}} + (m-1)f_{\mathrm{Lo}}, \quad f_{m\mathrm{Lo}} = (m-1)f_{\mathrm{Ho}} - (m-1)f_{\mathrm{Lo}}|_{m\ \mathrm{even}}$$

在图 1.7 中, 给被测放大器施加功率, 使得刚好可以在仪表的本底噪声之上观察到五阶互调。

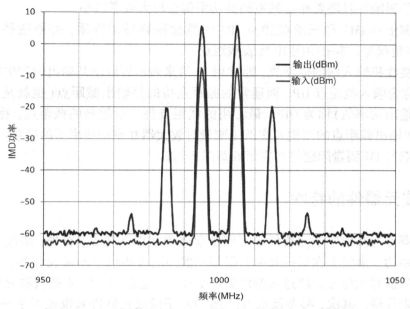

图 1.7 在放大器的输入端和输出端分别测量一个双音信号

与谐波信号类似, 互调信号的功率(有时称为互调音功率, 对于 m 阶互调信号来说表示为 $PWRm$)与输入信号的功率和互调信号的阶数成正比。如果把输入功率作为 x 轴, 互调音功率和输出功率作为 y 轴的话, 可以得出图 1.8 所示的图, 在低功率处取各自的斜率进行延长, 输出功率的延长线和互调音功率的延长线会聚为一点。与三阶互调信号的交点称为三阶截距点, 或者 IP3。同样地, IP5 指的是五阶互调与输出双音信号的延长线交点。

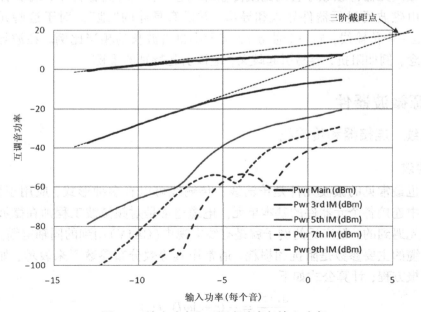

图 1.8 输出功率和互调音功率与输入功率

另一个有趣的发现是，在功率比较高时互调音功率不再增加，而转为减小，或者在某处具有极小点。这是因为高阶的互调信号又重新混频，产生了更大的信号，这个信号受低阶信号的影响并且随着相位的不同其功率值会增大或者减小。

三阶互调信号 IM3 和三阶截距点 IP3 的概念很容易被混淆，并被统称为"三阶互调"。为了清楚起见，本书中用 IP 代表截距点。

如果是接收机输入端的低噪放，通常用 IP 值来表示可以使其输出端产生截距点的输入功率值，称为输入截距点 IIP，而通常的截距点指的是输出截距点（也就是说，产生输出截距时的输出功率值）称为 OIP。最常用的截距点是三阶信号的截距点，称为 OIP3 和 IIP3。输入和输出截距点的差别其实就是测量时放大器在驱动功率下的增益。

详细的双音 IM 测量问题将会在第 6 章深入讨论。

1.7　微波元器件的特性

微波元器件与其他电子元器件的不同主要体现在以下几点：首先，微波元器件的大小是不能忽略的。事实上在某些频率上很多元器件的大小已经与波长相当，这样会导致输入元器件的信号相位会在经过元器件后发生改变，这意味着需要把微波元器件当成分布式元器件来看待。其次，参考接地点（"地"）对于微波元器件来说也不是一个点，而是分散的。然而很多情况下这个"地"并没有一个很好的明确定义。有时候，元器件的不同"地"之间离得非常远，以至于在这两个"地"之间有可能产生信号流。即使元器件只是串联形式（没有"地"），也需要意识到"地"是一直存在的，所以元器件对于"地"来说始终存在一个阻抗。实际上，元器件的"地"就是元器件的底座或外包装，或者在印制电路板上的电源或其他接地面。

只有在微波元器件领域才会用到波传输的概念。在波导元器件中，既没有"信号"也没有"地"，电磁波通过元器件导入和导出，并没有具体的"地"。对于这些元器件来说（即使它只是一个传输线，如一个波导），其大小也占波长的相当比例。在波导测量中一些常规的概念，例如阻抗，容易引起歧义，应该引起特别的重视。

1.8　无源微波器件

1.8.1　电缆，连接器和传输线

1.8.1.1　电缆

最简单也最常见的微波元件是传输线。传输线可以有多种形式，应用于各个领域，是微波系统中连接各个元器件的基本单元。电缆通常是射频微波工程师在微波元件和传输系统中最先遇到的，最广泛的例子就是有线电视中（CATV）用到的同轴电缆。

同轴电缆的主要参数是阻抗和损耗，通常用其等效分布参数[5]来表示，如图 1.9 所示。根据电报方程，计算公式如下

$$\frac{dv(z)}{dz} = -(r + j\omega l) \cdot i(z) \tag{1.73}$$

$$\frac{\mathrm{d}i(z)}{\mathrm{d}z} = -(g + \mathrm{j}\omega c) \cdot v(z) \tag{1.74}$$

其中 $v(z)$ 和 $i(z)$ 为传输线上的电压和电流，r，l，g 和 c 分别为单位长度的电阻、电感、电导和电容。

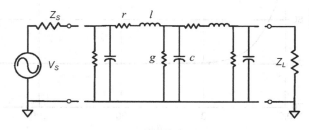

图 1.9　传输线的分布参数模型

对于一个无耗电缆来说，阻抗可以简单地表示为

$$Z = \sqrt{\frac{l}{c}} \tag{1.75}$$

考虑到损耗时，公式变得相对复杂些，为

$$Z_{\text{lossy}} = \sqrt{\frac{r + \mathrm{j}\omega l}{g + \mathrm{j}\omega c}} \tag{1.76}$$

很多时候，电缆的电导是可以忽略不计的，尤其是在低频范围。因此，单位长度电阻是唯一的损耗来源，公式变为

$$Z_{\text{lossy}} = \sqrt{\frac{r + \mathrm{j}\omega l}{\mathrm{j}\omega c}} \tag{1.77}$$

从式(1.77)可以发现随着频率下降(直到直流)电缆的阻抗是一直增大的。图 1.10 中给出了一个 75 Ω，损耗为 0.0001 Ω/mm，分布电容为 0.07 pF/mm(RG 6 CATV 同轴电缆的典型值)的电缆阻抗结果图。从图中可以看到与 300 kHz 频率处相比，阻抗下降最多的地方达到 10 Ω 以上，而在 1 MHz 时只下降了 1 Ω。

如果对式(1.77)不熟悉，就会对传输线的这种低频响应感到困惑，以为是测量产生了误差。事实上所有的传输线都有这样的低频响应，在验证时要特别考虑到这一点。

"空气"线是用空气作为介质的同轴线，有时候会在其中一端增加介质珠来对内导体进行支撑，如图 1.11 所示。这种电缆通常电导为零，因此唯一的损耗是串联电阻产生的损耗。有时在空气线上用一个白色介质圆环来防止安装时其阳性接头处下沉。

在有些情况下，例如在传输线中填充材料来测量材料特性时，电报方程中的有些参数就都不能忽略了。

高频时，由于趋肤效应的影响，电缆的损耗会随着频率的平方根线性增加[6]

$$r = \sqrt{\frac{\omega\mu}{2\sigma}} \tag{1.78}$$

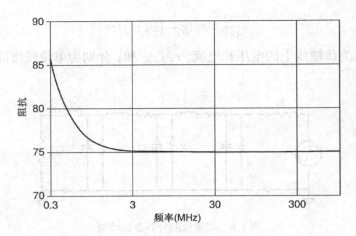

图 1.10　实际传输线低频下的阻抗响应

因此，空气线的插入损耗只取决于单位长度的电阻。单位长度的插入损耗随频率变化的公式为

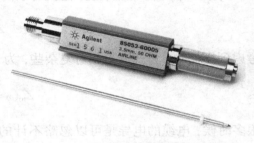

$$\text{Loss}(f) = 8.68 \frac{r}{4\pi Z_0} \left(\frac{1}{R_a} + \frac{1}{R_b} \right) \quad (1.79)$$
$$= A \cdot f^{1/2}$$

其中 R_a 和 R_b 分别为内外导体的直径，r 中包含频率的平方根。因此，所有的参数都可以集中表示为一个简单的损耗 A。图 1.12 为一

图 1.11　空气线。经安捷伦授权引用

个 10 cm 的空气线实际损耗和根据式(1.79)得出的理想损耗，可见两者吻合度很好。然而如果装入了介电材料，介电损耗会给电缆带来额外的损耗。这个额外的损耗通常用单位长度的等效电导来表示，其影响要比趋肤效应引起的损耗更大。由于介电损耗的存在，式(1.79)得出的损耗与很多实际的电缆特性并不符合。修改指数对式(1.79)推广可以得到

$$\text{Loss}(f) = A \cdot f^b \qquad\qquad (1.80)$$

其中损耗的单位为 dB，A 和 b 分别为损耗因子和损耗指数。为了得到这两个值，可以在多个频点测量然后通过最小二乘法拟合得出最优结果，但为了简单起见只测量两个频点就可以得出损耗因子和损耗指数。图 1.12 为一个 0.141 英寸半刚性电缆的 15 cm 段损耗。在频率的四分之一处和四分之三处记录下损耗的测量值，计算损耗因子和损耗指数

$$L_1 = A \cdot (f_1)^b, L_2 = A \cdot (f_2)^b$$

两边各取对数，可以得到一个线性方程组

$$\log(L_1) = \log(A) + b \cdot \log(f_1)$$
$$\log(L_2) = \log(A) + b \cdot \log(f_2) \qquad (1.81)$$

从这个线性方程组里可以解出损耗因子 A 和损耗指数 b 的值为

$$A = \exp \left(\frac{\log(f_1) \cdot \log(L_2) - \log(f_2) \cdot \log(L_1)}{\log(f_1) - \log(f_2)} \right) \tag{1.82}$$

$$b = \frac{\log(L_1) - \log(L_2)}{\log(f_1) - \log(f_2)} \tag{1.83}$$

　　从式(1.80)也可以计算得出整个频段的损耗,如图 1.12 所示。可见在很宽的范围内理论值与测量值吻合得都非常好。曲线中偶尔会出现一些波纹,这是由于校准导致的微小误差,这种情况会在第 5 章进行讨论。

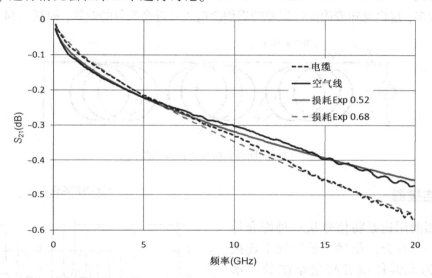

图 1.12　一个 15 cm 的空气线和一个 15 cm 的半刚性聚四氟乙烯同轴线的损耗图

　　同样也可以计算出电缆的插入相位。实际上对于相位来讲近似为线性已经足够了,但是由于损耗的存在,在线性区域以外的频段上会出现一些相位的变化。

　　对于一个无耗传输线来说相速的定义为

$$v = \frac{1}{\sqrt{l \cdot c}} \tag{1.84}$$

　　根据式(1.77),对于有耗传输线来说其阻抗必为一个复数,因此相速会随着频率变化,导致在低频范围内实际的相频曲线与理论线性的相频曲线相比有所偏离。空气线作为一种特殊情况(没有介质损耗),其公式为

$$v_{\text{prop}} \approx \sqrt{\frac{2\omega}{rc}} \bigg|_{\omega \cdot l \ll r} \tag{1.85}$$

　　通常来讲电缆的介质损耗会造成传输速度的偏差。到目前为止,说的都是理想的低损耗电缆,实际中由于电缆的质量缺陷,其沿线阻抗不是一致的而是变化的。如果是偶然的缺陷问题,通常不会引起注意,除非问题已经大到会导致重大的离散反射(详见第 5 章)。然而,在电缆加工时加工设备通常包含绕线机等圆形设备(如滑轮、主轴等),如果这些圆形设备存在缺陷,即使是分散的凹陷,都会给生产出的电缆带来较小的但是周期性的阻抗变化。一根长电缆上的微小瑕疵会造成大概 0.1 Ω 的周期性阻抗变化,而这种阻抗

变化会给系统带来很大的问题称为"结构回波损耗"（structural return loss，SRL），如图1.13所示。这些周期性瑕疵在一个频点上叠加会造成带宽很窄（约为100 kHz），但是有很高的回波损耗峰值，进而导致同一频点的插入损耗信息丢失。在实际测试低损耗长线电缆，如CATV电缆时，SRL的测试最为困难。图1.14为一个长度为300 m，每30 cm有0.1 Ω周期性阻抗变化，每2.7 m有15 mm长，0.1 Ω周期性阻抗变化的有线电视电缆的结构回波损耗典型值。从中可以看到两种结构回波损耗效应：由于2.7 m周期性阻抗变化造成的每50 MHz的较小变化，由30 cm周期性阻抗变化导致的较大的500 MHz变化。较大的阻抗变化出现得比较多，这也意味着周期性误差的累积会造成几近全反射的效果，如图1.14所示。

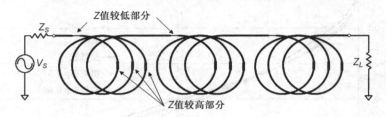

图1.13   周期性阻抗变化的同轴线模型

1.8.2   连接器

连接器的用途是将信号从一种媒介传递至另外一种媒介。虽然一般情况下连接器并不作为元器件或者测量系统的一部分，但是它对测量结果的影响也是不可忽视的，尤其是对于低损耗的器件来说。连接器可通过质量或者应用来区分。值得注意的是，对于连接器的测量却很难有确定的精度指标，原因是大部分连接器都作为不同媒介之间的转换手段，例如从同轴电缆转接为某种连接器接口，或者从PCB转换为某种连接器接口。连接器接口比较好定义，但是另一端的定义就不那么清楚了。

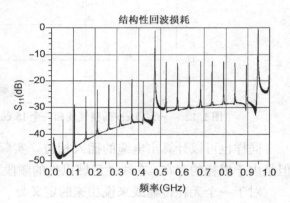

图1.14   电缆的结构性回波损耗

同类型连接器（in-series）将（一个器件的）阴性接头连接至（另一个器件同类型的）阳性接头。这种连接器比较容易进行表征，因为接口都定义好了，并且通常都有现成的校准套件和校准方法；而非同类型连接器（between-series）虽然也比较好定义，但是由于缺乏合适的标准件，因此很难对这种连接器进行表征。近些年来由于校准算法的改进，基本上解决了非同类型连接器不好测量的问题。图1.15给出了一些同类型连接器和非同类型连接器的例子。

图1.15   同类型和不同类型连接器。经安捷伦授权引用

在微波领域里面有一些常用的连接器类型，这些连接器广泛地用于各种元器件和设备中。表 1.1 列出了这些常用的连接器及其相应的工作频率。可以把这些连接器分为三个大类：精密性无极性连接器，精密性阳性接头 – 阴性接头连接器和通用性连接器。通常这些连接器的特征阻抗为 50 Ω，有些也有 75 Ω 的版本。

表 1.1　射频微波元件中使用的测试连接器

名　　称	外导体直径 （mm）	额定工作频率 （GHz）	主模频率	最小使用频率 （GHz）
N 型(50 Ω)精密型	7	18	18.6 GHz	26.5[a]
N 型(50 Ω)商用型	7	12	12.5 GHz	15
N 型(75 Ω)精密型	7	18	18.6 GHz	18
N 型(75 Ω)商用型	7	12	12.5 GHz	15
7 mm	7	18	18.6 GHz	18
SMA	3.5	18	19 GHz	22
3.5 mm	3.5	26.5	28 GHz	33
2.92 mm("K")	2.4	40	44 GHz	44
2.4 mm	2.4	50	52 GHz	55
1.85 mm("V")	1.85	67	68.5 GHz	70
1 mm	1	110	120 GHz	120

[a]有些仪表厂商将这种连接器用于 26.5 GHz 的仪表，原因是这种连接器构造坚固，并且具有与 N 型和 7 mm 连接器同样的主模频率。

从表 1.1 中可以看出对于每种连接器都有三个与之对应的频率：通常理解的工作频率(有时也被称为校准套件的认证频率)，主模频率(或称为第一模式频率)和波导外导体传播模式决定的最高频率。工作频率总是低于主模频率几个百分点。大多数连接器的主模频率由内导体的支撑结构所决定，支撑结构一般为介电常数比较高的塑性材料。为支持某种模式，其截止频率也比较低。"模式"这个词在连接器和电缆中通常指的是由外导体内径决定的圆形波导模式产生的非横向电磁场波(non-transverse-electromagnetic，TEM)传播。给支撑中心导体的绝缘介质(bead)增加介电会降低模式频率。但是如果绝缘介质比较短，模式就比较容易耗散(非传播性的)，也就不会影响测量质量。在较高频率点上，对于内导体的直径来说空气中也会有一种传播模式，如果连接器连接的电缆足够短，这种模式也不会传播。传播模式的存在会导致传输响应上有明显的跌落，重要的是，由于不是局部现象，这种跌落并不能通过校准来消除。连接器远端的传输模式会反射并与这些连接器模式相互影响，这样就导致在连接不同器件时，模式效应的频率响应会发生变化(如果连接不同器件时模式效应的频率响应不变，那么就可以通过校准来消除其影响)。

目前来说，精密的无极性连接器只用在一些计量实验室中。其主要优点是重复性比较好。这些连接器可以用来做系统或者其任意部分的校准，因为这种连接器可以任意连接在两个电缆之间而不需要考虑方向。这点很重要，以前在做校准时很难处理那种不可插入式的器件(不可插入式器件指的是两端具有相同极性的连接器，例如阴性接头 – 阴性接头连接器)。在一些精密型的衰减器和空气线中 7 mm 连接器通常用做传输标准。7 mm 连接器也称为 GPC-7 连接器(general precision connector)，或者 APC-7 (Amphenol precision connector）。由于这些连接器没有极性，因此不需要在器件和器件之间，以及器件和电缆之间使用适配器。

1.8.2.1　7 mm 连接器（APC-7，GPC-7）

7 mm 连接器有几个有趣的特点：内导体没有插槽，但是在微微高于啮合面处有一个弹簧顶，如图 1.16 所示。

图 1.16　一个 7 mm 连接器。
经安捷伦授权引用

当两个 7 mm 连接器连接时，两个连接器的弹簧顶压合使得内导体之间可以良好接触，内导体的无槽外管的那一端存在一个较小的间隙。与大多数的射频连接器一样，外导体构成连接器的物理连接面。大多数连接器都有一个带螺纹的螺母。将其连接时一边的螺母可伸缩并可在另一边的螺纹上来回移动，直至拧紧并且固定。在连接时要注意，应该只去拧一边的螺母。虽然经常能看到有人也去拧另一边的螺母，但那样其实是不对的，因为同时拧两个螺母有可能会导致内导体被扯坏致使连接器接触不良。偶尔你能发现只带有一个固定螺母的外导体（用做螺母），而没有连接螺母，这种情况在一些老一点的夹具上比较常见，这些夹具用来直接连到 7 mm 端口的网络分析仪。

1.8.2.2　N 型 50 Ω 连接器

N 型连接器在一些低频和大功率的射频微波著作中比较常见，它与 7 mm 连接器的外导体直径相等（均为 7 mm），但 N 型连接器有极性之分。这种连接器有一点比较独特：它的阴性接头的外导体接合面（通常来讲为电子参考面）是内缩的，而其内导体相对于参考面是突出的。阳性接头的内导体相对于接合面也是内缩的。因此，具有 N 型接口的校准件其阳性接头和阴性接头的电子模型是不对称的。

N 型连接器有精密型和经济型之分。精密型包括无槽的 N 型连接器（计量级），带有精密六瓣卡槽和外导体套的 N 型连接器（多用于工业用的测试仪器）；经济型指的是外导体有槽而阴性卡槽为四瓣或两瓣的类型。无槽的阴性连接器有一个结实的空心管和一个内部的四瓣或六瓣弹簧接点来与阳性接头的内导体进行接触。因此阴性接头的内导体直径并不取决于阳性接头内导体的半径。典型的阴性接头撑开或收缩使得与阳性接头充分结合，因此其尺寸（因而其阻抗）随着阳性接头的直径余量变化而变化。

经济型 N 型连接器多用于各种元器件和互连电缆。这种商用型的阳性接头部分有两个常见的问题：连接器的底座通常有 O 形橡胶圈；阳性接头的外围有凸边，但是没有平面，所以无法使用力矩扳手。因为阴性接头的外表面会碰到 O 形橡胶圈导致无法与阳性接头外导体的结合面完好地结合，前一个问题使后面那个问题更加凸显。如果能用力矩扳手完全拧紧，O 形橡胶圈会被压变形，这样可能会把阳性接头外导体接触上。但是由于连接器阴性接头外围没有平面，因此不能使用力矩扳手，这样的话，每次都要把接头完全拧紧来获得一致的连接状态比较难。有时候遇到回波损耗不达标，测试人员需要花几百个小时重新测试就是因为这个原因。解决方案很简单：每次测试前都去掉阳性接头基座的 O 形橡胶圈。要拿掉这个恼人的 O 形橡胶圈需要镊子和尖嘴钳。请注意精密性的 N 接头都没有这种 O 形橡胶圈。图 1.17 为几种 N 型连接器。上图为经济型，下图为精密型。图 1.18 为一个阳性接头到阳性接头的 N 型适配器连接阴性接头到阴性接头 N 型连接器的回波损耗与插入损耗(归一化)曲线，一个为精密性，一个为经济型。由于连接器内部的模变效应，经济型的 N 型连接器工作频率只到 12 GHz，精密性的 N 型连接器工作频率可以到 18 GHz 以上。

图 1.17　几种 N 型连接器。上图为经济型，下图为精密型。经安捷伦授权引用

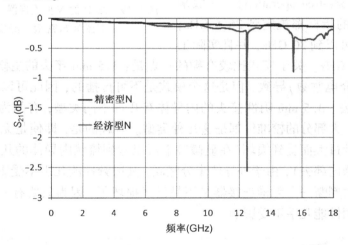

图 1.18　精密性和标准的 N 型连接器性能

1.8.2.3　N 型 75 Ω 连接器

N 型连接器还有一种是 75 Ω 类型，它的外径与 50 Ω 的 N 型连接器相等但是内径更小。在某种程度上来说这样比较麻烦，因为如果把一个 50 Ω 的阳性接头插入 75 Ω 的阴性接头(内径小于 50 Ω 阴性接头)内时，容易对 75 Ω 的阴性接头造成损坏。75 Ω 的阴性接头插槽有几种，有的是带短槽(short slots)六瓣(finger)的，有的是带长槽(long slots)四瓣的，也有精密型，是没有分瓣的。短槽的那种更容易得到好的测量结果，因为短槽使得开路电容的不确定性更小。然而，很多 75 Ω N 型连接器产品使用的是长槽版本，因为长槽的可以与 50 Ω 阳性接头互连(至少几次的插拔没有问题)而不至于损坏接头。为了区分 75 Ω 元件，通常在其外螺母上加一个额外的加工环或长条，图 1.19 为几种 75 Ω 的 N 型连接器。图 1.20 给出了一个阳性接头到阳性接头的 N 型连接器与阴性接头到阴性接头的 N 型连接器相连的插入损耗和回波损耗曲线，其中损耗值都对适配器的长度进行了归一化。通常 75 Ω 的 N 型接头频率都规定为 2 GHz 或者 3 GHz，因为市场上可以买到

的校准件，其工作频率就为 2 GHz 或者 3 GHz。实际上将这些接头用至 7 ~ 8 GHz 也是完全没有问题的。经济型的 N 型连接器其频率响应都是有限的，不是因为模变反应导致(因为损耗信号的 Q 值很低)，而是因为连接器的内导体中心针支撑环的阻抗控制不好导致的阻抗不匹配。

图 1.19　75 Ω 的 N 型连接器。上图为商用型，下图为精密型。经安捷伦授权引用

1.8.2.4　3.5 mm 和 SMA 接头

3.5 mm 接头的尺寸基本上是 N 型接头的一半，但是频率覆盖范围更高。其内导体由一个塑料环而不是介电材料来支撑，这就意味着与 SMA 相比，它可以在更高的频率上进行无模式操作(mode-free operation)。一般来讲，3.5 mm 接头的指标都规定到 26.5 GHz，但是其主模频率可以到 30 GHz，并且实际工作频率可以到 38 GHz。关于模式比较有趣的一点是：3.5 mm 接头的主模由塑料环(及其相应增加的有效介电常数)导致，但是这个模式是不可传播的，因此可以将这种接头应用到更高的频率上去。3.5 mm 阴性接头的内导体有几种不同类型，有的为四瓣插槽，有的为无槽的精密型。大部分的校准件都是这几种类型。有趣的是，即使是无瓣的连接器也会因为阳性接头的针过大而受到损坏(在显微镜下可以看到梳状内导体的几个瓣可能会被压到阴性接头的凹槽内部去)，由于外导体十分坚固，其射频性能几乎不受影响。实际上，通常只能从视觉上去判断一个无槽连接器是不是已经损坏了，因为只要有一个瓣还在，它就可以接通并且射频性能几乎不受影响。

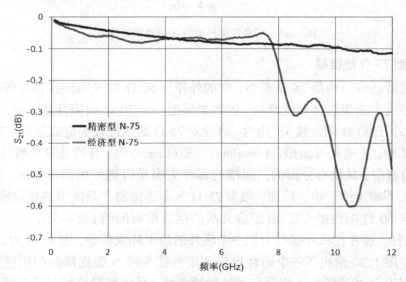

图 1.20　75 Ω 连接器的插入损耗和回波损耗曲线

单从外形上来讲,SMA 接头是可以与 3.5 mm 接头连接的,但是由于 SMA 接头里面包含 PTFE 介电材料,它的工作频率更低(模变反应)。习惯说,SMA 是 18 GHz 的连接器,但是根据连接到 SMA 接头的不同类型的电缆,它的主模频率通常要高于 20 GHz。SMA 接头的主要优点是价格较低,尤其是装在半刚性的同轴电缆上时。这种情况下的连接为:同轴电缆的中心导线可以作为一个 SMA 接头的连接器引脚,只需要把 SMA 的外导体套筒与同轴电缆外导体相连来形成一个阳性接头。但是,众所周知这种电缆不容易让其中心引脚保持合适的尺寸,中心引脚经常被剐蹭或者倾斜,导致与阴性接头连接不当。尤其是与 3.5 mm 阴性接头连接时更是如此,无槽的情况就更严重。图 1.21 为 3.5 mm,SMA 连接器的例子。

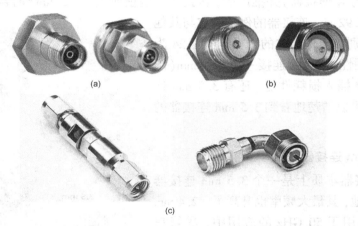

图 1.21 (a)3.5 mm 阴性与 3.5 mm 阳性连接器;(b)SMA(阴性)和 SMA(阳性)连接器;(c)3.5 mm 和 SMA 适配器

图 1.22 显示了一个 3.5 mm(阳性–阳性)连接一个 3.5 mm(阴性–阴性)的测量结果图。还有一条线是 SMA 连接器连接的例子。可以清楚地看到 25 GHz 以上频率时 SMA 接头的模变现象。3.5 mm 连接器的模变现象发生在 27 GHz 以上和 38 GHz 以上。

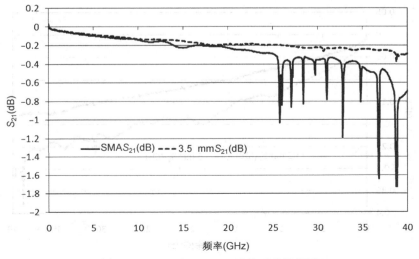

图 1.22 SMA 和 3.5 mm 连接对的性能图

1.8.2.5　2.92 mm 连接器

2.92 mm 连接器是 3.5 mm 连接器的缩小版，它可以与 3.5 mm 和 SMA 接头连接。外导体直径更小意味着其无模式操作的频率更高，可达 40 GHz。并且其实际工作频率可以到大约 46 GHz，其阴性连接器具有一个双插槽卡头，这样使得它具有较好的兼容性，可以与较大的 3.5 mm 和 SMA 连接器的内导体针接合，但由于接触点和内导体半径(取决于插入针的半径)的不确定性增大，使得这种连接不适用于精密测量。另外，2.92 mm 连接器阴性接头的金属比较薄，如果接入的阳性接头内导体尺寸不合适或者过大容易造成损坏。经常能发现 2.92 mm 阴性接头少一个瓣的情况。2.92 mm 连接器是由安立(Anristu，以前是 Wiltron)公司引入(介绍为 K 连接器)并推广的，因此有时也能听到 2.92 连接器的那种叫法。

图 1.23 为 2.92 mm 连接器的例子。它与其他连接器的关键区别在于外导体的内径。图 1.24 为一个 2.92 mm(阴性－阴性)连接一个 2.92mm(阳性－阳性)的整体插入损耗性能，还有 3.5 mm 连接器对的例子，可以清楚地看到 3.5 mm 连接器的模变现象。

1.8.2.6　2.4 mm 连接器

2.4 mm 连接器本质上是一个 3.5 mm 连接器的缩小版，相应地，其最大频率也升高了。2.4 mm 连接器被广泛地用于 50 GHz 的应用中，尽管它的实际工作频率可以到 60 GHz。这种连接器不能与其他任何的连接器，例如 SMA，3.5 mm 或 2.92 mm 相连接，实际上它的设计就是要防止与这些连接器连接时造成损坏。与 3.5 mm 连接器类似，它有有槽型和无槽型的阴性接头。

图 1.23　3.5 mm 连接器与 2.92 mm 连接器的比较，阳性和阴性两种

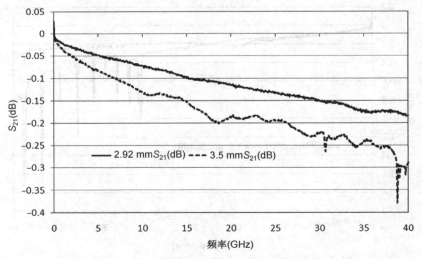

图 1.24　2.92 mm 连接对于 3.5 mm 连接对的性能比较曲线

1.8.2.7　1.85 mm 连接器

1.85 mm 连接器有两个变种，分别为安立公司和安捷伦公司的设计版本。安立的一种称为 V 连接器，安捷伦的称为 1.85 mm 连接器。它们之间可以机械兼容。最初的设计用于 67 GHz 频率，实际工作频率可以达到 70 GHz。1.85 mm 连接器可以与 2.4 mm 连接器机械兼容。

1.8.2.8　1 mm 连接器

1 mm 连接器本质上是 1.85 mm 连接器的缩小版，但它又不能与 1.85 mm 连接器相连接。它的工作频率通常标定为 110 GHz，但是其实际工作频率可以达到 120 GHz，有些版本可以达到 140 GHz。

1.8.2.9　PCB 连接器和电缆连接器

在很多实际的设计和测量应用中，待测的电路通常嵌在 PCB 里。PCB 连接器有很多种类，通常在其一边都有一个 SMA 连接器(有时也用更小的连接器，如 QMA 等)，另外一边连接 PCB。这些连接器可以在边上或者角上，其性能很大部分取决于 PCB 的布线安装。要测量这些连接器的性能比较困难，因为只有一边为标准连接器。图 1.25 为一个较常见的 PCB 连接器的例子。第 9 章会对这些器件的测量方法，以及测量板上器件如何去除这些连接器影响的方法进行讨论。

图 1.25　PCB 的 SMC 连接器。
经安捷伦授权引用

在测量同轴电缆的连接器时也有类似的问题，因为连接的电缆会影响连接质量，而通常在电缆的每一端都会连接一个连接器，这样也导致在测量一端的连接器时，很难把另外一端产生的影响移除。可以采用时域技术来除去这些影响(详见第 5 章)。

1.8.3　非同轴传输线

通常在微电路或 PCB 中用传输线来连接各个元器件。从测量的角度来看要把这些传输线与元器件区分开来，因为它们通常很短，又往往没有屏蔽，连接的接口不易制造，有时又没有很好地定义。在这里对一些常见的传输线结构和属性做一个回顾，重点介绍一些测量的参数。传输线有相同的三个参数：阻抗，有效介电常数和损耗。

1.8.3.1　微带线

毫无疑问，微带线是最常用的平面传输线，其结构如图 1.26 所示。这是一种平面结构传输线，多见于印制电路板和微电路。微带线由介质基片之上的金属带状导线组成(介质基片将导线与接地面隔开)，通常用来连接不同元器件以及制作传输线器件，例如耦合器和滤波器，等等[7]。

关于微带线传输参数的计算，市场上已经有很多书都做过介绍了，虽然从设计上来讲这些微带线阻抗(或等效系统阻抗)可以是任何值，但从测量的角度看它们通常都是 50 Ω。

大多数的应用中，介电常数为 10 或更小，所以对于 50 Ω 特征阻抗的微带线来说 w/h 都要大于 1。微带线的特征阻抗可以近似表示为[10]

$$Z_{\mu\,\mathrm{strip}} = \begin{cases} \dfrac{60}{\sqrt{\varepsilon_{\mathrm{re}}}} \ln\left(\dfrac{8h}{w} + \dfrac{w}{4h}\right), & \dfrac{w}{d} \leqslant 1 \\[4mm] \dfrac{377}{\sqrt{\varepsilon_{\mathrm{re}}}\left[\dfrac{w}{h} + 1.393 + 0.677 \ln\left(\dfrac{w}{h} + 1.444\right)\right]}, & \dfrac{w}{d} \leqslant 1 \end{cases} \quad (1.86)$$

其中 $\varepsilon_{\mathrm{re}}$ 为有效相对介电常数

$$\varepsilon_{\mathrm{re}} = \left(\frac{\varepsilon_r + 1}{2}\right) + \left(\frac{\varepsilon_r - 1}{2}\right) \cdot \left(1 + 12\frac{h}{w}\right)^{-1/2} \quad (1.87)$$

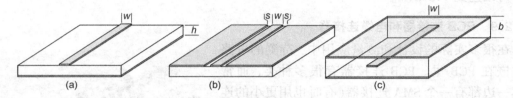

图 1.26　平面传输线：(a) 微带线；(b) 平面波导；(c) 带状线

有效相对介电常数决定了传输线的速度因子，但对于微带线来说，有些场在介质基片中传输，有些在空气中传输。因此，其传输的就不再是单纯的 TEM 模，这使得某些结构设计变得更复杂。耦合线就是一个例子，其偶数和奇数模式速度因子不相等。由于微带线传输的不是纯的 TEM 波，在高频时散射效应将会比较明显，可以发现微带线的有效延迟随着频率的变化不是平坦的。

由于微带线的损耗取决于很多因素，例如导线和"地"的电导率，介质基片的介电损耗，外壳或屏蔽层的辐射损耗，以及表面和边缘处粗糙导致的损耗（在 PCB 和一些低温共烧陶瓷的应用中可能非常大，并且取决于使用的特殊工艺），等等，因此要精确地计算微带线的损耗比较困难。市场上不乏一些高质量的 PCB 材料（例如常见的 Duriod 或 GTEK 等）。FR4 是最常见的板材料，其介电常数和 PCB 材料的损耗可能是不确定的。基板的成品可能是多个基板材料层用胶水黏合在一起的，最终的厚度取决于实际的处理步骤，所以在评估微带线传输线特性时最好做一些样品结构来帮助确定材料的特性。

一种常用的高性能材料是蓝宝石单晶体，它的独特之处在于它的介电常数是有方向性的，在三个维度中的一面具有较高的常数 10.4，而其他两面的介电常数相对较低，为 9.8。另外一种常见的高性能介电材料是陶瓷，多用于薄膜、厚膜和低温共烧陶瓷（LTCC）的应用中。它的介电常数比较一致，根据纯度和晶粒陶瓷结构的不同通常在 9.6~9.8 之间。

1.8.3.2　其他准微带结构

对于有些应用来说，要连接到比较大的器件时，50 Ω 微带线的尺寸就不合适了。悬置微带线是比较常见的一个变种。悬置微带线的接地面与介质之间有一定的距离。这样可以降低有效介电常数，提高微带线的阻抗。于是就可以用比较宽的导线来连接一个比较宽的器件，同时还能保持阻抗匹配。带有屏蔽壳的微带线是一种完全封闭的结构（微带线的理论结构模型假设是没有封顶的），其顶部的金属可以降低线路阻抗。对于悬置微带线来说尤其如此。

1.8.3.3　共面波导

微带传输线面临的一个问题是，"地"和信号在不同的层。共面波导（CPW），顾名思义，是一种"接地-信号-接地"的共面结构，如图 1.26（b）所示。还有一种是接地共面，其背面也是导体，在实际应用时，所有的共面线都有其相应的"地"。但如果介质背板与"地"之间的空气间隙太大，"地"的作用可能就失效了。参考文献[8,9]中给出了一些不同配置下共面波导的阻抗计算方法。微波测量中，在进行晶圆测量时经常用共面波导作为连接方式，用来测量图 1.27 所示的微波晶体管和集成电路，这样可以保证接地电感足够低。有时为正面接地[参见图 1.27（a）]，有时为背面接地[参见图 1.27（b）]。值得注意的是，由于阻抗只取决于信号线宽与空气隙宽的比值，因此可以将连接从比较宽的信号线过渡到很小的器件（如 IC）上去。

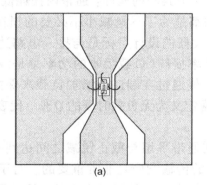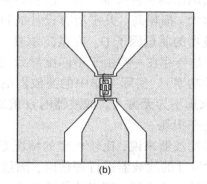

图 1.27　共面波导组装的集成电路

由于"地"位于表面或片上，共面波导本身也存在一些问题。很多时候，CPW 传输线安装在金属封装的基片上，而接地面位于一侧的壁上。如果在某频率上侧边的壁距离接地板边缘接近四分之一波长或其倍数，那么就形成某种传输线模式，导致 CPW 的"地"相对于封装的接地面来说相当于一个开路。能经常发现这种"热地"（hot ground）现象，为了避免这种情况的发生，有时会在 CPW 的背面用一个较小的过孔或者交叉线将一边与另外一边的"地"连接起来。另一种方法是通过吸波材料或者薄膜材料连接到侧边来抑制不需要的模式能量。还有一种方法是把共面波导用做接地板和导体之间空隙的悬浮衬底，然后用一些导线将 CPW 的"地""缝合"到侧面的接地板。由于增加了接地面，这种结构的特征阻抗降低了，为了对多出来的接地路径进行调整，通常要调节中心导线的宽度。

1.8.3.4　带状线

在 PCB 内层中更常见的传输线是带状线，带状线由一个薄带或矩形金属夹在两个接地面之间，接地面之间为一种介电常数均匀的材料，如图 1.26（c）所示。带状线的阻抗比同样宽度的微带线低得多，但它的优点是全 TEM 波，因此，要设计类似耦合线这样的器件就简单得多，因为奇数模速率因子与偶数模速率因子相等。一个薄带厚度为零的带状线的阻抗计算公式为[10]

$$Z_{\text{stripline}} = \frac{30\pi}{\sqrt{\varepsilon_r}} \frac{b}{W_e + 0.441b} \tag{1.88}$$

$$W_e = \begin{cases} w, & w/b > 0.35 \\ w - (0.35 - w/b)^2 \cdot b, & w/b < 0.35 \end{cases} \tag{1.89}$$

其他应用以及有限宽度影响和薄带不对称分布的阻抗计算公式可参阅参考文献[11, 12]。

1.9　滤波器

滤波器有很多种，包括低通，高通，带通，带阻滤波器，等等。多端口的滤波器可以组成双工器和多路复用器，用来将一个端口不同频率的信号分离或合并到不同频率的端口。通信系统中也有双工一说，指的是一个可以同时进行发送和接收的系统进行的双工模式操作。双工器是用来辅助双工操作的，避免发送信号过大导致接收机饱和。

滤波器的结构和种类非常多，但它们都有一个共同的属性：通带内损耗低，反射小，阻带内反射大，损耗高。几乎所有设计的目的都是为了尽量减小不必要的损耗，这种特性称为滤波器的质量因子 Q。在微波领域，滤波器的设计目标是与接入电路达到阻抗匹配，所以总是会存在一些由于不匹配导致的功率损耗(负载吸收的功率总是源功率经过损耗之后的功率)。实际工作中的滤波器的 Q 值通过在端口处增加负载来保持固定值，并且 Q 值永远不为无穷大。滤波器的 Q 值通常定义为无负载时候的 Q 值，代表了从源端到负载的功率损耗。

对很多滤波器来说，比较理想的情况是在通带平坦与截止锐减之间达到一种折中。因此，在对设计的滤波器进行评估时，测量它的传输响应是非常重要的。对于大部分通信系统中的滤波器来说，理想的传输响应在通带内应该是等量平坦的(而不是达到最平坦)，能达到切比雪夫型响应的效果(等量波纹)[13]。为了得到尽量陡峭的截止特性，有的滤波器采用了椭圆形响应，在传输响应中有几个有限的零点。在测量一个高性能滤波器的阻带特性时也需要考虑很多因素，有些要求在阻带内的隔离度大于 130 dB。这种近乎极端的隔离度要求给滤波器系统的设计和使用带来了很大压力。

现代的通信系统使用了复杂的调制方式，因此滤波器的相位响应也变得非常重要了，要控制滤波器的相位响应为线性(更关键的是，与线性相位响应之间的偏差)就成了一个重要的设计参数。与之对应的就是在通带内维持固定的群时延(group delay)。使用均衡技术可以消除高阶的相位响应，因此另外一个要测量的参数是滤波器相位响应与抛物线相位(限制相位响应在二阶响应以内)的偏差，也就是说测量的参数为相位响应偏离二阶相位响应的大小。有些滤波器用在前向反馈或者匹配系统中，对于这样的滤波器，在处理它们的相位响应、绝对相位和时时延一定要非常小心。

还有一个重要的测量参数是滤波器的反射。对于一阶响应来说，反射的信号都没有成功传输的信号，因此反射率越高，传输损耗越高。然而，对于那种匹配较好的滤波器来说，反射引起的损耗要远远小于耗散的损耗。因此，端口处的反射需求足够低，来避免其连接器件后会在传输方向引起过多的波纹，在大功率传输时即使是滤波器的小量反射也可能会导致其前置放大器的损坏。因此，对于滤波器来讲，回波损耗是一个很重要的测量参数(需求比较低),也是一个不好测量的参数。对于双工和多工滤波器来说尤其如此,因为这种滤波器的任何一个端口负载都会影响通用端口的回波损耗。

对于大功率应用来说,滤波器本身就会成为交调失真源,因此通常要测量大功率滤波器的无源互调参数 PIM。滤波器中元器件之间的连接接触不良,镀层不良或者在镀层或制造滤波器时使用磁性材料都会导致磁滞效应,进而在无源器件中引入互调失真。通常来说这些滤波器的 IMD 值要低于 −155 dBc,如果没有经过细心的设计和组装,这个指标通常都很难达到。

大多数高性能的通信滤波器用的是耦合谐振器的方法来设计的[14, 15]。而由于制造过程中的误差容限,这些滤波器通常不是在制造的开始阶段就满足这些指标,而需要调节谐振器和各谐振器之间的耦合。对这种滤波器进行优化时需要实时精确地测量传输和反射响应,是滤波器测量过程中的关键,也是工程师比较热门的研究范围。

另外一种滤波器多见于接收机的中频路径中,为声表面波滤波器(surface acoustic wave, SAW)。这种滤波器的工作频率也在逐渐上升,甚至有时会置于接收机的前端。SAW 滤波器可以有很高的阶数和很大的时延(毫米级别)。由于时延较大,在高速测量这种滤波器时要使用一些特别的技术。另外一种声表面滤波器为薄膜腔声谐振器(film bulk acoustic resonator, FBAR),它们的尺寸较小,通常用做移动电话的射频发射双工复用器。

陶瓷耦合谐振滤波器也是一种多用于移动电话和无线应用的滤波器。由于制造过程中的误差容限,通常要在制造时进行调节,包括研磨,激光切割等,直至达到合适的滤波器形状。这也给耦合谐振滤波器带来了一个问题,因为调节通常都是单向的,一旦谐振频率升高,就不能再将它调节减小了。因此对于高速测量来说,需要保证测量与调谐之间的间隔尽量短。

图 1.28 列出了几种类型的滤波器。

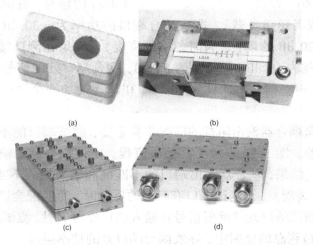

(a)　　　　　　　　(b)

(c)　　　　　　　　(d)

图 1.28　微波滤波器举例:(a)移动电话使用的滤波器;(b)薄膜滤波器,(c)和(d)为蜂窝基站使用的滤波器。经安捷伦授权引用

1.10　定向耦合器

定向耦合器用来区分一个传输系统中的前向和反向信号(参见1.3节)。传统的定向耦合器都是四端口,并且通常在第四个端口接一个性能较好的负载(实际中使用的定向耦合器几乎都有这样一个负载),如图1.29所示。定向耦合器有四个主要技术指标:插入损耗,耦合因子,隔离度和方向性。方向性与其他三个参数的关系为

$$方向性 = \frac{隔离度}{耦合度 \cdot 插入损耗} \tag{1.90}$$

多数耦合器都是无损耗的结构设计,意味着其方向性基本等于隔离度/耦合度;而对于有损耗的耦合器结构,例如定向桥,式(1.90)就适用了。考虑一个耦合度为20 dB的定向耦合器,当隔离度为50 dB,插入损耗为0.05 dB时,方向性约为30 dB。如果在输入端加一个10 dB的衰减器,如图1.30所示,那么隔离度增加了10 dB,插入损耗增加了10 dB,而耦合度不变,这时用简单的方向性等于隔离度/耦合度的定义就会使得方向性增加了10 dB,这显然是与事实不符的。

图1.29　定向耦合器

要表示方向性,一种更好的方式是考察耦合端口的功率对测试端口功率变化的响应能力。再来看图1.30,如果在输入端输入一个0 dBm的信号,在测试端口形成一个全反射(接一个开路或者短路负载),那么耦合端口的功率为−30 dB(10 dB的损耗,考虑全反射,再考虑20 dB的耦合,暂时忽略隔离度)。如果在测试端口加一个负载,那么输入端的信号损耗为10 dB,隔离度为50 dB,耦合端口处的信号为−60 dBm。开路和短路的差别为30 dB,因此方向性为30 dB,在输入端加一个衰减没有对方向性的测量结果产生影响。

实际应用中定向耦合器输出阻抗的匹配非常重要,测试端口的不匹配会导致方向性测量结果的较大误差。图1.31表示了其信号流程。定向耦合器的输出端口不匹配会依次影响方向性的测量结果,耦合器输出端口的不匹配和输入端的不匹配一起,表现为源的匹配(或称为源的失配)。当测试端口有较大的反射时,源匹配会影响耦合端测量到的功率。这种情况下测试端口处的反射信号在输入端口处再反射,测试端口处又二次反射,最终叠加(或负叠加)到总的反射中,导致耦合端口处的功率误差。

然而,输出端口的不匹配是一种直接误差,会导致信号反射至耦合器,直接影响到耦合器的方向性性能。

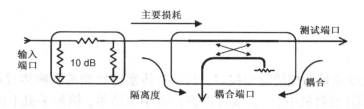

图 1.30　耦合器输入端加衰减器后的影响

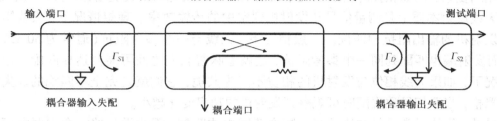

图 1.31　耦合器的测试端口处不匹配

1.11　环形器和隔离器

大多数无源器件是线性和双向的(即正向损耗等于反向损耗),但有一类基于铁磁效应的器件却不遵循这个规则,比如环形器和隔离器。环形器是一个三端口器件,在单一方向上的端口之间损耗较低,例如端口 1 到端口 2,端口 2 到端口 3 和端口 3 到端口 1。但在相反的方向上却有很高的损耗(称为隔离),例如从端口 2 到端口 1,端口 3 至端口 2 或端口 3 到端口 1。隔离器是一种特殊的环形器,它在端口 3 上端接了性能很好的负载,由此成为一个二端口器件。由于环形器的隔离度测量结果取决于其第三个端口处的负载匹配程度,因此给测量带来了困难。所以,为了保证隔离度的测量结果准确,需要在端口上连接匹配很好的负载。

此外,环形器是通过内部的永久性磁铁磁化来调节的。总是希望能在同一种连接状态下同时测量三个端口的隔离度,来保证较快的测量速度。因此,市场上出现了多端口(大于二端口)系统以简化测量的连接,同时有多端口校准技术来保证高质量的误差校正。

虽然环形器和隔离器是无源器件,但有时也需要测试它们的大功率响应,例如压缩和 IMD。铁磁具有磁滞效应,用大功率来驱动时会产生互调失真。图 1.33 给出了环形器的信号流图。在图 1.32 中,左边的隔离器在上方自带了一个负载,而右端的环形器有三个端口,负载处由一个 SMA 接头代替。

图 1.32　隔离器和环形器

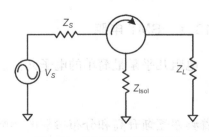

图 1.33　环形器的信号流图

1.12　天线

天线作为无线通信系统的空中接口，其对整体系统性能的影响体现在最前端（在接收机中）和最后端（发射机中）。天线可以做得很小很简单，例如手机上的拉杆天线，也可以相当复杂，例如相控阵雷达系统中用的天线。天线有两个关键指标：反射和增益图。

天线反射本质上是测量信号从发射机到空中的传输效率。理想情况下，天线阻抗应该与发射机的输出阻抗相匹配。一般情况下，天线与一个参考阻抗（通常为 50 Ω）相匹配，而发射端也匹配到同一个参考阻抗，这就意味着它们之间可能会达成匹配。但在更多情况下，如果天线相位与发射机的相位不互为共轭，它们就是完全不匹配的。失配指标越严格，当调相导致失配时可观察到发射机的功率变化越小。

另外，天线通常只是在比较窄的频率范围内才匹配，天线设计的一个主要方面就是扩展其阻抗匹配的带宽。一种常见的天线是双锥形天线，一般用来检测电子元件的辐射情况。另外一种设计方向是窄带天线，这种要求在较小的频率范围内具有很小的回波损耗，以尽量减少反射回大功率发射机的功率。

天线的增益，或天线增益图，表示的是天线相对于一个理论的全向天线辐射到指定方向（或称为波束）的效率，通常称为各向同性的辐射体。其指标为相对全向天线的分贝数，单位为 dBi。

测量天线图也就是测量天线的辐射图，通常在极坐标上用等值线来表示，其中极角指的是相对于主波束或"瞄准线"的天线角度。天线图的测量可以是简单的转盘上天线的增益测量，也可以是复杂到多元相控阵列的近场探测。这些复杂的测量不在本书的讨论范围之内，但本书将会介绍天线回波损耗测量的一些方面，包括改进测量的一些技巧。

1.13　PCB 组件

PCB 组件的测量是一个比较广义的话题，这里讨论的重点是无源 PCB 组件的测量，例如表面贴装（SMT，简称表贴或者贴片）电阻，贴片电容和贴片电感。无线电路中无源器件的绝大部分都是这类组件，并且其寄生效应也会给电路产生很多不良的副作用。下面是对这些器件模型的一个综述，在测量时的主要难点是理解这些模型各方面的相对重要性并提取模型参数。

1.13.1　SMT 电阻

电阻几乎是最简单的电子元件。通常电子类课程的第一课提到的就是欧姆定律

$$R = \frac{V}{I} \tag{1.91}$$

随着频率逐渐升高和分布参数的影响，射频下电阻的模型就变得复杂了，其寄生参数成为主要影响因素。本书的讨论重点是表贴型的 PCB 元器件，在现代电路中这些元器件几

乎无所不在。薄膜或厚膜混合电阻器具有类似的特性，并且虽然寄生效应和分布参数的影响只在高频段才体现出来，但是大多数的讨论对它们也是适用的。

电阻的等效模型通常为一个电阻串联一个电感，再并联一个电容。对于一个单独的 SMT 电阻来说这个模型比较合理，但这种等效模型及其效果会在很大程度上受到元件安装方式的影响。例如，如果将它与一个微带线串联，那么该电阻比信号线要窄得多，这种情况下用这个模型就可以很好地预测电路的响应。但如果把这个电阻装在一个非常窄的信号线上，那么在接触点与地之间将产生额外电阻，这时候的模型必须考虑到这个影响。频率较低时，一些旁路电容的影响并不大，但在频率较高的时候最好用一个阻抗较低的传输线。

考虑到寄生效应时，分流模式下（shunt mode）的电阻与串联下的电阻模型完全不同。虽然电阻在射频下的值可能与串联值相等（接近直流值），但微带线配置中由于接地过孔带来的电感影响，其有效电感可能会高很多。令人惊讶的是，如果接地的过孔焊盘很大，会使其有效电感变得更大，因为它与通路的电感谐振会大大增加整体的电感。同时电阻的并联电容可能会被传输线吸收。图 1.34 显示了一个电阻的串联和并联连接。如何测量和提取这些值将在第 9 章中进行讨论。

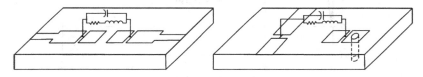

图 1.34　串联电阻和并联电阻模型

在很多情况下，这两个寄生参数的其中一个会成为一阶高频响应模型中的主要因素。事实上可以简单地来计算这些寄生参数的值。例如对于一个 0603 的贴片电阻来说，它的宽度为 0.8 mm，高度为 0.4 mm（包括一些镀层和一些边缘效应），长度为 1.6 mm。如果考虑电阻周围的连接情况，那么将电阻长度除以 3（变为 0.25 mm）比较合理。同时考虑到 SMT 电阻通常都基于陶瓷基片的设计，陶瓷基片的介电常数为 10，那么可以得到电容为

$$C = \varepsilon_r \varepsilon_0 \frac{W \cdot H}{L} = 10 \cdot 8.85 \times 10^{-15} (\text{F/mm}) \cdot \frac{0.8 \cdot 0.4}{0.25} = 0.11 \text{ pF} \tag{1.92}$$

根据电极的实际情况，实际的电容值可能会大很多或者小很多，这只是一个初始估计。对于电感的情况可以参考传输线的公式，如果电阻是安装在一个很窄的信号线上，那么它的阻抗值很高，电感从 1/2 处产生，可以得到寄生电感值为

$$l = \mu_0 \cdot L = 4\pi 10^{-10} (\text{H/mm}) \cdot 0.8 \text{ mm} = 0.8 \text{ nH} \tag{1.93}$$

从模型中可以计算得到电阻的电感部分和电容部分在某一个频点的值分别是多少，哪个是主要影响。例如，频率为 3 GHz 时，串联的电感部分产生的感抗值为 15 Ω，并联的电容部分产生的容抗为 1500 Ω。那么在电阻为 50 Ω 时，电感值影响较大，而 300 Ω 时电容值影响较大。如果电阻值较小，那么在频率比较高时，感抗部分影响较大而串联阻抗比预期也要大很多，这样会导致电阻产生的损耗要高于预期。在电阻值较高时，寄生电容减小了串联阻抗导致电阻损耗比预期的要低。对于不同尺寸的电阻这些值的变化是

不同的,因此对于电阻来说转换点频率也是不同的,但是这些寄生作用的影响是类似的。这样有一个好处,因为在某一个转换点上感抗和容抗正好互相抵消,那么电阻成为一个理想的电阻,其值可能要高于或低于正常值。用这个值来进行串联或者并联的定义就可以找到电阻的一个范围,在这个范围内频率比较低时没有寄生现象。对于上面的值来说,一个 50 Ω 的接地负载电阻的回波损耗在 3 GHz 时为 – 18 dB;然而,如果用两个 100 Ω 的电阻并联,其回波损耗只有 – 36 dB,其性能比单个 50 Ω 的更好。因此,对寄生参数进行分析,通过合理的补偿,可以将电阻用在比正常频率更高的频段上[16]。图 1.35 为一个 50 Ω 和两个 100 Ω 并联(等效为 50 Ω 负载)的电阻的等效阻抗。上面的分析也同样适用于 SMT 电感和电容。

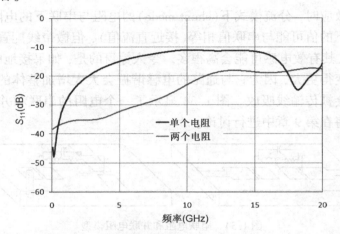

图 1.35　单个 SMT 电阻的输入匹配和两个并联电阻的阻抗匹配

1.13.2　SMT 电容

　　SMT 电容的模型与电阻不同。首先,其寄生参数都为串联,如图 1.36 所示。串联电感主要由封装的尺寸导致,这点与电阻类似。而串联的电阻部分则由制造工艺产生,因此不能轻易被消除掉,但是对于宽带的应用(电容一般用来隔直或旁路)来说串联的电阻部分影响很小,而串联的电感部分是主要影响,串联的电感部分会导致电容阻抗值随着频率升高(而不是变为零);当频率非常高时,可能会给整个串联电路产生一个并联电容,因此整体电容的阻抗值又会下降。

　　当电容用于调谐电路中时其寄生的电阻部分就比较重要了,这时封装电感成为谐振感,而谐振时的串联电阻会使电容器 Q 值恶化。如果进行仔细设计,可用串联电感产生的感抗来补偿电容的影响,这样会导致电容要大于规定值。事实上,当寄生电感的感抗等于电

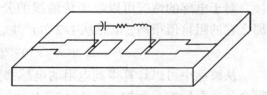

图 1.36　SMT 电容模型

容的容抗时,电容的有效值变为无限大,此时串联的阻抗就只有寄生的电阻部分了。因此要评估一个调谐电路中的电容,需要评估在其最大效用点附近频率的值。以一个单极

点滤波器为例，当电容容抗接近 50 Ω 的时候是其临近截断点的位置。很多时候，电容产生的电感部分已经足够大，以至于电容性质发生反转。因此，需要知道这一点附近的有效电容值。一个较好的做法是评估电容容抗在 j50 Ω 附近的特性。

电容器另一个重要的特征是其内部的组装结构。电容器通常由一组交错的平行板叠加而成，平行板交替与端子相连。这些平行板可以是平行或者垂直于 PCB 放置。有时候电容自身就可以在高频形成一个介电谐振器，低于谐振点时其性能在 PCB 上还是单个、大块的导电电容。这样就可以把电容器当成一个比安装线阻抗更低的传输线。

旁路电容由于接地过孔串联电感和焊盘的原因，其寄生参数会更多。

1.13.3 SMT 电感

电感在简单无源器件里可能是最复杂的。由于电感由非常细的线圈组成（有时是多层线圈），因此电感的寄生参数跟其构造有很大的关系。有些电感的线圈轴与 PCB 平行，有些为垂直。在这两种情况下电感的模型都基本与电阻相同，如图 1.35 所示，不同的是其串联电感的感抗与直流下的电感感抗相等，而串联电阻值与直流下的电阻值也相等。由于电感本身的构造原因，会产生很大的寄生电容。当把电感当成偏置元件时（需要其阻抗值在高频时比较高），经常会发现其寄生的电容在整个频段内影响都比较大。因此很多情况下需要基于整体的有效电感仔细选择电感值，有时也需要在特定频率下使用一些并联电容来保持较高的阻抗值。一般来说，要制作一个在整个频带内射频性能都很好的电感比较难。

当把电感用于滤波器时，一般来说寄生电容影响比较大，对于带通滤波器来说，考虑到寄生电容的影响，需要在每种应用下都评估其电感有效值。

电感的指标有自谐振频率 SRF，指的是在 SRF 频率以上电感都呈现出容性（阻抗随着频率逐渐降低）。一种估计 SRF 的方法是在制作电感时考虑线的长度，SRF 通常要小于线长为四分之一波长时的频率。

1.13.4 PCB 过孔

PCB 过孔也许是 PCB 最常见的组成部分，也往往是最容易被忽视的。过孔的影响在很大程度上取决于它在电路中的构造。传输线中心的过孔影响几乎与一个纯电感相同。然而，PCB 上射频布线之间的过孔产生的电感与寄生电容（过孔周围的焊盘）可以完全或部分抵消。当过孔用于并联元件（例如一个负载电阻，或一个旁路电容）的焊盘时，焊盘和过孔形成谐振导致焊盘的大小会增加过孔的有效阻抗。另外，通常用几个过孔与接地元件并联，这样会降低其有效电感，或对有源器件进行散热。将过孔进行并联可以降低其有效电感，但是并不容易实现。过孔之间的互感意味着其有效电感值不会像预期的那样减少（不会减半）。例如，将两个 100 Ω 的电阻并联放在线路的末端接地，可能会导致电感值比同样两个 100 Ω 电阻以 T 形放置的电感值还要大（虽然在这种情况下接地过孔是分离的，互感也更小）。

1.14 有源微波器件

除了少数情况，大多数的无源器件遵从一个基本的规律——线性，因为其特性只随着频率变化，而不随着施加信号的功率大小变化，因此这些无源器件的表征比较简单。而有源器件是对功率敏感的，因此它们的频率响应和功率响应都很重要。通常情况下，无源器件的工作功率远低于能使其特性发生变化的功率，但大多数有源器件为了提高效率都是在大功率下工作的。

1.14.1 线性和非线性

从测量的角度上讲，元器件的线性指的是其输出功率是输入功率的线性函数。如果输入功率增加一倍，那么输出功率也增加一倍。几乎所有的无源器件（甚至许多有源器件）都遵循这个规则。线性的另一种定义为输入端的频率与输出端的频率相同。在实践中，描述系统响应时第一种定义更有用一些。下面介绍一些有源器件的重要特性。

1.14.2 放大器：系统放大器，低噪声放大器和大功率放大器

1.14.2.1 系统放大器

系统放大器简单来讲就是用来放大系统信号的增益模块，它具有很好的反向隔离特性。系统放大器的噪声系数可以比低噪声放大器（LNA）高，因为它们主要用于信号通路中，其信号总是远远高于本底噪声的。通常来讲这些系统放大器位于 LNA 之后，并经过一些预滤波。有时也作为本振（LO）放大器用在变频器中对射频信号进行隔离，防止信号泄漏出射频端口。系统放大器通常都是宽带放大器，具有良好的输入和输出匹配电路，模拟一个理想的增益模块。这些放大器的主要指标有：增益（S_{21}），输入和输出匹配（S_{11}，S_{22}），隔离（S_{12}）。有时也把放大器的方向性定义为隔离度（单位为 dB，正数）减去增益（单位为 dB，或 S_{12}/S_{21}）。它用来衡量放大器输入端负载的影响，或源阻抗对输出阻抗的影响[17]。在系统其他元器件匹配较差或不稳定时，方向性就变得比较重要了。由于这些放大器带宽很宽，因此它们的稳定性很重要，因为其负载可以是多种多样的。系统放大器的其他指标还包括增益平坦度（增益与标称值的偏差），1 dB 压缩点（增益下降 1 dB 时的功率），谐波失真和双音三阶互调（有时称为三阶交调截断点，参见 1.3 节）。

1.14.2.2 低噪声放大器

低噪声放大器通常位于通信系统的最前端，用来在不增加过多噪声的情况下对信号进行放大。其主要指标为噪声系数和增益。从系统角度讲，噪声参数（参见 1.3 节）非常重要，因为它代表了噪声系数随着源阻抗的变化。LNA 通常用于小功率的环境下，因此其 1 dB 压缩点并不是一个主要的指标，但在使用时失真仍然是一个制约因素，因此参考输入的截断点也是一个常见指标。低噪声放大器通常需要在（最低）噪声系数和（较好的）输入匹配之间进行折中。LNA 提供最低噪声时的源阻抗未必等于系统阻抗，因此 LNA 设计的一个关键任务就是处理这种折中。

1.14.2.3　功率放大器

功率放大器的多数指标与系统放大器和低噪声放大器相同,但更强调功率处理。此外,放大器的有效性也是功率放大器中最常见的指标之一,这意味着在测量时还必须考虑直流驱动电压和电流。由于功率放大器通常需要射频激励脉冲,因此其脉冲特性,例如脉冲包络(包括脉冲的振幅和相位下垂),也是关键参数。

功率放大器往往被驱动到其非线性区域,所以常用的线性 S 参数不能用来表示匹配。基于此,经常用负载牵引系统来表征功率放大器。增益压缩和输出参考截取点也是功率放大器常见的指标。有些放大器(如行波管放大器)的设计会使其输出功率在某点达到最大,然后随着驱动功率的增加而减少,这个最大功率点称为饱和点。在额定输出功率时的增益是压缩测量的另一种形式,它表示在固定功率点测量的增益,而不是找到增益下降 1 dB 时的输入功率。

功率放大器的指标通常为其失真特性,包括 IMD 和谐波含量。对于调制驱动信号来说,更多相关的参数是相邻信道功率比(ACPR)和相邻信道功率值(ACPL)。矢量幅度误差(EVM)是结合许多参数的一个综合值,会受到压缩、平坦度和互调失真(其中包括)的影响。

1.14.3　混频器和变频器

另一类主要的元器件是混频器和变频器。混频器通过第三个信号[称为本振(LO)],将射频信号转换为中频 IF 信号(也称为下变频)或将 IF 信号转换为射频信号(上变频)。通常来讲,输出或输入端比较低的频率称为中频。混频器使用的 LO 会给电路(如二极管或晶体管,通常以 LO 的速率进行通断)带来一些非线性。根据之前提到的线性元器件的第二个定义,可以看出变频器和混频器属于非线性器件。事实上,在正常工作情况下它们对于想要的信号来说是线性的(根据第一定义),理想情况下变频器并不改变输入/输出传输函数的线性。

输入信号通过时变的电传导发送到输出端,输出信号包括输入信号与 LO 信号的和频与差频。混频器通常与滤波器和放大器等一起工作,有些混频器也用做变频器。实际操作中,变频器通常在输入端进行滤波,以防止不必要的信号与中频 LO 混频之后在输出频带内产生信号;同时在输出端进行滤波,以去除混频过程中的和频或者差频。有些转换器,例如镜像干扰抑制混频器中有特殊的电路,可以在不经过滤波的情况下去除掉不想要的边带。这些通常是由射频和 LO 信号驱动的两个混频器产生的,对其进行调相使得所需边带的输出信号同相叠加以产生更高的输出;不需要的边带使其反相以产生较小的输出。单片微波集成电路(MMIC)中变频器和混频器的界限比较模糊,因为其中可能包含多个放大器和混频级,但通常不进行滤波。

混频器的基本参数包括变频损耗(对于 MMIC 这种带放大器的情况为变频增益),隔离度(包含 12 个变量,详见第 7 章),压缩等级,噪声系数(对于无源混频器来说只有变频损耗),输入和输出匹配,其他参数大多与放大器相同。

混频器有无源和有源之分。无源混频器不包含放大电路,通常包含二极管(具有环形或星形配置是最常见的），并且在有些路径中使用巴伦以提供更好的隔离度，并降低高阶产物。高阶混合产物也称为杂散混合产物或杂散，指的是除了输入信号与 LO 差频和和频以外的信号，通常通过信号产生的谐波次数来规定，例如：2:1 的高阶混合物指的是两倍 LO 频率加减一倍输入信号频率处产生的信号。杂散混合产物的多少（有时也被称为混频互调产物，即使输入端并不存在两个单倍信号）会随着射频驱动信号以杂散射频部分的次数发生变化。例如，对于 2:1 的杂散来说，射频驱动功率每改变 1 dB，其功率就增加 1 dB。然而，由于 LO 和杂散信号都会造成混频器的非线性，要真正预测杂散信号随着驱动功率变化的情况很难。在很多情况下，LO 的功率较高时，由于射频信号相对 LO 的信号很小，会产生一个较高的杂散信号。而有些情况下这些非线性元件的传输阻抗在整个射频驱动功率范围内都比较平坦。有时会用一个杂散表来定义混频器的杂散高阶产物，杂散表中显示高阶产物相对于期望输出的 dBc 值，第 7 章中会详细讨论这种测量。

　　带巴伦的混频器可以抑制一些高阶互调产物，射频端口的巴伦可以抑制奇次谐波的 LO 杂散信号，而 LO 端口的巴伦可以抑制偶数次射频杂散的产物。这种单端口平衡的混频器称为单平衡混频器，比较典型的是 LO 端口平衡。双平衡混频器在射频和 IF 端口都有巴伦。混频器较详细的配置信息可以参阅第 7 章。三重平衡混频器通常由一对双平衡混频器组成，并且 IF 端口也有一个巴伦。其主要优点是可以将射频信号驱动到两个二极管堆（diode quad）的中间，这样射频相对于 LO 的比例降低，产生的杂散信号也会降低，然后将输出合并进行信号的恢复。这样就可以使得混频器在输出功率相同的情况下具有相同的变频损耗，但杂散产物更低。其缺点是由于 LO 的驱动功率减半，需要较高的 LO 驱动功率来达到同样的二极管堆线性度。

　　混频器的杂散产物是系统设计时要考虑的很重要的方面，为的是尽量减少 IF 输出中的杂散信号。可惜的是，有些频率规划却导致杂散信号落入信号的带宽之内，在这种情况下，系统的设计人员们就通过多个转换级合成一个转换级来保证输出的信号中没有杂散信号会落到下一级输入的频率之内，然后再用一个转换级产生想要频率的信号。这种多级转换或者"双 LO"系统称为一个变频器，通常需要额外的滤波和放大，如图 1.37 所示。

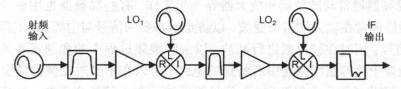

图 1.37　双 LO 频率转换器

　　由于使用了更多器件，这种变频器的增益和相位频率响应通常会有波纹，导致信号发生失真。变频器的关键指标有：增益平坦度，群时延平坦度和相关的相位平坦度，也称为线性相位偏离，表示将相位与直线拟合后的残留波纹大小。现代系统采用的均衡技术可以去除部分平坦度的影响，只要它们遵循简单的曲率。变频器的另一个指标为与抛物线相位的偏差，指的是相位数据与二次曲线的偏差。

　　由于属于频率转换器件，混频器的输入或输出匹配通常较差，当把它装入变频器时可能给系统的平坦度产生较大影响。直到目前也很难根据它的输入匹配来预测其输出负载的影响，参考文献[18]中给出了用数学工具对系统中的混频器进行建模时这些参数之间的关系。如果混频器的输出信号为输入与输出信号的和，那么描述起来较为简单，但如果混频器的输出是输入与 LO 的差，情况就复杂一些，尤其是输入频率比 LO 还要小的时候。这种情况有时被称为镜像混频器，它的特点是，如果输入频率升高，那么输出频率就下降，相位也是如此：输入信号的相位为负，那么输出信号的相位就为正。第 7 章中将会从数学的角度对这种特殊的效应进行阐述。

1.14.4　N 倍频器，限幅器和分频器

　　能在输出端产生新频率的器件不只有混频器一种。N 倍频器也可以用来产生高频信号，尤其是用来产生毫米波信号。N 倍频器将正弦波变为非线性波来产生高频信号。基本的倍频器是一个半波或全波整流电路，例如二极管桥。一对背靠背的二极管可以将正弦波变为包含丰富奇次谐波含量的方波，本质上与限幅器类似。

　　N 倍频器的主要指标是从基波到谐波的变频损耗，另外还有基波馈通和高次谐波。

　　限幅器的主要特点是输出功率(也就是限制到的功率)较大。另外还有限幅的起始和压缩点。理想的限幅器在限幅开始之前都是线性的，然后才开始削减幅度。

　　其他的 N 倍频器类型包括阶跃恢复二极管和非线性传输线，当用一个正弦波驱动时，他们会突然"关断"产生一个非常尖锐的边沿。根据不同设计，"关断"的时间可以非常短，于是会产生含有丰富谐波的输出。也可以用一些数字电路来作为脉冲发生器，用正弦波产生非常窄的脉冲，这样的脉冲也含有丰富的谐波。

　　N 倍频器一个不易辨别的方面是它的群时延，因为输入频率的变化可以导致输出频率成倍的变化。一个经过倍频的调频信号与初始信号的速率一样，但是偏差变为两倍。因此，N 倍频器或倍频器很少用在射频或微波系统中的信号或路径中，但它们可以用在基波路径和很多系统的 LO 中。

1.14.4.1　分频器

　　分频器输出一个比输入频率更低的频率。与 N 倍频器类似，它们是高度非线性的，并且经常输出方波。分频器的关键指标有：保证分频器正常工作的最小和最大输入功率，输出功率和谐波，以及附加的相位噪声。通常情况下，对于每个二分频的部分，相位噪声降低 6 dB。但分频电路的噪声和抖动会给信号增加额外的噪声，输出端与输入端相比增加的相位噪声称为附加相位噪声。对于混频器来说这也是一个问题，因为 LO 相位噪声会叠加到输出信号，并有一小部分叠加到放大器上。

1.14.5　振荡器

　　振荡器是一种典型的没有输入却产生频率输出的非线性电路(噪声除外)。振荡器有很多重要指标，包括输出频率，输出功率，谐波，相位噪声，频率推移(直流功率改变时频率的变化)，频率牵引(改变负载阻抗时频率的变化)和输出匹配。

　　电压控制振荡器(VCO，简称压控振荡器)可以通过输入端的电压变化改变输出频

率。压控振荡器的关键指标是电压-频率控制因子。一个相关的微波元件是钇铁石榴石（YIG）振荡器，它使用一个球形的 YIG 谐振器作为 YIG 调谐振荡器（YTO）的控制单元。YIG 谐振器的特点是，谐振频率随着磁场的变化而变化。YTO 具有很宽的调谐带宽（高达 $10:1$）和非常低的相位噪声。通过改变电磁铁中的电流来进行调谐，但磁体的大电感会导致其工作带宽比较窄。YTO 通常有一个辅助的低电感的线圈（FM 线圈），可以在带宽很宽的情况下较小地改变频率。

　　由于本书的重点是激励响应测量，因此不会涉及谐振器的测量。

1.15　测量仪表

1.15.1　功率计

　　微波仪表中最简单常用的应该就是功率计了。功率计由传感器（吸收或检测射频功率并将之转换成直流信号）和测量电路（精确地测量直流信号并进行校准或校正）组成，可以得到射频功率信号的大小。功率计根据形式和复杂度不同有很多种类，下面列出了常用的几种。

1.15.1.1　量热计

　　量热计通常被认为是功率测量系统中最精确也是溯源性最好的，它有一个热隔离的射频负载（用来吸收射频能量）。这个负载处于热交换器和热电堆中，用来检测温度的变化。由于温度是基本的测量参数，因此量热计可以溯源到基本的 SI（国际单位制）。量热计系统可以处理很大的功率，但其响应速度慢并且非常笨重，因此除非在特殊情况下，射频工程师通常不使用。

1.15.1.2　射频辐射热测定器和热敏电阻

　　射频辐射热测定器或者热敏电阻器的射频测量元件是一个热敏电阻，这个热敏电阻是直流电桥的一部分。直流桥部分是电平衡的，当有射频信号施加到测辐射热计单元时，该元件受热并且其直流电阻产生变化。直流桥用一个偏置电压进行清零，偏置电压的值与辐射热计吸收的功率直接相关。辐射热测量器的关键就在于它对射频和直流功率同样敏感，因此可以用精密直流源来产生一个已知的功率，此时平衡电路是基于吸收的直流功率进行的校准。射频功率与直流功率会产生相同的热效应，因此很容易进行校准。辐射热测定器的动态范围（输入功率减去正常工作功率）通常较小，但线性度（正确地测量输入功率不同的能力）较好。通常情况下，辐射热测量器只用于精密的计量实验室。

1.15.1.3　射频热电偶

　　到目前为止，射频热电偶是最常见的功率传感器。热电偶将热能直接转换为直流电压。由于其体积较小，热质量也小，因此响应更快，并且动态范围大于任何热敏电阻或量热计。与其他传感器一样，热电偶也需要精确的校准源，但是热电偶又是隔直流的，因此需要一个低频率的交流源。这些传感器广泛地用于射频行业，缺点是响应比较慢（响应时间通常在几毫秒到几十毫秒之间），但是线性度很好并且不易感应谐波。谐波功率为所需信号功率的均方根值误差。由于 20 dBc 或者更低的谐波代表不到 1% 的主信号的功率，因此由谐波产生的误差是非常小的。

1.15.1.4　二极管检波器

现代功率计更多采用的是二极管或多极管功率传感器。这种传感器采用一个或者多个二极管来修正射频信号并产生一个等效的直流信号。偶尔将直流信号进行截断或修改来提供给功率计的测量部分[典型的如模拟-数字转换器(ADC)]。截断信号是为了补偿 ADC 输入端的直流偏置。

旧式的二极管检波器只使用一个二极管，检测范围的头 20 dB 为"线性"范围，低于这个范围时二极管将工作在"平方律"模式下，此时输出电压将是输入信号平方的函数。在低功率范围内，输出电压将与输入射频信号平方线性相关，因而与检测到的功率成正比。在这个范围内，它的性能几乎与热敏电阻传感器相当，但是速度更快，动态范围也更宽。在其测量范围的上面部分，也就是线性区域内，输出电路和测量算法进行调整，以补偿线性操作模式下的变化。然而，线性模式下谐波的功率影响很大，一个 20 dBc 的谐波信号可以对基波的测量功率带来 10% 的变化，虽然它仅包含 1% 的功率。这是由于谐波对射频电压的峰值效应引起的。在平方律区域以外(也称为非线性区域内，实际上是功率计不在线性的范围内)功率计可能无法准确地测量复杂的调制信号，具有高次谐波信号或者峰值均较高的信号。

更高级的二极管传感器使用的是嵌入式二极管组成的多极(两个或两个以上)单元，其中有的加了较大的衰减，使之可以工作在更高的功率上，但仍然在平方律范围以内。当一个传感器的功率超过平方律区域，功率计仪表中的复杂算法会检测到，并变为带衰减的二极管输出的功率读数。这大大扩展了通常二极管传感器的有效范围。

1.15.2　信号源

1.15.2.1　模拟信号源

在很多测量工作中信号源，信号合成器或者简单的源都是作为辅助仪表出现的。它们可以代替混频本振来提供 CW(连续波)信号，或给放大器或滤波器提供输入信号。这些通常被称为"模拟源"，其关键指标为：频率范围，输出功率范围(最小和最大)，相位噪声和频谱纯度和频率切换速度。

频率范围和输出功率范围的意义比较明显。相位噪声和频谱纯度是在载波附近进行测量时的关键指标，例如 IMD 测量，或谐波失真测量，等等。

开关速度在使用自动测试系统(ATS)，并将源作为扫频激励时非常重要。通常来讲，单独的信号源需要在相位噪声和开关速度之间做一个折中。

1.15.2.2　矢量信号源

另一种信号源是矢量信号发生器，它有一个内部的 I/Q 调制器，用来产生各种各样的信号。有些矢量源(由于它们可以用数字调制技术产生信号因此也称为"数字信号源")有内置的任意波形发生器(arbs)，而有些信号源可以输入宽带的 I/Q 信号，这样可以用外部的任意波形来直接驱动矢量调制器。

有了矢量信号源，可以用任意波形文件来产生各种各样的信号，包括切换极快的连续波 CW（只要其工作在 I/Q 调制器的带宽内），双音或多音信号，伪随机噪声波形和复杂的调制信号（取决于数字通信和无线电话的标准）。

矢量源的关键指标有：I/Q 输入的调制带宽，任意波形发生器调制带宽（如果内置的话），任意波形文件的内存大小（影响可以创建的信号长度），I/Q 保真度或调制器的线性度。这种线性度决定了矢量源产生纯净信号的能力。例如，可以通过双边带抑制载波调制产生一个双音信号，但如果调制器不平衡或非线性，那么就可能在两个音之间产生载波泄漏。

矢量源的输出功率放大器是非常重要的，因为它们的失真会直接影响调制信号的质量，造成三阶互调（TOI）和调制信号频谱的扩散。

1.15.3　频谱分析仪

频谱分析仪（SA）是一种特殊的接收机，它在 x 轴显示信号频率，在 y 轴显示对应信号的功率，因此，可以把它当成频率敏感的功率计。

频谱分析仪的主要指标是平均噪声功率（DANL）和最大输入功率。最大输入功率取决于 SA 中的输入混频器的压缩，因此可以通过增加输入衰减来提高。然而，增加衰减就相当于等量降低了平均噪声功率。测量信号的另一个限制，例如 TOI，是输入混频器自己产生的失真，它会在待测信号 TOI 相同的频率上产生 TOI 信号。一个 SA 的技术文档通常会指定相对于同样输入混频器的失真，以 dBc 为单位。这个指标，和本底噪声决定了 SA 的测量范围。分辨率较低的带宽可以在牺牲测量速度的前提下降低本底噪声。测量谐波时也有类似的影响。

频谱分析仪的另一个重要指标是频率平坦度和功率线性度。频谱仪的平坦度指标通常较高，对于 26 GHz 的微波频谱分析仪来说可能会达到 ±2.5 dB，典型值要更好一些，平坦度可以用幅度校准进行补偿。产生较大频率响应的是预选器（通常是一个扫频 YIG 滤波器）和 SA 里的第一个转换器。这些误差是稳定的并且是可以校准的，但即使做了预选器的调谐后校准也仍然会有一些残留的平坦度误差，也就是说，它不能保证一直能将峰值调谐到设定的频率上去。另外一个没有校正的误差来源是 SA 输入和输出与测量信号源之间的不匹配。在某些情况下，这个值可能非常高，达到 ±1 dB 或更多。

顾名思义，频谱分析仪的主要作用是测量的未知频谱的质量。微波测试中使用的频谱分析仪主要用于测量已知激励下系统的频率响应或失真响应。这种应用正在逐渐被接收机更快，内置了信号源并具有先进校准功能的矢量网络分析仪所替代。

1.15.4　矢量信号分析仪

随着射频微波通信中数字调制信号越来越多，频谱分析仪也变得越来越复杂，它可以对宽带的信号进行解调。这种专业的频谱分析仪通常被称为矢量信号分析仪（VSA），它们在元器件测试中具有非常重要的作用。

对于很多有源器件来说，其关键指标之一是它们给矢量调制信号带来的幅度或相位失真（相对于理想信号）。一组数字符号误差的总和称为误差矢量，其平均幅度误差称为矢量幅度误差(EVM)。EVM 是相对于理想波形的信号指标,而放大器产生的 EVM 指的是输入信号和放大器自身产生的 EVM 误差总和。这么说来,EVM 并不是一个微波元件参数,而是一个相对值,表示输出信号相对于输入信号残余或引入的 EVM 误差。实践中用的都是性能较好的源来产生数字调制信号,因此输入信号对 EVM 的影响很小,但是随着数据速率的提高和调制带宽的增加,输入信号的影响变得更重要,因此,需要用多通道的 VSA 来对输入和输出信号进行比较。普通的 VSA 并没有双通道功能,有些厂商的 VSA 具有专门双通道接收功能,而其他厂商的 VSA 可能使用的是宽带数字转换器,甚至是数字示波器,来对调制信号进行数字化。目前为止,这样的 VSA 最多可以有四个通道。

1.15.5　噪声系数分析仪

噪声系数分析仪(NFA)是频谱分析仪的一个分支,专门用来测试噪声系数。起初 NFA 作为一种特殊的频谱分析仪,具有改进的高质量接收机和电子切换增益,可以使得仪器本身的噪声系数与待测信号相比尽量小,为了实现这个目的,需要在前端的第一个转换器之前增加一个高增益低噪声放大器,并降低仪器的输入功率。而如今这种结构已经不再适合一般的 SA 应用。

另一方面,有些频谱分析仪制造商给他们的 SA 产品增加噪声系数功能,因此,这两种产品之间有很多的功能重叠,但大多数 SA 需要一个额外的 LNA(至少在某些频段)。更新的 SA 产品还具有 IF 结构,可以达到同 NFA 一样灵活并同时可以优化系统的性能。

所有这些 NFA 都采用了"热/冷"或"Y 因子"法来测量噪声系数(更多的信息请参阅第 6 章)。在 DUT 的输入端使用可开关的噪声源。经过仔细测量输出噪声,可以得到 DUT 的增益和噪声系数。

最新的矢量网络分析仪经过改进之后,可以用来分析噪声系数,这种矢量网络分析仪使用的是一种完全不同的方法:"冷噪声"法。这种方法使用普通的矢量网络分析仪增益测量来得到输出噪声功率和增益,然后用这些值计算出噪声系数。这中间没有用到噪声源。这种方法的优点是速度更快(只需要进行一次噪声测量),缺点是对矢量网络分析仪噪声接收机的增益漂移很敏感。Y 因子法不依赖于 NFA 接收机的增益,但 NFA 的增益测量对匹配误差较为敏感,对噪声测量也比较敏感,并且无法进行补偿,因此削弱了其优势。

噪声系数分析最终体现为一个噪声参数测试系统。这个系统可以补偿所有的失配误差。有些系统同时使用矢量网络分析仪和 NFA 分别来测量增益和噪声功率。噪声参数测量系统包括一个输入阻抗调谐器来表征噪声功率随着阻抗值的变化。近年来,调谐器已经跟基于矢量网络分析仪的噪声参数分析仪一起构成了紧凑高速的噪声参数测量系统。这种系统可以提供迄今为止最快的速度和最好的精度。

1.15.6　网络分析仪

网络分析仪将信号源和跟踪频谱分析仪结合在一起,构成一个激励/响应测试系统,非常适合测试元器件。这种系统经过 40 多年的商业化，可以保证最精确的测量。虽然网络分析仪的结构多种多样，也有许多不同的制造商，但网络分析仪大致可分为两类：标量网络分析仪(SNA)和矢量网络分析仪(VNA)。

1.15.6.1 标量网络分析仪

标量网络分析仪是最早的激励/响应测试系统，通常只包括一个扫频信号源(有时也被称为扫描器)和一个二极管检测器，二极管检测器的输出通过一个"对数放大器"来产生一个与输入功率成比例的输出功率(单位为 dBm)。输出功率在 y 轴显示，而扫描器的扫描电压在 x 轴显示，形成频率响应曲线。然后对检测器检测到的信号和扫描器进行数字化，用先进的方式显示出来，并可以设置游标和数值缩放。

有些 SNA 在频谱仪中放置一个跟踪发生器，使源信号跟随 SA 的调谐滤波器，并在 SA 屏幕上产生一个频率响应曲线。

SNA 的特点是使用起来非常简单，几乎不需要设置或校准。其中的标量检测器频率响应非常平坦，通常一个位于 DUT 的输入端，另一个位于 DUT 的输出端。然而，在进行输入输出匹配，或阻抗的测量时，SNA 中的耦合器和定向桥需求性能很好。如果测试中需要在定向桥和 DUT 之间连接电缆、开关或其他测试夹具，那么测量的结果包含了所有的配件，并且没有什么校准方法可以去除失配造成的影响。随着系统的复杂度和集成度越来越高，标量网络分析仪慢慢不再流行，目前也几乎没有仪器制造商再销售。

1.15.6.2 矢量网络分析仪

矢量网络分析仪是进行微波元件测试最典型的仪器。自 20 世纪 80 年代中期以来矢量网络分析仪已经具备了现代的形式，那时候生产的很多矢量网络分析仪现在仍然在使用。现代的矢量网络分析仪包括以下几个关键的部分，所有这些都使得矢量网络分析仪成为一种最通用和最复杂的测试仪器。这部分内容如下所述。

射频微波源：射频微波源给 DUT 提供激励信号。矢量网络分析仪中射频源有几个重要属性，包括频率范围，功率范围(绝对最大和最小功率)，自动电平控制(ALC)范围(在不改变内部步进衰减器的情况下调节功率的范围)，谐波，杂散的大小和扫描速度。现在的矢量网络分析仪可能具有一个以上的源，每一个端口至多有一个源。老式的矢量网络分析仪需要将源连接至参考信道，要么将接收机锁定到源(如 HP-8510)，要么将源锁定到接收机(如 HP-8753)。大多数现代的矢量网络分析仪有多个合成器，因此源和接收机可以完全独立地进行调节。

射频测试座：对于老式的矢量网络分析仪来说射频测试座通常是一个单独的仪表，它包括一个端口开关(用在将源在端口 1 和端口 2 之间进行切换)，一个参考信号分离器和一个定向耦合器。测试座可以对每个端口的输入和反射信号进行切换和分离。很多现代的矢量网络分析仪都是将测试座和其他单元集成在一个主机中。但是对于某些大功率测试，还仍然需要外部的测试座。

接收机：矢量网络分析仪的一个关键特性是可以同时测量入射波和反射波的幅度和相位。因此需要相位同步的接收机，也就是说，所有的接收机必须有一个共同的本振。老式的矢量网络分析仪其端口 1 和端口 2 都是共用一个通道，在参考通道发出

"轻拍"的声音时端口开关进行切换。目前大多数矢量网络分析仪的每个端口都有一个接收机，用来进行一些复杂的校准算法。更多内容请参阅第 3 章。

数字转换器：在接收机将射频信号转换为 IF 基带信号之后，信号进入一个多通道的相位同步转换器，这个数字转换器用来提供检测方法。老式的矢量网络分析仪使用模拟的幅度和相位检测器，但自 1985 年以来，所有的矢量网络分析仪都已经使用了全数字化的 IF。现代矢量网络分析仪中的数字 IF 可以灵活改变中频检测带宽，基于信号的条件改变增益并检测过载条件。中频的深层记忆功能可以进行复杂的信号处理和先进的触发功能，这样可以同步脉冲射频和直流测量。

CPU：矢量网络分析仪的主处理器由一些自定义的微控制器组成，大多数目前的矢量网络分析仪使用的是基于 Windows 系统的处理器，因此可以提供丰富的编程环境。这些新的仪表基本上内置了一台 PC，使用自编程（称为固件）来最大限度地提高仪器本身硬件的能力。

前面板：前面板提供了数字显示和日常的用户界面。频谱分析仪的复杂性与矢量网络分析仪接近，但对于目前大多数的系统来说，矢量网络分析仪基本上包含了之前提到的所有仪表的功能。因此，它的用户界面自然来说更为复杂。很多研究和设计人员一直在试图精简矢量网络分析仪的接口，但随着测试功能的复杂性，用户需求的深度和广度的增加，目前矢量网络分析仪系统的用户界面比较复杂也是很正常的。

后面板：这一部分容易被忽略掉。大部分的触发，同步和编程接口都是通过后面板的功能实现的。后面板包括内置的电压源、电压表、通用的输入/输出（GPIO）总线、脉冲发生器、脉冲选通和 LAN 等接口，以及 USB 接口和视频显示输出接口等。

VNA 的详细使用可以参阅第 2 章。

传统 VNA 经过扩展后可以产生多个信号来进行双音测试，并可以在做噪声系数测量时产生极低的噪声系数。但是 VNA 最主要的吸引力来自于它的校准功能。由于 VNA 测量的是端口处波的幅度和相位，因此可以使用数学校正方法来去除自身的阻抗适配，频率响应等误差，使得其测量效果几近理想状态。VNA 校准的详细内容可以参考第 3 章。

虽然微波测量的仪表多种多样，目前为止最广泛使用的仍然是 VNA。本书中对于器件的测量也可以扩展至前面提到的其他仪器，但是主要的特殊实现和测量案例都是跟 VNA 有关的，因为 VNA 已经成为了当下最主要的元器件测量分析仪表。

参考文献

1. Collier, R. J. and Skinner, A. D. (2007) *Microwave Measurements*, Institution of Engineering and Technology, London. Print.

2. Marks, R. B. and Williams, D. F. (1992) A general waveguide circuit theory. *Journal of Research of the National Institute of Standards and Technology*, **97**(5), 535-562.

3. Agilent Application Note AN-95-1, http://contact.tm.agilent.com/Agilent/tmo/an-95-1/index.html, original form can be found at http://cp.literature.agilent.com/litweb/pdf/5952-0918.pdf.

4. Kurokawa, K. (1965) Power waves and the scattering matrix. *IEEE Transactions on Microwave Theory and Techniques*, **13**(2), 194-202.

5. Magnusson, P. (2001) *Transmission Lines and Wave Propagation*, CRC Press, Boca Raton, FL. Print.

6. Collin, R. (1966) *Foundations for Microwave Engineering*, McGraw-Hill, New York. Print.

7. Hong, J.-S. and Lancaster, M. J. (2001) *Microstrip Filters for RF/Microwave Applications*, Wiley, New York. Print.

8. Wen, C. P. (1969) Coplanar waveguide: A surface strip transmission line suitable for nonreciprocal gyro-magnetic device applications. *IEEE Transactions on Microwave Theory and Techniques*, **17** (12), 1087-1090.

9. Simons, R. N. (2001) *Coplanar Waveguide Circuits Components and Systems*, John Wiley and Sons. Print.

10. Pozar, D. M. (1990) *Microwave Engineering*, Addison-Wesley, Reading, MA. Print.

11. IPC-2141A (2004) *Design Guide for High-speed Controlled Impedance Circuit Boards*, IPC, Northbrook, IL. Print.

12. Cohn, S. B. (1954) Characteristic impedance of the shielded-strip transmission line. *Microwave Theory and Techniques*, *Transactions of the IRE Professional Group on Microwave Theory and Techniques*, **2**(2), 52-57.

13. Zverev, A. I. (1967) *Handbook of Filter Synthesis*, Wiley, New York. Print.

14. Cameron, R. J., Kudsia, C. M., and Mansour, R. R. (2007) *Microwave Filters for Communication Systems: Fundamentals, Design, and Applications*, Wiley-Interscience, Hoboken, NJ. Print.

15. Hunter, I. C. (2001) *Theory and Design of Microwave Filters*, Institution of Electrical Engineers, London. Print.

16. Dunsmore, J. (1988) Utilize an ANA to model lumped circuit elements. Microwaves and RF, Nov 1988, p. 11

17. Mini-Circuits. Amplifier Terms Defined AN-60-038. Mini-Circuits. Web. 11 Feb. 2012. http://www.minicircuits.com/app/AN60-038.pdf.

18. Williams, D. F., Ndagijimana, F., Remley, K. A. ,et al. (2005) Scattering-parameter models and representations for microwave mixers. *IEEE Transactions on Microwave Theory and Techniques*, **53**(1), 314-321.

第 2 章 矢量网络分析仪测量系统

2.1 矢量网络分析仪测量系统简介

在射频微波电路与系统分析中，通常要用到元器件的 S 参数。S 参数测量的基本方法在几十年前就发展起来了，然而近 5 年内随着技术的进步，原有的某些测量方法的功能与局限性都发生了变化。硬件与软件的性能有了飞跃性的发展，在对激励信号进行控制以及对响应信号进行分析的过程中，使用了新的技术，使测量系统能够从基本的线性 S 参数测量扩展为多端口、差分和非线性特性测量。过去，S 参数只能用在二端口系统中，而目前可以很容易在高达 32 端口的系统中进行 S 参数测量。过去，只能测量线性响应值；目前非线性、失真、噪声，甚至负载牵引特性均可被测量。过去，校准技术只有有限的标准件和算法，并且只能用在输入/输出频率相同的器件上；目前各种各样的元件都能使用大量的校准算法和应用程序，限制很少。

想要理解现代矢量网络分析仪的全部性能与局限性，就需要对矢量网络分析仪的基本结构有一个清晰的了解。本章第一部分对矢量网络分析仪进行解构，针对结构框图的每个部分，讨论其功能和不足之处，并说明它们是怎样一起工作来提供后续章节所描述的各种性能与应用。在矢量网络分析仪的发展历史中，上至 20 世纪 80 年代和 90 年代，HP-8753 和 HP-8510 是业内领先的射频和微波矢量网络分析仪，大家对矢量网络分析仪性能与局限性的许多重要理解就是基于这两款产品得出的。因此，下面将讨论这两种分析仪的多种特性，并以此为背景讨论现代矢量网络分析仪的特性。目前在大多数情况下，这两类产品曾经众所周知的一些局限性已不复存在，本节的主要目标之一就是向读者说明这些改进。

2000 年前后，在网络分析仪的世界中，几乎在同一时期，如军备竞赛般地涌现出各种产品，例如安捷伦公司的 PNA 与 ENA 系列产品，Ballmann S100，Rohde-Schwartz 公司的 ZVR 与 ZVK，Anritsu 公司的 Lightning 与 Scorpion，以及 Advantest 公司的 3765。到 2010 年，安捷伦公司和 Rohde-Schwartz 公司着手开发现代多功能元器件测试平台 PNA-X 和 ZVA，而 Anristu 公司的产品大多数仍停留在线性 S 参数测试领域，如 Vectorstar。由于作者是安捷伦产品的主要设计师与架构师，本书将基于安捷伦产品对矢量网络分析仪体系结构、构造和功能等进行详细描述。本书讨论的许多内容，对于其他制造商生产的系统，甚至对大学研究实验室或国家标准实验室中常见的定制系统等测量系统同样适用。由于后来的这些改进，第一代商用矢量网络分析仪的许多经验法则和一般性理解将不再适用。

2.2 节描述了由基本测量结果衍生出的测量值与特性。在 2.3 节中，描述了测量的基本功能，以及现实生活中对测量结果有影响的问题与误差。在基于矢量网络分析仪的测量中，许多误差特性可以通过校准过程得到，然后用误差修正过程来去除误差的大部分影响。校准和误差修正过程将在第3章中详细描述。在后续章节中则详细描述了对各种特殊器件进行测量的方法：线性器件(第5章)、放大器(第6章)、混频器(第7章)和平衡器件(第8章)。

2.2　矢量网络分析仪的结构框图

元器件测试系统的基本结构框图包括一个DUT输入端的激励源和一个DUT输出端的响应接收机。在S参数测量中，输入信号由所有端口的入射波组成，输出信号由所有端口的散射波组成，因此综合起来每个端口需要一个激励和两个接收机。除此之外，每个端口都必须有信号隔离设备来隔离入射波与散射波。

早期的系统只用来测量传输响应和/或反射响应，且只能在单方向上测量，因此最多在输入端有一个方向性设备(电桥或耦合器)，在输出端有一个接收机。这些系统被归为传输/反射(TR)系统，最常见的应用是标量网络分析仪，有时一些低成本的矢量网络分析仪也带有TR测试装置。矢量TR分析仪的优点在于可以用校准和误差修正来去除定向设备中的误差。

图2.1是一个TR网络分析仪的结构框图。为了简化，参考接收机一般在端口1，测量a_1波，而测试接收机在两个端口都有；一般端口1的测试接收机是反射接收机(b_1)，而端口2的测试接收机是传输接收机(b_2)。通常要用一个双电阻器功分器或一个耦合器对源进行信号分离，来产生一个与DUT入射信号成比例的参考信号，之后连接一个定向耦合器或方向性电桥，其耦合臂通向反射测试接收机来测量b_1的值。在DUT之后，传输测试接收机测量b_2的值。

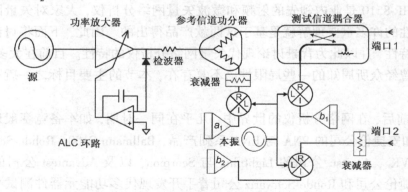

图2.1　TR网络分析仪结构框图

尽管可能会在输入/输出端引入失配，但要获得良好的测量结果，用双电阻器功分器仍是最好的选择。因为增益(b_2/a_1)和回波损耗(b_1/a_1)的测量值是比例测量值，从DUT反射回来的信号将通过耦合器与功分器，遇到源阻抗再次反射。虽然源的匹配不理想，但被内部源反射回的信号一样会被参考信道采样。这使得双电阻器功分器的公共节点起到虚拟地的作用[1]。在这种情况下，进行比例测量时，系统的实际源匹配就是功分器源臂的输出电阻值。因此，对一个50 Ω的参考系统来说，功分器源臂的输出电阻值应为50 Ω。

从DUT端反射的信号将被分离，一部分进入参考信道，一部分流向源，遇源阻抗终止，如果匹配不良，还可能被源阻抗 Z_S 反射回去。这一反射信号会等量叠加在参考接收机接收的信号与 DUT 的输入信号 a_1 上。通过这种方式，双电阻器功分器起到了隔离反射信号与入射信号的作用。采用类似的方法，如果使用定向耦合器来提供参考信号（参见图 2.3），来自源的再反射信号同样会叠加到参考接收机和入射波 a_1 上，这样接收机仍然能够隔离反射波与入射波。定向耦合器中任何在隔离方向上的信号泄漏都属于误差；因此，参考耦合器的方向性使矢量网络分析仪的源匹配特性受到了限制。

参考信道信号分离装置与反射耦和器（或电桥）两者结合起来所构成的仪器有时被称为反射计，在忽略源匹配、频率响应和方向性误差的情况下，反射计两个耦合臂之间的功率比直接反映了 DUT 的回波损耗。如果使用高性能的耦合器，上述误差将非常小。当使用功分器和方向性电桥时，参考路径中通常会额外使用一个衰减面，用来补偿电桥的电阻性损耗，这样能使参考信号和反射信号在全反射（开路或短路）的情况下损耗相同。

一个完整的 S 参数系统是由 TR 系统扩展而来的，每个端口都有一个反射计和一个源。老式系统用测试端口开关使源在不同的端口间切换。图 2.2 为两个此类型系统的结构框图。这两个版本分别使用 1 个参考接收机和 2 个参考接收机。

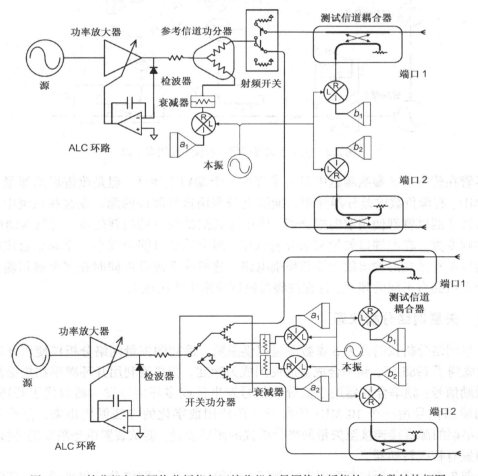

图 2.2　三接收机矢量网络分析仪与四接收机矢量网络分析仪的 S 参数结构框图

在过去的低成本射频网络分析仪中三接收机结构很常见，但目前大都使用四接收机版本。如果每个参考端口和测试端口信道都有各自的接收机，在校准时就会有更多更好的选择，第3章将讨论这一内容。

老式分析仪，例如HP-8510，使用独立的外部源，并将源在端口之间进行切换；还有些分析仪带有内部源，但是源的成本占了仪器成本的一大部分，因此这些集成的分析仪使用的是单极开关源。通常，参考信道功分器也被集成到这一开关中。这种方法提供了一种简洁的开关功分器配置方式，比使用独立的功分器和定向耦合器成本更低。

现代网络分析仪使用了一种混合的方法，它们有2个或2个以上内部源，这样可以有1个以上的端口同时产生输出信号，参见图2.3。

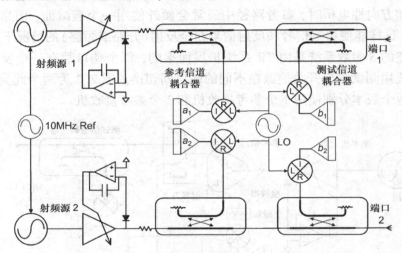

图2.3   在1个矢量网络分析仪中使用多个源

尽管在传统的S参数测量中只要求源在1个端口上激活，但是改进后的测量，例如双音IMD、有源负载或差分器件测试能够充分利用这些额外的源。在这些系统中，通常在参考臂和测试臂都使用定向耦合器，使得源到测试端口的损耗较低，而测试端口的最大功率则变大。在四端口矢量网络分析仪中，两个端口可能会共享一个频率合成器，而每个端口都有独立的输出放大器和稳幅电路。这样的系统可以同时在多个端口输出，或使两个端口拥有不同的频率，这在混频器测试应用中作用很大。

2.2.1   矢量网络分析仪源

矢量网络分析仪的源为S参数测量提供激励。最初的矢量网络分析仪使用开环扫描器，大概到了1985年，频率合成器的使用成为标准。扫描器利用开环频率扫描振荡器来产生激励信号；频率合成器用小数分频信号发生器或多环信号发生器取代了开环装置，前者的输出信号由一个10 MHz的参考振荡器用数字化的方法派生出来，分辨率小于1 Hz。早期的源直接连接至矢量网络分析仪的测试装置，测试装置也是独立的外接设备，通常内置有初级转换器。

目前矢量网络分析仪都配置有内部源。对第一代矢量网络分析仪来说，内部源的信号质量不如外部源，但其优势是其扫频速度快得多。在进行滤波器调谐与测试时，要求在较宽的频率范围内快速扫描。对矢量网络分析仪的源常见的要求是能够在预定的范围内改变功率值,这个预定的范围通常被称为自动环路控制(ALC)范围,其值从 20 ～ 40 dB。为扩展这个范围,可以在源后面加上集成的离散步进衰减器。

大多数矢量网络分析仪源还有一个功率平坦指标,为的是给 DUT 提供恒定功率。许多情况下,这个指标会在工厂校准时进行数字修正,来保证测试端口的值完全正确。除此之外,还可以采用自定义源功率值修正,进一步提高准确性,稍后会在第 3 章中描述。

一个典型的源结构框图如图 2.4 所示。

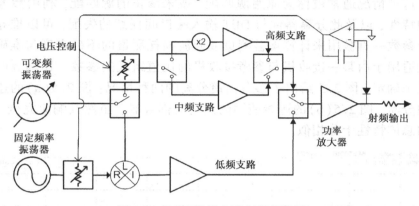

图 2.4　矢量网络分析仪源结构框图

矢量网络分析仪源通常会包括一个基本振荡器,在一个或多个倍频程上提供扫频响应。输出的信号通常要经过切换或分离,用做低频外差源的 LO;这样的结构框图使源混频器可以产生任意低频。

扫频振荡器通常锁相到一个低频分数分频(FN)电路或一个直接数字频率合成器(DDS)。在老式矢量网络分析仪中,锁相通常由参考接收机完成,这种方法降低了成本,但是要求在整个测量过程中参考路径一直存在。现代分析仪将源的频率合成器与接收机分离,具有更大的灵活性,不要求参考路径中存在信号。因此,射频信号可以进行脉冲调制而不会失去频率合成器上的相位锁定。

输出信号可能会进行多次除法或乘法,随后经过放大和滤波。最终的输出信号由各个输入信号进行合并而成,来达到较宽的频率覆盖范围。通常,这类输出带有某种射频检波器,用来进行 ALC 环路操作,在不同的频带上保持恒定的源功率,并补偿放大器的平坦性。

电平控制电路中,通常在放大电路前用一个幅度调制器来配置 ALC 环路。在一些现代矢量网络分析仪中,也会加入一个脉冲调制器来支持高速脉冲调制的射频测量。如果 ALC 环路中有脉冲调制,需禁用 ALC 功能,否则它会试图响应脉冲调制信号。在这种开环模式下,必须使用更复杂的校准或数控技术来控制源输出功率。一些老式分析仪给 ALC 电路输入模拟信号,来得到 AM 信号或使用外部检波器输入,但是大多数现代矢量网络分析仪只采用数字控制。实际上,比起内置二极管检波器,最近更常见的做法是使用参考接收机或测试接收机进行 ALC 环路功率控制。如果接收机已经经过校准,这类接收机的稳幅结果非常准确,稳幅范围要比二极管检波器更宽,而且可以通过编程控制来修正任意外部路径损耗,或提供规定的功率分布图。

2.2.2 理解源匹配

关于矢量网络分析仪测量最令人困惑的问题之一是源匹配的概念。实际上，关于源匹配有三个不同的概念经常混淆。

2.2.2.1 比例源匹配

比例源匹配的定义是：当 DUT 与参考阻抗不能完全匹配时，会影响到比例测量结果的匹配。这种情况通常被称为原始源匹配，或未修正的源匹配，利用参考信道信号分离器件的特性，以及此分离器件与 DUT 输入端口间任意的失配，可以推导出原始源匹配。这个参数一直被用来计算增益测量或回波损耗测量的不确定度与准确度。但是这种匹配只适用于由某一接收机与参考接收机的比值组成的参数。比例源匹配可以通过校准处理来确定，图 2.5 给出了参考信道分离的两种情况：图 2.5(a)的迹线使用了双电阻器功分器，图 2.5(b)的迹线使用的是定向耦合器。虽然其响应完全不同，但这两种情况的总体特性十分相似。

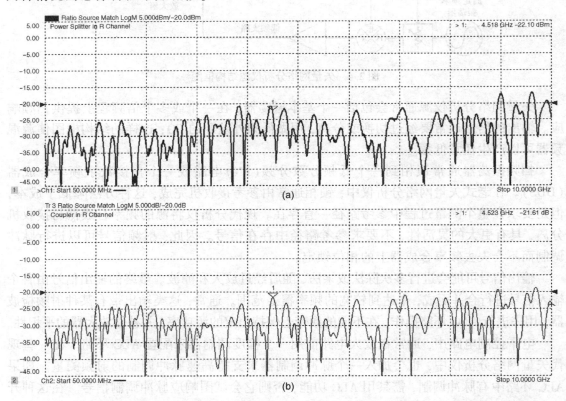

图 2.5　比例源匹配。(a)迹线为使用功分器的情况；(b)迹线为使用定向耦合器的情况

使用功分器时，由于大多数情况下功分器使用相等的 50 Ω 电阻，因此功分器输入匹配(在源处表现出来的)的标称值也是 50 Ω，功分器的损耗是 6 dB。

2.2.2.2 功率源匹配

功率源匹配用来描述源的输出功率随负载不同的变化。如果功率匹配是 0(完全匹配），则前向输出波 a_1 将完全不受负载影响。然而，即使在理想架构的 S 参数测量体系中，功率源匹配也达不到 0。可以将结构框图 2.1 简化成图 2.6 的形式，后者使用了双电阻器功分器，源阻抗为 50 Ω。

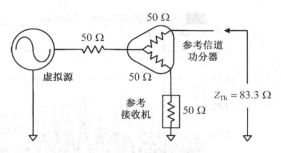

图 2.6　源功率负载的简化框图

这样，从测试端口看去，串联电路的第一部分是 50 Ω 电阻（功分器的电阻），第二部分是 50 Ω 的源阻抗与 100 Ω 电阻并联（功分器 50 Ω，参考接收机 50 Ω，串联），产生的功率匹配是

$$Z_{\mathrm{PwrSrcMatch}} = Z_{\mathrm{splitter\_main}} + \cfrac{1}{\cfrac{1}{Z_S} + \cfrac{1}{Z_R + Z_{\mathrm{splitter\_R}}}} = 50 + \cfrac{1}{\cfrac{1}{50} + \cfrac{1}{50+50}} = 83.3 \ \Omega \tag{2.1}$$

作为戴维南等效电阻。由此可以清楚地看出，如果使用双电阻功分器，即使在理想条件下，功率源匹配也达不到 Z_0。

当参考信道中使用定向耦合器时，标称匹配会更接近 Z_0。此种方法的缺点是，DUT 失配时会产生一个反射信号，虽然参考信道可以检测到这个反射信号，并在增益测量中对其进行补偿，但是此时的 a_1 波形仍然与端口接 50 Ω 电阻时的波形有差异，从而使 DUT 的驱动功率产生误差或波动，如图 2.7 所示。图中黑色迹线表示在测试端口接负载时 a_1 波的入射功率。由于系统中存在其他失配，这条迹线并不完全平坦。浅色迹线表示测试端口开路时的结果。由于功率源匹配较差，因此产生了大量波纹，而且入射信号中存在近似 1 dB 的误差。由于这个功率是在 a_1 接收机处测量得到的，其影响因素包括其他损耗、参考功分器与测试端口之间的反射以及输出功率的波纹。流经参考功分器反射信号将加在功率源匹配上，但是在测量 a_1 的过程中不会检测到这些反射信号。测量线性器件时，假定要测量的是 S 参数，那么这些反射信号不会产生影响，然而在测量非线性器件时，例如压缩状态下的放大器，反射信号将会直接影响输出功率的测量值。这时，矢量网络分析仪的驱动功率可能会与显示出来功率设置不一致，因此放大器的压缩也与实际的压缩情况不同，同样，根据输入驱动功率计算出的结果也将存在误差。

功率源匹配的值也很难确定，因为只有在测试端口失配的情况下，它才表现得比较明显。实际上，必须改变测试端口的负载阻抗，并测量来自驱动端口的功率值的变化，来推导出功率源匹配；功率源匹配不能直接测量得出。可以通过使用"长线"技术，在测试端口终端可连接"线延长器"、滑动失配或阻抗调谐器（见图 2.8），改变中线延长器或调谐器的值进行一系列测量，来确定功率源匹配。

线延长器是一种传输线结构，通常是带状线，传输线的长度可以变化。它们有时候又被称为"长号线"，因为中心导体的构造类似于长号的滑动器。图 2.9 给出了一个例子。

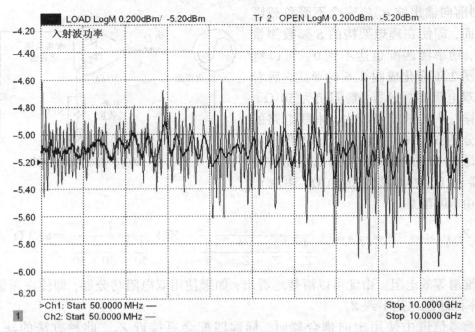

图 2.7　矢量网络分析仪的参考信道使用耦合器，在端接负载与端接开路情况下入射功率的测量值

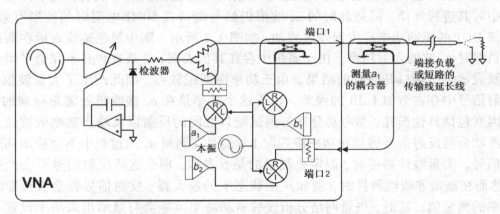

图 2.8　测量功率源匹配的结构框图

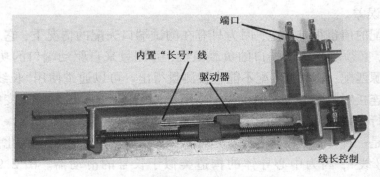

图 2.9　匹配测量中使用的线延长器

图 2.10 是测试端口的 a_1 波形，测试方法是加入一个外部耦合器，并将它的耦合臂连接至 b_2 接收机。耦合器的主臂连接一个功率计，功率设定为 -10 dBm；然后将 b_2 接收机校准到这一输出功率。接下来，去掉功率计，在其位置上换上一个全反射（短路或开路）终端的长线。迹线上的波纹代表功率失配。尽管图中没有显示，但在这种情况下，实际源匹配（或比例源匹配）良好，而输出功率却因功率失配而产生了波纹。当线的终端连接短路或者开路时，波纹的峰-峰值正好就是功率源匹配的电压驻波比（VSWR）。图 2.10(a) 的迹线是使用一个用功分器作为参考信号分离器的系统进行测量的结果。图 2.10(b) 的迹线也是同一种测量，只是用定向耦合器替代功分器，来进行参考信道信号分离。很明显，使用耦合器时功率源匹配有所改进。

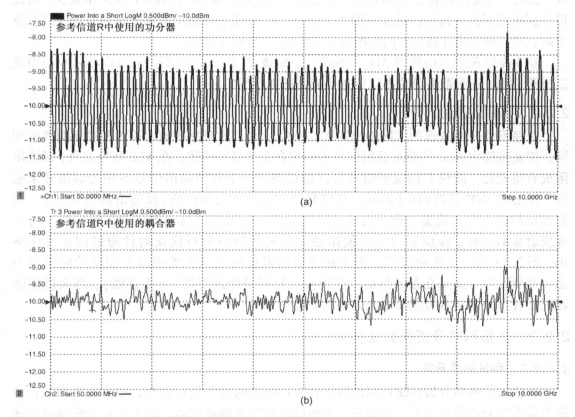

图 2.10　使用短路终端的外部耦合器与长线进行源功率匹配测量。(a) 为使用
双电阻功分器的情况；(b) 迹线是在参考路径中使用耦合器的情况

任意频率下，功率源匹配的 VSWR 都可以从响应中获得；可以直接使用响应的包络或者调整线延长器获得任意频率下的波峰和波谷，可由此计算出功率源匹配

$$\mathrm{SM_{PWR}} = 20\lg\left(\frac{1 - 10^{\frac{\mathrm{VSWR}}{20}}}{1 + 10^{\frac{\mathrm{VSWR}}{20}}}\right) + 2 \cdot L_{\mathrm{CM}} \qquad (2.2)$$

其中，VSWR 是检验耦合器输出端的峰-峰值波纹，以 dB 为单位，而 L_{CM} 是检验耦合器主臂的损耗。在上方的迹线中，低频时峰-峰值波纹大约是 3.0 dB，而外部耦合器的主线损

耗大约是 1.6 dB，因此功率源匹配是

$$\mathrm{SM_{PWR}} = 20\lg\left(\frac{1 - 10^{\frac{3}{20}}}{1 + 10^{\frac{3}{20}}}\right) + 2 \cdot 1.6 = -15.3 + 3.2 = -12.1\ \mathrm{dB} \tag{2.3}$$

这正好是使用 50 Ω 功分器时所预期的功率匹配（83.3 Ω 或 −12.05 dB）。下方的迹线表明使用定向耦合器时，低频下功率匹配大约是 −21.6 dB，高频的功率匹配大约是 −18 dB。

这种从失配波纹中提取出实际匹配技术，也可以用在其他元件测量的分析中。还有一种测试方法是在矢量网络分析仪的一个端口连接一个失配板，并在另一个端口测量波纹。此时，失配值将包括 VSWR，而失配板的回波损耗值则与源的 VSWR 相叠加，由此可计算出实际值。这里的波纹与图 2.7 中所示的 a_1 接收机测出的参考信道波波纹形有所不同，因为参考功分器后方的失配对 a_1 接收机没有明显影响。

功率源匹配通常由源的 ALC 环路决定，而被 DUT 反射的信号由 ALC 环路中的检波二极管检测，从而调整源功率以保持检波器的电压恒定。

2.2.2.3 源输出阻抗

矢量网络分析仪源的实际输出匹配与源信号的 ALC 环路带宽范围内的功率源匹配相同。带宽范围内 ALC 回路对反射信号的响应在上文有所描述。在 ALC 环路之外，源输出阻抗有所变化。测量上述反射信号可以通过测量一个与源输出信号不相关的信号来进行。在 DUT 会将其他信号（如混频器信号或放大器的交调产物）反射给源的情况下，测量源反射信号极为重要。源反射的值说明了其他信号是以何种方式向源反射的。与其他反射系数一样，源反射值可以使用独立的矢量网络分析仪反射计通过测量直接得出，图 2.11 为一个测量实例。图中在源输出阻抗测量中源频率以 1 GHz 处的尖刺表示。此例说明，如果在参考信道中使用耦合器来采样入射波（下方迹线），那么提供的匹配要比使用双电阻功分器（上方迹线）更好。

2.2.3 矢量网络分析仪测试装置

2.2.3.1 测试装置开关

有些矢量网络分析仪使用测试装置开关在端口间对源进行切换，测试装置开关置于参考信道功分器前后均可。如果在一个端口处源为非激活状态，那么开关的终端将为端口提供负载匹配。这一负载匹配与源匹配（比例或功率）不同，许多先进的校准技术要求在源端口与负载端口匹配一致的情况下进行，这时，要对校准技术进行调整（参见下一章）。如果开关置于参考信道功分器之前，则每个端口都将有一个参考信道接收机［四接收机矢量网络分析仪，参见图 2.2（b）］。如果开关置于参考信道功分器后方［三接收机矢量网络分析仪，参见图 2.2（a）］，参考信道将在端口间共享。开关只在源激活的情况下采样源信号。三接收机结构不支持某些校准方法，例如直通-反射-传输线（TRL）校准，因此使用这类校准方法时必须加以调整，采用一些折中方法。

这里简要解释一下三接收机结构使用 TRL 校准方法的难点所在：TRL 校准要求在端口 1 激活的情况下测量端口 2 的负载匹配。为了做上述测量，a_2/b_2 的比值要通过通路步

骤获得。然而在三接收机结构中没有 a_2 接收机。可以假定端口的源匹配和负载匹配是相等的，但是如果参考信道功分器之后没有增加衰减器，那么源匹配和负载匹配相等的情况并不常见。通过倍增衰减值，衰减器可以减小同一端口上源和负载匹配的差值。源和负载匹配的差值又称 δ 匹配，如果预先对 δ 匹配值进行表征，那么在校准过程中就不再需要表征了。这样三接收机结构就能够支持与四接收机结构相同的校准，目前一些经济型的分析仪常常使用这种方法。

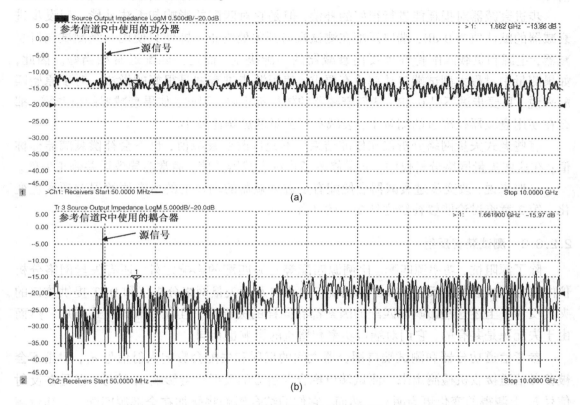

图 2.11　与源频率无关的源输出阻抗测量结果。(a)迹线
在参考信道中使用功分器；(b)迹线使用耦合器

2.2.3.2　步进衰减器的影响

在一些矢量网络分析仪的设计中，会在参考耦合器和测试耦合器之间加入一个步进衰减器，这样可以使源功率的变化范围超过源 ALC 电路可以产生的范围。步进衰减器的另一个好处是，可以为测试端口提供良好的匹配。在功率源匹配和比例源匹配不同的情况下，步进衰减器通过倍增衰减值来减小这两个匹配值间的差异。减小功率源匹配与比例源匹配之间的差值，就能由比例源匹配计算出源功率的误差，这一误差被认为是标准校准过程的一部分。一般来说，标准校准时并不表征源功率匹配。

关于步进衰减器需要考虑的另一个问题是衰减值的改变对测量质量的影响。在大多数较新的矢量网络分析仪中，标称衰减值是已知的，当衰减器的值改变时，参考接收机的实际值会得到补偿。源 ALC 功率也会改变，因此改变衰减器的值只会使来自测试端口的功率值发生少量的变化；标称衰减器值通常在实际衰减器值的上下 0.25~0.5 dB 内。

由于端口功率保持不变，因此必须通过步进衰减器的增幅来提高内部源功率。因为参考接收机在步进衰减器之前，它将遇到一个较大的信号值；由于目标是让参考接收机功率的显示值与端口功率相同，这一读数也要减去步进衰减器的值。

将步进衰减器放在结构框图中的这一点有一个独特的好处，那就是，即使测试端口只需要一个很小的信号，在参考信道中也可以使用大信号，这样便提供了一个低噪声信号。

步进衰减器对损耗能进行很好的补偿，但是它对匹配的影响却无法补偿。假设步进衰减器的默认值为 0 dB，端口匹配在测试端口开关处终止。即使只使用一级测试端口衰减器，主源和负载匹配特性也要由衰减器的匹配决定，而这一匹配通常相当好。因此，如果测量中对最大测试端口功率没有要求，使用源步进衰减是很好的做法。对于原始匹配来说，只要步进不是 0 dB，任何衰减器的效果都很好，因此，如果衰减器的值非零，那么在使用衰减器校准过的测量中，衰减器对测量的影响比较小。

有些老式矢量网络分析仪在校准结束后不允许改变衰减值，也不会补偿衰减器标称值；在这些矢量网络分析仪中，如果修改了步进衰减器的值，通常会导致误差修正失效。

一般来说，改变步进衰减器会使配有步进衰减器的端口上的所有原始误差项发生变化。第 3 章将讨论能够补偿这种变化的几种方法。

2.2.3.3　测试装置反射

除了源阻抗、功率源匹配、比例源匹配等对源匹配的影响之外，还有矢量网络分析仪内部的测试装置的反射，来自测试端口电缆以及为矢量网络分析仪和 DUT 提供接口的夹具反射。上述这些影响源匹配的因素都有同样的失配源，且以相似的方式累加。然而由于失配源是共有的，它们对端口功率和增益的影响也相同。

参考信道功分器和测试端口耦合器之间的反射和失配会影响入射信号 a_1，但是不会被参考信道接收机检测出来。测试端口耦合器后方的反射也会影响 a_1 信号，但是在反射信号 b_1 上测得的变化更为明显。然而，它们的综合影响将叠加在全部源匹配上，其对测量结果的影响可以被补偿，同时它们自身也能保持稳定。另外测试端口耦合器后方的失配和损耗在测量时，这些值所发生的变化，例如因测试端口电缆的漂移产生的变化，在某种情况下同样可以获得补偿。功率测量中的失配修正将在第 3 章中详细讨论。

2.2.4　定向器件

方向性器件是一种至关重要的矢量网络分析仪元件，在测试端口上用来分离入射波与反射波。尽管还有几种更简单结构，但最常见的仍是定向耦合器或定向桥。这些器件用其主线损耗（a_1 信号的衰减）、耦合臂损耗（b_1 信号的衰减）及其方向性（分离 a_1 信号与 b_1 信号的能力）等特性来表征。此外，方向性器件的任何失配都将作用在端口匹配和源匹配上。方向性器件前方的失配不会对其方向性特性（方向性或隔离性）有所影响。然而，方向性器件后方的失配，例如测试端口电缆或夹具，既会影响失配，也会降低方向性，如 1.10 节所示。

2.2.4.1　射频方向性电桥

大多数射频网络分析仪都用到了方向性电桥，方向性电桥的重要特性是在相当宽的频率范围内，甚至在极低的频率上，能够保持良好的耦合性与隔离性。而电桥最常见的实现方法是平衡惠斯通电桥，可以对这一简单的实现方法进行改进来创造出性能与定向耦合器极为相似的元件，同时拥有更宽的频率范围与极低的工作频率。电桥通常用于计量学应用上，在这种情况下，可以利用平衡直流电阻负载路径来测量各种参数，例如测量被负载吸收的功率（参见 1.15 节）。想要理解怎样设置电桥使之成为低损耗高隔离性的定向耦合器，参见图 2.12，这是惠斯通电桥的一种常见表示法。

在这种结构下，源信号流过电桥的顶部与底部，如果 R_1/R_2 的值与 R_4/R_3 的值相等，R_{det}（在一般电桥中表示仪表的运动）两端的净电压为零，检波器中没有电流流过。

在热敏电阻中，所有的电阻均为 50 Ω，代表功率传感器的射频输入的电阻通常是 R_3；源提供的直流信号流过电桥，此时 R_{det} 电阻器两端的电压差就是不平衡的。在射频电桥中，希望将电桥底部节点与地分隔开，为此安装了一个变压器，如图 2.13 所示。这个 1:1 变压器起到了平衡-不平衡转换器的作用，或称为巴伦，可以将电桥上的不平衡（或接地的）源信号转换成一个平衡信号。这种方法可以让电桥的另外一条引脚接地，因此是让电桥起到定向耦合器作用的关键因素。

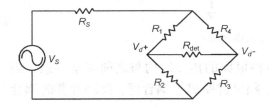

图 2.12　定向电桥原理图

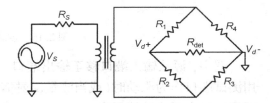

图 2.13　在源与电桥之间加入变压器

通过以上修改，能够更容易地理解电桥的射频实现。由于此时检波器的低端接地，用 R_{det} 和 R_4 表示的电阻器可以被替换成拥有同一阻抗的传输线结构，作为方向性电桥的射频端口（参见图 2.14）。图中，R_{det} 电阻器由电桥的耦合端代替，可以看出，从源流向中心导体的射频能量似乎等于从源到隔离端口接地端的射频能量。

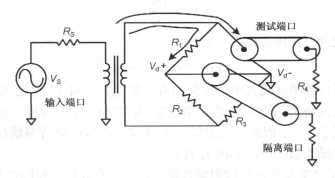

图 2.14　用射频端口代替电桥元素

然而，由于测试端口接地，一部分射频信号将会流经 R_4；R_4 两端的电压与 $V_S/2$ 的比值就是方向性电桥的输入损耗。如果电桥中使用的是等值电阻器，那么 R_1、R_2、R_3、R_4 以及 R_s 均等于 50 Ω。可以清楚地看到，V_s 均等地加在 R_1、R_2、R_3 与 R_4 上，因此 R_4 两端的电压是源电压的四分之一。因此，等电阻器平衡电桥的损耗就是电桥输入电压的一半，即 -6 dB。一般来说，当 $R_s = R_4 = Z_0$ 时，电桥的输入损耗为

$$L_{\text{Bridge}} = 20\lg\left(\frac{Z_0}{Z_0 + R_3}\right) \tag{2.4}$$

　　从以上描述可以看出，当电桥终端为 Z_0 时，隔离端口上没有信号，这表明电桥会隔离入射信号。满足方向性器件的第 1 条标准。第 2 条标准是电桥要响应来自测试端口的反射信号。重画电桥图有助于理解这一行为，这里将测试端口的接地点向下移至新的电路图底部，参见图 2.15。

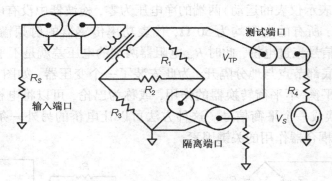

图 2.15　重画电桥以显示耦合因子

　　图中，源从输入端口移至输出端口，但是电桥电路的拓扑结构与之前完全一致。当用测试端口作为驱动时（或当测量反射信号时），隔离臂变成了耦合臂，而耦合臂的耦合因子可以由下式计算得出

$$C_{\text{Bridge}} = 20\lg\left(\frac{Z_0}{Z_0 + R_1}\right) \tag{2.5}$$

　　在使用等电阻器电桥的情况下，耦合因子与损耗相等，为 -6 dB。如果 R_1 不等于 Z_0，则 R_3 可以计算为

$$R_3 = \frac{(Z_0)^2}{R_1} \tag{2.6}$$

　　注意损耗与耦合有直接的比例关系

$$L_{\text{Bridge}} = 20\lg\left(1 - C_{\text{Bridge}}\right) \tag{2.7}$$

　　射频网络分析仪的测试装置中经常使用方向性电桥。自 20 世纪 70 年代起，这类方向性电桥便开始投入使用，图 2.16 是一个用在 HP-8753B 中的电桥。这个电桥经过调整之后其耦合和损耗不相等，因此输入损耗要比通常的惠斯通电桥偏低（-1.5 dB 左右），耦合性要比正常情况下偏高（-16 dB 左右）。

　　图 2.17 展示了此类微波电桥的射频性能。由于存在同轴巴伦的损耗，输入损耗会随频率增加而增加，原因是 R_3 中的寄生串联电感耦合性增强了。同样，在频率升高时，由于寄生电感的存在，电桥的方向性也会降低。电桥本身就是有损耗的结构，因为电桥中

的电阻性元素会吸收一部分功率。电桥吸收的功率等于电桥的输入损耗减去耦合端口耦合的功率。

此类电桥已成功应用在 27 GHz 频率上。

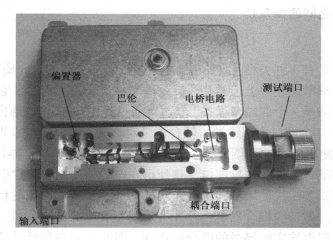

图 2.16 HP-8753B 中方向性电桥示例

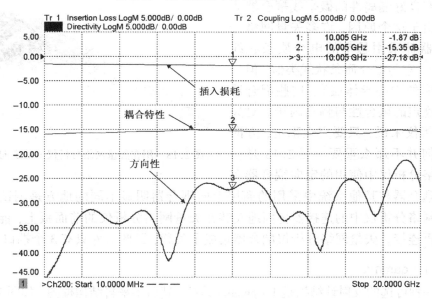

图 2.17 方向性电桥的射频性能

2.2.4.2 定向耦合器

由于在高频时电桥很难保持良好的性能，因此在微波频率范围内，定向耦合器的使用更为广泛。定向耦合器的设计是一个广为讨论的话题，许多著作都致力于研究耦合器的各种结构。然而，要用于矢量网络分析仪，耦合器必须具备某些特殊性能。一般来说，商用定向耦合器设计的主要目的是，在其带宽内耦合因子保持恒定，因此带宽受耦合因子限制。矢量网络分析仪反射计中使用的耦合器要有极宽的带宽，因此它们通常被设计成等波纹响应或切比雪夫响应，而非平坦响应。现代矢量网络分析仪不关心损耗或耦合因子的波动,使用校准技术几乎能去除所有的频率响应误差。对矢量网络分析仪中的耦合器来说,隔离性是一个重要指标。定向耦合器与电桥的区别之一是,前者是理想的无损耗器件,其功率不是被耦合(到耦合端口或者内部负载)就是通过耦合器传输出去。隔离损耗与耦合因子之间的关系是

$$L_{\text{Coupler}} = 20\lg\left[1 - \left(C_{\text{Coupler}}\right)^2\right] \tag{2.8}$$

定向耦合器通常有 3 种类型:波导耦合器、微带线耦合器和电介质条状线耦合器。

波导耦合器在毫米波频率上最常用,但是由于波导的窄带性质,它仅能用于窄带上的操作。波导耦合器是一个四端口设备,其主臂通过光圈(或孔洞)通向第 2 个波导。第 2 个波导可以有 1~2 个端口内部终端。耦合器是对称的;理论上可以把任一端口当成耦合端口,但在实际使用中通常在耦合臂上嵌入负载。根据波导耦合器的基本功能,前向耦合波来自离测试端口最近的波导端口。这使得在符号的使用上经常引起混淆。

微带线或电介质条状线使用不同的 EM 结构来完成耦合,它们的耦合臂是离测试端口最远的一个端口。微带线耦合器有一个不足,就是在微带线中存在一些弥散,由于耦合线中的奇模波与偶模波实际经过的电介质不同,因此它们的传播速率也不同。因此要制造出具有良好隔离性的微带线耦合器非常困难。由于这个原因,许多矢量网络分析仪耦合器都采用悬空的电介质条状线(或平板线,它与电介质条状线类似,但是有一个矩形的中心导体层)。这些耦合器拥有相当稳定的耦合性与隔离因子。对矢量网络分析仪来说,只要完全稳定,方向性具体如何并不那么重要。图 2.18 是一个矢量网络分析仪中使用的定向耦合器实

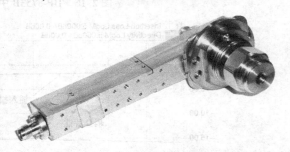

图 2.18　用在矢量网络分析仪上的定向耦合器

例。这类耦合器与其他系统中采用的商用定向耦合器明显不同的地方是测试端口连接器。矢量网络分析仪中的连接器稳固地安装在矢量网络分析仪的前面板上,能够承受多次连接与再连接。矢量网络分析仪耦合器集成了负载,因此对外只有 3 个端口。

2.2.4.3　1 + gamma

另外一种可选的反射计结构是 1 + gamma 结构,其名字来自结构框图,如图 2.19 所示。正如其名字所暗示的,b_1 接收机的信号是入射信号(a_1)和反射信号(gamma)的组合。

在这种结构下,测试接收机或 b_1 接收机的信号永远不为零;短路时信号值最小,开路时值最大,连接负载的情况下值归一化为 1。同样,短路和开路之间的信号差值要比电桥或定向耦合器小 14 dB 左右。换句话说,与定向耦合器或电桥相比,1 + gamma 电桥的反射增益更小。参见图 2.20 的史密斯圆图;图中分别标示了 1 + gamma 反射计的开路、短路和负载(由于边缘电容和串联电感存在,结果并不理想)。

通过调整参考信道衰减值,可以将开路电路的反射设为 1。对于定向耦合器来说,负载提供的反射是 0(理想情况),而短路提供的反射是 −1。对 1 + gamma 电桥来说,开路仍是 1,但短路时是 +0.6,负载是 +0.75;这样开路和短路之间的差值从 2 降到 0.4。通

过误差修正算法,将反射与不稳定性的值乘以5,并将这些反射值映射到整个史密斯圆图上。同样地,连接负载的情况下 b_1 接收机处会有一个大信号,这个信号中的任何不稳定性都被认为是方向性误差,其值也会被乘以5。理论上,如果方向性的定义是相对于负载响应的开路/短路响应平均值,那么 1 + gamma 反射计的方向性大概为 0 dB(注意耦合器或电桥的方向性总是正值,通常为 20 dB 或更多)。

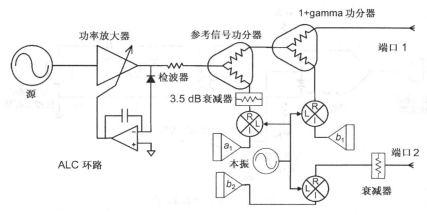

图 2.19   1 + gamma 反射计的结构框图

理论上,方向性误差可以通过校准来修正,但实际上,当方向性极差时,某种不稳定可能会引起无法修正的误差。正因为这样,现在已经很少使用 1 + gamma 结构。同时,在校准之后,类似的乘法效应使得测试端口电缆上任何微小的漂移都可以令测得的反射系数发生相当大的改变。

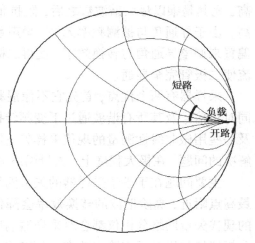

图 2.20   史密斯圆图,在开路、短路与负载状态下 1 + gamma 电桥的映像

2.2.5   矢量网络分析仪接收机

矢量网络分析仪结构框图中最后一种射频元件是测试与参考接收机。矢量网络分析仪的关键技术参数之一是动态范围,动态范围有时被定义为:接收机保持工作状态时,能够承受的最大信号电平与接收机噪声系数之间的差值。在大多数情况下,接收机的最大损坏电平要远高于最大工作电平,最大工作电平通常受限于接收机的输入压缩电平。最大工作电平由元件的结构决定,但是对于大多数现代矢量网络分析仪来说,如果考虑到测试端口耦合器的耦合因子,那么接收机混频器的输入端为 −5 dBm,在测试端口则为 +10 dBm。接收机的噪声电平主要由所用的下变频变频器的类型决定,其中主要的两类是采样下变频器(或采样器)与混频器。

2.2.5.1   采样器

采样下变频器是带有低频脉冲驱动的电路,它有很高的谐波分量。图 2.21 中的示例电路在老式矢量网络分析仪采样接收机中经常使用,例如网络分析仪 HP-8753 或 HP-8510。在这一电路中,二极管对(diode pair)起到开关的作用,工作在较低频率上的压控振荡器驱动脉冲发生器,产生出极短的脉冲来驱动二极管对。脉冲信号的导通角(二极管到点的周期)很短,说明频率分量非常高(有时叫做梳状谐波)采样器产生的频率远高于 VCO 的驱动频率。

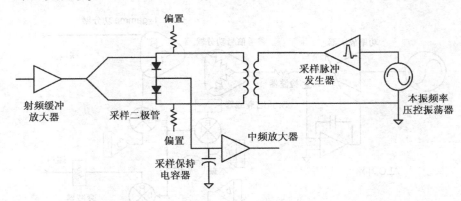

图 2.21　采样器原理图

200 倍 VCO 频率以上的谐波不太常用。这是因为导通角太短,实际输入阻抗非常高,尤其是乘以最大谐波数之后,阻抗值极高;这意味着采样器的实际噪声系数也非常高。由于导通角与被测频率无关,噪声系数也与被测频率无关。可以通过调整二极管的偏置来调整导通角与转换效率,使得二极管不完全导通,VCO 提供的脉冲提供额外的电流使二极管完全导通。

采样器有两个优点,首先它不像混频器那样要求使用高频本地振荡器,其实它可以同时将信号及其所有谐波通过下变频转换成中频频率。这一性能广泛用于采样示波器以及一些用做非线性测量的现代采样矢量网络分析仪中。然而,由于采样器存在一些难以解决的问题,在极大程度上,矢量网络分析仪已经不再使用采样器。

主要问题在于基于采样器的矢量网络分析仪噪声电平会降低。在采样器的频率范围最高点附近,高阶谐波的转换效率会降低,因此实际噪声电平会进一步减少。几乎所有的现代矢量网络分析仪都会对采样器响应使用某种数学上的响应修正,以便使矢量网络分析仪接收机对恒定输入功率的频率响应在其整个频率范围内呈现平坦状态。这种频率响应可以去除实际转换损耗中的滚降效应,进而提高较高频率上表现出的噪声电平。

采样器的第二个问题是,VCO 丰富的谐波分量表明采样接收机对其他许多信号都很敏感,例如矢量网络分析仪源或 DUT 的谐波或者伪信号,以及 DUT 输出端的伪信号。这使得采样接收机在测量混频器或变频器时的性能尤其糟糕,采样梳状锯齿波可以在许多不同的频率上与混频器输出信号混合。图 2.22 是采样接收机中信号源响应的杂散。在这个例子中,源信号是由一个 3.8 GHz 的固定射频信号与一个 3.8~6.8 GHz 的扫频 YIG 振荡器本振混频而产生的。混频后的产物提供的预期 0~3 GHz 源输出,但是处于 $2 \cdot RF\text{-}LO$ 与 $3 \cdot RF - 2 \cdot LO$ 频率下的伪信号在 0~3 GHz 的矢量网络分析仪测量接收机频带中没有表现出来。这些伪响应尽管很小,但仍会降低 S_{21} 的准确性。

当在阻带上测量滤波器时，就会明显看到采样器的另一个缺点，这时 DUT 反射回的信号会与输入反射接收机（例如 b_1 接收机）的反射信号再次混频。看上去信号像是被滤波器阻带的输入反射信号弹回，之后又被 b_1 混频器弹回（在不同的频率上），因此这种现象有时也被称为 sampler bounce（在使用混频器的情况下，也称 mixer bounce）。在设计此类元件时要慎重考虑避免这些弹跳信号，而采样器的设计原理使得它们特别容易受这类交调的影响。

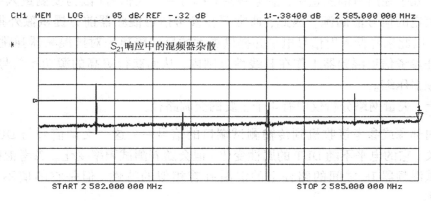

图 2.22　源与 VCO 的一个谐波混合所产生的杂散

由于上述原因，加上使用全带射频频率本振来制造宽带混频会使性价比更高，因此采样器的使用已经逐渐被矢量网络分析仪淘汰。

2.2.5.2　混频器

现代矢量网络分析仪大都使用混频器作为矢量网络分析仪接收机。混频器由基波或低阶谐波 LO 驱动。这为频率转换提供了更大的导通角，从而使噪声电平变得更低。当然，代价是由于复杂性提高，LO 的成本可能会更高。

噪声电平

对于用于矢量网络分析仪接收机这样的混频器来说，最重要的指标是噪声电平与输入压缩点。基波 LO 提供的性能最好；基于用 LO 驱动混频器使之产生方波变换这一思想，如果使用 LO 的第三阶谐波来获得更高射频频率上的响应，理论上会使转换效率降低 9 dB，而第五阶谐波会降低 14 dB。由于出厂时会进行内部响应修正，在大多数矢量网络分析仪里转换效率的恶化表现为噪声电平的增加。

杂散响应

与基于采样器的接收机相比，混频器有大量的杂散响应。主要的杂散（或非预期的）转换发生在目标射频信号的 IF 映像中。如果射频高于 LO（下混频），此映像将比 LO 低一个 IF（上变频）。因为用做矢量网络分析仪接收机的混频器拥有较低的噪声电平和较低的杂散响应，所以它可以进行多种测量，包括噪声系数、双音 IMD，甚至一些调制测量。

2.2.5.3　相位噪声

对于基于混频器的系统性能来说，LO 分布特性十分重要。LO 的相位噪声直接影响测得信号的相位误差（主要是迹线噪声）。当信号通过 IF 带宽滤波器时，幅度响应的迹线噪声也会因相位噪声而恶化。为所有混频器提供一个通用的 LO 可以改善测量的迹线噪声，因为当测量的参数是诸如增益或回波损耗这样的比值参数时，上述做法能够去除 LO 相位噪声的影响。

2.2.5.4　隔离性与交调

当测量大动态范围的器件时（如滤波器），矢量网络分析仪各个接收机之间的隔离性尤为重要。几乎在所有的测量中，参考路径上都有一个大信号（因为要测量入射波），于是它成了恒定的信号泄漏源。因此，通常要在参考信道混频器前方提供额外损耗（5 dB 或 10 dB），以此来降低入射信号电平并提供更大的反向隔离来对抗混频器弹跳。这样做也可以保证参考信道混频器工作在其线性范围内，从而获得更高的源功率信号，并能避免参考混频器压缩。

实际上，矢量网络分析仪中有 4 个主要的交调路径：

1. 从内部源或参考接收机到传输测试端口的信号——这一交调信号与 DUT 的特性无关，它的电平不随 DUT 的属性变化，但会随着测试频率变化。参考混频器 IF 到测试混频器 IF 之间的路径上的泄漏有着相似的特性，但是它的值不会随频率变化。

2. 反射测试接收机（b_1）向传输测试接收机泄漏的射频信号——这一信号取决于 DUT 的输入反射；如果 DUT 匹配良好，反射接收机处应该没有信号。由于此信号依赖于 DUT，其修正过程更加复杂。

3. 由测试装置开关向端口 2 泄漏，并被 DUT 输出匹配反射，进入端口 2 的传输测试混频器的射频信号——由于此信号也依赖于 DUT 特性，其修正过程同样较为复杂。现代矢量网络分析仪使用独立的源，而不是测试装置开关，因此免除了这个交调源。

4. 最后一个信号泄漏源与测试夹具或连接到 DUT 的探针有关。从端口 1 到端口 2 的探针或夹具的泄漏通常表现为两个端口间的电场辐射或磁场耦合。因为这些场是非 TEM 的，当 DUT 特性改变时，它们并不保持恒定，它们的影响也不容易理解。在这些测量中，探针到探针的隔离性是一个关键的问题，但是这个问题没有得到很好重视。解决这最后一个泄漏影响的最好方法是谨慎设计夹具或探针以及屏蔽。

在大多数现代矢量网络分析仪中，混频器和 LO 隔离性网络中，前 3 个交调源的电平小于等于接收机的噪声电平。因此在对动态范围要求更高的特殊情况下，它们可以被忽略，第 6 章会讨论这一问题。第 4 种交调是夹具或探针本身固有的，有时可以通过校准去除。但是由于这一交调源通常由端口间辐射产生，辐射方向以一种复杂的方式依赖于端口的实际负载以及 DUT 的结构。例如，在使用探针的情况下，如果让探针空置作为开路校准标准件，那么探针就相当于 E 场天线，探针之间则会产生交调。如果将探针接地，形成短路，则会在探针之间产生磁场耦合，同样会引起交调。这两种交调都是非 TEM 交调，这意味着它们拥有从端口 1 向端口 2 传播的 E 场和 H 场。一般的校准方法无法修正非 TEM 交调，因为当 DUT 设置变化时，此类交调的值也会变化。

2.2.6　IF 和数据处理

矢量网络分析仪结构框图上的最后一个硬件部分是 IF 处理链。矢量网络分析仪接收机首先将射频信号转变成 IF 频率，这一信号在 IF 处理路径中将被进一步转化与检测。在老式分析仪中，例如 HP-8510，IF 处理部分包括同步模拟第 2 转换器，第 2 转换器产生两个 DC 输出，分别与接收机输入端射频电压的实部与虚部成比例。这些直流电压值由直流 ADC 测量得出，直流 ADC 用数字方式表示实部与虚部的值。更多的现代 IF 结构，例如 HP-8753 或 HP-8720，使用独立的一级 IF 下变频，将 IF 信号的频率下降，从而使直流 ADC 可以直接对波形采样。最终的 IF 频率由 ADC 的采样率决定。

2.2.6.1　ADC 设计

目前，大多数现代矢量网络分析仪带有一个高速 ADC，并可对第 1 个 IF 信号进行直接采样。图 2.23 是一个矢量网络分析仪数字 IF 结构框图示例。IF 信号已经通过可调增益做过预处理，优化了 ADC 的信噪比。对某些应用来说，在 ADC 之间加入一个窄带预滤波器很有帮助，这样 IF 就可以在宽带 IF 与窄带响应之间切换。在 ADC 前方加入了反锯齿滤波器，其带宽约为 ADC 时钟频率的 1/3 ~ 1/4。

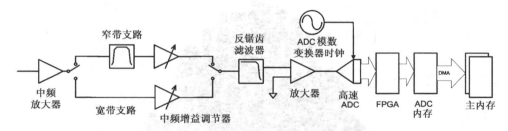

图 2.23　数字 IF 结构框图

处理 ADC 读数的 FPGA 可以充当 IF 频率可变的数字第 2 转换器，这样可以获得任意数字 IF 频率。数字 IF 有几种操作模式。对于这些高速 ADC 来说，原始的 ADC 读数比特率相当高。有些最新的矢量网络分析仪设计中，有 4 个 16 比特 100 兆采样每秒的数据信道，可以产生 4.8 Gb/s 的数据速率。若对信号条件做出了特殊限制，并采用先进的数字信号处理(多数有专利权)，IF ADC 的性能可以得到改进，获得更多的有效比特。

在这样高的数据速率下，主 CPU 处理数据的速度跟不上，因此在共享 DMA 内存要将处理过的数据送入主处理器之前，可以使用 FPGA 来抽取和过滤信号。抽取和过滤的功能是任何数字 IF 的基本数据处理步骤；在这一功能里，通过设置源和接收机频率以使主 IF 包含要研究的信号，并做一测量。ADC 通常使用 2 ~ 4 倍的过采样 IF 信号，尽管可以做到 60 或 100 的过采样。采样数据的有限集合由 FPGA 处理，以得到一个表示被测信号实部与虚部的最终结果。举例来说，如果数字 IF 工作在 100 Msps，IF 频率是10 MHz，IF 滤波器设为 100 kHz IF BW，那么可以获得将近 10 μs 的数据，或将近 1000 个数据采样值。这 1000 个采样值由 FPGA 中的一个乘法－加法链处理，一边对响应进行滤波，一边提取出实部与虚部值。通过这种方法，这 1000 个采样值被减少为 2 个采样值。

数字 IF 的第 2 种操作模式是"ADC 捕获"模式。在这种模式下，FPGA 不处理数据；

相反，数据采样值仅被捕获，并在一段有限的时间内存放在数字 IF 的本地内存中。整个 ADC 数据流可以用来做进一步处理，这些处理 FPGA 的算法可能无法做到。一些现代矢量网络分析仪内存高达 4 GB，可以进行大量内存捕获。这一操作模式尽管不是典型用法，但是对于捕获不规则影响，例如瞬态或脉冲响应，以及诸如 IF 信号解调这样更复杂的功能时，这种方法很有用。

2.2.7　多端口扩展

对于某些类型的射频和微波器件，二端口到四端口矢量网络分析仪并不够用，而需要多端口矢量网络分析仪进行测量。多端口测量有两种类型，因此需要两种不同的射频结构。射频开关测试装置是多端口扩展的基础。

第 1 类器件要使用包括二端口、三端口或四端口测量等在内的多种设置方式。这时，矢量网络分析仪的默认装置就可以满足上述要求，唯一要做的就是用射频开关将矢量网络分析仪端口路由至 DUT 的不同端口对。这类 DUT 的一个实例是卫星多信道天线公用器（或多工器），它会从一个公用的天线路径中将信号过滤并分离至每一个输出信道，如图 2.24 所示。这一装置用波导滤波器和交互链接来保证尽可能低的损耗。

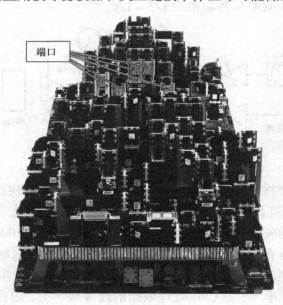

图 2.24　多端口卫星多工器。经 Courtesy ComDev Ltd 授权引用。© Copyright 2012 COM DEV Ltd.

这类器件要求对每个来自公用端口的路径做二端口测量，因此使用带有一个公共端口和一个切换端口的二端口矢量网络分析仪就可以完成。

第 2 类器件要求在每 2 对端口间各进行 1 次测量，通常任一路径的响应都与其他端口的负载或匹配有关。Butler 矩阵是一种信号划分网路，用于雷达系统的相位数组中，这一矩阵便具有上述性质。一个 8 端口的 Butler 有 4 个输入和 4 个输出，用一个 8×8 S 参数矩阵就可以恰当地描述这个网络。要测量这种器件，必须有一个开关矩阵，以便测量器件的每一条路径。开关矩阵的非正式名称是"完全交错式开关"，从它的名字便可以看出，使用二端口 VNA 就可以测量 DUT 的任何一条路径。

要测量 Butler 矩阵还有进一步要求：必须能进行一次完整的 N 乘 N 端口校准测量，来修正每一端口的匹配误差。这不仅需要一个完全交错矩阵，而且这个矩阵也要支持 N 乘 N 校准。支持 N 乘 N S 参数的第 3 类测试装置称为"扩展测试装置"，它可以扩展或者增加矢量网络分析仪测试端口的数量。

2.2.7.1　开关测试装置

开关测试装置中只含有矩阵射频开关，用来提供需要的测试路径。图 2.25 是一个简单的开关树测试装置的结构框图。这些测试装置的典型结构是 1×2 射频开关或 1×4 至 1×6 射频开关。有的型号会在闲置的端口上提供射频负载，这时要使用 1×2 射频开关。1×4 或 1×6 是典型的机械开关，而且不都为闲置端口加负载。如果一个多端口器件在两个端口之间有依赖于第 3 个端口路径匹配的路径响应，开关矩阵就必须为闲置端口提供负载。40 GHz 以上频率时，无法使用更大规模的带负载开关装置，这时就要用到 1×2 矩阵阵列。1×2 的电子开关工作的频率范围很大，但是电子开关的端口数量通常较少，因此装备有电子开关的测试装置通常要由 1×2 射频开关组成。

图 2.25 所示的简单开关矩阵带有端口 1 开关集和端口 2 开关集，从端口 1 通往端口 2 的所有路径都能测量，但是无法对各个端口测试集内部的端口之间进行测量。尽管测试装置中有 24 个可用端口，但从每个输入端口出发只有 12 条路径可以测量。因此，这个简单的开关树测试装置总共支持 144 条路径，然而实际上一个完整的 24 个端口器件有 276 条路径。在矢量网络分析仪的端口 1 处有 66 条路径无法测量，在矢量网络分析仪的端口 2 处也有 66 条路径无法测量。为了得到完整的路径矩阵，需要用到所谓的"完全交错"开关矩阵。

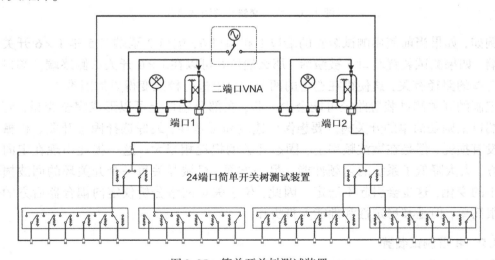

图 2.25　简单开关树测试装置

为了进行完全交错测试，测试装置可以用图 2.26 所示的方法设置。在一般的设置中，每个端口处 1×n 开关树集合与 1×2 开关交叉连接。此种设置可供任一被测路径使用，但是闲置端口要以 $1 \times n$ 开关为终端，$1 \times n$ 开关内部有负载作为终端。如果 $1 \times n$ 开关不是内部终端的（保持开路），那么必须由 1×2 开作为闲置端口的终端。图 2.26 是一个由 1×2 端开关与一对 $1 \times n$ 开关相互连接所构成的完全交错开关。通过这种装置，每一个不与矢量网络分析仪连接的端口都由开关负载作为终端。然而，使用这类开关矩阵进行完整的 N 乘 N 校准则比较困难，因为任一端口上，终端负载变化的准确值都与其他端口的开关设置有关。

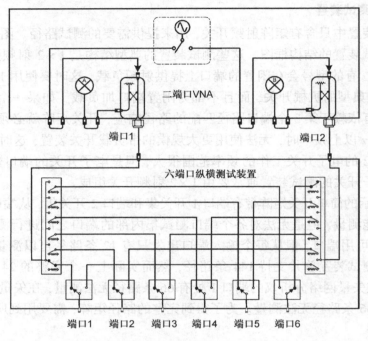

图 2.26   完全交错开关测试装置

例如，如果当前使用测试装置的端口 1 和端口 6，端口 2 至端口 5 是 1×6 开关的左侧终端，如果测试装置端口 5 被激活，那么端口 6 可以在 1×6 开关右侧终端。端口的终端与选择的路径有关，这使得在选定的两个端口上进行校准变得更加困难。

定制的开关测试装置路径可能会少一些，在部分端口上可以形成完全交错，而在另一些端口上则是简单的开关树。要想保证速度和可靠性，最好选择固态开关。机械开关几乎没有损耗，但是在微波频率上，固态开关的损耗相当大。这一损耗出现在定向耦合器后方，大大降低了系统的射频性能。另一方面，机械开关每一个开关环的回波损耗会有微小的变化，这也会引起不稳定。因此，位于矢量网络分析仪定向耦合器后方的开关结构很简单，但是其稳定性和性能大打折扣。

2.2.7.2   扩展测试装置

完整的 N 乘 N 校准测量通常被称为"完全 N 端口校准"，要完成这种校准，需要用到一种新的测试装置设计方法，这种方法使用了定向耦合器和开关。这类扩展测试装置的实现方法最初是给二端口矢量网络分析仪提供两个附加端口来创建一个四端口矢量网络

分析仪,以便进行第一次平衡测量与差分测量。扩展测试装置的大致构想是利用源开关
将矢量网络分析仪的源开关矩阵扩展已得到更多输出,同时,通过接收机开关将内部接
收机扩展形成更多端口。这要求给每个额外的端口提供一个额外的测试端口耦合器。因
为切换在矢量网络分析仪定向耦合器后方进行,耦合器仍可用于测试端口;由于测试装
置上的端口使可用端口总数得到扩展,因此命名为扩展测试装置。图 2.27 展示了一个简
单的二端口扩展测试装置的结构框图。

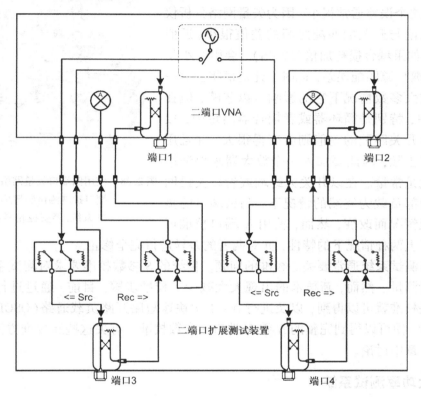

图 2.27　二端口扩展测试装置的结构框图

框图中关键的一点是,在测试端口耦合器后方,测试装置被分成源环路和接收机环
路。由于在测试耦合器之后可以提供任意数量的开关路径,理论上可用端口的数量是无
限的。而且,这一框图允许增加额外的测试装置,通过叠加扩展测试装置可以获得任意
数量的测试端口。常见的设置方法有以下几种:四端口矢量网络分析仪加四端口扩展测
试装置,最终得到 8 个端口;二端口矢量网络分析仪连接十端口扩展测试装置,最终得到
12 个端口;四端口矢量网络分析仪连接十二端口扩展测试装置,以得到 16 个端口。
图 2.28 展示了一个四端口矢量网络分析仪,连接二端口扩展测试装置,形成一个十二端
口的系统。

扩展测试装置既可以使用机械开关,也可以使用固态开关。因为所有切换都发生在
测试端口耦合器后方,扩展测试装置的测量稳定性和性能要比开关测试装置好得多,尽
管开关中的损耗会使动态范围减小,但是它对测量的稳定性没有影响。

有时可以在测试耦合器的耦合端口与开关输入
之间增加一个低噪声放大器。这样可以提高性能，
因为 LNA 的增益增加了动态范围。在耦合臂与开关
之间添加放大器则可以去除另一个误差源。当源和
测试端口共享同一个矢量网络分析仪接收机时，端
口的源匹配会发生改变：例如，图 2.27 中的端口 1
与端口 3。这个误差通常很小，因为矢量网络分析仪
接收机的匹配与开关的匹配之间的差值很小（近似
−10 dB），如果耦合损耗加倍（32 dB），会引起小于
−40 dB 的典型源匹配误差，此时上述差值将会进一
步减小。在大多数情况下它的影响可以忽略，但在
有的测量中，特别是循环器或者耦合器测量中，接
收机匹配与开关匹配的差值则会变得很大，并且用
校准也无法去除，因此要加入一个放大器来保证耦
合臂的匹配是常量。在以开关为终端或者以矢量网

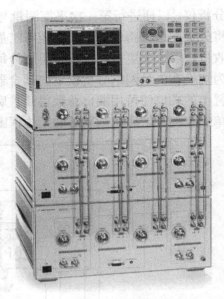

图 2.28　使用四端口矢量网络分析仪与二端口扩展测试装置形成的十二端口系统。经安捷伦科技授权引用

络分析仪内部负载为终端的情况下，测试端口的负
载特性会视情况而改变；然而，使用 N 端口校准可
以测量出以上两种情况下的特性，并对两者的差异进行完全修正。

　　多端口测试系统通常要关心校准的问题。传统的 S 参数校准要求对测试系统中每一
条路径进行测量。然而，新技术的出现大大减少了校准步骤，目前，通过进行一次单端
口回波损耗校准就可以得到，以及进行 N − 1 次快速短路开路负载通路（QSOLT）校准中
的通路测量，便可以得到完整的 N 乘 N 端口 S 参数校准。有关这些新校准方法，更多细
节将在第 3 章中讨论。

2.2.8　大功率测试系统

　　大多数矢量网络分析仪测试端口的最大工作功率为 10 ~ 15 dBm 左右，而损坏功率大概
为 +30 dBm。超过工作功率时，接收机将被大量压缩，因此得到的是无效数据。许多矢量
网络分析仪提供内部接收机衰减器，使接收机接收的功率变小，这样可以使用更大的工作
电平。测试端口耦合器的最大输入功率通常要高于定向耦合器后方其他元件的最大电平，
因此通过合适的填充和隔离，利用各种模型，矢量网络分析仪可以在高达 +43 dBm 的功率
下工作。在更高的功率下也能工作，但是要加入大量的外部元件，例如外部耦合器，以保证
矢量网络分析仪元件的功率小于损坏功率。大功率测试装置的细节可参见第 6 章。

　　另一种常见的做法是在 DUT 输出端口与矢量网络分析仪测试端口之间加入几个固
定衰减器。只要测试端口和 DUT 之间的总衰减小于 10 dB，这种方法就会使工作良好。
在测试端口耦合器后方加入衰减会使方向性以两倍于衰减的值降低（单位为 dB），2.3.2
节末尾将会描述这种情况。实际使用中，可以加上高达 10 dB 的外部衰减，并通过标准
的校准技术来补偿。如果加入的衰减值在 10 ~ 20 dB 之间，系统会变得不太稳定，而如
果加入的衰减大于 20 dB，则必须使用各种不同的校准技术，且 S_{22} 测量值会变得不准确。

在测量大功率驱动的器件时，通常加入放大器来提高矢量网络分析仪的正常功率值。一种方法是，只在端口 1 加入激励放大器，由激励放大器直接驱动 DUT。由于激励放大器与大功率 DUT 间存在失配，测量结果通常不理想。使用这种方法时，通常加入激励放大器，使 S_{21} 迹线归一化，然后加入 DUT 并测量相对于归一化的激励放大器响应的增益结果。然而，由于激励放大器与大功率 DUT 之间存在失配，归一化的过程会存在误差。并且由于激励放大器的隔离性使系统无法测量 DUT 反射信号，DUT 的输入匹配，即 S_{11} 的测量值不再可靠。增益测量中的第 2 个误差通常发生在这种测量方法中，因为激励放大器存在增益漂移或增益压缩。

一种较为系统的方法是，在测试端口耦合器后方加入激励放大器，并使用第 2 耦合器作为参考信道开关，产生一个与激励放大器输出信号成比例的信号，输出信号可以路由至参考信道。在这一方案中，通常使用定向耦合器而不是功分器来保证激励放大器后方的损耗较小。参考信道的输出直接通过端口 1 的测试端口耦合器，因此 DUT 的 S_{11} 能够准确测量出来。在绝大多数情况下，想对大功率驱动器件进行准确测量，都要在参考耦合器之后加入一个激励放大器。第 6 章提供了大功率放大器测量的详细讨论，包括几种支持不同功率值的结构框图设置。

2.3　线性微波参数的矢量网络分析仪测量

本章讨论的是进行微波测量的基础知识，涉及许多参数，并讲述了实际操作中射频硬件的局限性会引起什么样的结果，前几节详细讨论了上述内容。本节则讨论测量方法以及误差源的影响，还有在进行微波测量时与测试设备局限性有关的其他并发影响。

2.3.1　S 参数的线性测量方法

线性测量意味着被测参数与所使用的信号无关。对于射频和微波测量，主要的线性参数是 S 参数，通过它可以推导出增益、匹配、阻抗和隔离性等其他参数。

2.3.1.1　矢量网络分析仪硬件配置的信号流图

矢量网络分析仪测量 S 参数时，要为 DUT 的输入端提供源信号，同时测量矢量网络分析仪接收机的响应。通过向 DUT 的端口 1 提供源信号，入射波即 a_{1M} 可以在参考信道测出，而测试信号则通过输入信号 b_{1M} 和输出信号 b_{2M} 测得，但这些测量值并不是 DUT 入射波和散射波的实际值。矢量网络分析仪的误差会使源和接收机信号发生改变，于是测得的值会与 DUT 参考平面的值的有很大差距。S 参数测量的误差种类很多，其中主要的几种在图 2.29 中的信号流图[2, 3]上定义出来。在传统的矢量网络分析仪测量中，分别用源信号激励 DUT 的各个端口，同时其他端口则提供了标称匹配终端。在二端口器件中，通常将端口 1 的激励作为前向激励，而将端口 2 作为反向激励。在多端口系统里，反射端口项中 F 和 R 可能会用端口号取代，例如 ED_1，ES_1 和 ER_1，但是传输项必须包括一对端口，例如 ET_{21} 或 EL_{12}。尽管负载匹配被当成传输项看起来有些奇怪，但是很多矢量网络分析仪和多端口测试系统在源端口不同时，对 DUT 表现负载阻抗也不同，因此负载匹配必须明确指定负载端口和源端口。标准做法是将负载端口放在前面，源端口放在后面，因此 ET_{21} 就是影响 S_{21} 参数的主要跟踪项。

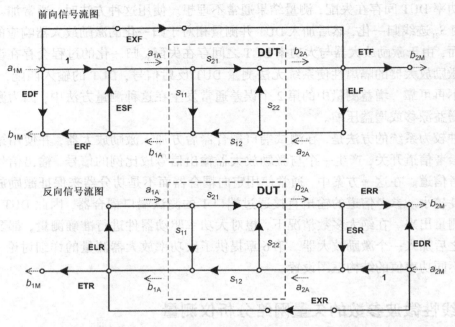

图 2.29　使用矢量网络分析仪对 DUT 进行前向与反向测量的信号流图

测量中传统的系统误差如图 2.29 所示，在测量线性器件可以对这些误差进行表征并去除。表 2.1 中列出了这些误差。

看待此问题的另一个角度是将这些误差分成 3 类：跟踪响应，失配和泄漏。在 4 个 S 参数中，每个参数都会出现这些误差，因此它们可以用 1 个 3×4 的表格来表示，如表 2.2 所示。

表 2.1　矢量网络分析仪中的系统误差项

EDF	前向方向性误差	EDR	反向方向性误差
ESF	前向源失配误差	ESR	反向源失配误差
ERF	前向反射跟踪误差	ERR	反向反射跟踪
ELF	前向负载失配误差	ELR	反向负载失配误差
ETF	前向传输跟踪误差	ETR	反向传输跟踪误差
EXF	前向串扰误差	EXR	反向串扰误差

表 2.2　测量及其相关的误差项

测　量	误　差		
	跟踪响应	失配	泄漏
输入反射测量	ERF	ESF	EDF
前向传输测量	ETF	ELF	EXF
反向传输测量	ETR	ELR	EXR
输出反射测量	ERR	ESR	EDR

在第 3 章中，将使用上述定义来简化修正公式。从这里可以看出方向性误差对反射测量的影响与串扰对传输测量的影响十分相似；频率响应也有类似的情况。失配的影响会更加复杂，下一章将会讨论清楚这个问题。

这一信号流图结构描绘了 S 参数测量中众所周知的 12 项误差模型。大多数矢量网络分析仪将它用做误差修正算法的模型。在信号流图中，假定使用矢量网络分析仪前向扫描进行测量，源加在端口 1 上，接下来再进行反向扫描，源加在端口 2 上。跟踪项代表了相对损耗(或接收机怎样互相跟踪)，失配项代表了相对于系统 Z_0 的误差。在 2.2.2.1 节中曾描述过，源失配误差项是指比例源失配。从这一模型中可以看出，各个端口的端口失配与源是否激活有关，因为当源被切换到终端状态时，矢量网络分析仪的内部开关的阻抗会改变。这说明了为什么端口失配在激活端口处会被称为源失配，而在未激活端口处称为负载失配。

现代矢量网络分析仪忽略了大部分串扰误差项，此时端口间的隔离性要比系统的噪声电平大。在这种情况下，不能充分表征串扰，因此通常设串扰值为零，于是 12 项误差模型就被简化为 10 项模型。

误差项的一个微妙的细节是方向性误差项的命名不合适，EDF（参见表 2.1）实际上不能准确表示测试耦合器的方向性，只能表示泄漏信号（来自耦合器的隔离性）与 a_1 接收机损耗之比。当测量理想的 Z_0 负载时，这个值实际上等于 b_1/a_1。当反射跟踪为 1 时，方向性误差项与测试系统的方向性完全相同。但是如果矢量网络分析仪的设置使得 ERF 误差项偏离 1（或者非 0，例如 a_1 与 b_1 接收机损耗不同），那么尽管耦合器方向性不变（参见图 1.30），相对于负载的泄漏响应 b_1/a_1 也会变化相同的值。举例来说，如果在端口 1 测试端口耦合器的耦合臂与测试接收机之间加入 1 个衰减器或者在 a_1 参考耦合器和测试端口耦合器的主臂之间加衰减器，那么测得的负载响应与 EDF 误差项将会改变，同样反射跟随响应 ERF 也会改变，但是系统方向性却不会受到影响。因此 EDF 误差项不代表耦合器或系统的方向性；系统方向性的值可由以下公式计算

$$\text{系统方向性} = \frac{\text{EDF}}{\text{ERF}} \tag{2.9}$$

如果在测试端口耦合器后方在耦合器和 DUT 之间加入外部衰减器，那么 EDF 误差项将不会变化，但是反射跟踪将会变化（改变量为衰减值的两倍），因此测试端口耦合器与系统的实际方向性也会按照衰减值的两倍减少。

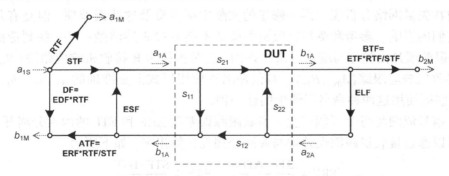

图 2.30　带有源和接收机误差的信号流图

在第 3 章中将会介绍表征系统误差的方法，以及求解实际 S 参数或修正过的 S 参数的信号流图的方法。应该记住当矢量网络分析仪本身端口匹配良好，且误差项接近理想值时，上述信号流图中的误差通常是由于 DUT 的电缆、夹具或探针的影响而产生的。

2.3.2　使用矢量网络分析仪进行功率测量

图 2.29 所示的信号流图是信号路径的一种简化表示，这一信号路径适用于 S 参数或其他表示 a 波和 b 波的比值参数，此处假定矢量网络分析仪接收机可以直接测量 a_{1M} 和

b_{1M}。过去，矢量网络分析仪只对比值类型的参数求值。现代矢量网络分析仪可以直接显示功率值，并以对源和接收机进行复杂的控制，因此要理解与直接测量 DUT 的 a 波和 b 波得出的各种参数相关的误差，就需要一个更加详细的信号流程图。

严格来讲，DUT 的功率测量值并不是元件的线性测量值，而是 DUT 信号和源信号的组合。例如，只要没有达到完全饱和状态，放大器的输出功率便与输入功率相关。如果 DUT 是线性的，任一端口的功率都可以由 S 参数和输入功率的值计算得出。进行功率测量的方法与表征 S 参数测量的方法相似，而且功率测量的误差与 S 参数测量的误差紧密相关。在大多数情况下，要求功率测量能够描述 DUT 的非线性行为，例如当器件从线性响应转换为非线性响应时的功率值。另一种与功率有关的测量是功率叠加效率，这种测量既要测量直流功率，也要测量射频功率，并且能计算直流功率转换为射频输出信号的转换效率。

图 2.30 的信号流图展示了当源处于前向激活状态时，源和接收机的误差。与 S 参数误差项不同，与源损耗和接收机损耗相关的误差项没有标准化的名称，因此这里定义了一些在本文中使用的名称。

在输入端使用的源信号（a_{1S}）由参考接收机测量，参考接收机有自己的损耗和频率响应，用前向参考传输（RTF）误差来表示，代表了参考接收机的损耗。源路径相对于 DUT 测试端口的损耗用前向源传输（STF）误差来表示，代表了测试装置中的损耗。反射测试接收机（也称 A 接收机）利用前向信号流图（ATF）中的 A 接收机转换来测量反射功率；传输测量接收机（也称 B 接收机）使用前向信号流图中的 B 接收机传输误差（BTF）来测量传输功率。许多制造商为接收机做了出厂修正，这样就能够从本质上去除测试耦合器和参考耦合器的损耗和频率响应。注意 ATR 可能与 ATF 相等，但是如果测试装置中，在前向和反向上发生了切换，使得 A 耦合器的损耗发生了变化，那么这两个值也可能不相等。

这一信号流图的特殊表示法在描述源和接收机的功率修正时会有用处，如第 3 章所述。目前在矢量网络分析仪和误差修正的文献中很少提及这些误差项，但是有几篇论文描述了它们的影响。参考和测试接收机的损耗不能直接表述清楚；在一些制造商的修正算法里，误差项是由类型与端口号来区别的，有时被称为 R 接收机响应跟踪（R_{Tr}），或者 A 或 B 接收机响应跟踪（A_{Tr}，B_{Tr}）。其他命名法使用形式上更准确的 a_1、a_2、b_1、b_2 响应跟踪，有些则使用这两种命名习惯中的任一种。

这一信号流图将每个可能产生 S 参数跟踪误差项 ERF 和 ETF 的因素分离开，这两个误差项可以通过接收机跟踪误差项与源路径损耗计算出来，如下所示

$$\mathrm{ERF} = \frac{\mathrm{STF} \cdot \mathrm{ATF}}{\mathrm{RTF}}, \quad \mathrm{ETF} = \frac{\mathrm{STF} \cdot \mathrm{BTF}}{\mathrm{RTF}} \tag{2.10}$$

通过这种分离接收机响应的信号流图的结构，方向性误差项被修改为

$$\mathrm{EDF} \equiv \left. \frac{b_{1M}}{a_{1M}} \right|_{\Gamma_{\mathrm{Load}}=0} = \frac{\mathrm{DF}}{\mathrm{RTF}} \tag{2.11}$$

EDF 可看成测试端口连接理想非反射负载时 b_{1M}/a_{1M} 的原始测量值。如果测试端口耦合器在 ATF 和 DIR 的方向性之间进行耦合，那么耦合器的隔离度为

$$\textbf{耦合器隔离度} = \mathrm{DIR} \cdot \mathrm{ATF} \tag{2.12}$$

如果 STF 的值改变了，EDF 也会随之改变。

图 2.30 中，参考信道功分器或耦合器的损耗用 RTF 表示。在以前的矢量网络分析仪中，上述损耗等于反射端口的 STF 与 ATF 之和，或者等于传输端口的 STF 与 BTF 之和；因此，ATF 与 BTF 的值相等；如果端口 1 与端口 2 使用同样的耦合器，那么 ATF 与 BTF 的值也相等。利用这种方法，可以将 ERF 和 ETF 合并成一个误差项，这时接收机的原始测量值与 DUT 的实际值更接近。现代矢量网络分析仪有时会在参考路径中加入额外的衰减，以保证即使源功率最大值的情况下，参考信道接收机也不会压缩。因此，当 DUT 的损耗很大时，仍可以扩展分析仪的动态范围，这一问题将在第 5 章讨论。

通常，RTF 与 BTF 的值在仪器制造商工厂里测量，用数学方法调整 a_{1M}、b_{1M}、b_{2M} 和 a_{2M} 的原始值，可以大致补偿这一损耗。工厂校准使 DUT 的原始测量值与 DUT 的实际值很接近，有利于在校准过程开始之前对测量进行配置与优化。

类似地，源跟踪误差项的损耗 STF 将在源的配置过程得到补偿，即调整 a_{1S}，使加在测试端口的功率接近正确值。通常，在 STF 的路径上加入一个步进衰减器，使测试端口的功率显著降低，而参考接收机 a_{1M} 处保持大功率。在老式分析仪中，改变步进衰减器的值会使输入到测试接收机的功率下降，同时保持参考接收机处的功率较大，这将改变 S 参数的表现值。现代分析仪通过衰减器标称值的变化来对工厂校准进行补偿，使参考接收机处显示的功率值相应降低（下降幅度为设置的衰减器值大小）。但是衰减器的损耗与其标称值仍然不相等，并且衰减器的失配会随衰减器的状态而变化，因此当在某一状态下进行了校准，随后又切换到另一个状态时，通常会看到大量的波纹。即便这样，也有一些巧妙的步骤可以对衰减器响应进行表征，进而去除这些误差（参见第 9 章）。

经过出厂校准的矢量网络分析仪的测试端口，源功率、接收机功率读数与 S 参数通常都有 1 dB 的误差。当然，如果使用了电缆，电缆的损耗通常不会在出厂校准时得到补偿。

在某些情况下，在矢量网络分析仪结构框图中，测试端口耦合器的耦合臂与测量 b_{1M} 和 b_{2M} 的测试接收机之间会额外加入内部步进衰减器。在这些情况下，ATF 与 BTF 的值可能也会由矢量网络分析仪软件提供与接收机衰减值相等的补偿，这使得接收机衰减值发生改变，而 DUT 的 S 参数的原始值相对保持不变。在其他情况下，尤其在进行大功率测量时，外部衰减器有时被置于测试端口耦合器的耦合臂与接收机之间，被外部衰减器吸收的功率超过了内部衰减器的功率处理范围。在这些情况下，ATF 或 BTF 误差项会包括衰减器的偏移量，因为出厂校准不会对外部元件进行补偿。

2.3.3　矢量网络分析仪的其他测量限制

表 2.1 中的系统性误差项被大家所熟知，并且有许多方法可以从本质上减少影响 S 参数的测量结果的误差。然而，矢量网络分析仪硬件的某些局限性不能轻易去除，必须特别注意减少这些局限性的影响。

2.3.3.1　本底噪声

仪表的测试结果精度通常不包括系统本底噪声，因为噪声影响可以通过调低 IF 带宽或增加平均来消除。有些方法尽管理论上是正确的，但很多时候，测量时间的增加使得这些方法不能被采用。某些情况下，例如微波滤波器实时调谐，必须提高 IF 带宽以获得实时更新速率。IF BW 每增加 10 倍，噪声影响就会增加 10 dB，因此给定某个 IF BW（通常为 10 Hz）下的本底噪声，就能很容易计算出在任意 IF BW 下实际的本底噪声。

S 参数测量中，有两种不同的噪声影响：本底噪声和大迹线噪声。本底噪声很容易理解，它是由于矢量网络分析仪噪声系数的原因，在接收机输入端引入噪声所产生的影响。测试端口耦合器的耦合因子大大降低了测量信号，因此本底噪声的影响就更为显著。测量中本底噪声的影响可以通过 RMS 噪声电平方法来决定，这种方法将噪声电平转化为等效的线性幅度波，并将其加入测量接收机处信号的幅度中。

线性 b_2 噪声的转换如下式所示：

$$b_{2\_Noise} = 10^{\frac{\text{本底噪声}_{dBm}}{20}} \qquad (2.13)$$

注意矢量网络分析仪接收机的原始测量本底噪声是噪声功率的平方根，因为 a 波和 b 波的单位是功率的平方根。通常，矢量网络分析仪的噪声功率用一个相对于 0 dB 入射损耗测量的 dBc 值来表达。当然，对于接收机中的恒定噪声功率，相对本底噪声与源驱动功率有关。

当本底噪声远低于测量值时，S 参数迹线上存在的 RMS 迹线噪声可以通过在 b 接收机信号幅度上加入 RMS 本底噪声来计算：

$$\text{迹线噪声}_{dB} = 20\lg\left[\frac{b_{2\_noise} + b_{2\_signal}}{b_{2\_signal}}\right] \qquad (2.14)$$

当然，若本底噪声高于测量值，测量就没有意义了。

举例来说，一个插入损耗为 80 dB（$S_{21} = -80$ dB）的滤波器，其源驱动功率为 0 dBm，矢量网络分析仪的 RMS 本底噪声在 10 Hz 带宽下为 -127 dBm。如果使用 10 kHz 的 IF 带宽测量，如图 2.31 所示，在任何插入损耗下，由本底噪声引起的迹线噪声都可以计算得出。

此时的有效本底噪声要比 10 Hz 标准值高 30 dB，为 -97 dBm。测得的 b_2 噪声为

$$10^{\frac{-97}{20}} = 1.41 \cdot 10^{-5}$$

输出信号为

$$10^{\left[\frac{-80}{20}\right]} = 1 \cdot 10^{-4}$$

RMS 迹线噪声电平为

$$\text{迹线噪声} = 20\lg\left[\frac{(1.41 \cdot 10^{-5} + 1 \cdot 10^{-4})}{1 \cdot 10^{-4}}\right] = 1.15\,\text{dB}_{RMS}$$

这一值与测量得出的迹线噪声十分接近，参见图 2.31 中游标 1 附近计算的迹线统计值，显示为 SDEV = 1.24 dB（迹线统计测量一个迹线信号的变化，在本例中计算被限制在游标附近 5% 范围内）。可以看到在滤波器阻带中存在大量的噪声。RMS 迹线噪声代表了噪声的标准误差。在本例中，大概使用了 21 个点来计算游标附近的迹线噪声。峰-峰值迹线噪声大概是标准误差的 4 倍，最坏的情况下，在一个典型的测量中峰-峰值噪声将接近 4.6 dB。然而，由于噪声在各种情况下的值是任意的，一般都用 RMS 值表示与噪声

相关的值。因为 S 参数信号提升了矢量网络分析仪的噪声电平，信号电平每增加 10 dB，迹线噪声将会以 3 倍的速率(dB)减小。但是这种关系在大信号下不再适用。

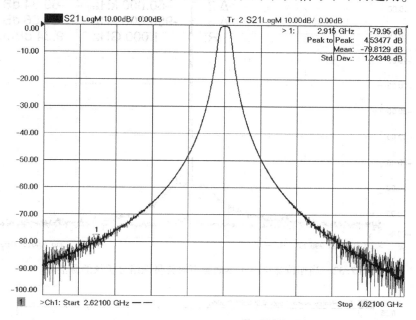

图 2.31　S_{21} 测量中的本底噪声影响

　　还有一种迹线噪声称为"大"迹线噪声。在大信号情况下，源信号的噪声(通常由源的相位噪声引起)的值可能比矢量网络分析仪噪声电平的值还高，并成为测量中的主要噪声。而且，如果矢量网络分析仪的源有很多内部放大器，那么由源造成的宽带噪声电平成为载波远端相位噪声的主要部分。在这一范围内，随着 S 参数信号的升高，迹线噪声几乎不变。再看滤波器裙边的迹线噪声的情况：当通过滤波器的信号足够大的时候，测量中信号电平升高到本底噪声之上，迹线噪声随之减小，源相位噪声或本底噪声成为主要噪声。高于这一电平之时，尽管 S 参数的损耗减少，但迹线噪声也会保持在一个恒定 dBc 值上。大迹线噪声的这一问题在老式矢量网络分析仪中更常见，由于要把源集成到矢量网络分析仪内部，其源的相位噪声要比单独信号源的相位噪声差得多。现在的矢量网络分析仪中由于使用了倍频器来提高频率，如果工作频率在毫米波段，也会出现类似的情况。频率每增加两倍，相位噪声就提高 6 dB。这些问题通常只在大功率下出现，因为要使用衰减器来控制功率值，会同时减小源信号和相位噪声。

　　图 2.32 为矢量网络分析仪源的相位噪声，此时相位噪声要高于本底噪声。浅灰色的迹线(存入内存的曲线)为 −10 dBm 功率值下的情况。此时，相位噪声低于接收机本底噪声。深色迹线代表源功率增加到 +10 dBm 时的相位噪声。此时，相位噪声大约比本底噪声高 15 dB，且会限制大功率下的迹线噪声。这一数据是在 10 kHz RBW 下测得的，实际上在频偏为 50 kHz 处及以下，最大相位噪声大约为 −110 dBc/Hz。

　　图 2.33 为迹线噪声随着接收功率变化的曲线，对响应进行归一化以后，迹线噪声的极限在高于 −10 dBm 的大电平部分比较明显，这里迹线噪声不再随着信号电平的增加而减少，图中用"高电压迹线噪声"表明这一区域。

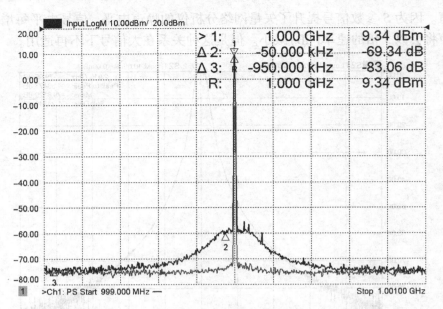

图 2.32　当相位噪声高于本底噪声时矢量网络分析仪的源信号

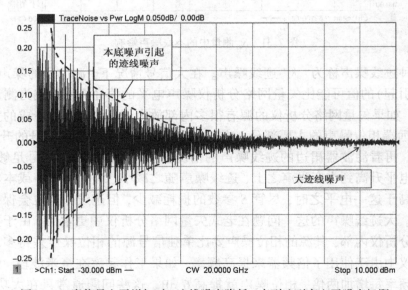

图 2.33　当信号电平增加时，迹线噪声降低，直到达到高电平噪声极限

2.3.4　由外部元件引起的测量局限

通常，对测量影响最大的误差来自于 DUT 与矢量网络分析仪之间的外部元件。这类元件会出现在各种配置下，每一种都有其独特性，对测量的影响也不尽相同。引起外部误差最常见的元件是电缆和连接器。

用矢量网络分析仪测量器件时通常都会使用电缆、连接器和适配器。电缆和连接器的性能，尤其是稳定性会明显影响测量的性能。

电缆的主要影响是给测量引入损耗和失配。短电缆的损耗不是很大，但是失配会直接加入到矢量网络分析仪的源失配和方向性中，降低系统性能。如果使用误差修正，在电缆稳定性好的前提下失配的影响可以大大减小（减小到与校准件等同的水平），但是电缆的不稳定性限制了电缆失配的重复性，电缆的不稳定性通常也是回波损耗测量中的主要误差来源。

在测量传输中，失配效应会直接影响校准效果，尽管利用校准的特性可以大大减少失配的影响。通常电缆最主要的不稳定性来自于不同频率下的相位响应。如果想为响应发生变化，即便电缆的幅度是稳定的，由于存在电缆失配误差的相位偏移，矢量网络分析仪的误差修正也会失败。确定电缆性能和弯曲影响的方法将会在第 9 章中讨论。

2.4　由 S 参数引申出的测量

S 参数测量提供了大量关于 DUT 性能的信息。在许多情况下，需要将这些参数进行转换和格式化，以便于理解 DUT 的固有特性。有些转换本身就是图形化的，例如史密斯圆图，此外还有一些格式化转换，如群时延和 SWR，以及一些功能性转换如时域转换。接下来会讨论一些较为重要的转换，并给出一些重要的结论。

2.4.1　史密斯圆图

史密斯圆图是每一个射频工程师都应掌握的一种可视化工具。它以一种非常简洁的形式给出 DUT 匹配特性，同时是一种有效工具，可以将器件的匹配点移动到更合理的位置。这个工具由 Philip Smith[4]发明，它将归一化的终端阻抗的复数值映射到一个圆形的图表上，从这张图上很容易得到终端阻抗与传输线的阻抗。最初，史密斯圆图是用来计算阻抗的，当用传输线连接负载时，利用此图可以计算负载值，这种方法在电话线阻抗匹配中尤其常见。加入一定长度的传输线会改变终端阻抗的值 Z_T 如下所示：

$$Z_S = Z_0 \frac{(Z_0 + Z_T \tanh[(\alpha + j\beta)z])}{(Z_T + Z_0 \tanh[(\alpha + j\beta)z])} \tag{2.15}$$

此处 α 和 β 是传播常数的实部和虚部，z 是距离负载的距离。这一计算曾经很烦琐，部分原因是双曲正切函数的参数是复数，因此以图表的方法计算很受欢迎。史密斯圆图将阻抗与反射系数（Γ）对应起来，并在一张极坐标图上标示出回波损耗如下所示：

$$\Gamma = \frac{(Z - Z_0)}{(Z + Z_0)} \tag{2.16}$$

史密斯圆图的本质是认识到在传输线上改变阻抗值，与在图上将反射系数的相位进行旋转是等价的。史密斯圆图将阻抗映射到极坐标反射系数图上，并用等电阻圆和等电抗圆形成的坐标格线标示阻抗。这样，可以标出任何回波损耗，及其对应的电阻和电抗值。如果传输线（其特征阻抗为 Z_0）的长度增加，只要简单地在图上将阻抗旋转传输线相移的角度即可。如果传输线有损耗，回波损耗的值会发生变化（传输线单程损耗的两倍），在这个新的位置上，可以直接读取电阻和电抗。

2.4.1.1　串联和并联元素

史密斯圆图的最初目的是为了在固定频率上显示 S_{11}，并使用圆图来推导因与信号源的距离发生改变而引起的阻抗值的变化。但是在矢量网络分析仪中使用史密斯圆图表示回波损耗或 S_{11} 的频率函数则非常困难，频率升高时，由于传输线或器件存在相位偏移，图上会出现相位旋转。利用矢量网络分析仪的史密斯圆图可以推导出许多参数，例如电容、电感、损耗和时延，史密斯圆图通常比对数幅度图或相位图要提供更多的信息。在许多情况下，史密斯原图在确定 DUT 的主要元件特性时非常有用。因此，多数设计中，DUT 可以被理想匹配，距匹配点的偏移是由于一些寄生串联和并联元件存在而产生的。串联元素在史密斯圆图轨迹中如图 2.34 所示。并联元素不能由史密斯圆图直接得出，但是可以用导纳图（又称翻转史密斯圆图）推导出来，导纳图与史密斯圆图的映射规则相同，但是它用阻抗的倒数表示电导常量和电纳常量。

　　进行高频测量时几乎总要处理并联电容和串联电感等寄生值。值得注意的是，实际上串联电容或并联电感的寄生效应会随着频率升高而减少，到一定频率时，电容器变成短路，电感器变成开路，这些寄生元素通常只会降低系统的低频性能。

　　图 2.34（a）为阻抗圆图，而图 2.34（b）为导纳圆图，每张图都有两个电路参量：一个 40 Ω 的负载和一个并联电容 [图 2.31（a）中的黑色迹线]，还有一个 60 Ω 的负载和一个串联电感。

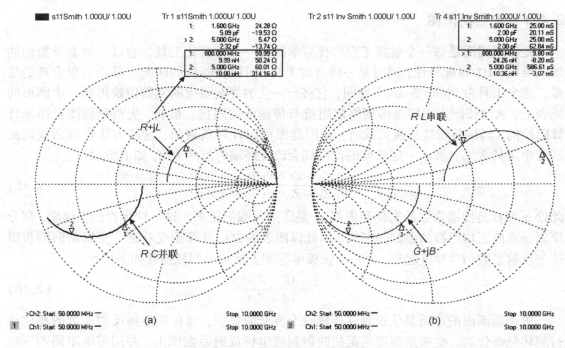

图 2.34　（a）阻抗圆图；（b）导纳圆图

　　注意在阻抗图上，代表串联电感的高亮游标值在始终显示当前频率下的电阻和电感。并联 RC 电路的阻抗图（深色迹线）既不能表示恒定电阻也不能表示恒定电容。导纳图 [参见图 2.34（b）] 可以表示恒定电导和恒定电容，但不能表示串联 RL 电路的值。因此可以发现用阻抗图可以轻松确定串联元素，因为它们的轨迹随着等电阻圆变化，而导纳图可以用来确定并联元素，因为它们的轨迹随着等电导圆变化。

在确定输入阻抗的实际响应时，常见的情况是串联和并联元件在传输线末端，而传输线会影响史密斯圆图上的响应。在这种情况下，为了找出有用的信息，有必要从测量中去除过量的时延。然而有时很难确定需要去除多少时延。此时，可以使用两个游标来进行读数，并通过去除展开相位响应来确定寄生元素的值。图 2.35 为一组响应，此处 DUT 由于短传输线的存在而出现时延，这种情况类似于在使用 PCB 夹具或探针时，存在着串联电阻和电感[参见图 2.35(a)]或并联电导和电容[参见图 2.35(b)]。以上是两种常见的存在寄生特性的例子。

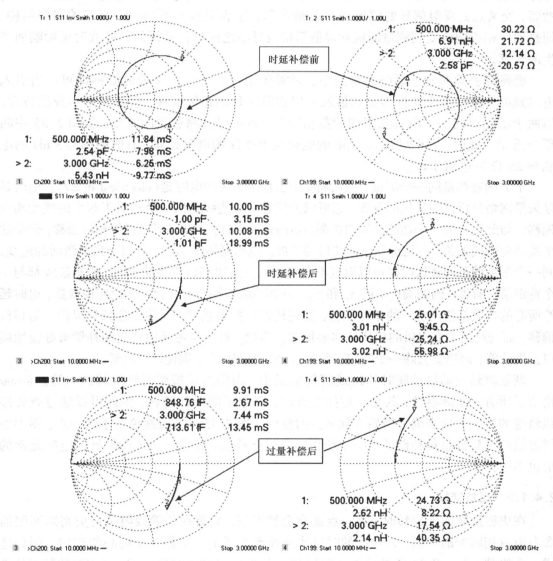

图 2.35　(a)、(c)、(e)为导纳图；(b)、(d)、(f)为史密斯圆图。其中(a)、(b)为未展开相位；(c)、(d)为展开的相位；(e)为电感器的过量补偿；(f)为电容器的过量补偿

由于在矢量网络分析仪参考端口和寄生元素之间的传输线部分存在与频率有关的相位偏移，因而传输线存在时延，轨迹会出现失真。对于感性情况，这些元素是串联元素，

应使用标准史密斯圆图，即阻抗图。游标的读数为电阻和电抗(单位是 Ω)，以及等效电感。很明显，电抗元素的显示值不是常量。大多数矢量网络分析仪根据游标所显示的位置和相应的频率处的电抗值，会显示等效的电感值和电容值。

在电容的例子中，因为是并联阻抗，所以使用反转史密斯圆图即导纳图。导纳图中实部表示电导值，单位是毫西(mS)，虚部是电纳，单位也是毫西。电抗部分被转换成了等价的并联电容或电感，由导纳图虚部的正负号决定。同样，可以清楚地看到并联电抗部分的显示值不是常数。实际上，两条轨迹都表明存在谐振，因为它们都跨越了实轴。然而，交叉点处反射信号的幅度并不是最小值，这表明这并不是一个真正的谐振结构，而是器件相位响应受到测量面板和离散阻抗或导纳之间的传输线的长度或时延影响而产生的失真。

要研究去除时延的影响非常简单，只需要用两个不同频率处的游标即可。当引入电时延时，读出每个游标虚部的值就可以去除时延的相位偏移，得到元素本身的特性。当两个游标对同一个电抗元素的读数相同时，就可以去除适当的时延，如图 2.35 中间部分所示。此时，左侧的图是 1 pF 的电容与 100 Ω 的电阻并联，右侧的图是 3 nH 的电感与 25 Ω 的电阻串联。

下方的迹线是同一个测量，但从响应中去掉了更多的电时延(electrical delay)。电时延是矢量网络分析仪中常见的设置，它可以为任意一条迹线提供一个相对于频率的线性相位偏移。与此相关的一个功能是端口扩展(port extension)，它同样可以提供相位偏移，但是这个偏移与迹线无关，而是对分析仪端口的扩展。电时延测量功能，只用于当前激活的迹线，同一个参数的不同迹线时延可以设置不同的时延。使用端口扩展功能时，所有迹线都与一个特定端口有关，例如端口 1 的 S_{11} 和 S_{21}，其相位响应都会有变化。无论何种参数，电时延给所有的参数都使用统一的相位偏移，而使用端口扩展功能时，传输参数只提供 1 倍相位偏移，而为反射参数提供的相位偏移要加倍。因此，对于参考平面变化的补偿最好使用端口扩展功能，而想要去除一个特定参数的线性相位偏移时，则使用电时延。

调整时延或端口扩展时的迹线旋转值最小，而仍然保持顺时针旋转的轨迹。Foster 论证了所有的实际器件，其相位随频率升高，引起了顺时针旋转，因此可以通过查看迹线轨迹的旋转方向来确定需要去除多少时延值。图 2.35 下方迹线说明了这一点，图中中间迹线的时延被过量补偿了 10%，使得响应过度补偿，并导致两个游标处的电抗元素的值也不一样。

2.4.1.2　阻抗变换

在史密斯圆图上旋转时，有一点通常会被误解，只有在传输线阻抗与史密斯圆图的参考阻抗相匹配的时候，传输线的时延才会导致在图上发生相对于圆心的旋转。例如这样一个终端，由一个 25 Ω 的接地电阻器与一个的 3 pF 的电容器组成，电容器的频率从直流到 10 GHz。图 2.36 中浅色迹线是阻抗轨迹，由于并联电容的影响，显示的阻抗与 25 Ω 有些许偏差。深色的迹线拥有相同的阻抗，但是在传输线的末端，频率为 10 GHz 时，有一个 180° 的相位偏移。阻抗轨迹中心的值为 50 Ω，180° 相移处的迹线值与 0° 相移处匹配。在相移 90° 的频率处，相移由传输线(5.4 GHz)加上 DUT 的轻微相移引起，阻抗值接近 100 Ω。这是众所周知的 1/4 波长(或 90°，或λ/4)传输线变压器的影响。如果传输线的阻抗是 Z_0，那么 1/4 波长末端的阻抗为

$$Z_{\lambda/4} = \frac{Z_0^2}{Z_T} \qquad (2.17)$$

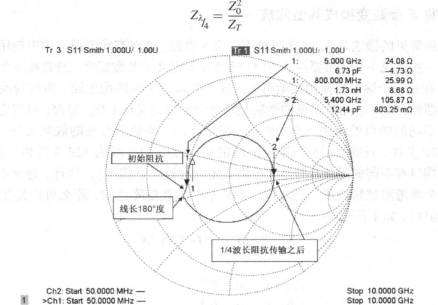

图 2.36　50 Ω 传输线阻抗值旋转 180°的情况

这样做的结果是，由传输线产生的阻抗最大偏移完全依赖于传输线的阻抗。图 2.37 是相同终端下史密斯圆图的轨迹，但是这时，终端之前有一个 12.5 Ω，25 Ω传输线和 100 Ω 的传输线。当然，在 180°时，不会发生阻抗变换，传输线末端的阻抗值与 0°相位偏移时一致。有一个有趣的现象值得注意，阻抗的最小偏移发生在线与终端阻抗相匹配的情况下，而不是与系统阻抗相匹配的时候，参见图 2.36。

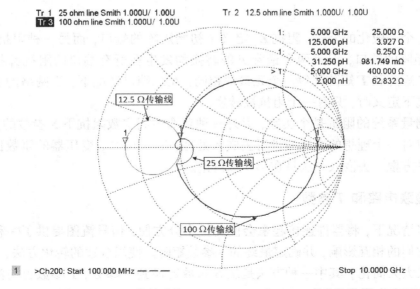

图 2.37　25 Ω 终端连接 12.5 Ω、25 Ω 和 100 Ω 的传输线

另一个需要注意的方面是当传输线的阻抗大于 Z_L 时，最终阻抗的值将会更大，而当传输线的阻抗小于 Z_L 时，最终的阻抗将比 Z_L 要小。

2.4.2 将 S 参数变换成其他阻抗

尽管最常见的做法是在 50 Ω 阻抗下定义 S 参数，或在有线电视应用中使用 75 Ω，然而在其他一些情况下，必须要在非 50 Ω 的情况下定义 S 参数矩阵，或者在一个端口处使用 50 Ω，在另一个端口处使用其他阻抗。这一要求发生在匹配电路、阻抗变换以及使用波导适配器的情况下，此时常见的做法是将终端阻抗定义成 1 Ω。然而，尽管定义 S 参数时允许在不同的端口处使用不同的阻抗，但是存储 S 参数最常见的数据文件，即 Touchstone 或 S2P 文件，只能提供相同阻抗下的定义（最近，第 2 版的 S2P 文件格式已被定义，允许不同端口有不同的阻抗，但是这种格式还没有被广泛使用）。因此，通常有必要让 S 参数从一个参考阻抗转换成其他阻抗。如果全 S 参数矩阵已知，那么可以使用矩阵[5]变化来转变阻抗，如下所示

$$S' = X^{-1}(S - \Gamma)(I - \Gamma S)^{-1}X$$

其中

$$X = \begin{bmatrix} x_1 & 0 & 0 & 0 \\ 0 & x_2 & 0 & 0 \\ 0 & 0 & \ddots & 0 \\ 0 & 0 & 0 & x_n \end{bmatrix}, \quad x_n = 1 - \Gamma_n$$

$$\Gamma = \begin{bmatrix} \Gamma_1 & 0 & \cdots & 0 \\ 0 & \Gamma_2 & \cdots & 0 \\ \vdots & \vdots & \ddots & 0 \\ 0 & 0 & \cdots & \Gamma_n \end{bmatrix}, \quad \Gamma_n = \frac{Z'_n - Z_n}{Z'_n + Z_n}$$

(2.18)

这是一个一般化的公式，阻抗 Z_n 定义了初始矩阵的端口，而另一种阻抗 Z'_n 用来定义新的 S' 矩阵的端口，但是两个最常见的转换均发生在所有端口的阻抗都相等的情况下，因此 X 矩阵和 Γ 矩阵的每一个元素都相同，在二端口情况下，当网络的 S 参数在两个不同阻抗下定义时，只有一个阻抗被转换。

如果测量系统的阻抗是个实数，另外一种获取不同实数阻抗下 S 参数的方法是，在每一个端口对一个理想的变压器进行去嵌入处理（de-embed），变压器的匝数比等于阻抗变化值的平方根。去嵌入方法将在第 9 章讨论。

2.4.3 级联电路和 T 参数

在许多情况下，将器件连接起来会使测量十分方便，信号流图提供了一种有用的工具来理解它们的相互影响，并确定最终的 S 参数矩阵。使用合适的转化方法，S 参数设备的连接可被大大简化。其中一种方法是从 S 参数转换到 T 参数，T 参数也与波形函数相关，但关联方式不同。

图 2.38 展示了两个器件的连接方法，它们各自的 a 波和 b 波是相互独立的。根据信号流图的常规特性，两个器件组合后的 S 参数如下所示：

$$\begin{bmatrix} S_{11} & S_{12} \\ S_{21} & S_{22} \end{bmatrix} = \begin{bmatrix} S_{11A} + \dfrac{S_{11B} \cdot S_{22A} \cdot S_{12A}}{(1 - S_{22A} \cdot S_{11B})} & \dfrac{S_{21A} \cdot S_{21B}}{(1 - S_{22A} \cdot S_{11B})} \\ \dfrac{S_{12A} \cdot S_{12B}}{(1 - S_{22A} \cdot S_{11B})} & S_{22B} + \dfrac{S_{22A} \cdot S_{21B} \cdot S_{12B}}{(1 - S_{22A} \cdot S_{11B})} \end{bmatrix} \tag{2.19}$$

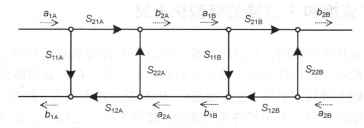

图 2.38 两个器件的连接

然而，信号流图技术对于多个器件的连接来说过于复杂，使用其他变换会更容易，也更利于编程实现。

T 参数[6]为输入波和输出波创造了一个新的函数关系，自变量波形在右侧，因变量波形在左侧

$$b_1 = T_{11}a_2 + T_{12}b_2$$
$$a_1 = T_{21}a_2 + T_{22}b_2 \tag{2.20}$$

也可以写成矩阵形式

$$\begin{bmatrix} b_1 \\ a_1 \end{bmatrix} = \begin{bmatrix} T_{11} & T_{12} \\ T_{21} & T_{22} \end{bmatrix} \begin{bmatrix} a_2 \\ b_2 \end{bmatrix} \tag{2.21}$$

从而可以得出，第一个器件和第二个器件的 T 矩阵公式为

$$\begin{bmatrix} b_{1A} \\ a_{1A} \end{bmatrix} = \begin{bmatrix} T_{11A} & T_{12A} \\ T_{21A} & T_{22A} \end{bmatrix} \begin{bmatrix} a_{2A} \\ b_{2A} \end{bmatrix}, \quad \begin{bmatrix} b_{1B} \\ a_{1B} \end{bmatrix} = \begin{bmatrix} T_{11B} & T_{12B} \\ T_{21B} & T_{22B} \end{bmatrix} \begin{bmatrix} a_{2B} \\ b_{2B} \end{bmatrix} \tag{2.22}$$

通过观察可以发现，波 $a_{2A} = b_{1B}$，以及 $b_{2A} = a_{1B}$，因此这一连接就变成了下面这种简单的结果：

$$\begin{bmatrix} b_{1A} \\ a_{1A} \end{bmatrix} = \begin{bmatrix} T_{11A} & T_{12A} \\ T_{21A} & T_{22A} \end{bmatrix} \begin{bmatrix} T_{11B} & T_{12B} \\ T_{21B} & T_{22B} \end{bmatrix} \begin{bmatrix} a_{2B} \\ b_{2B} \end{bmatrix} \tag{2.23}$$

或

$$\begin{bmatrix} b_{1A} \\ a_{1A} \end{bmatrix} = \boldsymbol{T}_A \boldsymbol{T}_B \begin{bmatrix} a_{2B} \\ b_{2B} \end{bmatrix} \tag{2.24}$$

使用这样定义的 T 参数，可以进行以下换算：

$$\begin{bmatrix} T_{11} & T_{12} \\ T_{21} & T_{22} \end{bmatrix} = \frac{1}{S_{21}} \begin{bmatrix} -(S_{11}S_{22} - S_{21}S_{12}) & S_{11} \\ -S_{22} & 1 \end{bmatrix}, \quad \begin{bmatrix} S_{11} & S_{12} \\ S_{21} & S_{22} \end{bmatrix} = \frac{1}{T_{22}} \begin{bmatrix} T_{12} & (T_{11}T_{22} - T_{21}T_{12}) \\ 1 & -T_{21} \end{bmatrix} \tag{2.25}$$

注意在这一算式中，S_{21} 总是做分母。因此当传输系数是零时，计算变得困难，有时也会导致去嵌入失败。一些较为稳定的去嵌入算法会检查这种情况，并修改连接方式。

关于 T 参数类型的关系有其他的定义方式，在因变量一侧将 a_1 和 b_1 交换位置，在自变量一侧将 a_2 和 b_2 交换位置[7]。这种定义属性与之前相似，但是两者不要混淆，因为 T 参数的结果是不同的。另外一种定义看起来更加直观，它将输入项 a_1 和 b_1 作为自变量。然而，这时 S_{12} 变成了传输参数的分母，这会产生不利影响，在测量放大器等单边增益器件时会带来很大的麻烦。

2.5　使用 Y 变换和 Z 变换的模型化电路

在评估一个元件的性能时，人们通常希望将这个元件等效成这样的模型：一个电阻性元件串联或并联一个电抗性元件，如 2.4.1.1 节中所示。在矢量网络分析仪中有一些内置功能在此基础上进行了扩展，这些功能由 HP-8753A 首次引入，但是目前许多型号都支持。使用这类功能的目的是对器件进行建模，使得 S 参数通过 Z 变换映射到单个电阻和电抗元素上，或者通过 Y 变换映射到单个电导和电纳元素上。图 2.39 是几个非常简单的模型。

2.5.1　反射变换

反射变换是从 S_{11} 迹线计算得出的，本质上，它与在史密斯圆图的游标中读出的阻抗或导纳值相同。所以，Z 反射变换可以用在图 2.39(a) 中描述的电路上，并用结果的实部表示电阻，虚部表示电抗。Y 反射变换可以用在图 2.39(b) 描述的电路上，实部表示电导，虚部表示电纳。计算公式如下：

$$Z_{\mathrm{Refl}} = Z_0 \frac{(1 + S_{11})}{(1 - S_{11})}, \qquad Y_{\mathrm{Refl}} = \frac{(1 - S_{11})}{Z_0 (1 - S_{11})} \tag{2.26}$$

这些变换通常用于单端口器件的测量。如果要用在二端口器件上，必须注意负载阻抗会影响 Z 变化或 Y 变化的测量结果。

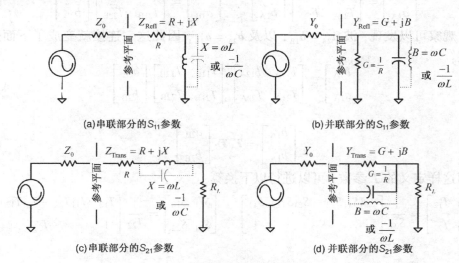

图 2.39　Y 变化和 Z 变化的值

2.5.2　传输变换

传输变换的模型也可以通过史密斯圆图来表示，但在简单的传输测量中可以使用另一种类似的变换。此时，图 2.39(c)和(d)描述的电路是这类变换的参考电路。它们常被用来分析如耦合电容这样的串联元素模型以及串联电阻和电感。变换的计算过程如下所示：

$$Z_{\text{Trans}} = Z_0 \frac{2(1-S_{21})}{S_{21}}, \quad Y_{\text{Trans}} = \frac{S_{21}}{2Z_0(1-S_{21})} \tag{2.27}$$

Z 传输变换非常适用于观察耦合电容的串联电阻。Y 传输变换则会将带有并联电容的 SMT 电阻显示成常量电导值，以及一个随着 $2\pi f$ 增长的电抗，形成一段直的电抗线。

这类变化经常与 Y 参数或 Z 参数混淆，但是一般这些变换之间并没有联系。上述变化提供了基于 S 参数的简单建模功能，然而 Y 参数和 Z 参数则会提供一个矩阵结果，而且变换时要求 4 个 S 参数以及参考阻抗全部已知。其他的矩阵参数将在下一章介绍。

2.6　其他线性参数

尽管矢量网络分析仪主要测量 S 参数并将其作为基本信息，然而从 S 参数的测量结果中可以直接计算出许多其他参数，许多参考文献[8,9]都使用了这些变换方法。常见的参数大多与端口电压和电流有关，而与 a 波和 b 波无关。许多变换方法都是根据不同终端条件的定义推导出的，如图 1.2 所示。这些定义大都从直流或低功率状态下测量结果中推导而出，因为将终端短路(即 $Z_L = 0$)或开路(即 $Z_L \to \infty$)都很容易实现。一个容易引起混淆的地方是，不需要真的将终端开路或短路，大多数参数只是要用这些测量项来描述自身。最常见的一个例子是，为了定义 S_{21}，要求给二端口网络加上 Z_0 终端，使得 $a_2 = 0$。但是实际操作中，S_{21} 可以在任意终端阻抗下确定出来，只要给出足够多的 a_1 和 a_2 值来解出方程(1.17)的结果就可以，如式(1.21)所示。从 S 参数中可以轻松推导出 DUT 终端的电压和电流关系，许多其他的线性参数也可以由它推导出来。除非特殊说明，上述变换都是在最简单的情况下进行的，也就是说，S 参数是在参考阻抗为实数的条件下测量出来的。

2.6.1　Z 参数或开环电路阻抗参数

Z 参数是一种常见的参数，在工科的电子电路基础类课程中往往第一个介绍这个参数。

Z 参数用终端电压和电流项进行定义

$$\begin{aligned} V_1 &= Z_{11} \cdot I_1 + Z_{12} \cdot I_2 \\ V_2 &= Z_{21} \cdot I_1 + Z_{22} \cdot I_2 \end{aligned} \tag{2.28}$$

V_N 和 I_N 在图 1.2 中有定义。用电压源驱动第 1 个输入终端，并将对应的输出终端开路，即 I_2 为零，然后测量输入和输出电压，就可以确定其中的两个参数；同样地，驱动输出端，并将对应的输入端开路，即可确定另外两个参数。在数学上，这一过程可以表述为

$$Z_{11} = \frac{V_1}{I_1}\bigg|_{I_2=0} \qquad Z_{12} = \frac{V_1}{I_2}\bigg|_{I_1=0}$$

$$Z_{21} = \frac{V_2}{I_1}\bigg|_{I_2=0} \qquad Z_{22} = \frac{V_2}{I_2}\bigg|_{I_1=0} \tag{2.29}$$

但是，在射频和微波系统中难以直接测量这些参数，原因有以下几点：

1. 当端口和射频电路开路时，相对于 DUT 参考平面的相位偏移，加上射频端的中心导体与接地之间边缘电容的影响，使得高频时的阻抗减小，开路的实际值与理想值产生偏差。

2. 探测 V_1、I_1、V_2 和 I_2 的测量设备存在一个接地的寄生阻抗，也会分流一些终端电流。对于驱动端口来说，这意味着测试电流与实际流过 DUT 的电流不相同，而对于开路来说，这意味着测量时的输出阻抗与开路下的输出阻抗不一致。

3. 对于许多有源器件来说，DUT 只在特定条件下达到稳定，当端口反射比较大时，会出现振荡。开路电路的终端端口与 DUT 有源器件之间的相位偏移会在几乎所有的相位上引起反射，这会导致在某些频率下，器件因端口反射而产生振荡。有源器件使用 S 参数的主要原因是：S 参数可以提供恒定的低反射负载，因此能预防 DUT 振荡。

当然，Z 参数不止局限于两个端口，它可以被放入矩阵内，如下所示：

$$\begin{bmatrix} V_1 \\ \vdots \\ V_n \end{bmatrix} = \begin{bmatrix} Z_{11} & \cdots & Z_{1n} \\ \vdots & \ddots & \vdots \\ Z_{1n} & \cdots & Z_{nn} \end{bmatrix} \cdot \begin{bmatrix} I_1 \\ \vdots \\ I_n \end{bmatrix} \qquad 或 \qquad \boldsymbol{V}_n = \boldsymbol{Z} \cdot \boldsymbol{I}_n \tag{2.30}$$

其中 $\boldsymbol{Z}$ 为 Z 矩阵。

当 S 参数的参考阻抗已知并在每个端口都相同时，$\boldsymbol{Z}$ 矩阵和 $\boldsymbol{S}$ 矩阵可以互相转换

$$\begin{bmatrix} Z_{11} & Z_{12} \\ Z_{21} & Z_{22} \end{bmatrix} = \frac{Z_0}{\Delta S} \begin{bmatrix} (1+S_{11})(1-S_{22})+S_{21}S_{12} & 2S_{12} \\ 2S_{21} & (1-S_{11})(1+S_{22})+S_{21}S_{12} \end{bmatrix} \tag{2.31}$$

$$其中 \quad \Delta S = (1-S_{11})(1-S_{22})-S_{21}S_{12}$$

$$\begin{bmatrix} S_{11} & S_{12} \\ S_{21} & S_{22} \end{bmatrix} = \frac{1}{\Delta Z} \begin{bmatrix} (Z_{11}-Z_0)(Z_{22}+Z_0)-Z_{21}Z_{12} & 2Z_{12}Z_0 \\ 2Z_{21}Z_0 & (Z_{11}+Z_0)(Z_{22}-Z_0)-Z_{21}Z_{12} \end{bmatrix} \tag{2.32}$$

$$其中 \quad \Delta Z = (Z_{11}+Z_0)(Z_{22}+Z_0)-Z_{21}Z_{12}$$

$\boldsymbol{Z}$ 矩阵的一个特性是，如果 DUT 没有损耗，$\boldsymbol{Z}$ 矩阵中就只有纯虚数，这在滤波器设计应用中很常见。如果 $Z_{21} = Z_{12}$，那么 DUT 是互易的，如果同时还满足 $Z_{11} = Z_{22}$，那么就是对称网络。注意除非是单端口网络，一般情况下 $Z_{1n} \neq Z_{11}$，Z_{1n} 代表了 DUT 的 V_1 与 I_1 的比值，通常在系统终端为参考阻抗 Z_0 的情况下计算，这时 Z_{11} 就是 V_1 与 I_1 的比值，此时其他所有端口都开路，这种情况在实际测量当中并不多见。$\boldsymbol{Z}$ 矩阵的另一个重要特性是它的值与测量系统无关，不像 S 参数那样，依赖于每个端口的参考阻抗，如果参考阻抗变了，那么 S 参数的值也随之改变。换句话说，参考阻抗为 50 Ω 及 75 Ω 时，S_{11} 参数会有很大的变化，但是 Z 参数却保持不变。

2.6.2　Y 参数或短路导纳参数

Y 参数本质上是 Z 参数的倒数，在实际使用中 Y 矩阵是 Z 矩阵的逆矩阵。Y 参数的定义如下：

$$I_1 = Y_{11} \cdot V_1 + Y_{12} \cdot V_2$$
$$I_2 = Y_{21} \cdot V_1 + Y_{22} \cdot V_2$$

(2.33)

一般情况下下，Y 参数可以定义为

$$Y_{11} = \left.\frac{I_1}{V_1}\right|_{V_2=0} \qquad Y_{12} = \left.\frac{I_1}{V_2}\right|_{V_1=0}$$
$$Y_{21} = \left.\frac{I_2}{V_1}\right|_{V_2=0} \qquad Y_{22} = \left.\frac{I_2}{V_2}\right|_{V_1=0}$$

(2.34)

Y 参数也可以在多端口器件上定义，矩阵形式为

$$\begin{bmatrix} I_1 \\ \vdots \\ I_n \end{bmatrix} = \begin{bmatrix} Y_{11} & \cdots & Y_{1n} \\ \vdots & \ddots & \vdots \\ Y_{1n} & \cdots & Y_{nn} \end{bmatrix} \cdot \begin{bmatrix} V_1 \\ \vdots \\ V_n \end{bmatrix} \qquad \text{或} \quad \boldsymbol{I}_n = \boldsymbol{Y} \cdot \boldsymbol{V}_n$$

(2.35)

Y 矩阵与 Z 矩阵的关系可以通过逆矩阵表示

$$\boldsymbol{Y} = \boldsymbol{Z}^{-1}$$

(2.36)

S 矩阵和 Y 矩阵的转换关系如下所示：

$$\begin{bmatrix} Y_{11} & Y_{12} \\ Y_{21} & Y_{22} \end{bmatrix} = \frac{Y_0}{\Delta_Y S} \begin{bmatrix} (1-S_{11})(1+S_{22}) + S_{21}S_{12} & -2S_{12} \\ -2S_{21} & (1+S_{11})(1-S_{22}) + S_{21}S_{12} \end{bmatrix}$$

(2.37)

$$\text{其中 } \Delta_Y S = (1+S_{11})(1+S_{22}) - S_{21}S_{12}$$

$$\begin{bmatrix} S_{11} & S_{12} \\ S_{21} & S_{22} \end{bmatrix} = \frac{1}{\Delta Y} \begin{bmatrix} (Y_0 - Y_{11})(Y_0 + Y_{22}) + Y_{21}Y_{12} & -2Y_{12}Y_0 \\ -2Y_{21}Y_0 & (Y_0 + Y_{11})(Y_0 - Y_{22}) + Y_{21}Y_{12} \end{bmatrix}$$

(2.38)

$$\text{其中 } \Delta Y = (Y_0 + Y_{11})(Y_0 + Y_{22}) - Y_{21}Y_{12}$$

2.6.3　ABCD 参数

T 参数利用 a 波和 b 波使器件之间的级联更为简便，与之相似的另一个矩阵可以用来表示以电压和电流定义的终端特性。这些参数有时被称为传输参数（令人想起 T 参数）或链式参数，因为可以用矩阵相乘的方式将网络级联起来。

ABCD 参数的功能性定义有至少两种形式，其中一种是

$$V_1 = A \cdot V_2 - B \cdot I_2$$
$$I_1 = C \cdot V_2 - D \cdot I_2$$

(2.39)

第二种形式将减号替换成加号，推导出的结果不同。

根据式（2.39），可以定义 ABCD 参数的值

$$A = \frac{V_1}{V_2}\bigg|_{I_2=0} \qquad B = \frac{V_1}{-I_2}\bigg|_{V_2=0}$$

$$C = \frac{I_1}{V_2}\bigg|_{I_2=0} \qquad D = \frac{I_1}{-I_2}\bigg|_{V_2=0}$$

(2.40)

ABCD 矩阵与 **S** 矩阵之间的变换关系为

$$\begin{bmatrix} A & B \\ C & D \end{bmatrix} = \frac{1}{2S_{21}} \begin{bmatrix} (1+S_{11})(1-S_{22})+S_{21}S_{12} & Z_0\left[(1+S_{11})(1+S_{22})-S_{21}S_{12}\right] \\ \dfrac{1}{Z_0}\left[(1-S_{11})(1-S_{22})-S_{21}S_{12}\right] & (1-S_{11})(1+S_{22})+S_{21}S_{12} \end{bmatrix}$$

(2.41)

$$\begin{bmatrix} S_{11} & S_{12} \\ S_{21} & S_{22} \end{bmatrix} = \frac{1}{\Delta} \begin{bmatrix} A + \dfrac{B}{Z_0} - CZ_0 - D & 2\,(AD-BC) \\ 2 & -A + \dfrac{B}{Z_0} - CZ_0 + D \end{bmatrix}$$

(2.42)

其中

$$\Delta = A + \frac{B}{Z_0} + CZ_0 + D$$

2.6.4　*H* 参数或混合参数

由于压控电流源固有的转换功能，变压器经常用混合参数来描述。它们的功能性定义为

$$V_1 = H_{11} \cdot I_1 + H_{12} \cdot V_2$$
$$I_2 = H_{21} \cdot I_1 + H_{22} \cdot V_2$$

(2.43)

由此可以得出各个 *H* 参数的定义，如下所示

$$H_{11} = \frac{V_1}{I_1}\bigg|_{V_2=0} \qquad H_{12} = \frac{V_1}{V_2}\bigg|_{I_1=0}$$

$$H_{21} = \frac{I_2}{I_1}\bigg|_{V_2=0} \qquad Y_{22} = \frac{I_2}{V_2}\bigg|_{I_1=0}$$

(2.44)

H 矩阵最简单的定义方法是利用其他阻抗矩阵

$$\boldsymbol{H} = \begin{bmatrix} \dfrac{1}{Y_{11}} & \dfrac{Z_{12}}{Z_{22}} \\ -\dfrac{1}{D} & \dfrac{1}{Z_{11}} \end{bmatrix} = \begin{bmatrix} Z_0 \dfrac{(1+S_{11})(1+S_{22})-S_{21}S_{12}}{(1-S_{11})(1+S_{22})+S_{21}S_{12}} & \dfrac{2 \cdot S_{12}}{(1-S_{11})(1+S_{22})+S_{21}S_{12}} \\ \dfrac{-2 \cdot S_{21}}{(1-S_{11})(1+S_{22})+S_{21}S_{12}} & \dfrac{1}{Z_0} \cdot \dfrac{(1-S_{11})(1-S_{22})-S_{21}S_{12}}{(1-S_{11})(1+S_{22})+S_{21}S_{12}} \end{bmatrix}$$

(2.45)

2.6.5　复数变换和非等值参考阻抗

要特别注意前几节描述的所有变换都只在 $Z_{01} = Z_{02} = Z_0$，并且 Z_0 是纯实数的情况下才成立。要在端口阻抗不等且非实数的情况下进行转换，可参见 Marks 和 Williams[10] 的论文，其中使用了不同的波定义，此定义来自 D. A. Frickey[11]。终端阻抗为复数的情况

并不常见，但是各个端口参考阻抗不同的情况却很常见。由于在系统参考阻抗变化时网络元素并不会变化，因此 Y、Z 以及 H 等参数也不会随着参考阻抗变化。S 和 T 参数则会随参考阻抗变化，因此，知道每种情况下的参考阻抗十分重要。

参考文献

1. Johnson, R. A. (1975) Understanding microwave power splitters. *Microwave Journal*, **12**, 40-51.

2. Fitzpatrick, J. (1978) Error models for system measurement. *Microwave Journal* vol. 21, pp. 63-66, May 1978 http://bit. ly/ICm9O4.

3. Rytting, D. (1996) Network Analyzer Error Models and Calibration Methods. RF 8 Microwave Measurements for Wireless Applications (ARFTG/NIST Short Course Notes).

4. Smith, P. H. (1944) An Improved Transmission Line Calculator, *Electronics*, vol. 17, 8-66-69, 1944.

5. Tippet, J. C. and Speciale, R. A. (1982) A rigorous technique for measuring the scattering matrix of a multiport device with a 2-port network analyzer. *IEEE Transactions on Microwave Theory and Techniques*, **30**(5), 661-666.

6. Agilent Application Note 154, http://cp. literature. agilent. com/litweb/pdf/5952-1087. pdf.

7. Mavaddat, R. (1996) *Network Scattering Parameters*, World Scientific, Singapore. Print.

8. Hong, J. -S. and Lancaster, M. J. (2001) *Microstrip Filters for RF/microwave Applications*, Wiley, New York.

9. Agilent Application Note AN-95-1, http://contact. tm. agilent. com/Agilent/tmo/an-95-1/index. html, o-riginal form can be found at http://cp. literature. agilent. com/litweb/pdf/5952-0918. pdf.

10. Marks, R. B. and Williams, D. F. (1992) A general waveguide circuit theory. *Journal of Research of the National Institute of Standards and Technology*, **97**, 533-561.

11. Frickey, D. A. (1994) Conversions between S, Z, Y, H, ABCD, and T parameters which are valid for complex source and load impedances. *IEEE Transactions on Microwave Theory and Techniques*, **42**(2), 205-211.

第3章 校准和矢量误差修正

3.1 引言

矢量网络分析仪也许是射频和微波测量领域中最精准的电子设备。现代矢量网络分析仪可以测量不同范围的功率,其精度要高于任何其他功率传感器,同时它可以在一段频率范围内测量电子器件的增益,其性能与器件的物理维度有关。在现有的电子测量系统中,矢量网络分析仪利用误差修正技术,在性能与测量质量方面获得了极大的优势。然而在校准方面,矢量网络分析仪中校准的含义与其他仪器有所不同,这一点有时会产生混淆。同时,矢量网络分析仪既可以进行幅度响应修正,又可以进行相位响应修正,因此这种修正通常被称为矢量误差修正。本书提到的误差修正可以一般性地理解为矢量修正方法。

其他大多数电子测试仪表都需要借助对另一种较高质量的电子设备进行细致测量,以完成校准,这一过程通常每年进行一次。校准可以确保被测设备符合特定的性能要求,有时对仪表测试过后还需调整一些参数,使其性能最优。例如噪声源内置有超噪比(ENR)数据表,功率计自带功率平坦系数表,还有其他一些设备也在维护着与自身性能相关的修正数据,这些设备在做定期校准时,会更新修正数据。如果在校准之后仪器的性能仍然达不到特定要求,通常就需要更换仪器中有问题的模块了。对于大多数电子仪器来说,只有直接在测试设备连接器处所做的测量会受到仪器自身性能的影响。校准结束后,会在仪器上贴上一个参考标签,表明仪器已经校准,并写明下一次校准的最佳时间。

大多数矢量网络分析仪都会用类似的校准过程来表征原始硬件的性能。然而在矢量网络分析仪的使用过程中,包括频率平坦性或耦合器方向性等在内的硬件实际性能也很容易表征出来,上述影响以及连接器、电缆、夹具和探针的影响都可以去除,从而得到DUT本身的测量结果,这是原始硬件远远不能达到的。这个过程通常被称为校准,但是更合适的名称是误差修正。校准意味着通过一系列测量来表征性能参数,随后做出调整来提高实际性能。相比之下,严格来讲矢量网络分析仪中传统的误差修正是后置处理过程,即测量结束后,在原始的测量数据上应用误差修正算法,得到准确的结果。

矢量网络分析仪的误差修正包括两个步骤:第1步常被称为校准或矢量网络分析仪校准,这一步通过表征已知标准件,如用开路/短路/负载来确定矢量网络分析仪的系统误差项。这个阶段的正式名称可以称为"误差修正采集"。第2步是测量DUT,并利用误差修正算法来获得正确的结果。这一步的正式名称可称为"误差修正应用",也可简单称为"修正"。这些过程与一年一次的校准过程无关,有时被称为用户校准,表明它们是在使用时进行的,而不是在仪器制造商的工厂或服务中心里进行的。

最后,许多现代矢量网络分析仪在出厂前就会在工厂里进行误差修正采集过程,因此它们会自带"出厂校准",今后即使用户不进行矢量网络分析仪校准采集步骤,也可以使用内置的"出厂校准"来对原始测量进行修正。举例来说，HP-8752 在出厂前会在端口 2 连接测试端口电缆进行表征，测得的值会写入出厂校准误差项中。在大多数情况下，用户校准可以代替出厂校准，而出厂校准不会对用户校准产生任何影响。3.13.7 节中将会对一些例外情况进行探讨。

许多论文和出版物中都讨论了矢量网络分析仪校准，尽管使用的术语不一致，但在某些情况下还是能够认出常见的术语和符号。这些术语中许多都出自早期 HP 矢量网络分析仪，例如 HP-8510 和 HP-8753，这两种型号分别属于四接收机矢量网络分析仪和三接收机矢量网络分析仪这两种常见的测量系统。在原创性论文中会使用不同的术语来描述某些先进技术，但本书会尽可能使用通用术语。正如任何拥有足够长历史的学科一样，有关矢量网络分析仪校准演进的文章非常多，不可能将它们都收录在一本书内。感兴趣的读者可以查阅参考文献，对这一领域进行深入了解。这里对于矢量网络分析仪误差修正的理论性描述仅限于在目前仍有广泛实用意义的重要结果，以及怎样利用这些理论来解决应用工程师在实际使用中遇到的各种问题。

3.2 S 参数的基本误差修正：校准应用

矢量网络分析仪中 S 参数系统误差的修正已经应用了数十年；下面将详细讲述在二端口 S 参数测量过程中，这些系统误差是怎样影响测量结果的。

矢量网络分析仪中有两种基本的误差模型，其中一种模型要求测量时同时使用 3 个矢量网络分析仪接收机，被称为 12 项模型[1, 2]，另一种模型要求同时使用 4 个矢量网络分析仪接收机，被称为 8 项模型[3]。在现代矢量网络分析仪中，这两种模型都会用到，两者之间的转换也很简单。实际上，大多数矢量网络分析仪严格使用 12 项模型来表示误差项，但在确定误差项的值时，使用 8 项模型通常更为方便。其他的模型会涉及更多的影响因素，但是在实际中并不经常使用[4]。

3.2.1 12 项误差模型

12 项误差模型实际上由 2 个 6 项模型组成，1 个前向模型，1 个反向模型。在 2.3.1.1 节中介绍过这种模型。这 2 个模型都要使用 3 个同步或相位一致的接收机，其中包括 1 个入射波接收机和 2 个散射波接收机。其中，负载端口处的入射波假定为零。前向误差模型参见图 3.1。

令 $a_2 = 0$，根据入射波、误差项和实际 S 参数计算出散射波，测量得出的 a 波和 b 波的值可以与实际值关联起来，而 a 波和 b 波的比值表示测量得出的 S 参数。在前向激励的情况下，公式为

$$S_{11M} = \frac{b_{1M}}{a_{1M}} = EDF + \frac{ERF\left(S_{11A} + \frac{S_{21}ELF \cdot S_{12A}}{1 - S_{22A} \cdot ELF}\right)}{\left[1 - ESF \cdot \left(S_{11A} + \frac{S_{21}ELF \cdot S_{12A}}{1 - S_{22A} \cdot ELF}\right)\right]} \tag{3.1}$$

$$S_{21M} = \frac{b_{2M}}{a_{1M}} = \frac{(S_{21A} \cdot ELF)}{(1 - S_{11A} \cdot ESF) \cdot (1 - S_{22A} \cdot ELF) - ESF \cdot S_{21A} \cdot S_{12A} \cdot ELF} + EXF$$

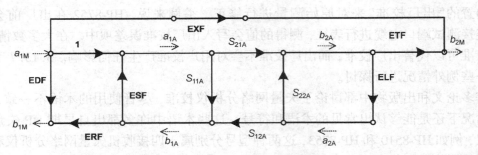

图 3.1　二端口测量的前向误差模型

这里很重要的一点是，测量得出的 S 参数随 DUT 的 4 个实际 S 参数变化。对于反向激励，分析方法类似（参见图 3.2）。

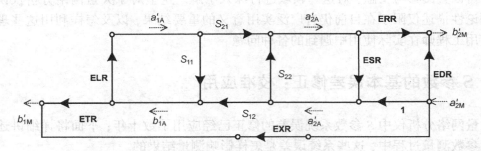

图 3.2　反向测量信号流图

反向 S 参数 S_{12} 和 S_{22} 测量值的计算公式如下：

$$S_{12M} = \frac{b'_{1M}}{a'_{2M}} = \frac{(S_{12A} \cdot ETR)}{(1 - S_{11A} \cdot ELR) \cdot (1 - S_{22A} \cdot ESR) - ESR \cdot S_{21A} \cdot S_{12A} \cdot ELR} + EXR$$

$$S_{22M} = \frac{b'_{2M}}{a'_{2M}} = EDR + \frac{ERR \left(S_{22A} + \dfrac{S_{21}ELR \cdot S_{12A}}{(1 - S_{11A} \cdot ELR)} \right)}{\left[1 - ESR \cdot \left(S_{22A} + \dfrac{S_{21}ELR \cdot S_{12A}}{(1 - S_{11A} \cdot ELR)} \right) \right]} \tag{3.2}$$

同样，反向参数也依赖于反向误差项和 4 个实际 S 参数。式(3.1)和式(3.2)之间有 4 个等式，在误差项全部已知的情况下，足以计算出 4 个未知的实际 S 参数。

$$S_{11A} = \frac{S_{11N} \cdot (1 + S_{22N} \cdot ESR) - ELF \cdot S_{21N} \cdot S_{12N}}{(1 + S_{11N} \cdot ESF)(1 + S_{22N} \cdot ESR) - ELF \cdot ELR \cdot S_{21N} \cdot S_{12N}}$$

$$S_{21A} = \frac{S_{21N} \cdot (1 + S_{22N} \cdot [ESR - ELF])}{(1 + S_{11N} \cdot ESF)(1 + S_{22N} \cdot ESR) - ELF \cdot ELR \cdot S_{21N} \cdot S_{12N}}$$

$$S_{12A} = \frac{S_{12N} \cdot (1 + S_{11N} \cdot [ESF - ELR])}{(1 + S_{11N} \cdot ESF)(1 + S_{22N} \cdot ESR) - ELF \cdot ELR \cdot S_{21N} \cdot S_{12N}}$$

$$S_{22A} = \frac{S_{22N} \cdot (1 + S_{11N} \cdot ESF) - ELR \cdot S_{21N} \cdot S_{12N}}{(1 + S_{11N} \cdot ESF)(1 + S_{22N} \cdot ESR) - ELF \cdot ELR \cdot S_{21N} \cdot S_{12N}}$$

归一化的 S 参数定义如下：

$$S_{11N} = \frac{S_{11M} - \text{EDF}}{\text{ERF}}, \quad S_{21N} = \frac{S_{21M} - \text{EXF}}{\text{ETF}}$$

$$S_{12N} = \frac{S_{12M} - \text{EXR}}{\text{ETR}}, \quad S_{22N} = \frac{S_{22M} - \text{EDR}}{\text{ERR}} \tag{3.3}$$

这个公式与其他出版物中的定义不同[5]，这里有一个归一化的 S 参数，这个参数代表 S 参数测量值，其值是在减去泄漏误差项，并对 S 参数有影响的响应跟踪误差项进行归一化处理之后得出的。在表 2.2 中可以看到描述误差项的表格。此处，方向性是与反射参数相关的泄漏误差项，交调被看做是与传输项相关的泄漏误差项。

这种特殊的格式化处理方案可以使人们很好地观察误差修正过程的各种特性。例如，如果矢量网络分析仪结构中任意测试端口的前向源匹配和反向负载匹配都相同，那么 S_{21A} 和 S_{12A} 的计算公式就可以通过在所有等式中除以同一个表示失配环路公式的误差项，简化为归一化的 S 参数。

人们大都熟悉误差修正在原始测量中的应用。难点在于怎样确定误差项的值；误差修正采集或校准采集过程将在 3.3 节中讨论。

3.2.2　单端口误差模型

对于单端口器件，不一定要完成二端口校准才能获得单端口反射测量值。可以简化式(3.3)来去除二端口误差项，从而得到单端口校准应用，这样仅利用 1 次响应测量和 3 个误差项就可以进行单端口误差修正。

$$S_{11A} = \frac{\left(\dfrac{S_{11M} - \text{EDF}}{\text{ERF}} \right)}{\left[1 + \left(\dfrac{S_{11M} - \text{EDF}}{\text{ERF}} \right) \cdot \text{ESF} \right]} = \frac{(S_{11M} - \text{EDF})}{[\text{ERF} + (S_{11M} - \text{EDF}) \cdot \text{ESF}]} \tag{3.4}$$

二端口响应的这种简化版本有时被称为 $\varGamma_1$ 误差修正，因为它在当前的端接状态下，为二端口网络提供了修正过的反射响应。这在计算其他误差修正的影响时也很有用，例如端口功率测量，此功率只依赖于端口匹配，并不依赖于 DUT 的 S_{11} 参数。这里要提醒一点，DUT 的 S_{11} 参数是在其他端口都端接匹配负载时的反射参数；而端口的 $\varGamma_1$ 参数则代表在其他端口任意端接的情况下，DUT 端口的反射或阻抗。

3.2.3　8 项误差模型

8 项误差模型与 12 项误差模型的不同点在于，前者要求 4 个测试接收机都参与测量，即测量 2 个入射波和 2 个散射波。误差模型参见图 3.3。

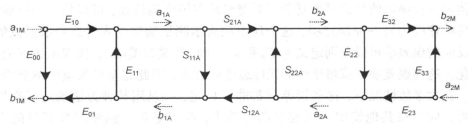

图 3.3　8 项误差模型，有 4 个被测波形

　　8 项误差模型的优点是，在实际应用中，端口连接源或者连接负载时，其负载匹配会随之改变，而此时 8 项误差模型依然保持不变，因为每个端口入射波发生变化的时候，负载阻抗的变化会被捕获。

　　如果知道 S 参数的测量值可看做输入误差、实际 S 参数和输出误差三者串联而成的，那么由此便可以推导出 8 项模型误差修正方法了。级联的 T 参数（参见 2.4.3 节）给出了 DUT 的 T 参数的测量值与 DUT 的实际 T 参数及输入输出 T 参数误差之间的关系，如下所示

$$\boldsymbol{T}_M = \boldsymbol{T}_X \cdot \boldsymbol{T}_{\text{Act}} \cdot \boldsymbol{T}_Y \tag{3.5}$$

此处 X 和 Y 代表端口 1 和端口 2 的误差。从 T 参数的定义可以得出测量值和实际值之间的关系

$$
\begin{bmatrix} \dfrac{(S_{21M}S_{12M} - S_{11M}S_{22M})}{S_{21M}} & \dfrac{S_{11M}}{S_{21M}} \\ \dfrac{-S_{22M}}{S_{21M}} & \dfrac{1}{S_{21M}} \end{bmatrix} =
$$

$$
\frac{1}{E_{10}E_{32}} \begin{bmatrix} (E_{10}E_{01} - E_{00}E_{11})\,E_{00} \\ -E_{11} & 1 \end{bmatrix} \cdot \begin{bmatrix} \dfrac{(S_{21A}S_{12A} - S_{11A}S_{22A})}{S_{21A}} & \dfrac{S_{11A}}{S_{21A}} \\ \dfrac{-S_{22A}}{S_{21A}} & \dfrac{1}{S_{21A}} \end{bmatrix} \cdot \begin{bmatrix} (E_{32}E_{23} - E_{33}E_{22})\,E_{22} \\ -E_{33} & 1 \end{bmatrix}
$$

$$\tag{3.6}$$

实际值可以利用输入输出 $\boldsymbol{T}$ 矩阵的转化计算得出

$$\boldsymbol{T}_{\text{Act}} = \boldsymbol{T}_X^{-1} \cdot \boldsymbol{T}_M \cdot \boldsymbol{T}_Y^{-1} \tag{3.7}$$

将 $\boldsymbol{T}$ 矩阵转换成 S 矩阵就可以得到 S 参数。由式(3.6)可以清楚地看出，S_{21} 的测量值必须是非零值；类似地，由 $E_{10}E_{32}$ 表示的传输误差项也必须为非零值。关于 8 项误差模型，要了解的另一个方面是，只需要 7 个独立的误差项就可以建立这一模型。E_{00}、E_{11}、E_{22} 和 E_{33} 的值就是 4 个独立值。E_{10}、E_{01}、E_{23} 和 E_{32} 的值总是以乘积的形式出现在误差修正的式(3.7)里，如 $E_{10}E_{01}$、$E_{10}E_{32}$、$E_{32}E_{23}$，因此这 4 个误差项仅能表示 3 个独立的值。8 项误差模型中关键的一点是，要定义这一模型需要全部 4 个矢量电压项；而 12 项误差模型则只要求测量 3 个矢量电压(1 个入射波和 2 个散射波)。

　　8 项误差模型在使用前通常要转换成 12 项误差模型，转换方式是将其分解成两个 6 项模型，并妥善处理前向扫描时端口 2 的负载变化，以及反向扫描时端口 1 的负载变化。从图 3.1 和图 3.2 中可以看出，单端口误差项可以计算为

$$
\begin{aligned}
& EDF = E_{00}, \quad ERF = E_{10}E_{01}, \quad ESF = E_{11} \\
& EDR = E_{33}, \quad ERR = E_{32}E_{23}, \quad ESR = E_{22}
\end{aligned} \tag{3.8}
$$

　　其他的误差项求值公式更为复杂。关键点是在每个端口处，可以将由端口端接负载引起的影响建模为另一种误差项，这个误差项表示测量端口处入射波和散射波的比值。前向和反向的误差项可以分别定义为 Γ_F 和 Γ_R，即"开关误差项"，代表由源开关引起的匹配变化。这些误差项不依赖于外部元件或连接方式，因此完全是矢量网络分析仪的内部参数。在大多数情况下，这些误差项都非常稳定，一旦用某种方法确定了它们的值，就可以将其应用在其他使用 8 项模型的计算中，而不必再去测量端接端口的入射波。12 项模型的一个典型的应用是，用一种众所周知的连接器来找到开关误差项，然后利用

开关误差项来确定不同连接器的 8 项误差模型，例如在片探针。开关误差项定义为

$$\Gamma_F = \frac{a_{2M}}{b_{2M}}\bigg|_{\text{端口1的源}} \tag{3.9}$$

$$\Gamma_R = \frac{a_{1M}}{b_{1M}}\bigg|_{\text{端口2的源}} \tag{3.10}$$

从这个定义中可以得出前向传输跟踪项和负载匹配项

$$\text{ETF} = \frac{E_{10}E_{32}}{1 - E_{33}\Gamma_F}, \quad \text{ELF} = E_{22} + \frac{E_{32}E_{23}\Gamma_F}{1 - E_{33}\Gamma_F} \tag{3.11}$$

而反向传输跟踪项和负载匹配项可以从下式得出

$$\text{ETR} = \frac{E_{10}E_{32}}{1 - E_{00}\Gamma_R}, \quad \text{ELR} = E_{11} + \frac{E_{10}E_{01}\Gamma_R}{1 - E_{00}\Gamma_R} \tag{3.12}$$

类似地，8 项误差模型，以及开关项，均可以由 12 项模型计算得出

$$\begin{aligned} E_{00} &= \text{EDF}, \quad E_{11} = \text{ESF} \\ E_{33} &= \text{EDR}, \quad E_{22} = \text{ESR} \end{aligned} \tag{3.13}$$

$$\Gamma_F = \frac{E_{\text{LF}} - E_{\text{SR}}}{E_{\text{RR}} + E_{\text{DR}}(E_{\text{LF}} - E_{\text{SR}})}, \quad \Gamma_R = \frac{E_{\text{LR}} - E_{\text{SF}}}{E_{\text{RF}} + E_{\text{DF}}(E_{\text{LR}} - E_{\text{SF}})} \tag{3.14}$$

$$\frac{E_{23}}{E_{10}} = \frac{E_{\text{TR}}}{E_{\text{RF}} + E_{\text{DF}}(E_{\text{LR}} - E_{\text{SF}})} \tag{3.15}$$

$$E_{01}E_{10} = E_{\text{RF}}, \quad E_{32}E_{10} = \frac{E_{\text{RR}}E_{\text{TF}}}{E_{\text{RR}} + E_{\text{DR}}(E_{\text{LF}} - E_{\text{SR}})} \tag{3.16}$$

实质上，12 项模型对于一个端口的源匹配（当此端口的源激活时）以及负载匹配（当此端口源没有激活时）都有直接的描述。大体上，这些匹配是不一样的，它们之间的差值有时被称为矢量网络分析仪的“开关项”。8 项误差模型假定源匹配和负载匹配相同，要进行额外的测量来表征两者间的差值。

3.3　确定误差项：12 项模型的校准采集

尽管修正算法相对简明扼要，但要确定误差项的值可不那么容易，举例来说，在低温条件、使用极限功率值或连接异常 DUT 的情况下，用同轴电缆连接电子校准模块将会十分困难。通常，基于 12 项误差模型及 8 项误差模型有两种不同的校准方法。

可以根据所需误差项数目的不同来决定校准采集使用哪种测量方式。本质上，每个误差项都要求进行 1 次独立的测量。校准标准件的属性完全已知，因此被用来进行一次或多次独立测量。根据矢量网络分析仪结构的不同，每次扫描都需要 1 次以上的独立测量，使用不同的测量接收机在同一个校准标准件上进行多次测量。例如，一个单端口校准标准件（如开路或短路）既可被用来进行独立的反射测量，也可以被用来进行独立的传输测量，如交调测量。

12 项模型的校准采集要求在每个方向上进行 6 次独立测量，因为前向和反向上没有通用的误差项。交调测量往往被忽略，因为现代矢量网络分析仪的交调值要低于测量系

统的噪声电平，除非在特殊情况下，进行太多的测量只会引入噪声，反而会影响修正的结果。因此 12 项模型只要求 10 个误差项，即 10 次独立的测量。

校准标准件有两个不同的类型，一种是机械校准件，另一种是电子校准件，也称为 Ecal[①]（参见 3.4.6 节）。机械校准件包括开路、短路、负载以及通路（注意，为了表达清楚，用"通路"一词来描述通路校准标准件；矢量网络分析仪的菜单中一直使用这个词）。这些元件通常放在一起出售，常被称为机械校准工具箱或 Cal Kit。电子校准件内部有开关，可以提供与开路/短路/负载相似的功能，也能提供通路状态。3.4.6 节中会详细描述电子校准件。

校准采集及最常见的形式是在每个端口正反两个方向上各进行 3 个单端口标准件测量，和 2 个已知通路（常见的名称是"thru"）标准件测量，一共有 10 个测量。

3.3.1 单端口误差项

通常使用开路/短路/负载校准来得到单端口误差项。为了便于理解，首先考虑反射标准件提供理想开路（$\Gamma_{\text{Open}} = 1$）、理想短路（$\Gamma_{\text{Short}} = -1$）和理想负载（$\Gamma_{\text{Load}} = 0$）的情况。每种情况下的 S_{11} 测量值都可以用实际反射系数和误差项来表示

$$S_{11M}^{\text{Ideal\_Open}} = \text{EDF} + \frac{\text{ERF}(1)}{[1 - \text{ESF}(1)]}$$

$$S_{11M}^{\text{Ideal\_Short}} = \text{EDF} + \frac{\text{ERF}(-1)}{[1 - \text{ESF}(-1)]} \tag{3.17}$$

$$S_{11M}^{\text{Ideal\_Load}} = \text{EDF} + \frac{\text{ERF}(0)}{[1 - \text{ESF}(0)]}$$

利用上述公式很容易得出单端口误差项

$$\text{EDF} = S_{11M}^{\text{Ideal\_Load}} \tag{3.18}$$

$$\text{ESF} = \frac{\left(S_{11M}^{\text{Ideal\_Open}} + S_{11M}^{\text{Ideal\_Short}} - 2\text{EDF}\right)}{\left(S_{11M}^{\text{Ideal\_Open}} - S_{11M}^{\text{Ideal\_Short}}\right)} \tag{3.19}$$

$$\text{ERF} = \frac{-2\left(S_{11M}^{\text{Ideal\_Open}} - \text{EDF}\right)\left(S_{11M}^{\text{Ideal\_Short}} - \text{EDF}\right)}{\left(S_{11M}^{\text{Ideal\_Open}} - S_{11M}^{\text{Ideal\_Short}}\right)} \tag{3.20}$$

当然，这些等式仅适用于理想开路、短路和负载，但是对于理解误差项的结构很有帮助。尤其是，试想这样一个系统，其原始反射跟踪项是 1，用图表的方式对 EDF 和 ESF 求值，这样就可以直接看出这些变量间的关系。本质上，EDF 误差项就是负载响应。图 3.4(a) 用矢量图的形式描述了负载响应，这里负载测量值与 EDF 项相等，图中圆心表示理想负载（$\Gamma_L = 0$），可以发现 $\Gamma_{\text{LM}} = \text{EDF}$，因此 $\Gamma_{\text{LM}} - \text{EDF} = \Gamma_L = 0$。图 3.4(c) 代表短路测量值，图 3.4(b) 代表开路测量值。图 3.4(b) 是源匹配，利用公式开路 + 短路 - 2EDF = 2ESF 计算出来。实际上，在开路或短路测量的对数(dB)幅度迹线中存在的波纹，代表着源匹配的 VSWR，以及端口的方向性，这些迹线的平均值代表反射跟踪项。

---

① Ecal 是 Agilent Technologies 的注册商标，这里用 Ecal 表示所有电子校准方法。

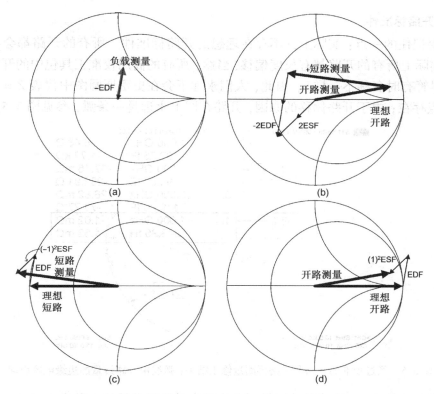

图 3.4　用图形方式确定开路/短路/负载响应的误差项

通常情况下，使用已知的反射标准件，但是它们不一定是理想的。矢量网络分析仪固件中内置的反射标准件各自都有相应的模型，这些模型提供了一种方法，以调整理想标准件来补偿实际使用中的误差，例如损耗或开路端的边缘电容。

用来获得误差项的通用 3 项[4]公式如下

$$
\begin{bmatrix} EDF \\ ERF - EDF \cdot ESF \\ ESF \end{bmatrix} = \begin{bmatrix} 1 & \Gamma_{AO} & \Gamma_{AO} \cdot \Gamma_{MO} \\ 1 & \Gamma_{AS} & \Gamma_{AS} \cdot \Gamma_{MS} \\ 1 & \Gamma_{AL} & \Gamma_{AL} \cdot \Gamma_{ML} \end{bmatrix}^{-1} \begin{bmatrix} \Gamma_{MO} \\ \Gamma_{MS} \\ \Gamma_{ML} \end{bmatrix} \tag{3.21}
$$

其中，Γ_{AO}、Γ_{AS}、Γ_{AL}代表这 3 个标准件实际反射系数的预测值（本质上是标准件的模型），而 Γ_{MO}、Γ_{MS}、Γ_{ML} 是这些标准件的测量值。尽管这些标准件的名称是开路/短路/负载，但实际上它们可以采用任何值。

3.3.2　单端口标准件

从式（3.21）可以清楚地看出，在单端口校准中可以使用任意 3 个已知的反射标准件。最常见的是开路、短路和负载，因为它们能提供非常好的隔离性。尽管想要制作完全满足式（3.17）条件的标准件不太可能，但是在射频频率下，标准件会相当接近理想状态。大多数单端口标准件都以标准件模型的形式来表示，其输入传输线用时延偏移和损耗的形式表示。

3.3.2.1　开路标准件

首先要记住的一点：实际上并不存在理想的开路标准件。所有的开路都会有边缘电容，并且实际上所有的开路都有长度偏移（当然，所有的商用校准工具包中的开路都是有偏移的，尽管有时名称不一样）。因此，人们永远不会在史密斯圆图中代表 $Z = \infty$ 的边缘处看到有点存在；由于开路偏移的原因，开路在图上永远是一条弧，参见图 3.5。

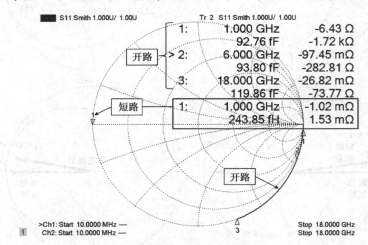

图 3.5　经过校准的开路和短路再测量修正结果；弧线由开路过量的边缘电容引起

图中进行的是 7 mm 连接器的测量，这种连接器是很常见的一种齐平导线。作为齐平导线，它没有偏移线。所有其他的同轴线连接器在开路和短路时都会存在偏移时延。例如 3.5 mm 连接器，偏移时延会产生大于 360° 的相位偏移。图中的开路边缘电容不是常数，当频率升高时，电容也会增加。短路有少量的串联电感；在这个模型中，电感值小于 1 pH。

开路标准件的经典模型如图 3.6 所示。其值与理想值存在差别的主要原因，一是由于开路是由一段短传输线自参考平面引出的，因此位置有所变化，二是开路的末端有边缘电容存在。

图 3.7 中用一个小电容来表示开路端的边缘电容。在大多数情况下，阳测试端口（阴标准件）使用中心轴延长器来

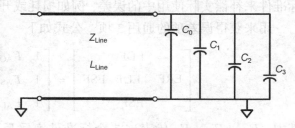

图 3.6　开路电路模型

产生恒定的直径以匹配系统阻抗［参见图 3.7(a)］。这会产生与线长度相关的相位偏移。边缘电容又增加了额外的相位偏移，通常用以频率为自变量的多项式来表示

$$C(f) = C_0 + C_1 f + C_2 f^2 + C_3 f^3 \tag{3.22}$$

电容系数的值随开路的性能而变化，实际上，射频频率下的电容系数可能会与微波频率下相同标准件的电容系数不同。对于射频器件，可以调整多项式来得到低频下更高的性能，对于微波器件，则可以调整到更广范围的整体响应。较新的技术使用了所谓的基于数据的方法，可以对任意标准件的任意模型进行测量。

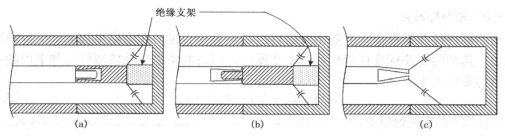

图 3.7　(a)阴开路物理结构；(b)带延长器的阳性开路；(c)不带延长器的阳性开路

图 3.7(b)描述了带有阳性中心轴延长器的阴性测试端口。延长器通常加在标准件后方，并有一个用热塑聚碳酸酯或其他塑料材料制成的绝缘支架。图 3.7(c)是一个带有隔离开路的阴性测试端口，没有连接延长器。这在低成本套件的射频连接器中很常见；例如，非度量学 N 型校准套件通常不会为阴性测试端口(阳性标准件)连接中心轴延长器。有必要提供隔离或外部导体来避免中心轴的辐射。这里的边缘电容的确定性不如固体柱状线，后者的边缘电容来自中心轴的延长。引起不确定性的原因之一是，中心轴阴性部分的间隙数量根据之前使用的阳性探针的数量不同而变化。对阳性测试端口(阴性标准件)来说，几乎所有的校准套件都包括一个测试端口延长器，用来使阳性针的直径保持一致。在老式的校准套件里，阳性延长器的探针是分散的，经常会丢失；遗憾的是，想要进行良好的校准，这些探针至关重要。

开路标准件的一个常见问题是，如果中心探针没有屏蔽，则会产生辐射。因此，所有精确的校准套件都为开路电路加上了屏蔽；但是夹具、探针和适配器中的开路电路有时会随手用不精确的套件来充当。图 3.8 是测量 SMA 阳性开路测试端口得出的 2 条迹线。响应中的变化产生的原因是与外部耦合螺母有接触。S_{11} 响应下降说明在这一频率下，未屏蔽的 SMA 开路产生了辐射。

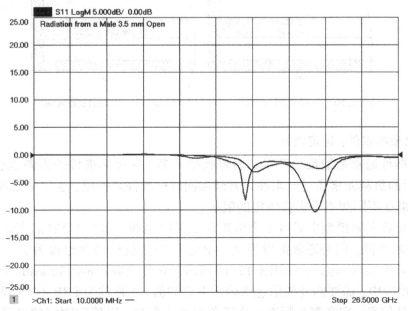

图 3.8　在未屏蔽阳性 SMA 产生辐射的情况下，开路反射系数的变化

3.3.2.2　短路标准件

　　短路标准件在某种意义上要比开路标准件更理想，因为在短路平面处，反射特性近乎完美。典型的短路标准件模型如图3.9所示。短路电路的电感模型可用如下以频率为自变量的多项式表示

$$L(f) = L_0 + L_1 f + L_2 f^2 + L_3 f^3 \tag{3.23}$$

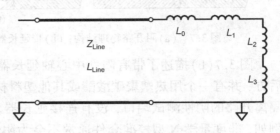

　　在比较老的射频模型中，所有的电感项值都为零，唯一的非理想因素是传输线模型存在偏移时延，而较新的模型都采用式(3.23)的标准。微波模型有电感值，但是实际上这些电感值非常小，与开路电路相比，更加近似理想短路，如图3.5所示。

图3.9　短路标准件模型

　　在所有的机械校准件里，短路电路是最简单的一种，通常只包括一个接地的中心轴，参见图3.10。尽管短路标准件的长度不需要与开路的长度匹配，但是最好将长度做得稍长一点，这样可以使短路标准件的相位对频率偏移与开路相匹配（开路由于边缘电容存在会有一些过量的相位）。理想情况下，在工作频率范围内，短路与开路的相位需要保持180°相位差。短路标准件的残留误差通常最小。在带阻校准中，3个校准标准件都是偏移短路，即拥有不同时延的短路。在度量学应用中经常使用偏移短路进行校准，在这些应用中短路标准件的直径和长度可以很精确地表征出来，并可以保证阻抗和时延的计算误差最小。这些特点在高频毫米波应用中尤其适用，因为在高频下想制造拥有良好匹配的固定负载十分困难。

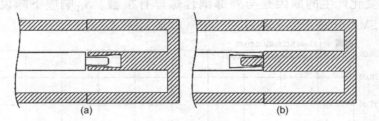

　　　　　　　　(a)　　　　　　　　　　　　　　(b)

图3.10　短路电路标准件。(a)阳性测试端口；(b)阴性测试端口

3.3.2.3　负载标准件：固定负载

　　负载标准件通常是最难生产的，随着频率升高，这种标准件的误差也会显著增加。图3.11所示的负载元素通过电阻性元素端接同轴标准件来构成，通常是涂有氮化钽的薄膜电路，用来在不同频率下提供恒定的阻抗。

　　常见的负载元素模型中只有1个电阻和1段时延线，如图3.12(a)所示。电阻的值可以与系统Z_0不同，但是通常都设为Z_0。传输线的阻抗值通常也设为Z_0。负载元素的另一种模型是串联RL电路，如图3.12(b)所示。在片负载(on-wafer load)标准件常用这种模型，在校准中，需要额外的信息来确定电感的值。1种称为LRRM[6]校准的方法可以提供这个额外信息，它在多个频率上修正负载响应信息，以确定固定的R和L的值。由

于大多数矢量网络分析仪模型中没有 RL 组合这一项，要通过将负载时延线的阻抗设定到一个非常高的值(大多数矢量网络分析仪中最大允许值是 500 Ω)以及调整线长度的值使其偏移与实际电感的相位偏移等价来产生电感的影响。

有关标准件建模以及寄生值的确定等更多细节将在第 9 章中讨论。

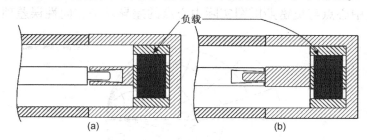

图 3.11　负载元素。(a)阳性测试端口；(b)阴性测试端口

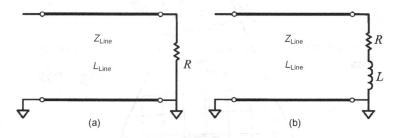

图 3.12　(a)负载标准件的典型模型；(b)串联电感的负载模型

3.3.2.4　负载标准件：滑动负载

滑动负载更准确的名称是滑动失配，它由 1 段空气线加上 1 个适当的终端构成，如图 3.13 所示。空气线的中心导体可以滑动到外部导体达不到的地方，以此产生平滑的连接。负载元素通常不是电阻性元素，更常见的是锥形珠状有损材料，使得空气线看起来是有损元素。设计上，它的阻抗不是正好 50 Ω，回波损耗一般在 26 ~ 40 dB 之间。空气线的远端以精确连接器计量长度固定在外导体上，这样只有测试端口处才会有间隙。滑动负载上的间隙非常重要，因为所有的测试端口都必须有间隙，以避免中心轴连接所产生的各种影响；如果滑动负载牢牢地压在测试端口中心轴上，那么此端口上的任何 DUT 都达不到如此良好的接触性能，反射也达不到这么小。滑动负载的设计使得中心导体的位置准确位于参考平面。值得注意的是，任何 DUT 在设计上都可能有稍大些的间隙，以避免测试端口的干扰。因此，测试端口和任何 DUT 的中心轴都应该轻微凹陷。

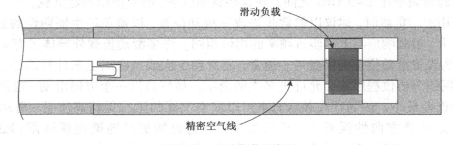

图 3.13　滑动负载示意图

　　滑动负载在滑动的时候表现出的阻抗在史密斯圆图上排列成一圈,图3.14中展示了在滑动范围内的一个频率点处的阻抗值。图3.14(a)是完整的史密斯圆图,图3.14(b)用较小的尺度展示了滑动负载的轨迹。对于滑动负载标准件来说,需要采集几次数据,每次滑动的长度偏移不同。这在图上产生了一系列点的轨迹,其中心点是空气线的阻抗。这个计算得出的中心点与史密斯圆图实际中心点的差异就是方向性误差项(EDF)。

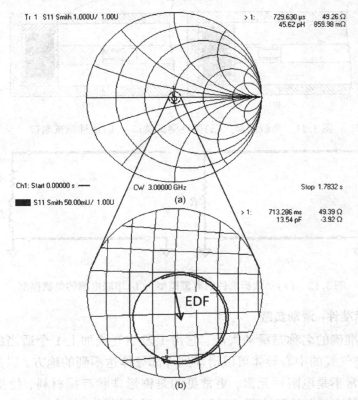

图3.14　在单个频率下改变滑动位置测量滑动负载的史密斯圆图

　　负载元素故意设计成不完美匹配,这样由负载点组成的圆形轨迹的直径可以达到足够大,此时滑动位置的迹线噪声不会因计算圆心而恶化。

　　进行滑动负载校准时需要考虑一些特殊问题。滑动负载空气线部分的质量决定了校准的质量。由于线的长度是有限的,有损部分只在射频频率之上才起作用,因此滑动负载标准件只用于射频频率以上的频率范围。而实际的工作频率由校准条件决定,滑动负载常见的起始频率在2~3 GHz之间。在这些频率以下,必须使用固定负载。

　　当使用滑动负载时,建议以偶数步进改变滑动位置,以避免产生周期性的影响:在一些频率下,负载响应与上一步进频率的相位相同。许多滑动负载外导体带有对数间隔的游标,为设置滑动位置提供参考。通常,要滑动5次或5次以上来计算圆心,如有需要,矢量网络分析仪程序常会允许更多次的滑动。最好只沿一个方向滑动,这样可以使得稳定性误差最小。因为在高频状态下可以使空气线的阻抗保持高质量,滑动负载校准能更好地计算方向性误差项,正因为如此,它也能更好地确定源匹配(ESF),如式(3.20)所示。在第一阶频率处,反射追踪项不太受EDF项的影响。

3.3.3　二端口误差项

二端口或多端口误差项描述了在传输测量中开始起作用的误差项,在二端口校准中这类误差项是传输追踪误差项 ETF 和 ETR,负载匹配误差项 ELF 和 ELR,隔离误差项 EXF 和 EXR。传输误差项通过测量通路标准件计算得出,隔离误差项通过在测试端口上连接反射标准件测量 S_{21} 和 S_{12} 计算得出。

3.3.3.1　隔离标准件

12 项误差模型中的隔离标准件通常使用负载标准件测量。由式(3.1)可以看出,在端口 1 和端口 2 连接负载测量 S_{21} 和 S_{12} 时,其实际值为 $S_{21\text{LoadsA}} = 0$,$S_{12\text{LoadsA}} = 0$,由此得出

$$S_{21\text{LoadsM}} = \text{EXF}, \quad S_{12\text{LoadsM}} = \text{EXR} \tag{3.24}$$

这说明,隔离或交调误差项就是连接负载情况下的 S_{21} 或 S_{12} 测量值。通常,必须使用大量的平均,否则测量结果仅仅是矢量网络分析仪的噪声电平。在某些情况下,在隔离校准时,使用 DUT(端接负载)来端接测试端口有很大的好处。用这种方法,任何来自反射端口的由 DUT 失配泄漏(例如 b_1)都可以被表征并去除(例如带阻滤波器)。

3.3.3.2　通路标准件——flush 通路

通路标准件更恰当的名称是"已知通路"标准件,表示所有 S 参数都已知的二端口标准件。主要有两种类型的已知通路标准件,即 flush 通路和确定通路。

flush 通路标准件通过将一对连接器简单地连接在一起组成。对于无极性的连接器,例如精确 7 mm 连接器,如果物理测试端口可以直接相连,那么就可以构成 flush 通路。对于有极性的连接器,例如 3.5 mm 连接器,只有一对端口中既包括阳性端口又包括阴性端口时,才能构成 flush 通路。flush 通路的 S 参数也可以简单地规定为 $S_{21} = S_{12} = 1$,$S_{11} = S_{22} = 0$。式(3.1)中,flush 通路的测量值为

$$S_{11\text{FlushThruM}} = \text{EDF} + \frac{\text{ERF} \cdot \text{ELF}}{(1 - \text{ESF} \cdot \text{ELF})}, \quad S_{22\text{FlushThruM}} = \text{EDR} + \frac{\text{ERR} \cdot \text{ELR}}{(1 - \text{ESR} \cdot \text{ELR})}$$

$$S_{21\text{FlushThruM}} = \frac{\text{ETF}}{(1 - \text{ESF} \cdot \text{ELF})} + \text{EXF}, \quad S_{12\text{FlushThruM}} = \frac{\text{ETR}}{(1 - \text{ESR} \cdot \text{ELR})} + \text{EXR} \tag{3.25}$$

如果单端口误差项和交调项已经由下式计算得出,从以上公式中便可以得出 ETF 和 ELF 的值

$$\text{ELF} = \frac{(S_{11\text{FlushThruM}} - \text{EDF})}{[\text{ERF} + \text{ESF}(S_{11\text{FlushThruM}} - \text{EDF})]}, \quad \text{ELR} = \frac{(S_{22\text{FlushThruM}} - \text{EDR})}{[\text{ERR} + \text{ESR}(S_{22\text{FlushThruM}} - \text{EDR})]}$$

$$\text{ETF} = (S_{21\text{FlushThruM}} - \text{EXF})(1 - \text{ESF} \cdot \text{ELF}), \quad \text{ETR} = (S_{12\text{FlushThruM}} - \text{EXR})(1 - \text{ESR} \cdot \text{ELR})$$

$$\tag{3.26}$$

由此可以清楚看出,通过在 flush 通路匹配的测量值中应用单端口误差修正,负载匹配误差项可以由 flush 通路确定。在提取交调并解释源和负载匹配的相互影响之后,传输追踪误差项与通路响应的测量相似。

3.3.3.3 通路标准件——不可插入式标准件

当一对测试端口使用相同极性的通路测试连接器时,例如各个端口带有 SMA 阴性连接器的 DUT——这种 DUT 在射频范领域很常见——此时的校准称为不可插入式案例。最典型的情况是一对阳性测试端口要求使用阴性对阴性的通路。然而,大多数矢量网络分析仪的内置校准套件只有 flush、阳性对阴性通路,而没有阳性对阳性或阴性对阴性类型 DUT 端口对的标准件。在射频测量中最常见的误差来源之一是无法得到通路的时延(更明确地说,是通路的损耗)。如果在校准过程中使用非零长度的通路,实际负载匹配测量值会由于通路的实际时延存在而产生相位偏移,这会引起重要的误差。

图 3.15 展示了一个 12 项校准的测量结果,其中使用了 15 cm 的空气线,并有 2 cm 的阴性对阴性通路,通路的时延和损耗可以忽略。测量中矢量网络分析仪的负载匹配与源匹配相互抵抗而产生了误差,在图中可以看到相应的波纹;这一误差会使修正过的负载匹配或者残留负载匹配变得比原始负载匹配更大,差值大约为 6 dB。另一个更为隐蔽的误差是,通路损耗未知,因此 DUT 表现出的损耗要比其实际值稍小一些。在低损耗滤波器的情况下,即使 DUT 的实际损耗超过规定值,这一误差也会使得 DUT 通过测量界限。

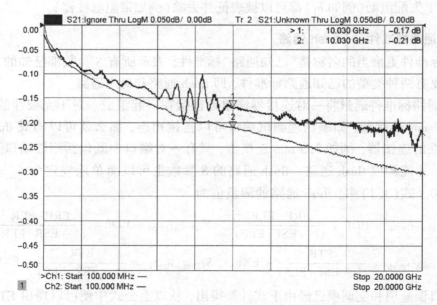

图 3.15 由于忽略了不可插入式通路的长度而引入的误差,与未知通路校准做比较

在现代矢量网络分析仪中,很少遇到这个问题,因为使用未知通路方法(参见3.4.3节)可以在不可插入情况下得到高正确率的校准,如图 3.15 下方迹线所示(迹线上游标 2 处于激活状态)。

3.3.3.4 等价交换适配器

在现代矢量网络分析仪最早出现的日子里,处理不可插入情况的一种常见的方法是,在测试端口加入 1 个额外的阳性对阴性适配器。人们可以购买一套匹配的适配器,包括阳性对阴性、阳性对阳性、阴性对阴性通路适配器。这些器件拥有良好的回波损耗，电长度也相等。校准时，在单端口校准步骤中，向 1 个端口上加上 1 个额外的阳性对阴性适配器，通常加在端口 2 上。在通路测量步骤中，换上 1 个与端口 1 匹配的失配器，通常是阴性对阴性适配器。校准结束后，最初的阳性对阴性适配器被替换掉，之后可以进行完整的校准测量。尽管这是典型的校准过程，但是有一个更好的选择，那就是先做通路校准步骤，这样在单端口校准和通路校准步骤之间，就不需要断开和重新连接阳性对阴性失配器了。这减少了重复连接接头产生的误差。现代矢量网络分析仪由于使用了未知通路校准，因此不再需要等价交换适配器了。

3.3.3.5　确定通路

在现代矢量网络分析仪中，很容易加入 1 个确定的通路标准件，让其连接器的极性与 DUT 连接器的极性相匹配，然后只用这个确定的通路标准件完成校准，以此代替 flush 通路标准件。或者这是处理不可插入情况的最简单的方法。

必须确定连接器的偏移时延和偏移损耗，但是每个标准件中一系列连接器的偏移损耗大都相同，在校准套件中这些值常常作为开路或短路标准件的偏移时延的一部分列出。对于 7 mm 连接器来说，这个值大约为 700 GΩ/s，对于 3.5 mm 连接器来说是 2000 GΩ/s。确定偏移损耗最常见的方法是通过 1 GHz 处的损耗计算出来，公式如下

$$L_{\text{Offset(Gohms/sec)}} = \left(\frac{\ln(10)}{10}\right) S_{21(\text{dB\_loss})} \sqrt{f_{(\text{GHz})}} \cdot \left(\frac{Z_{\text{Offset}}}{S_{21(\text{delay})}}\right) \tag{3.27}$$

此处，频率单位是 GHz，S_{21} 的损耗单位为 dB（正值），计算结果的单位是 GΩ/s。这是同轴线的损耗；波导的损耗用不同的模型计算，必须包含特定的毫米波频率以及更高的频率。

1 GHz 下对一个匹配的（50 Ω）偏移线进行测量时，公式可简化为

$$L_{\text{Gohms/sec}} = \frac{11.5 \cdot S_{21(\text{dB\_loss\_1GHz})}}{S_{21(\text{delay})}} \tag{3.28}$$

已知通路的计算公式与式（3.26）完全相同，只需要把单端口误差项替换成去嵌入后的通路参数即可，如 3.5 节所述。也就是说，通过测量已知通路，并利用式（3.26）可以计算出 ELF 和 ETF 误差项，但首先要把 EDF、ESF 和 ERF 误差项修改一下，利用这些误差项对实际的已知通路 S 参数值做去嵌入处理；之后对反向误差项也做类似的处理。去嵌入技术将在第 9 章中详细讨论。

3.3.3.6　适配器移除校准

不可插入校准用例不仅包括常见的在 DUT 每个端口连接相同极性的连接器，也包括在每个端口上连接不同系列的连接器。在这种情况下，必须使用适配器（每个端口连接器类型不同）连接各个端口，此时很难确定适配器的时延。当使用波导和同轴端口测量 DUT 时也有这个问题。为了解决此问题，一种适配器移除方法发展起来，这种方法要求进行 2 次二端口校准，适配器的两侧各进行 1 次。通过这 2 次二端口校准，可以计算出适配器的特性。第 1 次校准可以测出失配器端口 1 一侧的前向反射误差项，第 2 次校准测量连接器端口 2 一侧的前向反射误差项，两者结合起来可以确定适配器的 S 参数

$$S_{11} = \frac{(\mathrm{EDF}_2 - \mathrm{EDF}_1)}{[\mathrm{ERF}_1 + \mathrm{ESF}_1 \cdot (\mathrm{EDF}_2 - \mathrm{EDF}_1)]}$$

$$S_{21} = S_{12} = \frac{\sqrt{\mathrm{ERF}_2 \cdot \mathrm{ERF}_1}}{[\mathrm{ERF}_1 + \mathrm{ESF}_1 \cdot (\mathrm{EDF}_2 - \mathrm{EDF}_1)]} \qquad (3.29)$$

$$S_{22} = \mathrm{ESF}_2 + \frac{\mathrm{ESF}_1 \cdot \mathrm{ERF}_2}{[\mathrm{ERF}_1 + \mathrm{ESF}_1 (\mathrm{EDF}_2 - \mathrm{EDF}_1)]}$$

公式中下标 1 代表适配器端口 1 处的误差项,下标 2 代表适配器端口 2 处的误差项。2 次校准中,测得的误差项都是前向端口 1 的误差项,因此这种确定适配器 S 参数的方法只能用于一端口校准。在计算中,假定适配器是互易且无源的。S_{21} 的计算需要对复数开平方。这将产生正负 2 个值。换句话说,2 个结果的相位相差 180°。对单点进行计算时,无法确定怎样选择合适的相位。然而,如果知道适配器的大概时延,那么在每个频率下,可以与适配器的预期相位相比较,选择最接近预期相位的那个值。更多关于确定复数平方根的信息参见第 9 章。

一旦适配器的 S 参数已经确定下来,就可以在二端口校准中利用第 9 章中讨论的去嵌入方法来除端口 1 处的适配器影响,建立一个新的 12 项校准模型,其中包括端口 1 的第一次校准得到的单端口误差项、第 2 次校准得到的端口 2 的单端口误差项,以及用去嵌入算法得到的修正过的双向传输跟踪和负载匹配项。

3.3.4　12 项误差模型转换成 11 项模型

12 项误差模型代表了 12 个看似独立的误差项。但是其他分析显示,这些误差项之间存在内部依赖关系[3],因此只有 11 个独立误差项;如果忽略交调项,那么在 10 个误差项中,就只剩下 9 个独立的变量。这种内部依赖关系可以由下式表示

$$\mathrm{ETF} \cdot \mathrm{ETR} = [\mathrm{ERR} + \mathrm{EDR}(\mathrm{ELF} - \mathrm{ESR})][\mathrm{ERF} + \mathrm{EDF} \cdot (\mathrm{ELR} - \mathrm{ESF})] \qquad (3.30)$$

尽管校准采集一般不使用这一结果,但是对于 10 项误差项来说,只要 9 次测量就可以完成。

3.4　确定误差项:8 项模型的校准采集

8 项误差项模型通过一系列不同测量来确定,这些测量更多地依赖于传输标准件,与已知反射标准关系不大。如 3.2.3 节中描述的,这些测量要求知道每个端口入射信号和散射信号的信息。由于 8 项模型的特性,不一定要直接从单端口误差模型中计算,更好的做法是作为二端口误差模型的一部分计算。本节忽略交调的影响。

3.4.1　TRL 标准和原始测量结果

TRL 校准使用的标准件有通路、反射和传输线。另一种版本的 TRL 有时称为 LRL,使用传输线和反射,但是两种版本本质上是相同的,因为大多数版本的 TRL 中都要有非零长度的通路标准件。

　　TRL 校准通常被认为是最准确的校准方法。在连接同轴线以及波导校准时，的确是这样的，但是在带夹具校准时，TRL 就不是最好的校准方法了。TRL 校准被认为是最准确的，这是因为，校准的质量大多完全依赖于已知传输线阻抗的正确性，在波导情况下，则依赖于传输线部分的反射参数的正确性。

　　TRL 定义只适用于度量登记的校准标准件，例如无头短空气线，这种标准件在实际中很少使用。这些度量套件要应用在特定的可插入校准线上，而不是普通的通路传输线。可使用一段短的高质量适配器来建立 TRL 校准，但是适配器 S_{11} 的阻抗将决定系统的源和负载匹配(以及开路/短路标准件的质量)。

　　对于带夹具的 TRL 校准，通常在独立的 PCB 板上建立标准件；这种情况下同轴电缆与 PCB(通常是 SMA)之间的差异会在校准中引入误差。PCB 校准的详细信息将会在第 9 章讨论。TRL 标准件的重要特性将在下文描述。

　　尽管 TRL 校准通常被称为 8 项模型，但上文提到了它只有 7 个独立的误差项。由于8 项模型常被转换成 12 项模型来进行误差修正，因此需要 2 个额外的未知误差项，Γ_F 和 Γ_R 来组成全部 9 个位置误差项。这样至少需要 9 个独立的等式来解决 TRL 校准问题。

3.4.1.1　通路标准件

　　通路标准件是最简单的标准件，它仅由一个 flush 通路组成。因此，它的反射系数是 0，传输参数是 1。正如确定通路的 12 项模型校准那样，通路标准件提供了特性全部已知的标准件。对于同轴电缆连接器来说，通路就是简单地将阳极与阴极对接起来，当然要排除无极性连接器，如 7 mm 连接器。

　　在使用波导连接器的情况下，通路标准件由两个波导法兰简单接合而成。正如同轴连接器的 flush 通路那样，这种通路的损耗和时延也是零。

　　在进行在片校准的情况下，无法使两个探针直接连接，因此通路标准件需要有一定的长度。此时的校准更准确的称法是 LRL 校准。LRL 校准的额外特性是，第一条线有一定的损耗和一定的偏移阻抗。正常情况下，通路的阻抗，或者 LRL 的第一条线被假设为系统 Z_0。

　　参考平面通常设在通路标准件的中心。在零长度通路的情况下，这往往是最好的选择。多数 TRL 校准采集算法也会给出反射标准件的参考设置。当通路标准件有一定长度，或者使用 flush 短路作为反射标准件时，这是个很好的选择。

　　在进行通路标准件测量的过程中，测量出 4 个原始 S 参数的值，同时测出另外 2 个参数，这 2 个参数有时被称为开关项。开关项是当源在端口 1 开启时，a_2/b_2 的测量结果，以及源切换到端口 2 时，a_1/b_1 的测量结果。有些网络分析仪不能测量以上比值，因此为了得到 a_2/b_2，先要测量源在端口 1 时的 a_2/a_1，因为原始 S_{21} 参数是 b_2/a_1，通过这两个比值就可以计算出 a_2/b_2 了。

　　以下是校准中通路测量部分的 6 个原始测量结果：

$$S_{11\mathrm{ThruR}} = E_{00} + \frac{E_{10}E_{01} \cdot \mathrm{ELF}}{(1 - E_{11}\mathrm{ELF})}, \quad S_{22\mathrm{ThruR}} = E_{33} + \frac{E_{23}E_{32} \cdot \mathrm{ELR}}{(1 - \mathrm{ELR} \cdot E_{22})}$$

$$S_{21\text{ThruR}} = \frac{E_{10}E_{32}}{(1 - E_{11}\text{ELF})}, \quad S_{12\text{ThruR}} = \frac{E_{01}E_{23}}{(1 - \text{ELR} \cdot E_{22})}$$

$$\left.\frac{a_{1\text{M}}}{b_{1\text{M}}}\right|_{a_2\_\text{active}} = \Gamma_R, \quad \left.\frac{a_{2\text{M}}}{b_{2\text{M}}}\right|_{a_1\_\text{active}} = \Gamma_F \tag{3.31}$$

这里

$$\text{ELF} = E_{22} + \frac{E_{32}E_{23}\Gamma_F}{1 - E_{33}\Gamma_F}, \quad \text{ELR} = E_{11} + \frac{E_{10}E_{01}\Gamma_R}{1 - E_{00}\Gamma_R}$$

注意，另外 2 个位置项 Γ_F 和 Γ_R，可以作为通路标准件测量的一部分直接测量出来。实际上，由于这些与测试端口源和负载匹配之间的差值有关，而这一差值通常是稳定的，不随时间改变，因此一次性从矢量网络分析仪中获取以上这些值是可行的，不需要重复测量。一些经济型的矢量网络分析仪只有 3 个接收机，不能直接进行 Γ_F 和 Γ_R 测量，但是可以通过标准短路开路负载通路(SOLT)技术获取，源和负载匹配的差值会被保存下来；这种方法通常被称为"δ 匹配"校准，在三接收机矢量网络分析仪上进行一次，便可以用于任意 8 项误差模型修正中。

从式(3.31)可以看出，总共有 9 个误差项，6 个独立的等式。至少还需要 3 个独立等式来解出误差项的值。

3.4.1.2　传输线标准件

传输线标准件对于校准的性能至关重要。传输线标准件的阻抗质量决定了校准的质量。传输线标准件的关键要素是其长度必须与通路的长度不同，这样可以使通路的相移与传输线的相移之间的差异至少为 20°，且不超过 160°。尽管这一要求是硬性规定的，实际上，相位差的范围可以在某种程度上扩展，这样做有可能在测量系统中产生噪声和其他误差，降低性能。难点在于每个标准件必须要有准确的 S 参数结果。如果传输线标准件的相位正好是 180°，那么通路和传输线的初始测量结果是相同的(不考虑轻微的损耗影响)，这样就没有足够的独立测量结果来确定误差项了。

在度量学标准件中，传输线标准件的制作非常精细，通常由两部分无缝连接而成，形成一个空气线。这些空气线要用最精确的测量方法来测量，并基于测量结果计算出阻抗。通常，计算时要考虑传输线的趋肤效应，甚至要考虑传输线中心导体由于重力作用下垂的影响。正因为如此，传输线的阻抗特性可能是射频和微波工程里最准确的一个属性。

大多数情况下，假定传输线的阻抗与系统阻抗相同，传输线阻抗的误差就变成了方向性残留误差、源失配和跟踪误差。但在度量学应用里，空气线的精确值被加入到校准条件的定义中，TRL 校准算法就改为使用传输线的实际阻抗来代替系统阻抗，以确定误差项。

多数时候，校准标准件中定义了传输线的损耗，但有时损耗是未知的。在 TRL 采集过程中，线的长度和损耗都可以得到，这一过程有时被称为 LRL 自动表征。自动表征可以用于通路和传输线标准件拥有相同的偏移损耗和阻抗的情况下。

对通路阻抗和传输线标准件进行带夹具校准和在片校准要考虑的关键问题不同。由于两者通常都是用光刻法制造的，在制作线宽时产生的误差(如由金属蚀刻产生)，或者通路下方填充材料的电介质常量不同，都会使校准中产生残留误差。

传输线校准件测量结果为

$$S_{11\text{LineR}} = E_{00} + \frac{E_{10}E_{01}S_{21\text{UT}}^2 \cdot \text{ELF}}{(1 - S_{21\text{UT}}^2 E_{11} \cdot \text{ELF})}, \quad S_{22\text{ThruR}} = E_{33} + \frac{E_{23}E_{32}\text{e}^{-2\gamma L} \cdot \text{ELR}}{(1 - \text{e}^{-2\gamma L}\text{ELR} \cdot E_{22})}$$

$$\text{(3.32)}$$

$$S_{21\text{ThruR}} = \frac{\text{e}^{-2\gamma L}E_{10}E_{32}}{(1 - \text{e}^{-2\gamma L}E_{11}\text{ELF})}, \quad S_{12\text{ThruR}} = \frac{\text{e}^{-2\gamma L}E_{01}E_{23}}{(1 - \text{e}^{-2\gamma L}\text{ELR} \cdot E_{22})}$$

这里

$$\text{ELF} = E_{22} + \frac{E_{32}E_{23}\Gamma_F}{1 - E_{33}\Gamma_F}, \quad \text{ELR} = E_{11} + \frac{E_{10}E_{01}\Gamma_R}{1 - E_{00}\Gamma_R}$$

γL 代表线长度引起的响应。

这里又加入了 4 个等式，但是也引入了 2 个未知量，即与 γL 相关的时延和损耗。因此，独立等式的数目增加到 10 个，但是未知变量的总数增加到了 11 个。

3.4.1.3　反射标准件

反射标准件是最简单的标准件，唯一的准则是在每一个端口要提供相同的非零反射值。尽管这个要求听起来简单，但是在同轴连接器的测量中却有一些问题，因为阳性端口和阴性端口的短路标准件必须是不同的物理元件。在这种情况下，标准件的电特性必须相同。所以，反射标准件的值可以未知，但是其值必须相同。

对于探针来说，常见的做法是让端口悬空或简单地将探针空置。这样可以产生一个开路反射，假定这一反射在每个端口都相同。尽管这种方法在测量探针时可行，但是不建议用它来测量同轴连接器，特别是阳性测试端口（阴性 DUT），因为阳性针和螺母会在一起起到天线的作用，产生辐射，这样在某些频率下的反射值就不再恒定了。这也是为什么在测量 TRL 反射标准件时推荐使用短路的原因之一。

对于波导来说，由于同样的原因不能使用开路。由于辐射，开路波导会产生大约 12 dB 的回波损耗，这一值还会由于在测量环境中再反射而显著变化。因此对于波导，也推荐使用短路来充当反射标准件。

有时，要用反射标准件作为端口的参考平面。矢量网络分析仪校准通常提供两个选择，一是使用通路作为参考平面，二是使用反射标准件作为参考平面。在使用反射标准件时，必须知道标准件相位的近似值，传输线标准件的相位也一样。通常时延设为零，这里有时会使用开路。举例来说，PCB TRL 校准套件中，在不连接 DUT 的情况下，开路简化了 PCB 的夹具。这里还是要强调谨慎对待开路的辐射效应。

反射标准件的测量值为

$$S_{11\text{Refl}} = E_{00} + \frac{E_{10}E_{01} \cdot \Gamma_{\text{Refl}}}{(1 - E_{11}\Gamma_{\text{Refl}})}, \quad S_{22\text{Refl}} = E_{33} + \frac{E_{23}E_{32} \cdot \Gamma_{\text{Refl}}}{(1 - \Gamma_{\text{Refl}}E_{22})}$$

$$\text{(3.33)}$$

在式(3.33)中，又得到了两个独立的等式，然而引入了一个额外的未知项：反射标准件的反射系数。

于是，现在总共有 12 个未知项和 12 个独立的等式，便可以解出误差项的值了。这种解决方案相当复杂，但是在多个论坛中都出现过，可以在参考文献[7]中获得。

3.4.2　TRL 校准的特殊情况

3.4.2.1　TRM 校准

通路反射匹配(TRM)校准实际上是简化版的 TRL 校准,此处 L 可以认为是无限长的有损线。校准匹配标准件与 3.3.2.3 节中 SOLT 校准使用的负载标准件相同,通常认为它的反射是零。然而,只要反射系数已知,也可以在 TRM 的数学表达式中使用任意匹配条件。

实际上,在低频情况下,TRM 校准时几乎总是作为 TRL 校准的一部分,传输频率是 $2 \sim 3$ GHz。匹配标准件的测量值为

$$S_{11\text{MatchF}} = E_{00}, \quad S_{22\text{MatchR}} = E_{33} \tag{3.34}$$

看起来,TRM 校准似乎是将传输线的 4 个测量结果去掉,换成 2 个独立等式。尽管传输线标准件提供了 4 个独立等式,但它也引入了 2 个未知项;而 TRM 使用匹配标准件的效果与传输线标准件相同。

3.4.2.2　其他 TRL 校准

尽管 TRL 校准的使用非常广泛,但也有一些特殊情况要求格外注意避免产生不良的结果。

在波导校准中,传输线标准件的损耗被看做是自动标准的一部分,但是如果通路长度非零,则必须知道它的损耗和时延。TRL 校准的一个特殊案例用来做通路弥散,这样就可以计算来自波导弥散的相位误差。在这种情况下,校准套件必须指定用波导做通路标准件。而且,常见的做法在波导校准过程中,将系统 Z_0 和线 Z_0 设成 1 Ω。在波导中阻抗的定义不明确,将阻抗值设为 1 可以提供一个公用的参考。有些老式矢量网络分析仪要求这两个值都被设定,但新式矢量网络分析仪将这些值作为校准套件定义一部分提供给用户。

微带线的情况与此类似,它在某种程度上存在弥散。遗憾的是,大多数矢量网络分析仪都无法提供微带线的弥数值,因此最理想的方法是,在目标频带中心频率处使用时延值。偏移损耗将被作为 TRL 自校准过程的一部分来计算。LRL 的一些方法提供了对传输线标准件的损耗和时延自动表征的方法,或许更适用于这种情况。

当线阻抗与系统阻抗差别很大时,必须采用特殊的方法。在测量大功率晶体管过程中经常见到这种例子,其输入阻抗或输出阻抗通常很低。由于低阻抗和高输出功率,迹线的范围很宽。这样,负载变压器(形状通常是锥形线)被用来将 50 Ω 变换成变压器阻抗。这种宽线的 TRL 校准有时会遇到困难,因为线宽会引入更高阶的平面波导模式或正交 TEM 模式,甚至像天线一样工作。实际上,线宽变得太大,看上去像是另一条传输线与 50 Ω 线并联。

式(3.31)、式(3.32)和式(3.34)对于解出误差项来说足够用了;这种解决方案不在本文讨论范围之内,但是在许多参考文献中都可以找到。

3.4.3　未知通路或 SOLR(互逆通路校准)

我们知道,未知通路(UT)校准或短路开路负载互逆(SOLR)校准称为大多数矢量网络

分析仪测量[8]偏好的校准方法。UT 校准也是基于 8 项误差模型与 12 项误差模型结合的基础上。它和 TRL 校准一样，也要求计算开关项，但是和 12 项校准使用相同的校准标准件。

3.4.3.1　未知通路标准件

UT 校准的通路标准件只有一个要求：在传输方向上必须可逆，即 $S_{21} = S_{12}$。这一要求所有的无源器件都可以满足，除了隔离器和循环器。在实际使用中，必须使 UT 的损耗足够小，免得在计算误差项的过程中遇到大量的困难。矢量网络分析仪的不同经销商使用不同的方法，有一些允许损耗高达 40 dB 同时还能保证良好的校准完整性。

在 UT 校准中，与方向性、源匹配和反射追踪相关的误差项，是基于与简单单端口校准相同的方法，或者与 12 项校准中的单端口部分相同，参见 3.2.1 节。未知通路的原始测量结果如下

$$S_{11\text{UT\_R}} = \text{EDF} + \frac{\text{ERF}\left(S_{11\text{UT}} + \dfrac{S_{21\text{UT}}^2\,\text{ELF}}{(1 - S_{22\text{UT}} \cdot \text{ELF})}\right)}{\left[1 - \text{ESF} \cdot \left(S_{11\text{UT}} + \dfrac{S_{21\text{UT}}^2\,\text{ELF}}{(1 - S_{22\text{UT}} \cdot \text{ELF})}\right)\right]}$$

$$S_{21\text{UT\_R}} = \frac{(S_{21\text{UT}} \cdot \text{ETF})}{(1 - S_{11\text{UT}} \cdot \text{ESF}) \cdot (1 - S_{22\text{UT}} \cdot \text{ELF}) - \text{ESF} \cdot S_{21\text{UT}}^2 \cdot \text{ELF}}$$

$$S_{12\text{UT\_R}} = \frac{(S_{12A} \cdot \text{ETR})}{(1 - S_{11\text{UT}} \cdot \text{ELR}) \cdot (1 - S_{22\text{UT}} \cdot \text{ESR}) - \text{ESR} \cdot S_{21\text{UT}}^2 \cdot \text{ELF}} \qquad (3.35)$$

$$S_{22\text{UT\_R}} = \text{EDR} + \frac{\text{ERR}\left(S_{22\text{UT}} + \dfrac{S_{21\text{UT}}^2\,\text{ELR}}{(1 - S_{11\text{UT}} \cdot \text{ELR})}\right)}{\left[1 - \text{ESR} \cdot \left(S_{22\text{UT}} + \dfrac{S_{21\text{UT}}^2\,\text{ELR}}{(1 - S_{11\text{UT}} \cdot \text{ELR})}\right)\right]}$$

$$\left.\frac{a_{1\text{M}}}{b_{1\text{M}}}\right|_{a_{2\_\text{active}}} = \Gamma_R, \quad \left.\frac{a_{2\text{M}}}{b_{2\text{M}}}\right|_{a_{1\_\text{active}}} = \Gamma_F$$

这里

$$\text{ELF} = \text{ESR} + \frac{\text{ERR} \cdot \Gamma_F}{1 - \text{EDR} \cdot \Gamma_F}, \quad \text{ELR} = E_{11} + \frac{\text{ERF} \cdot \Gamma_R}{1 - \text{EDF} \cdot \Gamma_R}$$

与 TRL 校准类似，Γ_F 和 Γ_R 的值在校准的通路测量步骤中由 a_1/b_1 和 a_2/b_2 决定。

式（3.35）给出了 6 个独立等式，但也引入了 3 个额外的未知项：$S_{11\text{UT}}$，$S_{22\text{UT}}$ 和乘积 $S_{21\text{UT}} \cdot S_{12\text{UT}} = S_{21\text{UT}}^2$，注意在传输方向上未知项必须是可逆的。

正如 TRL 校准的情况一样，共有 12 个未知项：7 个独立的 TRL 误差，3 个未知的通路参数，以及 Γ_F 和 Γ_R。所有必要的误差项可以同时被解出来，同时还会额外求出未知通路的值。

这种校准要求的步骤与 SOLT 一样，但是不要求通路标准件已知。这一应用大大提高了 SOLT 校准的灵活性，通过使用大量的通路器件可以极大地简化复杂的校准任务。UT 校准的质量可以由反射标准件的质量推导出来。如果测试端口和测量平面之间存在

大量的损耗，噪声效应会降低反射标准件测量的准确性，那么传输测量结果将要比已知通路校准的情况下的结果恶化许多。式(3.35)提供了一组等式，从中可以计算出未知的误差项，这种方法不在本书讨论的范围内，但可以在许多参考文献中找到[8]。

3.4.4 未知通路校准的应用

下面列举几种适合使用未知通路校准的情况。

3.4.4.1 非插入式同轴校准

射频和微波领域使用的大多数元件每个端口上的连接器都是一样的，通常是阴性接头。SMA 阴性 DUT 连接器可能是最常用的连接器，其次是 N 类阴性连接器。多数电缆的连接器是阳性的，所以许多器件必须在每个端口上使用阳性测试端口连接器来测试。因此，在校准过程中必须使用阴性到阴性通路标准件。在 12 项 SOLT 校准中，通路适配器的特性可以在校准前就得到，如 3.3.3.5 节中所述，或者在校准的第 2 个步骤里确定，如 3.3.3.6 节所述。但并不是所有的 UT 校准都这样要求。这种灵活性使得人们可以采用许多精巧的方法来减少并重用校准步骤，以完成负载的校准。

3.4.4.2 在片校准

在一些在片校准的例子里，测试探针不允许将两个探针直接相连。在讨论有关在片探针的位置时，左侧常被称为东侧，右侧被称为西侧，上方被称为北侧，下方被称为南侧。如果器件必须用一组探针测试，而探针又无法连成一条直线，例如东侧和北侧，或者南侧和西侧，那么在片标准件的传输线必须能够弯折90°，如图 3.16 所示。想要准确知道弯角的阻抗和长度相当困难，所以要使用未知通路校准，此时不一定要使用经过精确设计的在片通路标准件。这种校准方法要求在每个探针顶

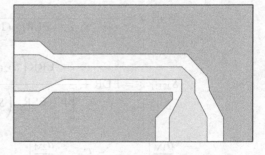

图 3.16 使用 UT 校准提供 90°在片校准

端进行单端口校准，但是在最后一步中，可以使用任何通路器件，包括互易的 DUT。

3.4.4.3 固定端口校准

未知通路校准的另一个常见的情况是，测试端口是固定的，并且不能连接到一起。这通常发生在波导与波导连接的情况下，这里波导被固定在一个框架上，不能轻易移动。过去，在这种情况下进行校准十分困难，要用额外的波导弯角和线来移动波导进行 flush 通路校准，或者对一段波导进行表征，用做已知通路标准件。即便是后者，要让已知波导通路与固定的波导端口相匹配也有一定的挑战性。

通过未知通路校准，只需要在每个端口进行一次单端口校准，然后采用任意一种方式将通路连接到波导适配器的每个终端，例如带有同轴线的可变电缆。唯一的要求是，在测量 6 个通路比值(4 个 S 参数加上 2 个开关项)的时候，用做通路的可变电缆或其他器件性能要保持稳定。通常用短路/偏移和短路/负载来进行单端口校准。

在测试端口之间使用可变未知通路标准件可以将使用可变测试端口引入的误差最小化。有时,可以用半刚性传输线来代替可变电缆,与 DUT 直接相连。这时就可以省略提供归一化已知通路连接的步骤。

3.4.4.4 开关路径校准

校准时,有时会在网络分析仪端口前面加上开关矩阵(如图 2.26 和图 2.27 所示),用来测量多端口器件,每次测量一对端口,这种情况下经常有问题发生。对于 N 端口器件,有 $(N-1)(N)/2$ 种可能的路径,每种路径都要进行二端口校准。可以用未知通路校准来测量每对端口的通路,将测得的数据用在其他端口对上充当未知通路。通过观察,可以清楚看到对多端口测试装置进行校准时,只要在每个端口进行单端口校准,并对每一对端口进行未知通路测量,就可以达到目的。于是就可以确定其他端口对的校准。

3.4.5 QSOLT 校准

快速短路开路负载通路校准是将 SOLR(未知通路)校准和 SOLT 校准[9]结合起来的另一种方式。正如其名称所暗示的,它要求开路/短路/负载单端口校准,还需要一个确定通路,但是这种校准速度很快,因为单端口校准只需要在一个端口上进行。实际上,可以在其中一个端口上进行任意单端口校准,然后在端口 1 和端口 2 之间进行 1 次确定通路测量。用这种方法,在使用只有单极性标准件的校准套件或电子校准(Ecal)进行可插入路径测量时,能够轻松完成完整的二端口校准。

QSOLT 校准的潜在原理是,与 TRL 校准类似,有 7 个未知项,以及开关项。获取开关项的方法与 TRL 相同,通过通路测量实现。2 个单端口项可以通过单端口校准确定,通过测量通路的 4 个 S 参数,可以额外获得 4 个等式。由于通路的实际值已知,4 个测量值引入了 4 个额外的等式,这样就可以计算出剩余的 4 个未知误差项。

当不方便进行单端口校准时可以使用 QSOLT 校准。QSOLT 校准的一个实际应用是用于多端口系统。如果一个多端口 DUT 有 N 个端口,极性都相同,可以建立 $N+1$ 个测试系统,在额外的那个端口上使用与 DUT 连接器匹配的可变电缆。在此端口上进行 1 次简单的单端口校准,在其他端口上各进行 1 次通路连接,便可以得到完整的 $N+1$ 端口校准。使用这种方法,其他端口都不需要移动,甚至不需要校准套件。

3.4.6 电子校准或自动校准

电子校准,或自动校准,最初由 HP 在与 ATN 合作时引入,这两家公司现在合并为安捷伦公司,1995 年 HP-8510 产品使用了这一技术,安捷伦公司定义了术语 ECal(C 大写)。其中,Ecal(c 小写)用于泛指任意电子校准模块。由于这一技术的引入,Ecal 的质量、性能与易用性都得到了大幅度提高,目前其使用已经超过了机械校准套件。图 3.17展示了一些 Ecal 的例子。

最初的电子校准模块由一条传输线与 PIN 二极管并联组成。如果二极管反向偏置,传输线会在端口 1 和端口 2 之间提供一条通路。如果与端口最近的二极管前向偏置,将会产生带有少量偏移的偏移短路。如果离端口较远的二极管短路,将会产生偏移较大的短路。这种设置允许产生不同的偏移,这样在特定范围内的任何频率下,在三种状态下都能够获得良好的反射系数。

图3.17　Ecal 模块在不同的端口设置、连接器和频率中都可以使用。经安捷伦科技授权引用

电子校准模块制作时会确定每一种反射状态的实际值,以及通路状态下的 S 参数,这些值被载入模块内置的内存中。通过这些值,在对单端口校准的通路 S 参数进行去嵌入之后,利用式(3.21)和式(3.26)可以得出12项误差修正。

这些老式的电子校准不能用在低频范围,因为使用的偏离短路长度有限制。现代电子校准件大都使用定制的 GaAs IC 开关,这些开关可以提供内置的标准开路、短路、负载和通路。定制 IC 可能含有多个短路状态以及开路状态,以确保在整个频率范围内标准件之间留有较宽的相位差。图3.18 展示了在一段频率范围内的各种状态。

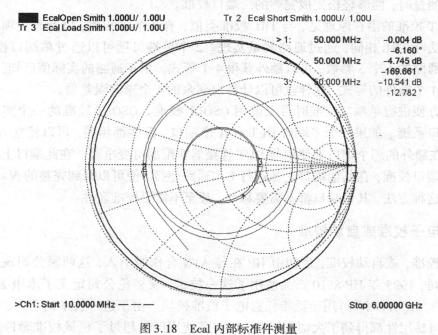

图3.18　Ecal 内部标准件测量

开路状态(游标1)反射系数相当高,非常接近史密斯圆图的边缘。短路(游标2)受固体状态下 FET 器件的串联电感所限制,反射不那么大,相位是相反的。负载(游标3)反射系数最小,但是不如机械负载校准性能好。

由于 Ecal 模块含有固态电子开关，它们的可重用性和稳定性非常好。多数都有内置加热器，用来保持单元内部恒温，通常为 31℃，矢量网络分析仪通常定义的温度范围是 20℃～26℃，有时也达到 20℃～30℃。因为使用电子开关，用大功率驱动时有可能会产生压缩，因此要避免将模块驱动到其额定工作功率以上，尽管此时离损坏电平还差得很远。

3.4.6.1 电子校准模型的校准类型

Ecal 模型可以支持上述多种校准获取方式，但是默认方法是未知通路。由于 Ecal 的每个标准件都是一个已被表征的器件，需要进行测量，所以每个标准件的不确定性是不同的。总体来说，反射测量结果的不确定性要比传输测量低，因此反射标准件与传输标准件比起来，确定性要更低一些。UT 校准不依赖于 Ecal 通路的特性，只使用单端口标准件的特性。这种方法被称为"Ecal 通路用做未知通路"，因为 Ecal 单元同时连接两个端口（来进行单端口校准），但是通路的连接与通路标准件已保存下来的值不相关。

某些经济型的矢量网络分析仪只有 3 个接收机结构，不支持未知通路；这时 Ecal 只能使用已知通路进行 SOLT 校准。在其他情况下，每个测试端口的损耗都很大，当用做增强型响应校准时，使用已知通路的误差要比未知通路小，因此更受欢迎（参见第 6 章的示例）。同样，进行 QSOLT 校准时，也可以使用 Ecal 模块的已知通路。

Ecal 的另一种操作模式能够将单端口校准与通路校准分离，因此，当测试端口是不可插入式的或者可以形成一个匹配对时，可以用 flush 通路来代替 Ecal 通路。在与其相似的其他情况，例如使用固定连接器的情况下，Ecal 不能同时连接两个测试端口。这时，可以用 Ecal 进行单端口校准，而用另一个通路，例如电缆，进行未知通路步骤。这种方法被简单地称为"未知通路"，一般不称它"用 Ecal 作为未知通路"，它将正常的 1 步 Ecal 分成了 3 步：端口 1 Ecal，端口 2 Ecal 和未知通路。

最后，当 Ecal 端口不能与所要求的 DUT 端口相匹配时，可以将 Ecal 与机械校准套件一起使用。例如同轴线到波导的转换，这时用 Ecal 进行同轴线端的单端口校准，用机械波导套件进行波导端的单端口校准，而用波导到同轴线的适配器进行未知通路步骤。

3.4.6.2 Ecal 模块的用户表征

Ecal 模块的另一个有用的特性是，可以加入失配器、电缆或夹具，在适当的位置用适配器来表征 Ecal。表征过程包括采用适当的连接类型建立一个二端口校准（如果是四端口 Ecal 模块则要进行四端口校准），然后给 Ecal 的每个端口加上连接器并进行表征。在表征过程中，用校准过的矢量网络分析仪在新的连接方式下测量 Ecal 各个内部标准件。这些标准件的值可以随后下载到 Ecal 中，或保存在矢量网络分析仪的硬件中，以便今后在产品测试中使用。目前 Ecal 最多可以支持 12 个内部用户表征，在硬件上这一数量没有限制。

用户表征十分方便，它允许在正常频率范围之外使用 Ecal。例如，3.5 mm Ecal 出厂值限定在 26.5 GHz 频率。然而，内部标准件和连接器通常能工作在 33 GHz。因此可以使用 2.92 mm 连接器和机械校准套件来对 Ecal 做用户表征，这样便可以扩展 Ecal 的可用频率。尽管制造商不保证这种校准的准确性，但是可以用机械校准套件来对质量进行跟踪。

最后，可以将 Ecal 嵌入开关矩阵中，然后对每个开关矩阵端口末端都进行表征。图 3.19 是一个整合了 Ecal 模块、功率计模块和噪声源模块的自定义校准测试集。在测试端口进行了 Ecal 表征，公用的功率计的损耗由内部 Ecal 出厂表征和外部测试端口表征式反射跟踪项的差值决定，假定功分器的损耗是相等的。这种自定义校准测试集可以进行多种测量，例如噪声系数、功率、IMD 和 S 参数，用单测试端口连接器进行校准。而且，从图中可以看到测试集包括校准单元和开关矩阵，用来从矢量网络分析仪端口 2 中扩展出 6 个测试端口。这一校准系统可以为 1×6 矩阵测试系统提供校准，以测试 1×6 DUT。

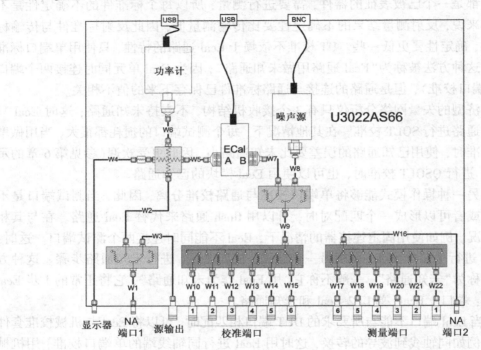

图 3.19　自定义端口校准装置。内含 Ecal，噪声源模块和功率计模块

3.5　波导校准

当 DUT 的端口是波导时，在使用波导校准套件进行校准时要特别注意对结果进行优化。第 1 点区别是，带有开路电路的波导反射性不佳，因此不使用开路标准件。取而代之的是校准套件中的一个被称为四分之一波垫片的标准件，它在波导带宽的中心点处有 90° 的相移。在规范化的波导带宽范围内四分之一波垫片的相移范围是 50°～120°。当使用垫片作为短路校准偏移的一部分时，每个频率下的相移都必须使用波导弥散公式来精确计算

$$\phi_f = \frac{360f}{c}\sqrt{1 - \left(\frac{f_c}{f}\right)^2} \quad 度/米 \tag{3.36}$$

例如，Ka 频带波导（使用 WR-28，有时也叫 R 带宽），其波导频带为 26.5～40 GHz，中心频率是 33.25 GHz，波导的截止频率是 21.081 GHz。在 33.25 GHz 处有 90° 相移的垫片长度可以达到 2.9168 mm，在频率下边缘相移是 56°，在频率上边缘相移是 119°。

使用四分之一波垫片的校准过程通常使用短路、负载、偏移短路(使用垫片)来进行。这样可以得到足够的标准件来进行传统的单端口校准。在最新的矢量网络分析仪中，必须使用一种额外的标准件，即偏移负载标准件。这时，短路中使用的垫片也要用在负载上。只有当垫片的阻抗和相移的不确定性小于负载阻抗的不确定性时，才能使用这种方法。对于波导元件来说，大都满足上述条件，因此偏移负载校准可以将不理想负载引起的误差减少至所用垫片的水平。

波导校准的另一个方面是，对于二端口系统来说，TRL 校准或许是最好最简单的方法。它只需要一个反射标准件(通常是短路)、一个通路和一条传输线。四分之一波垫片使线变得理想，因为它可以轻易地满足相移20° ~ 160°的要求。这样建立标准套件就很容易，而使用 TRL 测量四分之一波垫片的准确相移也比较容易。

对于多端口波导校准，QSOLT 校准非常合适，因为波导端口可以直接配对。这时，要使用4个标准件来进行单端口校准：短路、偏移短路、负载和偏移负载。接下来要做的是将端口用 flush 通路连接起来，可以以任意顺序连接端口，对于 N 端口来说，只需要 $N-1$ 个通路。例如，一个 DUT 带有平衡的波导输入端口(例如端口 1 和端口 3)和平衡的波导输出端口(例如端口 2 和端口 4)。对端口校准可以在端口 1 上进行单端口校准，然后将端口 1 与端口 2 连接来测量 1 ~ 2 通路，接下来再连接端口 2 和端口 3，测量 2 ~ 3 通路，最后，连接端口 3 和端口 4，测量 3 ~ 4 通路。这种顺序使得波导端口的移动最少。尽管这种方法简化了单端口校准的要求，但是残留误差将会引入到其他端口。另一种方法是在每对端口上进行一次单端口校准，对相反的端口进行校准，然后使用未知通路作为最后的端口对。例如，端口 1 和端口 3 在左侧，端口 2 和端口 4 在右侧。现在端口 1 和端口 4 上做单端口校准，之后分别从端口 1 到端口 2 和端口 3 到端口 4 做 QSOLT 校准，最后在端口 1 到端口 3、端口 2 到端口 4、端口 1 到端口 4 或端口 1 到端口 3 上做未知通路校准。在多端口情况下使用混合的校准方法可以显著提高校准步骤的效率。

过去，假定波导校准件的波导损耗可以忽略。在大多数射频和微波频带上，这个假定是合理的，但是在毫米波及以上的频率下，校准件的损耗会在测量结果中引入明显的偏移。最近，一些矢量网络分析仪提供了一个公式来处理损耗，根据偏移时延和波导的围度来计算损耗。公式如下

$$L_{Offset\_WG} = \frac{60\pi \ln(10)}{10} \frac{S_{21(dB)}}{S_{21(delay)}} \sqrt{\frac{f_c}{f}} \left[\frac{\sqrt{1 - \left(\frac{f_c}{f}\right)^2}}{1 + 2\left(\frac{h}{w}\right) \cdot \left(\frac{f_c}{f}\right)^2} \right] \tag{3.37}$$

矢量网络分析仪上一些特性的使用，例如端口扩展或电时延，也在计算实际物理长度时会引起波导弥散。有些功能，例如时域变换，要求在进行波导测量时特别加以注意。

3.6 源功率校准

过去，矢量网络分析仪的测量结果局限于 a 波和 b 波的比例测量结果。源功率的值并不重要，波与 S 参数一直被认为是线性值，也就是说这些值不与绝对功率值相关。但是许多器件或多或少地带有非线性特性，它们的特性是在特定输入功率下定义的。

老式的矢量网络分析仪,例如 HP-8510,使用外接电源,通过反射计测试集连接。源功率的设定与测试端口的入射功率差别极大,有时差值有 10~20 dB。因此,几乎所有矢量网络分析仪使用的源都整合在内部,通过校准保证源功率的准确性。但是在有电缆、连接器、夹具和开关矩阵的情况下,DUT 的实际损耗相当大,想要设定准确的源功率,就要考虑以上这些因素。

在接下来的讨论中,将讨论前向测量的细节。反向测量的方法类似。

3.6.1　为源频率响应进行源功率校准

自 HP-8720A 和 HP-8753D 开始,矢量网络分析仪拥有内置源和测试集,通过在前面板上设置源功率来设定 DUT 的入射功率。这些分析仪也能够控制和读取通过 GP-IB 接口连接的功率计。它们最先拥有能够进行源功率校准的内置固件。源功率校准的过程是对源功率进行逐点测量和修正的。校准开始时将功率计的探测头与测试端口连接,将源设定为扫描数据第一个频率处的功率值,获取功率计的读数。之后根据与目标值的偏移,将源功率调高或调低。偏移值被记录下来,作为源校准因子(SCF)。理想情况下,这个值就是图 2.30 中所示的信号流图上的 STF 项。然而,实际中,源是非线性的,存在误差,并且还有测试集损耗,因此源校准因子变成了

$$\text{SCF} = \Delta\text{Src} \cdot \text{STF} \tag{3.38}$$

这里 ΔSrc 代表源设定值与测试集入射值的差值。如果测试端口没有反射,则

$$a_{1S} = \Delta\text{Src} \cdot a_{V_s}\big|_{\Gamma_{\text{Load}}=0} \tag{3.39}$$

这里 a_{V_s} 代表矢量网络分析仪源功率设定值。影响 ΔSrc 的因素是:源和测试集间未被补偿的损耗,以及在不同设定值下源输出功率的非线性响应。

把图 2.30(在图 3.23 中也可见到)加以改进变为图 3.20,这样更接近源的实际状态,信号在源和测试端口之间来回反射,影响了入射功率。最简单的源功率校准,假定功率计测量不存在反射,这时 STF 项可以简单表示为

$$\text{STF} = \frac{P_{\text{Meas}}}{a_{1S}}\bigg|_{\Gamma_{\text{Load}}=0} \tag{3.40}$$

这里 a_{1S} 是测试集的入射功率,可以在参考接收机处检测。通常,STF 的值需要经过独立测量才能得出,然而它通常会以 RTF 比值的形式用在修正过程中。源校准因子可以表示为

$$\text{SCF} = \frac{P_{\text{Meas}}}{a_{V_s}}\bigg|_{\Gamma_{\text{Load}}=0} = \frac{\Delta\text{Src} \cdot P_{\text{Meas}}}{a_{1S}}\bigg|_{\Gamma_{\text{Load}}=0} \tag{3.41}$$

正常情况下,功率偏移如下表示,单位为 dB

$$\text{SCF}_{\text{dB}} = P_{\text{Meas(dB)}} - a_{V_s\text{(dB)}}\big|_{\Gamma_{\text{Load}}=0} \tag{3.42}$$

由于 ΔSrc 随着功率电平改变,有必要迭代源功率来获得某些特定的值。对于正常的源功率校准来说,用来得到 SCF 的测量循环会根据用户定义的次数重复进行,通常 3~10 次。与 S 参数误差修正不一样,这不是后置处理修正;相反,在获取 DUT 的数据之前,就利用偏移值来调整源设置。如果源是线性的,SCF 的值就是常数,但有时源是非线性

的；也就是说，源的值改变 1 dB，a_{V_s} 的值不一定也改变 1 dB。因此，ΔSrc 的值受源的非线性影响，只有在单一功率值处才能精确定义。

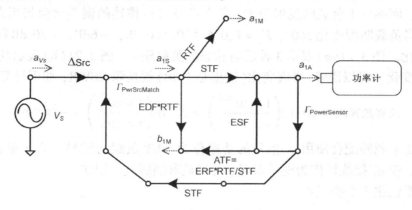

图 3.20　源功率校准过程的信号流图

3.6.2　功率计失配校准

从信号流图中可以清楚地看出，在给定功率设置的情况下，功率计会影响功率测量值，以及 STF 和 SCF 的提取。功率计上的测量值本质上是 a_{1A}，它是 STF 与源匹配 ESF 的函数，与矢量网络分析仪源功率 a_{1S} 相关，功率计的匹配值如下计算

$$a_{1A} = \frac{a_{1S} \cdot \text{STF}}{1 - \text{ESF} \cdot \Gamma_1} = \frac{a_{1M}}{\text{RTF}} \frac{\text{STF}}{(1 - \text{ESF} \cdot \Gamma_1)} \tag{3.43}$$

这里 Γ_1 是功率计的匹配。功率计校准因子包括功率计的失配损耗修正，因此功率计上显示的值实际上是功率传感器的入射功率，而不是被传感器吸收的功率。

$$P_{\text{Meas}} = \frac{P_{\text{Absorbed}} \cdot \Delta\text{PM}}{1 - |\Gamma_{\text{Sensor}}|^2} = a_{1A} \cdot \Delta\text{PM} \tag{3.44}$$

其中，ΔPM 在加入功率与读取功率时的值不同，通常由功率计校准因子的误差引起。从式（3.43）和式（3.44）得知，带有非零匹配功率计的源测试集损耗的匹配修正值——STF，可以如下计算

$$\text{STF} = \frac{P_{\text{Meas}}}{a_{1S}} (1 - \text{ESF} \cdot \Gamma_{\text{PwrSensor}}) \tag{3.45}$$

在式（3.40）和式（3.41）里，源修正值是在假定功率传感器良好匹配的情况下得出的，如果不符合此种情况，源校准因子将会出错。忽略 2 阶项，源功率近似表达为

$$a_{1S} \approx \frac{a_{V_s} \Delta\text{Src}}{1 - \dfrac{(\Gamma_{\text{PwrSrcMatch}} \cdot \text{STF}^2 \cdot \Gamma_1)}{(1 - \text{ESF} \cdot \Gamma_1^2)}} \tag{3.46}$$

其中，a_{V_s} 是源的设定功率，$\Gamma_{\text{PwrSrcMatch}}$ 是与源相关的匹配。Γ_1 是端口 1 的回波损耗。a_{1S} 的值可在参考接收机处检测，因此尽管功率电平会随着失配而改变，但是其值可以精确得出。注意，通常 $\Gamma_{\text{PwrSrcMatch}}$ 是未知的，在输出功率时这一项也会引起不确定性。现代矢量网络分析仪在源功率校准过程中也测量功率计的原始匹配。STF 的值基于式（3.43）可以计算出来，其中 a_{1S} 是测试集的入射功率。如果 STF 的 dB 损耗很大（意味着参考耦合头

与测试端口间存在大量损耗），a_{1S}的值近似恒定，也不会随 DUT 的匹配而改变。这时往往加入了源衰减器，通常是为了给功率敏感器件提供更低的最小功率。然而，如果 STF 的损耗很小，而端口 1 负载的反射很大，那么式(3.46)描述的误差就会相当大。图 3.21 的例子是，当负载匹配变化 360°，$\Gamma_1 = 1, 0.5$ 和 0.1（0 dB，-6dB，-20 dB）时，入射功率将发生变化。图 3.21(a)表示 3 种反射状态的负载轮廓，图 3.21(b)表示功率 a_{1A} 随着负载变化而变化。可以说峰–峰值变化（这里是 1 dB）就是源 VSWR，如下计算

$$功率源匹配 = 20 \cdot \lg\left(\frac{1 - 10^{\frac{p-p}{20}}}{1 + 10^{\frac{p-p}{20}}}\right) = 20 \cdot \lg\left(\frac{1 - 10^{\frac{1}{20}}}{1 + 10^{\frac{1}{20}}}\right) = -24.8\,\text{dB} \tag{3.47}$$

因此，功率源匹配会使用 a_1 信号的功率作为 DUT 负载的结果。第 6 章会描述一些先进的技术，使 a_1 接收机作为电平参考，可以显著削弱这一影响。

因此，要记住 3 个要点：

1. 源功率校准为源设置提供了合适的偏移，来获得期望的通过匹配负载的输出功率。
2. 端口的失配会影响加到负载上的入射端口功率 a_{1A}。
3. 参考接收机测量结果 a_{1M}，在适当修正后，可以用来准确监测入射功率。

3.7 节讲述适当的方法来修正接收机以测量功率。

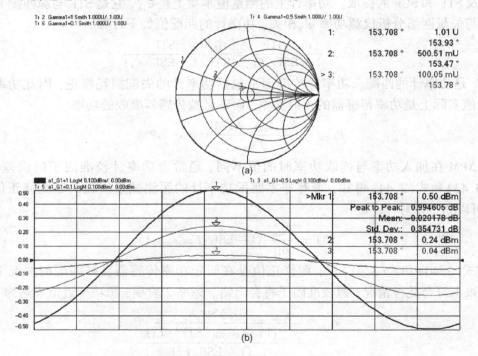

图 3.21　(a)负载反射变化；(b)端口 1 失配引起的 a_1 变化

3.6.3　源功率线性度校准

矢量网络分析仪的源功率中存在由频率响应引起的误差，还有源功率线性度引起的误差。线性度用来描述与源功率电平的预定变化有关的源功率输出的准确性。因为通常矢量网络分析仪接收机不仅仅是一组线性度较好的幅度值（通常为 0.02 dB），测量源的

线性度不是一件容易的事。线性度通常定义为相对设定功率的功率测量值中存在的误差，参照功率预设值。也就是说，线性度误差不包括源平坦值。测量可以如下进行，在预设功率电平处读取参考信道功率并将其归一化，在分析仪的频率范围内，利用数据记录和数据/记录功能来实现。之后，设置新的源功率值（通常是最大功率值或最小功率值），相对于归一偏移，读出功率值。例如，如果预设功率是 − 5 dBm，参考接收机的测得功率是 − 5.5，迹线读数归一化为 0 dB。现在将功率改为 − 30 dBm，读数相对于原始功率应该是 − 25 dBc。任何来自参考值的误差都是线性误差，如图 3.22(a)的迹线所示。

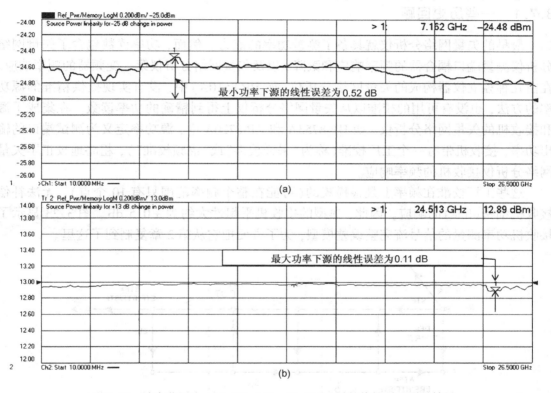

图 3.22　功率范围为 − 25 dB(a)至 + 13 dB(b)时的线性误差测量结果

图 3.22(b)的迹线展示了类似的测量，这次入射功率改变值为 + 13 dBm，参考值为 − 5 dBm。

低功率部分误差更大，这是正常的，因为 ALC 探针工作在更低的信号电平上，任何直流漂移或偏移电压都会造成相对较大的影响。低功率部分的功率值稳定性同样也比大功率值时差。在大功率值情况下，源的谐波会引起线性度误差。图 3.22 的例子是安捷伦生产的 N5242A PNA-X，图中表明在大功率情况下矢量网络分析仪的谐波特性非常好，通常在 − 60 dBc 以下。

正常情况下，线性度误差不会被修正，除非在功率扫频模式下进行了源功率校准。否则，每个频率只保存一个源功率偏移值。这意味着如果要使用准确校准过的功率，唯一的选择是使用预期的功率作为校准功率。其他功率下的测量结果容易受线性度误差的影响。然而，先进的功率控制方法可以将这一误差去除，下面将详细讨论。

最后，可用新的方法校准参考接收机，并使用参考接收机作为稳幅接收机，用来代替内部 ALC 探测器，这样就不需要进行功率校准了。这一功能的细节将在第 6 章接收机稳幅话题中讨论。上述源功率控制方法的准确性完全依赖于接收机校准的准确性，下一节将会讲到这个问题。

3.7 接收机功率校准

3.7.1 一些历史回顾

最早的矢量网络分析仪就具备了测量功率的能力。然而，功率读数包含了矢量网络分析仪测量端口耦合器的频率响应和滚降，以及矢量网络分析仪第一变频器的频率响应。在由几种独立仪器构成的矢量网络分析仪（如 HP-8510A）中，没有实现提供精准的源功率的方法，也没有可用的校准以从矢量网络分析仪上得到精确的功率读数。在集成了源和接收机的矢量网络分析仪，如 HP-8753A 和 HP-8720A 中，源功率定义为测试端口的输出功率，接收机带有一个工厂校准（称为"采样校准"或"混频校准"），粗略地校正了矢量网络分析仪接收机的频率响应。

这些工厂校准在频率上是很稀疏的（可能在整个频率范围只有 10 个点），无法补偿接收机细密（fine）的响应。因此，典型的接收机平坦性大约为 ±0.5 dB。图 3.23 显示了接收机功率测量的信号流完整误差模型，为了方便把它从第 2 章复制到了这里。

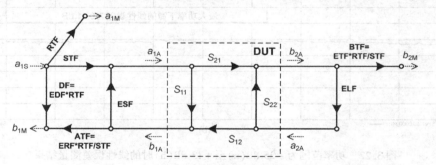

图 3.23　接收机功率测量的信号流完整误差模型

接收机校准是很基本的校准，本质上是将接收机响应简单地归一化到 0 dBm 的参考功率。主要的步骤包括：

1. 将源功率精确校准到 0 dBm。
2. 将源直接连接到接收机。
3. 对接收机响应归一化。

对参考接收机来说，第 2 步需要仍将功率计连到源测试端口上，以保证匹配的一致性。

这个过程有几个缺点：

- 任何源功率校准中的误差和漂移都会成为接收机校准中的误差。

- 因为只能使用简单的归一化，接收机校准只能在 0 dBm 的源功率下进行。
- 源和功率探头之间或源和接收机之间的任何失配都会产生误差。
- 如果在连接源和接收机时使用了适配器，它的损耗和失配都会直接成为接收机校准误差的一部分。

3.7.2　现代接收机功率校准

在现代的网络分析仪中，由于认识到在源功率校准中，入射功率是完全已知的，接收机响应校正得到了改进。参考接收机的校准可以和源功率校准同时进行。

在矢量网络分析仪的端口用一个匹配良好的负载进行端接的情况下，参考接收机的前向跟踪误差项（RRF）为

$$\text{RRF} = \left.\frac{a_{1M}}{a_{1A}}\right|_{\Gamma_{\text{Load}}=0} = \frac{\text{RTF}}{\text{STF}} \tag{3.48}$$

当用功率计测量入射功率时，失配误差很小，因此式（3.48）可以估计为

$$\text{RRF} \approx \frac{a_{1M}}{P_{\text{Meas}}} \tag{3.49}$$

对传输测试接收机（有时叫 B 接收机）上的功率测量来说，B 传输前向跟踪（BTF）定义为

$$\text{BTF} = \frac{b_{2M}}{b_{2A}} \tag{3.50}$$

得到 BTF 的一般方法是在端口 1 做一个源功率校准，再将端口 1 和端口 2 连接起来并假设 $a_{1A} = b_{2A}$。如果参考接收机是经过校准的，BTF 可以估计为

$$\text{BTF} \approx \left.\frac{b_{2M}}{(a_{1M}/\text{RRF})}\right|_{S_{21\_\text{Thru}}=1} \tag{3.51}$$

在这个过程中，功率探头失配的效应、端口 1 或端口 2 失配的效应以及直通连接的损耗都没有进行补偿。然而，直到最近，这一直是商用矢量网络分析仪中对接收机跟踪的最佳估计。

3.7.2.1　对功率探头失配的校准

过去，一般通过简单的源功率测量来确定参考接收机的跟踪。但是从信号流图可以看出，可以对功率计的匹配进行补偿，并确定参考接收机跟踪的真实值。在信号流图上，可以清楚地看到功率计的匹配会对给定源设置下的测量功率产生影响，因而对提取的 RRF 产生影响。功率计上的测量值实际为 a_{1A}，与矢量网络分析仪入射到测试装置上的源功率 a_{1S} 的关系可以用一个包含 STF，RTF，源匹配 ESF，以及功率探头匹配的公式表示为

$$a_{1A} = \frac{a_{1S} \cdot \text{STF}}{1 - \text{ESF} \cdot \Gamma_1} = \frac{a_{1M}}{\text{RTF}} \frac{\text{STF}}{(1 - \text{ESF} \cdot \Gamma_1)} \tag{3.52}$$

式中 Γ_1 为功率计的匹配。功率计校准系数中包含对功率计失配损耗的校正，从而使功率计上显示的功率为入射到功率计的真实值，而不是功率计吸收的功率

$$P_{\text{Meas}} = \frac{P_{\text{Absorbed}} \cdot \Delta\text{PM}}{1 - |\Gamma_{\text{Sensor}}|^2} = a_{1A} \tag{3.53}$$

其中，ΔPM 是吸收功率与功率计读数的差值，称为功率计校准系数。

从上面两式中可以看出，参考接收机的跟踪项可以在存在失配的情况下精确计算为

$$RRF = \frac{a_{1M}}{P_{Meas} \cdot (1 - ESF \cdot \Gamma_{Sensor})} \tag{3.54}$$

请注意，通过这种方法，如果参考接收机和功率计测量的记录是同时进行的，源信号 a_1 的实际值对结果是没有影响的。这对接收机校准来说，不再需要先做一个精确的源功率校准。事实上，这个接收机校准的计算可以和源功率校准同时进行。可以通过一次对功率计匹配的单端口误差校正测量，在得到功率探头读数的同时得到 Γ_{Sensor}。

3.7.2.2　参考接收机的响应校正

在过去的网络分析仪以及直到最近的大多数现代网络分析仪中，接收机中对接收机跟踪项的校正是非常简单的

$$a_{1A\_RcrvCal} \equiv \frac{a_{1M}}{RRF} \tag{3.55}$$

由于源匹配和 DUT 输入端匹配的交互影响，这个简单的响应校正不能得到实际的入射功率。

为了完全理解这些效应，来看图 3.24 中的框图。在测试端口上使用了一个定向耦合器来对入射功率进行采样。在改变耦合器端匹配的同时，监测测试端口通道的入射功率以及参考接收机上读到的功率。这些功率值的差别表示未经补偿的失配误差。为了更精确地估计，还需要考虑耦合器的损耗，如 2.2.2.2 节所述。

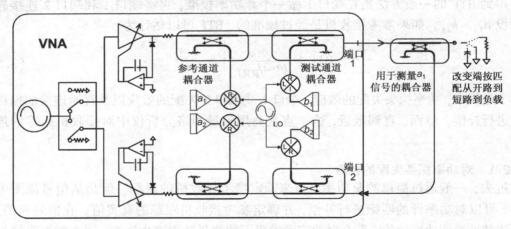

图 3.24　表征入射功率失配的框图

图 3.25 显示了改变端口 1 上 DUT 的匹配对实际入射功率 a_{1A} 测量值的影响，以及存在接收机校正 a_{1M}/RRF 的情况下对参考通道 a_1 接收机功率读数的影响。这种情况下，源 ALC 参考与参考通道信号不在同一点上，因此当负载匹配改变时 a_{1S} 的值会随着变化，a_{1M} 的值也是。参考通道的读数合理反映了 DUT 端口 1 失配和源功率匹配 $\Gamma_{PwrSrcMatch}$ 对 a_{1A} 变化的影响。然而，参考读数没有反映出测试装置源匹配 ESF 与 DUT 端口 1 失配相互影响造成的误差，因此测量值 $a_{1A} \neq a_{1S}$ STF，而且一般来说尽管在某些范围内源的波动能够和测试端口的失配波动相抵消，但 a_{1A} 的波动更大。

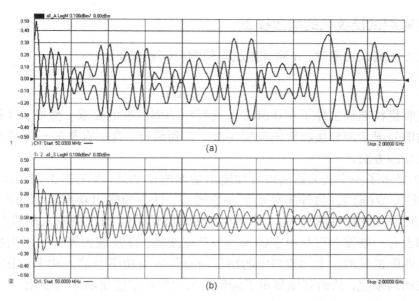

图 3.25　在端口 1 上 DUT 失配影响下入射功率(a_{1A})和测量的源功率(a_{1S})的波动

在图 3.26 中，对系统做出了修改，使得 ALC 参考和 a_{1M} 参考通道信号同步。这样 a_{1S} 的值不随 DUT 的匹配改变，这可以从参考通道接收机的测量功率完全水平看出[参见图 3.26(b)]。任何 DUT 端口 1 到源的失配都被 ALC 环发现并补偿。然而，监测入射功率的功率计[本例中在矢量网络分析仪校准测试端口上，参见图 3.26(a)]读数仍有波动，表示源匹配误差在参考耦合器后面的影响没有被消除。因此，带有接收机校准的参考通道功率总会反映由于功率源匹配导致的源功率误差，但是不会反映测试装置源匹配 ESF 比值的误差，如 2.2.2 节所述。

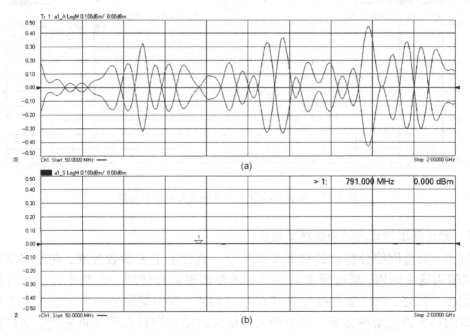

图 3.26　当 ALC 参考点与参考通道信号同步时，实际入射功率含有波动(a)，而 a_{1S} 为常数(b)

3.7.3　传输测试接收机的响应校正

在端口 2 上测试功率时，B 测试接收机的响应误差校正为

$$b_{2A\_RcrvCal} \equiv \frac{b_{2M}}{BTF} \tag{3.56}$$

这种接收机校准只去掉了在 0 dBm 上进行源功率校准的要求。然而，这种接收机校准的精度仍旧受限于源和接收机的失配误差。直到最近，这一直是矢量网络分析仪功率测量唯一的校准方法。

图 3.27 显示了一个放大器的输入和输出功率测量结果 [参见图 3.27(b)]，以及 S_{21} 测量 [参见图 3.27(a)]。另外还显示了功率增益，计算为输出功率除以输入功率 [参见图 3.27(a) 所示] 的深色迹线。输入功率存在较大波动是由 DUT 的输入端的失配造成的。而输出功率也有一些波动正是由于输入功率存在波动，以及放大器的输出阻抗与测试系统的负载不匹配造成的。上面窗口中的功率增益是输出功率与输入功率的比值，抵消了输入功率波动的效应，从而直接显示了端口 2 失配造成的输出功率的变化。

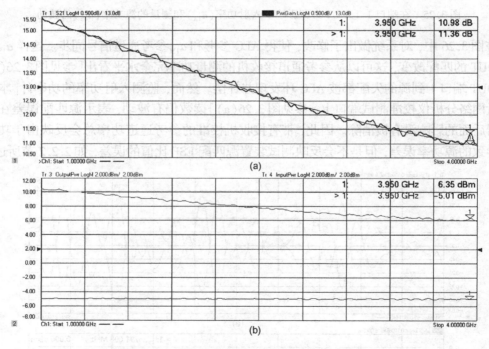

图 3.27　接收机响应校正后的放大器功率测量

3.7.3.1　经过匹配校正的增强型功率校准

在过去，矢量网络分析仪的功率校准质量一直比不上 S 参数校准，在很多测试系统中，仅仅因为这个原因，精度要求高的功率测量需要额外使用一个功率计。因为功率探头的匹配相对较好，而且能直接与 DUT 的端口相连，它们提供了一个尽管不太方便但精度还可以的功率测量解决方案。矢量网络分析仪的增益测量几乎接近完美，而增益是元器件的一种非常关键的特性。矢量网络分析仪测试过程中很少对功率直接测量。

然而, 大约从 2000 年开始, 矢量网络分析仪越来越多地被用于测量混频器和变频器。由于没有很好的基于比值测量的变频器增益测量方法, 非比值(no ratio)的功率测量就变得非常有必要了。这促进了针对变频器的包含匹配校正的输入和输出功率测量的发展。在 2010 年后期, 在一款商用矢量网络分析仪——安捷伦 PNA-X 中提供了对非变频器件功率测量进行匹配校正的彻底支持。混频器测量将会在第 7 章进行详细介绍, 但主要是基于下面的增强型功率校准技术。

3.7.3.2 带有匹配校正的入射功率校准

式(3.52)所示的参考接收机测量提供了对入射功率测量进行失配校正的方法。在校准的数据采集过程中, RRF 项通过这个公式计算, 测量功率值通过功率计获取。

经过完整校正的入射源功率的解为

$$a_{1A\_MatchCor} = \frac{a_{1M}}{RRF \cdot (1 - ESF \cdot \Gamma_{1M})} \tag{3.57}$$

其中 Γ_{1M} 为测量入射功率时端口 1 的匹配。入射源功率校准的不确定度主要来源于校准时测量到的源功率和实际源功率之间的误差; 这个误差的根源在功率计: 功率计的校准系数、功率计的漂移和噪声, 以及功率计参考校准误差。对于一个高质量的功率探头来说, 这些误差约为 0.15 dB。

3.7.3.3 带有匹配校正的输出功率校准

类似的方法可以用于输出功率的计算当中, 从而补偿矢量网络分析仪输出端口负载匹配的影响。式(3.51)中 BTF 项的获取和计算忽略了源和负载失配的效应, 需要使用一个理想的直通。考虑失配影响后的 BTF 的计算式为

$$BTF = \frac{b_{2M}}{a_{1A}} \frac{[(1 - S_{11T}ESF)(1 - S_{22T}ELF) - (ESF \cdot ELF \cdot S_{21T} \cdot S_{12T})]}{S_{21T}} \tag{3.58}$$

考虑直通匹配良好的情况, $S_{11} = S_{22} = 0$, 这个式子简化为

$$BTF = \frac{b_{2M}}{(a_{1M}/RRF)} \frac{[1 - (ESF \cdot ELF \cdot S_{21T} \cdot S_{12T})]}{S_{21T}} \bigg|_{S_{11T}=S_{22T}=0}$$

$$= \frac{S_{21M} \cdot RRF \cdot [1 - (ESF \cdot ELF \cdot S_{21T} \cdot S_{12T})]}{S_{21T}} \tag{3.59}$$

对一个零长度直通来说, 这进一步简化为

$$BTF = S_{21FlushThruM} \cdot RRF \cdot [1 - (ESF \cdot ELF)] \tag{3.60}$$

BTF 可以直接通过上式计算, 但如果做过一个二端口校准的话, 不需要额外的测量就可以计算出来, 式(3.60)和式(3.25)可以重写为

$$BTF = ETF \cdot RRF \tag{3.61}$$

事实上, 无论是用什么校准件做的完整二端口校准, 式(3.61)都成立。因此, 如果参考接收机校准和完整二端口校准都做过了, 所有的测试接收机功率校准系数都可以计算出来。一些厂商把源功率校准、参考接收机校准和 S 参数校准整合到了一个功率校准向导里。

3.7.3.4　带有匹配校正的输出功率校准的应用

式(3.61)为 B 跟踪误差项提供了一个很好的估计，这会显著改善式(3.56)给出的响应校准，在获取误差项的过程中去除端口 1 和端口 2 失配的影响。然而，在测量 DUT 时，DUT 的 S_{22} 以及端口 2 的负载产生的失配并不能通过简单的响应校准进行补偿。

经过匹配校正的功率测量计算式为

$$b_{\text{2A\_MatchCor\_1-Port}} = \frac{b_{\text{2M}}}{\text{BTF}} \cdot (1 - \text{ELF} \cdot \Gamma_2) \tag{3.62}$$

其中 Γ_2 是矢量网络分析仪端口 2 看到的 DUT 的输出阻抗。一个简单的单端口校准 S_{22} 测量就能够确定 Γ_2 的值，当然器件必须是线性的才行。

有人可能会觉得，流入一个匹配负载的功率是输入功率与 S_{21} 的乘积，那么如果输入到 DUT 的功率是已知的，就可以对 DUT 的输出功率进行完全的校正；而经过匹配校正的输入功率为式(3.57)，因此有

$$b_{\text{2A\_MatchCor\_Z}_0} = a_{\text{1A\_MatchCor}} \cdot S_{\text{21\_Full\_2-Port\_Cor}} \tag{3.63}$$

这和上面的公式稍有不同，区别在于它得到的功率就好像输入和负载是理想匹配的。式(3.62)给出了没有考虑输入端失配误差的情况下从 DUT 流出的功率。因此，尽管式(3.63)给出了当源为 50 Ω 时的测量功率，式(3.62)给出了系统当前源匹配情况下的测量功率。第 6 章介绍的一些高级技术使用参考接收机来对输入功率进行稳幅，从而使有效的源匹配得到完全的校正。

对非线性器件，如压缩状态下的放大器来说，为了得到一个完整的解决方案需要用到更加复杂的非线性分析，更详细的内容将会在第 6 章介绍负载牵引和 X 参数时介绍。

3.7.3.5　测量经过匹配校正的反射功率

为了完成所有功率的测量，经过匹配校正的反射功率可以用与匹配校正的输入功率类似的方法得到

$$b_{\text{1A\_MatchCor}} = a_{\text{1A\_MatchCor}} \cdot S_{\text{11\_Cor}} \tag{3.64}$$

其中 $S_{\text{11\_Cor}}$ 是在端口 1 上的单端口、二端口或 N 端口的反射校正。

3.8　退化的校准

前面章节介绍的校准都为测量中的所有误差项提供了全部的校正。然而，有些情况下不方便做完整的二端口误差校正，在这些时候，由于测量系统特殊的配置，二端口误差校正会导致很差的结果。这时候，一个退化的，或者更低级的校准或许是更好的选择。

3.8.1　响应校准

一个在传输测量中无法进行完整的二端口校准的情况是单端口校准件不存在，无法提供一个完整的二端口校准，因此响应校准尽管不能完全校正所有的误差，但可以对传输进行校正。这种情况的一些实例是夹具内测量、使用新的或者非标准的连接器以及天线测量。对这些情况，有时会只使用一个响应校准。

　　响应校准的误差来自于校准时源和负载匹配的交互影响，以及测量时它们与 DUT 的交互影响。对响应校准来说，可以通过改善矢量网络分析仪系统的源和负载匹配来尽量减小其误差。精密的衰减器有很好的匹配，常会被加到测试端口以改善源和负载匹配。如果没有失配校正，响应校准的误差可能会非常大。对传输直通的实际测量满足式(3.1)，实际的响应会包含直通件 S 参数的影响。

　　在许多矢量网络分析仪上做响应校准时还需要注意一个细节。响应校准和归一化几乎一样。归一化是先测量一个直通，然后用测量数据存至内存(矢量网络分析仪上的 Data→memory)和测量数据除以内存数据(矢量网络分析仪上的 Data/memory)将结果归一化到 0 dB。响应校准和归一化类似，但它是归一化到一个给定的模型，而不是幅度为 1 相位为零，而且不需要内存迹线。如果校准件中的预定义直通是一个零长度直通(零长度、零损耗)，响应校准的结果就和归一化相同。对反射测量来说，如果是用开路做响应校准，那么测量结果就会有一个相位偏移，在 DC 为零，根据开路模型随着频率的升高而增大。短路响应初始相位为 180°，随着短路模型而变化。新的矢量网络分析仪允许做一个纯粹的归一化而不是归一化到一个校准件的模型。但是如果直通的定义中有损耗和时延，那么就可以通过在校准后将损耗和时延设置为直通模型的值，使响应校准不同于普通的归一化。这种情况下，可以在响应校准中使用一个长度或损耗不为零的直通。使用响应校准可以将内存迹线用于其他场合，例如比较不同的 DUT。如果缩小了测量的频率范围或改变了测量点数，响应校准会自动插值；当激励的设置改变时，Data/memory 迹线不会自动调整内存数据的值，这会导致错误的结果。

　　响应校准经常用在快速和低质量的校准中，但是它的质量经常被人误解。在做完响应校准之后，直通的响应会显示为一条理想的水平线。这可能会造成校准质量很好的假象，事实上这只意味着校准后的测量和校准前的测量有很好的一致性。图 3.28(a)显示了一条接近理想的空气线在一个完整的二端口校准和一个响应校准之后的测量结果。

　　尽管在响应校准后直通的响应为一条水平线，对空气线的测量仍存在很强的波动。这是因为当被测件与直通一致，也就是重新测量同一条直通的时候，响应跟踪的误差恰好与源和负载匹配误差相抵消。但在测量空气线的时候，尽管插入损耗仍然接近 0 dB，但其相位与直通不同，因此产生了很强的波动。这个波动一半是因为在校准采集数据时的误差，另一半来自于测量时的误差。图 3.28 显示了源和负载匹配的原始误差项。明显可以看出最差的波动点恰好位于源和负载匹配之和最高的位置。在游标所指的位置，源和负载匹配之和约为 −33 dB。在直通测量中由此导致的误差几乎等于将失配误差线性加到直通上，然后转换成 dB 形式并乘以 2，即

$$S_{21\mathrm{Err}} \approx 2 \cdot 20\lg\Big(1 + 10^{\frac{\mathrm{ESF_{dB}}+\mathrm{ELF_{dB}}}{20}}\Big) = 40 \cdot \lg\Big(1 + 10^{\frac{-33}{20}}\Big) = 0.38\,\mathrm{dB} \qquad (3.65)$$

　　这与游标所指位置的波动的误差完全一致，该误差是完整二端口校准(0.17)和响应校准(0.55)之间的差别(恰好为 0.38 dB)。因此，在直到系统的源和负载匹配之后，响应校准的误差很容易计算。

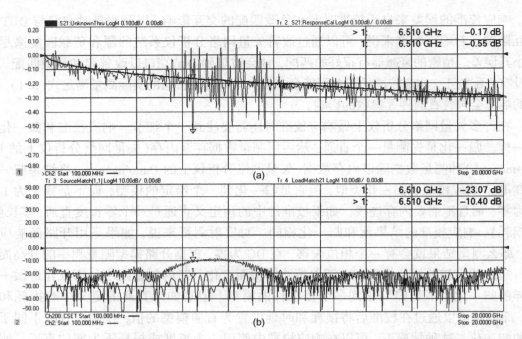

图 3.28　（a）在响应校准和完整二端口校准之后对空气线的测量；（b）系统的原始源匹配和负载匹配的误差项

3.8.2　增强型响应校准

　　另一个不使用完整二端口校准的原因是某些时候测试系统的配置会使校准产生很大的误差。一个典型的例子是在测试端口 2 前加一个很大的衰减。比如当测试大功率放大器时，功率太大不能直接加到矢量网络分析仪的测试端口上，如图 3.29 所示。如果在端口 2 和 DUT 之间的衰减大于 10 dB，二端口校准的计算就会有困难。第 6 章介绍了几种针对图 3.29 中的配置的替代方案，能对高增益或者大功率的情况做完整二端口校准。但是，对图中所示的配置来说，一个响应校准，或者下面所述的增强型响应校准，能提供比完整二端口校准更好的结果。

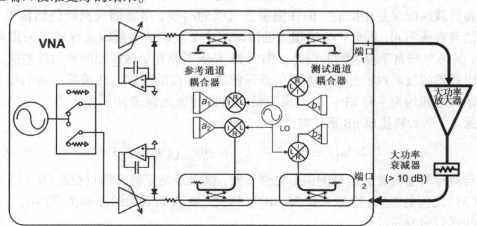

图 3.29　使用外接的衰减器减小流入矢量网络分析仪端口 2 的功率

　　另一个使用完整二端口校准可能会出问题的例子是当使用很长的电缆时，电缆的高损耗会削弱在端口上做反射测量的能力。这种情况下，跟端口相关的误差项，如方向性、负载匹配和源匹配，都可能出现很大的误差。另外这个损耗还会造成反射跟踪很小，测量数据噪声很大。反射测量中的噪声和损耗又会导致传输测量有很大的噪声和误差。在测量一个高增益放大器时，反向测量 S_{12} 可能会因为 DUT S_{12} 的高隔离度以及在测试端口上施加衰减的损耗而产生很大的噪声，甚至完全是噪声。因此当 S_{22} 和 S_{12} 的测量有很大的误差和噪声时，由式 (3.3)，它们会导致 S_{21} 的校正结果存在噪声。第 6 章给出了一些具体的例子。

　　在这些情况下，做一个完整二端口校准的坏处比好处还多。而且，很多测试系统，特别是在高频段毫米波或太赫兹波段，并不支持双向的 S 参数测量。这时，增强型响应校准(ERC)为误差校正算法提供了一个额外的选择。

　　ERC 校准数据的采集和前向二端口校准相同，但是还需要预定义直通校准的过程。在 ERC 校准过程中，首先在端口 1 上做一个单端口校准，然后测量一条预定义直通。最好的情况是用一条零长度直通，但是对非插入器件，如非常通用的 SMA 阴性到阴性的情况，会使用一条短的阴性直通。这条直通的长度常常被忽略，但是如果能按直通校准件的实际情况修改校准件定义中的时延和损耗，就能得到更好的校准结果。在直通测量中，也会测量端口 2 的负载匹配，因此能对器件的前向特性进行完整表征。因此，ERC 的误差项和前向完整二端口校准相同，没有增加任何不确定度。

　　在对 DUT 进行测量时，先测量原始的输入失配和传输。然后用式(3.4)中的单端口校准对输入匹配进行校正，传输用一个改进的前向响应校准进行校正

$$S_{21A} = \frac{(S_{21} - EXF)}{ETF \cdot \left(1 + \frac{(S_{11M} - EDF)}{ERF} \cdot ESF\right)} \tag{3.66}$$

这与在式(3.3)中将前向负载匹配 ELF 设为零的结果相同。图 3.30 显示了用增强响应校准(浅灰色迹线，迹线 1)以及使用未知直通的完整二端口校准(深色迹线，迹线 2)之后对空气线的测量结果。这个测量中的波动比单纯的响应校准的波动(参见图 3.28)小得多。这是因为图 3.28 中的波动一半是由响应跟踪误差项引起的，其余的波动是由输入失配、输出失配，以及往返的失配 $S_{21} * S_{12} * ELF * ESF$ 引起的。使用 ERC 之后，这五项中的四项得到了补偿。使用单端口校准补偿 $\varGamma_{In}$ 包含了端口 1 看到的 DUT 和负载的效应，因此只有 $S_{22} * ELF$ 这一项没有得到补偿。空气线的 S_{22} 非常小。在测量放大器时，S_{12} 非常小，完整二端口校准和增强响应校准的差别是负载匹配项与放大器 S_{22} 交互的效应。

　　在测量大功率放大器的情况下，当在端口 2 上加上一个大衰减器时，如果衰减器的匹配非常好，负载匹配误差项就会非常小。因此，使用增强响应校准虽然忽略了 DUT S_{22} 与端口 2 负载匹配之间的失配效应，却会得到比完整二端口校准下的 S_{22} 测量更小的噪声。这种情况下，一个更低级的校准比完整校准有更小的测量不确定度和误差。

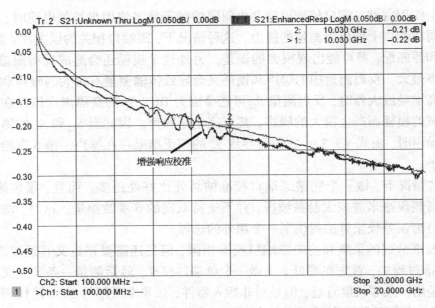

图 3.30　使用增强响应校准测量空气线，同时显示的还有空气线的实际特性

3.9　确定残余误差

3.9.1　反射误差

在做完校准以后，经常需要理解经过校准的测量质量。误差项得到了补偿，但这是不理想的，因此对误差项的采集误差导致了测量中的误差。

第一个对校准质量的测试非常简单，就是重复测量校准件。这不能给出与校准质量有关的信息，但却能显示测量系统的一致性和噪声。如果重新连接了一个校准件并进行重复测量，得到的结果与该校准件的模型不相符，那么测量中就会存在不稳定或噪声，可能会主导测量的残余误差。

3.9.1.1　为什么我的开路和短路不是一个点

或许最常见的对反射测量的误解是认为开路件会是在 $\Gamma = 1$ 点上的一个点（史密斯圆图的最右边），短路件是在 $\Gamma = -1$ 上的一个点（史密斯圆图的最左边）。这几乎永远都是错误的！

开路模型几乎总是带有一些边缘电容的偏置开路。这会产生一个等效于开路的时延加上边缘电容的相位响应。短路模型几乎总有一些时延；在微波频段可能会带有一些串联电感。对某些连接器来说，可能能够做出几乎没有时延的零长度短路（事实上几乎所有的连接器都会要求处于中心的针比外层金属短一些，以保证有足够的间隙避免损坏）。N 型连接器本身带有一个偏置，因此对 N 型连接器来说，不可能构造出零长度的短路。

可以通过在史密斯圆图上显示阻抗游标来验证校准的一致性，以及是否使用了正确的校准件和模型。很多矢量网络分析仪都在提供 $R + jB$ 的阻抗读数的同时提供了有效电容或电感的读数。第一步是确定校准件的偏置时延。这可以通过打开矢量网络分析仪中的校准件编辑器并选择相应的校准件来完成。一个 3.5 mm 开路校准件的例子如图 3.31 所示,图中显示的偏置时延为 29.243 ps。

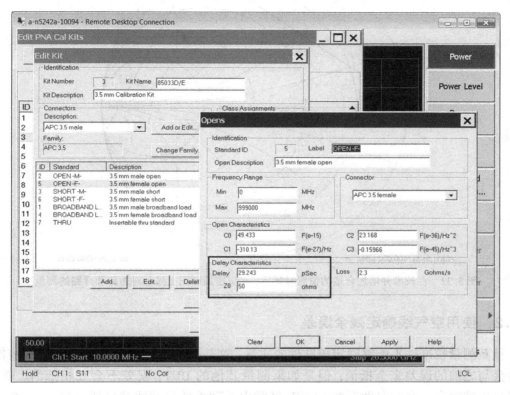

图 3.31 从开路校准件模型中可以找到其参数设置

在重新测量校准件时,可以用端口延伸来增加与模型中的时延相同的时延,这时游标读数会显示有效电容的值,如图 3.32 所示。图中显示了在增加偏置时延之后的开路和短路的结果,以及开路的边缘电容的读数。在游标的频率上(10 GHz),它与从多项式得到的期望值相符

$$
\begin{aligned}
C_F &= C_0 + C_1 \cdot f + C_2 \cdot f^2 + C_3 \cdot f^3 \\
&= 49.433 \cdot 10^{-15} - \left(310.13 \cdot 10^{-27}\right)\left(10 \cdot 10^9\right) \\
&\quad + \left(23.168 \cdot 10^{-36}\right)\left(10 \cdot 10^9\right)^2 - \left(0.159\,66 \cdot 10^{-45}\right)\left(10 \cdot 10^9\right)^3 \\
&= 48.48 \text{ fF}
\end{aligned}
\tag{3.67}
$$

它与一阶的值很接近,也和史密斯圆图上显示的值很接近。这个差别很可能是由重新测量时的迹线噪声引起的。短路在补偿了时延(与开路稍有不同,为 31.785 ps)之后,由于寄生电感很小,形成了一个几乎完美的点。开路和短路在时延上的差别是有意为之的,这能使开路的边缘电容引起的额外相位几乎能被短路的稍长一点的中心导体引起的额外时延所补偿,因此即便是在高频,开路和短路的相位偏置几乎仍能保持180°的区分。

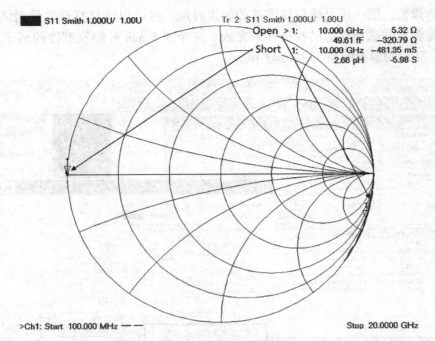

图 3.32　在校准并增加合适的偏置时延后，在史密斯圆图上显示对短路和开路的测量

3.9.2　使用空气线确定残余误差

　　重新测量校准件不能够确定校准件的质量，这是因为系统误差在重新应用这些校准件时会与之前的误差完全抵消；但是如果测量其他的 DUT，误差不会互相抵消。例如，如果在校准时有一个方向性误差，EDF（经常由不理想的负载回波损耗引起），这个误差会被传递到源匹配误差项和反射跟踪项的计算中，而当重新测量短路件或开路件时，源匹配和负载匹配中的误差与之前完全抵消。然而，如果测量一个偏置短路或偏置开路，误差会与之前叠加，而不是相互抵消，这会产生一个很大的波动，其波动峰值实际上是源匹配误差和负载匹配误差的总和。如果测量一个偏置负载，误差实际为残余方向性误差的两倍。构造偏置的最佳方式是使用一条无珠（bead-less）空气线（参见 1.9 节）。

　　为了使这些方法有效，偏置空气线的质量必须比校准件的质量更好。幸运的是，空气线的阻抗参考可能是最好的，而且它们的参数都是已知的。

3.9.2.1　确定方向性

　　使用空气线来确定残余方向性可以有两种方法。第一种方法需要创建一个波动包络，峰值为残余方向性的两倍。

　　在有残余误差的情况下对负载的测量为

$$
\begin{aligned}
S_{11A\_Load} &= \mathrm{EDF}_R + \frac{\mathrm{ERF}_R \cdot \Gamma_L}{(1 - \mathrm{ESF}_R \cdot \Gamma_L)} \approx \mathrm{EDR}_R + \mathrm{ERF}_R \cdot \Gamma_L \cdot (1 + \mathrm{ESF}_R \cdot \Gamma_L) \\
&= \mathrm{EDF}_R + \mathrm{ERF}_R \cdot \Gamma_L + \mathrm{ESF}_R \cdot \Gamma_L^2
\end{aligned}
\tag{3.68}
$$

估计残余方向性和源匹配很小，而残余跟踪项几乎为 1。对比较好的负载而言，S_{11} 的测

量可以简化为

$$S_{11A\_Load} = EDF + \Gamma_L \tag{3.69}$$

残余方向性是测量到的负载和实际负载值之间的差别。当使用理想的负载模型时（其反射假定为零），测量到的方向性误差项定义为

$$EDF_M = S_{11M\_Load} \tag{3.70}$$

而残余方向性为

$$EDF_R = EDF_M - EDF \tag{3.71}$$

综合式(3.69)，式(3.70)和式(3.71)，残余方向性为

$$EDF_R = \Gamma_L \tag{3.72}$$

图 3.33 是通过测量空气线端接的负载得到的，该负载曾被用于测试端口 1 的校准。图中波动的原因是负载与空气线有不同的阻抗（空气线阻抗应为系统阻抗）。如果这个负载曾经用于校准，那么就可以通过空气线的测量估计它的回波损耗，因而还可以估计残余方向性。在那些空气线的长度为四分之一波长的倍数的频率上，负载的阻抗可以变换为

$$Z_{L\_\lambda/4} = \frac{Z_0^2}{Z_L} \tag{3.73}$$

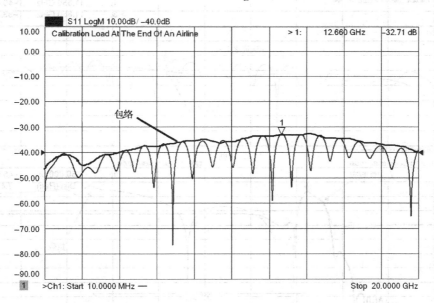

图 3.33 在空气线的终端连接校准负载后测量到的波动包络

系统的校准将负载参考设为实际的系统参考，因此若以目标系统阻抗为参考，负载回波损耗的峰值表示了负载反射系数的两倍（高 6 dB）。例如，负载阻抗为 51 Ω，残余方向性为 -40 dB。系统在校准后、无反射的条件下的有效 Z_0 参考为 51 Ω。但是在 $\lambda/4$ 点处，在测试端口看到的偏置负载的阻抗为

$$Z_{L\_\lambda/4} = \frac{50^2}{51} = 49.02 \ \Omega \tag{3.74}$$

校准后测量到的用空气线偏置的负载的反射系数为

$$\rho = \left| \frac{Z - Z_{0A}}{Z + Z_{0A}} \right| = \left| \frac{49.02 - 51}{49.02 + 51} \right| = \frac{1.98}{100.02} = 0.0198 \text{ 或 } -34 \text{ dB} \qquad (3.75)$$

式中的实际参考阻抗为校准负载的阻抗，或 $Z_{0A} = 51$。这比实际的残余方向性高 6 dB。请注意尽管这种方法非常简单，但估计得到的残余方向性只是在波动的峰值处的值。普遍的做法是，在波动图上画一条包络线，假设负载的误差随频率缓慢变化，如图 3.33 中的浅色迹线所示。在图中游标的位置上，测量到的峰值为 – 32.7 dB，因而估计得方向性为 38.7 dB。如果负载的回波损耗比较低，源匹配和反射跟踪误差就可以忽略。当然，在使用某些已知特性的器件，如 Ecal 做校准件，或使用某些方法，如 TRL 做校准时，这种方法将不能工作。

另一种方法使用了时域变换来区分偏置负载和方向性误差造成的反射。要使用这种方法，必须有足够长的线来区分输入误差（方向性）和空气线末尾处的反射。图 3.34 显示了一个例子，图中显示了校准后测量到的空气线的响应，负载的回波损耗约为 40 dB。在图 3.34(a) 所示的窗口中，浅色迹线显示了端接负载的空气线的 S_{11}。图 3.34(b) 所示的窗口显示了 S_{11} 的时域响应，以及在输入连接器周围加上时域选通后的响应。图 3.34(a) 所示的窗口的深色迹线是选通后的频域响应，也就是方向性。

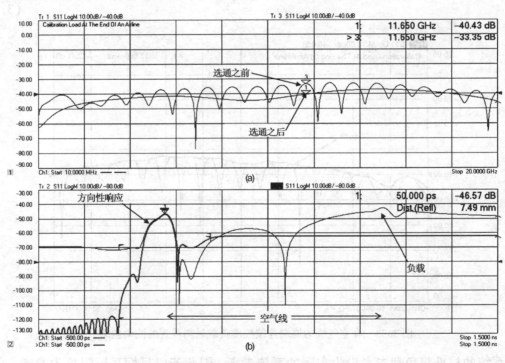

图 3.34　通过时域选通确定方向性

3.9.2.2　确定源匹配和反射跟踪的残余误差

在空气线末端加上开路或短路会在 S_{11} 迹线上形成一个波动图案。图 3.35 中的例子同时显示开路和短路的响应。浅色迹线（标记为"失配"）显示了除去空气线损耗之后的误差的峰–峰值响应（表征为 dB）。这是通过简单地用开路响应除以短路数据，并将结果用 dB 表示得到的。损耗曲线(图中的迹线 3)是通过将开路数据乘以短路数据,并求平方根得到的,这与空气线的实际损耗非常一致。如果空气线的损耗已知,就可以用来和上述测量结果进行比较,通过这个误差就可以得到反射跟踪。然而,反射跟踪误差通常很小,很难通过空气线方法来定量。

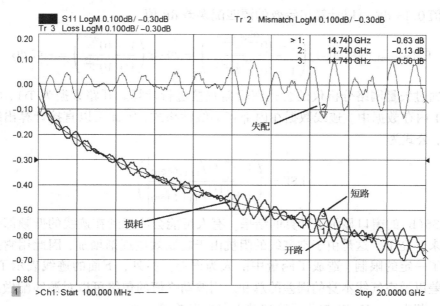

图 3.35　根据开路和短路响应的波动可得到源匹配的幅度,以及损耗曲线和失配波动

波动的包络表征了反射跟踪误差、源匹配误差和负载匹配误差的总和。校准后对开路的测量为

$$S_{11M\_open} \approx EDF_R + \frac{ERF_R}{[1 - ESF_R]} \approx EDF_R + ERF_R + ESF_R \tag{3.76}$$

这里假设开路和短路的反射幅度为 1,残余误差项(用下标 R 表示)相对较小;方向性和匹配接近于 0,反射跟踪接近于 1。由 3.3.1 节的信号流图可得,源匹配是开路/短路差别以及残余方向性误差的组合,因此有

$$ESF_R \approx EDF_R + \frac{(\Delta O - \Delta S)}{2} \tag{3.77}$$

其中 ΔO 和 ΔS 分别是开路模型与实际开路的差别,以及短路模型和实际短路的差别。在实际应用中,开路和短路能够精确确定,因此残余源匹配误差几乎完全是由残余方向性引起的。由此可知,负载响应是校准件误差的主要来源。使用 SOL 校准,负载响应的误差也会出现在源匹配中,成为源匹配的基础部分。这就是为什么 TRL 或甚至是 Ecal(用可以溯源的 TRL 校准表征)之类的校准技术在理论上比 SOLT 有更好的指标。滑动负载校准也是通过负载中空气线的质量推导出方向性误差,因此其校准质量接近 TRL。如果检查系统误差校正的指标,就会发现源匹配通常等于方向性或比它更差。在一些比较新的高频校准件中,如 1.85 mm 或 1.0 mm,使用了一些校准标准件来得到超定解;这种情况下,这种简单的估计残余误差源的方法就不可用了。

如果知道了方向性误差，就可以估计出源匹配误差项，额外的波动肯定是由于反射跟踪和源匹配的组合引起的。如果假设失配误差全部是源匹配误差，那么就可以确定源匹配误差的上限。使用一个开路和一个短路就可以确定波动的包络。

从图中可以看到，最差情况的波动是 0.13 dB，这表示了源匹配误差的 VSWR。从游标显示的值 0.13 dB 可以计算出等效的源匹配误差 dB 值

$$\text{ESF}_{\text{Resdiual\_dB}} \approx 20 \cdot \lg\left(\frac{1 - 10^{\frac{OS_{\text{Ripple(dB)}}}{20}}}{1 - 10^{\frac{OS_{\text{Ripple(dB)}}}{20}}}\right) = 20 \cdot \lg\left(\frac{1 - 10^{\frac{0.13}{20}}}{1 + 10^{\frac{0.13}{20}}}\right) = -42 \, \text{dB} \qquad (3.78)$$

可以通过矢量网络分析仪的公式编辑器直接进行计算。开路数据为 Tr1，将短路数据存到 Tr1 内存数据中。迹线数据在内部存为线性格式，因此可以直接计算出线性源匹配的结果，公式为

$$\text{ESF} = \left(\frac{1 - \left|\frac{\text{Tr1}}{\text{Tr1.Mem}}\right|}{1 + \left|\frac{\text{Tr1}}{\text{Tr1.Mem}}\right|}\right) \qquad (3.79)$$

图 3.36(b) 的窗口显示了计算的结果。有人可能会注意到在迹线的低频部分残余源匹配看起来升高了。这是由于空气线的阻抗由于趋肤效应逐渐增加，因此用它去表征源匹配受到了一定的限制，造成了测量中的人为误差。另外，下面的迹线表示了源匹配、方向性误差以及空气线本身的误差的总和。用波动峰值的包络可以对源匹配做出良好的保守估计。其中，-42 dB 与前面测到的方向性误差很一致。

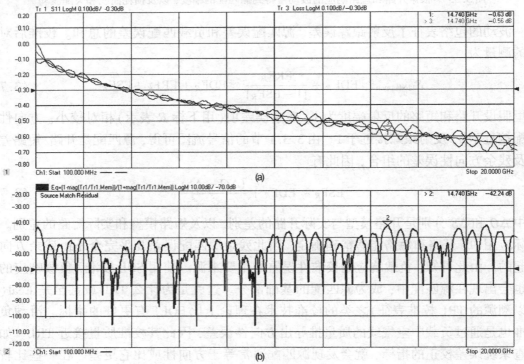

图 3.36　计算得到的残余源匹配误差 [显示在 (b) 中]

3.9.2.3　残余反射跟踪

由式(3.20)可知,反射跟踪可以认为是开路和短路响应的 dB 平均,也就是线性几何平均。可以用下面的方式计算和评估:考虑反射跟踪定义为1,实际的开路与理想开路的差别为 ΔO,因此实际的开路为$(1 + \Delta O)$,短路的差别为 ΔS,因此实际短路为 $-(1 + \Delta S)$。这里的推导按照惯例忽略了误差项乘积的项(它们非常小)。下面详细列出 ERF 误差的推导过程

$$
\begin{aligned}
\mathrm{ERF}_R &= \frac{\mathrm{ERF}_{\text{Computed}}}{\mathrm{ERF}_{\text{Actual}}} = \frac{\mathrm{ERF}_{\text{Computed}}}{1} = \frac{-2\left[(1 + \Delta O) - \mathrm{EDF}\right]\left[(-1 - \Delta S) - \mathrm{EDF}\right]}{(1 + \Delta O)(-1 - \Delta S)} \\
&= \frac{-2\left[(1 + \Delta O)(-1 - \Delta S) - \mathrm{EDF}\cdot(-1 - \Delta S) - \mathrm{EDF}\cdot(1 + \Delta O) + \cancel{\mathrm{EDF}^2}\right]}{1 + \Delta O - (-1 - \Delta S)} \\
&= \frac{-\cancel{2}\left[(-1 - \Delta O - \Delta S - \cancel{\Delta O \Delta S}) + \cancel{\mathrm{EDF}\cdot(\Delta S)} - \cancel{\mathrm{EDF}\cdot(\Delta O)}\right]}{\cancel{2}\left(1 + \dfrac{(\Delta O + \Delta S)}{2}\right)}
\end{aligned}
$$

$$
\mathrm{ERF}_R = \frac{(1 + (\Delta O + \Delta S))}{\left(1 + \dfrac{(\Delta O + \Delta S)}{2}\right)} \cdot \frac{1 - \dfrac{(\Delta O + \Delta S)}{2}}{1 - \dfrac{(\Delta O + \Delta S)}{2}} = \frac{1 + \dfrac{(\Delta O + \Delta S)}{2} - \cancel{\dfrac{(\Delta O + \Delta S)^2}{2}}}{1 - \cancel{\dfrac{(\Delta O + \Delta S)^2}{2}}} = 1 + \left(\frac{\Delta O + \Delta S}{2}\right)
$$

$$(3.80)$$

从这个结果可以看出反射跟踪项的几个特性,第一个是如果残余误差很小,负载的误差不会对反射跟踪误差产生影响。另外,是开路/短路误差的平均值造成了反射跟踪误差,因此如果短路稍微长一点,开路稍微短一点,误差就会抵消掉,使反射跟踪误差为零。只有在开路和短路的误差在同一个方向时,反射跟踪才会包含这些误差。

可以对开路和短路造成的源匹配误差做一个类似的分析:除了负载误差的影响之外,源匹配误差还和开路误差与短路误差之间的差别成正比;因此,如果开路稍长一点而短路稍短一点,源匹配误差会很大。而如果开路和短路同时稍长一点,源匹配误差不受影响。

在实际应用中,开路和短路的大小通常是已知的,对机械校准件尤其是这样的,因此反射跟踪误差通常小到可以忽略。然而,开路和短路的相位直接依赖于它们的长度是否与模型相匹配,因此这些校准件的相位误差会直接转加到源匹配误差和反射跟踪误差上。通过对校准件残余误差的检查可以看出,在整体误差中,反射跟踪对反射测量的影响很小,因此它几乎总是可以忽略的。

在一般情况下,残余反射跟踪接近1,而残余源匹配通常比残余方向性稍差。但是在某些特殊情况下,如耦合器的原始方向性很差(比如在方向性耦合器后面有长电缆或者衰减器,将会造成很大的损耗),残余方向性可能比残余源匹配差得多。如果对误差项做一般性分析,由于只考虑了校准负载的匹配,看不到这种测试配置有任何不同。但是在耦合器后边有大损耗的情况下,原始方向性的漂移和噪声成了方向性误差项的限制因素。

考虑一种情况,当在端口1上加一个大衰减器,并细心地用低噪校准进行了校正。测试端口耦合器的漂移会使方向性产生较大变化,但是源匹配几乎没有变化。事实上,原始源匹配可能已经很好了。

不确定度的计算通常会忽略系统的漂移,但在很多测试中它是决定性的误差因素。

这些情况下,由于衰减器或衰减电缆与 DUT 有良好的匹配,源匹配通常会非常好。当这种情况出现时,使用一个低级的校准,如增强型响应校准或单纯的响应校准,没有失配的校正,或许能得到更好的结果。这是因为很差或不稳定的 EDF 会导致 DUT 的 S_{11} 很差,这又会使失配的校正很差。

3.9.2.4 负载匹配残余误差

负载匹配残余误差项是在测量直通传输时得到的。如果直通是一个零长度直通,负载中的误差实际上和方向性的误差一样。由式(3.68),源匹配和反射跟踪都乘上了原始负载匹配。

$$\mathrm{ELF}_R = \mathrm{ELF}_{\mathrm{Cal}} - \mathrm{ELF}_A = (\mathrm{EDF}_R + \mathrm{ERF}_R \cdot \mathrm{ELF}_A + \mathrm{ESF}_R \cdot \mathrm{ELF}_A^2) - \mathrm{ELF}_A$$

$$\approx \mathrm{ELF}_A(\mathrm{ERF}_R - 1) + \mathrm{EDF}_R + \mathrm{ESF}_R \cdot \mathrm{ELF}_A^2 \tag{3.81}$$

$$\mathrm{ELF}_R \approx \mathrm{EDF}_R$$

由于原始负载匹配通常很低,而反射跟踪通常非常接近 1,上式中的第一项乘积通常可以忽略。源匹配误差,虽然通常比方向性误差大,但是乘上了负载匹配项的平方,因此也可以忽略。因此,残余负载误差本质上与另一端口(与之连接的端口)的残余方向性相等。用一个简单的例子证明:如果矢量网络分析仪的原始负载匹配为 15 dB(线性值为 0.18),40 dB 的方向性(线性值为 0.01),30 dB 的源匹配(线性值为 0.032),以及 0.1 dB 的反射跟踪(线性值为 1.012)。把它们全部转换到线性,这时式(3.81)变成

$$\mathrm{ELF}_R = (0.18)(1.012 - 1) + (0.01) - (0.032)^2(0.18)$$

$$\mathrm{ELF}_R = (0.0022) + 0.01 + (0.0002) \tag{3.82}$$

$$\mathrm{ELF}_R \approx 0.01$$

验证残余负载匹配与验证方向性的方法非常类似。验证方向性是通过将校准负载加到空气线的末端,然后观察峰值。或者用空气线加负载的时域选通响应来确定方向性,如 3.9.2.1 节所述。完成这一步之后,将空气线连到端口 2 上,并观察其响应。由于方向性误差已知,响应的峰值表示方向性和负载匹配之和。通常,由于负载匹配和方向性误差非常接近,这种方法与将校准负载接到空气线末端得到的结果非常一致。然而,如果是通过一条测试电缆将负载连接到矢量网络分析仪(最常见的情况),电缆的弯曲会对测量到的负载匹配产生影响,这是必须要考虑的因素。

对于在校准中使用了非零长度直通的情况,例如使用了确定的直通,并且该直通的匹配不为零,或者直通的时延和损耗与校准件中的模型定义不匹配,就会出现额外的误差。在引入未知直通校准之前,当 DUT 包含非插入连接器而使用直通适配器连接端口,却没有修改校准件定义来补偿直通适配器的时延和损耗,在旧式网络分析仪中,通常会出现很大的负载匹配误差。这种情况下,得到的负载匹配的相位是错误的。这个误差与适配器的长度有关,如果在工作频率上长度接近四分之一波长时,使用适配器造成的误差实际上比不做任何端口匹配校正要高 6 dB。这在低损滤波器的测量中是测试工程师看到传输中有波动的最常见原因。幸运的是,现代网络分析仪提供了更多的技术,如 Ecal 和未知直通来避免这个问题。一些矢量网络分析仪校准引擎(如 PNA 的 SmartCal)要求用户输入 DUT 端口的连接器类型和极性,如果在校准件定义中没有与 DUT 连接器对应的

直通适配器,就不允许做预定义直通校准。在这种情况下,如果想要使用直通,必须修改校准件定义,增加一条带有合适端口定义的直通,通常是阴性到阴性的直通。还需要输入直通的时延,这可以通过多种方法进行估计,如果是空气线直通的话,可以测量其物理长度。此外,还可以通过在单端口校准之后测量直通 S_{11} 的反射时延的一半来确定,但如果直通没有端接的话(这也是个常见的做法),必须考虑开路的边缘效应,如果直通端接了,需考虑端接的时延(短路或开路)。

为了说明残余负载匹配的测量,来看图 3.37 所示的两个例子。图 3.37(a) 的迹线是在 SOLT 预定义直通校准之后,测量空气线 S_{11} 的波动(深色迹线,带有游标 1)。这里忽略了直通适配器(本例中用的直通是很多校准中常用的"互易适配器",长度为 27 mm)。图中还显示了一个好的未知直通的校准(浅色迹线,带有游标 3)。从图中可以看出预定义直通校准后,由于负载的匹配没有被合理校正,测到的 S_{11} 要差很多。这个误差表示预定义直通负载匹配差到 30 dB,相对于未知直通校准的 40 dB。图 3.37(b) 的窗口显示了 S_{21} 迹线的测量。深色迹线是预定义直通校准后的结果,由于忽略了直通,负载匹配很差,测量得到的 S_{21} 的损耗要低一些(因为未对直通适配器的损耗做合理补偿,错误显示了较低的损耗),而波动更大。

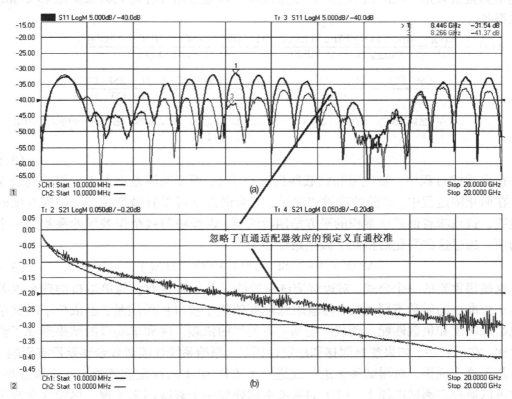

图 3.37　测量测试端口的负载匹配。(a)迹线是用一个错误的
预定义直通校准;(b)迹线是用一个好的未知直通校准

多少有些出乎意料的结果是,在普通的测试系统中,原始误差项通常不太大,而反射的残余误差只依赖于校准件,而不依赖于测试系统的质量。如果测试系统是稳定的,

那么有很差方向性和很好方向性的系统在校正之后能得到一样的结果。从这点来看,试图去制造一个匹配良好、有很好方向性的测试系统看似没有必要。但是,如果系统中有漂移(通常一定会有),原始性能差的系统的残余误差性能恶化更快。

3.9.2.5 传输的残余误差

传输的残余误差的估计和估计负载匹配误差的方法类似。这里使用了空气线的传输测量,S_{21}测量上的任何波动都和传输跟踪误差有关。残余跟踪误差可以通过在式(3.1)中使用其他残余误差来计算。对一个零长度直通校准而言,ETF 的值可以通过 S_{21} 的测量以及其他误差项得到

$$S_{21M\_Cal} = \frac{(S_{21A} \cdot ETF)}{(1 - S_{11A} \cdot ESF) \cdot (1 - S_{22A} \cdot ELF) - ESF \cdot S_{21A} \cdot S_{12A} \cdot ELF} + EXF$$

$$S_{21M\_Cal} = \frac{ETF}{1 - ESF \cdot ELF}\bigg|_{S_{11A}=S_{22A}=0,\ S_{21A}=S_{12A}=1} \tag{3.83}$$

$$\therefore ETF = S_{21M\_Cal} \cdot (1 - ESF \cdot ELF)$$

计算 ETF 时没有用 ESF 和 ELF 的实际值,而是用了匹配项的提取值(或测量值)。区别是测量值只是对实际值的估计。残余跟踪可以通过用计算得到的跟踪除以实际的跟踪项得到

$$\Delta ETF = \frac{ETF_M}{ETF} = \frac{S_{21M\_Cal}(1 - ESF_M \cdot ELF_M)}{S_{21M\_Cal}(1 - ESF \cdot ELF)} = \frac{[1 - (ESF + ESF\Delta) \cdot (ELF + \Delta ELF)]}{(1 - ESF \cdot ELF)}$$

$$= \frac{(1 - ESF \cdot ELF - ESF \cdot \Delta ELF - ELF \cdot \Delta ESF - \Delta ESF \cdot \Delta ELF)}{(1 - ESF \cdot ELF)} \cdot \frac{(1 + ESF \cdot ELF)}{(1 + ESF \cdot ELF)}$$

$$= \frac{[1 - (ESF \cdot ELF)^2 - (ESF \cdot \Delta ELF + ELF \cdot \Delta ESF) - (ESF \cdot ELF)(ESF \cdot \Delta ELF + ELF \cdot \Delta ESF)]}{1 - (ESF \cdot ELF)^2}$$

$$\tag{3.84}$$

在推导的过程中,假设源和负载匹配远小于 1,而原始误差项大于它们的残余误差项。在简化的过程中,高阶的项被忽略了,残余误差项可以看做是在对应的误差项的平方量级。这意味着误差项乘积的平方是四阶的项,误差项与残余误差项的乘积是一个三阶的项。通过这些简化后得到了残余跟踪项为

$$\Delta ETF = 1 - (ESF \cdot \Delta ELF + ELF \cdot \Delta ESF) \tag{3.85}$$

这是很重要的一个公式,对理解测试系统的误差非常重要。与单端口的残余误差只依赖于校准件的质量不同的是,传输跟踪项既依赖于校准件的质量,也依赖于测试系统的原始源匹配和负载匹配。负载匹配项也有类似的依赖。这和单端口的结果形成了鲜明的对比,在后者中,如果忽略漂移和稳定性因素,原始系统性能对残余误差没有影响。

基于这个原因,对测试系统进行改进以改善在 DUT 的匹配能够减小残余跟踪误差。通常可以通过在测试电缆上、DUT 的参考平面处加一个衰减器来实现。尽管这会改善传输跟踪,方向性耦合器后面的衰减会使系统方向性的漂移被放大了衰减值的两倍。而且,源功率和接收机的灵敏度都会降低。但在很多时候,一个小的衰减(在 3 dB 或 6 dB 量级)能够减小传输测量的残余误差,而不影响其他测量。

如果看看仪器制造商对校准后的残余误差的数据表单,就更容易理解式(3.85)的重

要性。对机械校准件而言，如果使用系统的源匹配和负载匹配，以及校准件的残余误差通过式(3.85)计算传输的跟踪误差，跟数据表单上列出的几乎总能保持一致。这些是在使用空气线波动方法需要注意的地方：

1. 它们对幅度的误差进行了估计，但是没有估计相位或时延的误差。一些相位误差或许可以通过 3.12 节的方法进行估计。

2. 空气线的瑕疵、尤其是当它在空气线末端的连接器上，会限制用这种方法评估残余误差的性能。

3.10　计算测量不确定度

已经介绍了确定测量系统残余误差的方法，现在就可以确定测量的总不确定度。注意，这些误差存在于所有的射频测量，不论是用信号源、频谱仪、功率计或是矢量网络分析仪。除矢量网络分析仪之外，无法用误差校正去除测量中的源匹配和负载匹配误差(因为误差效应依赖于误差和被测信号相互作用的幅度和相位，只有矢量网络分析仪测量二者的相位)因此不确定度依赖于原始匹配误差项。对矢量网络分析仪来说，不确定度同时依赖于原始匹配和残余匹配，如下所述。

在此论述中，术语"不确定度"有时可以和"测量误差"替换使用，但是严格来讲，不确定度是一个推导出来的、为实际误差提供一定范围的值。很多时候，几种误差项同时存在，在某些特定频率，尽管不确定度仍为一个计算出来的误差范围，一些误差项可能相互抵消从而使实际的误差变小。

对反射来说，将不确定度定义为读数和实际值之间的差别(线性值)。这个值可能会被加到测量结果或从测量结果中减去，从而得到线性的上下限，再被换算到 dB 的不确定度的界限。

对传输项来说，不确定度包含源功率、接收功率和 S_{21}，定义为读数和实际值的比值(线性值)。这个值可以通过 20 lg 运算转换到 dB。

3.10.1　反射测量的不确定度

反射测量的不确定度可以通过比较经过实际误差项校正的 S_{11} 和通过估计的误差项校正的 S_{11} 推导出来。由式(3.4)，实际 S_{11} 和误差校正的 S_{11} 之间的差别可以定义为

$$S_{11A} - S_{11\_1PortCal} = S_{11A} - \frac{(S_{11M} - EDF_R)}{[ERF_R + (S_{11M} - EDF_R) \cdot (ESF_R)]} \tag{3.86}$$

由此可以清晰看到，在单端口校准测量中，只有残余误差项对不确定度起作用，原始误差项对总不确定度没有影响。简单来说是这样的，实际上如果在测量范围内有系统漂移(电缆的漂移、耦合器的漂移、接收机变频损耗漂移)，原始误差项会对总不确定度产生很大影响。如果原始误差项较大，即便残余误差很小，这些漂移也会主导总不确定度。

3.10.2　源功率的不确定度

任何使用源的系统，如用一个矢量信号源发出矢量调制信号到接收机，或用矢量网

络分析仪驱动功率放大器，源功率的不确定度取决于三方面的误差：源跟踪误差(STF)，源匹配(ESF)，以及 DUT 的有效输入匹配 Γ_1。不确定度(dB)可以直接从 3.6 节的式(3.43)计算出来

$$\triangle 源功率 = \left| 20\lg\left(\frac{a_{1A}}{a_{1S}}\right)\right| = \left| 20\lg\left[\frac{STF \cdot \left[\left(a_{1S}/a_{1R}\right) \cdot 源线性度\right]}{1 - |ESF \cdot \Gamma_1|}\right]\right| \qquad (3.87)$$

其中 a_{1S} 是设置的源功率，而 a_{1A} 是实际加到 DUT 上的源功率，a_{1R} 是源幅度测量的参考功率。源的线性度表示当源功率因为校准或参考值而发生变化时带来的误差，通常表示为对一定 dB 的变化带来多少 dB 的误差，要用在上式中必须先转换成线性值。$ESF \cdot \Gamma_1$ 的绝对值用来给出最差情况的不确定度，由于不确定度通常用一个绝对值表示，上式的整体取了绝对值。

对矢量调制源来说，调制在一段频率范围内产生了功率，DUT 和源的匹配在这段频率范围内可能会发生变化。如果信号调制带宽较窄，源匹配和负载匹配可能会缓慢变化，得到的源功率误差跟整个调制包络很像，只在调制功率中引起误差。但是，如果信号是宽带的，那么由于失配引起的源功率的变化可能会给宽带信号带来幅度和相位的不确定度。

误差项 STF 实际是用源驱动一个理想的 50 Ω 匹配负载时的源功率误差。对信号源来说，这个误差可能是由幅度偏置误差、源平坦性和源线性度误差引起的。如果用功率计对源功率进行校准，那么 STF 就变成了式(3.45)定义的残余源跟踪误差。

当用一个矢量网络分析仪的源驱动 DUT 时，这些误差同样会对源功率起作用。在使用矢量网络分析仪的情况，由于 ESF 经常和比值源匹配有关，而后者的误差依赖于 3.6 节定义的功率源匹配，因此 ESF 不完全正确。但是，当使用带有接收机稳幅的增强型功率校准时，式(3.87)的误差就会变成残余误差项。总体来说，源功率误差不会影响矢量网络分析仪中的比例测量(如 S 参数的测量)，但是当然会对用信号源和其他接收机，如功率计或频谱仪测量增益时产生影响。

3.10.3　测量功率的不确定度(接收机不确定度)

正如 3.6 节的分析为计算源不确定度提供了基础，3.7 节对接收机校准的分析也可以用来计算接收机测量的不确定度。类似于源不确定度，接收机不确定度的计算也可以用于各种接收机，如功率计、频谱仪和矢量网络分析仪的接收机。而且，除矢量网络分析仪接收机之外的接收机，功率读数的不确定度依赖于 DUT 的原始输出匹配 Γ_2，测量接收机的原始输入匹配(ELF)，以及接收机跟踪(BTF)。在功率计中接收机跟踪是参考校准误差、校准因子精度以及功率计线性度这几种误差的集合。对频谱仪来说，它依赖于幅度平坦性校准(它本身可能会依赖于校准源的匹配和精度)以及频谱仪的线性度。测量接收机的不确定度可以通过式(3.62)计算为

$$\Delta RcvrPower = \left| 20\lg\left(\frac{b_{2A}}{b_{2M}}\right)\right| = \left| 20\lg\left\{\frac{(1 - |ELF \cdot \Gamma_2|)}{BTF}\left[\left(b_{2M}/b_{2R}\right) \cdot R_{DA}\right]\right\}\right| \qquad (3.88)$$

其中 b_{2A} 是接收机的实际功率(这里是 b_2 接收机)，b_{2M} 是测量功率，R_{DA} 是接收机动态精

度，b_{2R} 是接收机动态精度的参考功率。实际应用中，接收机动态精度是当功率变化一定 dB 时有多少 dB 的误差，因此必须要转换为线性值才能代入上式。实际上，在现代网络分析仪中，接收机动态精度非常小；如安捷伦 PNA-X 在 80 dB 的功率变化范围只有小于 0.01 dB 的误差，因此通常可以忽略；一个普通的功率探头在 10 dB 的变化范围有 0.004 dB 的误差，此外还有跨过的每个频带带来的频带偏差。

对功率计和频谱仪测量来说，误差全都是原始或实际系统误差。对矢量网络分析仪测量来说，BTF 项在误差校正后总是一个残余误差项，可以通过式（3.60）计算。对单纯的响应校准来说，ELF 项是实际（原始）负载匹配；对经过匹配校正的功率测量来说，应该使用 ELF 项的残余误差。

3.11　S_{21} 或传输不确定度

尽管 S_{21} 的不确定度有很多影响因素，但最主要的是测试系统的源和负载匹配，原始和残余匹配都包括在内。S_{21} 测量的不确定度可以从式（3.1）中推导出来

$$
\begin{aligned}
\Delta S_{21} &= \left| 20\lg\left(\frac{S_{21M}}{S_{21A}}\right) \cdot \left[\left(\frac{b_{2Cal}}{b_{2M}}\right) \cdot R_{DA}\right] \right| \\
&= \left| 20\lg\left[\frac{\text{ETF}}{(1-|S_{11A}\cdot\text{ESF}|)\cdot(1-|S_{22A}\cdot\text{ELF}|)-|\text{ESF}\cdot S_{21A}\cdot S_{12A}\cdot\text{ELF}|}\right] \cdot \left[\left(\frac{b_{2Cal}}{b_{2M}}\right)\cdot R_{DA}\right] \right|
\end{aligned}
$$

(3.89)

其中 b_{2M} 和 b_{2Cal} 是测量和校准时测试接收机的功率值，R_{DA} 是接收机的动态精度。如果这是一个未经校正的 S_{21} 测量，或者使用信号源和用频谱仪做接收机进行的增益测量，那么误差项是原始误差项。如果这是一个矢量网络分析仪测量，并且做过了校准，那么误差项是残余误差项。在很多情况下，会做一个响应校准，忽略失配的效应，此时传输跟踪项变成了一个残余误差项，但其他匹配误差仍为原始误差项。

源和负载匹配很容易理解，但是传输跟踪误差项必须从直通测量中得到。

零长度直通的信号流图如图 3.38 所示。由此可以从 b_{2M}/a_{1M} 的测量值中推导出 ETF 误差项为

$$
\frac{b_{2M}}{a_{1M}} = \frac{\text{ETF}}{(1-\text{ESF}\cdot\text{ELF})}
$$

(3.90)

但是，响应校准使用一个简单的归一化，因此提取出的 ETF，也就是估计的跟踪项 $\hat{\text{ETF}}$ 就是 b_{2M}/a_{1M}，跟踪项里的残余误差为

$$
\Delta\text{ETF}_{\text{RespCal}} = \left| 20\lg\left(\frac{\hat{\text{ETF}}}{\text{ETF}}\right) \right| = \left| 20\lg\frac{1}{(1-|\text{ESF}\cdot\text{ELF}|)} \right|
$$

(3.91)

对完整二端口矢量网络分析仪测量的情况，在计算残余跟踪误差时必须考虑矢量网络分析仪上的误差校正。完整校准下的跟踪项的估计值为

$$
\hat{\text{ETF}} = \frac{b_{2M}}{a_{1M}}\left(1-\hat{\text{ESF}}\cdot\hat{\text{ELF}}\right)
$$

(3.92)

其中 $\hat{\text{ESF}}$ 和 $\hat{\text{ELF}}$ 是源和负载匹配的估计值（测量值）。将式（3.92）中的跟踪估计值代入

式(3.91)中计算残余跟踪误差为

$$\Delta ETF_{2PortCal} = \left| 201g\left(\frac{E\hat{T}F}{ETF}\right) \right| = \left| 201g\left(\frac{1 - \left|E\hat{S}F \cdot E\hat{L}F\right|}{1 - \left|ESF \cdot ELF\right|}\right) \right| \tag{3.93}$$

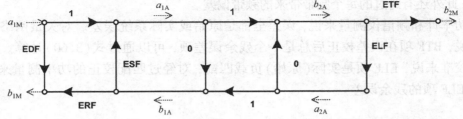

图 3.38　直通测量的信号流图

估计的源和负载匹配可以用实际的源和负载匹配和残余源和负载匹配(ΔESF, ΔELF)表示为

$$\begin{aligned} E\hat{S}F &= ESF + \Delta ESF \\ E\hat{L}F &= ELF + \Delta ELF \end{aligned} \tag{3.94}$$

取出式(3.93)内部的项并用原始、残余源和负载匹配对它进行表示,可以得到

$$\left(\frac{1 - \left|E\hat{S}F \cdot E\hat{L}F\right|}{1 - |ESF \cdot ELF|}\right) = \left(\frac{1 - |ESF \cdot ELF + ESF \cdot \Delta ELF + \Delta ESF \cdot ELF + \Delta ESF \cdot \Delta ELF|}{1 - |ESF \cdot ELF|}\right) \tag{3.95}$$

为了对此式进行简化,忽略那些比较小的乘积项;总体来说,残余误差比原始误差小一个量级,因此式(3.95)可以简化为

$$\left(\frac{1 - |ESF \cdot ELF + ESF \cdot \Delta ELF + \Delta ESF \cdot ELF + \cancel{\Delta ESF \cdot \Delta ELF}|}{1 - |ESF \cdot ELF|}\right) \approx$$

$$\left(\frac{1 - |ESF \cdot ELF| - |ESF \cdot \Delta ELF + \Delta ESF \cdot ELF|}{1 - |ESF \cdot ELF|}\right) =$$

$$\left(\frac{1 - |ESF \cdot ELF|}{1 - |ESF \cdot ELF|} - \frac{|ESF \cdot \Delta ELF + \Delta ESF \cdot ELF|}{1 - |ESF \cdot ELF|}\right) \approx (1 - |ESF \cdot \Delta ELF + \Delta ESF \cdot ELF|) \tag{3.96}$$

认识到在上式中的 $1 - |ESF \cdot ELF|$ 在多数系统中都接近于1,因此传输跟踪不确定度变为

$$\Delta ETF_{2PortCal} = \left| 201g(1 - |ESF \cdot \Delta ELF + \Delta ESF \cdot ELF|) \right| \tag{3.97}$$

由此可以清晰看出传输跟踪误差依赖于原始和残余误差项。注意这和反射测量的不确定度不同,后者只依赖于残余误差。按照类似的过程,也可以确定二端口校准测量中 S_{21} 的不确定度。在此过程中,用一个低损的器件计算不确定度,从而使接收机的动态精度不会造成太大误差。为了计算二端口校准的不确定度,误差项的测量值被实际值所取代

$$\Delta S_{21\_2PortCal} = \frac{S_{21A}}{S_{21Corr}} = \left[\frac{\dfrac{ETF}{(1 - |S_{11A} \cdot ESF|) \cdot (1 - |S_{22A} \cdot ELF|) - |ESF \cdot S_{21A} \cdot S_{12A} \cdot ELF|}}{\dfrac{E\hat{T}F}{\left(1 - \left|S_{11A} \cdot E\hat{S}F\right|\right) \cdot \left(1 - \left|S_{22A} \cdot E\hat{L}F\right|\right) - \left|E\hat{S}F \cdot S_{21A} \cdot S_{12A} \cdot E\hat{L}F\right|}} \right]$$

$$(3.98)$$

这可以进一步简化为使用一个匹配器件的情况，忽略 S_{11} 和 S_{22} 的影响（这是一个常见的假设，因为经常用做参考验证器件），上式变成（线性形式）

$$\Delta S_{21\_2PortCal} = \frac{S_{21A}}{S_{21Corr}} = \left[\frac{\dfrac{ETF}{1 - |ESF \cdot S_{21A} \cdot S_{12A} \cdot ELF|}}{\dfrac{E\hat{T}F}{1 - \left|E\hat{S}F \cdot S_{21A} \cdot S_{12A} \cdot E\hat{L}F\right|}} \right]$$

$$= \frac{ETF}{E\hat{T}F} \cdot \frac{(1 - |(ESF + \Delta ESF)(ELF + \Delta ELF)S_{21A} \cdot S_{12A}|)}{(1 - |ESF \cdot S_{21A} \cdot S_{12A} \cdot ELF|)}$$

$$= \Delta ETF \frac{1 - |S_{21A} \cdot S_{12A} \cdot (ESF \cdot ELF + ESF \cdot \Delta ELF + \Delta ESF \cdot ELF + \Delta ESF \cdot \Delta ELF)|}{(1 - |ESF \cdot S_{21A} \cdot S_{12A} \cdot ELF|)}$$

$$\approx \Delta ETF \left[1 - \frac{|S_{21A} \cdot S_{12A} (ESF \cdot \Delta ELF + \Delta ESF \cdot ELF)|}{\left(1 - |ESF \cdot S_{21A} \cdot S_{12A} \cdot ELF|\right)} \right]$$

$$= \Delta ETF \left(1 - |S_{21A} \cdot S_{12A} (ESF \cdot \Delta ELF + \Delta ESF \cdot ELF)|\right)$$

$$(3.99)$$

对一个低损的器件而言，由于 S_{21} 和 S_{12} 接近于 1，此式简化为

$$\Delta S_{21\_2port} = \Delta ETF (1 - |ESF \cdot \Delta ELF + \Delta ESF \cdot ELF|) = \Delta ETF^2$$

$$\Delta S_{21\_2port(dB)} = 20 \lg(\Delta ETF^2) = 2 \cdot \Delta ETF_{dB}$$

$$(3.100)$$

正如 ETF 项一样，S_{21} 测量的不确定度主要来源于原始和残余的源及负载匹配。

　　理解这个现象的一种直观方法是，当进行误差校正时，通过对失配项进行表征将它们从信号流图方程中去除。但是对源和负载匹配的表征是不理想的，剩下了一些残余误差。因此，当负载端出现了一个反射时，这个反射用估计的负载匹配进行补偿，但是残余的负载匹配却可以从负载中反射出去并从源端再次反射。由于误差校正的运算没有考虑这个残余的再次反射，因此它没有被源匹配项校正掉，因此误差变成了残余负载匹配与原始源匹配的乘积。与此类似，当一个负载端反射出去的信号被源端匹配再次反射，它经过了估计的源匹配校正，但是仍有一部分残余的反射没有进行补偿，等于原始负载匹配乘以残余源匹配。

　　这些残余误差出现在两级：第一级出现在误差项的采集过程中，得到残余跟踪项，这就是校准的残余误差。第二级残余误差出现在 DUT 测量中，对低损耗 DUT 来说，它和校准残余误差相同。事实上，如果 DUT 的相位与校准直通的相位相同，这些残余误差就会互相抵消，在 S_{21} 测量中就没有误差。这就是为什么重复测量直通无法提供校准质量的有关信息。但是，测量一个不同长度的空气线会导致残余误差产生相位差，包络法能很好地估计不确定度，如前面的图 3.37 所示。

3.11.1.1　S_{21} 的通用不确定度公式

考虑到完整性，在 S_{11} 和 S_{21} 不等于零的情况，可以简单地将残余误差效应加到输人和输出失配误差上。因为环路项包含残余误差的乘积，值很小，所以可以忽略。因此，二端口校准 S_{21} 测量的通用不确定度为

$$\Delta S_{21\_2Port(dB)} = 20\lg\left[\frac{1 + (|ESF \cdot \Delta ELF| + |\Delta ESF \cdot ELF|)(1 + |S_{21A} \cdot S_{12A}|)}{(1 - |\Delta ESF \cdot S_{11A}|)(1 - |\Delta ELF \cdot S_{22A}|)}\right] \quad (3.101)$$

关于 S_{21} 不确定度的最后一点说明：从式(3.101)可以清晰看出 S_{21} 测量的不确定度不仅依赖于测试系统，还依赖于 DUT 的真实特性。很多人对这个结论很不满意，它们希望能得到一个简单的测量不确定度的数字。事实上，可以通过把所有的 S 参数设为 1(无法物理实现)来计算最差情况的不确定度，由此可以给出任何器件的 S_{21} 不确定度的极限。甚至还可以通过把原始源和负载匹配设为 1，进一步推广到任何测试系统，这样对任何器件、任何测试系统的 S_{21} 不确定度的极限只取决于残余源和负载匹配。例如，一个校准后有 40 dB 的残余源和负载匹配的测试系统，其最差情况的 S_{21} 不确定度的极限约为 0.5 dB。

3.12　相位误差

到现在为止给出的这些误差计算本质上都是矢量，因此幅度和相位误差都可以计算。在已知幅度误差之后，一种确定相位误差的简化方法是，假设误差项是在真实值附近一个圆的范围内，如一个矢量图所示。当误差与测量值同相位相加减时会出现幅度误差。当误差在真实值的正交方向增加时会出现相位误差，如图 3.39 所示。

从这个结构可以看出，误差的相位是误差幅度和信号比值的反正弦

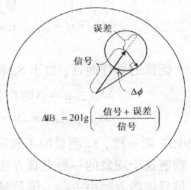

图 3.39　由误差信号导致的相位误差

$$\Delta dB = 20\lg\left(\frac{信号\ +\ 误差}{信号}\right), \quad 误差 = 信号 \cdot 10^{\frac{\Delta dB}{20}} - 信号$$

$$\Delta\phi_{deg} = \frac{180}{\pi} \cdot \arcsin\left(\frac{误差}{信号}\right) = \frac{180}{\pi} \cdot \arcsin\left(10^{\frac{\Delta dB}{20}} - 1\right) \quad (3.102)$$

对小误差而言，相位误差与 dB 误差的比值接近一个常数 6.6 度/dB；式(3.103)给出了推导过程

$$\frac{\Delta\phi_{deg}}{\Delta dB} = \frac{180}{\pi} \cdot \frac{\arcsin\left(10^{\frac{\Delta dB}{20}} - 1\right)}{\Delta dB} \approx \frac{180}{\pi}\left(\frac{10^{\frac{\Delta dB}{20}} - 1}{\Delta dB}\right)\Bigg|_{\arcsin(x) \approx x,\ 当x值非常小时} \quad (3.103)$$

$$= \frac{180}{\pi} \cdot \lim_{\Delta dB \to 0}\left(\frac{10^{\frac{\Delta dB}{20}} - 1}{\Delta dB}\right)$$

$$= \frac{180}{\pi} \frac{\lim\limits_{\Delta dB \to 0} \dfrac{d}{d\,\Delta dB}\left(10^{\frac{\Delta dB}{20}} - 1\right)}{\lim\limits_{\Delta dB \to 0} \dfrac{d}{d\,\Delta dB}(\Delta dB)} = \frac{180}{\pi} \lim\limits_{\Delta dB \to 0} \frac{\left(\dfrac{10^{\frac{\Delta dB}{20}} \ln 10}{20}\right)}{1}$$

since $\lim\limits_{x \to 0}(10^x) = 1$,

$$\frac{\Delta \phi_{\text{deg}}}{\Delta dB} = \frac{9}{\pi} \ln(10) = 6.6, \quad \text{或} \quad \Delta \phi_{\text{deg}} = 6.6 \cdot \Delta dB$$

这个结果很有用，它可以用在未知信号的误差上，用在失配、校准误差上，还可以用在噪声以及其他误差信号为矢量的情况，使我们有信心在只知道误差或波动的 dB 值的情况下预估其相位误差。很多校准残余误差的数据都能证明相位误差约为 dB 误差的 6.6 倍。

3.13　实际校准的限制

前面已经详尽探讨了校准和误差校正的细节，但是迄今为止只考虑了系统误差，也就是能进行表征并消除的误差。这是大多数有关微波计量理论的讨论中所常见的情况。这些条件包括：在最佳功率值上校准，使用很窄而且噪声很低的中频带宽，只在校准的频点上做测量，直接使用矢量网络分析仪的测试端口而不使用电缆或适配器，特别地，只在使用特定高质量校准件和连接器时给出性能指标。

在射频和微波工程师的实际经验中，很可能会因为测量速度、器件限制或其他实际原因而背离这些理想的条件。在这节中，会探讨这些实际条件的效应。其中一些误差是随机误差，如噪声、稳定性和连接器的一致性，必须用统计的方法进行处理。其他误差与系统误差有关，尽管不对它们进行补偿，但是可以求出这些误差的上下界。

3.13.1　电缆弯曲

电缆是让很多射频和微波工程师头疼的一个原因。打一个比方，有一种说法是电缆很像小狗；它们很坏，曾经很坏或者即将变坏，即使它们很好，它们也只在被悉心照料时很好。

几乎在所有的测量中，都需要用柔性或半柔性电缆来连接测量仪器和 DUT。对 S 参数和相关测量来说，电缆给测量结果引入了失配、群时延和损耗。在测量过程中对这些额外的系统误差进行了估计，大部分都被去除了。但是，某些情况下，由于电缆的漂移和弯曲，电缆的效应仍然是测量中的主要误差来源。电缆的长度和损耗会对误差大小产生直接影响。

计量级电缆（参见图 3.40）在外表面有很厚的覆层，这可以限制电缆弯曲的半径，避免电缆的扭绞或者损坏。

在很久以前的矢量网络分析仪系统中，由于校准能力的限制，射频电缆有相位跟踪的指标。但是在所有的现代矢量网络分析仪中，由于增加了很多高级的误差校正，电缆的相位匹配完全不需要了。电缆的稳定性对回波损耗和传输的幅度和相位都非常重要。半刚性电缆经常用做一个低成本的替代方案，能够提供很好的稳定性。柔性编

织电缆用在低成本、需要弯曲电缆去连接
DUT 的情况。

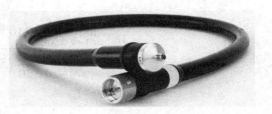

图 3.40   矢量网络分析仪使用的计量级
电缆。经安捷伦科技授权引用

电缆的损耗会使系统的方向性和稳定性
变差。因为损耗在方向性耦合器之后出现，
原始方向性(为方向性误差除以反射跟踪)是
耦合器的方向性减去二倍电缆损耗。如果矢
量网络分析仪的耦合器方向性为 30 dB，连上
一根损耗为 12 dB 的电缆之后，有效方向为
6 dB。其中，方向性表示全反射(开路或短路)与理想负载之间的差别。电缆匹配的稳定
性也会因为损耗变差。在测试电缆末端加上一个固定的衰减器能改善电缆的匹配，但是
会进一步降低有效方向性和稳定性。

一些表征系统和电缆稳定性的细节将在第 9 章讲述。

3.13.2   在校准后改变功率

源和端口功率设置是和校准状态相关的激励设置。在旧式矢量网络分析仪系统中，
当激励设置改变时校准会在屏幕上显示一个通知符号"C?"。这个符号使很多用户认为
校准不可靠了，但是多数情况下不是这样的。后来的矢量网络分析仪使用通知符"CΔ"表
示激励设置与校准时不一样了。认为校准之后改变功率可能会降低校准质量的想法来源
于矢量网络分析仪的接收机有线性度，而改变功率会使接收机工作在其线性度曲线的不
同区间，从而引入动态精度误差。但是，对改变功率的多数情况来说，这都不是真的。

第一点需要说明的是，对任何一个增益不为 0 dB 的器件来说，测试信号在接收机的
功率都会和校准时不同。一般改变功率值是为了避免在测试中给放大器的驱动功率过
大。校准的通常做法是将源功率设置为目标测试功率，然后进行二端口校准。但是，对
放大器测试来说，这个功率值可能很低，因此校准可能会因为很低的驱动功率有很大的
噪声。在连上放大器后，测试接收机的功率被放大器的增益改变了，因此输出接收机上
出现了动态精度误差。校准中出现的噪声可以通过多次平均和降低中频带宽消除，但这
会导致很长的校准和测量时间。

考虑另一种情况，如果校准是在更高的功率上进行的，而噪声的影响不大。校准之
后，把功率调低。参考通道接收机看到了功率值的变化，其动态精度误差加到了校准误
差中。但是对多数矢量网络分析仪系统来说，参考接收机比测试接收机多了 5~10 dB 的
衰减，以保证它不会进入压缩状态，因此它的动态精度性能比测试接收机好。然后当连
上放大器后，它的增益会提高传输测试接收机处的信号功率，使它接近于校准时的接收
功率，因此测试接收机的动态精度误差被减小或消除了。通过这个分析，可以清晰看到
如果信号功率保持在 DUT 的线性增益范围内，改变功率值实际上对校准精度没有影响。

对一个低损器件如滤波器来说，测试通道功率几乎和校准功率一样，如果改变源功
率，测试和参考接收机都会看到变化的功率值，因此动态精度误差可能会降低校准的精
度。但很少有理由在测量低损无源器件时改变功率值。

最后一个改变功率值的目的是测量器件的非线性特征。经常在低功率状态下测量

DUT，然后提高功率值，然后记录 S_{21} 的变化作为器件的压缩特性。这种情况下，两个功率测量中的其中一个会受到动态精度误差的影响。常见的情况是在低功率下进行校准，然后提高功率做测量，但这与最佳实践恰好相反，因为低功率值意味着高噪声和差的校准。经验表明由于改变功率带来的动态精度误差几乎总比校准中噪声增加引起的误差要小。另一种方法是在每个功率值上进行校准，但是同样，低功率值带来的噪声很可能会超出动态精度误差。

这在现代网络分析仪上尤为正确，很多改进的方法已经使动态精度接近理想，甚至是在低功率值上。图 3.41 显示了直通的 S_{21} 测量，测试接收机上加了衰减以使其工作在很好的线性区，改变功率值实际上是在测量参考接收机的线性度和噪声。图中有两条迹线，都是在中频带宽为 1 kHz 时测量的，其中一条做了很多次平均（1000）。它们显示了噪声和动态精度对参考通道接收机的相对影响。本例中使用的是安捷伦 PNA-X。在最大功率值处的标称压缩为 0.1 dB，但明显可以看出实际的接收机压缩更小，在 0.01 dB 量级（注意图中比例为 0.02 dB/格）。即便做了 1000 次平均，在低功率点上，迹线噪声几乎与压缩相等。

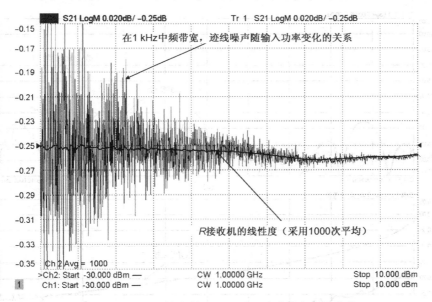

图 3.41　噪声和动态精度误差随驱动功率变化的曲线

这是从参考接收机得到的结果。测试接收机由于没有参考接收机那么多的衰减，在大功率时一般会有更多的压缩。通过这些测量可以看出，如果在接收机没有压缩的功率上进行校准（一般比标称最大功率低 10 dB），然后改变为其他功率，就可以尽量减小噪声和动态精度带来的校准误差。事实上，现代网络分析仪的规则可以从"不要在校准后改变功率"变为"在能得到最佳结果的功率上校准，然后改变到其他任何功率"。只要源衰减不变的话就能成立。如果源衰减变化了会怎样？接着看下一节。

3.13.3　补偿步进衰减器的变化

很多矢量网络分析仪都在参考和测试耦合器中间有集成的步进衰减器。它们能把矢量网络分析仪的功率范围扩展到更低。把它放在参考和测试耦合器中间意味着参考接收机看不到步进衰减器带来的功率变化，因此当步进衰减器变化时校准似乎无效了。这种放置方式是有意为之的，其目的是即便当流入 DUT 的信号功率很低，仍使参考通道接收机维持一个相对较高的信号功率，因而有较低的噪声。

当测试源衰减一定 dB 时，很多矢量网络分析仪通过将参考接收机的显示值加上衰减器的变化来对它进行补偿。这样做之后，参考通道的读数总显示施加到 DUT 上的源功率值。然而，步进衰减器是不完美的，与标称值之间一般有 0.25～0.5 dB 的差别。而且，步进衰减器在不同的衰减状态下有不同的端口匹配，最大的变化是从 0 dB 状态变到其他任何状态。在 0 dB 状态，源和负载匹配取决于步进衰减器后面器件的质量，如参考通道耦合器的方向性。当衰减器衰减大于 0 dB 时，衰减器的损耗有效地对源匹配和测试端口进行了隔离，意味着将步进衰减器改为非零状态带来的误差会小很多。图 3.42(a) 的窗口显示了校准后将衰减器设为 5 dB 状态下 S_{11} 的迹线(内存迹线)，以及改为 10 dB 状态的迹线(数据迹线)。图 3.42(b) 的窗口显示了 S_{21} 响应的类似结果。DUT 是一条空气线，波动显示出校准的质量。

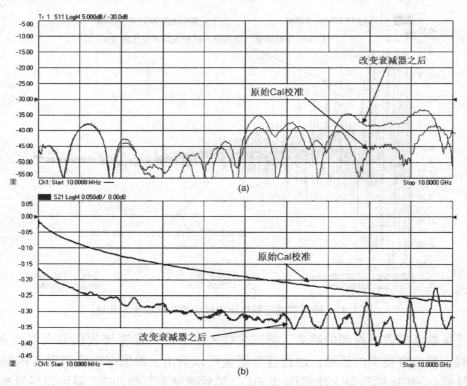

图 3.42　(a) 将衰减器从 5 dB 改为 10 dB 时 S_{11} 的误差；(b) 衰减器变化带来的 S_{21} 的误差。被测件为空气线

另外，衰减器的匹配比测试系统的源匹配要好，因此一个很好的做法是在校准前把步进衰减器至少设置到第一个位置(5 dB 或 10 dB)，只需要保证源功率足够进行测试。如果校准时每个端口的源衰减器都设到了第一个位置，则将其进一步降低到其他位置对失配的影响不大。

有一种简单的方法来表征衰减器的不同状态并从测量中消除大部分的衰减器状态切换的影响。在一个二端口校准之后,将直通留在端口 1 和端口 2 之间(或者连上直通)。如果 DUT 是非插入器件,使用一个非插入的直通,测量直通的四个 S 参数并存为一个 S2P 文件。然后从端口 2 上将直通去嵌入掉(因为矢量网络分析仪要求去嵌入文件的端口 1 面向测试端口 2,需要反转直通 S2P 文件的 S_{11} 和 S_{22})。去嵌入之后,结果应该是非常平的 S_{21} 和很低的 S_{11}。将衰减器切换到每个其他的状态,然后将该状态记录为一个 S2P 文件。这表示了原始衰减器设置和新的设置之间的 S 参数差别。将这些 S 参数从原始校准中去嵌入掉可以去除大部分的衰减器切换误差。测量 DUT 时,关掉端口 2 的去嵌入(因为不再使用直通了),然后在端口 1 上打开合适的衰减器状态 S2P 文件的去嵌入,并用新的衰减器设置去测量 DUT。

这将去除了大部分但不是全部的衰减器变化带来的误差。当衰减器切换时,测试端口的源匹配和负载匹配都发生了变化,但是稍有不同。测量到的切换状态 S2P 文件捕捉到了负载匹配的变化,但是没有捕捉到源匹配的变化。多数情况下这是个很小的误差,如果原始校准是在非零衰减器状态下,而新的状态也是非零状态,误差会在 0.05 dB 量级甚至更小。甚至在零状态下的残余误差也只有 0.10 dB 量级,这对多数应用来说都足够好了。

当把上述的去嵌入方法应用到测量中时,S_{11} 的迹线有了巨大改善,甚至无法跟 5 dB 状态区分开了,S_{21} 迹线的偏差也都被去掉了,如图 3.43 所示。内存迹线显示的是 5 dB 状态下的数据,数据迹线显示的是更改衰减并将衰减偏差去嵌入掉之后的结果。S_{21} 上的细小波动是由于端口 1 的源和负载匹配有差别,简单地去嵌入不能对它进行补偿,但是这里最差也只有 0.05 dB。

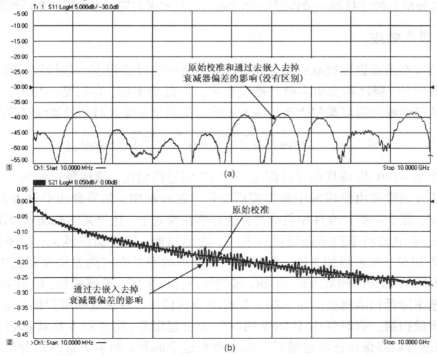

图 3.43 衰减器变化后通过去嵌入去掉衰减器偏差的影响

不推荐在校准之后改变衰减值，但是实际上它引入的误差比在很低的功率上校准由噪声带来的误差要小。使用去嵌入技术能把误差减小到可以忽略的程度，这在驱动信号功率很低，如低于 −60 dBm 时，会非常有用。

3.13.4　连接器的一致性

连接器的一致性和电缆的弯曲很类似，它们都是不可重复的误差，不能通过普通的误差校正过程消除。然而与电缆不同的是，连接器的位置和失配都是可以知道的。可以用 3.9.2.1 节所述的时域选通去除残余连接器一致性误差，但是要求连接器和 DUT 的距离足够远，此时时域选通的分辨率足以将它们分开。

尽管传统意义上讲，连接器一致性的含义是将连接器拆下并重新连上时带来的变化，它还可以广泛用在 PCB 夹具的情况，不同的校准件在 PCB 结构的不同位置上。每个校准件，开路、短路、负载和直通，都是 PCB 上的传输线，都有一个同轴到微带线的转接部分，一般是一个 SMA 连接器。即便使用相同的连接器，焊接上的差别也会导致连接器之间在匹配上有差别。这与在校准中拆下并重新连上连接器产生的一致性效应完全相同。

好连接器的一致性一般比它们的失配要好。精确的连接器如 3.5 mm，使用无缝连接，它们的一致性一般在 65 dB 左右。商用级的 N 型连接器，一致性能达到 40 dB。PCB 同轴连接器一致性在 3 GHz 左右能达到 30 dB 量级，在 20 GHz 能达到 20 dB。对 PCB 连接来说，一个奇怪的现象是连接器之间的一致性可能比连接器的回波损耗要差。考虑一种情况，如果一个连接器的阻抗低几欧姆，另一个连接器的阻抗高，匹配之间的差别比两个连接器的失配都要大。这种情况下，使用这个 PCB 做校准的结果甚至比忽略连接器的影响还要差。PCB 校准件的连接器一致性可以用时域选通技术来确定，将在第 9 章详细阐述。

3.13.5　噪声效应

噪声效应在前面讲述校准后设置和更改源功率时已经进行了一些探讨。噪声影响校准的形式有两种：噪底和大功率时的迹线噪声。在低功率值，它们是一样的，显示在测量迹线上的迹线噪声可以都归因于噪底的影响。低功率时噪底对测量迹线噪声的影响为

$$N_{\text{Trace(dB)}} = 20\log\left(10^{\frac{\text{Signal(dB)}}{20}} + 10^{\frac{N_{\text{Floor(dB)}}}{20}}\right) - \text{Signal}_{\text{(dB)}} \tag{3.104}$$

对一个用 −100 dB 噪底的系统测量 −60 dB 信号的情况，迹线噪声约为 0.1 dB。矢量网络分析仪的噪底由使用的中频带宽所决定。在校准中，如果源功率设置得非常低，如 −60 dBm，那么一些校准件如负载就会恰好落在噪底上，使得无法准确求解误差项。

从图 3.41 中的功率扫描迹线可以看出，功率越低，迹线噪声越大；功率值每降低 10 dB，噪声相对于噪底增加 3 倍。测量中一种简单的降低噪底的方法是降低中频带宽。中频带宽每降低 10 倍，噪底降低 10 dB，迹线噪声降低 3 倍。遗憾的是，降低中频带宽也会以相同速率降低扫描速度。在一些矢量网络分析仪中，源在宽频带扫频，在低频带自动切换为步进扫描。有时候由于 DUT 的时延会引起误差（将在第 5 章详细讨论这个现象）。可以通过始终保持在步进模式校准来避免这个问题；很多矢量网络分析仪都有步进模式的频率扫描设置。

在需要进行高速扫描的情况，如滤波器调谐，可以用多次扫描平均达到降低噪声的效果。使用平均能保持相同的扫描能力，但对多次响应做平均来得到最终结果。一般来说，扫描平均会显示所有的中间平均结果，每次扫描的平均结果都会有些改进，甚至达到最大平均次数之后也一样。这是因为扫描平均函数类似于一个二阶无限冲激响应（IIR）滤波器。在多数矢量网络分析仪中，并不是通过累积 N 次扫描并对总和做平均，而是采用了这个公式

$$A_N = \left(\frac{N-1}{N}\right) \text{Data}_{\text{old}} + \left(\frac{1}{N}\right) \text{Data}_{\text{new}} \tag{3.105}$$

因此，在第 $N+1$ 甚至 $N+100$ 次扫描，第一次扫描的数据都会在结果中占一小部分。

当信噪比达到 80 dB，迹线噪声中噪底的影响不超过 0.001 dB。但是，在信号功率较大时可能会发现迹线噪声并没有进一步减小。这是因为在信号功率较大时，信号中的噪声可能来源于源相位噪声而不是接收机的噪底。一旦进入大功率迹线噪声区域，提高功率对迹线噪声没有影响。在旧式矢量网络分析仪中，迹线噪声相对较差，接收机的低功率到大功率噪声过渡点在 $-30 \sim -20$ dBm。在现代矢量网络分析仪中，源的相位噪声可以和信号源媲美，大功率迹线噪声直到 $0 \sim +10$ dBm 之前都不会显现出来。在图 3.41 中，很容易从浅灰色迹线看到功率和噪底对迹线噪声的影响。这里测试接收机加了额外的衰减以保证处在合适的压缩区，因此接收机功率比图中显示的 x 轴源功率低 35 dB。然而，在大功率区已经很难识别噪声信号。

在图 3.41 中可得到噪声迹线，从而更容易看到大功率噪声的效应。通过测量一条直通，然后由下式计算加性噪声

$$(S_{21} - 1) \cdot a_1 = \left(\frac{b_2 + N_{\text{Added}}}{a_1} - \frac{b_2}{a_1}\bigg|_{\text{Thru}}\right) \cdot a_1 = N_{\text{Added}} \tag{3.106}$$

这能显示出所有功率上的有效噪底，从图 3.44 下面的窗口可以明显看到，加性噪声功率在 x 轴大部分都很平，然后随源功率增大而升高，在源功率大于 -5 dBm 时噪声高于接收机噪底。这是在一台 PNA-X 上的测量结果，相位噪声结果很好。噪底的绝对值依赖于使用的中频带宽（这里用了一个较宽的带宽）。旧式矢量网络分析仪如 HP-8753 或 HP-8720 在功率低于 20 dB 时就会出现这种效应。这很可能是当源有足够的增益，也就是源功率较大时，源相位噪声比接收机噪底更高。

3.13.6　短期和长期漂移

矢量网络分析仪用户的一个常见的问题是"我的校准能用多长时间？"一个通常的回答是"直到它变差为止！"因为这个问题的答案跟矢量网络分析仪使用的环境有很大关系，多数矢量网络分析仪制造商对这个问题闭口不谈。如果矢量网络分析仪用在温度受控的环境中，测试端口电缆非常稳定，校准可以维持几天或者几星期。多数情况下，矢量网络分析仪本身的漂移比连接电缆的漂移和测试连接器的一致性要小得多。

测试环境对测试系统的稳定性有很大影响。如果白天和黑夜的温差较大（在办公楼里很常见的现象），那么元器件的伸缩，特别是矢量网络分析仪内部和外部的电缆，就会降低校准的质量，在校准测量中会开始出现小的波动。

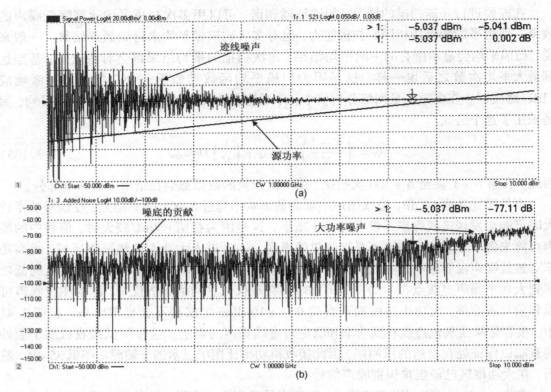

图 3.44　信号中的加性噪声与源功率的关系曲线

　　即便是在一个温度受控的实验室中,加热和冷却系统会造成几度的温度变化,必须小心地让测试仪器远离加热和冷却系统。

　　短期的漂移可能在测量时的几分钟内就会出现,可能与测试端口电缆松弛之类的因素有关(电缆在弯曲后,需要一段时间回到原来的稳定状态),还有外部环境因素产生的加热或冷却效应导致的缓慢变化的响应,以及矢量网络分析仪本身微弱的散热效应。如果矢量网络分析仪的内部结构由几个模块构成,当矢量网络分析仪扫过不同的频带或从一个端口切换到另一个端口时,这些模块打开或关闭,这时可能会出现内部散热的效应。对要求最高的计量级测量来说,可以通过保证在同样的频带和端口扫描来避免这些漂移。例如,为了保证一次扫描后回到另一次扫描的开始处有同样的时延,有时候最好用一组扫描而不是单次扫描。单次扫描中,前向和逆向扫描的第一次和第二次扫描之间的时延可能是任意的。但是一组扫描中第二次扫描和后面的扫描都有相同的时延。这些影响实际上非常小,只有在要求最高的计量级测量中才需要加以注意。

3.13.7　误差项的内插

　　在校准相关的讨论中,几乎总是假设矢量网络分析仪在校准前会设置到目标频率,然后会在这些频率上做校准和测量。旧式网络分析仪如 HP-8510A 在频率改变时会直接关闭校准。从 HP-8753A 开始提供了对误差项的内插功能,只要测量频率范围在校准频率范围之内,就可以改变测量点数、起始和截止频率。后来,Wiltron 360 和 HP-8510 引入了"校准缩放"的概念，它会改变起始和截止频率，但会把测量频率重置在原始校准的频点上，减少了总的测量点数。这提供了一种在没有提高数据分辨率的情况下缩放数据的方法。

对误差项的内插一直都存在争议，即便是同一个测量公司的专家对使用它的意见也不一致。但是如果能够理解有哪些限制，就可以使误差项的内插只产生很小的误差，一般比矢量网络分析仪的不确定度指标要小。缩小测量范围或更改测量点数会使矢量网络分析仪对误差项进行内插，可以通过观察矢量网络分析仪迹线上有什么变化来看是否有误差产生。

传输跟踪和反射跟踪之类的误差项是缓慢变化的曲线，因此比匹配误差项更容易进行插值。匹配误差项是由被分开的失配器件造成的，如电缆两边的失配，因此它的响应随频率变化很大。由于它随频率迅速变化，因此很难在数据点之间进行内插。最简单地对复数的内插是分别对实部和虚部进行插值，但更好的方法是分别对幅度和相位进行插值。注意到被传输线分开的失配器件会在史密斯圆图上形成一个圆，基于这点，一些矢量网络分析仪使用圆形内插来改善结果。圆形插值使用三点确定一个圆，然后基于频率间隔在包围目标点的两点之间用相位进行线性插值，求出插值结果。图 3.45(a) 显示了在相同数据点上对负载匹配进行圆形插值和线性插值的例子，还有在这些点上直接进行校准测量的结果。一个校准是在 50 MHz 的频率范围内用 6 点进行的(10 MHz 的频率间隔)，然后再内插为 201 点。另一个是 201 点的校准。6 点校准显示了应用线性插值的曲线，而另外的平滑曲线是 201 点圆形插值和 201 点校准的结果(几乎无法在史密斯圆图上分辨出来)。图 3.45(b) 所示的窗口显示了内插的负载匹配和 201 点校准测量的负载匹配之间的差别。在大部分频带内，插值误差都小于 −55 dB，这和校准件的误差在同一量级。

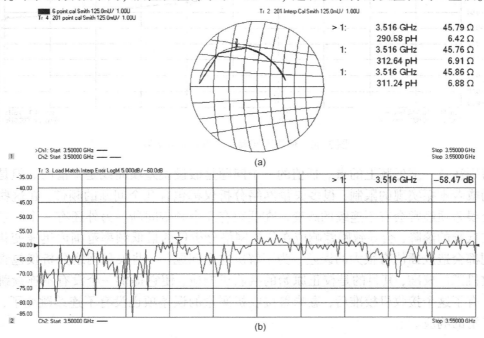

图 3.45 对负载匹配进行圆形插值

当然，如果频点密度不足以得到史密斯圆图上的三个点，内插就会引起很大的误差。可以通过确定失配误差项之间的距离来估计需要的点数。一般来说，这个距离会比测试端口电缆长一些。为了得到好的插值结果，测量点的密度需要设置为每波长 25 点，因此两点之间的相移少于 15°。对一个典型的测试情况，测试端口电缆约为 1 m 长，两点间隔 5 MHz 一般能得到很好的结果。

图 3.46 显示了一个内插的例子。校准是在 1 ~ 10 GHz 以 10 MHz 的频率间隔进行的。在校准之后频率范围改为 10 MHz ~ 1 GHz，1 MHz 的频率间隔。测量空气线的 S_{11} 和 S_{21} 显示了由于插值造成的人为误差。插值造成的误差在整个 S_{21} 迹线上小于 0.035 dB，也小于 S_{11} 的 – 45 dB 的残余匹配误差。

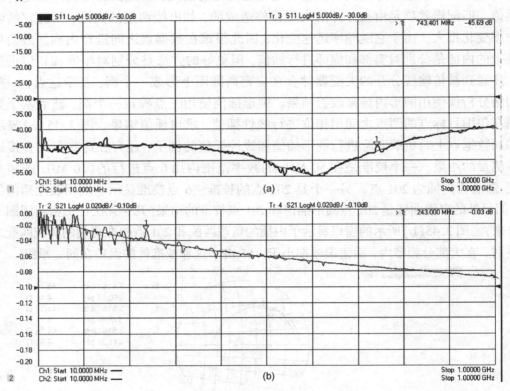

图 3.46　使用不同频率间隔的插值结果

特别注意一下低频上的点。插值的一个问题是假设误差项曲线是平滑的。但是由于源激励或者本振实现的限制，很多矢量网络分析仪都包含几个间断的频带，在这些频带间断处误差项经常会有不连续的跳变。在低频有几个频带间断。另外还有一个问题是耦合器在低频的滚降，会导致跟踪响应在矢量网络分析仪的最低频率范围内迅速变化。这些问题都会造成插值有很大的误差。为了解决这个问题，一些矢量网络分析仪包含了一个接收机工厂校准，其目的是校正原始的接收机响应，使它提供一个没有不连续跳变的响应。有了这个接收机校准后，意味着接收机测量的误差项也没有不连续跳变了，而是有了平滑的响应。

一个容易混淆的问题是 DUT 的特性对能否使用插值及其质量有没有影响：结论是没有。DUT 特性对插值没有影响：即便是频带非常窄的 DUT，有长时延的 DUT 或有很复杂的频率响应的 DUT，都能通过插值测量。不是对测量数据进行插值，只是对误差项插值。如果误差项在测量范围内是平滑的，不论 DUT 的响应是什么，插值都能很好工作。

3.13.8　校准质量：电子校准和机械校准件

从指标或者理论的角度讲，最好的 TRL 机械校准件能提供最好的校准质量。接下来是最好的 Ecal，然后是带有滑动负载的 SOLT。固定负载的 SOLT 校准一般性能最差。

在最初的 Ecal 中，模块的稳定性和校准方法使得它的校准质量不如 SOLT 校准，但是有了未知直通校准之后，现代的 Ecal 模块只比最好的计量级 TRL 校准件差，比其他的校准质量都好。

事实上，如果使用了射频电缆，电缆弯曲带来的误差无疑会在 TRL 校准中引入大量的误差，使其质量低于 Ecal。如果再考虑人工操作的误差和机械校准件的一致性，毫无疑问，Ecal 在实际应用中总能比机械校准提供更好的质量。某些情况下，最好把默认的 Ecal 方法改为使用独立的未知直通（不是 Ecal 作为未知直通），以尽可能降低校准后电缆扰动的影响。对低损或损耗不太大的 DUT，使用 DUT 本身做未知直通可以得到最佳结果。这使单端口误差项有 Ecal 级别的质量，还改善了直通测量的稳定性。

表 3.1 显示了使用安捷伦 PNA-X 得到的不同校准件的 S_{21} 不确定度（最差情况和涵盖两个因素的 RSS）。用一个有不同源和负载匹配的矢量网络分析仪会得到不同的不确定度，但是不同校准件之间的质量的相对关系仍保持不变。

表 3.1　S_{21} 不确定度和校准件的关系

使用安捷伦 N5242A（带有选件 423，3.5 mm）在 20 GHz 计算的不确定度		
校准件类型	S_{21} 最差情况的不确定度（dB）	RSS 不确定度（dB）
85052C TRL 短线	0.047	0.029
N4291B Ecal	0.081	0.057
85052B SOLT 滑动负载	0.134	0.103
85052D SOLT 固定负载	0.192	0.166

参考文献

1. Fitzpatrick, J. (1978) Error models for system measurement. *Microwave Journal* vol. 21, pp. 63-66, May 1978 http://bit.ly/ICm9O4.

2. Rytting, D. (1980) An analysis of vector measurement accuracy enhancement techniques. RF & Microwave Symposium and Exhibition, 1980.

3. Marks, R. B. (1997) Formulations of the basic vector network analyzer error model including switch – terms. 50th ARFTG Conference Digest-Fall, Dec. 1997, vol. 32, pp. 115-126.

4. Rytting, D. (1996) Network Analyzer Error Models and Calibration Methods. RF 8: Microwave Measurements for Wireless Applications (ARFTG/NIST Short Course Notes).

5. Agilent Application Note 154, http://cp. literature. agilent. com/litweb/pdf/5952-1087. pdf.

6. Davidson, A., Jones, K., and Strid, E. (1990) LRM and LRRM calibrations with automatic determination of load inductance. 36th ARFTG Conference Digest -Fall, Nov. 1990, vol. 18, pp. 57-63.

7. Engen, G. F. and Hoer, C. A. (1979) thru-Reflect-Line: An improved technique for calibrating the dual six-port automatic network analyzer. *IEEE Transactions on Microwave Theory and Techniques*, **27**(12), 987-993.

8. Ferrero, A. and Pisani, U. (1992) Two-port network analyzer calibration using an unknown 'thru'. *Microwave and Guided Wave Letters*, *IEEE*, **2**(12), 505-507.

9. Ferrero, A. and Pisani, U. (1991) QSOLT A new fast calibration algorithm for two port S parameter measurements. eighth ARFTG Cant Dig., San Diego, CA, Dec. 5-6, 1991.

第4章 时域变换

4.1 引言

对大多数工程师而言，信号和电路的时域响应是他们学习电路的入门基础。大学电气工程课程的第一次实验往往是使用示波器测量正弦信号。使用电气网络的第一次实验室练习经常是使用示波器测量不同频率上的滤波器正弦输出波形并绘制出相应的伯德图响应。较好的实验室能够通过正弦波零交叉点测量出相位。网络频域响应的概念常常就此引出，并且频域响应是时域冲激响应的傅里叶变换这层关系也就此给出，从这时起，电气工程师就开始在频域进行工作和思考。另一种频域测量的仪器是矢量网络分析仪（Vector Network Analyzer，VNA），它在获得频域响应方面具有无与伦比的精度。对初级射频或微波工程师而言，频域响应成为了第二天性，而时域响应时常被认为是一种过时的方法，作为一种学习工具使用过后即被遗忘。

然而，对于从事分布式电路的微波工程师而言，电缆、传输线或波导将元件分隔开来，时域响应既赋予他们独特的视角来看待电路属性，也提供给他们改善测量结果的方法，这些方法能够移除在时间上与待测器件分隔开来的测试夹具和仪器所造成的误差。在本章中，首先详细论述矢量网络分析仪上的时域变换以使读者能够对其有比较清晰的认识，然后在后续章节中讨论在不同情况下使用时域的细节。

一个经常被问及的问题是"为什么矢量网络分析仪时域变换与我使用 FFT 的计算结果并不一致？"读者应该明白，时域响应与频域响应的 FFT 变换并不完全相同，它有许多容易造成混乱的细微之处。为此，下面几节给出了许多现代矢量网络分析仪所使用的时域变换的准确数学表达式。在此基于傅里叶变换的定义推导出矢量网络分析仪时域变换，并根据矢量网络分析仪中的使用需要添加各种限制和补偿。这是本书目前为止对数学最为严格的运用；在此对大量使用积分表示歉意。

4.2 傅里叶变换

网络的传递函数在数学上对该网络进行定义，而网络的频率响应提供了该网络的物理可测量的响应，它使用正弦信号作为激励并测量该激励信号的幅度和相位变化作为响应。傅里叶分析是表示物理响应的理想方式，并且能够对网络提供有用的分析。但是由于测量系统只能对特定带宽中的有限频率点进行测量，所以对这些测量结果做任何阐述时必须考虑该限制。本章给出了傅里叶分析在矢量网络分析仪元件测量应用中的一些重要细节。由于数据的测量发生在频域，所以最感兴趣的是傅里叶逆变换（IFT），它根据频域数据产生相应的时域响应。大多数针对 IFT 的论述在正变换中都有相应推论。

4.2.1　连续傅里叶变换

傅里叶变换可被看做拉普拉斯变换在 $s = j\omega$ 时的特例。许多重要的傅里叶变换定理与拉普拉斯变换中的相应定理十分类似，将对特别有用的定理在此给以说明。当数据是通过频域测量获得时，使用傅里叶逆变换计算 DUT（滤波器、传输线等）的时域响应。如果测量数据表示的是示波器的频域响应，那么它的逆变换就是滤波器的冲激响应。由于傅里叶变换在矢量网络分析仪时域变换中扮演着如此重要的角色，有必要对它的一些细节进行回顾并统一符号。函数 $f(t)$ 和 $F(\omega)$ 在所有时间和所有频率上的傅里叶变换对[1]（正变换和逆变换）分别如下定义

$$\mathbf{F}[f(t)] = F(\omega) = \int_{-\infty}^{\infty} f(t)\, e^{-j\omega t}\, dt \tag{4.1}$$

$$\mathbf{F}^{-1}[F(\omega)] = f(t) = \frac{1}{2\pi} \cdot \int_{-\infty}^{\infty} F(\omega)\, e^{j\omega t} d\omega \tag{4.2}$$

细心的读者会发现电气工程师在正变换中所使用的频率符号与其常见形式中所使用的频率 $\omega = 2\pi s$ 略有不同[2]。

4.2.2　奇偶函数与傅里叶变换

如果 $F(\omega) = F(-\omega)$，那么该函数是偶函数；如果 $F(\omega) = -F(-\omega)$，那么该函数是奇函数。所有函数都可以表示为偶函数和奇函数之和。奇偶性和其他对称性能够简化变换的计算，在计算一些变换时经常假定函数具有这些性质。函数 $f(t) = e(t) + o(t)$ 具有傅里叶变换

$$F(\omega) = 2 \int_{-0}^{\infty} e(t) \cdot \cos(\omega t)\, dt - 2j \int_{-0}^{\infty} o(t) \cdot \sin(\omega t)\, dt \tag{4.3}$$

其中 $e(t)$ 和 $o(t)$ 分别是奇函数和偶函数。许多变换关系可以从这个结果中推导出来。在为物理函数建模时，存在一个重要关系：对于一个纯实时间函数 $f(t)$，它的傅里叶变换一定具有如下形式

$$\mathbf{F}[f(t)] = E(\omega) + jO(\omega) \tag{4.4}$$

也就是说，纯实时间函数的傅里叶变换的实部是偶函数，而它的虚部是奇函数。

4.2.2.1　厄米特函数

式（4.4）中所描述函数的傅里叶变换的实部是偶函数，而其虚部是奇函数，这样的函数称为厄米特函数，这种关系也可以写为 $F(\omega) = F^*(-\omega)$。对称（偶）的实函数 —— 也就是说，在负无穷到正无穷时间上存在，并且在负时间和正时间上的响应相等 ——具有纯实的变换，但这种函数在自然界不存在。代表真实网络的时间函数是纯实和非对称的（对于 $t < 0$，$F(t) = 0$）并且它的变换是厄米特的。注意，由于因果性（网络对于零时刻脉冲的输出响应在负时间上必须为零），所有物理可实现网络都具有非对称的实冲激响应，

从而它们的傅里叶变换是厄米特的。这样的话，由于 $F(\omega) = F^*(-\omega)$，如果得到正频域的频率响应，就可以知道负频域的响应了。

4.2.3　调制(频移)定理

许多滤波器推导和通信系统分析都是基于低通到带通的转换。这种转换其实就是频移。如果 DUT 是带限的，例如滤波器，那么在时域分析中使用类似的变换是有益的。频移或调制定理可以通过傅里叶变换的定义推导出来

$$\text{若 } \mathbf{F}^{-1}(F(\omega)) = f(t), \qquad \text{则} \qquad \mathbf{F}^{-1}(F(\omega + \Delta\omega)) = f(t)\mathrm{e}^{-\mathrm{j}\Delta\omega t} \tag{4.5}$$

注意频移后得到的时间函数一般是复变函数，因此纯频移是物理不可实现的。为了将低通原型转换为可实现的带通滤波器，必须复制出一个正频移响应和一个负频移响应。如果 $H_{\mathrm{LP}}(\omega)$ 是低通滤波器的频率响应，且

$$H_{\mathrm{BP}}(\omega) = H_{\mathrm{LP}}(\omega + \omega_0) + H_{\mathrm{LP}}(\omega - \omega_0) \tag{4.6}$$

是带通滤波器的频率响应，那么它的逆变换是

$$h_{\mathrm{BP}}(t) = h_{\mathrm{LP}}(t)\mathrm{e}^{-\mathrm{j}\omega_0 t} + h_{\mathrm{LP}}(t)\mathrm{e}^{+\mathrm{j}\omega_0 t} \tag{4.7}$$

复指数展开后，可发现

$$h_{\mathrm{BP}}(t) = h_{\mathrm{LP}}(t)\cos(\omega_0 t) - j\,\overline{h_{\mathrm{LP}}(t)\sin(\omega_0 t)} + h_{\mathrm{LP}}(t)\cos(\omega_0 t) + j\,\overline{h_{\mathrm{LP}}(t)\sin(\omega_0 t)} \tag{4.8}$$

从而得到结果

$$h_{\mathrm{BP}}(t) = 2 \cdot h_{\mathrm{LP}}(t)\cos(\omega_0 t) \tag{4.9}$$

这两个频移响应求和时，虚数项相互抵消。实数部分相加，结果是这样的：如果 $h_{\mathrm{LP}}(t)$ 是低通原型的时间(或冲激)响应，那么带通滤波器真正的带通冲激响应是一个位于带通中心频率上的正弦波，它的包络是两倍的低通原型冲激响应。然而，这个带通冲激响应与采用网络分析仪时域变换的带通模式所得到的响应并不相同；这将在后续部分详细讨论。

4.3　离散傅里叶变换

由于测量得到的网络频率响应由离散数据组成，因此，为了得到相应的时域响应，有必要对离散傅里叶逆变换进行讨论。离散傅里叶逆变换作用在离散频率数据集合上，且仅在离散时间点上有定义，它的定义如下所示

$$f(\tau) = \sum_{n=0}^{N-1} F(\nu)\,\mathrm{e}^{\mathrm{j}2\pi(\nu/N)\tau} \tag{4.10}$$

其中 ν/N 与频率相似，单位为采样点数/周期，τ 是离散时间增量，$F(\nu)$ 是离散频率数据集合。快速傅里叶逆变换(IFFT)是在整个离散时间集合上计算 $f(\tau)$ 的一种非常有效的方式。人们或许认为矢量网络分析仪频域数据到时域数据的转换能够通过 IFFT 简单高效地实现。但是，IFFT 在数据(时间)输出灵活度上的局限性会导致计算所得时域采样点之间的重要特性无法显现，将在下文对其说明。矢量网络分析仪变换则采取了更多处理来提高它在实际问题中的可用性。

4.3.1 快速傅里叶变换和快速傅里叶逆变换

快速傅里叶变换(FFT)和快速傅里叶逆变换(IFFT)是计算式(4.10)定义的离散数据集合上的傅里叶变换对的知名算法。如果离散数据集合来自频率响应的采样点集合并且如下所述充分采样,那么 IFFT 将生成与采样数据相对应的网络时域响应。FFT 和 IFFT 能够大幅减少计算傅里叶变换时的运算次数,但在使用和表达数据上却存在限制。一个众所周知的限制就是 FFT/IFFT 变换要求采样数据和变换后数据具有相同点数。一些变换需要数据点个数具有 2^n 的形式,所有的 IFFT 都将有限个数的数据点分布在时域变换的整个时间范围内,这个范围等于矢量网络分析仪数据频率间隔的倒数。

4.3.1.1 精细结构响应

如果对一个频率响应使用 IFFT,那么所得的时域响应一定具有相同的点数,并且这些时间点在时间周期内均匀分布。这样的结果使得 IFFT 所得数据并不一定包含精细时间响应,而通过精细响应往往能够对网络产生很多直观理解。IFFT 与 IFT 等价,它们都是在一个时间周期内进行等间隔采样,且时域采样点数与频域响应点数相同。因此,这些点之间的任何时域响应信息在 IFFT 数据中并不直观。时域采样信号的 FFT 也是如此。

可以使用一个熟悉的例子来说明这个事实。取图 4.1 所示的时间函数,该函数仅由一个已知频率的余弦信号组成,它的表达式如下所示

$$V(t) = 1 \cdot \cos(8.5t) \qquad (4.11)$$

如果对该时间信号的若干周期以高于其最高频率两倍的速率进行采样,那么信号得到充分采样从而避免了混叠。有些人或许简单认为该时间信号的 FFT 变换应该得到其原始频率。然而,如果该信号的频率与采样不同步,FFT 就没有在该余弦频率上的输出,且如图 4.1(b)的采样时域波形的频谱所示,FFT 似乎具有两个主要的输出信号,但这两个信号都不具有正确的幅度,根据该时间函数可求得正确幅度为 0.5。于是,FFT 没有反映时间信号的精细本质。使用与 FFT 相同的时间数据集合,计算位于 FFT 的两个最大输出值之间的离散频率点处的傅里叶变换,就可以获得信号原始频率的正确幅度[参见图 4.1(c)]。事实上,由于时间数据是离散采样点的有限集合,频率响应必须是周期性和连续的,并且是无限的,这样才能表示数据起始和结束处的过渡。FFT 就是对这个连续频率响应采样得到的。FFT 在其他频率处具有非零取值是由于截取有限范围内的时域数据导致的,其本质是假定所需采样点以外的数据均为零,从而将正弦波信号变为一个脉冲正弦信号。这会导致信号扩展若干频率单元。抑制这种效应是矢量网络分析仪时域变换的一个关键特性。

为了获得更快的计算速度,FFT 经常用来替代离散傅里叶变换的直接计算。许多商用的信号分析工具对 FFT 的计算做了进一步简化。一个常见的简化是假设时域响应是实数的。那么其频率响应一定是厄米特的,因此只需要计算一半的 FFT 就可以得到全部的频率响应。对于 IFFT,通常假设频率响应是厄米特的,那么仅输出时域信号的实数部分需要计算。于是,输入频率响应的 IFFT 简化为其正实数部分 IFFT 的两倍与直流分量的

和。然而，也有一些情况需要考虑非厄米特的频率响应，如带通变换，在这些情况下计算 IFFT 时，要仔细考虑可行的简化方法。

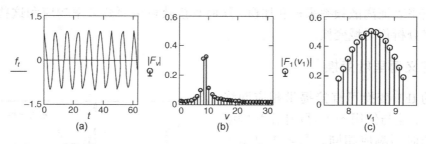

图 4.1　（a）8.5 Hz 的余弦波；（b）图（a）中波形的 FFT 变换；（c）波形在 8.5 Hz 频率附近的傅里叶变换

4.3.2　离散傅里叶变换

离散时间傅里叶逆变换（IDFT）的时间轴能够任意小，因此使用离散时间傅里叶逆变换可以得到时域响应的精细结构。也可以在 FFT 中使用较小的时间间隔，但这将需要数量极大的频率点作为输入，从而大幅增加生成这些频率响应项所需的测量时间。然而 DFT 需要比 FFT 长得多的计算时间，所以在需要实时变换的场合中并不令人满意。幸运的是，当仅需要对相对小的一部分时间响应进行变换时，更快的计算方法确实存在，这些方法在不牺牲速度的前提下提供更好的时间分辨率。

大多数快速变换方法需要等间隔的时间点。时间间隔就是时间跨度除以点数减 1 的商。然而，在起始或中止频率上并没有限制。如果起始时间 $t_{start}=0$，中止时间 $t_{stop}=2\pi/\Delta\omega$ $=1/\Delta\omega$，并且时间点数等于频率点数，那么 DFT 会得到与 IFFT 相同的计算结果。

4.4　傅里叶变换（解析形式）与矢量网络分析仪的时域变换

由于 IFFT 在微波测量应用中的局限性，人们需要其他技术来分析这些网络。矢量网络分析仪测量的时域变换在 1974 年被首次提出[3]，并在 HP-8510A 引入它的实时商用版本之后得到广泛应用（1984），该款矢量网络分析仪具有更高的精度和实时选通功能[4,5]。该矢量网络分析仪提供了使用傅里叶逆变换计算频域数据的时域响应的功能。但是，有几个修正值得注意，它们使得矢量网络分析仪时域响应与网络频率响应的傅里叶逆变换不同，也就是说，与当前测量网络的冲激响应不同。这些不同来源于矢量网络分析仪变换的模式（低通阶跃、低通冲激或带通冲激），数据加窗和截断，窗口重归一化和数据选通。大多数情况下，矢量网络分析仪时域变换主要应用在低通模式用于故障定位，而阐述低通阶跃时域响应的文献也已经有很多。近来，带通模式的时域响应已经用于解决滤波器调谐问题[6]。

可以在解析形式的频率响应上作用恰当的函数，直至这个修正响应的傅里叶逆变换与矢量网络分析仪时域响应完全相同，通过这种方式，就可以获得矢量网络分析仪时域模式与解析冲激响应的严格比较分析。作用在频率响应上的这些函数都可以在时域进行评估，它们的相关时域效应可以分别确定。这种方式与参考文献[3]中的处理不同，在参考文献[3]中 Hines 和 Stinehelfer 从假设一个周期时间函数出发推导出时域响应,其傅里叶变换再现测量所得的频率响应。在下述处理中,假设有一个连续解析频率响应,并对其进行修正来表征离散频率采样和加窗,从而直接获得由原始频率响应和这些修正表示的矢量网络分析仪时域变换。

4.4.1　定义傅里叶变换

函数的 IFT 变换可直接提供相应网络的冲激响应,这与使用 $\delta(t)$ 脉冲作为网络激励取得的时间响应相同。图 4.2 显示了三极点巴特沃思滤波器的 S_{11} 参数的解析变换[意思是反射频域响应通过标准的网络理论计算得到的,并使用式(4.2)定义的傅里叶逆变换计算出时间响应]与其矢量网络分析仪时域变换。尽管在结构上两者有些相近,但两者明显不同。在后续的章节中,将描述如何表征矢量网络分析仪测量的各个方面,并通过恰当的数学转换使矢量网络分析仪时域变换得到与 IFT 相同的结果,从而调和上述两者的不同。

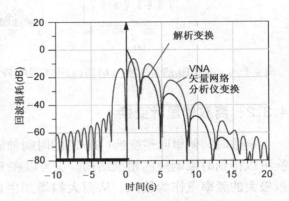

图 4.2　三极点巴特沃思滤波器的
解析冲激反射响应与矢量
网络分析仪时域变换响应

4.4.2　离散采样的影响

傅里叶变换作用在连续函数上,而矢量网络分析仪时域变换作用在测量(离散)数据上。一种方法是假设测量数据是连续解析频率响应的采样。由于矢量网络分析仪时域变换作用在离散数据上,它一定与网络的解析 IFT 变换不同,但通过采样过程的数学表示,能够获得一个解析函数的等效离散表达形式。注意,虽然这个时间函数与参考文献[3]中求解的完全相同,但这种方法更适用于网络的解析冲激响应与矢量网络分析仪时域变换的比较。

频率采样函数可以用 $\mathrm{III}(\omega)$ 表示,其定义如下

$$\mathrm{III}(\omega) = \Delta\omega \cdot \sum_{n=-\infty}^{\infty} \delta(\omega - n\,\Delta\omega) \tag{4.12}$$

该函数可看成一组间隔为 $\Delta\omega$ 的 δ 函数。离散数据在测量得到的频率响应中的影响可以通过构造已采样函数的方式来分析,该函数由解析频率响应与采样函数相乘得到,在测量频率点之间取值为零,且每个频率点处的 δ 函数的比例因子就是频率响应的测量值。这个已采样函数的 IFT 变换 $f_S(t)$ 可以解析表达为原始频率响应函数与采样函数之积的 IFT 变换

$$f_S(t) = \mathbf{F}^{-1}(F_S(\omega)) = \frac{1}{2\pi} \cdot \int_{-\infty}^{\infty} F(\omega) \cdot \Delta\omega \cdot \sum_{n=-\infty}^{\infty} \delta(\omega - n\,\Delta\omega) \cdot \mathrm{e}^{j\omega t}\mathrm{d}\omega \tag{4.13}$$

进一步,通过对 δ 函数的积分进行运算得到

$$f_S(t) = \mathbf{F}^{-1}(F_s(\omega)) = \frac{1}{2\pi} \cdot \sum_{n=-\infty}^{\infty} F(n\Delta\omega) \cdot \Delta\omega \cdot e^{jn\Delta\omega t} \tag{4.14}$$

上述运算也可以换一种方式理解，注意这两个函数在频域的乘积等价于其逆变换在时域的卷积。一个函数与 δ 函数的卷积结果是在 δ 函数原点处的原函数，所以，频率采样函数的逆变换得到的是另一个采样函数

$$\mathrm{III}(t) = \frac{1}{\Delta\omega} \cdot \sum_{n=-\infty}^{\infty} \delta\left(t - n\frac{1}{\Delta\omega}\right) \tag{4.15}$$

频域采样等价于原始频域响应与采样函数 $\mathrm{III}(1/\Delta\omega)$ 的卷积。因此，解析函数的离散采样序列的逆变换可以表示为该函数的逆变换冲激响应与式(4.15)中的采样函数的卷积。离散数据采样的影响可以看成是生成了一系列相隔为采样间隔倒数的原函数镜像（有时称为混叠）。$\pm\pi/\Delta\omega = \pm 1/2\Delta f$ 的时间范围称为采样数据逆变换的无混叠区域。很多商用产品显示 $\pm 1/\Delta f$ 的最大范围。如果原函数的冲激响应在 $\pm 1/2\Delta f$ 处并不趋近于零，那么采样函数在无混叠区域的波形会因先前和后续镜像的影响而失真。图 4.3(a)显示了频域 sinc^2 函数（$(\sin(x)/x)^2$）曲线及采样序列，众所周知该函数的变换是三角脉冲。图 4.3(b)显示了该连续函数及其取样序列的 IFT 变换。

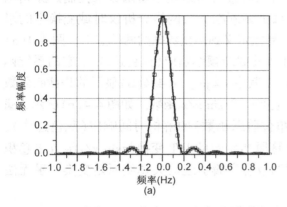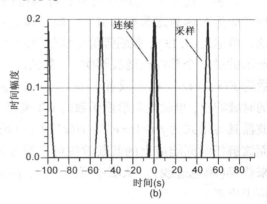

图 4.3 （a）sinc^2 函数的连续频率响应及以 0.02 Hz 采样率采样得到的
采样序列；（b）连续时域响应及采样引起的时间响应重复

频率响应的采样序列的逆变换一定是无限重复的（周期性的）时间响应。即使频率响应是离散的，时间响应仍然可以是连续的。只有当频率响应是离散的和周期性的，时间响应才是离散的。由于任何实频率响应的采样序列一定是在有限的频率范围内采样得到的（因此不是周期的），所以任何与测量所得的频率响应相关的时间响应都是连续和周期性的。也就是说，矢量网络分析仪显示的任何时域响应都代表一个周期性时间函数。

4.4.3 频率截断的影响

使用测量数据做变换的另一后果是频率响应一定是截断的，而非延伸到正无穷和负无穷。也就是说，所有矢量网络分析仪都受限于它们的响应测量范围，并且频域采样数据不会具有无限响应。对于传输响应而言，这并不构成什么问题。大多数网络的传输响

应类似滤波器，在高频处变得任意小，因此高频对傅里叶逆变换的贡献可以忽略不计。然而，对于反射响应而言，其高频处的响应值仍然很大。实际上，这些响应的傅里叶变换并不是严格存在的，它们并不满足式(4.16)

$$\int_{-\infty}^{\infty} |f(\omega)|\,\mathrm{d}\omega < \infty \tag{4.16}$$

但是大多数反射函数可以借助广义函数 $\delta(t)$ 来表示。但如果响应是截断的，并且响应数据是有限的，那么其傅里叶变换就是严格存在的。实际上，如果函数来自一个准确给定的物理量，那么变换存在的条件是充分的。或者换一种说法，如果信号是真实的，那么它的时域响应一定存在。

对网络的频率响应数据的截断在数学上等价于该数据与一个矩形窗函数相乘。在时域，这可以表示为网络的冲激响应与 $\sin x/x$ 函数的卷积，其中 $\sin x/x$ 函数是矩形窗函数的逆变换。这样，如果原始数据在截断前并不趋近并保持为零，那么截断数据的逆变换总是具有旁瓣的。这些旁瓣可以非常大，以至于掩盖真实的网络冲激响应，人们已经做了大量工作来减小其影响。

大多数情况下，旁瓣(有时也称为振荡)可以通过恰当地使用窗函数来控制。原始函数和矩形窗函数之乘积的 IFT 变换能够表示数据截断在矢量网络分析仪时域变换中的影响。根据式(4.13)，截断等价于将积分的上下界重定义到测量数据的两端点上。图 4.4(a) 所示的是一个单极点滤波器响应(灰色迹线)和其截断频率响应(黑色迹线)，它的系统函数为 $F(s) = 1/(s+1)$ 或者 $F(\omega) = 1/(1+j\omega)$，其中 $s = j\omega$。图 4.4(b) 显示的是截断函数的时域响应，也就是矩形窗函数的 IFT 变换，它是一个 $\sin x/x$ 函数。如图 4.4(c) 所示，滤波器具有形式为 $f(t) = e^{-t} \cdot U(t)$ ($U(t)$ 是单位阶跃函数) 的解析时间响应(灰色迹线)，而该解析时间响应上的截断效应可以通过计算原始函数的 IFT 变换与 $\sin x/x$ 函数之卷积来获得(黑色迹线)。从图中可以看出，由截断效应旁瓣引起的失真使原始变换几乎无法辨识出来。

对于 ω 在 $-N\Delta\omega$ 到 $+N\Delta\omega$ 之间取值的采样数据集合，IFT 变换的形式如下

$$f_s(t) = \frac{\Delta\omega}{2\pi} \cdot \sum_{n=-N}^{N} F(n\Delta\omega) \cdot \mathrm{e}^{jn\Delta\omega t} \tag{4.17}$$

式(4.17)可以称为采样傅里叶逆变换。注意该变换与式(4.10)中的离散傅里叶逆变换的相似性。式(4.17)中的采样傅里叶逆变换可以用于计算任意时刻 t 的逆变换，因此无须像 FFT 变换那样在时间跨度或时间采样点间隔上做任何限制。

4.4.3.1　因果性

截断的一个后果就是时域响应变为非因果的，也就是说，冲激响应的旁瓣在零时刻之前就出现了。虽然这不是人们所期望的，但它是一个数学事实。正如下一节将要讨论的，使用其他一些处理，这种非因果性可以减小到能够接受的范围内。另外需要注意的是，时域函数的峰值并不是在 $t=0$ 时刻出现的，而是有些延迟，这也是频率响应截断的一个后果。

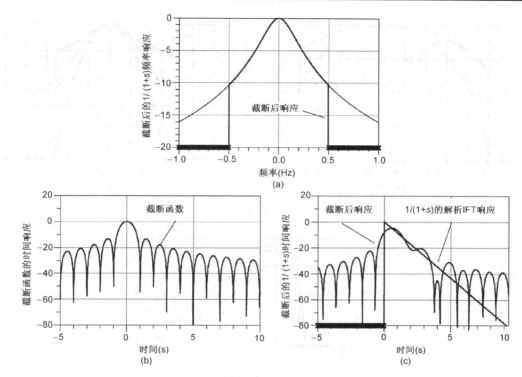

图 4.4 无截断和有截断的单极点滤波器频率响应

4.4.4 减小截断效应的方法——加窗

上文表明，数据截断等效于原始变换与 $\sin x/x$ 函数的卷积。$\sin x/x$ 函数的旁瓣非常大，并且持续相当大的范围，经常掩盖所需的原始函数响应。如果原始函数在频率端点处趋于零，那么截断效应将最小化。应用窗函数可使频率响应逐渐减小，从而限制在截断过程中生成的旁瓣。

然而，加窗处理通常会降低原始时间响应的清晰程度、展宽脉冲并使坡度变得平缓，从而降低变换的分辨率并使原始时间函数在拐点处失真。这样就很难对变换所得函数的真实特性进行评估。所以，在确定窗函数的时候旁瓣幅度和分辨率之间存在着折中。窗函数如 Hanning 窗、Hamming 窗、余弦窗、平方余弦窗已被广泛介绍，每种窗函数都各有优缺点；通常在旁瓣抑制和上升时间损失之间存在着折中；商用产品中经常用到的一种窗函数使用 Kaiser-beta（KB 或 β）值来设定窗的相对宽度。KB 值 0 表示无窗，KB 值 6（最大为 12）是诸多商用矢量网络分析仪中使用的正常值。对于小反射（如同极性接头）的时域分析，使用低至 3 的 KB 值可以提高分辨率，而小反射意味着旁瓣不会干扰结果。如果有大反射（如传输线末端的开路或短路）存在，那么大反射造成的旁瓣会掩盖感兴趣的反射。在这种情况下，需要更多加窗处理来移除旁瓣效应。

图 4.5（a）给出了不同的窗因子下的窗函数，图 4.5（b）显示了这些窗函数应用于单极点滤波器响应，而图 4.5（c）所示的是 KB ＝0 和 6 时的加窗响应函数以及解析冲激响应。加窗后的变换恰当地显示出解析响应函数的形状，但上升时间增加，峰值降低。加窗处理进一步展宽该时间响应，造成其非因果现象。

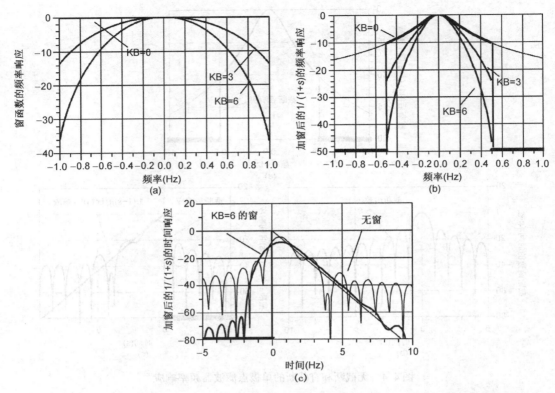

图 4.5   (a) KB 因子为 0、3 和 6 的窗函数；(b) 对单极点滤波器加窗；(c) 加窗后迹线的时间响应

　　为了使解析冲激响应与矢量网络分析仪时域变换一致，有限频率范围、采样和加窗处理对解析 IFT 变换的影响可以如下表示为 f_{SW}（采样加窗后）

$$f_{SW}(t) = \frac{\Delta\omega}{2\pi} \cdot \sum_{n=-N}^{N} F(n\Delta\omega) \cdot W(n\Delta\omega) \cdot e^{jn\Delta\omega t} \tag{4.18}$$

其中 $W(\omega)$ 是窗函数，对该函数在 $\omega = -N\Delta\omega$ 至 $+N\Delta\omega$ 区间上进行采样。该响应包含了对原始解析函数的所有明显的修正，但为了能够与矢量网络分析仪时域变换完全一致，尚需要最后一个修正如下所述。

4.4.5   尺度变换和重归一化

　　需要对时域变换值进行重归一化来保持它的物理含义。例如，理想开路的 S_{11} 参数的无时延频率响应在所有频率上都为 1；它的逆变换是 δ 函数。然而，当数据通过采样和加窗处理之后，开路响应的时域变换会被窗函数展宽，也就得不到一个单位脉冲。开路的时域响应在 $t = 0$ 时刻具有单位值会更可取。对窗因子求和能够得到相应时域变换的正确尺度因子

$$W_0 = \frac{\Delta\omega}{2\pi} \cdot \sum_{n=-N}^{N} W(n\Delta\omega) \tag{4.19}$$

重归一化后的时域变换变成

$$f_{\text{VNA}}(t) = \frac{1}{W_0} \cdot \frac{\Delta\omega}{2\pi} \cdot \sum_{n=-N}^{N} F(n\Delta\omega) \cdot W(n\Delta\omega) \cdot e^{jn\Delta\omega t} \tag{4.20}$$

注意无论窗因子为何，对于单位频率输入，上述尺度变换后的时域变换总是返回 0 dB。如果待变换数据在频带边缘已经趋近于零，那么加窗之后的响应在重归一化后会显得比解析时间响应要大。由于窗因子尺度变换并不考虑加窗处理究竟对时域响应展宽多少而总是保持一个单位峰值幅度，这等效于放大直流和低频响应。对于一些数据，如低通滤波器响应，这会造成加窗响应在幅度上比相对应的解析冲激响应大。

4.5　低通和带通变换

由于测量数据是对有限频率范围采样得到的，将对采样所得函数的行为做一些假设。矢量网络分析仪提供了可选假设，从而产生了两种不同模式的变换：低通模式和带通模式。

4.5.1　低通冲激模式

低通冲激模式假设频率响应属于一个真实网络。那么频率响应是厄米特的，时域响应是纯实数的。该模式也假设网络响应在低频处是渐近的，也就是说，低频响应基本上是常数，测量频率范围以外的频率响应不包含网络的任何重要信息。换句话说，任何关心的东西都在测量频率范围内。数据点在 $\omega = n\Delta\omega$（n 取值为 $1 \sim N$）的范围内线性分布。于是，频率值一定是谐波相关的。对于该时域变换，窗函数中心位于 $\omega = 0$ 并延伸到 $\omega = N \cdot \Delta\omega$ 的最大频率。据此，式（4.20）中的复数求和变为

$$f_{\text{LP}}(t) = \frac{\Delta\omega}{2\pi} F(0) \frac{W(0)}{W_0} + \frac{1}{W_0} \frac{\Delta\omega}{2\pi} 2 \cdot \text{Re}\left[\sum_{n=1}^{N} F(n\Delta\omega) \cdot W(n\Delta\omega) \cdot e^{jn\Delta\omega \cdot t}\right] \tag{4.21}$$

对于厄米特函数，正负变换的虚部相互抵消而实部相叠加，所以只需计算实数部分。进一步，必须为 $F(0)$ 确定一个值，这可以通过直流外插实现。从式（4.21）中可以看出，该时域变换由许多正弦和余弦函数相加而成，且最高频率测量点决定其最高频率元素。于是，上升时间由所测量的最高频率的最大斜率决定。该变换在由频率步长值决定的时间间隔内不断重复，且频率步长值与最低频率点相等。

4.5.2　直流外插

除频率响应上限的限制外，测量仪器也受限于它的最小频率响应。而傅里叶变换包含频率响应直流值的影响。由于矢量网络分析仪一般并不测量直流响应，那么就需要使用直流外插。一些分析程序允许直接输入直流值。直流外插需要假设网络响应渐近趋近于直流，不同的应用使用了不同的算法。将在下文中讨论直流外插的一些结论。

4.5.3　低通阶跃模式

到目前为止的讨论一直围绕网络冲激响应。网络阶跃响应在直接确定网络特性上有

其用处,尤其对于级联传输线的情况,阶跃响应触发时域反射计(TDR)的正常工作模式,这种仪器使用阶跃直流激励。单位阶跃函数 $U(t)$ 定义为

$$U(t) = \begin{cases} 0, & t < 0 \\ \frac{1}{2}, & t = 0 \\ 1, & t > 0 \end{cases} \tag{4.22}$$

据此,它的傅里叶变换可以计算得到

$$\mathbf{F}[U(t)] = \pi\,\delta(\omega) - \mathrm{j}\,\frac{1}{\omega} \tag{4.23}$$

时域阶跃响应可以通过计算单位阶跃函数的傅里叶变换与网络频率响应 $F(\omega)$ 之乘积的逆变换而得到

$$f_{\mathrm{Step}}(t) = \frac{1}{2\pi}\int_{-\infty}^{\infty} F(\omega)\cdot\left(\pi\,\delta(\omega) - \mathrm{j}\,\frac{1}{\omega}\right)\mathrm{e}^{\mathrm{j}\omega t}\mathrm{d}\omega = \frac{F(0)}{2} - \frac{\mathrm{j}}{2\pi}\int_{-\infty}^{\infty}\frac{F(\omega)}{\omega}\mathrm{e}^{\mathrm{j}\omega t}\mathrm{d}\omega \tag{4.24}$$

对阶跃响应求导就可以生成所需的网络冲激响应。

矢量网络分析仪时域变换的低通模式包括两种形式:低通冲激[由式(4.21)定义]和低通阶跃。低通阶跃响应实质上是在特定积分常数选择下低通冲激响应对时间的积分。矢量网络分析仪阶跃响应需要保证其导数是矢量网络分析仪时域的冲激响应,频域采样函数造成了时域响应的周期性(周期为 $1/\Delta f$),矢量网络分析仪阶跃响应需要保持这种周期性,且低通数据在 $t=0$ 到 $t=1/\Delta f$ 的范围内有效。

图 4.6 所示的是一个满足导数为周期冲激响应条件的阶跃响应激励(标注为"矢量网络分析仪单位阶跃响应")。这个响应函数与 Hines 和 Stinehelfer 在参考文献[3]中描述的方波响应不同,从图中可以看出,该函数不具有傅里叶变换。然而,它可以表示为两个函数之和:第一个函数是周期的(标注为"周期部分"),第二个函数是斜坡函数(标注为"斜坡部分")。

时域阶跃响应可以根据网络函数和单位阶跃激励得到,对阶跃激励的周期部分应用恰当的傅里叶变换,而对其斜坡部分使用恰当的拉普拉斯变换。从式(4.21)和式(4.23)

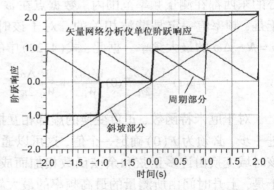

图 4.6 包含周期部分(具有傅里叶变换)和斜坡部分的矢量网络分析仪单位阶跃响应

可以得到函数在截断加窗处理后的采样序列

$$f_{\mathrm{Step}}(t) = \left\{\frac{F(0)}{2} + \frac{\Delta\omega}{2\pi}\cdot 2\cdot\mathrm{Re}\left[\sum_{n=1}^{N}\frac{F(n\Delta\omega)\cdot W(n\Delta\omega)}{\mathrm{j}n\Delta\omega}\cdot\mathrm{e}^{\mathrm{j}n\Delta\omega\cdot t}\right]\right\} + F(0)\cdot\frac{\Delta\omega}{2\pi}\cdot t + C \tag{4.25}$$

对式(4.25)求导显然可以得到式(4.18)。如果冲激响应包含直流分量,那么就需要等式中的第二项(斜坡部分)。最后的积分常数是为了恰当给出变换在 $t=0$ 时刻的响应值。

从而，阶跃响应可以这样得到：取频率响应除以 j 倍频率步长值之商的傅里叶逆变换，再加上一个线性时间斜坡函数。时域阶跃响应只在低通模式下可以获得。

4.5.4　带通模式

当低通模式下的频率谐波相关假设不能满足时，带通模式提供了另外一种时域变换方法。这种情况可能出现，例如在测量带通或高通滤波网络的时候。矢量网络分析仪测量输出通常是一个奇数点集合，这些点以 $\omega = \omega_c + n\Delta\omega$（$n$ 从 $-N/2 \sim N/2$）的形式线性分布，ω_c 是数据的中心频率。傅里叶逆变换只在这些测量数据点上计算，而并不假定负频率响应是测量数据的共轭。也就是说，带通模式并不假定频率函数是厄米特的，就好像其所用的频率响应只在正频率上存在一样（当然，这不可能表示一个真实存在的器件，但很有用）。应用加窗处理时，窗函数的中心为数据集合的中心频率。而低通模式下的窗函数中心位于直流分量或者数据集合的第一个点上。带通逆变换的定义为

$$f_{\mathrm{BP}}(t) = \frac{1}{W_0}\frac{\Delta\omega}{2\pi} \cdot \sum_{n=-N/2}^{N/2} F_{\mathrm{BP}}(\omega_C + n\Delta\omega) \cdot W(n\Delta\omega) \cdot \mathrm{e}^{\mathrm{j}(\omega_c + n\Delta\omega)\,t} \tag{4.26}$$

矢量网络分析仪带通模式与 Hines 和 Stinehelfer 在参考文献[3]中所描述的有重要区别，他们的模式生成的是纯实数的时域响应。而矢量网络分析仪带通响应产生复数的时域响应，如此选择该变换是带通响应有其用武之地的关键，一个例子就是滤波器调谐。为了说明带通变换模式，考虑带通滤波器的频率函数。该频率响应在远离中心频率处趋近于零，因此窗函数对变换的影响甚微。如果频率响应 F_{BP} 是低通原型响应的带通表示形式（参见参考文献[7]），也就是说，$F_{\mathrm{BP}}(\omega) = F_{\mathrm{LP}}(\omega - \omega_c)$，从而 $F_{\mathrm{BP}}(\omega_C) = F_{\mathrm{LP}}(0)$。这个带通滤波器的带通时域变换与低通原型的频率响应的关系如下

$$f_{\mathrm{BP}}(t) = \frac{\mathrm{e}^{\mathrm{j}(\omega_c)t}}{W_0}\frac{\Delta\omega}{2\pi} \cdot \sum_{n=-N/2}^{N/2} F_{\mathrm{LP}}(n\Delta\omega) \cdot W(n\Delta\omega) \cdot \mathrm{e}^{\mathrm{j}(n\Delta\omega)t} \tag{4.27}$$

或者使用低通时域响应表示为

$$f_{\mathrm{BP}}(t) = \mathrm{e}^{\mathrm{j}\omega_c \cdot t} \cdot f_{\mathrm{LP}}(t) \tag{4.28}$$

从这可以看出，带通时域模式总是返回复数的时域响应。这是由于移除了频率响应包含负频率元素这个假设。带通变换的幅度响应与低通原型相同

$$|f_{\mathrm{BP}}(t)| = |f_{\mathrm{LP}}(t)| \tag{4.29}$$

于是带通模式下的时域变换响应与网络的解析冲激响应非常不同。考虑一个网络，例如滤波器，具有低通响应 $f_{\mathrm{LP}}(t)$。如果该滤波器作为带通滤波器的原型，且通过频移产生一个带通响应，这个带通滤波器具有如下解析冲激响应

$$f_{\mathrm{Imp}}(t) = 2f_{\mathrm{LP}}(t) \cdot \cos(\omega_C \cdot t) \tag{4.30}$$

该响应如我们对实际网络的解析变换所期待的那样是纯实数的。因此，带通变换模式除加窗处理、采样和频率截断效应以外，存在一个把数据看成单边带响应（仅有正频率）所引起的效应。另外，由于窗函数的中心位于变换的中心频率，这使得函数在最低频率及最高频率处都为零；无须对直流分量外插。

带通变换的一个后果是其分辨率仅为低通变换的一半。从式(4.26)可以看出，复指

数的最大频率是频率跨度的一半(数据范围从 $n = -N/2 \sim N/2$)。该变换的无混叠区域与低通变换一致。

在上述对矢量网络分析仪时域变换介绍的基础之上,可以更好地理解时域选通测量的概念。

4.6　时域选通

时域选通指的是在时域某部分选取感兴趣的区域,移除不需要的响应并在频域显示结果。选通可以看成时域响应与一个在感兴趣的区域恒为1,而此区域之外为零的数学函数之积。可以对选通后的时域函数做正变换来显示没有其他时间响应影响的频率响应。然而,选通对响应的影响有些微妙,有些选通函数造成的后果并不是显而易见的。

实际上,选通函数并不是"密不透风"(brick wall)的。这是因为选通函数中的突变造成了选通后的时间函数中的类似突变。因此,频率响应会产生与突变相关的振铃效应(如频率响应受限于测量数据区域一样)。为避免振铃效应,在变换到时域前,对选通函数在频域上做加窗处理。对于一个中心位于 $t = 0$ 时刻的矩形时间函数,它的傅里叶变换可以通过解析计算求得,其频率响应包含 $\sin(\omega)/\omega$ 或 $\mathrm{sinc}(\omega)$ 函数。sinc 函数主瓣宽度与时域选通宽度成反比。如果选通时间的中心并不在 $t = 0$ 时刻,那么其傅里叶变换得到的响应相当于 sinc 函数与一个复指数因子之积,也就是 $\mathrm{sinc}(\omega) \cdot e^{j\omega t}$。在频域对该响应进行加窗处理,能够设定选通函数时域突变的最大斜率(将它看成选通函数的上升时间),并减少选通函数旁瓣。选通函数旁瓣会造成一个有时被称为"选通泄漏"的现象,当大反射信号在小反射信号附近被选通移除时,能够观察到这个现象。选通泄漏能够产生很强的响应,从而造成错误的选通后响应。将选通函数变换到时域,将其与网络时域响应相乘后就能显示加窗后的时域响应。如果需要选通后的频域响应,可以将选通后的时域响应变换回频域。在实际应用中,会使用另一种计算方法,时间选通频率响应通过计算选通函数频率响应和测量所得频率响应之卷积来求得。这个方法减少了所需的变换次数,有着更快的处理速度,并且通过这种对选通的卷积解释,就能对下文即将介绍的选通的一种微妙效应有更直观的理解。

4.6.1　选通损耗和重归一化

如果像上文所描述那样应用选通函数,一个奇特的效应会出现在时域选通后的频域响应端点上:这些端点区域降低了 6 dB,就好像选通在频率端点上造成了一些损耗。实际上,选通犹如滤波函数且损耗是真实的。单位函数的频率响应是常数(如直通线),对比单位函数 $F(\omega) = 1$ 的选通后频率响应的中心点与最后一点可以帮助理解这 6 dB 偏差。单位响应的时域响应接近于 δ 函数 $f(t) = \delta(t)$,而它的频率响应就是一条直线。该函数在图 4.7 中用黑色实线表示。

在卷积过程中,任意频率 ω_1 处的选通后响应值可以通过首先计算 $F(\omega)$ 与以 ω_1 为中心进行频率反褶后的选通频率函数之乘积而后对其积分(由于积分是离散的,所以求和)来求得,这就是卷积的定义

$$F_g(\omega_1) = \sum_{n=-N}^{N} F(n \cdot \Delta\omega) \cdot G(\omega_1 - n \cdot \Delta\omega) \tag{4.31}$$

对带通模式的中心频率点(或者低通模式下的零频,DC)而言,加窗后的频率响应值是图 4.7 中的细实线迹线所表示的中心位于 $\omega = \omega_c$ 的 sinc 函数与频率响应(此处为 1)之乘积。细实线迹线的积分就是该频率处的选通后响应值。对于第一个(或最后一个)频率点而言,sinc 函数中心位于第一个(或最后一个)频率点上,一半的选通函数与零相乘(对于原始响应之外的频率值),于是对求和没有贡献,犹如图 4.7 中的虚线所示。所以第一个数据点值是中心点值的一半,换言之,就是低 6 dB;这也可以从图 4.7 中看出,虚线之下的面积是细实线曲线下面积的一半。遗憾的是,上述原因使得任何选通都会引起选通后频率响应的开始和最后一些点(低通模式下仅最后一些点)失真。失真数据的跨度与选通宽度(频率上)相关;对于更宽的时间选通而言,失真会发生在位于选通后频率响应边沿处的更少的点上。

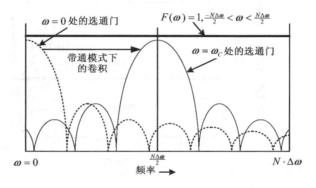

图 4.7 频率选通响应的卷积

矢量网络分析仪在时域上通过选通后重归一化来对这种滚降进行补偿。选通后重归一化可通过一单位幅度频率响应来确定。在该单位响应上应用预选通窗函数,此函数与应用于正常频率响应数据上的预变换窗函数相同。将所得的单位幅度频率响应与选通门的频率响应做卷积得到最终的归一化频率响应。用时域选通后的频率响应除以上述函数来去除时域选通的滚降效应。这个归一化函数对于位于选通中心的单位时间响应完全适用。如果选通在时间函数周围是非对称的,那么与原始频率响应相比,选通后的响应会包含一些误差。

观察时域选通门的实际形状是有启发意义的,这可以通过使用一个商用矢量网络分析仪中通常不具备的函数实现。选通门形状可以通过生成一个类似 δ 函数的频率响应($F(0) = 1$;对于 $\omega \neq 0$,$F(\omega) = 0$,但由于加窗处理,有些展宽),对其应用选通并将结果变换到时域来观察选通门的实际形状。这有助于理解选通门形状如何影响选通后的响应。

图 4.8(a)所示的是不同选通中心时间下的选通函数。图 4.8(b)显示的是对单位频率响应($F(\omega) = 1$)应用具有最小和最大偏差时间的选通门后的时域响应。注意,三种不同中心时间下的时域选通门都完全覆盖脉冲,时域响应的峰值几乎无变化,但移位选通

门下的旁瓣会有所不同。图4.8(c)所示的是选通后的频率响应。对于不同选通中心时间，高频处的响应会有很大不同。显然，当选通门以待选通响应为中心的时候，归一化是最优的。

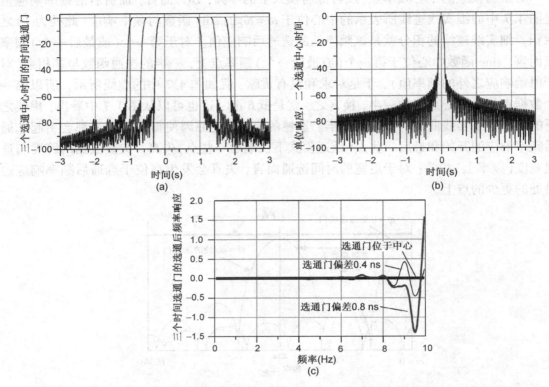

图4.8　(a)三个不同中心时间下的时间选通门；(b)使用第一个和最后一个选通门中心对单位响应进行选通后的时间响应；(c)三个选通门中心下的选通后频率响应，频带边缘处显示有归一化误差(仅显示正频率部分)

　　通过IFT运算并显示响应结果，就可以在时域观察选通后的时间响应。实际上，总是需要首先观察时域响应以恰当地设定选通起始和终止时间值：打开变换功能将所得时域响应显示出来，并设定选通门起始和终止值。下一步是打开选通功能。最后，关闭变换，时间选通后的频率响应就会显示出来。

　　下文对多例多元件复合响应的时域响应的探讨将揭示出时间选通如何在时间上区分各个响应并显示复合元件中各个独立频率响应，这些响应会由于掩蔽效应而有些失真[8]。由此提出一种方法来补偿这些效应。

4.7　不同网络的时域变换示例

4.7.1　传输线阻抗变化的时域变换

　　对于阶梯网络，也就是说，网络由串联元件组成，通过时域变换就能很好地理解产生相应频率响应的不连续性的本质。作为第一个示例，考虑图4.9(a)中的网络，该网络

由一小段 Z_0 传输线、一段阻抗为 $Z_0/2$ 的传输线以及最后一段 Z_0 传输线连接而成。注意，如果扩展时间尺度的话，二次反射也会出现。两个主要反射来自 $Z_0/2$ 传输线的起始端和末端的阻抗阶梯。由传输线阻抗阶梯引起的不连续性的阻抗值可以直接关联到时域阶跃响应，该响应将反射显示为一个时间函数。反射系数是相对的，所以对于 50 Ω 参考阻抗而言，1% 的反射相当于阻抗变化约 1 Ω，如式（4.32）所示

$$\Gamma = \frac{Z - Z_0}{Z + Z_0}, \qquad Z \approx 50, \; \Gamma(\%) \approx \Delta Z, \qquad \Delta Z = Z - Z_0 \qquad (4.32)$$

由于传输线损耗、传输线阻抗变化和先前反射都会影响我们关心的反射部分，所以必须小心看待这种解释。对于图 4.9 中的传输线，阻抗阶梯对于正在考察的反射而言显然存在并且非常大，每个阶梯处的反射系数是相同的，$|\Gamma_1| = |\Gamma_2| = 0.33$。然而，如图 4.9(b) 所示，根据 $Z_0/2$ 传输线与第二次传输之后的最后一段 Z_0 传输线的阻抗值差异所计算出的第二个明显的反射系数 $\hat{\Gamma}_2$ 仅为 0.30。同样第二次反射响应的冲激响应也表现出类似的"掩蔽"效应。这种掩蔽效应是网络响应的一个结果，并说明了为什么时域迹线表示沿传输线之阻抗的简单想法并不完全正确。事实上，TDR 显示出了沿传输线的反射电压，而由于掩蔽所引起的偏差可以从一些基本原理得到，这将在下一节加以讨论。更多关于使用时域和时间选通测量无源器件的示例将在第 5 章中讨论。

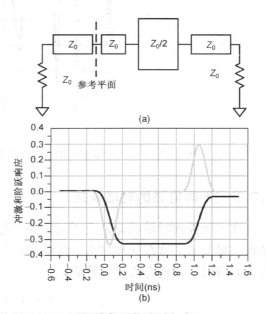

图 4.9　(a) 不同阻抗级联线模型；(b) 级联线的阶跃（黑色）和冲激（灰色）响应

4.7.2　离散不连续性的时域响应

作为第二个示例，使用频率响应的时域变换来处理各部分之间存在离散不连续性的级联传输线，并且不同的不连续性的数值分别得到确定。图 4.10(a) 所示的是由 Z_0 参考阻抗、第一个电容不连续性、Z_0 传输线、第二个相同的电容不连续性和端接的 Z_0 负载顺序连接而成的网络。

该网络的时域变换如图 4.10(b) 所示。这是一个低通阶跃响应，其中电容不连续性在时域表现为谷值。不连续性造成的反射在这些不连续性间往返重复，这些重复反射在理想情况下应该逐渐递减并持续至无穷时间（而实际上它们都叠加到所有的混叠后响应上）。也要注意，即使对于由完全相同的不连续性造成的响应而言，第二个不连续性的响应显得比第一个要小。尽管与图 4.9 中的例子相比程度不同，第二个响应还是有些被第一个响应所掩蔽，这表明不同掩蔽机制的存在。

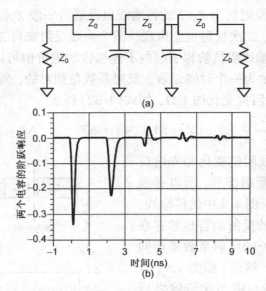

图 4.10 （a）两个电容不连续性的模型；（b）两个不连续点 S_{11} 参数的阶跃响应

4.7.3 不同电路的时域响应

　　许多元件的时域响应是众所周知的，尤其低通模式能够用于确定这些不连续点的类型和相对数值。这在处理接头、线缆和传输线结构中存在的有害不连续性上非常有用。表 4.1 列出了一些有用的时域响应。

表 4.1 时域响应列表

元 件	阶 跃 响 应	冲 激 响 应
开路	单位反射	单位反射
短路	单位反射，-180°	单位反射，-180°
阻抗 $R > Z_0$	正移位	正峰值
阻抗 $R < Z_0$	负移位	负峰值
电感	正峰值	先正峰后负峰
电容	负峰值	先负峰后正峰

4.8 掩蔽和选通对测量准确性的影响

上文中的时间选通概念指的是在数学上移除一部分时域响应,并在频域观察结果。其目的是去除多余反射的影响,如接头和过渡结构,只留下待测器件的响应。这将提高响应的质量;也就是说,选通后的响应应该与器件响应更相似,就像在无其他反射的情况下进行测量一样。然而,先前反射会影响到时域选通后的测量结果。以前的工作已经论述过对损耗效应的补偿[9],但是却忽视了先前反射的影响。其他文献提出过与先前反射相关的误差,或者由于阻抗变化引起的误差,但没有提供补偿方法。下面将给出这些效应的数学描述和新的补偿方法,以及对时间选通后的频率响应的不确定性分析,并将其应用于一些特定例子中。

4.8.1 对传输线阻抗变化的补偿

对于图 4.9 中的传输线而言,第二个过渡结构的反射系数 Γ_2 的表现值仅为其真实值的 90% 。在这个特定点上正常的时域变换不能给出正确的反射系数。为理解这一点,考虑第一次反射界面,其反射系数按式(4.32)中的定义来计算。

然而,沿传输线结构继续向下传播的信号被式(4.33)所定义的传输系数所改变[10]

$$T_1 = \frac{2 \cdot Z_1}{Z_1 + Z_0} \tag{4.33}$$

其中 Z_0 是输入传输线, Z_1 是第二段传输线。第二个阻抗阶梯在输入端的反射系数 Γ_2 表现值进一步被另一个(反向)传输系数 T_2 改变,其定义为

$$T_2 = \frac{2 \cdot Z_0}{Z_1 + Z_0} \tag{4.34}$$

受第二个阶梯影响,现在总的反射系数 $\widehat{\Gamma}_2$ 的表现值为

$$\widehat{\Gamma}_2 = \Gamma_2 \cdot T_1 \cdot T_2 = \frac{(Z_0 - Z_1) \cdot (4Z_1 Z_0)}{(Z_1 + Z_0)^3} \tag{4.35}$$

或者, $\widehat{\Gamma}_2 = +0.30$,与图 4.9 中的测量结果非常吻合。

进一步地,对于响应由传输线阻抗变化而引起的起始传输线阻抗不是参考阻抗的情况,需要两种补偿。首先,为了对反射响应进行补偿,必须用表面响应除以传输系数项乘积 $T_1 \cdot T_2$,产生相对于该传输线的反射响应, $S'_{11} = S_{11} / (T_1 \cdot T_2)$ (从上文中 $\widehat{\Gamma}_2$ 表达式推导得到)。第二个补偿是使用传输线阻抗对响应进行重归一化。频率响应假定了一个系统阻抗的参考阻抗,通常为 50 Ω。重归一化处理包括使用传输线阻抗 Z_{line} 作为参考阻抗将反射响应变换为一个有效阻抗 Z_{eff} 。然后再使用系统阻抗[11]将所得有效阻抗变换回有效反射响应 $S_{11(eff)}$

$$Z_{eff} = Z_{line} \cdot \frac{1 + S'_{11}}{1 - S'_{11}}, \quad S_{11(eff)} = \frac{Z_{eff} - Z_0}{Z_{eff} + Z_0} \tag{4.36}$$

4.8.2 离散不连续性的补偿

图 4.10 显示了两个电容不连续性的时域响应。第二个不连续性在电路中由相同元

件产生，却具有与第一个元件不同的时域响应。最明显的一点就是响应幅度变小了，这与第一个示例一致。然而，在这个例子中，并没有参考阻抗的变化可以用来解释这些不同。而是由于第一次反射削弱了正向（入射）波中的一些能量，所以第二个不连续性获得更少的能量。在第一个示例中有类似的效应出现，并归结为传输系数。对于一个局部不连续性，两边的阻抗相同，其对行波的影响需要使用另外的方式来确定。

从能量守恒出发，第二次反射处的入射波的电压幅度$|V_2^+|$（假定第一次反射是无损的）是

$$|V_2^+| = |V_1^+| \cdot \sqrt{1 - |\Gamma_1|^2} \tag{4.37}$$

其中$|V_2^+|$是入射波电压，Γ_1是第一次反射的反射常数。第二次反射的反射电压幅度$|V_2^-|$是

$$|V_2^-| = |V_2^+| \cdot \Gamma_2 = |V_1^+| \cdot \left(\sqrt{1 - |\Gamma_1|^2} \right) \cdot \Gamma_2 \tag{4.38}$$

$|V_2^-|$信号在Γ_1处再次发生反射，其中一部分信号Γ_2（在输入端口实际测量到的从Γ_2处反射回来的信号部分）传输过去，该信号以与式（4.37）相同的方式衰减后生成第二次反射系数的有效值

$$\left| \hat{\Gamma}_2 \right| = \frac{|V_3^-|}{|V_1^+|} = (1 - |\Gamma_1|^2) \cdot \Gamma_2 \tag{4.39}$$

由于能量守恒不能应用于传输信号的相位，所以上述结果仅针对反射系数幅度有效，上述结果虽然与其他文献中所描述的相同[8]，却更进一步地提供了去除第一个不连续性影响的方法。

4.8.3　时域选通

4.8.3.1　选通两个不连续性的第一个

选通的效果可以使用图 4.10 中的电路进行评估。图 4.11 使用浅灰色表示具有波纹的原始频率响应，一段由传输线分隔开来的两个不连续性会产生这种波纹图样。细黑线表示一个端接阻抗为Z_0的独立电容不连续性的理想S_{11}的计算结果。在第一个电容不连续性周围做选通产生的响应（参见图 4.11 中的深黑色）几乎与计算所得的仅第一个不连续性存在时的频率响应相同。仅在响应高频处出现不一致，这很可能由于图 4.8(c) 中描述的重归一化误差造成的。显然，对端接阻抗为Z_0的第一个不连续性的选通非常有效地去除了其他电路元件的影响。然而，当选通应用于第二个不连续性时，并不能得到熟悉的响应。

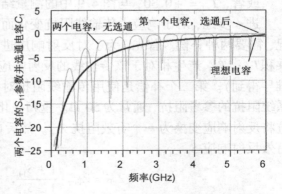

图 4.11　两个电容不连续性的S_{11}响应（浅灰色）和在第一个电容周围选通后的响应；以及仅第一个电容时的S_{11}响应（深黑色）

4.8.3.2　选通两个不连续性中的第二个

第二个不连续性的时间选通后的响应与其原本响应非常不同,如图 4.12 所示(细黑色迹线,标注为"第二个电容,选通无补偿")。第二个不连续性的选通后测量结果的频率响应可以借助第一个不连续性的选通后响应进行补偿,使用式(4.39)产生的 Γ_2 补偿式为

$$\Gamma_2 = \frac{\left| \hat{\Gamma}_2 \right|}{\left(1 - \left| \hat{\Gamma}_1 \right|^2 \right)} \tag{4.40}$$

其中 $\hat{\Gamma}_1$ 是第一个电容的选通后结果, $\hat{\Gamma}_2$ 是第二个电容的选通后结果。该补偿在图 4.12 中已有应用,结果表明补偿在大部分频率范围中都非常好(粗黑线,标注为"第二个电容,选通并补偿")。然而,频带边缘响应的偏差是由于归一化不能够完全补偿选通误差造成的,就像图 4.8 中所描述的一样。第一个电容选通后的 S_{11} 迹线略向上拐就是这种误差的表现。$\hat{\Gamma}_1$ 曲线略向上拐使其趋近 1,从而式(4.40)的分子趋近于零,这使得 Γ_2 的表面值在频带边缘处更快增长。加宽选通窗函数会减少这种边缘效应,或者可以在更宽的频率范围内测量频率响应,然后忽略受选通效应影响的高频处的 10% 。

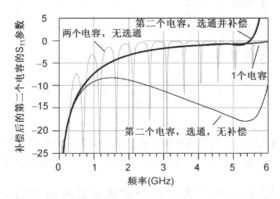

图 4.12　未选通的两个电容不连续性的 S_{11} 参数(浅灰色),仅一个电容不连续性
时的 S_{11} 响应(深黑色),选通但未补偿的第二个不连续性的 S_{11} 参数
(细黑色)和选通并补偿后的第二个不连续性的 S_{11} 参数(粗黑线)

图 4.12 也画出了未经选通的两个不连续性的 S_{11} 参数测量结果(浅灰色),以及用于对比的仅一个不连续性时的 S_{11} 曲线(深灰色,标注为"1 个电容")。从中可以看出补偿方法的效果,未经补偿的第二个电容不连续性的选通后响应与理想情况有很大偏差。

还需要注意的是,第一个不连续性是非常大的,它的频率响应在大部分频率范围内具有接近 0 dB 的反射损耗值。更常见的情况是第一个不连续性是同轴线到 PCB 的接头接口,具有小得多的反射,因此补偿方法效果更好。

大多数矢量网络分析仪不支持多段补偿,因此用户需要自己创建补偿函数。而许多矢量网络分析仪具有公式编辑器功能,允许对这些补偿进行实时计算。

4.8.3.3　不连续性与传输线阻抗变化组合的补偿方法

时间选通测量的许多实际应用包括离散不连续性和阻抗阶梯两种效应。例如，对线缆远端接头的测量受到其近端接头以及线缆阻抗的影响。

图4.13所示的是一根55 Ω电缆的电路图[参见图4.13(a)]和时域响应[参见图4.13(b)]，该电缆末端阻抗为50 Ω，具有由电容负载造成的回波损耗为20 dB(在1 GHz处)的输入输出失配。在这个例子中，离散反射比上述例子中小得多，与典型应用更加一致。其中，电缆自身具有5%的由阻抗误差造成的反射，且每个不连续性在1 GHz处约为10%。

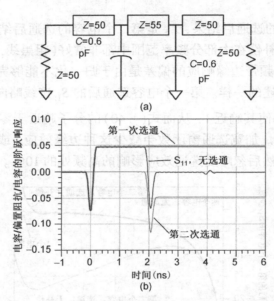

图4.13　(a)两个电容不连续性和一段具有阻抗阶梯的传输线组成的电路；(b)电路的时域响应(黑色)，对第一个电容进行选通后的响应(宽灰色)以及在第二个电容附近做选通后的响应(细灰色)

图4.14所示的是对前后两个不连续性分别选通后的频率响应。对第一个不连续性选通时，仅需要考虑阻抗阶梯的影响。

在第一种情况下的阶跃响应中，选通后的阶跃值表示末端具有偏置阻抗，因此可以对其进行归一化。有效反射系数表示为

$$\hat{\Gamma}_1 = \Gamma_1 + \cdot \frac{\Gamma_2}{(1 - \Gamma_1 \cdot \Gamma_2)} \tag{4.41}$$

进一步化简为

$$\Gamma_1 = \hat{\Gamma}_1 - \Gamma_2 - \frac{\Gamma_1 (\Gamma_2)^2}{(1 - \Gamma_1 \cdot \Gamma_2)} \approx \hat{\Gamma}_1 - \Gamma_2 \tag{4.42}$$

这里 Γ_2 是选通后成为末端的55 Ω电缆的反射系数，假定其与 Γ_1 之间没有时延。图4.14(a)所示的是单纯选通和选通并补偿后的第一个不连续性。如果与第一个不连续间有时延，那么必须对 Γ_2 进行移相来表征时延。

第二个不连续性的掩蔽效应更难表示。这里有三个效应：首先，第一个不连续性的

信号损耗所造成的掩蔽,如式(4.39)中所描述;第二,如式(4.35)中所述,参考阻抗变化引起的掩蔽;最后,与修正后的参考阻抗相比末端阻抗变化引起的掩蔽,如式(4.42)所述。于是,需要三个补偿:首先,第一个不连续性之后的有效反射通过使用第一个补偿等式获得;第二,阻抗变换的影响通过对上边等式的结果运用式(4.35)来补偿,该影响在本例中较小。最后,对末端阻抗阶梯进行补偿。这个补偿包括一个与末端阻抗相关的加性元素,所以相位变得重要。Γ_2 和 Γ_3 都要根据 Z_1 的时延进行相移,该时延可以通过时域响应直接确定。于是,有效阻抗 $\widehat{\Gamma}_2$ 表示为

$$\widehat{\Gamma}_2 = \frac{\Gamma_2 \cdot (4Z_1 Z_0)}{(Z_1 + Z_0)^2} \cdot (1 - |\Gamma_1|^2) \cdot e^{j\omega \cdot 2\tau_d(Z_1)} + \Gamma_3 \cdot e^{j\omega \cdot 2\tau_d(Z_1)} \tag{4.43}$$

$\widehat{\Gamma}_2$ 是第二个不连续性的选通后响应,Γ_2 是仅第二个不连续性存在时的反射,Γ_1 是第一个不连续性(选通后)的反射,Z_1 是 55 Ω 传输线,Γ_3 是从 Z_1 到末端阻抗 Z_0 的反射,$\tau_d(Z_1)$ 是与 Z_1 长度相对应的时延。补偿可通过求解式(4.43)中的 Γ_2 获得。

图 4.14(b)所示的是对第二个不连续性进行选通以及应用式(4.42)和式(4.43)中所述补偿后的结果。同时也显示了第一个电容的单个(理想)不连续性处于匹配传输线上的频率响应,以及两个不连续性之间有偏置阻抗传输线的原始响应。在图 4.14 中,对于(a)(b)两图而言,选通后的测量结果与理想响应相比有很大改进,尤其在低频处。在这个例子中,补偿后的结果对 55 Ω 传输线的时延非常敏感。这个时延可以选择第二个不连续性峰值处的时延来确定。这些补偿对于接近无损和非分布式的单个不连续性是适用的,它们可在同轴线到 PC 板的适配器中找到。

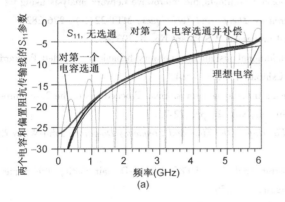
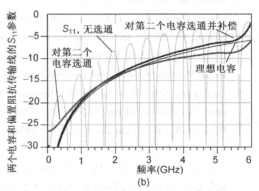

图 4.14 (a)第一个电容的时间选通后响应(粗灰线,"对第一个电容选通"),补偿后响应(粗黑,"对第一个电容选通并补偿"),以及原始 S_{11} 参数(浅灰线)和理想单电容不连续性(细黑线);(b)与(a)图迹线类似,选通和补偿作用于第二个不连续性

4.8.4 估计掩蔽响应造成的不确定性

上述补偿方法会产生一些误差,部分原因是由于对网络中的损耗缺少考虑,以及无法完全分离响应。在一些情况下,或许不需要对选通后的响应进行实际补偿,而是对选通后响应的不确定度进行估计。对匹配传输线上的第二个选通后响应的不确定性可以通过式(4.39)推导出来。其他的不确定性来自于所关注反射前后的非匹配传输线。不确定性的幅度可以通过与式(4.35)和式(4.43)相似的方式获得,所得选通后的总不确定性为

$$\Delta \Gamma_2 = \frac{\Gamma_{2G}}{1-|\Gamma_1|^2}\left(|\Gamma_{Z1Z0}|^2 + |\Gamma_1|^2 \left|\frac{(4Z_1Z_0)}{(Z_1+Z_0)^2}\right|\right) + \Gamma_{Z2Z1} \tag{4.44}$$

其中 Γ_1 是第一个不连续性（选通后），Z_1 和 Z_2 是所关心反射 Γ_2 前后的传输线，Z_0 是系统阻抗，Γ_{Z1Z0} 和 Γ_{Z2Z1} 是传输线 Z_1 和 Z_0 以及传输线 Z_2 和 Z_1 之间的反射，Γ_{2G} 是选通后的响应值。

4.9 小结

矢量网络分析仪中使用的时域变换与被测网络的解析冲激响应之间的准确关系已经严格地在数学上进行了详细表述。对时间选通函数的细节也进行了说明。在此背景下，探讨了时间选通对测量结果的影响，提出了对不期望的掩蔽效应进行补偿的方法，进而得到更好的时间选通测量结果。另外，对时间选通测量的不确定性进行了量化，对选通门属性和重归一化引起的定性误差也进行了说明。更多将时域和选通应用于特定元件测量的例子将在后续章节给出。

参考文献

1. Glass, C. (1976) *Linear Systems with Applications and Discrete Analysis*, West Publishing Co., St. Paul.

2. Bracewell, R. N. (1986) *The Fourier Transform and Its Applications*, 2nd edn, Revised, McGraw – Hill, New York.

3. Hines, M. and Stinehelfer, H. (1974) Time-domain oscillographic microwave network analysis using frequency domain data. *IEEE Transactions on Microwave Theory and Techniques*, MTT-22(3), 276-282.

4. Sharrit, D. Vector network analyzer with integral processor. US Patent No. 4,703,433.

5. Rytting, D. (1984) Let time-domain provide additional insight into network behaviour. Hewlett-Packard RF & Microwave Measurement Symposium and Exhibition, April 1984.

6. Dunsmore, J. (1999) Advanced filter tuning using time-domain transforms. Proceedings of the 29th European Microwave Conference, 5-7 Oct. 1999, Munich, vol. 2, pp. 72-75.

7. Blinchikoff, H. J. and Zverev, A. I. (1976) *Filtering in the Time and Frequency Domains*, John-Wiley & Sons, New York.

8. Lu, K. and Brazil, T. (1993) A Systematic Error Analysis of HP8510 Time-Domain Gating Techniques with Experimental Verification. IEEE MTT-S Digest, p. 1259.

9. Bilik, V. and Bezek, J. (1998) Improved cable correction method in antenna installation measurements. *Electronic Letters*, 34(17), 1637.

10. Pozar, D. M. (1990) *Microwave Engineering*, Addison-Wesley, Reading, MA. Print.

11. Dunsmore, J. P. (2004) The time-domain response of coupled-resonator filters with applications to tuning. PhD Thesis, University of Leeds.

第5章 线性无源器件的测量

线性器件是最简单的微波元件，但由于测量质量一定要好，它们也是最难表征的元件，尤其对于低成本器件。例如滤波器、传输线、耦合器和隔离器都设计得近乎理想，而矢量网络分析仪测量中的任何误差都可能导致生产测试失败和产量损失。在本章中，将讲述测量这些器件时的一些现实问题和相关解决方案。

5.1 传输线、电缆和接头

电缆和接头或许是最简单的射频元件，通常具有很低的损耗和很好的匹配。然而，测量具有如此理想性能的器件需要精密的校准和测量技术以使得测量中的误差不会掩盖器件性能。

对于低损耗的短线，主要困难是处理输入和输出连接的失配以及恰当校准矢量网络分析仪源和负载失配。这些器件可能是集成有接头的互连电缆，或者是 PCB 上的传输线。如果器件包括标准接头，那么接头引起的任何失配都理所当然地包含在测量结果中。另一方面，如果器件只是 PCB 上的传输线结构，而接头仅用做连接矢量网络分析仪的夹具，那么需要从总测量结果中恰当地移除接头的影响。

5.1.1 带接头的低损耗器件的校准

如果查阅大多数校准套件的公开说明书，常常看到基于 TRL 的机械校准能提供最好的性能，次之的是滑动负载 SOLT 校准和 Ecal 模块，它们提供近乎相同的性能。然而，实践中 Ecal 几乎总是提供更好的校准，这是由于实践中使用的 TRL 和机械校准件达不到计量标准。而 Ecal 模块能够校准到很高的品质，并在任何测量应用中保持高品质。不管使用的是什么类型的校准套件，最好的校准方法几乎总是 SOLR 或者"未知直通"（unknownthru）校准，除非待测器件是一个可插入器件，也就是说，它具有同种类型的阳性接头和阴性接头。

对于低损耗器件的系统设置而言，最好使用中等 IF 带宽和多次扫描取平均功能来减少迹线噪声，因为即使少量的迹线噪声也会有重大影响。虽然减少 IF 带宽至很窄的数值会减少噪声，但它同时也会增加扫描时间，而很慢的扫描时间会导致系统校准不稳定，这是由于在较长扫描时间中可能出现的系统漂移引起的。系统漂移的一个原因是空调循环造成测量实验室中的温度缓慢变化。即使实验室中的温差表面上控制在 ±1℃，测试系统和电缆周围的瞬时空气温度可在短时间内变化若干度。如果扫描速率比较慢，那么在扫描测量过程中，会有漂移产生。如果在更快的扫描中使用多次扫描取平均功能，那么系统漂移会去除掉。在测量开始前，可以估计一下迹线噪声的影响。最简单的方法是设定频率跨度和功率并开启约 10 次扫描，再取平均功能。当平均扫描完成后，使用"数据到内存"（data into memory）和"数据/内存"（data/memory）功能归一化迹线，并关掉平均。可以使用迹线统计功能（常位于矢量网络分析仪用户界面的分析部分）来确定迹线噪声，它通常表现为标准偏差或峰-峰值。由于其噪声特性，即使平均噪声很低，任意一次扫描的峰-峰值时常会具有一个独立的高噪声点，因此通常认为均峰噪声是 2 或 3 倍的标准差噪声，峰-峰值是标准差的 4~6 倍。使用平均功能后再存储内存（memory）迹线避免了重复计算噪声，这是因为内存（memory）迹线的偏差会叠加到 data 迹线的标准偏差上，这使得迹线噪声比通常测量中出现得更高。另外，对于慢扫描，可以简单地不使用平均来归一化迹线，观察数据/内存后的新迹线，并认识到由于归一化内存迹线噪声的影响，此时标准偏差噪声大约是真实噪声的 1.41 倍。这需要在做任何校准以前完成。

　　可以通过减少 IF 带宽、增加平均次数或增加功率的方式来降低迹线噪声，参见图 5.1。其经验法则是 IF 带宽或平均次数每增大 10 倍或者源功率每增加 10 dB，标准偏差迹线噪声就改进 3 倍。改变功率时需要注意的是：如果在校准后改变功率，那么会存在由于功率范围或源衰减器值变化产生的额外误差。如果功率范围设置为自动，这种情况时常出现。

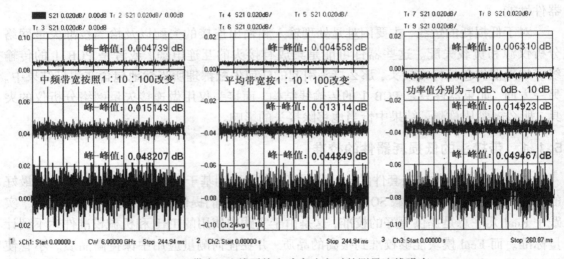

图 5.1　IF 带宽、迹线平均和功率改变时的测量迹线噪声

　　低损耗器件的校准功率应该足够低以确保测试接收机不处于任何压缩状态，在指定的 0.1 dB 压缩点之下 10 dB 量级。在多数矢量网络分析仪上，这处于 −10~0 dBm 范围。在足够高的功率时，由于源相位噪声造成的高水平噪声的影响，迹线噪声不再进一步提高（参见 3.13.5 节）。

　　对于最好的测量，改善矢量网络分析仪的源和负载匹配是有帮助的。这可以通过向源和/或负载端口添加一个匹配精良的精密衰减器实现。虽然这会减少功率（从而增加噪声），它通常会使原始的源和负载匹配以两倍的衰减值改善。代价就是它会使原始的方向性以相同的数值恶化。如果测试系统是非常稳定的，那么这是很好的折中；如果测试系统不稳定或衰减器位于电缆的末端，这会恶化 S_{11} 的测量结果，即便它改善了传输的测量结果。这也会改善校正后的负载匹配。如果不清楚校准套件的品质，这点就特别重要。

位于端口 2 上的 6 dB 衰减器提供了噪声恶化和匹配校准改善之间的良好折中。

图 5.2 所示的是低损耗空气线的两个 S_{21} 测量结果，第一种情况是直接将空气线连接到矢量网络分析仪(浅色迹线)，另一种是连接空气线到端口 1 有 6 dB 衰减器、端口 2 有 10 dB 衰减器的矢量网络分析仪上(深色迹线)。S_{21} 波纹的改善很可能是由于未校准匹配的改善造成的。图中也显示了同样条件下的两条 S_{11} 迹线。注意，因为 S_{11} 校准精度基本完全取决于一端口标准件的品质，而非未校准测试端口的品质，所以端口 2 未校准负载匹配的改善对 S_{11} 影响甚微。

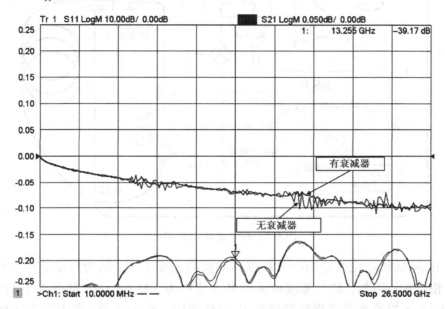

图 5.2 使用正常校准的空气线测量结果以及具有额外输
入端 6 dB 衰减器和输出端 10 dB 衰减器时的结果

5.1.2 测量长电长度器件

在表征长电长度器件如长电缆或 SAW 滤波器(具有较大时延)时会出现一些特定问题，尤其对于旧式矢量网络分析仪。很多矢量网络分析仪具有扫描频率模式(源在频段内持续扫描)和步进频率模式(源在频段内的离散点上步进)[1]。扫频模式的优点是在每个频率点处无停滞时间(频率稳定时间)，因此在最快的扫描模式中相比也快得多。从某种意义上讲，由于扫频模式并不跳过任何频率而是扫过所有频率，扫频模式提供了更好的 DUT 表征。如果有特定频率处于抑制或谐振模式，扫频测量可以显示出来。而对于步进模式，如果抑制频率不是步进频率中的一个，那么迹线中就不会显示出来。

对于长电长度器件如电缆，即使扫频模式也会遭遇困难，这是由称为"IF 时延"的效应造成的。

5.1.2.1 IF 时延

在矢量网络分析仪源和接收机处于持续扫描(而非步进)且两者之间有很长时延的时候，IF 时延就会出现。图 5.3 描绘了长电缆测量中的该问题。如果扫描发生器以 $\Delta f/\Delta t$

的恒定速率移动，且接收机也移动频率，DUT 时延会延迟对源信号的测量，引起接收机信道中的 IF 信号的表现为频移。该频移造成了信号衰减，从而引起比预期更高的衰减。频移值可如下计算

$$\mathrm{IF_{Shift}} = \left(\frac{\Delta f}{\Delta t}\right) \cdot \mathrm{DUT\_delay} \tag{5.1}$$

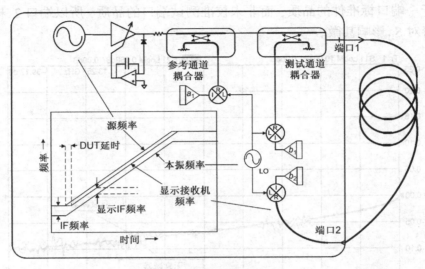

图 5.3　长电缆 IF 时延图示

这种 IF 时延效应在矢量网络分析仪不同频段表现不同，因为扫描速率的变化取决于源和锁相结构；例如，如果基波振荡器最大速率为 300 GHz/s，那么在倍频波段，它具有 600 GHz/s 的速率并表现出两倍的 IF 时延效应。作为例子，考虑以 37 GHz/s 扫描的系统，这意味着在 10 GHz 跨度上用 270 ms 完成扫描。这大约相当于具有 3 kHz IF 带宽和 801 点的扫描。假设 DUT 的群时延是 10 ns（大约是 3 m 电缆的群时延），那么 IF 频移是

$$\mathrm{IF_{Shift}} = \frac{10\ \mathrm{GHz}}{0.267\ \mathrm{s}} \cdot 10\ \mathrm{ns} = 0.37\ \mathrm{kHz} \tag{5.2}$$

这相当于 IF 带宽的大约 10%，造成约 0.3 dB 的测量结果误差。对于低损耗器件，这是不能接受的。

图 5.4 显示了 IF 时延效应。图中进行了两次测量，一次使用步进模式，一次使用扫频模式。校准使用与测量相同的模式完成。校准在一定程度上补偿了 IF 时延的幅度偏置，但对于时延充分长的 DUT，IF 时延偏置会变得明显。

在图 5.4 中，对测量参数进行调整，以获得最快的扫描来说明这个问题——在该例子中，使用 51 点和 300 Hz IF 带宽的扫描。对于如此低的点数，扫描速率会非常高，同时窄 IF 带宽意味着由时延引起的任何明显频移都会造成幅度的降低。在此图中，扫描迹线显示 4 个离散阶梯，每一个对应于仪器（HP-8753）的不同频段。此矢量网络分析仪使用了具有高阶谐波（低 VCO 频率）的采样器，因此具有许多频段。如果点数变为更普通的一个数值 201，或者 IF 带宽增大到更宽的数值，扫频和步进模式的不同会小得多。

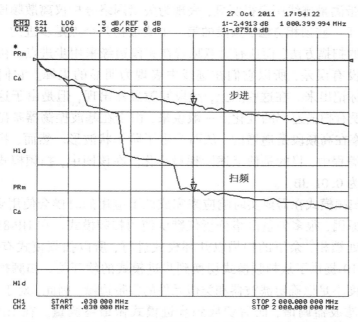

图 5.4　比较步进和扫频模式下 3 m 电缆插入损耗的测量结果

当校准在一种扫描模式下完成而测量在另一种模式下进行时，IF 时延效应也会出现。如果校准和测量使用的 IF 带宽不同，IF 时延效应也会出现。有时通过减小 IF 带宽来降低测量的迹线噪声，有时在较低 IF 带宽下完成校准以减小噪声效应，而后增大 IF 带宽来加快测量。两种情况都会造成图 5.5 中所示的 IF 时延频移。

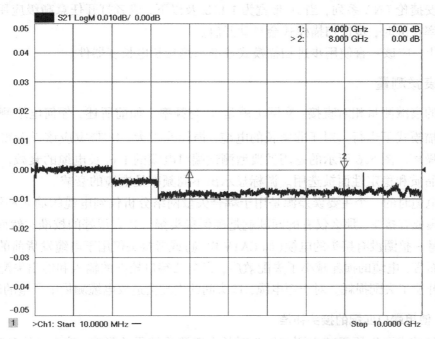

图 5.5　在步进模式下校准而在扫频模式下测量

　　IF 时延在宽带测量迹线中变得明显，表现为矢量网络分析仪离散频段之间的幅度下降（或相移）。由于一些锁相方法，频段的第一个或最初几个点是步进的。矢量网络分析仪能确定出最快的扫描方法，而这有时意味着在频段边缘采用步进点。由于这些步进点相对于校准而言没有误差，所以它们在迹线中表现为明显的尖峰。它们在图中被游标（marker）清晰地标记出来。在这些点上，频段间隙虽然出现，但是由于这些最初的点是步进的，所以并没有扫描速率的变化。一般说来，由于在基波振荡器基础上使用了倍频器，所以扫描速率在高频段是递增的，从而产生了阶梯状波形。然而，将很多精力投入到对扫描速率的编程中，目的是使上述阶梯最小化。在该图中，扫频模式与步进模式相比最坏误差大约为 0.01 dB。

　　一般说来，扫频模式在需要实时响应来完成调谐应用的时候会使用到，例如滤波器调谐。用于历史原因，很多矢量网络分析仪默认使用扫频模式。在 HP-8510 中，由于频率仅在第一个点处锁相，余下的扫描以开环模式进行，所以扫频模式有时又称为"lock and roll"。HP-8510 提供了从扫频模式切换到步进模式的软开关。扫频模式的一个缺点是分析仪扫描精度不足以确定滤波器和类似元件的频带边缘，因此，对于 HP-8510，经常是在扫频模式对滤波器调谐，而后切换到步进模式做最终测量。在 HP-8720、PNA 和 ENA 系列中，也有一个开关，但与 HP-8510 不同，HP-8720 在整个扫描中保持锁相。一些分析仪，如 R&S ZVA 根本就没有扫频模式，仅提供步进模式。

　　HP-8753 在滤波器测试中应用广泛，但它没有明确的扫频和步进模式切换；在三种条件下它会切换至步进扫描：（1）如果 IF 带宽小于 30 Hz；（2）如果每点扫描时间大于 15 ms；（3）如果源功率校准启动。这些条件也适用于 HP-8720。

　　对于安捷伦 PNA 系列，当 IF 带宽为 1 kHz 及以下，或者打开任意高级应用通道，或开启源功率校准时，步进扫描模式会自动开启。

　　实际上，应该一直使用步进扫描模式校准和测量长电长度器件。

5.1.3　衰减测量

　　电缆的衰减测量相对直接：实际上就是 S_{21} 与频率。如前所述，任何电缆测量都应该在步进扫描模式下进行。对于非常长的电缆，损耗非常大，IF 带宽应该设置得尽量窄以减小迹线噪声。图 5.6 所示的是用做典型测试端口电缆的 1 m 长电缆的衰减。这些电缆由于其高品质和稳定性而被选用。游标显示出不同频率处电缆的衰减。

　　测量电缆时的一个主要误差源是用于耦合矢量网络分析仪到电缆的输入和输出接头。如果电缆集成有接头，那么仅有的问题就是确保接头接口处有很好的校准。然而，常见的情形是测量一整圈没有接头的电缆（如 CATV 电缆）或者接头仅用于电缆发货前的测试。对于长电缆而言，电缆的损耗减小了失配效应，完全二端口校准的输入和输出失配校正在一定程度上补偿了失配损耗。对于短电缆，接头间的失配会造成电缆测量中严重的波纹。

5.1.3.1　使用端口匹配的接头补偿

　　有两种技术可以用于减少测试接头对长电缆测量结果的影响：接头补偿和时域选通。接头补偿包括建立一个输入接头的简单模型，一般是一个串联电感元件和一个并联电容元件。使用矢量网络分析仪的端口匹配功能建立补偿模型对输入接头进行补偿。一个常用的方法是产生电缆 S_{11} 参数的时域显示，而后调整串联和并联元件直至输入失配最小化。图5.7 给出一个测量具有较差输入输出接头的电缆的例子，S_{21} 频率响应显示在图 5.7(a) 中，S_{11} 和 S_{22} 频率响应显示在图 5.7(b) 中。S_{11} 和 S_{22} 的时域响应显示在图 5.7(c) 中。在本例中，使用了低通时域模型，所以不连续性，容性或感性是非常明显的。对于 S_{11} 而言，第一个响应显示一个凹陷，表示接头中的容性不连续性。对于 S_{22}，第一个响应是很高的正峰值，显示很大的感性不连续性。

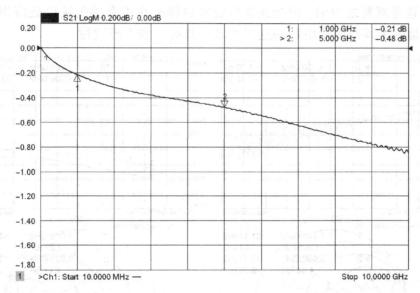

图5.6　1 m 长电缆的衰减测量结果

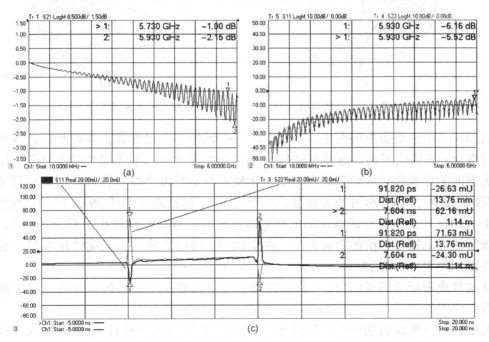

图5.7　具有劣质接头的电缆测量结果。(a)、(b)为频域响应；(c)为时域响应

为了帮助确定所需的补偿,对输入和输出反射进行时域选通,在图5.8中,所得响应以回波损耗对数幅度[参见图5.8(a)和(b)]和史密斯圆图[参见图5.8(c)和(d)]的方式显示。由于输入端接头S_{11}时域响应表示一个并联电容不连续性,使用反向史密斯圆图显示选通后的S_{11},所以可以确定出并联电容的最佳估计。输出端接头S_{22}响应显示一个感性不连续性,所以正常的Smith圆图用来显示其响应。从这些响应中,可以看到与参考平面相比有旋转相移的失配特征曲线(参见图2.35)。图5.8表明每个接头并非精确位于矢量网络分析仪的参考平面,而是有着旋转相移,或者说沿着接头有一定位移。这是意料之中的,因为通常假定接口接头在正常接头接口处应当具有合理的响应;正是由于其与原始电缆的连接处才会具有一些不连续性。

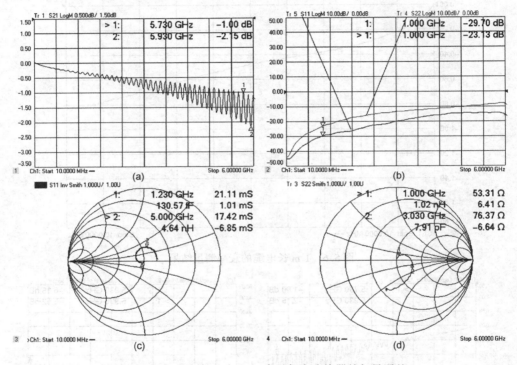

图5.8　选通后的S_{11}和S_{22},表示每个连接器的矢量误差

从图5.8中的史密斯圆图里,可以看出电抗元件不总是常数,事实上它在容性和感性之间变化;如果使用端口延伸旋转每个端口的参考平面,不连续性的实际值,以及它沿接头方向的位置都可以得到确定。图5.9显示的是对每个端口各自应用端口延伸直至史密斯圆图的电抗部分尽可能为常数。对于端口1,这出现在大约49 ps的端口延伸,此时位于1 GHz和5 GHz处的游标的电抗电容读数的差异调整到最小。对于端口2,40 ps的时延值使得电抗电感值的差异最小。在本例中,端口2感性不连续性比端口1容性不连续性更加理想(更接近常数)。

从这些史密斯圆图显示中,可以确定出不连续性的一个平均值作为使用矢量网络分析仪端口匹配的起始点。

矢量网络分析仪的端口匹配功能允许如图5.10所示的一样在DUT的输入或输出端

口添加一个仿真或虚拟的匹配网络。使用端口延伸来旋转所添加网络的参考位置以使得该网络作用在沿接头所需的位置上。图 5.10 也显示了向端口 1 添加 – 0.220 pF 并联电容(负值,用来补偿图 5.9 中所示的正电容值)的阻抗匹配对话框。类似的仿真网络向端口 2 添加 – 1.1 nH 的串联电感。打开端口匹配,史密斯圆图迹线几乎完全得到补偿并且出现在接近史密斯圆图中心的位置上。位于图 5.10(b)的选通后回波损耗的对数幅度迹线显示出有效输入匹配提高到优于 30 dB。最后,图 5.10(a)显示了初始 S_{21} 响应(包括波纹和劣质接头的损耗效应)和使用端口匹配后的 S_{21} 响应。显然,端口匹配几乎完全移除了劣质接头的不良效应。

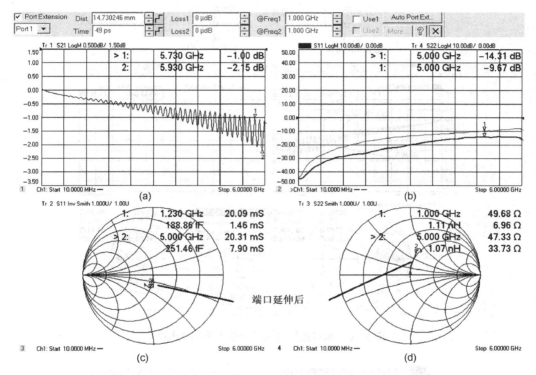

图 5.9 将端口延伸应用于每个端口以确定每个不连续性的位置和数值

作为最后的比较,使用非常优质的接头来测量相同电缆,输入和输出回波损耗非常小。所得 S_{21} 迹线与使用劣质接头并通过端口匹配补偿所得的测量结果相比具有略小的损耗,如图 5.11 所示。

由于容性不连续性并非单值(它的范围从 – 0.188 ~ – 0.251 pF),所以损耗上的差异可能是由于少量不完全补偿造成的,但更可能的原因是劣质接头中的阻性或辐射损耗。存在产生较差回波损耗的不连续性的事实也表明接头或许具有一些辐射或其他损耗响应。虽然如此,使用劣质接头的未补偿的 S_{21} 测量结果与补偿后结果相比,可以看到显著的提升,其结果基本上与使用更高品质连接时一样好。

使用端口匹配的接头补偿非常鲁棒,并且不依赖于任何 DUT 属性,但如果使用简单的端口匹配,它确实需要接头的不连续性要简单。在下一节中,将描述一种不需要有关不连续性的任何知识而移除其效应的方法。

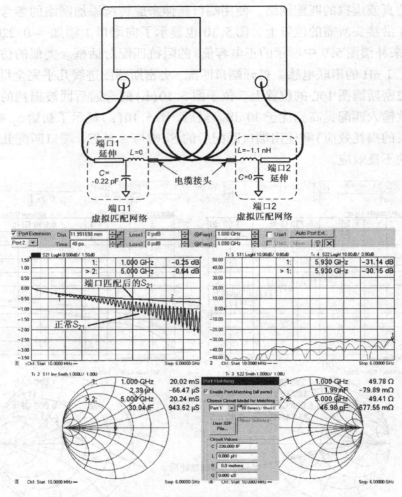

图 5.10　端口匹配在电缆补偿中添加负电抗

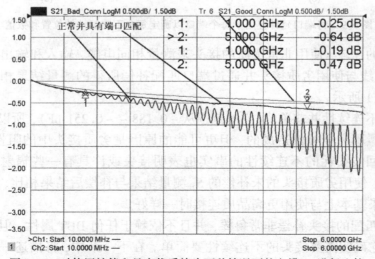

图 5.11　对使用补偿和具有优质接头两种情况下的电缆 S_{21} 进行比较

5.1.3.2　使用时域选通的接头补偿

时域选通包括使用矢量网络分析仪时域功能从 S_{21} 测量结果中移除输入和输出失配的影响。然而，常常错误地将从反射（S_{11}）测量中得到的同样的选通设置应用于传输（S_{21}）测量，这会产生完全错误的结果。很明确地讲，在 S_{11} 测量中，如果选用时域方法来移除反射的影响（输入或者输出），那么相同的选通设置不可以用于传输测量。为了全面理解时域响应以及反射对传输测量的影响，考虑图 5.12 中所示的示例电缆测量。

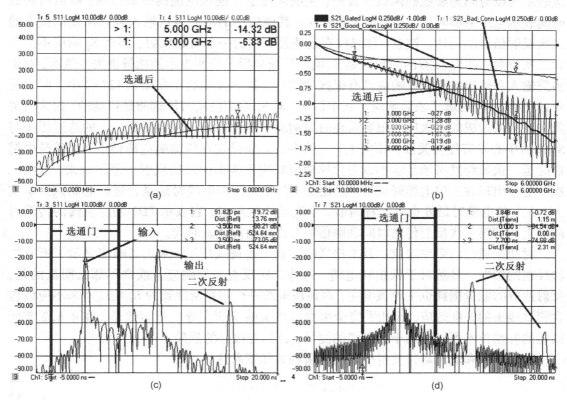

图 5.12　具有输入反射的电缆的 S_{11} [（b）和（d）] 和 S_{21} [（a）和（c）]
参数的频率响应 [（a）和（b）] 和时域响应 [（c）和（d）]

在这幅图中，使用了与图 5.7 相同的电缆和接头；S_{11} 迹线在左边，S_{21} 迹线在右边。上半部分显示了频率响应，下半部分显示了时域响应。在 S_{11} 时域（左下方）中，存在三个不同的峰值，分别表示第一个测试接头（标记为"输入"）的反射，第二个接头的反射（标记为"输出"）和经输入和输出端再次反射并从输出端返回的二次反射（标记为"二次反射"）。尺度为 2.5 ns 每分格，参考位置（0 时刻）位于第二个分格。在第一个反射周围设置一个时域选通门，选通后的响应显示在上半部分的 S_{11} 频率响应中。这代表从第一个输入测试接头反射回来的能量。虽然这些接头不是很好，但它们却是相当典型的常见测试端口情况，在本例中，输入接头的反射系数可达 –14 dB（在高频处），输出接头（图中没有显示）的反射系数可达 –10 dB。时域响应峰值在某种程度上表示在整个频率范围内的平均反射，对于输入和输出接头，此平均反射分别为 20 dB 和 18 dB；由于电缆损耗，输

出接头的 S_{11} 测量结果比其实际情况要好。从输出反射中分离出输入反射的选通门的中心设置在输入反射上，选通门的跨度设置得要恰好使得截止位置位于两个反射之间。并非巧合的是，这个时间等于时域传输时间，或电缆的群时延，并且表示将选通门截止位置设定在电缆的恰好一半处。并不需要对如此深入电缆的位置进行选通，通过一些实验就能够确定什么时候选通跨度足够宽以容纳整个输入接头反射。

S_{21} 时域传输(TDT)响应显示在图 5.12(d)。它显示了三个响应峰值，它们将传输响应表示为以时间为参数的函数。首先，主响应显示了通过电缆的时域传输，峰值所在的时间表示电缆的群时延，本例是 3.848 ns。其他较小的峰值表示输入和输出测试接头的二次反射信号的到达。注意，如果仅有这些接头中的一个引起反射，那么 S_{21} 响应不会包含二次反射，对 S_{21} 仅有的影响就是 S_{11} 响应的选通后信号所表示的能量损失。然而，对于劣质输入和输出接头，S_{21} 响应具有很强的波纹。这些波纹显示在图 5.12(b) 中。同时显示的还有 S_{21} 的时域选通后响应。在本例中，对 S_{21} 响应使用时域选通是可能的，因为由劣质测试接头造成的二次反射很容易在时域响应中区分出来。但要注意，S_{21} 的选通因子与 S_{11} 选通中心没有任何关系。事实上，它的中心必须设定在传输响应峰值上，也就是电缆群时延。选通跨度必须足够小以去除掉输出和输入接头的二次反射。总体说来，这些二次反射会出现在三倍电缆时延处，因此设定跨度为两倍电缆时延是合理的起始点。事实上，在五倍电缆时延处也可以看到第二个高阶二次反射，它表示 TDT 响应主瓣的传输时间加上两倍第一次反射传输时间和两倍第二次反射的传输时间。

时间选通后的频率响应以及未选通响应如上边迹线所示，未选通响应显示了所有二次反射的影响。显然对于低损耗电缆，这些二次反射主导响应。或许不那么明显的是，反射造成的能量损耗也主导该响应，对该段电缆进行测量所得到的 S_{21} 响应本来不应该包含测试接头的失配效应，却几乎完全由测试接头响应所主导。幸运的是，在 4.8.2 节所描述的补偿技术可以应用于该电缆的测量，并具有很好的效果。

输入端口和输出端口反射引起的能量损失如下所述

$$\text{Loss}_{\text{Input}} = \sqrt{1 - |S_{11\_\text{Gated}}|^2}$$
$$\text{Loss}_{\text{Ouput}} = \sqrt{1 - |S_{22\_\text{Gated}}|^2} \tag{5.3}$$

其中 S_{11_Gated} 表示 S_{11} 迹线的选通后的频率响应。S_{21} 选通后响应实际上丢失了这部分能量，但可以通过用选通后响应除以这些损耗的乘积的方式进行补偿

$$S_{21\_\text{Compensated}} = \frac{S_{21\_\text{Gated}}}{\left(\sqrt{1 - |S_{11\_\text{Gated}}|^2}\right)\left(\sqrt{1 - |S_{22\_\text{Gated}}|^2}\right)} \tag{5.4}$$

虽然在图 5.12 中没有显示，S_{22} 选通后响应可以用与 S_{11} 响应相似的方式确定。这些计算结果显示在图 5.13 中。

图 5.13(a) 显示了未经选通和补偿从而具有波纹的 S_{21} 响应(标记为 S21_Bad_Conn)，以及选通后的响应(标记为 S21_Gated，该选通门经过未选通响应的中部)。同时图中也显示了选通和补偿后的迹线(标记为 S21_Comp)。显然，选通补偿后的 S_{21} 响应比原始 S_{21} 测量结果或者图 5.12(b) 的仅选通(无补偿)的 S_{21} 测量结果与期望结果更匹配。

图 5.13(b) 显示了选通后的 S_{11} 和 S_{22} 测量结果(以 10 dB 每分格显示)，根据式(5.3)

计算所得的补偿(图中标记为 S11_Comp 和 S22_Comp, 以 0.05 dB 每分格显示), 矢量网络分析仪的公式编辑器功能可以用来计算补偿迹线。它也可以根据式(5.4)将各个补偿应用于 S_{21} 迹线。

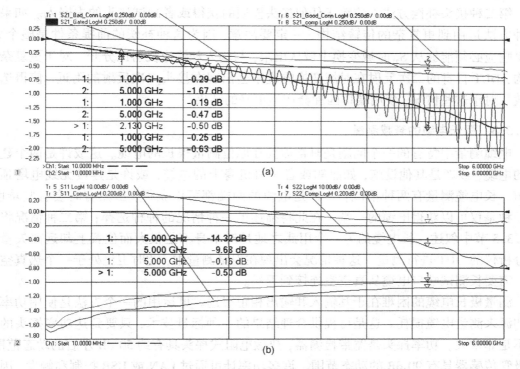

图 5.13　对 S_{21} 中的劣质输入和输出接头的影响进行补偿

对公式编辑器的实际应用做一点注解:对于该 VNA, 公式编辑器运算可以用于 S 参数或者迹线结果。在本例中, 由于式(5.3)必须应用于选通后的 S_{11} 和 S_{22} 响应, 所以显示选通后结果的一对迹线必须首先创建出来[参见图 5.12(a)中的 Tr5 和 Tr4]。下一步, 对这些迹线应用公式编辑器函数产生上面的 Tr3 和 Tr7。最后, 在公式编辑器中使用如下等式对 S_{21} 迹线(图 5.12 中的 Gated S21, Tr8)进行补偿。

$$S_{21\_Comp} = \frac{S_{21}}{(Tr3 \cdot Tr7)} \tag{5.5}$$

该迹线也采用 S_{21} 传输时域选通。

由于时域是线性函数, 首先创建选通后的 S_{21} 迹线, 然后创建另一个公式编辑器迹线用 S_{21} 选通后的响应除以对 S_{11} 和 S_{22} 的补偿, 这种方式也同样有效。当对公式使用时间选通时, 需要注意确保选通以恰当的运算顺序被使用。在式(5.5)中, 由于式(5.3)中的绝对值函数的作用, Tr3 和 Tr7 的数值是简单的标量数值, 不影响结果的相位响应, 于是可以包含在傅里叶变换的内部或者外部, 如下所示

$$\mathbf{F}\left(\frac{S_{21\_Gated}}{Tr3 \cdot Tr7}\right) = \frac{1}{Tr3 \cdot Tr7}\mathbf{F}(S_{21\_Gated}) \tag{5.6}$$

注意, 在本例中, 指的是正向傅里叶变换, 即从选通后的时间响应变换回频域。

最后，与图 5.11 中的一样，补偿后的 S_{21} 迹线比具有优质接头的电缆的 S_{21} 迹线略低。与图 5.11 中的例子一样，这很可能是因为未被补偿的电阻插入损耗以及劣质接头的辐射。令人欣慰的是，这两种接头补偿方法得到的 S_{21} 迹线吻合程度在 0.01 dB 以内！

第二种接头补偿方法不依赖于任何接头模型的获得或者测试接头的去嵌入。如果将这种方法运用到更复杂的传输结构，一定要注意，因为这种补偿的前提条件是整个 S_{21} TDT 响应必须能够从 S_{21} 时域变换中辨认出来，与输入和输出反射区分开。对于更复杂的结构，DUT 自身的二次反射在时域变换响应中会出现在接头二次反射的附近，使得选通无效。对于这些情况，使用端口匹配会产生更好的结果。

5.1.3.3 极长电缆的衰减测量

电缆测量中特有的一个问题是时常需要在原位测量很长的电缆。这或许是两个建筑间的电缆，或者是其他设施，如船舶或者飞机机身上的电缆，或许是连接无线电塔顶的电缆。长电缆测量有两种情况：一种是电缆的两端都可以获得，虽然有时会有些难度，另一种是仅可以获得电缆的一端。在此将描述第一种情况的种种选择；第二种情况将在 5.1.3.5 节中叙述。长电缆的另一个用武之地是对本身不是很大而位置上却远离矢量网络分析仪的 DUT 进行测量。这种情况会出现在卫星测量中，此时卫星处于一个热真空室中。需要长测试端口电缆从真空室连接到卫星。

测量极长电缆的困难在于其输入和输出相距很远。可运用的一个方法是使用功率探头和源来测量电缆损耗。这是可提供合理结果的一种标量技术，只要到达功率探头的损耗不是非常大。功率探头是宽带检测器，热敏电阻式探头具有约 50 dB 左右的动态范围，二极管传感器具有 90 dB 的动态范围。许多功率计可通过 LAN 或 USB 控制和触发，因此有可能将其放置在远处。一些系统直接提供源和功率计控制，例如安捷伦 PNA，它可以使用 PMAR（power-meter-as-receiver）模式直接显示出在触发源频率处的功率计读数同步迹线。图 5.14 所示的是这样一个测量结果，黑色迹线是 10 m 长电缆的功率计响应，浅色迹线是传统的 S_{21}。为了清晰起见，曲线的参考位置被故意偏置一个分格，但从游标读数可以看出，它们具有几乎相同的数值。

功率计的底噪以及无匹配校正确实影响其更高频率处的读数，因此这样使用功率计的最坏误差超过 0.4 dB。图 5.14 中在高频率处，基于功率计的迹线与同样电缆的基于二端口完全校准的测量结果相比具有更多波纹。

然而，很多情况下，需要的是电缆的相位或时延响应，也就是说必须进行完全矢量测量。最常用的方法是将矢量网络分析仪放置在电缆的一端，然后使用一长测试端口电缆连接至另一端。这会造成特定问题，因为测试电缆的稳定性和损耗会严重限制总体响应。对于很长的电缆，失配会主导二端口校准的测量结果，这是因为处于长测试电缆末端的输出匹配校正非常差。去除这种输出匹配校正误差的一种方法是使用响应校准（S_{21} 归一化）或者增强响应校准（ERC）来从 S_{21} 测量结果中去除输入失配。图 5.15 所示的是使用 10 m 测试端口电缆对一小段低损耗电缆进行测量的比较，在校准之后弯曲测试电缆。图 5.15(a) 中所示的分别是使用二端口校准，响应校正和增强响应校准的 S_{21} 迹线，为了清晰起见，每条迹线分隔成两个分格。图 5.16(b) 所示窗口显示了二端口完全校准的

S_{11} 和 S_{22} 迹线。二端口完全校准显示了由于 S_{22} 迹线测量品质偏低造成的误差。响应校正显示了输入和输出失配造成的误差。因为输入失配得到校正但未进行输出失配校正，增强响应校正显示的测试电缆的总体测量结果最好。由于 DUT S_{22} 的实际数值基本上被测试电缆的损耗和较差的失配稳定性所隐藏，执行完全二端口校正实际上产生更差的结果。

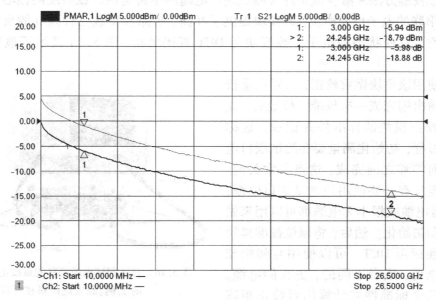

图 5.14　使用功率计作为长电缆末端的接收机，并与 S_{21} 进行比较，偏差一个分格

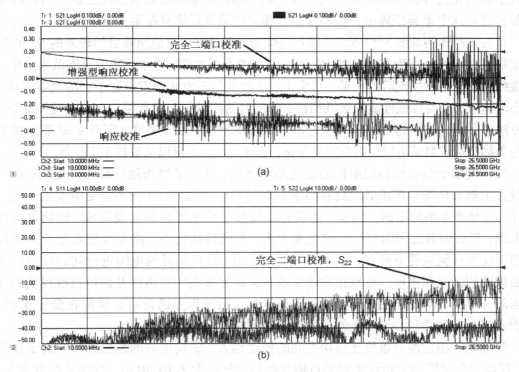

图 5.15　移动测试端口电缆后，对完全二端口校准和增强型响应
校准两种情况下的长测试电缆末端的测量结果进行比较

5.1.3.4　原位校准和 CalPods

近年来，一种新系统和方法已开发出来，用于解决此类稳定性问题。稳定性问题的原因是由于弯曲以及损耗或失配的变化，测试端口电缆会有损耗和时延误差。这种新系统使用原位校准方法来减少或消除长测试端口电缆的不稳定性。该系统的核心是一个与 DUT 直接串联的电子可控模块，该模块提供了开路、短路和负载三种独立的反射标准件以及直通性。直通状态的电子可控模块与 DUT 直接串联，图 5.16 显示了该系统的一个实例。

为了使用该模块做重校正，需要在重校正模块的输出端完成一次校准。校准后，立即测量重校正模块的标准件并记录。这称为初始化过程，初始化测量要在测试端口电缆发生任何漂移之前完成，这点非常关键。初始化甚至没有必要使用长测试端口电缆；事实上，短电缆或根本无电缆都可以用来做初始校准和初始化。然后，将原位校准模块的输出端连接至 DUT。可以使用与初始校准相同的电缆，或者不同的，更长的电缆。重新测量三个标准件并计算出重校正矩阵

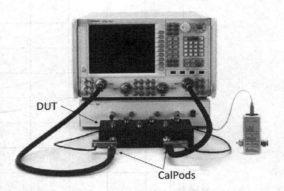

图 5.16　移除测试电缆漂移的重校正系统的实例。经安捷伦科技授权引用

来表示初始化过程和重校正测量的差异。测试端口电缆在损耗或匹配上的任何漂移或变化都包含在这个差异矩阵中。与差异矩阵相关的数学运算将在第 9 章中叙述。

重校正的作用如图 5.17 所示，浅色迹线表示测试端口电缆漂移后的较差的 S_{21} 和 S_{11} 测量结果。在本例中，测试端口电缆是 10 m 长的高品质电缆，通常用于卫星测试系统中。黑色迹线表示原位重校正后的结果。事实上，这种重校正方法非常有益于去除电缆漂移，在微小电缆漂移都会降低性能的极低损耗、低反射的测量中非常有用。在大多数情况下，这种方法实际上比正常的 Ecal 或机械标准件校准更准确，因为简单如断开 Ecal 而连接 DUT 的行为都会造成测试端口电缆响应的变化，这种变化大得足以从重校正中获益。

唯一的限制是必须假定损耗的变化是互补的，且为了恰当地计算相位变化，在每个测量点上初始化与重校正必须具有小于 180° 的相位变化。对于由不稳定电缆造成的正常差异，这是非常小的限制。然而，如果初始校准使用非常短的电缆完成，而测量却使用长电缆，那么两者之间的相位变化会非常大；在这种情况下，需要大量数据点来确保相位响应在无任何混叠下捕获。通常需要使用较短，较低损耗的电缆进行初始校准以减少初始校准的误差和噪声。重校正质量受限于初始化数据的噪声以及原位校准模块的反射状态的一致性。对于原位校准模块，这些重校正后的误差通常可以保持在低于 0.02 dB 的插入损耗一致性和 −50 dB 的回波损耗一致性。

测试端口耦合器与重校正模块之间的损耗越大，重校正后的性能越差。对于商用模块，模块与矢量网络分析仪测试端口耦合器间的损耗少于 16 dB 时，性能恶化程度最小。在低频处，这可以扩大到 20 dB。当损耗超过 26 dB 时，重校正结果通常较差。图 5.18 显

示的是在矢量网络分析仪与原位校准模块(本例中使用安捷伦 CalPod 模块)之间加入外部损耗(如长电缆)后的残余方向性误差和插入损耗跟踪误差恶化情况。

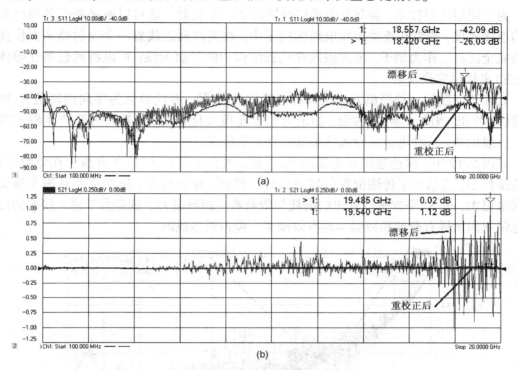

图 5.17　浅色迹线：由于电缆较长造成的 S_{21} 和 S_{11} 漂移；深
色迹线,原位重校正后的结果(使用 Agilent CalPod)

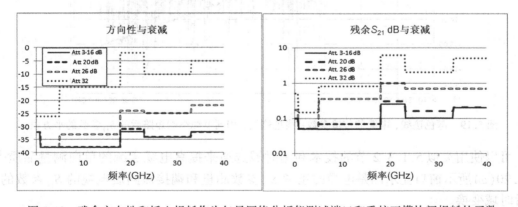

图 5.18　残余方向性和插入损耗作为矢量网络分析仪测试端口和重校正模块间损耗的函数

原位校准技术虽然相当新却显著改进了在较长或损耗测试端口电缆末端的测量,它也可以用来校正一系列其他不稳定性,如矢量网络分析仪测试端口和 DUT 之间放置多端口开关网络时的开关一致性。

5.1.3.5　时域响应和单向测量

有些情况下,电缆只有一端可以接入测试设备,而仍需要测量其频率响应(幅度和相位)。一个经典例子是飞机机翼中连接天线的电缆。在本例中，仍然能够使用时域反射技术表征电缆。

为了使用反射技术，需要在电缆的远端提供一个反射。这可以通过断开其与终端元件的连接实现，或者在连接天线电缆的例子中，在天线附近放置一个反射器来提供到电缆的完全反射。作为例子，考虑嵌入在机翼结构中的平面天线；可以将其包裹在导体中(铝箔)来提供完全反射。

处理该问题的一种简单方法是只看电缆的 S_{11} 参数，并简单认为单向损耗是 S_{11} 的平方根(或者 dB 值的一半)。然而，如果电缆损耗很大且有反射，这种方法产生较差的结果。一般说来，这种电缆在输入接头处会有大量反射。

在图 5.19 中，深色迹线是电缆的 S_{21} 参数，浅色迹线是 S_{11} 的平方根。在低频率处，电缆损耗小，这给出了传输损耗的较好估计。然而，在高频处，损耗更大且输入接头的反射也更大，由 S_{11} 平方根计算出的损耗与传输响应偏差很大。这是由于输入接头的反射对电缆双向损耗有叠加和减弱从而有效掩盖电缆损耗造成的。

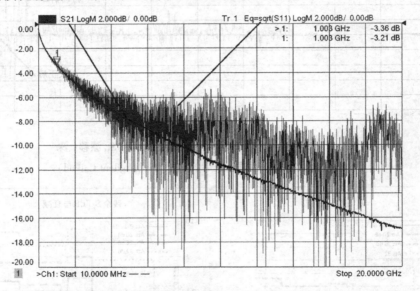

图 5.19　深色迹线，电缆的传输参数；浅色迹线，相同电缆终端短路后的 S_{11} 参数的平方根

可以使用类似 5.1.3.2 节的技术利用时域选通来提高电缆衰减的单向测量品质[2]。图 5.20(a)所示窗口显示的是电缆的正常 S_{21} 参数测量和端接短路后电缆的 S_{11} 参数的选通后时域变换。

图 5.20(b)所示窗口显示的是传输响应的时域响应，其周围具有选通门。即使只知道电缆长度，也很容易确定出电缆短路端的位置。时域上的峰值低于短路情况下的预期值，这是由于电缆的平均(频率上)双向损耗引起的；而且，对传输峰值相关的冲激状响应仔细检查后，可看到在该传输冲激的时域响应底部存在一些扩展(或弥散)。这种传输响应的加宽是由于类似加窗的效应造成的，也意味着存在一个不恒定的频率响应。于是，它包含了双向传输的幅度和相位响应的信息。通过在该反射周围设置选通门并选通掉其他反射(主要来自输入接头和电缆中的离散反射)，电缆的损耗就可与其他反射分离开来。

图 5.20(a)所示的窗口中的迹线是 S_{11} 选通后频率响应的平方根，以及此前测量所得的 S_{21}；它们基本上无法区分。将其与图 5.19 相比可以看出，S_{21} 估计质量上的提高是显著的。即使在 2 dB 每分格这样小的刻度下，与使用标准技术测量所得的 S_{21} 几乎完全相同，这显示了该方法的有用性。进一步，如果在时域响应中发现了一个或几个大反射，它们的掩蔽(masking)效应可以如式(5.3)中描述的那样进行补偿。图 5.20(b)所示的是标记出电缆输入和电缆末端以及选通门位置的时域响应。显然在电缆的 75 ns 处存在一个大反射，很可能是电缆损伤引起的。它在电缆末端短路处的二次反射可以在大约 110 ns 处清楚看到。

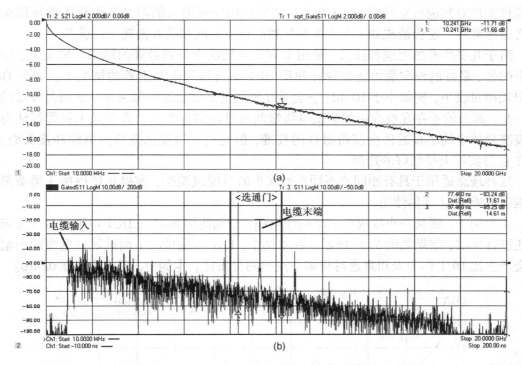

图 5.20　(a)电缆的频率响应 S_{21} 以及选通后的 S_{11}；(b)短路后电缆的时域响应，选通门设置位于短路处周围

5.1.4　回波损耗测量

如果电缆具有常见接头且作为整体参与测量，如果接头本身的端口类型具有相应的校准套件，那么对这些电缆和接头的回波损耗测量就相对简单。而对于无接头的电缆，非常长的电缆以及无常见校准套件的接头而言，其回波损耗测量很成问题。

电缆和接头的回波损耗测量几乎总是二端口测量，其中电缆或接头需要一个端接负载，一般是矢量网络分析仪端口 2。如果 DUT 具有可匹配高品质计量级负载的接头，那么最好的回波损耗测量来自于简单一端口校准和 DUT 端接高品质负载的方式。这对于采用缺少较新校准方法的旧式矢量网络分析仪和非可插入 DUT(也就是说，DUT 的每个端口不具有可匹配的阳性和阴性连接器)的情况尤其正确。对于较老的矢量网络分析仪，最好的校准只能通过嵌入式(零长度)配对接头完成，也就是说，一个端口是阳性接头，另一端口是阴性接头。如果 DUT 的每个端口都具有相同极性的接头，或者每个端口具有不同类型的接头的话，完成一个恰当的完全二端口校准是不可行的，除非有匹配良好的已知特性直通可使用。在许多情况下，使用非零长度直通而忽略其长度及失配效应所引起的误差会比待测的回波损耗要大。

后续版本的旧式分析仪，例如 HP-8510 和 HP-8753，集成了转接头影响消除方法，该方法通过两次二端口校准来完成混合接头校准，各个端口上连接的单个转接头的每端各一次。此校准流程需要在完成两次校准之后，从这两次校准中提取出一个新的校准集。

对多数电缆和接头的高品质校准测量而言，确实需要某些类型的非可插入校准。常见的 DUT 是一个每端都是阳性接头的电缆，而常见的错误就是使用阴性接头开路/短路/负载校准件对其进行正常的 SOLT 校准，然后使用非可插入的阳性接头到阳性转接头作为直通标准件。这会造成如 3.3.3.3 节所述的负载失配和插入损耗上的误差。

对于几乎所有的电缆和接头，使用未知直通校准会得到最好的结果。事实上，令人惊奇的是，最好的校准最可能出现在使用 DUT 本身作为未知直通的情况下。如果 DUT 的损耗相对较小，例如小于 10 dB，它会是足够好的未知直通。如果未知直通是校准的最后一步，那么就不存在校准后的测试电缆弯曲来增加测量误差。大多数工程师都认为使用校准套件中的小直通件会获得最好的校准，但是对于适度低损耗的电缆和接头而言，DUT 自身实际上是最好的选择。

这种理念适用于具有相同或不同系列接头的电缆或接头，前提是每种接头类型都有校准套件或 Ecal 可供使用。

作为例子，测量一小段成型的半刚性电缆，分别使用 Ecal 和 DUT 电缆自身作为未知直通进行校准，结果如图 5.21 所示。在本例中，Ecal 直通情况下测试端口电缆的小幅弯曲会产生比 DUT 作为未知直通时更多一点的测量损耗。本例中，差异小于 0.02 dB。

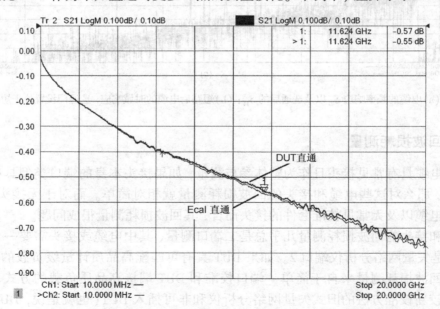

图 5.21　对分别使用 Ecal 和 DUT 作为未知直通时的一小段成型半刚性电缆的测试结果进行比较

5.1.4.1　同极性电缆接头测量

对于一些产业,如有线电视基础设施,大型硬线电缆由于其极低损耗而得到使用。这些电缆使用同极性拼接或接头连接而成。类似的情况也出现在家中使用的 F 型电缆,该电缆的中心金属丝提供了 F 型接口的中心触针,同极性转接头就是一个 F 型阴性接头到阴性转接头。在这些可以归类为同极性接头的例子中,转接头的品质很难单独判断,因为它的作用只有将其在两电缆间使用时才表现出来。因此,人们已经开发出同极性接头的测量方法,允许对其进行原位测量。

测量同极性接头的困难在于它们必须连接到电缆上,而这些电缆必须通过测试接头连接到矢量网络分析仪上,这些测试接头很可能也是转接头(从电缆类型转换到矢量网络分析仪接头类型)。在很多情况下,这些测试接头的回波损耗比待测的同极性接头更差。这些同极性接头通常用来完成电缆拼接,并且不具有自身的内在连接类型。它们是为了使拼接转换尽可能干净而设计的。

正常的同极性接头的回波损耗测量结果几乎总是由测试接头和电缆中其他缺陷的反射所主导,于是需要更复杂的技术。图 5.22 显示的是一个同极性测试装置。改进后的方法再次使用时域和选通技术来去除不需要的反射。与电缆测试方法类似,同极性接头测试方法依靠时域变换从同极性 DUT 接头中区分出测试接头的影响[3]。

图 5.23 所示的是同极性接头的频率响应,该接头插入在大约 2 m 长的电缆之间;电缆长度的选择使得各个响应在时域上有很好的分离。图 5.23(a)所示的是输入接头、输入电缆、DUT 同极性接头、输出电缆和输出接头组成的整个系统的 S_{11} 和 S_{21} 响应。图 5.23(a)中也显示了从仿真模型推导出的仅有接头时的迹线(标记为"仅有接头")。

图 5.23(b)显示的是整体的时域响应,在其中间部分可以分辨出同极性接头响应。对同极性接头的大概位置和长度(时延)的了解

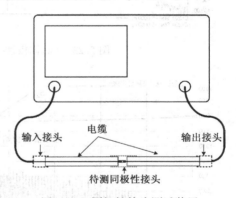

图 5.22　同极性接头测试装置

有助于设定选通门以及从电缆的其他缺陷(标记为"电缆缺陷")中识别出同极性接头。在选通之前,从图 5.23 中的时域响应中应注意的一点是,测试电缆的输入和输出接头具有比同极性接头更高的回波损耗响应。另外,由于电缆是半柔性的,它与典型的硬线电缆相比具有更多的回波损耗峰(较不均匀的响应)。确保选通不包含其他电缆缺陷造成的反射[如图 5.23(b)窗口所示]十分重要,因此需要小心确保在应用同极性接头的区域附近测试电缆具有相当高品质的响应。一个通常做法是首先测量相当于两倍测试电缆长度的电缆来检查其品质。在电缆的低反射区域将其切断并应用同极性接头。图 5.23(b)也显示了时域选通后的响应。

使用选通来确定同极性接头响应,由于输入电缆和接头的损耗,所得响应会更低(错误地显现出比预期更好的回波损耗)。选通后的频率响应如图 5.24(b)所示窗口中的"选

通后 S_{11}"迹线所示，图 5.24(a)所示窗口显示的是未选通的 S_{21} 和 S_{11} 响应。图 5.24 也显示了图 5.23 中的仅有同极性接头时的响应(仍然标记为"仅有接头")。

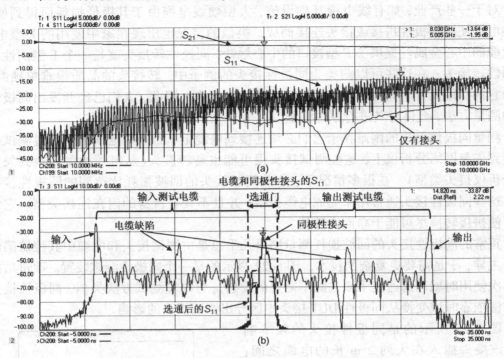

图 5.23　(a)同极性接头的频率响应；(b)时域响应

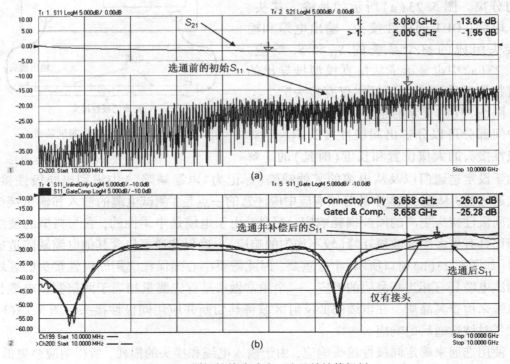

图 5.24　同极性接头响应，选通并补偿损耗

最后，第三条曲线(标记为"选通并补偿后的 S_{11}")显示了选通并对输入电缆损耗进行补偿后的 S_{11} 响应。在本例中，由于 DUT 接头位于测试电缆的一半处，并且 S_{11} 测量会在一半的输入电缆中来回传播，所以中点位置的反射中由电缆损耗造成的掩蔽(masking)效应基本等于 S_{21} 传输损耗。因此，图 5.24(a)窗口中的 S_{21} 迹线可以在公式编辑器中用做对输入损耗的补偿。也可以在传输测量中采用选通来去除输入和输出接头造成的多余波纹(参见 5.1.3.2 节)。"选通并补偿后的 S_{11}"计算如下

$$S_{11\_GateComp} = \frac{S_{11\_Gate}}{S_{21\_Gate}} \tag{5.7}$$

如果 DUT 位于测试电缆的正中位置，那么传输和反射的选通门中心时间值是相同的。最终的响应几乎与理想同极性"仅有接头"的响应完全相同，这证明了该方法的质量。在很高的频率处，靠近频带边缘时，时域选通效应会引起响应的上升。与所有选通应用一样，如第 4 章所述，由于选通边缘效应的影响需要丢弃频率响应最后的 5% ~ 10%。因此，推荐对所需频率范围至少要过扫描 10%。

最后，很重要的是，要注意这种方法在极大程度上只适用于回波损耗测量。插入损耗很难在这种方法中确定出来，或许通过真正的插入测试来确定插入损耗会更好。如果测试电缆的 S_{21} 参数在加入同极性接头之前测量过，那么加入同极性接头后的差异可以用来寻找附加损耗。事实上，这些接头基本上是无损的，因此 S_{21} 同极性损耗很接近于

$$S_{21\_Inline} = \sqrt{1 - \left| S_{11\_GateComp} \right|^2} \tag{5.8}$$

这种测量同极性接头并去除输入和输出测试接头影响的技术同样适用于其他嵌入式元件测量，如 PCB 上的 SMT 元件。在这种情况下，创建一个具有长输入和输出线的夹具非常有助于时域影响的分离。

5.1.4.2 结构回波损耗

结构回波损耗(SRL)与正常回波损耗的不同之处在于它测量相对于电缆平均阻抗而非某些参考阻抗的反射[4]。做结构回波损耗测量的主要原因是发现长卷(reel)极低损耗电缆的微小的周期性缺陷，这种电缆通常用于有线电视的主干线实施，如 1.8 节所述。对于其中许多系统来说，都存在着一些少量阻抗调整，因此电缆阻抗的绝对值并不那么关键，而是阻抗或者回波损耗的变化会产生很大问题。因此，SRL 相对于电缆平均阻抗来定义，平均阻抗在一定范围内确定，通常是在电缆标称阻抗的正负 1 ~ 2 Ω 之间。

SRL 测量中的难点来自这样的事实：对于极长极低损耗电缆，很小但周期性的阻抗偏差能够叠加产生出极窄但极高的回波损耗峰值。这些经常是由于生产中某些步骤中的缺陷造成的，常来自略微不圆的旋转主轴或者其他缺陷。

在使用现代矢量网络分析仪之前，结构回波损耗使用如图 5.25 所示的可变阻抗电桥进行测量。这个电桥具有可调节的阻抗因子(通常在一个臂上使用一个可变阻抗)并在输入端包含一个用于抵消电桥内部另一固定电容的可变电容。于是，这个可调节电容通过加减一小电容量来补偿测试接头的缺陷。

理论上，也应该使用一个可变阻抗负载来匹配电缆远端到其负载，但是实际上电缆的长度和损耗使得这样没有必要。

现代矢量网络分析仪采用固定电桥测量，并使用计算仿真出可变阻抗电桥的效果，其中使用了类似于图5.10的端口匹配，另外，端口阻抗与匹配元件一样也是可变的。

为了研究该响应在矢量网络分析仪中如何表现，对一个由10 mm长、阻抗偏差约1 Ω的电缆所生成的电路进行仿真，并将数据使用内建S2P文件阅读器导入到矢量网络分析仪中。仿真也对非理想输入和输出接头进行了建模，并对每个不连续点的大小和位置做小量调整来模拟真实世界条件。仿真器产生了3200点和201点两个扫描。201点扫描的回波损耗和插入损耗在图5.26(a)所示窗口中显示。

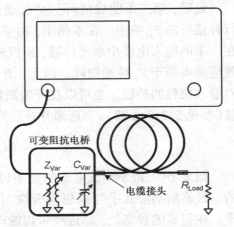

图5.25　使用可变阻抗电桥测量电缆

图5.26(b)所示窗口显示了应用虚拟可变阻抗电桥后得到的SRL。第一步是打开迹线统计功能并查看平均回波损耗。一边监视该值，一边使用端口匹配功能加入容性或感性补偿来"使迹线下降"（lay the trace down）（电缆测试行业的通常说法）。在本例中，−1.1 nH的电感提供了最低的平均值。接下来，加入少量的端口延伸来进一步减小平均值，端口延伸的最大长度等于输入接头的长度。最后，使用端口阻抗变换找出平均阻抗值并使平均回波损耗减少到可能的最低值。回波损耗最低时的阻抗称为电缆的平均阻抗。对于图5.26中的电缆，该值是76.7 Ω。

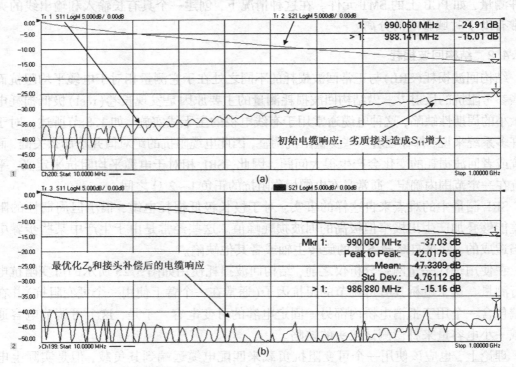

图5.26　长电缆的回波损耗和插入损耗。(a)为正常回波损耗；(b)为应用虚拟可变阻抗电桥后的情况

最后，观测 S_{11} 迹线的峰值以确定出最坏的结构回波损耗；本例中，该值是 -37.03 dB。对于这些类型的电缆，典型规格是 -32 dB 的 SRL，如此看来，该电缆会通过测试。然而，通过对电缆的基本分析，能够确定的是，为了看到 SRL 中的所有峰值，所需分辨率远比上述 201 点扫描要小。

所讨论的电缆长约 500 m，速度因子约为 0.9。据此，该长度可代表半波长的频率可以计算如下

$$\frac{\lambda}{2} = \frac{V \cdot c}{2\Delta f} = 500 \text{ m} \quad \therefore \quad \Delta f = \frac{0.9c}{2 \cdot 500} = 270 \text{ kHz} \tag{5.9}$$

对于上述 1 GHz 的扫描，大约需要 3700 点以确保每半波长处出现一个测量点。电缆的损耗减少了周期性不连续性的叠加，并且它们不会精确地等间隔分布，因此可以使用稍微低数量的点。如果每 3200 点重复一次测量，那么 SRL 响应会呈现出不同的样子，如图 5.27 所示。现在，SRL 问题的常见极窄响应变得清晰了。调整输入接头补偿和电缆阻抗，可得到几乎相同的结果，虽然此时电缆阻抗的最好匹配是 76.6 Ω。实际上，这与仿真中该电缆的 76.5 Ω 期望值极其匹配。

当然，最重要的结果是 SRL 的实际值，在本例中该值为 -31.4 dB。由于周期性扰动的影响，此电缆与规格不符。周期性阻抗误差是 0.9 Ω，存在于超过 10 mm 的区域，大约 1 m 出现一次。考虑到电缆的速度因子，该周期对应于 140 MHz 的频率，这恰好是图 5.27 中 SRL 响应的重复频率。

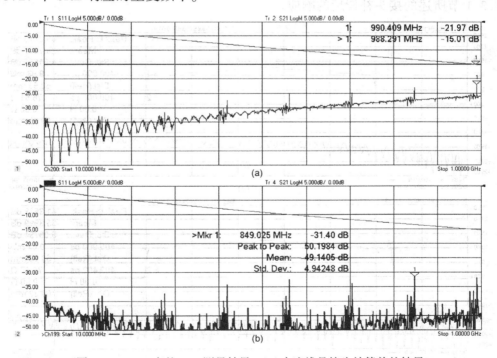

图 5.27　3201 点的 SRL 测量结果；（a）中迹线是接头补偿前的结果

使用较老的矢量网络分析仪和可变电桥，除接头补偿外，可取得类似的结果。使用较老的可变电桥时，始终存在的一个问题是很难使曲线"下降"（lay-down）。这是因为电

桥可变电容与测试接头失配之间的电长度不可能实现完全补偿，从而造成很多不合格电缆，或者使用不同测试接头进行重复测量。随着现代补偿技术的出现，物理可变阻抗电桥基本被完全替代。HP-8711 矢量网络分析仪中的 100 选件 SRL 测量代码第一个实现该技术。然而，这些技术可以在几乎任何现代矢量网络分析仪中使用。

5.1.4.3　电缆阻抗

在上一节中，长电缆的平均阻抗测量作为 SRL 的一部分给予了描述，但该技术对于较短电缆并不适合，因为其远端负载对结果有更明显的影响。对于较短电缆，阻抗测量变得有些问题，因为很少有人认识到电缆阻抗是一个二维特性。在第 1 章中，讨论了传输线的细节，并清楚知道任何物理传输线（具有损耗）具有随频率变化的阻抗。进一步，任何实际传输线沿长度方向具有扰动，因此电缆阻抗也是沿电缆长度的函数。所以对电缆阻抗的任何讨论都应该定义在电缆中的特定点和特定频率。然而，几乎没有人如此定义电缆阻抗，并且每个人都希望在指代电缆时只有一个简单唯一的数值。

于是，电缆阻抗常常定义为只沿电缆距离方向变化的频率平均值，更有甚者，就定义为频率和距离上的平均阻抗[5]。测量电缆阻抗的一个传统方法是使用时域反射仪，矢量网络分析仪提供了该方法的现代版本。为了说明该测量方法，考虑一个阻抗每 10 cm 步进一次并具有非理想输入接头的电缆。把使用这些属性仿真出的电缆 S2P 文件加载到矢量网络分析仪中，如图 5.28 所示。图 5.28(a) 显示的是正常响应，图 5.28(b) 显示的是使用如 5.1.3.1 节所述的接头补偿后的响应。

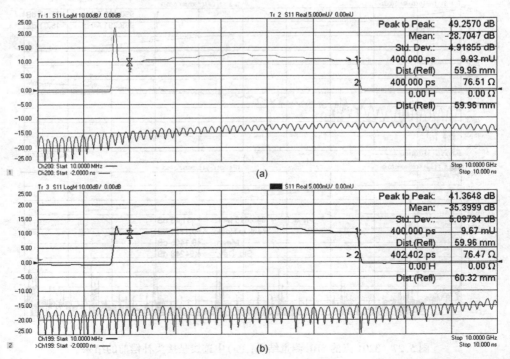

图 5.28　具有阻抗阶梯的电缆的频域和时域响应。(a) 正常情况；(b) 使用接头补偿后的情况

注意游标 2 读数的不同，它表示显示值上大约有 0.04 Ω 的差异，这是由非理想输入接头造成的。要注意，在图 5.28(b) 中，使用接头补偿后频率响应变平了。时域响应清楚显示出电缆中的阻抗阶梯。游标 1 读数以反射系数方式显示。一些矢量网络分析仪允许游标格式与曲线格式设定得不同；这里游标 2 设定为显示 $R + jB$，在时域迹线的情况下提供了阻抗值，时域迹线在低通模式下通常为纯实数。从这些图中，通过沿曲线移动游标，阻抗值作为电缆时延的函数可以直接确定出来。

通过内建的公式编辑器功能，也可以直接通过反射因子到阻抗的变换计算出阻抗值，该值是电缆时延的函数。变换简单表达为

$$Z = Z_0 \frac{1 + S_{11}}{1 - S_{11}} \tag{5.10}$$

将该变换应用于上方时域曲线，如图 5.29 所示。使用这样一个公式编辑器函数的一个反常之处是原始数据的时域变换出现在公式编辑器数学运算之前。由于到阻抗的转换不是线性函数，转换必须在时域变换完成后进行。于是，在图 5.29(a) 所示窗口中进行时域变换(迹线 4)，然后在图 5.29(b) 所示窗口中应用公式。一个遗憾的后果是，x 轴保持了频率标注而非使用时间标注。对该转换后的一段测量结果应用迹线统计功能产生出一个平均值。在图 5.29(b) 所示窗口的情况中，平均值在游标 1 和游标 2 之间的区域进行计算，产生出 76.68 Ω 的平均值。这非常接近在电缆仿真中所采用设计的期望值。

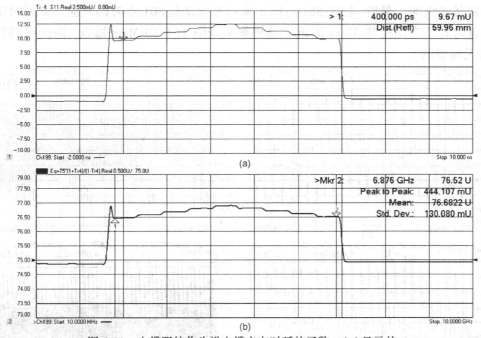

图 5.29　电缆阻抗作为沿电缆方向时延的函数。(a) 显示的
是线性反射系数；(b) 为阻抗，y 轴刻度单位是 Ω

然而，使用时域变换需要注意一点：由于直流值并非在矢量网络分析仪中直接测量，它需要外插得到。直流值表示某遥远时间处的变换值，并且应该等于端接负载值与电缆直流损耗之和。该值如第 4 章中所述进行设置。然而，混叠效应(当时域响应在无混叠区

域内没有归零时出现)和外插误差影响会造成零时刻之前的显示阻抗值与期望值不同,该期望值通常为系统参考阻抗。在这样的情况下,需要测量时域迹线的显示参考阻抗值并处理任何测量结果上的差异。

5.1.5   电缆长度和时延

测量电缆时的一个常见问题是获知电缆长度或时延。通常这包括测量电缆的群时延,而时域也可用于类似测量。对于长电缆,一个关键问题是对相位响应的欠采样,也就是说频率间隔如此大,以至于两个测量点之间有多于 180° 的相位变化。图 5.30(应当承认看上去复杂)显示的是在同一频率跨度内选用 4 种不同点数测量同一 10 m 长电缆的结果。由于电缆长度是已知的,可使用式(5.9)直接计算所需的频率间隔,对于速度因子为 70% 的电缆结果约为 10.5 MHz。在图 5.30(a)所示窗口的第一种情况中,使用默认的 201 个数据点对 8 GHz 跨度进行测量,频率间隔约为 40 MHz,显然响应是欠采样了。每一个窗口都显示了相位响应和群时延,而图 5.30(a)所示窗口的相位看起来异常并且群时延是负的。图 5.30(b)所示窗口显示的是点数增加到 301 点时的结果。在该窗口中,相位看起来有些异常,而时延看起来是正的,但是时延值与 10 m 长电缆的期望时延(在假定速度因子为 0.7 时,约为 47 ns)不匹配。9.26 ns 的时延一定是有误的,此欠采样使得相位斜率是负的而时延是正的。图 5.30(c)所示窗口显示的是 401 个点时的响应。其中,时延又是负的。最后,图 5.30(d)所示窗口显示的是 801 点时的响应。此处时延又是正的,且时延值在期望的 47 ns 附近。这里频率间隔小于 10 MHz 每点,因此可预料这个结果是无混叠的。

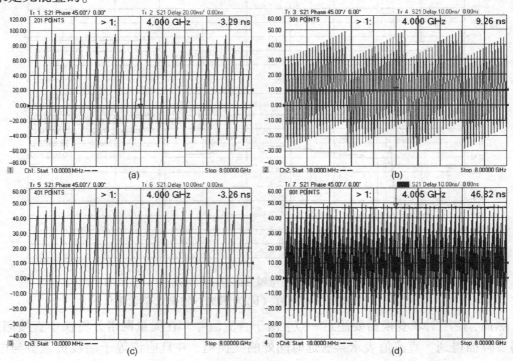

图 5.30   改变长电缆相位采样的示例;仅(d)图是正确的

图 5.30(a)和(c)说明在增加点数时需要谨慎：如果点数只是加倍了，而相位响应是充分欠采样的，那么点数加倍会产生同样的错误时延。因此，最好以非均匀递增方式增加点数来说明不同间隔下的相位响应。

5.2　滤波器和滤波器测量

在费时间进行测量测试的所有器件中，滤波器最有可能名列前茅。如用在蜂窝电话基站和卫星多路转换器中的高性能滤波器必须通过调谐来达到所需性能。滤波器生产中的产品公差并未得到足够控制以使制造出的滤波器无须大量调谐。对于一个复杂的基站滤波器的调谐过程可能要花一个小时，而调谐一个卫星多路转换器可能需要几天甚至几周。所有时间都必须持续仔细测量滤波器的 S 参数。这些滤波器损耗极低，意味着矢量网络分析仪校准中的任何残留误差都会加重滤波器的波纹和不匹配。这些滤波器经常需要极高的阻带衰减，这意味着需要很高的动态范围来精确评估滤波器的隔离度。调谐过程中通常需要操作者一边看着矢量网络分析仪屏幕上的结果，一边手动调整调谐螺钉，测量速度必须足够快以满足实时调谐，通常每秒 10 次更新或更快。以下章节讨论了滤波器测量的一些具体方面。

5.2.1　滤波器分类和困难

滤波器的广泛应用产生出许多不同的滤波器类型，根据性能和应用来大致分类，这些分类可以描述一般需求、困难和测量方法。表 5.1 排序列出了滤波器的分类。大致可分为三大类：完全可调谐滤波器，微调(单向可调)滤波器，固定设计滤波器。

表 5.1　根据应用类型分类的滤波器

滤波器分类/应用	技　　术	损耗(dB)	匹　　配	复杂度/调谐	其 他 特 性
基站发射器 (Tx)	镀银，更大的空气耦合谐振器	0.1 ~ 1	20 ~ 26 dB	复杂/调谐谐振器，耦合器	阶数 6 ~ 20，通带附近深凹槽
基站接收机 (Rx)	镀银，更大的空气耦合谐振器	0.1 ~ 1	20 ~ 26 dB	复杂/调谐谐振器，耦合器	滤波器可集成低噪声放大器，传输(Tx)隔离度很高
基站双工器	镀银，更大的空气耦合谐振器	0.1 ~ 1	20 ~ 26 dB	复杂/调谐谐振器，耦合器	传输接收三端口组合
卫星多路转换器	最高质量镀银，调谐谐振器和耦合器	0.1 ~ 1	20 ~ 26 dB	很复杂/调谐谐振器，耦合器，多路转换器	高端口数(高达20或以上)，多级调整多路调整
手机	陶瓷耦合谐振器	1 ~ 3	10 ~ 15 dB	低/单向	低成本
射频子系统	PCB 微带耦合线	0.5 ~ 3	10 ~ 20 dB	简单/无调谐	常集成到射频 PCB 中
射频子系统	低温共烧陶瓷(LTCC)	0.5 ~ 3	10 ~ 20 dB	简单/无调谐	常为芯片上射频系统的一部分
信道	声表面波(SAW)	1 ~ 10	5 ~ 15 dB	中等/无调谐	非常窄、很高阶

可调谐滤波器常常对损耗、隔离度和匹配有最严格的需求，为了实现这些需求，它们必须做成可调谐的。它们用于大功率时，必须把任何损耗减到最小，用于低噪声时，

接收机噪声系数直接被滤波器损耗降低。它们也有高隔离度需求来确保用于收发器时，大发射机(Tx)功率能从低噪声接收机(Rx)通路隔离。这些滤波器经常发现用在组合形态下，如双工器。

5.2.2 双工器（Duplexer）与同向双工器（Diplexer）

一个常见的问题是"双工器(Duplexer)与同向双工器(Diplexer)的区别是什么？"这个并没有官方答案，人们可以通过区分应用上的差异来理解术语上的不同。同向双工器(Diplexer)是把两个不同端口上的两个不同频率范围的信号组合到一个组合端口并隔离两个端口的滤波器。多工器(Multiplexer)是把两个以上端口组合到一个端口的同向双工器(Diplexer)。通常，同向双工器(Diplexer)用来引导接收机或发射机。

双工器(Duplexer)允许发射机和接收机同时用一个天线来工作。因此，当像在基站中一样结合发射机和接收机时，同向双工器(Diplexer)用做双工器(Duplexer)。

5.2.3 测量可调谐高性能滤波器

测量可调谐滤波器意味着设置矢量网络分析仪使之能高速刷新的同时保持所需性能。通常只是带通测量，因此调谐过程中一般不需要大的隔离度。在这种情况下使用宽带中频带宽，然而许多矢量网络分析仪根据中频带宽来改变扫描类型（从步进到扫频），当中频带宽宽时默认使用扫频信号源。某些矢量网络分析仪中使用连续扫频（与步进频率扫描对比）来实现滤波器调谐所需的快速扫描，在某些情况下这会导致5.1.2.1节中讲到的中频延迟问题。大部分情况下这些效应仅仅发生在极窄滤波器上，这些滤波器就其本性而言必然有很长的延迟。通常只见于晶体滤波器或声表面波滤波器。因此中频延迟误差很少影响可调谐式滤波器。

测量可调谐滤波器时，测试和校准配置中有许多能影响测量质量和速度的选项；下面讲讲部分常见属性。

- **中频带宽**：这是单个最重要的影响权衡测量速度和结果噪声的设置。中频带宽对多数调谐测量可设置相当高，但有些限制。带宽非常宽时，其他开销如计算和显示迹线结果、频带切换时间和回扫时间会占整个扫描周期时间的更大百分比。某些非常宽的带宽下，数据采集时间被其他开销时间掩盖了，进一步增加中频带宽并不能显著提升总体周期速度。调谐的典型中频带宽在 10 ~ 100 kHz 之间。最后，中频带宽限制频率分辨率，即中频带宽"模糊"了滤波器的频率响应。人们不能对窄带滤波器使用宽带中频带宽。精确评估滤波器的转折频率时可能需要窄带中频带宽。
- **点数**：与中频带宽一样，一次扫描的点数直接影响周期时间，除了点数很小的情况，此时其他开销会掩盖掉进一步减小点数带来的改进。许多应用中根据频带边沿所需的分辨率来设置点数，但现代矢量网络分析仪中迹线响应的插值结果相当好，游标或指标限制线值由插值结果计算得到。通常插值足够好，允许带宽上点数减小到一定的合理值。大多数调谐应用的典型取值为 201 点或 401 点。
- **扫描模式**：如同在关于中频延迟的章节中所述，从扫频改为步进模式会显著影响扫描速度。然而，现代矢量网络分析仪的频率合成器速度很快，因此中频带宽低于约 10 kHz 时影响很小，可以使用步进模式而周期时间不会显著增大。一些矢量网络分析仪提供两种步进模式：标准和快速步进。快速步进中减小或消除了与源自动电平控制环和非比值模式中使用的单独接收机相关部分的稳定时间。对几乎所有的比值测量中，如 S 参数或增益，稳定造成的误差被比值过程消除了，所以减小或消除这些稳定等待时间并没有负面影响。但对于绝对功率控制重要的情况，如放大器测试，应该使用普通的步进模式来避免功率稳定问题。

- **校准方式**：对大多数高性能可调谐滤波器来说，有必要用全二端口校准从回波损耗测量中消除测试系统负载匹配的影响。传统的矢量网络分析仪，如 HP-8753 提供了一种特殊模式，仅在用户指定间隔偶尔刷新反向(S_{22})扫描，如每 10 次前向扫描刷新一次。而现代矢量网络分析仪动态范围提高了，允许宽带中频带宽下进行低噪声测量，因此即使全二端口校准也能接近实时速度。

5.2.3.1 极低损耗和带内匹配滤波器

测量极低损耗以及带内匹配的滤波器需要 5.1.1 节中讨论的相同技术。需要仔细注意使用好的校准技术以及好的电缆。因为滤波器物理尺寸延迟长，通带会有很多相位变化，如果矢量网络分析仪系统源和负载匹配表征不合适，会造成额外的响应波纹。特别是因为大多数滤波器是非插入式的(它们要么每个端口连接器系列不同，要么每个端口类型或极性相同)，使用未知直通(unknown-thru)校准方法或对老式矢量网络分析仪用去除连接器校准的方法很重要。使用传统的 SOLT 校准以及忽略直通延迟是造成校准误差的普遍原因，因为负载匹配差，滤波器调谐测量会变得困难。

5.2.3.2 测量滤波器回波损耗

即使滤波器的关键指标是 S_{21} 插入损耗和隔离度，滤波器回波损耗也几乎一直是调谐滤波器的主要方法。然而回波损耗相对于调谐变化更敏感，好的回波损耗能提供更好的系统性能以及几乎总能保证好的插入损耗结果。

当测试回波损耗时，普遍使用指标限制线来设置可见的通过/失败标准。另一个常规技术是在调谐中在通带边沿设置游标查看实际数值。第三个不广为人知但又非常方便的技术是使用某些矢量网络分析仪中的一个特性——使用游标跟踪最差的通带回波损耗值(最大值)。即使滤波器通过了最小指标，也通常要技术人员调谐到"最佳可能匹配"。使用跟踪最差情况点技术来查找最佳情况非常方便。测试方案如图 5.31 中的设置。在通带的窄区域范围内设置游标 1 来跟踪回波损耗最大值。游标 2 和游标 3 跟踪滤波器边沿。

与回波损耗迹线相同范围内在迹线 2 中设置游标 1 跟踪 S_{21} 的最小值；调谐滤波器时同时显示通带插入损耗和回波损耗很普遍。当调谐滤波器时，每次扫描都会刷新游标值，这样提供了一个方便的方法来跟踪滤波器性能。当调谐滤波器低于指标限制线时，指标限制线指示符会从失败变为通过；通常测试迹线未通过的范围会红色高亮显示。

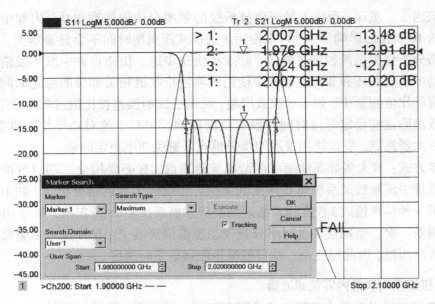

图 5.31   测试滤波器 S_{21} 和 S_{11}，使用游标跟踪查找最差的 S_{11}

5.2.4   测量传输响应

滤波器传输响应体现了滤波器测量的根本目标。响应有两个关键属性：通带插入损耗和阻带隔离度。带通滤波器有上下两个阻带，不过通常滤波器一侧的阻带需求比另一侧严格得多，特别是通信系统中双工器使用的滤波器。

5.2.4.1   通带测量

测量滤波器通带与测量低损耗电缆和连接器非常类似，低损耗滤波器需要遵循 5.1.1 节描述的许多细节。把滤波器从其他器件区分开的一个属性是通带匹配并非理论上的零，而是由段数、通带波纹和通带隔离度决定了反射。多数情况下，滤波器响应是权衡以更差的回波损耗来换取更陡峭的截止频率。因此，虽然调谐大多数滤波器是为了好的回波损耗，但即使是理想滤波器(严格按设计工作的滤波器)通带上也不会是零反射。相反，好的电缆和连接器反射系数几乎为零。

如果滤波器几乎无损耗，传输中的波纹就直接与回波损耗峰值有关，参见著名公式

$$|S_{21}|^2 \leqslant (1 - |S_{11}|^2) \tag{5.11}$$

大多数矢量网络分析仪上用游标搜索功能自动确定滤波器的带宽，如图 5.32 所示。大多数这样的功能允许指定带宽值，通常为 − 3 dB。等波纹滤波器的带宽需要定义为波纹值。搜索功能找到最大值，并通过该值计算带宽。

找到带宽后，游标放置在上下转折频率点(图 5.32 中游标 2 和游标 3)、记录滤波器损耗的中心频率点(游标 4)以及最大值位置(游标 1)上。

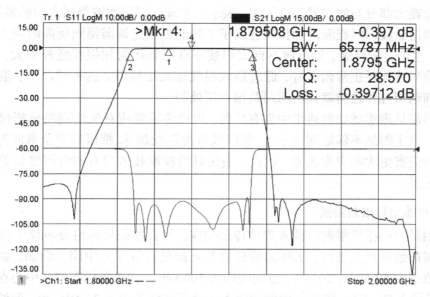

图 5.32　使用游标搜索功能查找滤波器带宽

5.2.4.2　附加损耗

滤波器附加损耗尽管不是典型指标，但也是有用的品质因数，定义为

$$L_{\text{Excess\_dB}} = 20\lg \frac{S_{21}}{\sqrt{1 - |S_{11}|^2}} \tag{5.12}$$

它表示滤波器（或其他无源器件）吸收的超过失配损耗的能量。图 5.33 显示了滤波器的 S_{21} 和 S_{11} 以及使用公式编辑器的附加损耗。

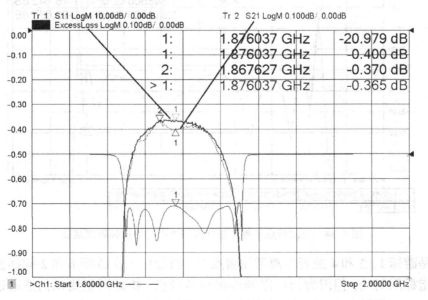

图 5.33　滤波器的 S_{11}、S_{21} 和附加损耗

这个损耗大部分与滤波器调谐无关，表示一个理想调谐滤波器插入损耗最好的情况。有时候在调谐滤波器时查看附加损耗有助于了解能否通过调谐得到所需的插入损耗。某些情况下，生产过程降级，如电镀不良或焊接不良能导致附加损耗意外增大，生产出的滤波器即使回波损耗正常调谐好，低通插入损耗也无法调谐。这种情况下，浪费大量时间进行精细调谐过程之前就找出问题是很有用处的。

因为即使是理想滤波器通带中也有反射，因此传输响应对矢量网络分析仪端口失配非常敏感。由于附加不确定度等于 S_{11} 乘以残留源匹配加 S_{22} 乘以残留负载匹配，这会导致滤波器响应有更大的失配误差。因此，使用好的校准技术对有非常严格公差要求的滤波器尤为重要。

5.2.4.3 传输指标限制测试

通常用最小的指标限制线值来测试传输响应，但有些矢量网络分析仪中指标限制测试只能在离散数据点上进行，实际的指标限制可能处在数据点中间。例如，如果滤波器测试频率范围为 60 MHz，201 点，点间距则为 300 kHz。如果指标限制线中心在滤波器中心频率，范围为 50 MHz，则指标限制边沿点正处于滤波器上下 25 MHz 处，但滤波器的离散数据点处于范围为 49.8 MHz 和 50.4 MHz 处，正好在指标限制内外。如果数据点正好位于通过指标限制内，以及数据点正好位于未通过指标限制外，即使显示迹线可能穿过指标限制线，指标限制也会通过。这种情况下，必须增加点数或者使用分段扫描来确保指标限制测试正好位于测量点上。图 5.34 显示的例子是 S_{11} 测量点与指标限制边沿不匹配，从而当滤波器实际上未通过真正的指标限制标准时仍指示通过。

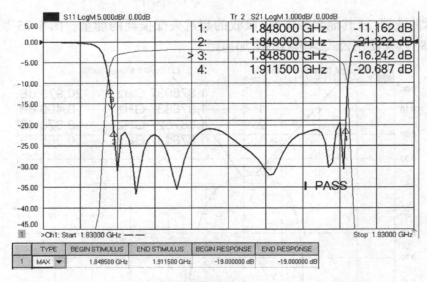

图 5.34   当测量点不等于指标限制边沿时的指标限制测试

特别是游标 1、2 和 4 放置在离散测量点上，而游标 3 在游标 1 和 2 间插值。显然迹线穿出了指标限制线，但因为指标限制外没有测量点，指标限制测试仍然通过。点数翻倍后游标 3 位于测量点上，因此指标限制测试不能通过。

5.2.4.4　使用统计评价波纹

滤波器中用于通信系统的一个关键品质因数是幅值偏差或通带波纹；有时候称为滤波器平坦度。这个波纹通常由于滤波器反射造成，也是设计参数之一。很多情况下，如果回波损耗正常调谐，可以接受通带波纹，但有些情况下回波损耗指标没有滤波器平坦度那么重要。某些矢量网络分析仪用迹线统计功能和统计用户范围特性功能很容易表征通带波纹。迹线统计的峰-峰值显示了通带波纹，如图 5.35 所示。其他矢量网络分析仪允许使用波纹指标限制线，在迹线平均值上浮动，显示波纹是否符合或超出指标。

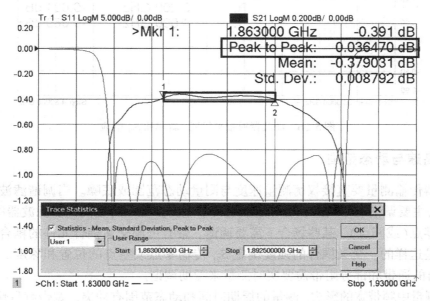

图 5.35　使用迹线统计记录通带波纹峰-峰值

某些系统中通过使用均衡来补偿频率平坦度响应，因此可以移除滤波器（或电缆）的损耗斜率，但幅值偏差不行。这种情况下，不能简单把平坦度表征为一个区域的峰-峰值，而要定义为线性响应的偏差。这种情况下应该移除幅值响应的斜率。有很多种方法用直线来拟合幅值响应，而最常用的是最小二乘拟合。某些现代矢量网络分析仪中提供最小二乘逼近作为后处理函数（如公式编辑器中的引入函数），可以直接显示响应的平坦度（偏差）和斜率（有时候称为倾斜度）。图 5.36 显示了滤波器的通带平坦度（0 dB 参考附近）、斜率（称为倾斜度参数），以及原始的 S_{21} 和最佳拟合曲线。倾斜度参数是个单独的数值，等于最佳拟合曲线的斜率，在图中是最佳拟合迹线上游标 1 和游标 2 间的差值。

某些情况下，可以限制用一小部分基础迹线来计算平坦度，这样允许单条迹线或通道同时提供带内（平坦度）和带外（隔离度）响应。有线电视系统中使用的放大器常常需要这些功能，设置斜率或倾斜度来补偿电缆损耗，还必须限制斜率补偿后的幅值波纹小，以便确保高质量服务。

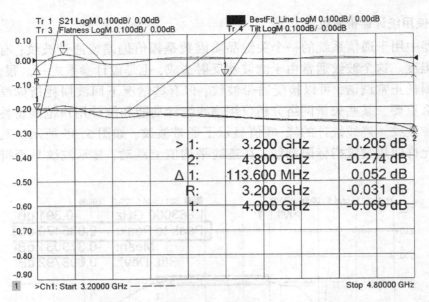

图 5.36　滤波器通带平坦度、斜率和 S_{21} 响应

5.2.5　高速与动态范围

　　滤波器传输测量要直接权衡测量速度与测量动态范围或底噪。当调谐滤波器通带响应时,因为主要调谐通带响应,动态范围通常不重要。但是有些高性能滤波器的 S_{21} 传输响应中有零点(或凹点),某些场合下需要调谐。带有可调交叉耦合元件的耦合谐振滤波器通常就是这样的。交叉耦合的强度确定 S_{21} 传输零点或空点的位置和深度。这种情况下,滤波器的通带和部分阻带需要实时测量来帮助调谐。

　　由于测量中频带宽的影响,测量的周期时间和动态范围有冲突。宽带测量快,但底噪大,无非是因为宽带允许更多噪声进入到测量接收机。通常传输测量有三个兴趣区域:通带、阻带高隔离度(从传输零点)以及其他阻带区域。通带的插入损耗很低,因此信噪比很高,可用宽带中频带宽。滤波器大部分阻带只需要动态范围适中,只需中等窄带中频带宽就能获得合适的底噪。然而,在某些传输零点区域需要极高的动态范围,这需要非常窄的中频带宽。图 5.37 是滤波器的传输测试,使用三个不同的中频带宽,10 kHz、1 kHz 和 100 Hz。

　　从图上清楚地看到使用更窄的中频带宽时,底噪明显改善,但图上不太明显的是扫描时间发生的变化。图示迹线使用全二端口校准,中频带宽 10 kHz 时测量周期时间为 80 ms,1 kHz 时为 800 ms,100 Hz 时为 8 s。中频带宽每降低 10 倍,底噪减小 10 dB,同时测量周期时间增加 10 倍。使用能够观察到传输零点足够窄的中频带宽线性扫描整个传输频段会造成扫描太慢,以至于完全不能用于滤波器调谐。

　　矢量网络分析仪增加源功率时也可降低底噪。现代矢量网络分析仪接收机线性度非常好,但是许多旧的矢量网络分析仪的接收机在最大源功率点会产生压缩(最大功率压缩多达 0.5 dB 或更大),造成通带插入损耗读数错误。这样的压缩在阻带并不很重要,却会造成很多滤波器的通带指标不合格,因此同时测量迹线通带和传输零点区域时不要使用大功率。

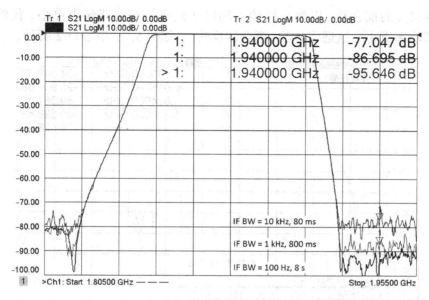

图 5.37　三个不同中频带宽和测量速度的传输响应

5.2.5.1　分段扫描

大多数矢量网络分析仪提供了便利的方法来解决上述问题，简单地说，就是通带区域内使用低功率和宽带中频带宽，以及需要增加测量点的密度来确保频带边沿正确测量，但在阻带区域需要带宽非常窄和源功率大，保证本底噪足够低。所需的解决方法就是分段扫描特性功能。

分段扫描特性最初是为测量扫描的不同区域设置不同的点密度。对滤波器来说，通带点密度高，阻带点密度低，以及为确保正确评价指标限制测试结果，频带边沿点要正确设置。从 HP-8753 开始(以及在一个大的蜂窝式基站公司的坚持要求下)，分段功能选件包含了为每一分段设置不同功率值和中频带宽的能力。现在一次扫描可以设定为阻带功率大，以提供好的动态范围，通带功率小但是宽带宽，在要调谐的传输零点处的几点带宽很窄。图 5.38 是对前面图中同样滤波器的分段扫描结果。

这个例子中，通带 200 点，中频带宽 10 kHz，维持同样的点密度，但上下阻带各自只有 40 点，功率更大，中频带宽变窄为 1 kHz，传输零点区域有 32 点，因此可以清晰看到传输零点，也是大功率，但中频带宽只有 100 Hz。这个分段扫描的总体测量周期时间为1.1 s，虽然并不是很实时，但比上面另一种方案的 8 s 强得多。

下一节会讨论通过更一步优化测量设置来达到所需的周期时间。

5.2.6　极大动态范围测量

对有很大或极大动态范围需求的滤波器来说，测试系统除提供所需速度和动态范围外，还需要有其他变动。只有提供通常称为可配置测试装置选件的矢量网络分析仪才具有这种变动能力。这个选件中，接到测试端口耦合器的电缆连到了前面板，因此用户能够接入耦合器的耦合端口和输入端口(或耦合臂)，以及测试端口。通过这个接入手段有可能重接端口 2 的耦合器，以便直接接入端口 2 接收机的通路噪声更小，代价是端口 2 可提供的源功率更小。这通常称为"耦合器反转"，如图 5.39 中端口 2 所示。

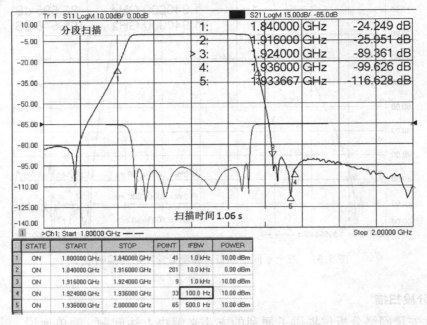

图 5.38　分段扫描优化滤波器传输响应测量结果

	STATE	START	STOP	POINT	IFBW	POWER
1	ON	1.800000 GHz	1.840000 GHz	41	1.0 kHz	10.00 dBm
2	ON	1.840000 GHz	1.916000 GHz	201	10.0 kHz	0.00 dBm
3	ON	1.916000 GHz	1.924000 GHz	9	1.0 kHz	10.00 dBm
4	ON	1.924000 GHz	1.936000 GHz	33	100.0 Hz	10.00 dBm
5	ON	1.936000 GHz	2.000000 GHz	65	500.0 Hz	10.00 dBm

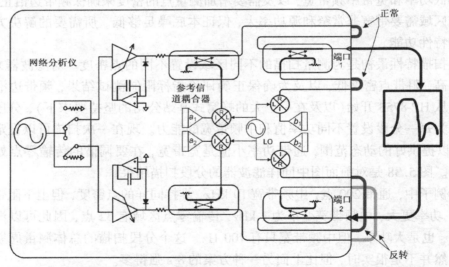

图 5.39　具有可配置测试装置及端口 2 耦合器已反转的矢量网络分析仪框图

　　这个配置中矢量网络分析仪接收机连到了测试端口耦合器的直通臂，因此灵敏度显著提高，通常高约 14 dB。这改善了底噪，允许中频带宽增大约 30 倍，同样动态范围下大幅提升扫描速率。上述例子中，扫描速率能快到 160 ms。通带扫描速率不能提高很多，因为扫描过程中必须减小通带功率，保持接收机功率足够小，从而不会使接收机压缩。这个功率值本质上与正常配置中通带接收机功率值相等，因此为了产生相同的迹线噪声，中频带宽必须保持一致。然而，在损耗足够大的阻带部分，功率能设置到最大值，全部

14 dB 的噪声改善就会变得明显。图 5.40 显示的是滤波器的测试结果，扫描时间 160 ms，满足准实时调整的需求，能够查看传输零点低至 −115 dBc 以下。

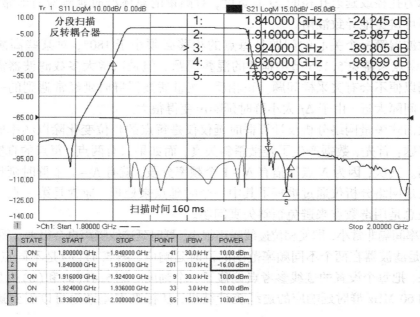

图 5.40　使用耦合器反转提升动态范围和速度

当反转耦合器时，为了避免通带测试端口接收机过载，每次扫描使用可调功率进行分段扫描就很关键。并且，人们必须意识到反向（S_{12}）扫描的动态范围和底噪会同样降低 14 dB。因为滤波器几乎总是线性和双向的，$S_{21} = S_{12}$，因此没有必要测量反向传输。反向扫描时，输出到 DUT 端口 2 的源功率降低了 14 dB，但是端口 2 接收机灵敏度提高了 14 dB，补偿了降低的源功率，因此 S_{22} 测量结果的信噪比并没有因端口 2 耦合器反转而改变。S_{12} 测量结果的高损耗区域上的更大噪声对其他参数的校正结果几乎没有影响；S_{12} 对误差校正算法的贡献总是 $S_{21} \cdot S_{12}$。因为两个值都很小，乘积其实很小。当测试高增益放大器时情况就不同了，如果反向通路噪声限制了 S_{12} 测量结果，乘积能大于 1；这将在第 6 章详细讨论。

除了滤波器的插入损耗和隔离度测量，其他测试参数也很重要。很多情况下相位响应和其他衍生的测量成了滤波器指标的关键部分。下一节将给出部分示例。

5.2.6.1　群时延测量

许多滤波器的一个共同的品质因数是群时延，特别是通带的群时延波纹，有时是绝对群时延。因为模拟值必须从一组离散测量中估算，默认滤波器的群时延测量只是真实群时延的估计值。经典的群时延定义为

$$\tau_{GD} \overset{\triangle}{=} -\frac{d\phi_{Rad}}{d\omega} = \frac{-1}{360}\frac{d\phi_{Deg}}{df} \tag{5.13}$$

然而，滤波器的相位测量本质上是离散的，不能通过微分计算解析斜率，而必须通过离散有限微分计算

$$\tau_{\text{GD\_meas}} = -\frac{\Delta \phi_{\text{Rad}}}{\Delta \omega} = \frac{-1}{360} \frac{\Delta \phi_{\text{Deg}}}{\Delta f} \qquad (5.14)$$

因为称为孔径或延迟孔径的 Δf 有宽度，对测量的总体群时延响应有非常大的影响，离散微分不可避免地导致混淆。

测量滤波器第一个关心的问题是每点的相移必须小于180°，对某些高阶滤波器来说，需要很多点来避免5.1.5节中描述的混叠问题。但是通常大多数滤波器需要足够小的频率间隔以便不会有欠采样问题。正相反，测量滤波器群时延经常遇到的一个主要问题是数据点间隔太近，由于 Δf 太小群时延噪声变得很大。

大多数旧式矢量网络分析仪计算群时延仅仅是每点的相位变化除以频率间隔。这导致了两个问题：首先，数据产生了轻微歪斜失真，而如果只有两点，每点的真实时延偏移了一半间隔。其次，因为 N 点扫描有 $N-1$ 个频率分段，就有 $N-1$ 个群时延计算点。大多数旧式矢量网络分析仪通过重复了其中一个时延点来处理，通常是第一点。时延或平滑孔径点数总是用奇数点来避免歪斜失真问题。

如果频率间隔非常小，即使相位迹线噪声很小，群时延迹线噪声也会很大。图5.41(a)和(b)显示的是滤波器在两个不同频率范围的群时延响应，图5.41(c)是不同点数的响应，为看清结果，把每个设置的迹线参考点偏移了一个刻度。图5.41(a)和(b)也显示了每次测量的中间60 MHz群时延响应的迹线统计结果，从标准方差结果可以看到迹线噪声的相对值。

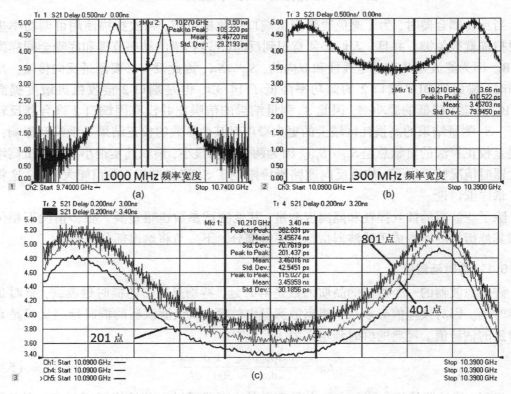

图5.41 不同点数和频率范围的滤波器群时延

　　宽频率范围迹线的噪声比窄频率范围迹线噪声小，大约与频率范围成正比。点数少的迹线时延噪声比点数多的迹线噪声小，大约与点数成正比。所有情况下，相位迹线的迹线噪声都一样，但是式(5.14)中的除数变了。所有这些结果都体现了群时延孔径的特性，实际上是随着频率范围和点数的不同而变化。

　　虽然相位响应迹线噪声本来是个常数，点数变化改变了孔径大小，群时延迹线噪声相应增大。避免这个问题的一个方法是群时延迹线点数设小一些，但是在许多情况下为确保幅值响应没有问题的点数必须大，以及在同一条迹线上计算群时延更方便。大多数旧式矢量网络分析仪有平滑功能，对迹线进行移动平均平滑，可以用它来给群时延迹线设置更宽的有效孔径。使用移动平均窗口的平滑函数为

$$Y_{\text{n\_Smooth}} = \frac{[Y(n-m) + Y(n-m+1) + \cdots + Y(n) + \cdots Y(n+m-1) + Y(n+m)]}{2m+1} \quad (5.15)$$

其中 $2m+1$ 是平滑孔径，单位为点。平滑经常用频率范围百分比表示，用下面公式转换为平滑点数

$$m = \text{int}\left[\frac{N \cdot (\text{平滑百分比})}{2}\right] \quad (5.16)$$

其中 N 是点数。

　　当用于大多数迹线时，每一点是周围点的平均，与频谱分析仪的视频带宽功能类似。多数情况下，平滑并不是减小噪声的有效方法，因为它也减小了响应中的重要结构。幅值响应情况下，能用平滑来消除校准不好造成的波纹失配，但是它也会隐藏响应中的由 DUT 响应造成的附加波纹。

　　然而，群时延迹线中怪异的数学使平滑完全等同于减小目标点周围的点数，因此任何中间值对时延都没有影响；举一个简单例子说明这一点，把群时延定义式(5.14)用到平滑定义式(5.16)中，使用 5 点平滑($m=2$)：

$$D(n)_{\text{Smo}} = \frac{\left[\dfrac{\varphi_{n-1} - \varphi_{n-2}}{\Delta f} + \dfrac{\varphi_{n} - \varphi_{n-1}}{\Delta f} + \dfrac{\varphi_{n+1} - \varphi_{n}}{\Delta f} + \dfrac{\varphi_{n+2} - \varphi_{n+1}}{\Delta f} + \dfrac{\varphi_{n+3} - \varphi_{n+2}}{\Delta f}\right]}{360 \cdot 5} \quad (5.17)$$

$$D(n)_{\text{Smo}} = \frac{\varphi_{n+3} - \varphi_{n-2}}{360 \cdot 5 \Delta f}$$

　　从这一点可以清晰看出没有任何一个中间点对计算平滑的时延有帮助。不像其他迹线中的平滑，中间点的测量值对结果没有影响，因此平滑后的值与仅测量平滑孔径两端的相位而计算得到的值相同。

　　在更现代化的矢量网络分析仪中群时延孔径与迹线平滑能独立设置，因此当把迹线格式从时延改变为其他格式，如对数幅度时，没必要再把平滑打开和关闭。一些矢量网络分析仪中可以设置孔径为点孔径或频率范围百分比，或固定的频率差孔径。这些情况下，如果固定的频率差或者频率范围百分比并不正好位于测量点上，有必要通过相位点插值来计算时延。用固定的频率差来指定孔径是非常方便的方法，因为群时延结果迹线以及迹线噪声不随频率范围或点数变化而变化。图 5.42 显示了图 5.41 中的测量使用固定频率群时延孔径时的响应结果。这里使用了 3 MHz 孔径，大致匹配上面 201 点迹线的默认孔径。看一看标准方差数值，可以看出所有迹线几乎完全相同。因此以频率差来指定孔径得到最一致的结果。

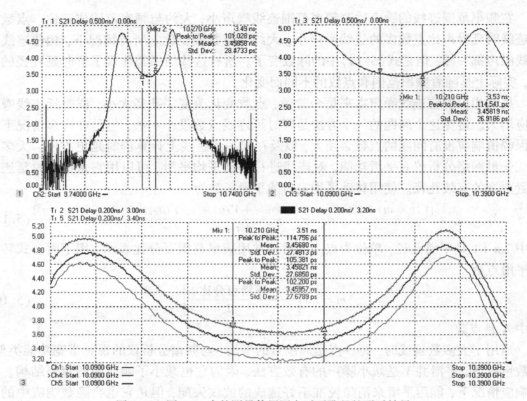

图 5.42　图 5.41 中的测量使用固定时延孔径的群时结果

大多数滤波器的群时延绝对值并不重要；只有群时延波纹对通信信道重要。群时延波纹能在调制测量中产生失真。然而在一些滤波器分类中，绝对群时延非常重要，这称为"时延滤波器"并不奇怪。经常在前馈放大器中发现这些类型的滤波器，给误差放大器使用的信号提供固定时延，最终在输出端合并用来抵消主功率放大器的失真。这些滤波器的时延和其他特性必须精确调谐。

5.2.6.2　长时延(声表面波)滤波器

某些滤波器，特别是声表面波滤波器的时延很长。滤波器时延大概是除以带宽，再乘以谐振器个数。声表面波滤波器使用转换器，有多个有效谐振器，高 Q 值，窄带宽，因此时延很长。声表面波滤波器通常以封装前的在片形式进行测试，隔离度响应受直接从探头到探头发生的射频泄漏限制。封装过程中要处理声表面波材料物理末端来避免声波反射，但是在封装之前，或者如果封装很差，称为三次行程的再次反射声波会降低隔离度并增大通带波纹。某些情况下，例如在片测试，需要查看没有三次行程信号的滤波器响应。通过使用时域技术[6]能消除这个影响。

由于声表面波滤波器群时延很长，可以从主要的传输响应中轻易分辨出泄漏的响应。类似地，三次行程响应发生的时间很长也足以从主响应中轻易分辨出来。因此可以门控选通时域中的主瓣响应来排除泄漏和三次行程，得到的滤波器响应只依赖于转换器的设计。图 5.43 显示的是声表面波滤波器的响应。

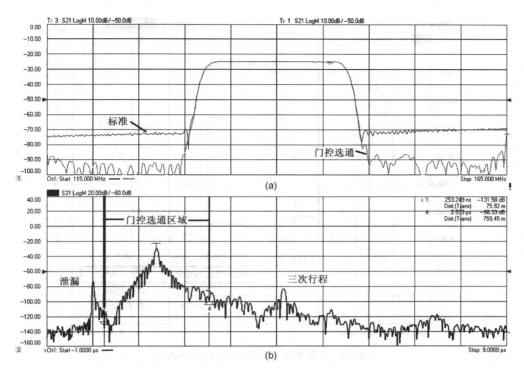

图 5.43　(a)声表面波滤波器的频率响应；(b)时域响应

图 5.43(a)是滤波器选通和未选通的频率响应。选通响应隔离度显然更好，表明转换器设计得很好，满足隔离度要求。未选通响应显示出射频泄漏和三次行程对隔离度的影响。图 5.43(b)显示了未选通时域响应与门控选通的区域。射频泄漏和三次行程可以从时域响应中轻易分辨出来。

5.2.6.3　线性相位偏差

与群时延相关的一个重要传输响应是线性相位偏差。这是对相位误差或相位平坦度更直接的表述，有时候指定它替代群时延波纹。实际上，群时延波纹可能更适合用来度量相位平坦度，因为在微小频率变化上相位急剧变化可能仍然能满足峰-峰值相位指标，但群时延波纹测量峰值很大。尽管如此，许多系统仍然指定相位偏差作为品质因数，对相位偏差测量，人们一般必须消除相位响应的线性斜率部分，仅显示非线性偏差。

大多数矢量网络分析仪提供了一个方便的特性，有时称为"游标转时延"，在游标位置 ±10% 内计算 DUT 的电延迟，把线性时延部分从相位响应中消除。这通常通过称为"电延迟"的定标功能完成；把相位响应数学上归一化到时延与输入值相同的理想传输线的相位斜率。图 5.41 中的滤波器使用游标转时延前后的相位响应如图 5.44 所示，并显示了电延迟数值。

游标转时延特性很方便，可快速进行补偿，但是显然电延迟调整后响应更平，相位偏差峰峰值更小，因为相位偏差窗口内相位迹线向下倾斜。通常用迹线统计监测相位波纹峰峰值，手动调整电延迟来进行微调。迹线统计限制在更窄的用户指定范围内，正如图 5.35 中相位偏差窗口所示。

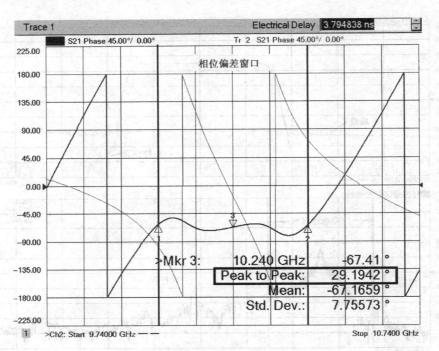

图 5.44　设置电延迟前后的滤波器相位响应

一些现代矢量网络分析仪中有公式编辑器功能，可直接计算各种相位偏差。最简单的方式类似于幅值响应中的平坦特性，进行最小二乘拟合计算。这在数值上计算非常容易，也给相位波纹迹线提供了相当好的最佳拟合曲线，但这并非最优方案。用数学方法计算最佳拟合曲线有可能使最大峰–峰值误差最小（最小–最大），一些矢量网络分析仪把它作为一个附加的公式编辑器功能。最小二乘拟合以及最小–最大拟合的结果如图 5.45 所示。

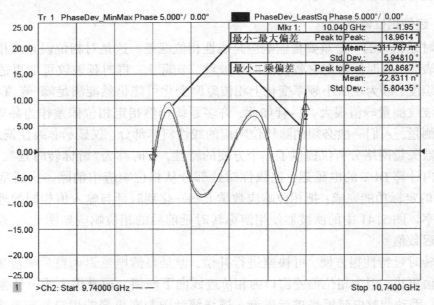

图 5.45　相位偏差的最小二乘拟合以及最小–最大拟合

最小–最大拟合计算量很大，如果点数多时刷新很慢。最小二乘拟合计算速度更快，是比最优结果稍差的折中。这个例子中，最小–最大偏差低两度。使用基本的游标到时延功能，每种方法都有约 10° 的改进。这两个功能只显示了用户指定窗口内的部分相位迹线。

5.2.7　校准注意事项

测量大隔离度和低损耗滤波器时，校准中使用的激励设置与测量中用的不同。其中一个关于校准的常见误解是以为校准和测量的激励条件必须完全相同。这个误解主要可能来源于因为某些最早的网络分析仪的指示符选择不当。校准后一般在屏幕上显示"C"或"Cor"来表示测量误差已校正。如果改变任一激励设置，指示符会变为"C?"，导致许多用户以为这表明校准有问题。为了避免出现这个讨厌的标注，许多用户选择使用导致结果更差的校准设置，而不是在校准后更改设置。

图 5.40 中的分段扫描设置显然是一个很好的例子。不可能用隔离分段的最大功率进行校准，因为直通校准中矢量网络分析仪接收机会严重压缩。不知情的用户会选择更低的功率进行隔离部分的校准，低到没有压缩（–6 dBm），然后保持功率不变进行测量。然而，这导致隔离度中的噪声变大至少 10 倍，噪声可能变差很多 dB。另一种方法是低功率校准后改变功率，这样隔离度测量最多有百分之几 dB 的误差，但可惜会出现"C?"。

自旧式矢量网络分析仪出现以来，校准指示符信息变得更多了；一般出现 C∗ 表示对误差校正数组插值，CΔ 表示某些设置变了，但底层的校准仍然有效，不再使用"C?"。

滤波器校准的另一个常见误差是为保证隔离度噪声小，功率设得太大（常在非分段扫描中），校准后功率不变。这会在传输通带中产生两个明显的不同误差。

如果校准使用机械式校准件，直通时矢量网络分析仪接收机会压缩，造成接收机响应校准迹线读数小于实际值。如果被测滤波器损耗大，测量中接收机不会压缩，插入损耗值读数比滤波器实际值要小，对滤波器损耗会给出乐观看法。虽然看上去滤波器指标更容易通过，但它是无效的。

如果校准使用电子校准件，在校准中校准件损耗可使矢量网络分析仪接收机并不压缩，但在测量中极低损耗的滤波器会使接收机压缩。这会导致测量中插入损耗读数比实际更大，使得某些实际上性能合格的滤波器不达标。

因此，很多情况下，最好校准时使用中等大小功率，然后根据测量的动态精度和迹线噪声进行最佳权衡来改变功率。一些最现代的矢量网络分析仪接收机线性度非常好，以至于根本不需要考虑在校准后改变功率，因此应该选择最佳的功率值使校准噪声小。

5.3　多端口器件

许多线性器件不止两个端口，但是为了方便起见，测量主要集中讨论二端口情况。过去当只有二端口的矢量网络分析仪时，测量多端口线性器件非常困难。未连接到矢量网络分析仪端口的终端效应对测量结果影响很大，改变电缆连接到所有端口组合的过程也非常单调乏味，容易出错。

20 世纪 90 年代末首次出现了二端口以上的矢量网络分析仪。在标准矢量网络分析仪上添加了一个额外的二端口测试装置,组成了四端口系统。很快,集成的四端口矢量网络分析仪变成标准产品,特别是给射频范围研制的差分器件。现在已有高达 THz 频率的四端口测量系统,也有能进行超过 32 端口全校准的扩展测试装置。

因此,虽然大部分多端口测量系统问题已经解决,在测量多端口器件时仍然有一些重要的注意事项,讨论如下。

5.3.1　差分电缆和传输线

射频甚至微波频率范围的差分器件变得很常见。有源器件的细节将在后续章节讨论,但是一个很常见的无源元件是连接差分器件的差分传输线或差分电缆对。通常它们只用于测试,但当使用这些测试线或电缆时为了精确测量有必要仔细进行特性描述。

差分传输线本质上是耦合的,但混合模式测量系统的定义是假定四端口系统端口本质上非耦合。判断一对端口是否非耦合,一个简单心理测验是想想如果在这对端口之一上加电会有什么情况发生。如果另一端口也有电,那么它们不是非耦合的。例如,差分探头从一条传输线的信号可能会泄漏到另一条,因此不是完全非耦合的。四端口矢量网络分析仪的端口间隔离度可能非常大,因此是完全非耦合的。当端口非耦合时,容易定义一对端口传输的两种模式——共模与差模,这是大多数差分测量的基础。差分测量将在第 8 章详细讨论。

5.3.2　耦合器

定向耦合器是三端口或四端口器件,用来监控和信号分离。过去定向耦合器的测量常常一次使用两个端口,其他端口端接匹配负载。这样测量结果相当好,但某些特殊情况下使用三端口或四端口矢量网络分析仪会方便得多。一种情况是当耦合器测试端口不能匹配端接时。当使用二端口矢量网络分析仪时,定向耦合器隔离度依赖测试端口匹配好。然而如果使用三端口或四端口矢量网络分析仪时,可以使用多端口误差校正对所有端口的失配进行全校正。这样即使端口负载匹配不好,它的隔离度测量结果也不错。符合这种情况的例子有必须使用夹具或探头进行测试的测试 PCB 或集成电路耦合器。

用三端口矢量网络分析仪有助于耦合器测试的另一个例子是测试、调谐高性能耦合器。因为耦合器的方向性依赖于所有三条通路的测量(主臂损耗、耦合度以及隔离度)方向性时这三条通路必须全部测量和补偿。测量的整体隔离度通常来源于耦合结构固有的隔离度以及耦合器输出端或测试端的失配。失配一般使隔离度变差,但某些情况下它能消除一些固有泄漏,因此耦合器输出端轻微失配能改进整体隔离度。方向性接近 40 dB 的高性能耦合器通常需要协调。这种情况下,在三端口或四端口矢量网络分析仪上进行所有三个测量允许直接计算方向性,因此可实时调整。图 5.46 是耦合器测量示例。

图中使用式(1.90)在公式编辑器中计算方向性。在测试端口为端口 1、前向耦合到端口 3、主直通臂为端口 2 的情况下:

$$\text{方向性} = \frac{\text{隔离度}}{\text{耦合度} \times \text{损耗}} = \frac{S_{31}}{S_{21}S_{23}} \tag{5.18}$$

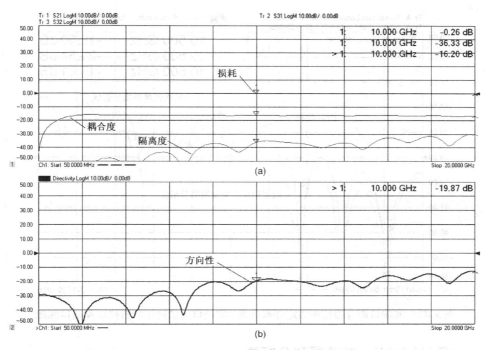

图 5.46　测量耦合器。(a)三个主要参数；(b)用公式编辑器计算的方向性

　　四端口矢量网络分析仪有用的一个例子是四端口耦合器的情况，使用外部固定负载而不是集成的负载。负载常常以半永久的方式贴上(通常以涂层覆盖)，耦合器视为三端口(参见图 1.29)。然而，在制造过程中，或者贴上的负载损坏了(也许因为大功率)，不用负载，用四端口测量能确定耦合器的固有特性。式(5.18)仍然适用，但是第四端口的负载是由矢量网络分析仪提供的，矢量网络分析仪测试端口阻抗经过误差校正到校准的残留负载匹配。

　　有趣的是，四端口测量用矢量网络分析仪内置的夹具功能，如端口匹配可以修改负载端口的有效端口匹配。示例如图 5.47 所示，附加负载时测量耦合器的方向性，以及再次用四端口矢量网络分析仪测量。同时显示了使用端口匹配来改进方向性的结果。

　　通过调整并联电容、串联电感和串联电阻的虚拟电路来进行端口匹配，显示了终端阻抗对耦合器方向性的影响。调整到最好的方向性高达 10 GHz。通过这个端口匹配，人们能确定如果使用最优负载可能有 3 dB 的改进。

　　其他重要的耦合器测量是输入输出端口失配。通常耦合臂端口匹配不是很重要，但如果失配严重，若连到耦合臂的器件终端阻抗也不是很好匹配，耦合的信号中会产生波纹。在用耦合器来监测信号电平的情况下，视在耦合信号中会产生波纹误差。因此，如果耦合臂匹配很差，当测量好负载时仍有平坦响应，但是如果耦合器最终端接的电路匹配不好，将无法保持平坦响应。相反，如果耦合臂匹配好，连到耦合臂的接收电路的匹配对耦合信号中可见的波纹没有很大的影响。

　　宽带耦合器会有波纹，因为如果耦合带宽超过倍频程，它们通常设计成等波纹响应。因此耦合器的一个常见指标是耦合信号的波纹峰-峰值。

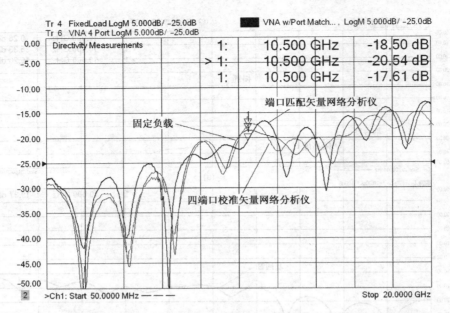

图 5.47　四端口耦合器使用固定外部负载、四端口矢量网络分析仪以及端口匹配

5.3.3　电桥(Hybrid)、功分器和分频器

电桥是提供两个信号通路间几乎无损分离电路的常用名,有时也称为 3 dB 电桥、功分器、分频器或巴伦。可把它们看做特殊类型的耦合器,耦合因子和损耗相同,大约为 −3 dB。电桥损耗常常相对于理想损耗来说,所以最大损耗 −1 dB 的电桥指标并非罕见,它应解释为从输入到输出的损耗低于 4 dB。

电桥有三种不同的类型:0°、90°和 180°。许多电桥是四端口器件,两个输入以及两个输出。一个输入提供相同的功率、相位 0°到两个输出端口,另一输入提供相同功率、180°分相到每个输出端口。90°电桥的两个输入类似,一个提供 0°和 90°到两个输出,另一个提供 0°和 −90°。90°电桥常用来给 I/Q 混频器或镜频抑制混频器提供信号。这两种类型的电桥示例如图 5.48 所示。

电桥一般测量包括输入输出匹配、两输出端口间隔离度和最重要的损耗,以及两个输出端口的幅值或相位不平衡。不平衡测量可以使用矢量网络分析仪的公式编辑器功能来直接计算功分器的平衡度。使用公式

$$平衡度 = \frac{S_{21}}{S_{31}} \quad (5.19)$$

人们能在单独的迹线上绘制幅值平衡度

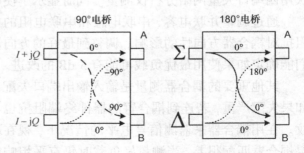

图 5.48　四端口 90°电桥和四端口 180°电桥

和相位平衡度。对所有电桥来说,理想平衡度是 0 dB(相同功率)。对功分器来说,理想相位是 0°。对 180°电桥来说,明显是 180°,90°电桥当然是 90°。

四端口电桥可以计算反相和非反相端口，或 ±90°端口的平衡度。电桥测量的两个例子如图 5.49 所示。

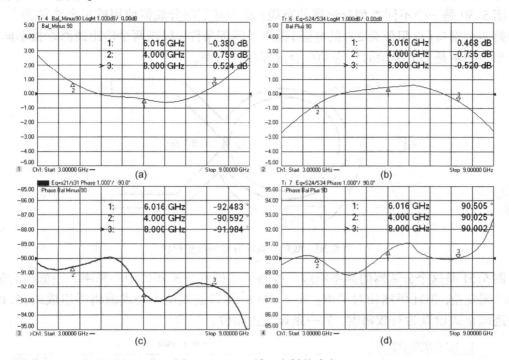

图 5.49 90°四端口电桥的响应

5.3.3.1 90°电桥

图 5.49 显示的是四端口 –90°电桥的响应。图 5.49(a)和(b)是单独的幅值平衡度，图 5.49(c)和(d)是相位平衡度。通过驱动电桥输入的不同端口产生 ±90°响应（端口 1 为 –90°，端口 4 为 +90°），因此根据源端口使用不同的公式来显示相对相位。这个情况下，也是最普遍的情况，电桥在一倍频程上有频率限制，范围从 4~8 GHz。

5.3.3.2 平衡电桥

平衡电桥常用于驱动差分器件。在这种情况下通常测量它们的混合模式 S 参数。理想的平衡 – 不平衡电桥有两个关键参数：合并端口的共模增益（Scs21）和差分端口的差模增益（Sds21）。尽管是四端口器件，当成为巴伦使用时用来驱动差模或共模信号，其模型是两个不同的三端口器件之一。电桥允许同时匹配共模和差模，因此用于这个目的。变压器式巴伦则用于差分驱动，但是差分端口的共模阻抗通常是无限大（对四端口简单变压器）或零（对中心抽头变压器）。有关差分和混合模式特性的更多细节，参见第 8 章。

5.3.3.3 分流器、功分器

分流器和功分器分为有损和无损版本。有损版本分流信号时通过使用电阻来保持所有端口匹配。主要的两种有损分流器是三电阻分流器（有时称为功分器），当功率简单分流到两个不同负载时使用，以及两电阻分流器，当像在网络分析仪参考臂中使用两个输出通路比值时使用。

　　无损分流器用很多不同结构来分配两个通路的功率。一种无损分流器是 3 dB 耦合器，实际上有第四个端口，即耦合器内部负载。

　　图 5.50 是一个不同类型分流器的布局；这个特别的分流器使用威尔金森结构[7]，隐藏的第四个端口（电阻值为 $2Z_0$ 的电阻）提供了匹配条件，仅当两个输出线路端接不同时，或者当线路不是差分驱动时作为功率合成器吸收功率。

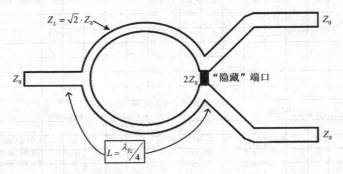

图 5.50　威尔金森功分器的典型形状

　　图 5.51 是这个分流器的频率响应。线路长度设置分流器的中心频率。当低频时隔离度和匹配变差，损耗仍然相对平坦。图 5.51(b) 每条迹线使用公式编辑器组成式(5.19)，一条迹线格式设置为对数幅度，另一条设置为相位。

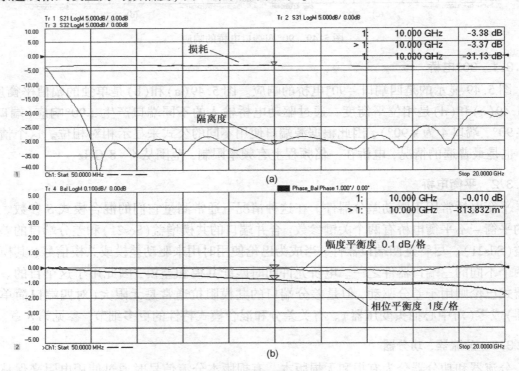

图 5.51　分流器的频率响应

　　如果前向驱动器件到隔离的测试端口，可直接看出平衡度。这个情况下平衡度定义为

$$平衡度 = \frac{S_{21}}{S_{31}} \qquad (5.20)$$

　　然而分流器在分流端口的驱动信号不相同时,分流器内部负载会吸收部分信号。因此,这种类型的电桥并不是理想无损的,实际上分流端口上阻抗不匹配会导致反射进入分流器而被内部负载吸收。可以证明任何三端口网络不可能无损,以及每个端口匹配。这种类型的分流器/合成器表明,在某些驱动信号或负载下内部负载确实吸收功率,因此并不是无损的,但实际操作中几乎是无损的。而且,幅度和相位平衡度非常好,幅度不平衡度小于 0.1 dB,相位不平衡度小于 1°。

5.3.4　环形器和隔离器

　　环形器与定向耦合器很像,从一端口到另一端口的传输响应受第三端口的负载和反射损耗的影响很大。环形器在微波和射频领域的角色很独特,因为它也许是唯一既是线性同时又没有双向性的元件。环行功能是磁性元件响应不一致的结果,当信号顺时针或逆时针方向循环时相位时延不同。

　　大多数环形器大致覆盖一倍频程,信号流在某个方向上隔离度大,相反方向损耗小。一个关键品质因子是低损耗方向上的损耗和反向的隔离度。然而,使用二端口网络分析仪与测量耦合器隔离度一样有类似问题,第三端口的负载质量,即回波损耗会直接影响隔离度测量结果。这是因为第三端口的任何反射会在低损耗方向继续循环,导致隔离端口上出现泄漏类信号,如图 5.52 所示。

　　隔离器测量示例如图 5.53 所示。其中图(a)和(b)是隔离度测量结果,而图(c)是插入损耗测量结果。作为比较,在端口 3 上接非理想负载的隔离度测量结果 S_{21} 也显示在图 5.53(a)中。这个情况下非理想负载产生大约 -32 dB 回波损耗。这是窄带大隔离度环形器,全三端口校准后,中心频率处显示的 S_{21} 通路的真实隔离度大大超过 40 dB。

　　对大隔离度环形器来说,较差负载会导致隔离度测量结果变得很差。如果隔离度接近负载回波损耗,最差情况下的信号能比真实隔离度大 6 dB,如标为" -32 dB RL 负载下的隔离度"的迹线所示。作为参考,当大信号与小误差信号合成时如果误差信号比另一信号小 19 dB,大信号响应测量结果会产生 1 dB 误差。当查看环形器隔离度响应时这些误差变得很重要。

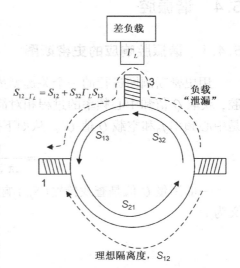

图 5.52　隔离器在非理想负载下的行为

　　最后,隔离器在 3.448 GHz(游标 2)处明显有一个很小的波动(大约 0.1 dB)。隔离度通路上也明显有这个波动。

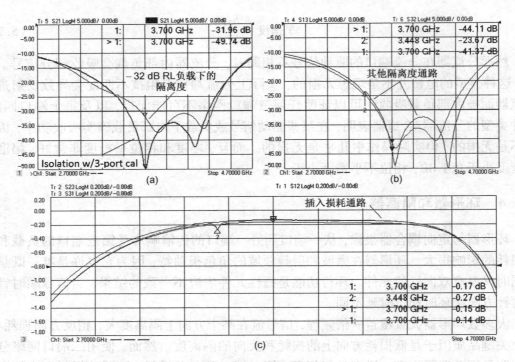

图 5.53　隔离器测量结果

5.4　谐振腔

5.4.1　谐振腔响应的史密斯图

用史密斯圆图进行的一个关键测量是测量谐振腔的 Q 值和中心频率。对一端口谐振腔，获取 Q 值和中心频率的过程相对简单。针对图 5.54 的电路，谐振腔的关键品质因数是中心频率 f_0 和空载 Q 值 Q_0。从如下公式获得中心频率和 Q 值

$$f_0 = \frac{1}{2\pi\sqrt{LC}}, \quad Q_0 = 2\pi f_0 R_0 C \tag{5.21}$$

一般测量 Q 值是查找传输（S_{21}）响应的 3 dB 损耗点，相对于中心频率，有载 Q 值定义为

$$Q_L = \frac{f_0}{f_2 - f_1} \tag{5.22}$$

其中 f_2 和 f_1 是低 3 dB 的高低点频率。有载 Q 值是指电路负载为矢量网络分析仪信号源的外接电阻，通常为 50 Ω。谐振腔常见的品质因数是空载 Q 值或 Q_0。

一端口测量 Q 值时，是测量 S_{11}，因此正常的定义不能用。当如图 5.54 所示使用一端口 S_{11} 测量高 Q 值谐振腔时，可能没有低 3 dB 的点，因此无法通过查找幅值响应获得 Q 值。当查看回波损耗对数幅值图时，因为所有频率上的回波损耗非常接近 1，所以很难看出高 Q 值电路的反射。因此常见的是加入耦合结构，通常是一个很小的电容 C_K，把有

损元件阻抗转换到与测试系统阻抗相匹配。图 5.55 显示的是相对低 Q 值谐振腔直连以及增加了一个耦合电容匹配电路到 Z_0 的回波损耗。如果谐振腔是高 Q 值，直连的回波损耗迹线几乎没有变化，看上去是几乎等于 0 dB 的平坦线 S_{11}。

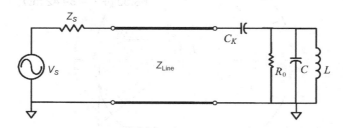

图 5.54 带耦合电容的一端口谐振腔原理图

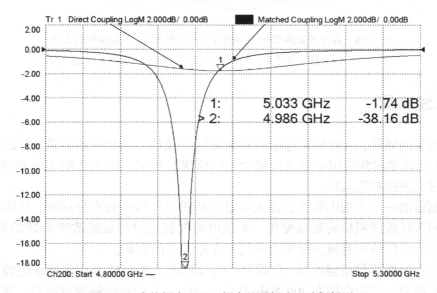

图 5.55 直接耦合和匹配耦合的谐振腔回波损耗图

当在史密斯圆图上画直连(direct connection)时，谐振腔形成了一个完整的圆，与实轴在 f_0 交叉。但在真实世界测量时，一些外部传输线几乎总是使谐振腔响应偏移，如图 5.56 所示。图中也显示了同一个谐振腔用与图 5.55 中相同值的耦合电容。从这些史密斯图可以直接计算其品质因数 Q 值[8]。

通过查找在史密斯圆图外部穿越自己的迹线点来得到中心频率。从这一点画一条线穿过史密斯圆图中心点标记的迹线轨迹的位置是谐振腔频率 f_0。从这条线标记 $\pm 45°$ 角的位置，从交叉点开始沿这些角度画线，直到与史密斯圆图迹线交叉在频率 f_1 和 f_2 处。人们可以用这些频率按式(5.22)来测量电路的有载 Q 值。史密斯圆图上的圆直径 d 用来衡量有载和空载 Q 值的不同，空载 Q 值可从下面公式计算得到

$$Q_0 = Q_L \left[1 + \left(\frac{d}{2d-1} \right) \right] \tag{5.23}$$

因此，不必知道耦合电容值也可以用史密斯圆图轨迹来测量空载 Q 值。

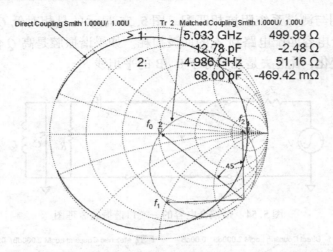

图 5.56　直连的谐振腔和使用耦合电容匹配到 Z_0 的谐振腔的史密斯圆图；由连到 f_0 的对角线偏移45°得到 f_1 和 f_2 确定 Q 值

5.5　天线测量

　　天线测量的话题，从近场和远场图样领域到天线效率的相控阵测量，可以包含一整本书。然而，许多射频应用中测量天线的关键因素是确定天线工作的正确频率，其主要方法是通过回波损耗测量的。

　　天线测量的一个关键因素是被测天线必须从任何导体表面充分移开，导体表面可能反射能量回天线造成明显的阻抗变化。测试电缆的接地导体也能改变天线的有效辐射，因此必须小心确保使用有效接地平面来模拟实际天线的安装。

　　天线回波损耗测量相当简单，只需要一端口校准。图 5.57 显示了同轴电缆末端的鞭状天线测量结果。它适合用在 300 MHz 左右。同时显示的是传输测量结果，端口 2 只是一个距离较远的小环形拾波线圈。值得注意的是，S_{21} 峰值处的频率与天线视在中心频率有所偏离。

　　天线频率不确定性的一个来源是定向耦合器的方向性造成的。虽然通常认为方向性误差使回波损耗比实际大，实际上它能增加或减小回波损耗值。在天线测量的情况下，回波损耗在天线调谐频率处产生特性零点，但这仅当在这一点天线阻抗与矢量网络分析仪参考阻抗匹配才发生。如果有方向性误差或者如果天线有效阻抗与 Z_0 不同，当扫频时矢量网络分析仪的有效阻抗会比天线低或高，天线的零点阻抗会随之变低或变高，因为天线阻抗不固定，随频率变化而变化。因此天线的视在频率完全依赖于方向性或矢量网络分析仪的有效阻抗。由于矢量网络分析仪的有效阻抗由校准设定，校准中的误差会导致天线视在调谐频率的误差，如图 5.58 所示。而且，如果天线的特性阻抗不是 50 Ω，会造成天线的 S_{11} 零点的明显偏移。

　　图 5.58(c) 是天线阻抗的实部和虚部。如果选择参考阻抗与虚部穿过零点的值相同，那么实部的值为 72.7 Ω。图 5.58(a) 和 (b) 是 $Z_0 = 50$ Ω 和 $Z_0 = 72.7$ Ω 的天线响应。有趣的是，S_{11} 零点偏移与图 5.58(a) 中的 S_{21} 响应的峰值对应得更好。

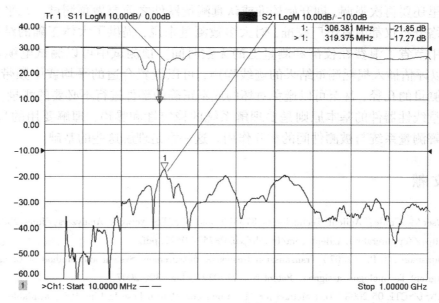

图 5.57　天线回波损耗测量

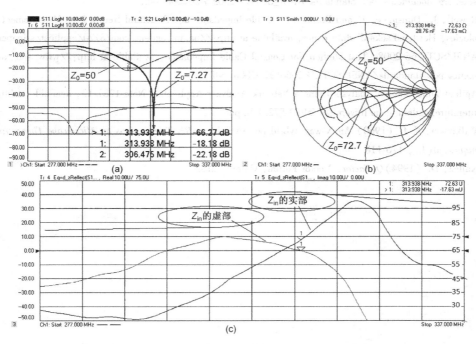

图 5.58　方向性误差或参考阻抗变化引起视在调谐频率变化

5.6　小结

　　这里讨论了测试线性器件的许多方面，但没有哪个章节可能覆盖每个线性器件的每个方面。然而，注意这些章节概述的一些关键指南应该可以把描述的特定技术扩展到几乎任何其他场合。

这里还要再次强调，即开始校准或认真测量器件之前要做预测试。几乎所有的现代矢量网络分析仪都内置出厂校准，对大多数测量来说，提供了大体正确的结果。预测试被测件中节省了浪费在校准和测量上的无数时间。预测试中可以测试电缆连接是否稳固，可以评估插入损耗测量结果的迹线噪声，可以设置合适的平均或中频带宽，可以评估时延测量的孔径，甚至可以避免对坏的或不正确的部件进行不必要的测量。

测量线性器件的基本原则是要理解系统的稳定性和噪声，理解要用的最好的校准，以及理解测量系统与被测件间的相互作用。这一章是理解这些的基础。

参考文献

1. User's Guide: Agilent Technologies 8753ET and 8753ES Network Analyzers, June 2002, available at http://cp. literature. agilent. com/litweb/pdf/08753-90472. pdf.

2. Dunsmore, J. P. (2007) Transmission Response Measurement System and Method of Using Time Gating, Agilent Technologies assignee, Patent No. 7170297, Jan. 30, 2007.

3. ANSI/SCTE 05 2008, Test Method for "F" Connector Return Loss In-Line Pair, available at http://www. scte. org/documents/pdf/Standards/ANSI_SCTE%2005%202008. pdf.

4. Rowell, J., Dunsmore, J. and Brabetz, L. Cable Impedance and Structural Return Loss Measurement Methodologies, Hewlett-Packard white-paper, available at http://na. tm. agilent. com/8720/applicat/srlpaper. pdf.

5. ANSI/SCTE 66 2008: Test Method For Coaxial Cable Impedance, available at http://www. scte. org/documents/pdf/standards/ANSI_SCTE%2066%202008. pdf.

6. Agilent Time Domain Analysis Using a Network Analyzer Application Note 1287-12, available at http://cp. literature. agilent. com/litweb/pdf/5989-5723EN. pdf.

7. Wilkinson, E. J. (1960) An N-way hybrid power divider. *IRE Transactions on Microwave Theory and Techniques*, **8**(1), 116-118.

8. Kajfez, D. (1994) *Q Factor*, Vector Forum, Oxford, MS.

第6章 放大器测量

一说起测量有源器件，大多数工程师们自然而然地就会先想到是对放大器的测量。对任何通信系统、雷达或卫星转发器系统来说，放大器是构成系统的核心。在其他所有的射频和微波系统中几乎也都要用到放大器。在设计射频和微波系统的过程中，一些经验不是很丰富的工程师们在想到放大器的特性时，往往容易只把它们当成是一个从单方向对信号进行放大、给系统提供增益的模块。然而实际情况是射频和微波放大器有许多复杂和难以预估的特性，这是上述对放大器的简单认识的一个挑战。

放大器可以被粗略地分成两类：低噪声放大器和功率放大器。前者是用在接收机系统中的，而后者则是用在发射机系统中的。虽然各种不同应用的放大器可能会表现出一些共有的特性，需要测量的参数也一样，但是当非常具体地考虑到每种放大器极其应用的时候，就会发现这里面测试的性质和在设计测试系统时对各种因素的相对重要性的考虑是有很大变化的，比如，人们对用在核磁共振成像系统(NMR)中驱动探测部件的大功率放大器和用在空间射电望远镜中低温致冷的低噪声放大器就有非常不同的要求。不过，在测量这两种不同类型的放大器时，它们还是表现出很多类似的问题，例如放大器的稳定性、增益压缩、功率消耗和失真等。这一章的内容就用来介绍对射频和微波器件的设计或测试工程师来说特别重要的放大器测量的一些特性。

6.1 放大器的线性特性

放大器的很多最基本的特性都被认为是线性的，因此在描述大部分放大器的基本特性时会使用放大器的 S 参数矩阵。不过，放大器与其他线性无源电路的最大区别在于从放大器发射出来的信号的功率总是要大于给放大器输入信号的功率，因此当把一个器件称为放大器时，就意味着它的基本定义是这个器件的射频输出信号的功率大于其射频输入信号的功率，或用公式表示为

$$\sum |b_n|^2 > \sum |a_n|^2 \tag{6.1}$$

如果把这个定义用在一个正向传输信号的二端口器件上，它可以被改写成

$$|S_{21}|^2 > 1 - |S_{11}|^2 \tag{6.2}$$

对于工作在线性模式的放大器来说，对其入射信号和发射信号的定义是和无源器件的情况完全一样的，就像式(1.17)所定义的那样，在这里把这些公式再写一遍

$$b_1 = S_{11}a_1 + S_{12}a_2$$
$$b_2 = S_{21}a_1 + S_{22}a_2 \tag{6.3}$$

测量放大器的最主要工作是测量其小信号增益，然后还会测量诸如输入匹配、输出匹配和隔离度等其他特性。这些测量工作基本上与传统上测量无源线性器件的方法一

样，即每次都在 DUT 的一个端口上施加激励，然后测量所产生的各个反射的传输信号，最后计算出误差经过校准的 S 参数测量结果。但是需要注意的是，这种测量方法是依赖于 DUT 是一个线性器件，因此人们可能会问该器件的线性工作模式是怎么定义出来的。

6.1.1　放大器的预测试

对于大多数简单器件，符合式(6.3)的线性模式大约在 1 dB 压缩点下方 20 dB 左右：在 1 dB 压缩点下方 10 dB 处的压缩大约为 0.1 dB，而在 20 dB 下方的压缩为 0.01 dB。在这个电平上，在计算 S 参数时可以忽略诸如飘移(既包括放大器也包括测试系统)所带来的影响。

图 6.1 所示是在固定频率下扫描功率时的增益变化，游标分别显示了 1 dB 压缩点(游标 1)，0.1 dB 压缩点(游标 2)和 0.01 dB 压缩点(游标 3)。其中一个放大器是工作在低功率下的 A 类放大器，其性能符合从 1 dB 压缩点每回退 10 dB，压缩降低 10 倍(以 dB 为单位)的规律。从图中可以看出，20 dB 回退点在线性范围。

另一个放大器是一个高度线性的放大器，其压缩点比第一个放大器高 10 dBm。此类放大器有一个共性，那就是在压缩发生前增益会变大。即使此类放大器，其线性区仍然在 1 dB 压缩点下 20 dB 的区域。每个放大器的 X 轴是不同的，刻度都是 4 dB/格，但是终止功率不同，都设在 1 dB 压缩点以后。在放到一起显示后，可以清楚地看出不同设计的放大器的区别。

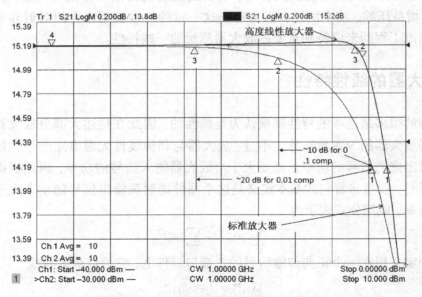

图 6.1　放大器对于压缩电平的相对增益

在测量一个放大器的 S 参数之前，最好先了解放大器的特性，诸如线性工作区。这一点比较容易做到，只需在低功率的时候测量原始(未经校准的) S_{21}。如果放大器要在窄带下测试，最好将测量区域扩展，以保证放大器在矢量网络分析仪的源和负载下没有频率会不稳定。不稳定区会反映为某些频率上的增益峰值或者由于振荡而产生一个增益的毛刺。这些评估可以在宽频带下进行，为了快速诊断可以不要校准和多点数。

一旦确认放大器不会发生自激,就可以确定线性工作区了。预测试时,矢量网络分析仪的源功率要设一个较低的电平,以保证放大器工作在线性区域,然后将 S_{21} 的迹线储存并同时显示储存迹线和实时测量迹线。然后开始提高矢量网络分析仪的源功率,并用游标跟踪迹线上的最小值。最好再显示另外一条输出功率迹线(一般是 b_2 接收机),并用游标跟踪最大值以保证输出功率不会使矢量网络分析仪接收机过载。还可以增加第三条输入功率迹线,以显示输入功率大小。不断地提高源功率直到 S_{21} 迹线出现明显偏移。最有用的偏移点是 1 dB 压缩点,但是在某些情况下,矢量网络分析仪的源无法保证放大器到达 1 dB 压缩点。在图 6.2(a) 显示的是宽频带下放大器的 S_{21},即包括低功率(线性响应,表示为"S21_Lin")和大功率(压缩响应,表示为"S_{21}_Comp")。图 6.2(b) 显示的是输入和输出功率以及压缩。压缩迹线为大功率增益除以在线性功率下储存的迹线。所有这些测量都是在非校准状态下进行的,只包括仪器的工厂校准。

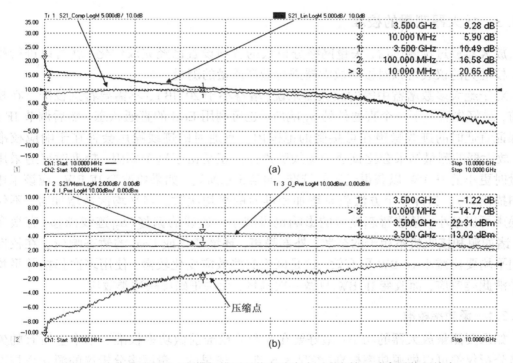

图 6.2　放大器预测试:宽带扫描下寻找不稳定点,改变输入功率寻找压缩点

此图中的一个有趣现象就是在线性迹线[参见图 6.2(a)]的低频部分有一个增益峰值,在游标 3 附近。在 90 MHz 附近有个 4 dB 的峰值,这意味着在低频段有某些反馈机制,可能是有 AC 电容引起。宽带下的测量图说明在低频段,如果匹配网络设计不好,可能会出现一些问题。

6.1.2　优化矢量网络分析仪的校准设置

如果期望找到放大器的压缩点,就有必要调节矢量网络分析仪的源和接收机衰减器以保证有足够的功率来驱动放大器,使其进入压缩状态(要在全频段上的压缩大于 1 dB),同时还有保证矢量网络分析仪的接收机没有被压缩,这可以通过测量输出功率,确认其值要比矢量网络分析仪的最大工作功率小 5 ~ 10 dB。某些矢量网络分析仪有接收机过载自动检测，一旦接收机过载，就会弹出提示信息。对于大功率测试，过载可能会损坏矢量网络分析仪，可以通过过载保护来关闭矢量网络分析仪源。在图 6.2 中，放大器的最大输出功率是 23 dBm，放大器的增益大约为 10 dB（从原始 S_{21} 得到），这就要求源功率为 13 dBm，因此只能使用 0 dB 的源衰减。矢量网络分析仪的接收机的最大承受功率是 13 dBm，为了保证测试功率比此功率小 5 dB，可以采用 15 dB 的接收机衰减。可以看出，此放大器的输入为 -10 dBm 左右时，工作在线性区，大概比压缩点小 20 dB。

通过 S_{21} 观测到放大器工作在线性驱动功率时，接着调节 IF 带宽以保证在工作范围内的迹线噪声足够小。因为矢量网络分析仪的源功率输出是在参考耦合器之前，因此如果放大器工作在线性区时，参考通道工作在接收机标准工作区间的下端。源功率每提高 10 dB，迹线噪声大约降低 10 倍。所以在压缩点的迹线噪声要比线性区的迹线噪声小 100 倍。

6.1.3　放大器测量的校准

放大器经过预测试后，矢量网络分析仪的各项设置已经完成优化，就可以进行校准了。校准完的仪表可以对被测放大器进行最高质量的测量。

对于绝大多数增益中等的放大器来说（增益小于 20 dB），不需要特别校准。在校准之前，最好先看一下一个直通件的 S_{21} 响应，也可利用 Ecal 的直通状态，然后调节 IF BW 以保证直通时的迹线噪声在可接受的范围内。直通时的迹线噪声会存在于响应校准当中，放大器的测量结果会比直通的迹线噪声差。正是由于这个原因，校准时普遍采用比测量时更小的 IF BW 以获得优质的校准（如第 5 章所述，如果要改变 IF BW，应该采用步进扫描模式）。另外一个方法就是增加校准时的平均次数。当平均次数增加时，不仅迹线噪声可以减小，某些暂态效应的影响也可减小。迹线的偏移（S_{21} 迹线漂移）有很多原因，诸如源和接收机不相干的杂散，外部噪声，环境变化或 Ecal 的暂态响应。在校准中使用平均要比减小 IF BW 更有效，这是因为有些效应变化较慢，使用多次扫描并平均可以平滑此类效应，而改变 IF BW 只做一次测量，无法正确反映这类效应。

6.1.3.1　源功率校准

如果要测量放大器的功率，最好要在 S 参数校准前做功率校准。基本上所有的矢量网络分析仪都可以做源功率校准（参见 3.6 节）。较早的矢量网络分析仪的源功率校准是一个独立的功能，其产生一个功率偏移表，并将其值加在出厂功率上，以保证在校准面上有正确的功率值。通常使用一个功率计在各频点上测量功率，然后通过迭代，直到测得的功率在预期范围内。在校准范围内，这个功率值是有效的，但是当功率变化很大时（变化大于 10 dB），由于源的非线性影响，输出功率会有很多误差。因此，通常会在功率校准的同时对接收机做校准，这样就可以随时观察驱动功率的变化，将在 6.1.4.1 节中做详细讨论。

6.1.3.2　接收机功率校准

接收机校准可以是一个简单的响应校准，通过校准后的源来做激励并测响应。较早的矢量网络分析仪要以 0 dB 为参考点，这就需要功率校准要在 0 dBm 下进行。而现代的矢量网络分析仪没有这个要求，任何功率都可以作为参考功率，一般都使用校准功率。对参考接收机校准时，最好连着功率计以保持与功率校准同样的匹配状态。然后通过在源和输出接收机之间连一个直通件来校准输出接收机，通常是 b_2 接收机。接收机校准详见 3.7 节。简单的响应校准没有考虑失配的影响，如果矢量网络分析仪测量系统的源或负载匹配不良，响应校准会有很大的误差。例如，当系统的源和负载匹配在某些频率上为 15 dB（矢量网络分析仪在连接测试电缆后往往如此），接收机响应校准的误差大约为 0.27 dB。如果 DUT 有 15 dB 的回波损耗，接收机测量功率的误差会达到 0.52 dB！

6.1.3.3　高级校准技术和增强型功率校准

3.6 节和 3.7 节所讨论的高级功率校准技术大大地提高了功率校准和接收机校准的准确性。其指导思想就是在功率计读取功率的同时做回波损耗测量，并将失配对功率的影响去除。参考接收机或 a_1 功率校准以功率计为匹配，通过相关的运算将源失配误差去除。b_2 接收机的校准通过后台进行，即通过校准后的 a_1 和全二端口校准后的 S_{21} 计算得到 b_2 接收机响应。以上文的矢量网络分析仪为例，当源和负载匹配为 15 dB 时，使用此技术校准过的接收机响应的误差的典型值为 0.03 dB。

此方法也可用于较早的矢量网络分析仪，可以按照 3.7 节的数学公式，在功率校准和 S 参数校准过程中使用控制指令对误差量做修改，并将计算的接收机响应数列存入矢量网络分析仪的校准存储区。

当功率计不能直接连接在矢量网络分析仪上时，此方法行不通，例如片上测量和夹具内测量。

庆幸的是，一些先进的矢量网络分析仪已经把带引导的功率校准作为标准校准引擎的一部分。作为高级校准的一部分，即使是功率计不能直连矢量网络分析仪的情况，也可以通过额外校准步骤解决。当功率计不能直接连接测量端口时，如测量端口为片上探头，再如用同轴接口的功率计去校准波导系统，校准步骤会强制操作者接上（或去掉）转接头以连接功率计。例如在片上测量时，从矢量网络分析仪到探头的同轴连接会被要求去除，使功率计可以直接连接在矢量网络分析仪上。又如波导测量时，需要连一个波导到同轴的接头，然后可以将功率计连接在同轴接头上。在功率校准后，操作者会被要求在功率计测量平面做一个一端口校准，校准件为同轴类型。通过这个一端口校准，以及后续的在测量平面的二端口校准，接头的特性可以全部得到并将其影响从功率校准和接收机校准中去除。

值得注意的是，增加接头或去除接头是等同的，相关数学运算也相同。增加接头时，去嵌入（de-embedding）网络应该计算损耗；而去除接头时，去嵌入网络为增益。事实上，经常会遇到去除一个接头又增加一个接头的情况，比如使用片上测试探头时，要在矢量网络分析仪和片上探头之间的电缆路径上使用一个射频开关，通过开关切换到功率计做功率校准及一端口校准。从探头到开关之间的接头等效于去除，而电缆和功率计之间的所有连接等于增加，而去嵌入网络计算两个路径之间的不同（结果是一个包括匹配的 S 参数矩阵）并传递功率校准结果。

利用功率校准的最新技术，增强型功率校准应该认为是功率测量的黄金标准。实际上，除了一种情况，校准后的矢量网络分析仪测量的功率要比功率计测量得更准确，这种情况就是一个具有近乎理想的输出阻抗的 DUT，且输出功率为 0 dBm。如果 DUT 有高阶谐波输出，功率计的测量会有更大的误差。

6.1.3.4 放大器的 S 参数校准

功率校准后，就是 S 参数校准了。对于较早的矢量网络分析仪，只有先做了功率校准，才会避免出现信号改变指示"C?"或"CΔ"，这是由于功率校准电平是激励的一个特性分量。事实上，对于某些矢量网络分析仪，如果先做 S 参数校准再做功率和接收机校准，由于 S 参数校准激励和接收机校准激励的不同，其中之一会无效。

如果只在线性区域内测量放大器，没有太大的必要进行功率校准，因为大多数矢量网络分析仪已经有了内置的出厂校准，可以提供比较平坦和准确的功率。但是对于比较老式的矢量网络分析仪系统，诸如 HP-8510 或 Wiltron360，其使用外部源做激励，测量端口的功率不等于源功率，这种情况就需要在测量端口上校准功率。

放大器的 S 参数校准相对简单。任何校准技术诸如 Ecal，SOLT，TRL 或者 unkown thru 法都可使用。使用 Ecal 时要注意的是不要让驱动电平超过 Ecal 的标称电平，这种情况通常发生在大功率放大器测量的时候，此时驱动功率设的比较大。即使是对于 SOLT 校准，大功率也有可能使负载过热。更多关于大功率测量的校准参见 6.4 节。

降低校准中噪声的一个方法就是提高校准功率，其值约为放大器的增益。对于较早的矢量网络分析仪，有的操作者通常不会在校准后改变功率，否则会有一个提示符（"C?"提示符）。其实"C?"仅仅指出功率发生了变化，但是对于大多数情况，大功率的测量结果要比低功率更准确。

关于校准中的一些折中设置，先考虑改变功率电平会引起的两种互斥的效应。第一种是动态准确性，它同时也说明了接收机对不同功率测量的准确性。如果校准是在较高的功率下进行，然后在测量中使用较低电平，那么参考接收机中的功率发生了改变，就会发生动态准确性误差。但是在测量中，b_2 接收机或者输出接收机不存在这个问题。另一方面，如果校准是在较低功率下进行，在测量中 b_2 接收机测得的功率由于放大器增益而发生了变化，从而产生了动态准确性误差。由于大部分的矢量网络分析仪在参考接收机有更多的衰减，所以测试接收机会比参考接收机有更大的动态误差。因此可以得出，在不超过校准件承受功率的前提下，校准时把源功率设在放大器的输出功率附近，测量会更准确。另一方面，用较大功率做校准还可以降低噪声。

然而大部分矢量网络分析仪在改变功率后会出现"CΔ"提示符，这让操作者对校准参数产生怀疑。对于较早的矢量网络分析仪，解决的方法是用较低的功率做校准，然后在测量中提高功率或者增加平均数来提高校准质量。用大功率校准时有一点要特别注意：在测量中，如果校准数据重新加载（关闭校准后再打开），校准功率可能会成为测量功率。为了避免校准用的大功率使矢量网络分析仪过载，最好在重新加载校准前关闭射频源，等正确地做完各种设置后再将源打开。

某些矢量网络分析仪可以通过控制指令将校准文件复制到一个新的校准数据集，而激励采用当前测量用的激励源。这样操作者就可以将任意需要的激励放入新的校准数据集(源功率，IFBW，平均，甚至内插和虚拟夹具及去嵌入)。这种方法有时候叫做"平滑校准"，这么叫是因为虚拟夹具和去嵌入都是叠加在原始校准之上的，而夹具算法将其数据"推"入校准数据，最后的效果就像把校准和夹具压在了一起。至少有一款矢量网络分析仪使用"Flatten"一词直接作为控制指令。这种方法可以将新的激励加入校准数据，避免了某些情况下过大功率可能会损坏放大器的情况。

为了准确测量，校准点应该足够密集。如果测量对象是一个宽带放大器，测量中有可能会对某一部分进行放大观察，这就需要有足够的校准点才能在任何放大的区域上获得准确的测量。如果校准点足够，就可以使用插值算法来进行插值，以保证测量的准确性。有一个大概的准则，在每米测试电缆的每 GHz 内，至少要有 200 个点。举例来说，对于标准测试电流(小于 1 m 处)，6 GHz 的频宽需要至少 1200 点，这样才能进行准确的内插。以这样的点密度，每两点间的相位差大约为 12°，因此在做环形内插时，其误差和校准件的不确定度在一个量级。内插时需要注意的是，某些矢量网络分析仪在不同波段有不同的特性，没有校准的响应在频带边界的变化是突然的。许多矢量网络分析仪在出厂时就做了工厂校准以去除这类效应，但是在使用内插时，还是会在这些点上有离散误差。

6.1.4 放大器测量

校准完成后，就可以直接进行 S 参数测量了。对于简单的测试，这些已经足够了。更复杂的测试包括功率测量，压缩测量，用来计算效率的电压和电流测量，以及其他测试条件变化时的响应。这些结果可以做综合分析，将在 6.1.5 节详细讨论。下面讨论一些需要特别注意的细节。

6.1.4.1 S 参数，增益和回波损耗，输入功率和输出功率

S 参数是最常用的测量参数，S_{21} 或增益是放大器最为重要的特性。大部分情况下，4 个 S 参数对于分析都非常重要，而且对于大部分矢量网络分析仪，校准完后，4 个 S 参数都会被测量和保存。使用多个窗口显示不同放大器测量有助于观察测量结果。例如，S_{11} 和 S_{22} 经常显示在史密斯圆图中，而 S_{21} 和 S_{12} 一般用对数幅度表示。增益和隔离最好用不同的刻度，为了观察增益上的波纹，使用小刻度(如 1 dB/div)，对于隔离通常用 10 dB/div 或更大的刻度。

测量功率时，一般应该同时测量输入和输出功率。源的设置功率由于没有考虑失配，并不和输入功率相同。理想情况下，输出功率等于输入功率乘增益，其波纹应该与增益相同，但是输入功率误差会给输出功率带来额外的波纹。图 6.3 是一个典型的测量，S_{11} 和 S_{22} 在史密斯圆图中显示，隔离用大刻度，而增益、输入功率和输出功率用较小的对数刻度。

图 6.3 中的测量只是用了简单的源和接收机功率校准。测量用的输入功率为标准的 -5 dBm。输入功率和输出功率比 S_{21} 迹线有更大的波纹。S_{21} 是经过匹配校准的，而输入和输出功率没有经过匹配校准。

增强型功率校准可以对输入和输出功率进行匹配校准，但是对于没有此功能的矢量网络分析仪，就需要自己编程来处理。先进的矢量网络分析仪可以显示一个或多个误差

项，这样就可以通过内置的公式编辑器并利用式(3.65)和式(3.70)对测量结果进行匹配校准。

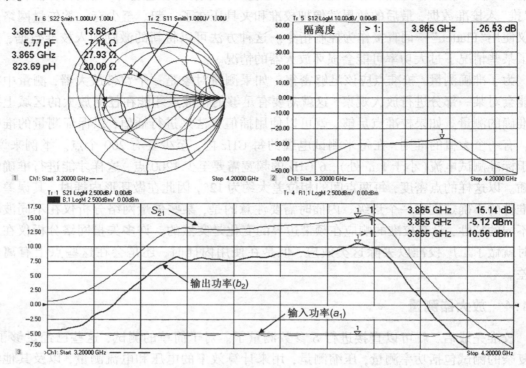

图 6.3　S 参数，增益，隔离，输入和输出功率的典型图

测量输入输出功率时，既可按上述方法使用公式编辑器，也可以对结果做线下分析。更先进的矢量网络分析仪除了进行校准后的 S 参数测量，还可以直接进行经过匹配校准的功率测量。图 6.4 使用了和图 6.3 相同的放大器，但进行了增强型校准，可以得到优化的输入功率(IPwr)和输出功率(OPwr)测量。在图 6.4(a)，显示了三条迹线。一条是通过输出功率除以输入功率得到的增益(表示为 OPwr/IPwr)，此迹线和经过校准的 S_{21} 增益迹线基本重合。细微的不同是由"环路"误差 $S_{21} \cdot S_{12} \cdot ELF \cdot ESF$ 引起。一端口修正方法得到的 Γ_1 和 Γ_2 已经基本上修正了此误差，所以此误差极小，这个误差表示为"增益误差"，其值小于 0.01 dB。当刻度为 2 dB/div 时，两条迹线基本上没有差别。

与 S_{21} 迹线相比，输出功率[参见图 6.4(b)的 OPwr]迹线有更大的波纹，从图 6.4(b)可以看出，这是由输入功率波纹引起的。即使是在 0 dBm 做功率校准，输入功率的波纹仍然存在。当放大器连到端口 1 时，即使用同样的功率设置，输入功率仍有波纹，这是由于端口 1 的匹配发生变化：以端口 2 为负载的放大器的输入匹配或 Γ_1。

从式(3.65)中可以看出，输入功率包含了该误差，输入功率是真实的入射功率，但是其值不完全等于 -10 dBm，其波纹的大小与源匹配和放大器的输入匹配紧密相关(参见 2.2.2 节)。源的 ALC 电路不会补偿由匹配(既包括校准用的功率计的匹配也包括 DUT 的输入匹配)产生的功率变化，因此真实的入射功率也是有波纹的。输入的波纹同时传递到了端口 2 接收机测得的输出功率。功率测量的结果都是实际功率，因此计算得

到的增益和校准的 S_{21} 基本相同。然后，有必要使入射功率完全等于源功率设置，这就需要做一些额外的测量和处理。

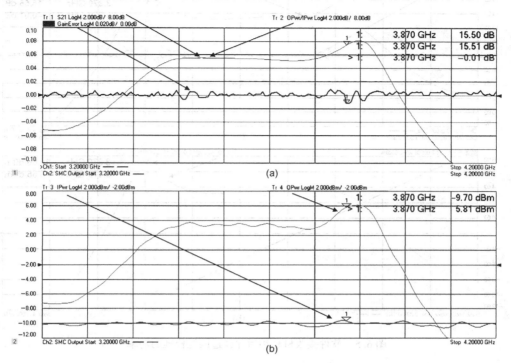

图 6.4 经过匹配校准的放大器的功率测量

入射功率的波纹是因为参考接收机和 ALC 都没有检测到由于 DUT 的失配引起的功率变化。解决的方法是用经过匹配校准的 a_1 来代替内部检波器。接收机稳幅功能，也叫做 Rx-leveling，正是基于此方法。其实现可以是硬件上的，即在 a_1 接收机路径上加检波器，也可以是软件上的，通过迭代过程来稳幅。两种方法所测得的功率都是未经校准的，因此要对其做必要的修正以提供正确的功率。在软件实现的 Rx-leveling 方法中，a_1 接收机数据经过校准，通过其调节输入功率可以得到正确的入射功率。由于 a_1 接收机用来检测电平，可以提供完全正确的入射功率。

图 6.5 是经过了 Rx-leveling 法稳幅的放大器测量。可以看到，输入功率是精确的 −10 dBm（其误差在 Rx-leveling 预设的容限内），而输出功率的迹线形状与增益或 S_{21} 完全相同，只是有 10 dB 的偏移。当然，由于源功率不是 0 dBm，因此输出功率不等于增益值。而用输出功率除以输入功率（图 6.5 中的 OPwr/IPwr）得到的增益值与 S_{21} 的值几乎完全一致。

图 6.5 是最高水平和性能的放大器测量，其输入功率、输出功率和增益都经过了完全的校准，源设置功率也完全和入射功率相同。值得注意的是增益误差和图 6.4 所示的误差都非常小（小于 0.01 dB）。这个误差所反映的事实是，当输出功率经过了矢量网络分析仪的负载匹配修正，而入射功率与一个理想 50 Ω 源所输出的功率相同时，仍然有多次反射没有被修正，当然，这个值很小。

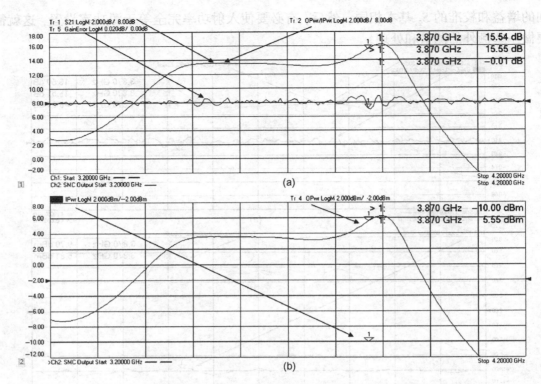

图 6.5   软件接收机稳幅后并经过匹配校准的功率

6.1.4.2   直流测量

最后要讨论的是直流测量，即测量放大器直流偏置点的电压和电流，可以通过直流测量来衡量放大器的效率。通常的直流测量都是利用 DC 功率表和电源/测量单元（SMU）来测量单一频率或功率下的直流量，但是对于非线性工作状态，放大器消耗的直流功率是随着频率变化的。根据线性工作状态的定义，线性意味着信号小到不会影响放大器的工作点，但是很多情况下，放大器都工作在压缩状态，在这种情况下，就必须测量每一个频率和功率下的直流工作点。

某些先进的矢量网络分析仪有内置的直流测量功能。可以在测量射频输入和输出功率的同时测量电压和电流。图 6.6 是一个典型的 DC 功率测量配置。在此例中，矢量网络分析仪有两个内置的 ADC 可以测量两路直流信号（A_{I1} 和 A_{I2}）。

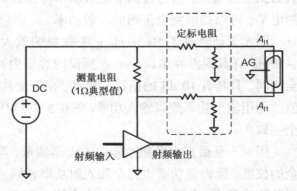

图 6.6   测量 DC 功率的典型配置

当 DC 表有最大电压限制时，要使用分压电路。电流测量电阻要能提供足够大的信号给 DC 表。A_{I2} 是输入给放大器的电压信号，DC 电流通过比较 A_{I1} 和 A_{I2} 的不同和公式编辑器求出。如果知道放大器所需电流的大概值，可以直接设置 DC 电源提供合适的电压，如果不知道，就通过测量 A_{12} 的电压来调节 DC 电源，直到给 DUT 输出合适的电压。

图 6.7 显示了一个放大器的增益(S_{21})和 DC 电流在三个不同射频输入功率电平下的测量结果。

在此例中，消耗的电流随着输出功率变化，效率也在变化。有趣的是放大器的 S_{21} 在 −10 dBm 和 +3 dBm 之间并无太大的变化，而 DC 发生了变化，这说明 +3 dBm 的功率已经改变了直流工作点。当功率增大，在 1 dB 压缩点附近的时候，DC 电流降到了比线性工作电流还小的水平。

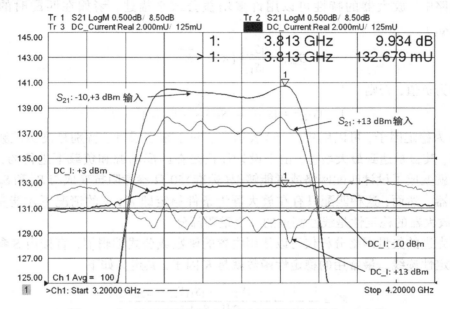

图 6.7   在三个不同射频输入功率电平下测量增益和 DC 电流

DC 测量也需要做一些校准，以补偿 DC 表的增益误差和测量设置偏差。举例来说，如果使用一个 DC 电阻分压器来限制给 DC 表的电压，那么输出分压电阻所消耗的电流要从总消耗的电流中减去(输入分压电阻消耗的电流不影响电流读数)。另外，测量电流用的电阻两端的电压也要在计算偏置电压时补偿。如果 DUT 的输出端需要特定的电压，这个补偿要通过几次迭代才能完成。

6.1.4.3　放大器测量小结

放大器基本的测量是输出功率，输入功率，增益，隔离，输入和输出匹配及消耗的 DC 功率。所有的射频测量需要做误差修正，最先进的矢量网络分析仪可以给所有的射频测量进行匹配误差修正，同时集成了 DC 测量。通过这些基本测量，可以得到很多衍生参数并做分析。下一节将讨论一下后继分析。

6.1.5　对放大器的测量进行分析

增益或 S_{21} 是放大器的基本测量参数，而还有一些参数对于系统设计和理解放大器在系统中的性能有非常实际的意义。通过对基本测量的一些分析运算，可以衍生出其他很多有用的参数。这些参数是一些数学上的重构，有助于更加深入地了解器件特性。下面将通过大量具体例子来了解这些参数。

6.1.5.1　稳定性参数

对射频电路不是特别了解的工程师会把增益等同于 S_{21}。这个模糊的概念通常是行得通的，这是因为很多系统实现了匹配的增益模块，S_{11} 和 S_{22} 接近于零。实际上，在系统设计中，除了考虑放大器增益及输出功率，匹配网络设计也需要耗费大量时间。然而，由于放大器的特性没有被完全了解，匹配网络带内和带外会有很多的问题需要考虑。

在电路中，放大器的特性可以用许多增益公式来描述，诸如在匹配时的最大可用功率(G_{MA})

$$G_{MA} = \frac{|S_{21}|}{|S_{12}|} \left(K \pm \sqrt{K^2 - 1} \right)$$

其中信号为负值，否则

$$1 - |S_{22}|^2 + |S_{11}|^2 - |S_{11}S_{22} - S_{21}S_{12}|^2 > 0 \tag{6.4}$$

式中 K 称为稳定因子，可以用式(6.5)表示[1]。对于很多设计，特别是高微波频率和毫米波频率，其目是达到最大增益，由于设计往往是在匹配的源和负载下进行的，设计的首要任务就变成了设计匹配网络或者能够把(标准)50 Ω 参考阻抗变成与 S_{11} 和 S_{22} 互补匹配的转换器。然而，这种匹配只有在放大器无条件稳定即 $K > 1$ 的情况下才能实现。因此，测量放大器的稳定性是线性测量的一个重要部分。

许多先进的矢量网络分析仪可以使用内置的函数或公式编辑器，直接由 S 参数生成并显示稳定性迹线。最常用的稳定性函数就是 K 因子，其定义如下

$$K = \frac{1 - |S_{11}|^2 - |S_{22}|^2 + |S_{11}S_{22} - S_{21}S_{12}|^2}{2|S_{21}S_{12}|} \tag{6.5}$$

只有在 $K > 1$ 时，放大器是无条件稳定的，同时

$$|S_{12} \cdot S_{21}| < 1 - |S_{11}|^2$$
$$|S_{12} \cdot S_{21}| < 1 - |S_{22}|^2 \tag{6.6}$$

当 $|S_{11}S_{22} - S_{21}S_{12}| < 1$ 时，后两个条件满足。最后这个条件可以表示为

$$|\Delta| = |S_{11}S_{22} - S_{21}S_{12}| < 1 \tag{6.7}$$

这个条件有时被忽略，但是在带外(out-of-band)的时候由于 S_{11} 和 S_{22} 接近 1，此时的影响不能忽略。

如果放大器满足上述所有条件，就称为无条件稳定，任何源和负载的阻抗组合都不会使放大器发生振荡。

如果不满足上述条件，经常会被称为"不稳定"，但是这种说法是不科学的。准确的说法应该是"有条件稳定"，因为在某些状态下放大器是不会振荡的。

图 6.8 是一个有条件稳定的放大器。图 6.8(a)是 S_{11} 和 S_{22} 的史密斯圆图。S_{11} 显示出匹配很差。图 6.8(b)显示了增益和隔离，S_{21} 和 S_{12}。图 6.8(c)显示了 K 因子(粗线)和 Δ 量(细线)，同时开启了 limit 测试。K 因子没有在稳定范围内，所以放大器是有条件稳定

的。在图 6.8(d) 中，G_{MS} 通过 $|S_{21}|/|S_{12}|$ 运算得到(最大稳定增益)，同时和式(6.5)得到的 G_{MA} 显示，$K < 1$ 时，G_{MS} 和 G_{MA} 相同。

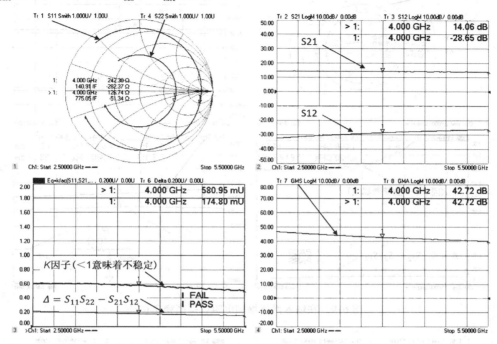

图 6.8 S 参数，K 因子和最大稳定增益

通常的分析都是把 S 参数存为 S2P 文件，然后通过仿真工具做离线分析。但是先进的矢量网络分析仪内置了很多的分析函数，可以实时地分析测量结果。

从图 6.8 的史密斯圆中的 S_{11} 迹线可以看出，其值对 K 因子的影响比较大。电抗性的匹配网络不容易实现稳定，一般需要电阻性的匹配网络。

在图 6.8 的例子中，通过虚拟夹具功能可以加入小的串联和并联电阻，此功能称为"端口匹配"(参见图 5.10)。"端口匹配"提供了几种电路拓扑结构供选择，还可从外部读入 S2P 文件来创建匹配网络。在此例中，加了一个大约 10 Ω 的串联电阻和 330 Ω 的并联电阻就极大地改变了 K 因子。电阻值选择的标准就是保证 K 因子全部大于 1.5。图 6.9 是经夹具模拟后的测量结果。

经过夹具模拟后，最大增益有所下降(G_{MS} 与图 6.8 相同)，输入和输出的匹配仍然很差。

夹具模拟中的电抗性元件可以用来提高电抗性匹配。因为 G_{MA} 的值远大于 S_{21}，因此有足够的空间去改变匹配，以补偿由于考虑了稳定性而带来的增益损失。经过不断实验，最终得到了图 6.10 所示的结果。可以看出增益比图 6.8 中 50 Ω 下的增益要高，而且无条件稳定，输入输出匹配也得到了改善。

虽然本书不是一本放大器设计的教科书，但是先进矢量网络分析仪的测量流程和建模极大地方便了放大器的设计。同时还可以做其他分析，诸如 K 因子与偏置的关系。

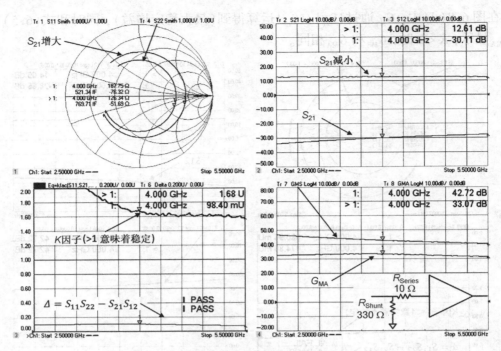

图 6.9　在输入网络增加电阻以提高稳定性

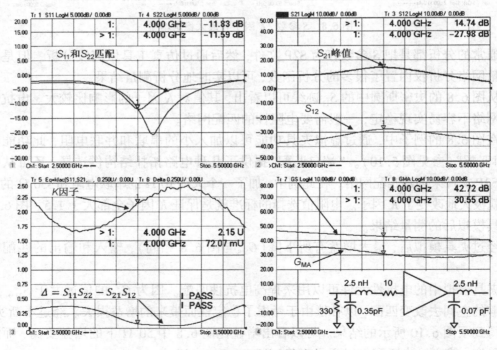

图 6.10　匹配后的电路响应

6.1.5.2　稳定性圆

在很多情况下，使用电阻匹配来提高稳定性是有缺陷的，例如放大器输入端的噪声系数会增加, 而输出端的功率会减小。为了避免这种情况, 设计者会选择有条件稳定, 同时必须保证在工作范围内的稳定。由于绝大多数放大器都工作在匹配状态下, 因此稳定的原则就是保证 Z_0 对输入和输出端口都是稳定的。

稳定性圆通常用来辅助设计匹配。稳定性圆是由处于临界不稳定的阻抗点组成。圆的一侧是稳定的, 而另一侧是不稳定的, 此不稳定可能是任一端口在不稳定区造成的。输入和输出都有稳定性圆。振荡器的设计者希望稳定性圆能覆盖整个史密斯圆图, 而 Z_0 在不稳定区。放大器设计者希望稳定区越大越好, 当然, 应该包含 Z_0 或史密斯圆图的中心。

在过去, 绘制稳定性圆是很烦琐的事情, 通常要借助仿真工具在各个仿真点上绘制。而再一次使用先进矢量网络分析仪的公式编辑器功能, 可以直接将稳定性圆迹线显示[2], 如图 6.11 所示, 图 6.11 (a) 显示的是 S 参数 (S_{11} 和 S_{22}), 图 6.11 (b) 显示的是中心频率的稳定性圆。

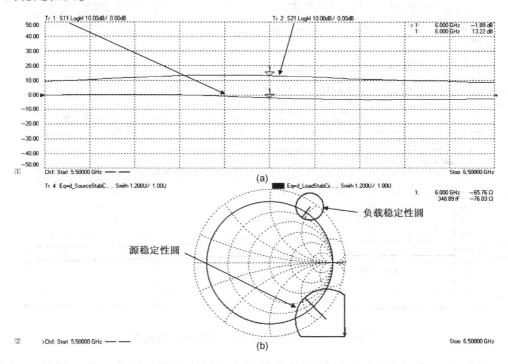

图 6.11 中心频率的稳定性圆

对于稳定性圆, 到中心的线意味着不稳定区。此放大器是有条件稳定的, 输入和输出的反射信号在一定相位时都会使其振荡。

6.1.5.3 mu 因子

很多设计者还喜欢一种对稳定性圆的图形化分析, 由此衍生了另一种稳定因子。mu 因子测量的是从不稳定圆到史密斯圆图中心的距离。如果距离大于 1, 就是稳定的, 此时不稳定区在史密斯圆图之外。

mu 因子有两种, 表示为 μ 和 μ', 一般用 mu1 和 mu2 或者 μ_1 和 μ_2 表示。它们分别指输入和输出的 mu 因子, 如果其值小于 1 但是大于 0, 则器件是有条件稳定的并包含 Z_0 点。如

果 μ_1 和 μ_2 是负的，则 Z_0 是不稳定的。mu 的幅度指在史密斯圆图上，从起始阻抗到最近的不稳定的阻抗距离。根据这个定义，幅度大于 1 的 mu 意味着器件在史密斯圆图的单位圆上都是稳定的。

$$\mu_1 \equiv \frac{1-|S_{22}|^2}{|S_{11}-S_{22}^*\Delta|+|S_{21}S_{12}|}$$

$$\mu_2 \equiv \frac{1-|S_{11}|^2}{|S_{22}-S_{22}^*\Delta|+|S_{21}S_{12}|}$$

$$(6.8)$$

Δ 的定义与式(6.7)相同。这个公式可以直接由矢量网络分析仪的公式编辑器生成，很多先进的矢量网络分析仪直接提供了内置的函数。图 6.12(c) 显示的是图 6.8 中放大器的 mu1 和 mu2，同时显示了 S 参数[参见图 6.12(a)]和 K 因子[参见图 6.12(b)]。

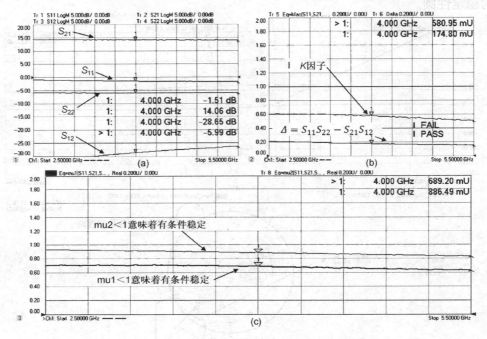

图 6.12　一个有条件稳定放大器的 mu1 和 mu2

和 K 因子一样，可以通过矢量网络分析仪的端口匹配功能来分析放大器的 mu 因子。图 6.13 是在采用同样的端口匹配方法后，有条件稳定的放大器测量结果。此时通过调节损耗元件的值，使得 mu1 刚好比 1 大，可以看到 mu2 也大于 1，使用与图 6.9 同样的电抗性网络用来获得最大增益。

6.1.5.4　增益因子

S 参数增益定义为匹配源到匹配负载的增益，除此之外，还有很多其他增益表达方式，已经在上面讨论了最大稳定增益和最大增益，下面讨论另外两种重要的增益：可用增益和转换增益。

转换增益是指源功率转换到负载功率的比率，需要知道源和负载的值才能得出。

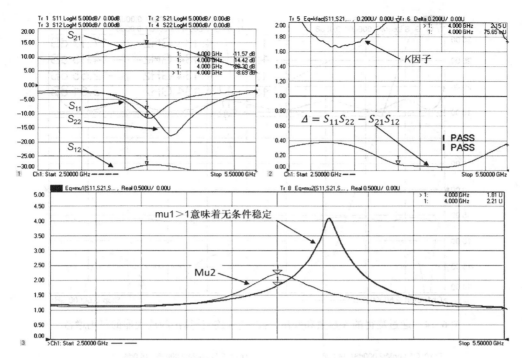

图 6.13　放大器的 mu1 和 mu2，端口匹配后变成无条件稳定

可用增益是指一个放大器在已知源负载阻抗下能够给共轭匹配的负载提供的功率比输入功率(参见第 1 章)

$$G_A = \frac{\left(1 - |\Gamma_S|^2\right) |S_{21}|^2}{|1 - \Gamma_S S_{11}|^2 \left(1 - |\Gamma_2|^2\right)} \tag{6.9}$$

此公式需要知道源阻抗，因此需要事先测量源的输出匹配并保存结果。这个值既可以来源于测量，也可以来源于仿真。放大器的上一级通常是滤波器或其他匹配随频率变化的器件。即使被测放大器有很平坦的频率响应，可用增益是会随着频率变化的。

图 6.14 显示了利用公式编辑器，从 S_{21} 增益和源阻抗(表示为 G_S)得出可用增益(表示为 GA)，图 6.14 通过测得的 S 参数和输出匹配计算出放大器的可用增益。

此例中的一个中间值，即放大器的 Γ_2 同时被显示，标记为 G_2。

值得注意的是，在放大器的 S_{11} 到达峰值的时候，可用增益也到达峰值，同时其值在任何时候都比 S_{21} 大。

转换增益是源功率到负载功率的转换率，因此系统的源和负载匹配都需要已知。与可用功率的计算类似，可以利用公式编辑器和事先测得的源和负载匹配进行计算。

转换增益的计算公式为

$$G_T = \frac{\left(1 - |\Gamma_S|^2\right) |S_{21}|^2 \left(1 - |\Gamma_L|^2\right)}{|1 - \Gamma_S S_{11}|^2 \cdot |1 - \Gamma_2 \Gamma_L|^2} \tag{6.10}$$

图 6.15 是一个计算转换增益(G_T)的例子，放大器的两端放置相同的滤波器，作为参考，S_{21} 和可用功率(GA)也同时显示。

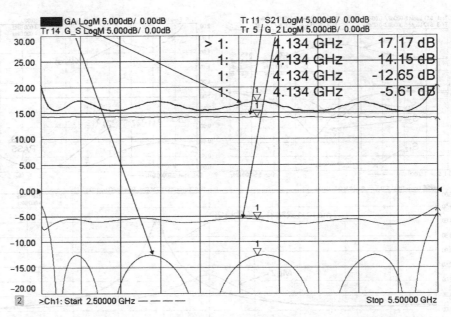

图 6.14　通过测得的 S 参数和输出匹配(G_S 迹)计算出的放大器的可用增益

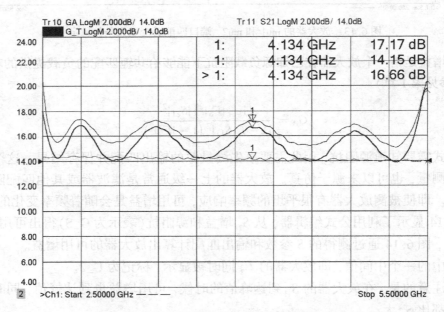

图 6.15　两个滤波器之间的放大器的转换增益

　　可用增益和转换增益出现的时候，仿真技术还没有兴起，他们提供了一种方法来衡量源和负载匹配对放大器增益的影响。随着仿真技术的广泛使用，已经可以完全通过仿真取代测量，系统的 S 参数可以潜入到测量结果中。

　　还以上述放大器为例，如果源和负载端的滤波器的特性已知，就可以利用 T 矩阵将滤波器的 S 参数矩阵嵌入到测量结果中，矢量网络分析仪的端口匹配已经提供了这种功能，参见式(3.5)，图 6.16 显示了仿真得到的结果(S21_Simulated)，同时还显示了将各

器件的 S_{21} 简单相加的结果（S21_Product）。使用端口匹配功能是衡量整体增益特性的好方法，由于滤波器的损耗很小，仿真得到的结果和真实测量结果基本相同。

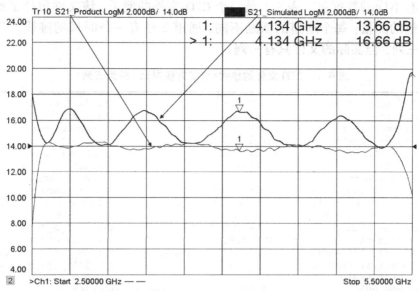

图 6.16　嵌入滤波器后的整体增益与放大器及输入、输出滤波器的 S_{21}

当滤波器和放大器的失配变大时，特别是放大器有条件稳定时，包括了各种匹配因素的增益与简单的 S_{21} 叠加的结果是不同的。忽略了失配的影响会给系统设计带来很多的错误。

6.1.5.5　分析结果

先进的 VNA 的内置功能可以对 DUT 的复杂特性做实时的分析并显示结果。夹具功能可以将其他器件的响应通过端口匹配或嵌入方式叠加在放大器的测量结果上。

公式编辑器也是一个有力的分析工具，可以分析各种 RF 和 DC 参数。由于分析的结果是实时显示的，这就可以实时调节放大器的响应，而且不限于 S 参数。例如，通过调节来获得提高稳定或获得最大增益。其他例子将在下面章节中阐述，包括大功率、高增益和低噪声放大器。

6.1.6　保存放大器测量结果

测量的最后一步是保存测量结果。对于很多较早的矢量网络分析仪，保存数据就是绘图。为了使保存的数据格式与其他程序兼容，需要借助编程的方法来处理数据格式。当软驱出现后，出现了几种可以直接储存的数据格式。其中一些重要和常用的将在下面讨论。

6.1.6.1　CITI 文件

在所有的文件类型中，最常用的可能就是 CITI 文件（通用仪表传输交互）格式，它起源于 HP-8510。这种文件采用单列线性结构，不需要另外的解释语句。CITI 文件的最大优势就是其灵活性，可以表征各种数据。数据按照激励被分成不同的包。每个包的头信息用来表示仪器的型号、固件版本号、日期和时间、迹线的名称、独立变量（或激励）类型与数据的格式。文件主体为以关键字 begin 和 end 为开头和结尾的单个或多个列表。多个测量通道的数据按照通道序号在数据包中依次排列。如果一个通道有不同的激励，则每一个激励有不同的数据包。表 6.1 是一个 CITI 文件的例子，该文件包括了通道 1 和通道 2 两个通道的测量，每个通道的激励不同，通道 2 还有一条时域的迹线。为了易于比较，表中有三列，但实际的文件只有一列。

表 6.1　CITI 文件的格式（为了方便对比，分为三列）

```
CITIFILE A.01.01        CITIFILE A.01.01        CITIFILE A.01.01
!Agilent                !Agilent                !Agilent
 Technologies            Technologies            Technologies
!Agilent N5242A:        !Agilent N5242A:        !Agilent N5242A:
 A.09.42.08              A.09.42.08              A.09.42.08
!Format:                !Format:                !Format:
 LogMag/Angle            LogMag/Angle            LogMag/Angle
!Date: Sunday,          !Date: Sunday,          !Date: Sunday,
 November 13, 2011       November 13, 2011       November 13, 2011
 05:26:09                05:26:09                05:26:09
NAME CH1_DATA           NAME CH2_DATA           NAME CH2_2_DATA
VAR Freq MAG 5          VAR Freq MAG 5          VAR Time MAG 5
DATA S[2,1] DBANGLE     DATA S[2,1] DBANGLE     DATA S[1,1] DBANGLE
DATA S[1,1] DBANGLE     VAR_LIST_BEGIN          VAR_LIST_BEGIN
VAR_LIST_BEGIN          2500000000              -4e-009
1000000000             2750000000              -2e-009
1250000000             3000000000              0
1500000000             3250000000              2e-009
1750000000             VAR_LIST_END            4e-009
2000000000             BEGIN                   VAR_LIST_END
VAR_LIST_END           -0.38341591,            BEGIN
BEGIN                    91.595734             -35.606487,
-0.18913588,           -0.19906346,             -87.11322
 107.97729               -152.15067            -26.621368,
-0.2556681,            -0.60013449,             -126.83741
 -134.61461             -34.987034            -35.606487,
-0.29677463,           -0.52427602,             -87.11322
 -17.619053              81.872543            -26.621368,
-0.25021815,           -0.43853623,             -126.83741
 99.132004              -161.16911            -35.606487,
-0.38517338,           END                      -87.11322
 -143.36929                                    END
END
BEGIN
-23.06007,
 -128.98009
-35.266006,
 -0.99580592
-28.660841,
 151.64325
-41.02335,
 -23.198109
-32.739304,
 -28.003317
END
```

该例是从安捷伦 PNA-X 网络仪导出的。先进的网络仪都允许使用者自定义 CITI 文件的格式及要存储的数据，例如要存储所有显示的数据或者其中的一条迹线。有一个 Auto 选项可以储存选中迹线相关的所有被校准的数据，例如，如果在二端口校准下，一条 S_{11} 迹线被选中，则自动保存 S_{21}，S_{12} 和 S_{22} 迹线。

保存功能还允许将数据保存为与显示迹线不同的格式，可以将数据存为 LogMag/phase，LinMag/phase 或 real/imag 格式。默认的格式是当前选中迹线的格式。

CITI 式是第一代矢量网络分析仪使用的格式，随着矢量网络分析仪的更新，又有其他几种格式开始流行。

6.1.6.2　S2P 或 Touchstone 文件

EEsoft 在没有被 HP 收购之前，创造了 Touchstone 格式，或更广泛的被称为 S2P 格式，该文件用来储存二端口器件的 S 参数数据。还有多端口版本，通常称为 SnP 文件，n 代表端口数。表 6.2 是 S2P 文件的例子。Touchstone 格式已经被多个组织所承认，其中包括 IBIS(输入输出数据信息规范)组织。

表 6.2　S2P 文件格式

```
!Agilent Technologies,N5242A,US47210094,A.09.42.08
!Agilent N5242A: A.09.42.08
!Date: Sunday, November 13, 2011 06:01:33
!Correction: S11(Full 2 Port(1,2))
!S21(Full 2 Port(1,2))
!S12(Full 2 Port(1,2))
!S22(Full 2 Port(1,2))
!S2P File: Measurements: S11, S21, S12, S22:
# MHz S dB R 50
1800 -25.33 -132.64 -14.87 -46.52 15.25 12.14 -37.27 -64.08
1850 -26.51 -74.60 -14.98 -7.89 15.35 12.41 -39.20 -43.02
1900 -31.96 15.85 -15.06 31.22 15.43 12.45 -33.63 -77.49
1950 -24.41 -107.31 -15.06 70.42 15.44 12.64 -30.44 -44.29
2000 -22.84 -27.07 -15.03 109.00 15.42 12.83 -30.57 -29.91
```

Touchstone 版本 1 格式从没有被证书承认，很大的一个原因就是因为它只包括一个参考阻抗。这个限制其实没有特别大的影响，如果每个端口都是用不同的参考阻抗进行测量的，只需要通过简单的计算就可以将其统一为一个参考阻抗。然而，这个缺点使得版本 1 一直没有被正式采用，在各网站上都标为 draft，一直达 10 年之久。直到 2009 年，IBIS 开放论坛才正式采用 Touchstone 的版本 2，此版本支持每个端口有不同的参考阻抗，同时包含了混合模式 S 参数的规范。而在当时，只有很少的仪器和 EDA 公司支持此格式。

当端口数目更多时，应该使用 SnP 文件。SnP 文件的格式与上面提到的格式有所不同：第一行有 5 组数据(频率加上开始的 4 组数值)，其余的为 4 组一行，其排列顺序按照 S_{xy} 矩阵的次序排列，其中 x 为行标，y 为列标。

S2P 文件有一点比较不同，其保存数据的行列与标准 S 参数矩阵不同。其格式与较老的一些矢量网络分析仪相同：$S_{11},S_{21},S_{12},S_{22}$。因此，S2P 翻译器和 SnP 翻译器不同。

SnP 文件有一个缺点，那就是只能保存 S 参数。如果一个矢量网络分析仪的迹线包括功率或时域数据，或其他任何非 S 参数，SnP 文件将无法保存数据。

6.1.6.3　CSV 文件与导出数据到 Excel

在先进的矢量网络分析仪上有一种新的数据格式，那就是 CSV 格式。这种格式与 CITI 文件格式类似，如表 6.3 所示。

表 6.3　CSV 文件实例

```
!CSV A.01.01
!Agilent Technologies,N5242A,US47210094,A.09.42.08
!Agilent N5242A: A.09.42.08
!Date: Sunday, November 13, 2011 06:33:10
!Source: Standard

BEGIN CH1_DATA
Freq(Hz),S21 Log Mag(dB),S11 Log Mag(dB)
1800000000,-14.877501,-25.325617
1850000000,-14.982286,-26.499651
1900000000,-15.063152,-31.963058
1950000000,-15.069975,-24.410412
2000000000,-15.031799,-22.855028
END

BEGIN CH2_DATA
Freq(Hz),S21 Log Mag(dB)
2500000000,-0.37367642
2750000000,-0.19583039
3000000000,-0.59756804
3250000000,-0.52162892
3500000000,-0.43824977
END

BEGIN CH2_2_DATA
Time(s),S11 Log Mag(dB)
-4e-009,-35.611397
-2e-009,-26.620441
0,-35.611397
2e-009,-26.620441
4e-009,-35.611397
END
```

此格式与 CITI 文件一样灵活，而且它还有一个优点，那就是对于单通道，如果激励统一，每个激励值的数据都显示在一行。此文件能保存任何迹线，包括功率或其他公式编辑器迹线。当然，一个通道可能包含多种激励，例如，上例中的通道 2 包括频域和时域迹线。此时，针对每个激励都会创建一个包。CSV 文件的方便之处在于它可以直接通过 Excel 表来读取。CSV 文件的导出功能允许操作者导出一条迹线或所有显示的迹线。数据的格式可以像 CITI 文件那样，既可以是默认格式，也可以是其他指定的格式，如 Log-Mag/phase, LinMag/phase 或 real/imag。最灵活的是可以将当前选定的迹线的格式指定为其他所有迹线要保存的格式。

由于采用了目前各种灵活多变的数据格式，已经不需要额外的编程来提取保存的数据。只需要在保存选项中选"保存数据为 CSV"，就可以将数据按指定格式保存，当然，此操作也有相应的程控命令。所有这些都省去了那些创建缓存，选中迹线，以及编程通过总线读取数据的麻烦，这为测试工程师省下了大量的时间。

6.2　增益压缩测量

前一节对放大器的线性测量做了描述，但是很多放大器会工作在非线性状态下。关于放大器的非线性特性，有几个重要的指标，其中最为基本的就是增益压缩了。

6.2.1　压缩的定义

顾名思义，放大器的增益压缩就是指输入功率提高时增益的衰减。大部分放大器的非线性增益都呈压缩状态，但是也有少数放大器的增益会在压缩前有增大的现象。

图 6.1 例子中，测量了两个放大器的增益压缩点，其中一个放大器只有压缩，另一个的增益在压缩前有少许的增大，增益压缩测量时，一定要保证放大器在压缩的同时，矢量网络分析仪没有过载。

对于绝大多数增益压缩的测量，可以采用一套通用的方法寻找首先发生压缩的频率，下面是详细步骤：在校准完成后，先把输入信号设在较小的功率，以保证放大器工作在线性模式下，然后把当前 S_{21} 响应作为线性响应存储起来，S_{21} 除以这个存储的线性响应，并把除得的结果作为一条迹线显示，这其实是一个归一化操作。第二步，步进地提高输入信号的功率，并观察归一化的迹线，直到某一频点压缩现象很明显。利用网络仪的游标功能更容易找到压缩起始频率：可以将一个游标放在归一化曲线上，并将此游标的功能设为实时寻找迹线上的最小值。在第 5 章中已知，当源功率增加 20 dB 时，网络仪的迹线噪声会降低 10 倍。因此，为了优化迹线噪声特性并兼顾测量速度，可以在测量线性响应时，用大平均次数或小的中频带宽得到低的迹线噪声，而在压缩开始后用小的平均次数或大的中频带宽以提高测量速度，线性和压缩测量时对平均和中频的设置差异可为 100 倍量级。如果输入功率的步进值太小，压缩会非常缓慢，所以步进的第一步往往取一个大的步进值，如 10 dB，并增加中频带宽或减小平均次数为线性测量时的 10 倍。如果此时压缩并不明显，再小步进地增加输入功率值，直到游标显示 0.5 ~ 1 dB 的量级。上述的测量过程可以在图 6.17 中体现，线性响应是在 − 20 dBm 的输入信号下测得的，归一化后的迹线有明显的噪声，另外两条迹线在 − 10 dBm 和 0 dBm 下测得，可以清晰地看到不同频率下的压缩效应。由于被测的是一个带滤波功能的放大器，可以看到带外没有发生压缩现象。压缩的峰值点与增益峰值点相关，在增益的峰值点附近，压缩效应使增益发生比较剧烈的变化，同时，增益的变化也会带来 S_{22} 的变化。可以看到，在游标 1 所标示的频率点，增益随输入功率增大而降低最多（即压缩最大）。

6.2.1.1　以线性增益为参考的压缩

接上节的例子，当压缩起始频点找到之后，可以把网络仪设为功率扫描模式，并把游标的频率值作为功率扫描的固定（连续波）频率，就得到了一个从线性到非线性区域的功率扫描迹线，如图 6.18 所示，在该图中还显示了输入功率和输出功率的迹线。可以从 S_{21} 迹线清楚地看到放大器的增益随输入功率增加发生了压缩。对于功率扫描，有三个功率值值得关注，一个是线性功率即在此功率下获得参考增益，另一个是最大功率即功率扫描的截止功率，当然，最重要的是增益发生 1 dB 压缩时的功率值。

可以借助游标来寻找 1 dB 压缩点（最基本的对压缩的定义），对于先进的网络分析仪，有一项增益压缩游标功能，可以自动地寻找 1 dB 压缩点，此时，S_{21} 功率扫描迹线上的第一个点被定义为线性增益，而迹线上小于 1 dB 的点被认为是压缩点。基于此功能，游标会自动找到 1 dB 增益压缩点，并报告该点的增益值、源功率设置值（横轴激励值）以及根据源功率和增益计算出的输出功率值。这些显示值全部是基于 S_{21} 迹线本身的数据直接或间接得到，而非从输入或输出功率迹线去读取数据，这么做是为了保证迹线游标只和迹线本身相关的定义。用这种便捷的方法可以得到非常好的测量结果，但是该方法也有一些不足之处。

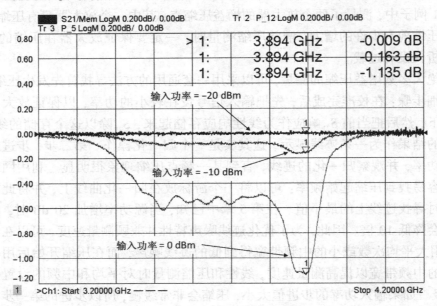

图 6.17　寻找压缩起始频率

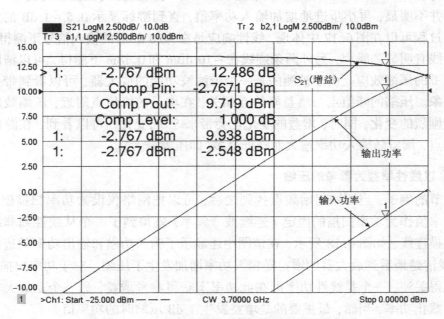

图 6.18　在固定频点的功率扫描下寻找压缩点

上述方法最大的不足之处在于横轴或游标激励值并非真正的输入功率值，而是源设置值。在图 6.18 中，已经显示了输入和输出功率迹线，可以在每条迹线上各加一个游标，然后让这两个游标与上述的增益压缩游标相耦合，这样就可以从这两个游标上读出压缩点实际的输入和输出功率值。在该例中，压缩点的实际输出功率要比 S_{21} 迹线上增益压缩游标测得的功率高 0.2 dB。这是因为，从输入迹线上读取的实际输入功率要比源设置功率高出 0.2 dB（ –2.5 dB 对 –2.7 dB）。如果打开接收机稳幅功能，可以让实际输入功率等于源设置功率。

本节所描述的关于压缩的定义是最广为使用的，在业界还有其他几种关于压缩的定义，如以下几节所述。

6.2.1.2　以最大增益为参考的压缩

随着输入信号的增大，有些放大器的增益会在压缩之前有所增大，这通常是因为偏置发生了细小的变化。事实上，有些放大器的设计者会利用这一效应来扩展放大器的线性工作区域。这些放大器的增益会随着输入信号增加而到达峰值，然后压缩效应随即出现（参见图 6.1）。对于此类放大器，压缩的参考增益是最大增益，而非线性（或低输入功率）增益。与基于线性增益的压缩测量相比，在 1 dB 压缩点时的输入功率较小，因此这种增益压缩的定义是比较保守的。值得注意的是，对于普通放大器的压缩曲线来说，最大增益就是小功率输入时的线性增益，基于最大增益的压缩定义与上节是统一的。

6.2.1.3　回退压缩或 X-Y 压缩

另外一种压缩的测量方法可以追溯到非线性测量刚刚起步的年代，此方法可称为回退（ back-off）法，也可称为 X-Y 法，两种不同叫法的工作原理相同，只是实现方法不同而已。这两种方法的基本原理是：按一定差值指定输入信号（即 X 轴）上的两个点，两点对应的增益（即 S_{21} 在 Y 轴上的值）差即为压缩值，测量的任务就是在 S_{21} 曲线上寻找一个点，该点的压缩值为指定值（通常是 1 dB），同时，该点的激励值与参考点激励值为指定的差值（通常是 10 dB）。早期的测量方法是利用一个 10 dB 的衰减器，将其连接在放大器输入端口时测一次输出功率，再将其移到输出端口时测一次输出功率，然后比较两次测量结果差值，如果差值不是 1 dB，则提高输入功率再重复上述测量步骤，直到差值为 1 dB 为止，其测量结果与回退法是一致的。X-Y 法工作原理类似，在输出功率上寻找一点，与参考点差值满足指定值（通常是 9 dB），同时，输入功率与参考点的差值亦满足指定值（通常是 10 dB）。图 6.19 描述了这两种测量压缩的方法。

从某种程度上讲，这种方法是寻找压缩的最佳方法，这是因为：该方法不受线性工作区域，即低输入功率的噪声干扰，而且此方法包含了一种测量概念，那就是当输入功率发生定量的变化时，观察增益所发生的变化。将它与基于最大增益的压缩测量方法相比，测得正确最大增益需要在功率扫描模式下扫描非常密集的功率点；与基于线性增益的压缩测量方法相比，在线性增益测量时很低的输入功率会带来较大的迹线噪声，这将直接影响大功率输入时对压缩的计算。另外，有些放大器的输入功率增加时，增益下降十分缓慢，对这类放大器，测得线性增益后，要扫描很大的范围才能压缩。而 X-Y 法或回退法则不存在这样的问题，因为输入功率的扫描范围已经定义为 X dB（如 10 dB）。该方法对于调制信号下的压缩测量更有实际意义，调制信号通常会维持一个特定的平均功率，并有指定的峰值对平均功率比值，如果已知调制信号的平均功率，在计算增益峰值点压缩的时候，用平均功率作为参考要比用非常小的线性功率做参考合理得多, 这是因为某些调制制式不会使用很小的输入功率。值得一提是 X-Y 法和回退法测得的压缩值要比基于线性的压缩值大, 或许这也是为什么许多放大器厂商喜欢这种测量方法的缘故。

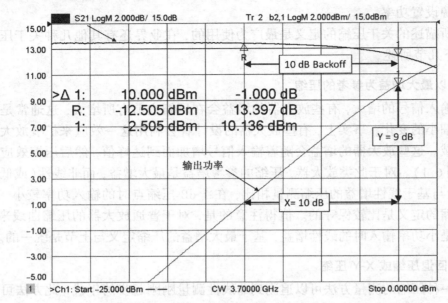

图 6.19　用回退法和 X-Y 法寻找压缩点

6.2.1.4　以饱和点为参考的压缩

这是一种非常规的测量方法, 主要适用于工作在饱和点附近的放大器测量。对于诸如行波管 (TWT) 之类的放大器, 在输入/输出功率曲线上会有一个很清晰的饱和点。放大器通常会工作在饱和点之前, 并与饱和点有一个固定的差值。这个值通常很小, 对 TWT 放大器来说, 通常是饱和点 (或最大值) 下方 0.03 dB 处。这个点非常接近最大输出功率, 而最大输出功率对应的输入功率是一个关键工作点, 称之为标准工作点 (NOP)。当饱和曲线非常平坦时, 即使非常小的迹线噪声也会造成输入功率测量的较大偏移, 因此回退很小的值, 比如 0.03 dB, 可以测得比较稳定的 NOP。

对某些放大器, 例如用于代替卫星上 TWT 放大器的固态功放, 就要采用较大的回退值, 例如 8 dB。除了回退值外, 测量方法与 TWT 的测量方法相同。需要注意的是, 笔者在此节所使用的"回退值"与 6.2.1.3 节中的"回退值"意义不同。

6.2.2　调幅–调相或相位压缩

在研究增益压缩对复杂调制信号的影响时, 一个有价值的参数就是压缩失真信号与期望幅度与相位的误差。这个误差是一个实际值与期望值之间的误差矢量, 既包含幅度误差也包含相位误差, 这个矢量的大小称之为误差相量幅度 (EVM)。在某些情况下, 压缩点的相位失真会比幅度失真造成更大的相量误差。为了量化这一影响, 关于压缩对相位的影响有一套通用测量方法, 虽然有两种不同的定义, 但都统称为调幅–调相 (AM-to-PM) 测量。

一个定义是幅度压缩点的相位值与参考值之间的偏差。据此定义，只要同时显示相位响应和幅度响应迹线，就可以直接测得 AM-to-PM。如果使用了上文中介绍的有压缩搜寻功能的游标，可以在相位响应迹线上设置一个游标，并让其与压缩游标相耦合，这样在 1 dB 压缩点时的相位信息可以直接读出，如图 6.20 中的第一个游标所示。

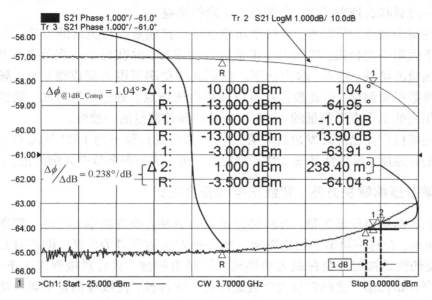

图 6.20　相位和驱动的关系及 AM-to-PM

图 6.20 采用了 X-Y 法或 10 dB 回退法来测得 1 dB 压缩点。可以清楚地看到，在低功率输入的情况下，由于有很大的迹线噪声，在相位上的抖动近 1°，如果以此为参考值计算 1 dB 压缩点时的相位变化，势必会有很大的误差。而使用 10 dB 回退法则受迹线噪声影响较少。

另外一种 AM-to-PM 的定义是在 1 dB 压缩点时，用度/dB 为单位来表征相位曲线的斜率。通过一些额外设置，也可直接显示其测量结果：在一条 S_{21} 的相位响应迹线上设置一个游标，其横坐标比压缩点时的输入功率小 0.5 dB，然后再增加一个游标，其横坐标比压缩点的输入功率大 0.5 dB，两个游标设置好后，可将其中一个设置为参考游标，则另一个游标的读数就是输入功率变化 1 dB 时的相位变化，如图 6.20 中底部游标所示。

6.2.3　全频段增益和相位压缩

到目前为止，所讨论的压缩测量都是在单频点下进行的，即通过扫描功率来找到压缩点。然而在很多情况下，压缩点是会随着频率改变的，特别是对于窄带可调谐式放大器，其压缩点会随着频带而变化。因此，就需要在全频带下测量增益压缩。

传统的全频段增益压缩测量要借助于外部计算机做控制器，控制网络仪在频段内的每个频点上做功率扫描以得到压缩点，然后将测得的各频点的 1 dB 压缩点拟合为一条横坐标为频率的迹线。这个测量的实质就是做了一个对放大器一定频段和功率范围内的二维扫描。

这是一种非常直接的测量方法，实际上有些更好的算法能获得一频段内的所有压缩点。这种步进频点并扫描功率的测量方法有一个最大的缺点，就是它一般都采用固定的功率扫描范围，这很可能会在增益高的频段内使放大器严重过载，还会在低增益频段内驱动不足。如果被测放大器在高增益区过载，很可能会深度压缩并改变放大器的工作点或温度，在这种情况下，当步进到下个频点，从低功率开始功率扫描的时候，由于放大器不能从前一过载状态恢复正常，会测得不正确的增益。

比起在每个频点扫描功率，在每个功率点进行扫频是一种更好的方法。首先可以在线性功率下做第一次扫描，然后再步进地提大功率值，并在每个功率值下扫频测量，并储存每次测量的增益、输入、输出功率。在定义的功率范围内完成测量后，频率和功率构成的二维数据被储存，以此数据就可以计算出压缩点。通过这种方法，线性值和压缩值都是在相同的工作点下测量的，保证了频段内压缩测量的一致性。

目前网络仪厂商已经开发出各种方法来自动获取扫频下的 1 dB 压缩点。其中一种方法无论是在速度、准确性和安全性上都更胜一筹，这会在下节中详细讨论。

6.2.4 增益压缩解决方案，智能扫描和安全模式

对于扫频的增益压缩测量，有两种数据采集方法：步进频率，在每一频率下扫描功率；步进功率，在每一功率下扫描频率。第一种方法用得最为广泛，但是有几个重大缺点，最主要的就是被测件会在最大功率输入下结束扫描，然后紧接着进入下一个频点，从最小功率开始扫描。这经常会改变被测件的工作特性，使线性测量不再准确。而另一种方法，从最小功率或线性功率开始扫频，然后步进地提高功率并在每个功率点扫频，从而避免了任何由于过载带来的问题。

为了获得一个快速的增益压缩测量，没有必要在线性功率和压缩功率之间进行等间隔的功率步进。在首先测得线性功率响应后，可以粗略的估计压缩点的输入功率，比如采用介于线性功率和最大功率之间的中间值作为接下来的输入功率，扫频完成后，可以用更高的预估功率做下次扫描。这两次扫描完成后，就可以用算法计算 1 dB 压缩点时的输入功率，以此输入功率再做频率扫描，又可得到一组数据进行下次预测，不断地迭代此过程，直到所测得的压缩量在制定的范围内。由于这种方法通过两个测量点判断被测件工作特性并调整扫描属性，一个网络仪厂商把这种方法命名为增益压缩的智能扫描（Smart-Sweep）。

上述测量完成后，经过各次扫描调整得到的输入功率就是 1 dB 压缩点时的输入功率值，一般用参数 CompIn 来表征，或者用 CompIn21 以说明增益压缩测量的路径。在该压缩量下的增益用参数 CompGain21 表示，输出功率用参数 CompOut21 表示。这些参数是测量的基本参数，还有一个参数会经常用到，那就是 DeltaGain，其值是实际测得的压缩量，理想情况下，这个参数的值应该是 −1 dB，但是如果放大器并没有到达压缩状态，或者设定的压缩容差范围较大，这个值会有所波动。

图 6.21 所示是一个扫频 1 dB 压缩测量的实例。

从 DeltaGain21 迹线上可以清楚地看到，放大器的通带边缘没有发生压缩，这是由于放大器前端的滤波功能抑制了输入功率以使放大器发生压缩。如果把迹线 DeltaGain21 改为显示相位特性，显示的结果就是在 1 dB 压缩时的相位偏移，这正是 AM-to-PM 的定

义之一，于是 AM-to-PM 的频率响应也可直接显示出来。CompOut21 迹线也值得关注，可以看到压缩时的输出功率并非一个恒定值，而是在增益的峰值附近比较大。可以在 CompOut21 迹线上，通过一个游标可以读取任意频率下 1 dB 压缩点的输出功率值。

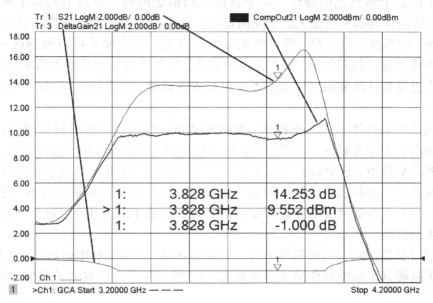

图 6.21　扫频 1 dB 压缩测量的实例

6.2.4.1　压缩测量的安全模式

虽然这种迭代测量 1 dB 压缩点的方法测量速度很快，但是也不是没有缺点，当被测件的增益起伏比较大，而初始的功率设定值就已经足够高到让放大器过载的时候，也会发生被测件过载。另外，如果放大器的压缩曲线不符合正常规律，很有可能预测的输入功率会在下一个迭代中让放大器过载。为了保护被测器件和仪表，过载现象一定要避免，特别是被测件为高增益放大器的时候。

为了避免过载，需要对迭代方法做些修改以保证安全工作。这种安全模式需要对输入输出功率做些限制，具体来讲，当输出功率已经超过预先设定的限制时，即使是放大器还没有压缩，也不会在下一次扫描时提高输入功率。同时，也对功率步进的尺度做一限制，以免放大器从欠载状态直接跳入过载状态。

一种实际方法就是指定一个最大的功率步进值，比如 1 dB。在迭代过程中，输入功率的增加量不会超过这个值，以免因为步进尺度过大而引起过载。但是当线性功率比压缩点功率小得多时，需要相当多的迭代次数才能找到压缩点。一种更加明智的方法就是定义两种步进值：粗步进(5 dB 左右)和精步进(1 dB 左右)。另外还要定义一个门限值，当放大器的压缩量超过此安全值(0.5 dB 左右)的时候，步进尺度自动由粗步进值切换到精步进值。这样一个机制既保证放大器的输出功率不会超过一个指定值(保护测试设备)，又能保证不会因为步进尺度过大而使放大器过载(保护放大器本身)。

6.2.4.2　增益和压缩的全面二维分析

　　在某些情况下，需要得到增益与功率、频率关系的二维数组，以全面描述放大器在多个功率下的多个频点上的特性。由于自适应扫描法的功率步进值是基于放大器响应的，所以它所包含的功率点是无法预先确定的。如果能够改变数据采集方式来得到需要的包含频率、功率的二维数组，那将使测量变得简易。安全模式可以做到这一点，只需将粗步进和精步进设相同的值，但在安全模式下，当放大器压缩后输入功率将不再提高，此后迭代中已经到达压缩值的频点都不会改变功率设置，所以最后得到的二维数组不是规则的。

　　取而代之的是另外一种工作模式，在此模式下，放大器即使有可能进入过载状态，它还是会步进各个定义好的功率值，并在每一功率值上做频率扫描。这种方法可以创建一个规则的二维数组，这个数组可以是关于输入功率的，也可以是关于输出功率或增益的。一些网络仪已经提供了这种所谓的二维扫描，既可以步进频率扫功率，也可步进功率扫频率。只有在少数情况下才必须使用步进频率扫功率的方法，以避免过载问题给线性测量带来的影响。

　　如果将增益关于输入功率和频率的二维数组导出，就可以利用诸如 MATLAB 之类的各种绘图工具将其平面图制作出来。图 6.22 所示的三维平面图描述了压缩与功率、频率的关系。

　　图中箭头特别指出了离 1 dB 压缩点最近的点。

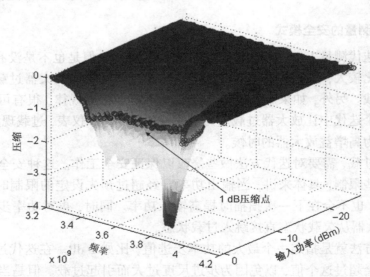

图 6.22　压缩与功率、频率关系的三维平面图

6.2.4.3　增益压缩测量的校准

　　对于增益压缩测量，需要特别指出的是，其误差修正不能完全套用式（3.3）的方法。当放大器工作在压缩状态下，该公式与输入端反射误差的数学关系已不再适用。以饱和状态这种极端情况为例，放大器的输出功率被限制在一个固定电平上。如果在输入端有

失配导致的起伏，使入射源功率比匹配的源的功率大，输出功率并不会有相应的提高。然而，式(3.3)的误差修正方法认为输出功率会提高(S_{21}被认为是线性增益)，所以由于输入端的失配误差，修正后的增益和输出功率(通常通过输入功率乘增益得到)变小了。实际上，输入端失配误差不会对输出功率造成任何影响(因为放大器已经在饱和状态)，因而测得的增益也会发生起伏，而实际值是没有起伏的。因此，在非线性模式下测试放大器的时候，标准的误差修正公式将不再适用。

为了计算输出功率和增益，可以采用另外一种方法：计入匹配的影响，将输入功率和输出功率做误差修正，再将修正后的输出功率除以输入功率，进而得到增益值。利用这种方法，S_{21}不再假设是在线性模式下，输入端失配误差不会再传递到输出端，而此时的放大器增益与输入端的匹配也建立了正确的关系。该方法有一个前提：那就是放大器输出端的匹配不受驱动功率的影响。实际情况并非都能满足此条件，但是为了便捷地测得增益压缩，这个假设是不可避免的。较之更加先进的方法是用非线性网络分析仪来测量的，在关于 X 参数的 6.8 节中将讨论这个问题。对于输出端阻抗随驱动电平变化明显的放大器，可以在端口 2 的测量电缆的测量端面加一个小衰减器，以改善校准前的匹配测量结果。

还有一个更常见的问题，那就是当放大器即将开始发生压缩的时候，输入端失配对测量带来的误差。由于此效应，被测件的输入功率会在某些频点大于期望值，而在某些频点小于期望值。即使是网络仪的源功率已经经过校准，也不可避免此问题，这是因为源功率是通过一个匹配性能良好的功率计进行校准的，而被测件的匹配性能往往较差。

图 6.23 所示是一个 S_{21} 在线性功率和 1 dB 压缩时功率下的实际测量。所有测量都是在标准的全二端口校准下进行的，在压缩时，S_{21}增益(标记为"S21_Comp")迹线上有明显的波纹。图中还有一条迹线，是在压缩时使用接收机稳幅时测得的，此时即便有失配，通过控制源功率，输入功率平坦而稳定，所以压缩后的增益迹线与预期的一样，是一个平滑的响应。在线性驱动功率下的参考 S_{21} 迹线也显示在图中。

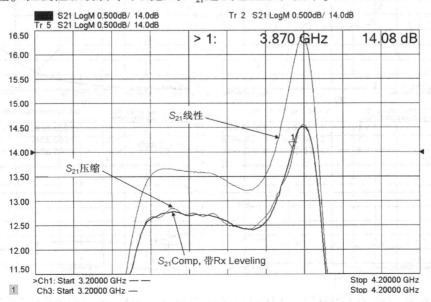

图 6.23　一放大器的 S_{21} 压缩增益和经过接收机稳幅的压缩增益

从图中可以发现，当输入功率因为失配产生波纹的时候，S_{21} 对其响应是非线性的，所以"S21_Comp"迹线上明显的波纹并非是此输入功率下的真实反映。

6.2.4.4　直流功率分析

对于许多放大器来说，效率是一个至关重要的功能指标，效率是指放大器把消耗的直流功率转化为射频功率的能力。最通用的表征方式是功率附加效率（PAE），其定义如下：

$$PAE = \frac{Output\_Pwr - Input\_Pwr}{DC\_Pwr} = \frac{(S_{21} - 1)}{DC\_Pwr} Input\_Pwr \qquad (6.11)$$

公式中功率的单位是瓦特或毫瓦。在线性状态下工作的放大器的直流功率是恒定的（一个关于线性状态的定义就是射频输入功率低到不会改变放大器的直流工作点），因此 PAE 会随着输入功率的增大而提高，直到放大器进入非线性状态并开始发生增益压缩。在设计放大器时，在非线性状态下的 PAE 测量经常是一个重要的参数，它与设计的诸多方面都紧密相关，如放大器在基波、二次谐波、三次谐波等频率上的负载阻抗。在很多时候，PAE 测量作为负载牵引测量的一部分以获得功率效率最优时的负载，然后根据得到的负载去设计匹配网络。设计完成后，须在匹配负载下（标准为 50 Ω）重新测量带匹配网络的放大器的所有响应。

如 6.1.4.2 节所述，有些网络仪可以在频率或功率扫描测量的同时对放大器的电压和电流进行测量。此时，公式编辑器可以直接在网络仪上生成式（6.11），甚至可以直接利用内置的 PAE 函数功能。图 6.24 所示是一个扫频下的 PAE 测量，图 6.24(b) 为增益迹线，图 6.24(c) 为电压和电流迹线。

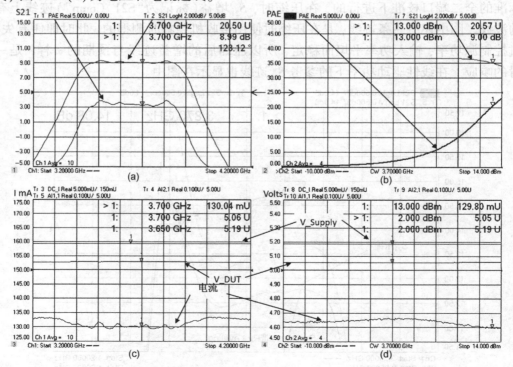

图 6.24　(a)、(c) 为扫频下的 PAE；(b)、(d) 扫功率下的 PAE；(c)、(d) 为其直流读数

    图 6.24(b)所示是扫功率下的 PAE 测量。对于该例中的被测件,当然也适用于绝大多数放大器,效率在放大器趋于压缩的过程中是不断提高的。

    在做全二维扫描增益压缩测量的时候,每一频率点、功率点的直流电压和电流数据也可同时获取。一些网络仪事实上已经将直流测量置入增益压缩测量的数据采集当中,测得的数据可以用来生成功率附加效率平面图。图 6.25 所示是一个三维的 PAE 与频率和功率关系的平面图。

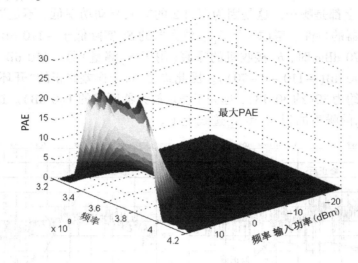

图 6.25   PAE 与功率和频率关系的三维平面图

6.3   测量高增益放大器

    大多数放大器是低增益或中等增益放大器,增益大约在 10～30 dB。对于这些放大器,设置、校准或测量都无须特殊技巧,正常的设置和源 ALC 的最大范围允许在最大源功率条件下进行适当校准,然后降低源功率进行适当的测量。在这些增益范围内,输入输出匹配和反向隔离的测量都很合理。然而,当放大器增益变大时,输入功率必须大幅降低,其他参数的原始测量结果噪声就会变得非常大。这样会反过来影响到误差修正的质量,造成所有 S 参数的测试结果较差。

    考虑一个在通信系统中可能比较常见的低噪放大器,增益大于 60 dB,压缩点功率 10 dBm,压缩点减去 20 dB 以及 60 dB 的增益值得到这个放大器输入驱动功率的线性工作点 −70 dBm。预置条件下,如果仅仅把功率值简单改为 −70 dBm,测量结果会很差。这样的一个测试示例参见图 6.26 中原始测量结果(未修正)和修正的测量结果。大多数矢量网络分析仪的端口功率默认设置是耦合的,所以设置端口 1 功率为 −70 dBm,也会设置端口 2 功率为 −70 dBm。注意,S_{21} 的原始测量结果噪声远小于修正后的测量结果,S_{11} 测量结果也是一样。S_{12} 的原始测量结果和修正测量结果基本只是噪声。S_{22} 测量结果最有意思:当 S_{11} 原始测量结果看上去不错时(有一些噪声),S_{22} 就完全是噪声,实际显示其测量结果大于 0 dB。要明白造成这个结果的原因,再考虑一下 $b_{2,2}$ 迹线,它测量的是

S_{22} 扫描过程中 b_2 接收到的功率。因为端口 2 的测试端口功率是 -70 dBm，可以期待 b_2 功率小于 -70 dBm；然而实际大约是 -58 dBm。这个原因是即使没有输入信号，放大器的高增益仍产生了很大的输出噪声，因此掩盖了 S_{22} 测量结果，原始结果和修正后的结果只显示了噪声。以下章节描述了几种方法来消除这些影响并改善这些糟糕的测量结果。

问题还在：既然 S_{11} 和 S_{21} 的原始测量结果相对来说没有噪声，为什么修正后的测量结果如此差呢？根本原因是在低驱动功率下，S_{11} 测量结果有噪声，S_{22} 测量结果噪声很大，S_{12} 测量结果本质上都是噪声。这是因为端口 2 的输入驱动功率低，不足以产生足够大的信号来反映放大器的特性。考虑一下 S_{12}：放大器的 S_{12} 实际低于 -110 dB，但是当端口 2 的驱动功率为 -70 dBm 时，b_1 接收机的噪底（用于 S_{12} 测量）是 -110 dB，由于噪底限制 S_{12} 显然只测到 -40 dB（ $-110-(-70)$ ）。因此式（3.3）中误差修正的"开环增益"项变得很大，$S_{21} \cdot S_{12}$ 乘积约为 30（约 30 dB），远大于稳定放大器所需的 1（0 dB）。这个情况下误差修正基本上把 S_{12} 的噪声加到 S_{11} 和 S_{21} 迹线上了。

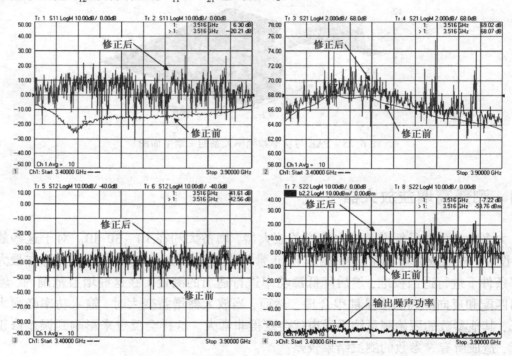

图 6.26　高增益放大器的误差修正测量结果

除 S_{12} 噪声以外，S_{11} 和 S_{22} 的原始测量结果噪声通过误差修正算法也转换成为 S_{21} 的噪声。

6.3.1　高增益放大器设置

稍微修改一下测量设置就能简单地避免这些噪声问题。任意的放大器，尤其是高增益放大器，每个端口的测试端口功率应该是非耦合的。端口 1 功率当然必须设置为线性功率值，但端口 2 功率不必设置为同样的值。实际上，正常操作中，端口 2 功率应该设置为线性输入功率加上增益，再减 10 dB。这样保证功率既足够大，避免噪声影响，又总是足够小，保证放大器工作在线性区域，远低于平常的 DUT 输出功率。提高端口 2 功率的好处是减小 S_{12} 和 S_{22} 迹线的噪声。这种情况下，噪声减小了 50 dB，或者说迹线噪声减小约 300 倍。

在有些情况下，即使提高了端口 2 功率，S_{11} 迹线仍然有噪声；S_{11} 迹线噪声影响 S_{21} 修正结果，造成 S_{21} 也有噪声。进一步修改一下测试设置能帮助减小噪声影响。如果矢量网络分析仪有可配置的测试装置，即如果矢量网络分析仪源和接收机与定向耦合器之间的连接暴露为外部环接，则端口 1 的测试耦合器能像 5.2.6 节描述那样"反接"，如图 6.27 所示。源通道直通耦合端口，同样的测试端口功率可以提供更高的参考通道功率。此外，b_1 反射接收机连接到测试端口耦合器的直通臂，降低了到 b_1 接收机的损耗。这样 S_{11} 测量结果信噪比能提高大约 14 dB，使 S_{11} 迹线噪声改善了约 25 倍。同样的改动也能改善 S_{12} 迹线信噪比，进一步降低了总体响应的噪声。

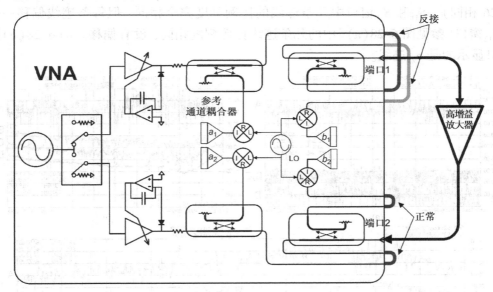

图 6.27　矢量网络分析仪端口 1 耦合器反接的结构框图

6.3.2　校准注意事项

当测试高增益放大器时，必须减小源功率，但这会导致校准时信号功率低，校准误差项中噪声增多，修正后的迹线上就会显示为固定的类噪声误差或波纹。

现代的矢量网络分析仪的接收机线性度非常好，校准时提高源功率，测量时降低源功率并不会影响测量精度。为达到最优测量结果，需要设置源衰减器使得线性功率值在 ALC 范围的最底部。大概还没有什么原因需要在线性功率值之下来测量放大器。校准时再提升源功率值接近到 ALC 范围的顶部。对部分旧一些的矢量网络分析仪，要获得最好的测试结果，需要避免使用顶部 5 dB 范围，以避免参考接收机压缩，但如果线性功率非常低，即使工作在 ALC 顶部 5 dB 范围内，接收机压缩影响也可能会远低于迹线噪声。

在大功率下校准，降低功率测量会令人不安，很多人从一开始就接受了改变功率会使校准失效的观点，然而几乎所有情况都很容易证明这一点，提高校准功率产生的误差远远低于校准过程中噪声产生的误差。

进一步来说,如果放大器增益超过了源功率的变化范围,校准中 DUT 增益每超过功率偏差 10 dB,需要附加 10 倍平均或降低中频带宽 10 倍。例如,60 dB 增益的放大器校准时设置为最大功率;测量时功率需要降低大约 40 dB。为保证校准中的噪声不影响测量精度,需要额外降低 20 dB 噪声影响,意味着要降低中频带宽 100 倍或者加 100 次平均。当然,这假定了在放大器预测试中(确定特定放大器所需功率值和中频带宽时),设置的中频带宽保证了放大器测量中的迹线噪声保持在所需的水平上。最后,降低功率后,根据测量设置,参考通道的噪声可能会限制测量结果,因此测量中可能也有必要附加平均或降低中频带宽。

图 6.28 是在不同测试条件下测量高增益放大器的 S 参数。标记 A 的几条迹线是预置条件下降低功率校准,只降低端口功率(端口 1 和端口 2)到 –70 dBm 的测试结果(与图 6.26 相同)。S_{11} 和 S_{21} 窗口中几条迹线的比例刻度完全相同,但每条迹线偏移一个刻度。S_{12} 窗口[参见图 6.28(a)]中的几条迹线比例刻度相同,没有偏移。图 6.28(c)所示的窗口显示的是 S_{21} 迹线。

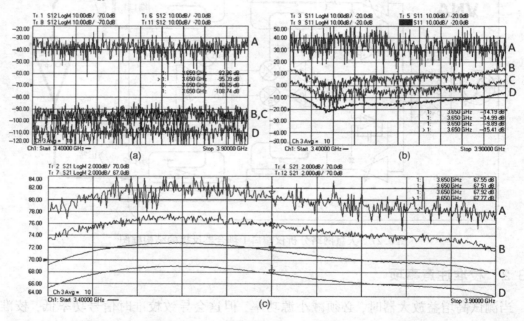

图 6.28　不同设置下高增益放大器的 S_{21} 噪声;为清晰起见,S_{11} 和 S_{21} 参考值分别偏差 1~2 个刻度

这个最初的校准状态中,虽然 S_{21} 迹线的幅值基本正确,但噪声极大,即使加了 10 次平均,噪声峰–峰值也有约 5 dB。

S_{12} 迹线在 –40 dB 时全是噪声,S_{11} 迹线只显示为均值在 0 dB 以上的噪声。显然,这个测量结果几乎完全无效,同原始(未修正)测量结果比较,误差修正本身引起了大量噪声,如图 6.26 所示。这主要是因为端口 2 的测试端口功率低,造成 S_{12}、S_{22} 完全无效。图中所示有几步修改,每一步都改进了修正结果。

标记 B 的几条迹线显示的是端口功率非耦合的结果,端口 2 功率设置为更大功率值 0 dBm(仍明显低于放大器的预期饱和点)。现在 B 迹线中,每条 S 参数更有效,但 S_{21} 迹线仍有大量噪声，峰-峰值约 2 dB(这里不像迹线 A，没有使用平均)。其中，S_{21} 残留噪声每次扫描没有变化，表明测量本身没有噪声，而是因为校准中的源功率低造成的校准迹线噪声。

迹线 C 显示的是大功率校准，低功率测量的结果。现在 S_{21} 迹线平滑了(降低了校准中的直通跟踪误差项的迹线噪声)，但是这对 S_{11} 迹线没有影响，S_{12} 迹线也一样，相对于迹线 B 它们都没有什么变化。

最后，迹线 D 显示结果包括以上所有设置，再加上端口 1 耦合器反接。改变端口 1 衰减器和功率设置，增加额定功率 13 dB，DUT 输入功率同样为 – 70 dBm。这种配置下 S_{12} 迹线下降了约 13 dB，表明反向动态范围改善了，S_{11} 迹线噪声大幅降低，表明同样是 – 70 dBm 信号作用到 DUT 上，反接耦合器改善了 S_{11} 灵敏度。消除 S_{11} 迹线噪声影响甚至改善了 S_{21} 迹线噪声。因此图 6.27 的配置表明合适的设置能对高增益放大器的校准和测量带来显而易见的好处。

6.4　测量大功率放大器

大功率放大器广泛应用于雷达和通信系统。在本书的范畴中，大功率放大器是指放大器不能通过矢量网络分析仪的正常配置来测量，需要外置升压放大器或外置耦合器及衰减器，或全部都需要。

大功率放大器可以划分为几类，指定了矢量网络分析仪设置所需的变化。需要大功率驱动的放大器要在源路径上添加升压放大器。输出低于 1 W(+30 dBm)的小功率放大器一般能在许多矢量网络分析仪的测试端口直接测试，有时候需要在端口添加少量简单的衰减。

中功率放大器在 1 ~ 20 W 之间(+30 ~ +43 dBm)，可以通过许多矢量网络分析仪内置测试端口耦合器直接测试，但是需要重新配置，在测试端口耦合器之后添加隔离器或衰减器来降低测试端口耦合器之后的元器件上的信号功率。

大功率放大器超过 20 W，一般需要将外部耦合器和外部大功率隔离器和衰减器连接到矢量网络分析仪源和接收机上，实质上完全将内部矢量网络分析仪测试装置旁路。

6.4.1　产生大驱动功率的配置

6.4.1.1　中等驱动功率(小于 +30 dBm)

从矢量网络分析仪产生大功率驱动信号有两种基本配置。第一个简单配置是一些现代化的矢量网络分析仪通过后面板环路允许直接访问矢量网络分析仪源和参考通道耦合器。这个配置增大驱动功率的方法很简单，就是在环路中添加升压放大器。这个简单方案可能提高驱动功率到约 +30 dBm。为减小到 a_1 接收机的信号，可能需要有些其他改动，比如在参考通路中添加衰减器，如图 6.29 所示。当驱动功率足够大时，b_1 接收机前可能需要额外的衰减器；通常矢量网络分析仪有专用的内置开关接收机衰减器。

典型地，矢量网络分析仪软件中有一些源功率补偿设置能提供源功率补偿，即使没有校准，驱动功率也基本准确。这个方法非常方便，当源功率设置与测试端口功率不匹配时，可避免发生过载问题。

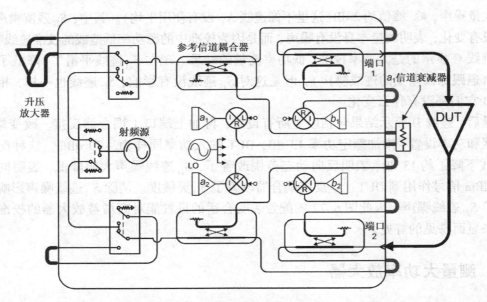

图 6.29　大功率驱动配置，使用后面板环路，测试端口功率到 +30 dBm

6.4.1.2　大驱动功率（大于 +30 dBm）

如果矢量网络分析仪源通路上的器件不能承受所需驱动功率，就需要第二个配置，如图 6.30 所示。这个版本中升压放大器从源输出端接入参考耦合器和测试耦合器间的环路。升压放大器输出端通过大功率耦合器，提供信号给矢量网络分析仪的参考接收机（a_1）。为避免接收机过载，可能需要加一些衰减。

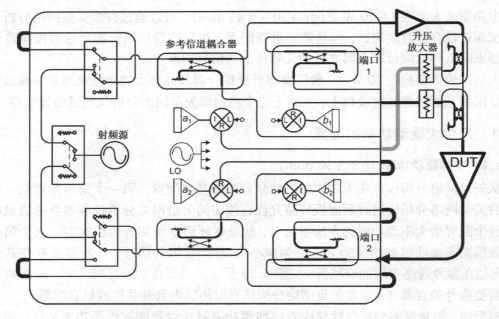

图 6.30　外置耦合器大功率驱动

大功率参考耦合器的直通臂连接到测试端口耦合器（如果能承受驱动功率），或者连接到第二个大功率耦合器, 如图 6.30 所示。这个反射耦合器的耦合臂连到端口 1 反射接收机 b_1。当放大器驱动信号最大时, 为提供足够小的信号到矢量网络分析仪接收机, 需要在外部耦合器的基础上添加外置衰减器。作为安全预防措施, 决不能允许配置升压放大器使矢量网络分析仪测试接收机过载。这些接收机损坏值的保护带通常比最大工作范围高 10 ~ 15 dB。通常来说, 使用能满足测试所需的最小功率的升压放大器。

上面讨论的每一个配置中都保留了矢量网络分析仪 S 参数的所有功能。当然, 如果被测件(DUT)有增益, 还需要其他一些步骤来让矢量网络分析仪能接收大功率, 这将在下一节讨论。

6.4.2　接收大功率的配置

一旦设计了大功率测试系统传输足够大功率信号给被测件(DUT), 就必须考虑如何配置来接收更大功率的放大信号。

对小于 +30 dBm 的中等功率器件, 只要设置源和接收机衰减器高到能避免源/负载开关和 b_2 接收机这样的内部元件过载, 就可以直接把放大器连接到端口 2。内部衰减器典型额定值大约为 30 dBm。即使功率高达约 +36 dBm, 最简单的方案还是在端口 2 电缆末端添加大功率衰减器。这种情况下, 即使测试端口耦合器前端损耗高达 10 dB, S_{22} 测量结果通常也是有效的。更大的功率也可以增大衰减, 但这种情况下, 反向匹配 S_{22} 变得噪声更大, 更不可靠。

在需要全二端口校准以及功率大到 +43 ~ +46 dBm 的情况下, 仍可使用矢量网络分析仪的内部耦合器(最大承受功率请查阅厂商技术参数)。这种情况下, 需要使用外置衰减器或隔离器来降低驱动功率, 避免矢量网络分析仪元件如端口 2 源/负载开关过载。典型地, 这些元件的损坏功率高达 +30 dBm, 但实际使用中通常限制到约 +20 dBm。再次, 在端口 2 电缆处加上大约 3 ~ 6 dB 的大功率衰减器能帮助减小测试端口耦合器前端部分功率, 而且改进了负载匹配。当尝试得到好的 S_{22} 测量结果时, 有时候在端口 2 耦合器直通臂后使用隔离器或环形器, 而不是衰减器。这样当前向信号传递功率到负载上时, 反向信号损耗低, 使得 S_{22} 测量结果噪音减小。+46 ~ +49 dBm 的测量示例框图如图 6.31 所示。部分矢量网络分析仪内置的偏置三通能承受的功率有限, 这种情况下需要移除, 或者使用外置耦合器。

另一种添加隔离器的方法是在端口 2 耦合器后使用衰减器, 但会因为测试端口 2 输出信号小导致 S_{22} 和 S_{12} 测量结果较差。一种简单替代方法是把端口 2 衰减器增大到某个很大的值, 并不再使用全二端口校准。相反, 可以使用简单的响应校准或增强响应校准。因为大多数衰减器回波损耗比较小, 使用增强响应校准误差很小。这种方法唯一的不足是不能测量全部 S 参数, 因此不能对结果做更复杂的分析, 如 K 因子或资用增益。

功率放大到 +43 dBm 以上时, 如果不在端口 2 使用大衰减器, 则需要外置耦合器来处理被测放大器的大功率。这样的设置框图与图 6.31 完全相同, 但用外置耦合器替代矢量网络分析仪的内置耦合器。

有些情况下功率太大, 用于负载的衰减器或隔离器因为大功率加热可能出现阻抗改变问题。如果出现这种情况, 有必要重新配置测试系统, 使用三个大功率耦合器,如图 6.32 所示。使用这个配置，当源来自 a_1 时，可以用 a_2/b_2 迹线来监测负载阻抗。如果驱动端口 1 时负载响应不恒定，必须监测负载匹配项，修正负载漂移。如果使用脉冲调制射频信号进行测量，可以减小或消除这些热效应，这将在下一节中描述。

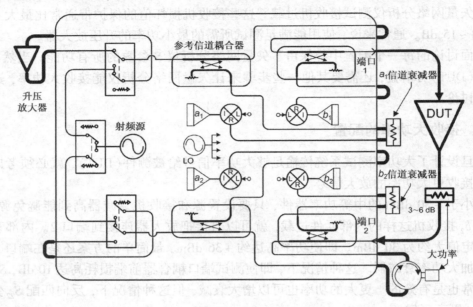

图 6.31　最大 +46 dBm 功率测量设置

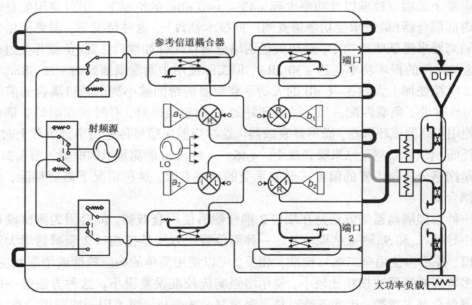

图 6.32　负载随功率变化的大功率测试配置

在这种情况下要修正负载的影响可能意味着每次扫描后要改写负载匹配误差项，或者如式(1.21)所示的计算 S 参数。这个配置使用第三个耦合器注入反向功率，不需要使用大功率衰减器，而允许使用大功率负载。需要设置第三个耦合器的耦合因子，避免从端口 1 前向驱动放大器时功率过大损坏矢量网络分析仪源。

6.4.3　功率校准以及预/后稳幅

大功率系统的一般校准方法本质上没有变化,但当使用升压放大器提升大驱动功率时必须小心确保使用的校准件功率没有超标。特别是,如果校准使用了功率计或 Ecal 电子校准件,必须控制校准功率确保功率没有超过这些元件的损坏功率值。因为大多数矢量网络分析仪接收机线性度非常好,校准的最好方案通常是设置源衰减器使得在源 ALC 范围顶部,输出功率刚好足够驱动升压放大器到所需的最大输出功率。然后可以降低功率到 ALC 范围底部进行校准。许多现代的矢量网络分析仪可以降低 40 dB,甚至更多。因此驱动功率低于约 40 dBm 时,因为 ALC 允许校准功率低至 0 dBm,Ecal 或功率探头都没有问题。一些矢量网络分析仪提供手段使 ALC 整个环路旁路或开路,不用改变源衰减器,功率控制范围就能超过 70 dB。

系统的功率校准可以独立进行,或者在某些矢量网络分析仪中通过向导式功率校准方法进行。因为源功率是通过迭代方法来查找适当的驱动功率,功率校准部分需要慎之又慎,迭代过程有可能达到最大源功率。功率校准的困难是如果使用了升压放大器,源的实际输出功率比额定功率高出升压放大器的增益。考虑一个驱动放大器能产生 +35 dBm,增益为 25 dB 的情况。设置源最大功率为 +35 dBm,最小功率为 -5 dBm。校准可能用的合理功率值为 0 dBm,在校准 S 参数之前,先把源功率校准到 0 dBm。矢量网络分析仪软件在初始设置和读取源功率值中通常设置源到额定请求功率,这个情况下为 0 dBm。但是升压放大器将产生 +25 dBm 或更大,有可能烧毁功率计。因此,推荐为功率计添加外置衰减器,这样即使最大功率驱动,功率计都安全。衰减器的值通常补偿为矢量网络分析仪功率计配置中的损耗系数。

有些矢量网络分析仪提供源功率补偿项来避免这个问题,指明外部增益(或损耗),额定源功率设置就能包含升压放大器的影响。通常这个补偿是固定的,因此如果升压放大器增益有大的尖峰或者不平,仍然会有困难。有了这个补偿,源的初始设置降低放大器的增益,这会避免过载问题。为安全起见,应该把放大器最高增益值作为这个补偿值。

在校准的 S 参数校准部分,应该增大平均因子,或者降低中频带宽,这样校准中的噪声不会降低测量结果精度。根据经验,对于 DUT 增益每变化 10 dB 的情况,或者说测量比校准时的功率每减少 10 dB,需要增大平均或减小中频带宽 10 倍,来确保校准中的噪声影响与测量时的噪声影响在同一个数量级上。

大功率测量的最后一个方面是许多放大器的性能指标是在特定输出功率值下标定的,而不是输入功率。例如额定功率增益,这里放大器增益是在指定放大器输出功率或高出某个功率电平值时标定的。对这些测量来说,精确地在输出功率指标点上进行测量很关键。为达到这一点,要对 6.1.4.1 节描述的接收机稳幅做些改动,使 b_2 接收机用做功率检波器,源功率进行迭代使输出功率保持稳定。

6.5　脉冲调制下的射频测量

6.5.1　脉冲测量的背景

在测试大功率放大器以及工作在压缩点附近的放大器时,射频耗散功率会导致被测件发热并改变测量结果。在片上测试时由于无法给晶片足够散热,这一点变得尤为突出。

对于这种情况，可以采用低占空比的脉冲调制激励进行测试，以避免被测件发热。另外还有一些器件被设计得只能工作在脉冲模式下，所以脉冲 S 参数测试是十分必要的。

在比较早期的测量系统中，脉冲测试系统的搭建和同步都十分复杂。从网络仪的源出来的射频信号和外部脉冲发生器产生的脉冲同时传输到一个外部脉冲调制器，被调制的射频信号通过外部的耦合器同时供给参考通道和测试通道，以抵消脉冲调制器的漂移。早期的网络仪中频带宽较窄，脉冲保持时间必须足够长，只有这样才能保证在中频上采集到数据，所以早期网络仪只能进行宽脉冲测量，同时还要使用特殊的接口电路来保证脉冲发生器、调制器和测量接收机的同步触发。然而，这些方法已经基本上被新的测量技术所淘汰。

6.5.1.1　宽带法和窄带法测量

所谓宽脉冲测量方法是指采用宽带中频，以非常短的响应时间来测量脉冲导通时的射频信号。举例来说，为了测量一个脉宽为 10 μs 的射频脉冲，中频带宽应至少是脉宽倒数的一倍，或大于 100 kHz，只有这样才能将所有射频脉冲的能量收入带内。典型的中频带宽应该至少是脉宽倒数的 1.5 倍，这样才能保证即使是有时序误差和脉冲时延的情况下，所有的中频量都被测量。目前先进的网络仪最宽的中频带宽是 15 MHz，可以测量最窄为 100 ns 脉宽的信号。图 6.33 是脉冲测量时序图与实际测量的叠加。图中脉冲的导通时间是 10 μs，周期为 25 μs。射频脉冲调制波比扫描起始时间延迟了 5 μs，以便上升时间完全显示。脉冲发生器同步脉冲（称为 Pulse 0）和数模转换器触发的硬件电路路径基本都会有差异，所以两者工作时有时延，可以通过微调 Pulse 0 的时延来补充。同时，网络仪的内部调制器（无内部调制器时，使用外部调制器）有一定的上升时间和响应延迟，所以射频功率信号也会有所时延。

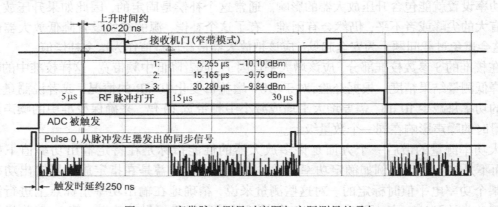

图 6.33　宽带脉冲测量时序图与实际测量的叠加

对于脉宽较窄的脉冲，或者中频带宽较窄的测量系统，可以用所谓的窄带法来测量，这种方法能够测到脉宽非常窄的脉冲，最小能到 10 ns[3]。在窄带模式下，网络仪的接收机分时选通，脉冲信号上只有很窄一段被采集，如图 6.33 所示最上方的时序图所示。窄带法的前提是射频脉中信号呈周期性，其频谱是离散的，各谱线的间隔即为脉冲频率，如图 6.34 所示。

使用窄带法测量脉冲时，所显示的平均功率要比真实功率小，两者比值为接收机选通时间比脉冲周期。因此在窄带法下测量功率时，要对接收机的功率做修正以反映真实的脉冲功率，修正方法可以采用网络仪的幅度偏置功能或者公式编辑器功能。

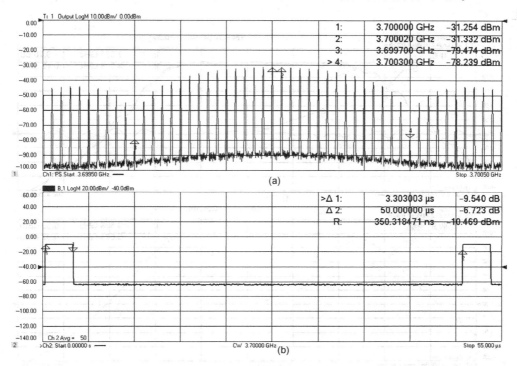

图 6.34　窄脉冲的时域和频域测量

6.5.1.2　脉冲内定点测试

在一定频段内，测量放大器的射频脉冲中心的 S 参数和功率是最为基础的脉冲测量。事实上，除了射频激励经过脉冲调制外，此测量与标准测量相同。从图 6.33 可以看到，对于每一个射频脉冲，都会取其上一点，通常是取脉冲中心点，这些点又构成了扫频迹线，因此方法常被称为脉冲内定点测试法。这种方法把射频脉冲作为另一种激励设置，而用标准的方法去测量放大器的频率响应。

现代大多数网络仪都采用高速数字中频，某些网络仪的采样率可以高达 100 MHz。一些高性能的网络仪内置脉冲调制器和脉冲发生器，并在网络仪内部进行同步，这让脉冲调制的射频测试变得尤为简单。事实上，一些应用程序只需要操作者输入脉宽和脉冲周期(或脉冲重复频率)，其他所有设置皆制动调节以进行正确的脉冲测试。

很多脉冲测量系统的脉冲调制器在自动电平控制的环路内，而自动电平控制电路的响应时间要小于脉冲持续时间，因此脉冲测试时会自动禁用自动电平控制回路并将其置于开路或采集模式。由于这种模式下没有了内部检波控制，射频电平会有较大的误差。参考接收机稳幅功能在这里被又一次用到，它能够大幅提高激励功率的准确性。与标准模式工作时无异，脉冲模式下的接收机稳幅也是做后台的迭代扫描以获得准确的源功率，然后将此修正的源功率用于测量扫描并获得测量数据。图 6.35 所示是在使用和不使用接收机稳幅情况下，一个放大器脉冲射频测量的实例，图 6.35(a) 所示的窗口是没有采用接收机稳幅的输入和输出射频功率(及 S_{21}),图 6.35(b)所示窗口是相同激励下使用了接收机稳幅的测量,可以看到在使用了接收机稳幅后,输入和输出功率的平坦度有明显优化。

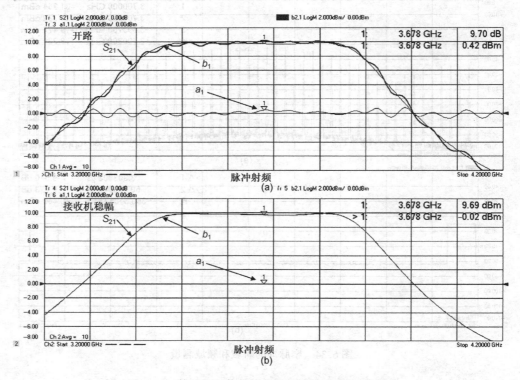

图 6.35　使用和不使用接收机稳幅的脉冲射频测量

功率测量时一般通过减小中频带宽来降低噪声,然而在宽脉冲测量时必须使用较宽的中频带宽。功率测量时,一次扫描和下一次扫描的相位是不相干的,所以在平均多次扫描结果后,噪声并不会被去除,而是会叠加在功率迹线上。而对于比率测量来说,各个扫描间的相位是相干的,所以在平均模式下,S_{21}迹线上的噪声就被平均掉了。有些网络仪提供了点平均模式,也就是在一个频点上采集多个数据,然后跳到下一个频点。对于脉冲测量来说,这种平均模式就意味着多个脉冲被获取然后进行平均。对于功率测量,各个脉冲之间的相位是相干的,因此可以用矢量平均方法来降低噪声。因此,在中频带宽无法减小时,点平均模式就为脉冲调制信号下的功率和增益测量提供了降低噪声的手段。

有些网络仪可以把接收机稳幅得到的修正数据设置为源校准数据,利用这种方法就不必再在开环模式下做后台扫描,而是直接利用源校准数据。这种方法对于下一节要讲述的脉冲包络测量尤为重要。

6.5.2　脉冲包络测试

放大器在脉冲激励下有一个很关键的测量项目,那就是测量放大器响应和时间的关系。这类测量被统称为脉冲包络测量,它可以是脉冲激励下放大器的增益、相位和功率响应与时间的关系,这个时间是与调制脉冲相关的。该方法与脉冲内定点测量迥然不同,脉冲内定点测量只是在单个脉冲上采集的。采用了数字中频的网络仪,脉冲包络测量的有效分辨率是由数字中频的带宽决定的,它事实上是数字中频带宽的倒数。在宽带模式下,数字滤波器的带宽决定了脉冲包络的最小时间分辨率。

虽然可以采用外部脉冲发生器和调制器来做脉冲包络测试,但是利用某些现代网络仪内置的脉冲包络测量功能,可以极大地简化测量设置。图 6.36 是一个宽带模式下脉冲包络测量的实例,因为必须采用较宽的中频带宽去采集脉冲,噪底和迹线噪声指标有限。从图 6.33 中的时序图上可以看到,脉冲包络是通过小步进的移动接收机通带来实现测量的。对于宽带模式来说,步进时间就是中频数据的采集时间。

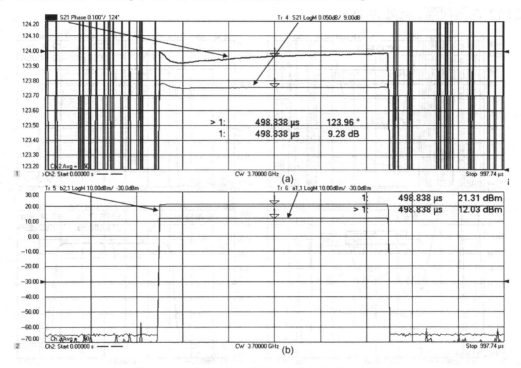

图 6.36 一个脉冲内的增益,相位和输出功率测量

对诸如 S 参数之类的比率测量,其迹线噪声可以通过平均多次扫描结果来降低,但是该方法不能降低功率测量的噪底,在采用了 100 次平均后(如图 6.36 所示)。该例中,中频滤波器的带宽是 3 MHz,所以分辨率是 330 ns。获取一个 10 μs 的脉冲包络共需要 20 μs 的采集时间,包括脉冲前后各占25%的时间。所以 100 次的平均需要近 20 ms 的测量时间,S_{21} 的迹线噪声会因此降低。由于扫描间隔时间,图 6.36 中的测量实际需要 30 ms 的测量时间。

脉冲包络测试同样可以在窄带模式下进行。在窄带下进行测量,需要采集多个脉冲才能完成一次测量。脉冲包络的实际测量时间是由控制接收机触发(有时叫做接收门)的脉冲信号决定,因此包络上的每个点是在不同脉冲上的不同位置获得的。操作者可以控制窄带测量的分辨率,窄门宽意味着更低的信号功率,因此需要测量采集更多脉冲以平滑噪声。窄带测量下的门宽(脉冲分辨率)通常设为最小脉宽或者接收机门电路的最小响应时间。

　　该测量方法使得矢量网络分析仪可以测量比矢量网络分析仪的 IFBW 窄的脉冲。对于内置脉冲发生器的矢量网络分析仪，最小分辨率可以到 10 ns，如果使用外部脉冲发生器，则最小分辨率由矢量网络分析仪接收机的门响应时间决定，在某些情况下可以达到 5 ns。

　　早期的矢量网络分析仪的 IFBW 较窄，最多就是 kHz 量级，所以能测得的最窄脉冲为 100 μs 上下。而先进的矢量网络分析仪使用了高速数字中频，可以达到 10 MHz 以上的带宽，因此可以在宽带模式下测量更窄的脉冲，在很多情况下已经不需要窄带法来测量。图 6.37(a) 和 (b) 是一个窄带法测量的脉冲包络，这实际上是多个脉冲的组合响应。

　　作为比较，图 6.37(c) 和 (d) 是用宽带法测得的脉冲包络，其脉宽为 1 μs，脉冲周期为 10 μs，利用 500 Hz 的 IF BW 将不需要的脉冲频谱滤除。图 6.37(b) 显示了包络上每点之间的时间间隔，此处为 11 ns。

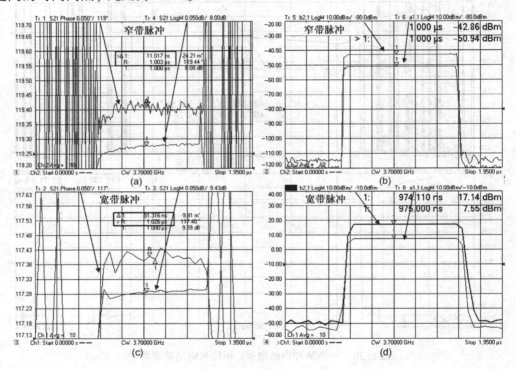

图 6.37　窄脉冲的脉冲包络

　　图 6.37(c) 和 (d) 是宽带法测量的结果，包络上的点是连续采集的。在此例中，矢量网络分析仪的最大 IFBW 为 15 MHz，可以达到 50 ns 的脉冲分辨率。而窄脉冲法[参见图 6.37(a) 和 (b)]的最低分辨率仅由脉冲发生器决定，此处为 10 ns，因此可以在一个脉冲周期内测到更多的点。值得注意的是，窄脉冲法测得的脉冲功率[参见图 6.37(b) 和 (d)]会与实际值有偏差，这是由接收机门对脉冲周期的占空比引起的。在此例中，比值是 11/10 000，大约为 59 dB 的偏差。而窄脉冲法可以看到 S_{21} 迹线上的更多细节。

6.5.3　脉冲到脉冲测量

　　脉冲到脉冲测量是为了得到被测件在脉冲序列激励下的时变响应。这一特性对大功率放大器尤为重要，例如在雷达系统中，由于发热及其他效应，放大器对第一个脉冲的增益要比后续脉冲的大。在脉冲到脉冲测量中，触发脉冲会触发接收机门在一个脉冲上测一个点，然后下一个触发脉冲会让在一个被测脉冲的同一个位置取点。当以时间为横轴将各点的响应绘出，就会看到不同脉冲上的同一个位置点发生偏移或增益变化。图 6.38 是该测量的示意图。此类测量通常在单次扫描下进行，这样可以保证 DUT 不同扫描的间隙可以回到室温状态。

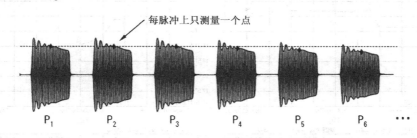

图 6.38　脉冲到脉冲测量

6.5.4　对脉冲射频激励的直流测量

最后讨论一下脉冲放大器在脉冲周期内的直流电压和电流的测量，以计算脉冲放大器的功率资用效率。在片上测试时，由于散热不足，在连续波下，放大器的性能会由于发热而发生很大的变化，其脉冲直流测试就尤为重要。

DC 偏置有两种：一种是对 DUT 提供恒定的 DC 电压，另一种是对 DC 做与射频同样的脉冲调制。某些设计中，只有在射频信号打开时才有电流消耗，这种情况下，可以使用恒定 DC。还有些器件就需要射频和 DC 都是脉冲调制的，以减少发热，对这类器件，由于几乎没有商用的高速脉冲 DC 源，必须使用特殊的 DC 开关电路。如果脉冲导通时的DC 可以测得，那么脉冲放大器的功率资用效率就可以测得。

6.5.4.1　脉冲 DC 和脉冲射频测量

当同时存在脉冲 DC 激励和脉冲射频激励时，需要设计好对 DC 和射频激励测量的时序。通常会使用一个多通道的脉冲发生器同时给 DC 和射频提供脉冲，给 DC 的脉宽要比给射频的宽。DC 脉冲通常会比射频脉冲先打开，由于 DC 脉宽较射频宽，可以调节射频脉冲的延迟，使其在 DC 脉宽之内。

无论是脉冲或恒定的 DC 激励，测量方法基本相同。在 6.1.4.2 节中曾经指出某些矢量网络分析仪的 DC 输入可以和接收机同步。由于 DC 输入的带宽通常是固定的，其测量带宽受到限制。典型的带宽为 25 kHz，其直流分辨率为 40 μs 左右。由于 ADC 和内部 DSP 不同步，测量射频和 DC 的脉冲包络比较困难，通常都是用来测量扫频下的脉内单点。

有的矢量网络分析仪可以中频直接输入，可以将信号通过高速模数转换器直接送入数字中频单元进行处理。通过这种方法，就可以进行高速的 DC 脉冲包络测试，如同射频脉冲测量。测量时，将数字中频的中心频率设为 0 Hz，这样就可以直接测量 DC 信号。由于射频脉冲测量需要不同的中频频率，射频和 DC 脉冲测量必须在不同的测量通道进行。由于射频和 DC 功率测量需要至少两次扫描来完成，这就需要放大器对每次扫描的响应是一致的。

图 6.39 是一个 1 μs 脉冲的 DC 测量实例。通过采用高速模数转换器,该例在两个通道上分别测量了射频信号(通过矢量网络分析仪测量端口)和 DC 信号(通过直接 DC 输入)。

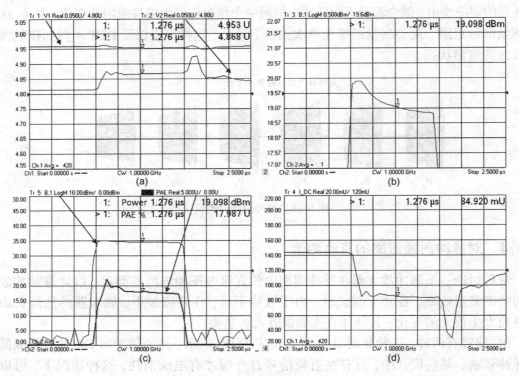

图 6.39　DC 脉冲包络测量和 PAE

该测量中,DC 源通过一个 1 Ω 的感应电阻连接到了 DC 输入(图中的 V1),感应电阻的两端都被接到了矢量网络分析仪的 IF 输入,在图 6.39(a)中表示为 V1 和 V2。为了防止 DC 输入超过模数转换器的最大 DC 输入,还需要采用一个 400∶1 的分压器,分压器的串联电阻为 10 kΩ,这样可以保证在 DC 测量中只有很小一部分电流被吸收。通过编程指令将 IF 频率设为 0,以读取直流数据。DC 的 IFBW 与射频带宽一致,以消除 DC 测量的噪声。DC 的偏移和量程可以通过公式编辑器来设置,这已在 6.1.4.2 节讨论过,不再赘述。用数字中频来测量 DC 时,测得的值是个复数,可以通过求模 $\sqrt{re^2 + im^2}$ 来变成 DC 值,如图 6.39(b)所示的迹线 1(V1)和迹线 2(V2)。电流通过公式 $(V_1 - V_2)/R$ 来计算,如图 6.39(d)所示的 I_DC。图 6.39(b)显示的是放大器输出功率的局部,图 6.39(c)用大量程同时显示了输出功率和通过其他迹线数据并用公式编辑器生成的 PAE。

该测量中可以看到一个有趣的现象,放大器的输出功率在脉冲的起始端达到峰值,而后有所下降,PAE 也同样如此。当射频脉冲关闭后,DC 耗散电流也有一些奇特的变化。这有可能是由放大器的电流泄漏引起的(射频相关自偏置的一部分),也可能是由偏置三通器件的某些元件引起的。在此例中,偏置三通器件的带宽大约为 2 MHz,这意味着其对高速脉冲会有响应。另外一个有趣的现象就是 V1 的值不是恒定的,这说明 DC 源的内阻不完全为零。

6.6　失真测试

　　放大器的基本特性中有两类失真：谐波失真和互调失真。当放大器工作在非线性区域时会有失真分量产生，其直接诱因就是放大器发生了增益压缩。从时域上看，增益压缩会使一个单音连续波射频信号的波峰变平，因此产生了谐波失真。如果波形正负峰值的压缩量相同，也就是时域上的失真对称，那么谐波失真分量都应该是基波频率的奇数倍(一阶，三阶，五阶……)，这也通常说明放大器的偏置点被优化过。然而，许多放大器会有二阶失真，即产生二阶谐波分量。对于窄带放大器，有源器件产生的谐波通常都被匹配网络滤掉了，所以在放大器的输出端基本没有谐波功率。此类放大器仍然使调制信号失真，通常用双音或多音信号做激励来评估此类器件的失真特性。

6.6.1　放大器的谐波测量

　　传统谐波测量是采用一个信号源作为放大器的激励，然后用频谱仪测量输出的频谱。为了能直观显示谐波失真，频谱仪的扫频范围从基波频率开始直到最高次谐波频率。为了准确测量基波和谐波信号幅度，要以测量频率为中心把扫频带宽缩小(甚至零跨度)，这就需要多重测量，而频谱仪通常无法自动实现此功能。一些网络仪也提供频谱显示功能。不管哪种仪器做宽带的频谱测量都会耗费大量的时间，但是测量结果信息量不大，如图 6.40 所示。可以使用游标来测量基波和谐波的功率，如果在基波上设一个参考游标，则各谐波上的游标直接显示为其功率相对于基波功率的相对分贝值。

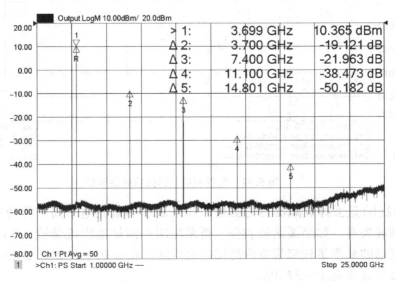

图 6.40　放大器的谐波频谱

　　大部分的现代 VNA 都可以使用内置的频率偏置模式(FOM)来直接方便地测量谐波。在频率偏置模式下，可以直接设置源和接收机之间的频率差。可以在 VNA 上设置一个通道来测量基波,设置其他的通道来测量任意的谐波。谐波的 dBc 值可通过 VNA 内置的公式编辑器来直接计算,这样的话,所有的测量结果都可以显示在同一个屏幕上。图 6.41是一个例子,其中一个通道测量基波,其他的通道测量谐波。这样就可以在几秒钟内在上百个频率点测量谐波。

　　网络仪用于谐波测量时,必须保证其源和接收机产生的谐波不会超过被测量的谐波。绝大部分网络仪的谐波性能都很差,因此需要在源和被测件之间加一个滤波器。然而,某些高性能的网络仪采用了分频带滤波技术,可以产生谐波极小的源信号来进行失真测试。可以使用一个直通件来做两个测试,以评估网络仪的源和接收机的谐波特性。第一个测试来测源的谐波,在端口 2 的接收机前加一个衰减量较大的衰减器以保证接收机工作在线性模式下,同时将中频带宽减小(甚至到 1 Hz),然后在频偏模式下测量源的二次、三次和四次谐波。图 6.42(a)显示了网络仪在端口 2 接收机上加 30 dB 衰减器时对谐波的测量(以 dBc 为单位,衰减器可以是外部衰减器,也可以是内部接收机衰减器)。在该例中,源的谐波在整个接收机带宽内小于 – 62 dBc,测量条件是 + 10 dBm 功率及 10 Hz中频带宽。

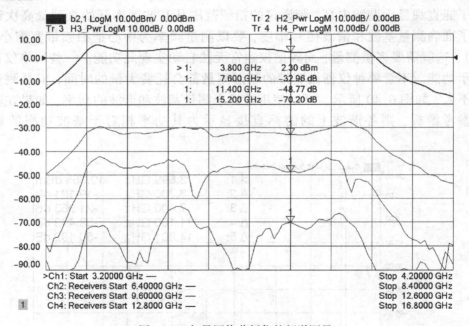

图 6.41　矢量网络分析仪的频谱测量

　　图 6.42(b)是去掉衰减器后的测量。如果显示的谐波电平高于源功率,则可认为是接收机的谐波失真。如果源谐波较强,而无法用来衡量接收机谐波,可以使用一个滤波器来滤除源谐波来衡量较窄带宽内的接收机性能。在该例中,在 + 10 dBm 的信号下,接收机的谐波失真要高于 – 37 dBc。

　　谐波测量的校准直接衍生于接收机功率校准。通常是先关闭频偏模式,然后在源和接收机频率下做功率校准。当频偏模式打开后,校准数据会根据相应的接收机频率自动加载,并会在需要的时候做内插处理。

某些情况下，矢量网络分析仪接收机的谐波失真会在测量中占主导地位，因此器件本身的谐波被掩盖。带有匹配网络的放大器，其谐波响应会被滤除，所以其谐波失真常常被接收机谐波失真所掩盖。标准的解决方法是增加接收机衰减器的衰减量，并减小中频带宽来弥补大衰减带来的灵敏度损失，以此来降低接收机的谐波失真。然而这种方法有时候不适用于脉冲调制的射频测量，这是因为脉宽要小于中频数据采集时间，而这一时间是和中频带宽成反比的，因为最小中频带宽被限制，为了保证噪底低于一定水平，最大衰减量也被限制。与源谐波测量不同，不能简单地使用滤波器将基波滤掉，因为谐波测量同时需要基波和谐波的功率，以获得谐波对基波的相对 dBc 值。

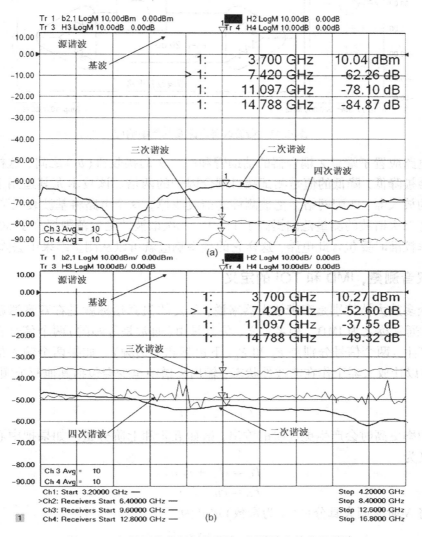

图 6.42　矢量网络分析仪的谐波：源谐波和接收机谐波

对于这类情况，可以采用一种谐波增强技术作为解决方法。该方法利用特殊电路对基波进行必要而合理的衰减，但对放大器的谐波只进行少量衰减。图 6.43 是一个实例电路，由功分器，衰减器和高通滤波器组成，图中还显示了该电路的频率响应。

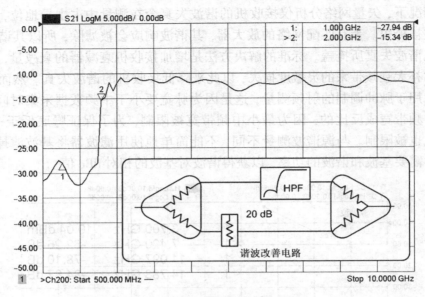

图 6.43   谐波改善电路及其频率响应

这个电路置于端口 2 耦合器的辅助臂和端口 2 的接收机(b_2)之间，这样电路的任何失配都会被降低，降低的值是测试端口耦合因子的两倍。该技术尤其适用于输出端带匹配网络的放大器，匹配网络会把被测件的谐波滤掉。这个电路将基波衰减了 15 dB，这也意味着将二次谐波的测量范围提高了 15 dB，三次谐波的测量范围提高了 30 dB。在做接收机功率校准时要包含此电路，这样它的频率响应就可以从测量结果中去除。

6.6.2　双音测量，IMD 和 TOI 的定义

对于众多放大器特别是窄带放大器来说，重要的失真指标就是在双音激励下的三阶交调失真，通常称之为 IMD。顾名思义，失真是由（通常是等幅的）两个信号在放大器输入端交调产生，两个信号分别是 F_L 和 F_U（下边频和上边频）。如果两个输入信号的功率足够高，可以让放大器工作在非线性状态，输出频谱中至少会包括其他两个频率的信号

$$F_{3U} = 2F_U - F_L$$
$$F_{3L} = 2F_L - F_U$$

(6.12)

激励功率更高时会产生更高阶的输出，诸如五阶和七阶分量。如果把中心频率和偏移频率定义为

$$F_C = (F_U + F_L)/2$$
$$F_\Delta = F_U - F_L$$

(6.13)

同时将 N 阶交调失真分量（N 为奇数）定义为

$$F_{NU} = F_C + \frac{(N-2)}{2} \cdot F_\Delta$$
$$F_{NU} = F_C - \frac{(N-2)}{2} \cdot F_\Delta$$

(6.14)

为了避免在描述双音交调失真时产生概念上的歧义，将在这里对一些定义做如下描述：

TOI：三阶交调失真分量，即三阶信号的功率（也被用来泛指此类失真测试）

IMD：互调失真，泛指此类失真测量

主频信号：双音输入信号中的一个，输出端的测试结果用 PwrMain 表示

上边频信号：频率较高的主频信号；也可用 hi tone，PwrMainLo 表示

下边频信号：频率较低的主频信号；也可用 lo tone，PwrMainLo 表示

IM：交调失真分量，以相对于最近主频信号的 dBc 表示

IM3Hi：三阶交调分量中频率较高者，以 dBc 为单位

IM3Lo：三阶交调分量中频率较低者，以 dBc 为单位

Pwr3Hi：三阶交调分量中频率较高者，以 dBm 为单位

Pwr3Lo：三阶交调分量中频率较低者，以 dBm 为单位

IP3：三阶交调点

OIP3：三阶交调点的输出功率，通常用于功率放大器测试

IIP3：三阶交调点的输入功率，通常用于低噪声放大器和接收机放大器测试

PwrMainHiIn：上边频输入信号的功率

PwrMainLoIn：下边频输入信号的功率

　　从式（6.12）可以看出，IM3 分量是由一个主频信号的二次谐波和另外一个主频信号的基波交调产生，其本质可以认为是一个混频产物。交调失真分量的功率与参加混频的两个量直接相关。基波功率变化 1 dB，则二次谐波变化 2 dB，其他次谐波也成比例发生功率变化，所以双音功率每变化 1 dB，三阶交调分量功率就变化 3 dB，同时以 dBc 表征的三阶交调分量变化 2 dB。

　　当用 dBc 作为交调失真量的单位时，如果两个主频的功率不是完全相等，则以最近的一个主频功率做参考。放大器的频率响应通常会使两个主频信号不完全相等。以最近的主频信号为参考，以 dBc 为单位来表示交调分量，这种方法与主频功率完全相等时得到的结果是一致的。图 6.44 中的交调失真实例可以证明这种情况。对于标准放大器，即使是两个主频的频差很大，这个理论也是成立的。

　　图中计算交调分量值有两种方式：一种是两个主频的功率相同的情况，频率较低的交调分量的值是 Pwr3Lo 与 PowerMainLo 的差。另外一种情况是两个主频的功率被有意地设为不同值：高频量增加了 5 dB，低频量减少了 5 dB，这种情况可以称为“不均衡”。如图所示，在这种情况下虽然输出功率不同，但计算出的交调值与“均衡”状态下的结果近乎一致。两种情况下的平均（以 dB 为单位）输出功率是相同的。当高主频增加 5 dB 的时候，正如式（6.12）所示的那样，交调量与最近的主频呈二阶关系，因此上边频交调量增加 10 dB，而下边频交调量增加了 5 dB。作为补偿，将低主频降低 5 dB，此时，下边频交调量减少 10 dB，而上边频交调量减少 5 dB。这样两个主频之间差 10 dB，同时两个交调量也差 10 dB，而由 dBc 为单位所表示的交调量与最近主频的差值却与主频功率完全相同时的测量结果相同，这种方法的好处是：即使两个主频的功率不等，但通过计算两个主频的平均功率，还是可以准确地算出各交调量以及 OIP3 的值。当然，如果只有一个主频的功率发生变化，平均功率也会发生变化，以之为基础的 dBc 值也会发生相应变化。

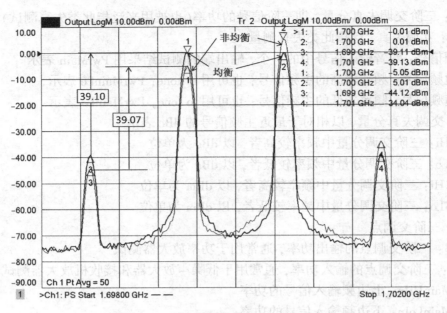

图 6.44　主频功率变化时的 IMD 测量

6.6.2.1　截取点：OIP3

与输出相关的截取点是这样定义的：以主频功率为横轴，做两条射线，一条为主频功率，另一条为三阶交调量的功率，随着主频功率的增加，这两条直线也会相交（或相截），如图 6.45 所示。请注意，这个定义的前提是假设三阶 IM 音的斜率与基波斜率的比值是 3∶1，这样就只需要一个 IM 的读数便可以求出 IP3 的位置。交调失真越小，就要更高的交调功率才能与主频理论上相截，也就是说有更高的 IP3 功率。所以可以得出一个结论，放大器的 IP3 越高，其线性度越好。

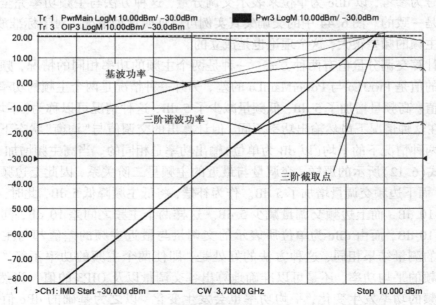

图 6.45　通过失真量预测 IP3 点

然而，IP3 点仅是一个有用的参数，并不是真正的测量结果。其计算方法和结果不依赖于放大器交调量的实际线性度。它的计算公式如下

$$IP3 = PwrMain + \frac{|IM3|}{2} \tag{6.15}$$

例如，在 0 dBm 的输出功率下，交调分量是 −38 dBc，那么 IP3 就是 +17 dBm。而实际上 IP3 的值会随着输入电平变化。图 6.45 中还显示了根据功率扫描中的每一个功率点计算出的 OIP3 值。与预计的一样，由较低功率算出的 OIP3 值与两条直线的交点一致。对于简单的放大器，IP3 通常会随着功率的提高而降低。有些放大器经过专门设计来增加较高电平输入下的 IP3 值，同时其交调量功率会在某些区域发生起伏，在这些区域，IP3 的值会迅速提高。

更高阶的交调量和截取点与三阶有着相同的定义方法，例如五阶交调量只是在定义中把 3 换成 5，而截取点的计算是把斜率比从 3∶1 变成 5∶1。

6.6.3 双音三阶交调失真的测量技术

在过去，测量交调失真的时候需要两个源和一个频谱仪。一些先进的源内置了任意波发生器，可以产生双音甚至多音信号，但某些时候，内部调制器自身的交调失真影响了双音信号的质量。在最近，一些先进的矢量网络分析仪提供了两个独立的源，可以用来合成双音信号；其中至少一款含有内置的带通滤波器，以使其自身的交调分量非常小，在最大功率时通常小于 −90 dBc。

接收机方面，通常都是采用频谱仪，但目前一些矢量网络分析仪已经开发出频谱响应模式，其内部程序会将源和接收机的频率自动调谐在 F_c 并且自动设置频宽使其能覆盖两个源的频差。通常情况下测量交调分量时，最好的频谱仪要比最好的矢量网络分析仪线性度好，低频时优于 10 dB 量级或更高，在更高的微波频率时要优于 5 dB 左右。对于单频点测量，两种仪表可以任选其一。可以使用游标来标示主频和交调分量的功率，如图 6.46 所示的分别用 SA 和矢量网络分析仪做的测量。

在此图中，SA 采用的是安捷伦的 PXA 型号，矢量网络分析仪采用的是安捷伦的 PNA-X 型号。所使用的频谱分析仪有一个优越的降噪特性，它将 SA 接收机的噪底从测量的信号中减掉，以产生较低的平均显示噪声电平(DANL)。用矢量网络分析仪也能实现类似的噪底优化：可以先测量接收机的噪底，然后在测量放大器的 IMD 特性时将接收机噪底减去，如图 6.46(a)右侧的曲线所示。用此方法，能将显示的噪底降低 5 dB，同时还能提高测量交调分量功率的准确性。从图中可以看出 SA 和矢量网络分析仪的测量结果基本一致，差别在零点几 dB。测量中使用的源信号是由矢量网络分析仪的源产生，如果使用高精度的独立源可以得到更低的相位噪声。另外矢量网络分析仪的本振和源采用类似的频率合成器，受其影响，矢量网络分析仪测量的结果中的相位噪声会比 SA 的高 3~5 dB。频谱分析仪通常会比矢量网络分析仪有更优异的近端相位噪声性能。

对于单频点的 IM 谱测量来说，矢量网络分析仪与 SA 相比没有什么优势，而且矢量网络分析仪的扫描速度往往低于经过性能优化的 SA。无论是矢量网络分析仪还是 SA 工作在谱模式下，即使是确切地知道了 IM 量的频率，也需要扫描各个频率以寻找有最大电

平的信号。经过编程控制的 SA 可以将扫频宽度设为零，然后将测量频率调谐在各个信号频率进行测量。而许多矢量网络分析仪有一种模式，可以将源频率和接收机频率设为不同的值，这就提供了一种方法使矢量网络分析仪可以只测量主信号和交调信号的频率。这种模式就是前文曾经提到的频偏模式，该模式可以让矢量网络分析仪做扫频下的 IMD 测量。

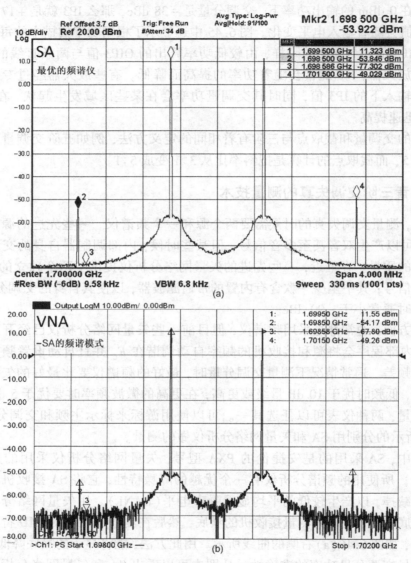

图 6.46　SA 和矢量网络分析仪测量 IM 谱

6.6.4　扫描模式下的 IMD 测量

在扫描模式下的 IMD 测量有多种扫描方式：保持功率以及频率间隔（或频差）不变，扫描两个主频之间的中心频率；保持主频频率不变，扫描功率；或者是保持两个主频之间的中心频率和功率不变，扫描频差。在任何扫描模式下，接收机都会测量主频和各 IM 量的值。被扫描的量会作为 X 轴显示，而 IMD 的测量结果则作为 Y 轴，由此构成了 IMD 的测量迹线。如果用频偏模式做 IMD 测量，为了测量每一个频率分量的值，至少需要 4

个矢量网络分析仪的测量通道。然而，某些先进的矢量网络分析仪已经有内置的应用功能来做完备的扫描 IMD 测量，这意味着可以在一个测量通道内测量和显示所有的主频和 IM 分量，同时还会做一些数学计算来提供 IM 和 IP3 值。

有了这种方法，绘制如图 6.45 所示的功率扫描下的 IMD 迹线会非常容易。对于许多放大器来说，设计者最感兴趣的是功率扫描下的 IMD 测量，这是因为，为了提高放大器的线性度而采取的各种技术会使功率扫描下的 IMD 测量有不同的结果，而且一些高阶量的测量结果能让设计者了解 IMD 产生的过程。

图 6.47 所示是一个功率扫描的 IMD 测量实例。在略显拥挤的图上有高频和低频主频量的功率（PwrMainHi 和 PwrMainLo），还有高至九阶的 IM 量（Pw3Hi，Pwr3Lo，Pw5Hi，Pwr5Lo，Pw7Hi，Pwr7Lo，Pw9Hi，Pwr9Lo），同时还显示了高频和低频输出的 IP3 点。高阶量的曲折处可能是由于各阶分量（产生高阶量的各分量）混频时产生了相位的相加或相减。

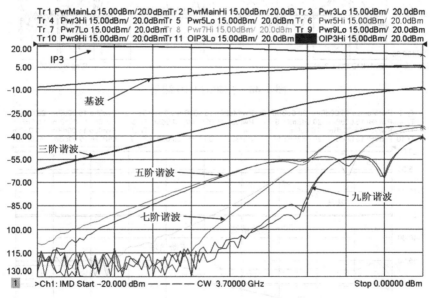

图 6.47　功率扫描的 IMD 测量

图 6.48 是用同一个放大器做被测件，扫描两个主频的中心频率得到的测量结果，两个主频之间的频差和功率保持恒定。图中可以清晰地看到输入滤波器的形状；由于输入功率恒定，带外的交调量被大大降低。还可以看到一个有趣的现象，高阶信号在带内会有很大的抖动，并在滤波器通带边缘得到最大值。

最后，用同样的放大器做被测件，对差频或两个主频之间的频差进行扫描，得到了图 6.49 的测量结果，扫描时中心频率和功率保持恒定。对于此放大器，第五阶 IM 量的上下边频对于频差的响应有显著不同。造成此现象的原因可能是由于偏置网络对于频差的响应对输出进行了某种方式的再调制，从而使某些分量的响应发生了变化。另外一个可能的原因就是上边频和下变频有不同的频率响应。

使用矢量网络分析仪进行 IMD 测量的特别之处在于，所有的源和接收机都被同步控制，并采用同一时基。正基于此，每次只要测量一个频点，因此可以使用非常窄的中频带宽(等同于 SA 中的分辨带宽)。同时，主频的分辨带宽可以设得比较宽而交调量的带宽可以设得比较窄以优化测量速度。

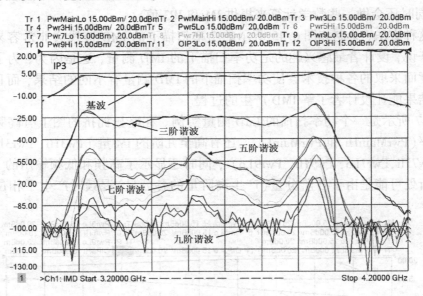

图 6.48　扫频的 IMD 测量

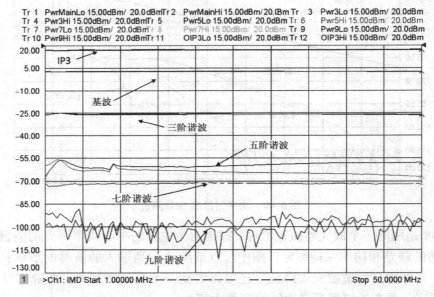

图 6.49　扫频率间隔的 IMD 测量

6.6.5　优化测量结果

　　IMD 的测量受限于接收机的线性度，同时也受源自身的交调和信号质量的影响。优化测量设置可以在很大程度上改善测量结果。

6.6.5.1　源的优化

　　测量优化之一就是在条件允许的情况下选择合适的频率间隔。较宽的频率间隔可以有效防止交调信号被源的相位噪声所掩盖。如果频率间隔太小，除非采用非常窄的中频带宽，否则源的相位噪声会将交调量淹没。因此，尽可能选择较宽的频率间隔以减小或消除相位噪声对测量结果的影响。图 6.46 是用矢量网络分析仪显示的频谱，可以清楚地看到，相位噪声在离主频 150 kHz 的地方才低于噪底。主频间隔越小，交调量就越容易被相位噪声所掩盖，这一点尤其适用于矢量网络分析仪上的测量。

　　另一点要注意的就是要保证源自身的交调量要小于 DUT 产生的交调量的电平。

　　源自身的交调可能是由于一个源的谐波（特别是二次谐波）与另外一个源混频引起。当用两个源合路器（combiner）产生一个双音信号时，使用滤波器来抑制二次谐波可以有效地减少源自身的交调失真。许多矢量网络分析仪和信号源内部包含了很多可切换窄带滤波器，以保证输出信号的谐波电平非常低。不含有内部集成滤波器的源经常需要在外部连接窄带或低通滤波器以去除谐波，这些滤波器会限制测量的频率范围。

　　即使采用了滤波，源输出端放大器的非线性也会造成源的交调失真。使用耦合器而不是直接用合路器来合成双音信号，可以大幅度提高两个源的隔离度，但是其中一个源的功率会被降低。一些先进的矢量网络分析仪要么使用可切换的内置耦合器，要么使用空闲的测试端口自带的耦合器，将两个源的信号混合。这会使加载在 DUT 上的最大功率有所下降。如果使用这种方法达不到要求的功率，可以采用一个外部的等损耗耦合器来代替内部耦合器。这种方法避免了耦合器和合路器的损耗，在大多数情况下，这可以将输出功率提高 10 dB 左右，如图 6.50 所示。

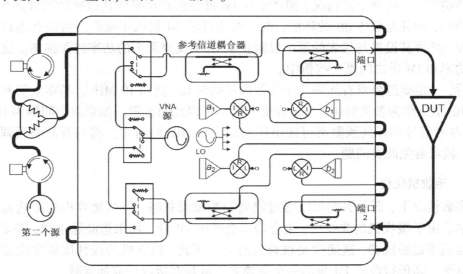

图 6.50　带合路器和隔离器的源

　　由源产生的交调主要来自于两方面，一方面是两个源的直接交叉调制，另一方面是由合路器产生的交调量。耦合器可以抑制两个源的交调，但是如果需要大功率，就应使用外部合路器，交叉调制在所难免。有一种解决方法就是在源和合路器之间使用隔离器，这样可以避免一个源对另一个源的交叉调制，如图 6.50 所示。合路器加隔离器的方法适用于大功率场合，比如在每个源的输出都加放大器的情形。大功率测量时，一定要保证合路器和耦合器不会产生无源交调。在图 6.50 中，一个外部源用做交调的第二个源，但是某些矢量网络分析仪的内部会提供两个以上的源,这样就不需要外部源。

图6.51是两个源通过一个低损耗合路器的测量结果。一个测量结果[参见图6.51(a)]是源直接连接合路器获得的,另一个测量结果[参见图6.51(b)]是在源和合路器之间加了隔离器后获得的。由于隔离器不能覆盖全频带,所以在阻带边缘无法对源产生的IM量进行有效抑制。而在阻带范围内,对源产生的IM量的最大抑制为20 dB。在此测量中,接收机前端加了25 dB的衰减器,同时将IFBW设为1 Hz以获得最佳的噪底。

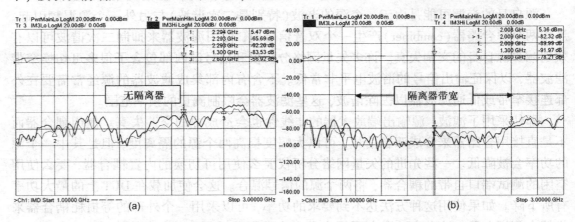

图6.51　无隔器时,由于互调,而使得源产生的IMD

某些情况下,包括上述情况,源产生的IM量是由对功率极其敏感的部件产生,因此降低源功率,即使是仅5 dB的降低,也可能使得源IM量低于噪底。可以在电路中使用限幅器件,并将其设置与仪表的源中以防止从DUT反射回来的功率将源损坏。这就需要在最大功率和IM量之间做一些折中。

最后,一定要避免双音间隔等于仪器内部的时基,例如10 MHz。基本上所有的仪器都使用10 MHz作为参考时钟,其他合成的频率都以此为参考。如果双音间隔为10 MHz,10 MHz参考信号的任何泄漏都可能出现在低功率IMD测量中。将双音间隔微调甚至几千赫兹,就可避免此类问题。

6.6.5.2　接收机优化

大多数情况下,源的影响可以通过隔离和滤波而忽略,但是接收机的影响通常比较难以评估。由于接收机的非线性,主音功率会产生IM量。如果想滤除主音,需要非常窄的限波器或带通滤波器,这通常是很难实现的。因此,接收机的线性度通常决定了IMD测量的电平。降低接收机IM量的一个主要方法就是在接收机前加衰减。

使用衰减可以降低主音功率,每降低5 dB,IM量降低15 dB,即10 dBc的提高。然而,噪底也会增加5 dB,这就需要减小IFBW来保持噪底不变。

衡量接收机的IMD性能,可以通过变换接收机的衰减并观察IMD电平变化,直至IMD电平小于噪声。在频谱模式下,噪底由分辨带宽(RBW)决定,而窄的RBW会严重影响测量速度。然而,在扫描IMD模式下,窄的RBW仅用于测量IM分量,而不是用于包括主音和各IM量的全频段,因此其测量速度要比频谱模式快得多。

大部分测量系统中的源IM电平已经被足够抑制,因此接收机的影响更大。这种情况下，将一个大的源信号输入给接收机，而采用较低的衰减甚至零衰减，就可以直接显示出接收机的 IM 量。此时，可以增加衰减量，应该可以看到 IM 量有所下降，直到 IM 量的仅有源产生。

图 6.52 是在一对 ±5 dBm 的双音驱动下的测量结果，分别在 0 dB，15 dB 和 30 dB 的衰减量下进行了测量。接收机产生的 IMD 清晰可见。测量采用了 1 Hz 的 IFBW，噪底大约为 −120 dBm。采用最大衰减时，IM 量由源决定。在任何频率下，源和接收机的 IM 分量既会相加也会相减，受相位变化影响，由源和接收机共同产生的 IM 量会有波纹。

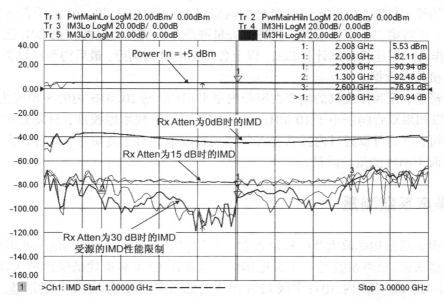

图 6.52　+5 dBm 输入，接收机衰减器分别是 0 dB，15 dB，30 dB 时，接收机产生的 IMD

SA 通常默认使用 10 dB 的衰减器，以保护前置混频器。矢量网络分析仪使用 13 ~ 16 dB 的输入耦合器，所以通常不再给接收机设衰减量。当信号足够小，不会使接收机产生 IMD 时，SA 可以手动地将衰减设为 0 dB。对于矢量网络分析仪，可以将测量端口的耦合器反置（参见 5.2.6 节）来提高接收机的灵敏度。对于微波波段的矢量网络分析仪，其耦合器会在 500 MHz 附近有滚降，因此在测量较低频率的 IM 时，有必要将耦合器反置以降低耦合器滚降的影响。有的情况下，耦合器会在低频（10 MHz）有 35 dB 的滚降。当耦合器反置时，有时需要增加接收机衰减量以避免由于接收机直通而产生的失真。

6.6.6　误差修正

IMD 的误差修正通常由源校准和接收机响应校准组成。对于双音信号，源校准应分为两步，一步校准低频量，另一步校准高频量。如果采用信号源和 SA，每个源需要独立校准，以抵消电缆和转接器的影响，一般采用功率计进行校准。同时还需要连接合路器，以抵消其损耗。在一个源完成校准后（在所有频率分量上进行了校准），通过直通件连接 SA，对 SA 进行校准。最后，打开第二个源，然后用 SA 对其校准，此时要保持第一个源在打开状态（在每一个校准点上偏移一定频率），这样可以将其失配的影响去掉。如果第二个源的匹配发生变化，第一个源需要重新校准。SA 用做接收机来校准每一个源。

　　然而，由于 SA 和源之间的失配造成的误差是无法去除的，所以保证良好的匹配才能保证测量的准确性。当源和测量系统的匹配为 15 dB 时（包括电缆和接头），对 SA 的响应带来的校准误差大约为 ±0.3 dB。

　　矢量网络分析仪使用类似的校准方法，但是因为矢量网络分析仪带有内置的反射计，接收机响应中的源和负载失配效应几乎可以忽略。先对第一个源做校准，同时校准参考接收机。然后对输入和输出端口做二端口校准。通过二端口校准数据，可以获得 b_2 接收机的响应，其中源和负载的失配效应在很低的水平。当采用方向性和匹配的残余误差小于 40 dB 的校准件时，校准得到的接收机响应误差小于 0.03 dB，10 倍于普通的响应校准。最后，再对第二个源做校准。先进的矢量网络分析仪有内置的扫描 IMD 测量和校准算法，操作者只需连接功率计和 Ecal，以上各步都会自动执行，最后得到经过失配修正的源和接收机校准数据。

　　根据经验，源和接收机的响应在窄带内是平坦的，每 10 MHz 内的平坦度为 0.01 dB量级，所以如果双音间隔小于 10 MHz，就不需要对每个频率做校准，只需要在中心频率做校准即可，然后可以通过内插获得各频率的校准值。对于高阶量，这可以大大地减少校准时间而不牺牲测量的质量。

6.7　噪声系数测量

　　虽然很少测量功率放大器的噪声系数，但是对用于接收机中和其他一些低噪声应用中的放大器来说，噪声系数是一个关键指标。通常用 LNA 来指代低噪声放大器，其典型增益在 10～20 dB 范围内，由许多级 LNA 组成的低噪声模块可以有更高的增益。

　　由于设计上的制约，在生产 LNA 时，往往会牺牲掉诸如 S_{11} 或输入匹配、稳定性、压缩及交调失真性能，以获得更好的低噪性能，这些参数同样必须测量，而且经常会做必要的调整，在低噪声和其他性能上做一个折中。

　　关于所有噪声系数测量的讨论，可以作为一本甚至多本教科书的内容。本书只关心现代测量方法中的一些关键概念，以及一些关键的测量和校准公式。

6.7.1　噪声系数的定义

　　噪声系数的定义都很简单，只是有不同种的形式。在第 1 章中，噪声系数如式（1.75）所定义的

$$N_{\text{Figure}} = 10 \lg \left(\frac{\text{Signal}_{\text{Input}} / \text{Noise}_{\text{Input}}}{\text{Signal}_{\text{Output}} / \text{Noise}_{\text{Output}}} \right) \tag{6.16}$$

还可以推导出一种更有用的形式

$$N_{\text{Figure}} = 10 \lg \left(\frac{\text{DUTRNP}}{G_A} \right) \tag{6.17}$$

式中的 DUTRNP 是指 DUT 的相对噪声功率，所谓"相对"，是指相对于 kT_0B，它可以通过 DUT 的等效噪声温度除以 T_0 得到

$$\text{DUTRNP} = \frac{T_{A\_DUT}}{T_0} \tag{6.18}$$

既然有效功率并不随着负载阻抗变化,那么有效增益也不会依赖于负载阻抗,噪声系数的定义同样不依赖于负载阻抗。

噪声系数通常以 dB 为单位,其线性形式称为噪声因子,经常用 NF 表示。这两种形式经常会混淆,在这里并不做区分,实际上,两种形式可以互换,除非特别说明,即使称之为噪声系数,在计算和公式中用的都是线性模式。

噪声测量中有一个 DUT 产生的相对量,称之为入射相对噪声功率(DUTRNPI)。这里的入射是指将噪声功率输入给一个没有反射和散射的负载或一个理想的无源 Z_0 负载;这个功率值由一个阻抗为 Z_0 的噪声接收机测得。这个功率并非噪声接收机测得的总功率(总功率中包含了接收机自身的噪声功率),总功率被定义为 SYSRNPI(系统入射相对噪声功率),它也是由阻抗为 Z_0 的接收机测得的,其中包括了经由 DUT 输入,由 DUT 的增益放大并加载在噪声接收机输入端的噪声功率,并叠加上接收机的输入噪声。为了使定义完整,将接收机测得的总噪声,包括 DUT 产生的噪声,再加上接收机内部产生的噪声,称之为有效系统相对噪声功率,用 SYSRNP 表示。在较先进的仪表中,接收机自有噪声可以通过校准去除,因此可以得到 DUTRNP。但较早期的仪表不能自动去除接收机自身的噪声,所以只能测得 SYSRNP。

对大多数测量来说,噪声系数是在从 50 Ω 的源输入到 50 Ω 的负载的条件下定义的,因此当系统阻抗为 Z_0 时,输入噪声功率的测量最为直观。但是对大多数测量来说,源和负载的阻抗并非 50 Ω。当系统阻抗不为 Z_0 时,可以通过相应的匹配修正来获得 DUTRN-PI,下面的章节将讨论具体实现方法。

6.7.2　噪声功率测量

噪声功率通常是由噪声系数表(NFA),频谱仪测得的,目前可以通过矢量网络分析仪的噪声测量功能测得。事实上,NFA 可以认为是一个特制的 SA,其拥有更加灵活的射频和 IF 增益路径,以使得噪声测量在接收机线性度最好的部分进行,从而优化了测量结果,同时它在输入端还有一个内置的 LNA。而 SA 的优势在于它的输入端可以抑制镜频,因此 SA 只在指定的频率上测量噪声功率而不会受到其他频率噪声的干扰。较先进的 SA 在第一级混频前加了 LNA,使其在测量噪声功率时和 NFA 有非常类似的能力。两者校准和测量噪声功率的方法在实质上是相同的。接收机测得的噪声功率是接收机的增益与带宽的函数。对于任意阻抗,由此阻抗产生的噪声电压可以表示为

$$V_N = 2\sqrt{kTBR} \tag{6.19}$$

其中,k 是玻尔兹曼常数(1.38×10^{-23}),T 是以开尔文为单位的热力学温度,B 是指观测噪声电压时的带宽,R 是电阻值。此电阻上的有效功率将会耗散在一个匹配的且无噪声的电阻上(实质是一个理想的噪声接收机)。每个电阻会各分得一半噪声电压,所以负载电阻上的资用功率为

$$P_N = \frac{\left(V_N / 2\right)^2}{R} = kTB \tag{6.20}$$

由此公式可以看出，任何无源器件的热噪声功率只与源的热力学温度有关，而与其阻抗无关。

在某些情况下，矢量网络分析仪也可以用做噪声接收机。由于没有镜像抑制滤波器，矢量网络分析仪的有效噪声带宽一般是 IFBW 的两倍。也就是说，对本振频率对称的一上一下两个 IF 都会混入最终被测量的 IF。如果 IF 采用高频率（如 10 MHz），那么噪声会来自于频率（LO + IF）和距其 20 MHz 的另一个频率（LO − IF），由于无法知道到底哪个频率是主要噪声源，这会造成测量结果的不确定。最近，一些矢量网络分析仪采用了可变中频技术，中频频率可以设为一定范围内的任意值，甚至可以设为 0 Hz。使用零中频时，有效带宽仍为 IFBW 的两倍，但此时中心频率为 LO 频率（为了得到零 IF，LO 与射频频率相同），测得的噪声就不存在频率源的不确定问题。在采用零 IF 法测量时，通常会在 IF 响应的 DC 处设计一个陷波以避免 DC 偏移误差。图 6.53 是一个矢量网络分析仪测量噪声功率时的 IF 响应。为了测量 IF 响应，矢量网络分析仪的源设置在一个固定频率，噪声接收机以其为中心做扫频测量，所得到的迹线即是 IF 响应。游标显示的 3 dB 带宽为 5.5 MHz，但是由于中心陷波，最后的有效噪声带宽大约为 4 MHz。

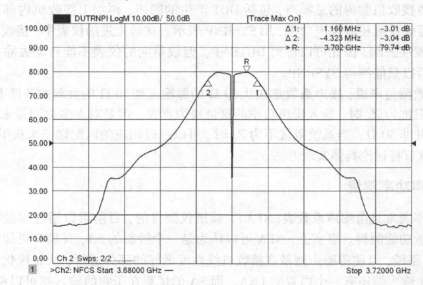

图 6.53　零中频时矢量网络分析仪的噪声带宽

LO 的高阶谐波噪声，如三阶和五阶谐波，都会对矢量网络分析仪的噪声测量造成影响。对此，一个带限滤波器必须放置在噪声源或 DUT 前端，以保证带外噪声不会被混入 IF。至少有一家生产商——安捷伦，提供了一个专用的噪声测量接收机作为矢量网络分析仪的一个硬件选件，此硬件中有内置的可变增益 LNA 以及镜像抑制滤波器来消除 LO 谐波的影响。

对于所有测量噪声的仪器，带宽决定了测量的分辨力，即从不同频率区分噪声的能力。最通用的带宽是 4 MHz（从最初的 HP-8970 噪声系数表得出），窄带宽用于窄带通道测量，宽带宽则用于提高测量速度和降低抖动。

由于噪声接收机测量的是随机噪声，各次采样的测量结果之间必然会有抖动。噪声抖动的大小与采样次数的平方根成反比，而单位时间内的采样数与带宽成正比。因此较宽的带宽可以在相同时间内提供更多的采样数，从而在相同测量时间内降低了抖动。由于噪声功率是对样本的积分，所以有时候把测量时间称为积分时间。

6.7.3 通过噪声功率计算噪声系数

6.7.3.1 Y因子法和噪声接收机校准

SA 和 NFA 在校准和测量时会用到一个噪声源，此噪声源可以提供两个热力学状态，另一个是冷态（kT_0B 噪声），一个是热态，热态对冷态有已知的超噪声。实际的噪声功率由噪声接收机的增益和带宽决定。噪声源的超噪声被定义为超噪比（ENR），其值是噪声功率（或噪声温度）对 kT_0B 噪声的比值

$$\mathrm{ENR}_{\mathrm{dB}} = 10\lg(\mathrm{ENR}) = 10\lg\left(\frac{T_H - T_C}{T_0}\right) \tag{6.21}$$

这个定义有一种例外情况，那就是热噪声等于冷噪声的情况，此时的超噪比并非 0 dB（尽管直觉上应该这样），此时的真实值是 lg 0，或者说是负的无穷大。如果热噪声是冷噪声温度的两倍，则 ENR 是 1 或 0 dB。所以超噪比不能简单地解释为噪声功率对 kT_0B 的比值。虽然式（6.21）的定义有特殊条件，但是在用冷热态法测量系统噪声系数时，它可以将计算简化。ENR 的标准定义是在冷态热力学温度 T_C 为 290 K 时得到，如果噪声源不是在 T_0 下，式（6.21）可以算出差值（前提是热态相对冷态的噪声温度随外界温度变化；热/冷噪声电阻符合此条件，但一些固态噪声源不符合此条件，详见参考文献）。

使用热/冷态噪声源法测量的噪声系数，都可以直接表示为

$$N_{\mathrm{F\_Sys}} = \frac{\mathrm{ENR}}{Y - 1}, \quad \text{其中} Y = \frac{P_H}{P_C} \tag{6.22}$$

其中 P_H 和 P_C 分别是在噪声源的热态和冷态下测得的噪声功率。如果噪声源不是 290 K 的环境下，可对上式做些修正

$$N_{\mathrm{F\_Sys}} = \frac{\mathrm{ENR} - Y \cdot \left(\frac{T_C}{T_0} - 1\right)}{Y - 1} \tag{6.23}$$

其中 T_C 为噪声源在冷态下的热力学环境温度，T_0 为参考数噪声温度，也就是 290 K。

为了校准 NFA，SA 或矢量网络分析仪，有必要确定接收机噪声在整个系统噪声中的比重。测量接收机的噪声系数时，须把噪声源直接连在接收机的输入端，然后按上面介绍的方法计算噪声系数。由于功率都是用在比率中，所以其形式既可以是 W/Hz（功率谱密度）也可以是简单的噪声温度。热态噪声从功率转化为噪声温度的公式为

$$T_H = \frac{P_H}{kB} = \frac{P_{\mathrm{H\_density}}}{k} \tag{6.24}$$

其中 k 是玻尔兹曼常数（$kTB = 4 \times 10^{-21}$ 在 290 K 温度下，$B = 1$ Hz）。大多数的噪声测量系统会用以 dBm/Hz 为单位的噪声功率谱密度来表征噪声，或者用噪声温度来表征，有时候噪声温度是更方便的表示方法。噪声系数有时候也用温度表示（称为超噪温度）并定义如下

$$T_{\mathrm{E\_Rcvr}} = T_0 \cdot (F_{\mathrm{Rcvr}} - 1) \tag{6.25}$$

当噪声系数已知，系统的增益和带宽的乘积就可以通过噪声源的 ENR 和测得的热态噪声温度求出

$$GB_{Rcvr} = \frac{T_{H\_Rcvr}}{(ENR \cdot T_0 + T_C) + T_{E\_Rcvr}} = \frac{T_{H\_Rcvr}}{(ENR + 1) \cdot T_0 + T_{E\_Rcvr}} \bigg|_{T_C = T_0} \tag{6.26}$$

在得到这些参数后，噪声接收机就可以补偿接收机本身的噪声，直接获得经过校准的噪声温度

$$T_A = \frac{T_{M\_Rcvr}}{GB_{Rcvr}} - T_{E\_Rcvr} \tag{6.27}$$

T_A 是实际的有效噪声温度，T_{M_Rcvr} 是噪声接收机测得的总噪声温度，同理，噪声谱密度可以表示为

$$P_{A\_density} = \frac{kT_{M\_Rcvr}}{GB_{Rcvr}} - kT_{E\_Rcvr} \tag{6.28}$$

通过修正，第二级的接收机噪声就被去除了。

6.7.4　用 Y 因子法计算 DUT 的噪声系数

经过校准后，将噪声源加在 DUT 的输入端，然后将 DUT 的输出端接入噪声接收机。噪声源的冷态和热态作为 DUT 的激励，对噪声进行测量并储存，系统总噪声为

$$N_{F\_Sys}^{DUT} = \frac{ENR - Y \cdot \left(\frac{T_C}{T_0} - 1\right)}{Y - 1}, \quad 其中 Y = \frac{P_{H\_DUT}}{P_{C\_DUT}} \tag{6.29}$$

这个公式所代表的是 DUT 和噪声接收机共同作用的噪声，而不是 DUT 本身产生的噪声。使用式（6.28）的方法对噪声功率校准后，就得到了经过校准的噪声系数。某些测量系统测量的就是总噪声（SYSRNP）而非 DUT 噪声（DUTRNP）。如果 DUT 有较高的增益，那么接收机噪声的影响就不显著，该公式得到的噪声系数可以近似认为就是 DUT 的噪声系数。对于增益较低的 DUT，可以用 Fris 公式计算出 DUT 的噪声系数

$$N_{F\_DUT} = N_{F\_Sys}^{DUT} - \frac{(N_{F\_Rcvr} - 1)}{G_{DUT}} \tag{6.30}$$

也可以用超噪温度表示上式

$$T_{E\_DUT} = T_{E\_Sys}^{DUT} - \frac{T_{E\_Rcvr}}{G_{DUT}} \tag{6.31}$$

要得出 DUT 的噪声系数，就需要知道 DUT 的增益，可以通过两组噪声功率测量得到

$$G_{DUT} = \frac{P_{H\_DUT} - P_{C\_DUT}}{P_{H\_Rcvr} - P_{C\_Rcvr}} = \frac{T_{H\_DUT} - T_{C\_DUT}}{T_{H\_Rcvr} - T_{C\_Rcvr}} \tag{6.32}$$

NFA 和 SA 的噪声系数功能可以自动实现上述大部分计算。而绝大多数矢量网络分析仪不需要使用 Y 因子法，因为矢量网络分析仪可以直接将增益测量出来。图 6.54 所示是一个 Y 因子法测量的实例。

图 6.54 中的 Y 因子是根据式（6.29），由热态和冷态的两个噪声功率求出的，并按式（6.28）做了修正。图中有个有趣的现象，在 Y 因子迹线的中间部分有波纹，并且波纹

的波峰和波谷的频率分别与阻抗的极点相对应，如史密斯圆图迹线上的 Zin1 和 Zin2 所示。这个现象可能是非理想 50 Ω 的噪声源引起的。在 Zin2 处测得的噪声系数要比在 Zin1 处的小，这可能是与被测的放大器的噪声参数有关。

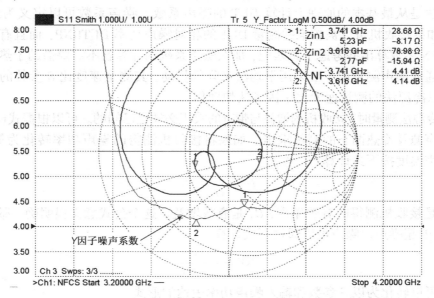

图 6.54　以热源和冷源为基础的 Y 因子计算及其与 S_{11} 失配之间的关系

Y 因子法测量噪声系数需要注意的一些事项：

首先，所测的增益并非标准的 S_{21} 增益，而是 DUT 的插入增益。由于 DUT 输入输出端的失配，插入增益不同于 S_{21} 增益。

Y 因子法所测的噪声系数是在噪声源的阻抗下测得的，（大部分情况下）噪声源冷态时的阻抗更重要。由于 DUT 的噪声系数依赖于源阻抗（下节会详述），而噪声源的实际阻抗并非理想的 50 Ω，可以认为噪声源改变了噪声系数或对噪声系数产生迁移，使其偏离了 50 Ω 时的噪声系数。噪声源的热态是为了测量增益，其噪声往往将 DUT 的噪声淹没，所以热态对 DUT 的迁移效应不是很重要。

在做 Y 因子测量的时候，通常建议使用低 ENR 的噪声源。其益处有二：ENR 较低的噪声源是通过给高 ENR 的源加高品质的衰减器制成，这也无形中提高了热态和冷态时的源匹配。另外，Y 因子法测量中的一个误差源是接收机的线性度，与高 ENR 噪声源相比，低 ENR 噪声源下测得的功率变化要小。然而，DUT 的噪声系数不能比噪声源的 ENR 大太多，否则热态下接收机测得的噪声功率对冷态变化不明显。

对于高增益器件，Y 因子法是一种高效的测量方法，因为其测量的是噪声的变化值，而不是绝对噪声功率，所以无论是输出端电缆的漂移还是在输出端加衰减器都不会影响测得的噪声系数（虽然会影响测得的增益）。

6.7.5　冷源法

Y 因子法的最大好处就是不需要知道 DUT 和接收机的增益，在测量过程中它们会被计算出来，只不过计算的值会受系统失配误差的影响。然而，在用矢量网络分析仪做噪声系数测量时, 得益于 S 参数的校准和测量, DUT 的增益可以简便而精确地测量出来。既然噪声源的热态的首要功能是得到 DUT 的增益, 那么在用矢量网络分析仪做噪声测量时可以不需要热态噪声源。相应地, 所谓的冷源法是一种更简洁、更快速的测量方案。

冷源法是从最基本的原理上计算 DUT 的噪声系数。噪声系数可以定义为式(6.17)的形式, 如果接收机可以被校准并测量 DUT 的相对噪声功率 DUTRNP, 而且有效增益通过 DUT 的 S 参数算出并考虑了源匹配, 那么噪声系数的计算就不需要借助于热态噪声的测量。普通的噪声测量由于要采用平均法来降低抖动, 其测量速度比 S 参数的测量要慢很多, 所以冷源法的测量速度比 Y 因子法快两倍。

在用冷源法测量时, 接收机的增益与带宽的乘积必须是已知的。可以根据式(6.26), 利用一个噪声源及冷热两态的测量求出。如果将接收机测得的噪声功率转化为等效温度, 则有效噪声温度按下式计算

$$T_E = \frac{T_A}{G_A} - T_0 \tag{6.33}$$

其中, T_A 是接收机测得的有效噪声, G_A 是有效增益。这个公式意义很明确, 那就是输入端相对 T_0 的超噪声。噪声可以通过下式计算

$$\text{NF} = \frac{T_A}{T_0 \cdot G_A} \tag{6.34}$$

上式可以转化为以 S 参数和输入噪声功率表达的形式

$$\text{NF} = \frac{T_{\text{Inc}}}{T_0} \cdot \frac{|1 - \Gamma_S S_{11}|^2}{(1 - |\Gamma_S|^2) |S_{21}|^2} \tag{6.35}$$

并且 $\text{DUTNPI} = \dfrac{T_{\text{inc}}}{T_0}$, 得出 $\text{DUTRNPI} = \text{DUTRNP} \cdot (1 - |\Gamma_2|^2)$, 其中 Γ_2 为器件连接到噪声接收机的输出失配。

如果矢量网络分析仪的源阻抗是匹配的(Z_0), 噪声系数可以简化为

$$\text{NF} = \frac{\text{DUTRNPI}}{|S_{21}|^2}, \quad N_{\text{Fig\_dB}} = \text{DUTRNPI}_{\text{dB}} - S_{21\_\text{dB}} \tag{6.36}$$

因此在用冷源法测量时, 如果源阻抗是 50 Ω, 噪声系数可以简化为输入超噪声功率(对于 kT_0B 的 dB 值)减去以 dB 为单位的 S_{21} 增益。例如, 一个 DUT 的超噪声为 22 dB, 增益为 20 dB, 则噪声系数为 2 dB。

图 6.55 显示了冷源法测得的放大器的噪声系数迹线, 其计算方法基于式(6.35)。该图还同时显示了 Y 因子法的测量结果以及基于式(6.36)假设源阻抗为 50 Ω 的测量结果。从这些测量结果中可以看出, Y 因子法的测量结果波纹最大(~ 0.25 dB), 这是由于 Y 因子法没有做任何的失配修正。标有"近似匹配源"的迹线是 DUTRNPI 和 $|S_{21}|$ 的比, 此迹线只有在源阻抗是 50 Ω 时才是正确的测量结果, 源失配对此迹线也有影响, 不过其波纹要小于 Y 因子法的测量结果(~ 0.1 dB)。波纹最小的迹线, 同时也是噪声系数一致最小的迹线, 要基于式(6.35)的方法得到的迹线。此迹线的波纹仅为 0.05 dB 量级, 而且与期望的一样, 此迹线的响应与放大器的增益呈一致的反趋势。在用冷源法测量时, 为了提高源匹配, 可以在电缆的测量端口加一个 6 dB 的衰减器, 这一经验方法可以减少非理想阻抗源造成的残留误差。

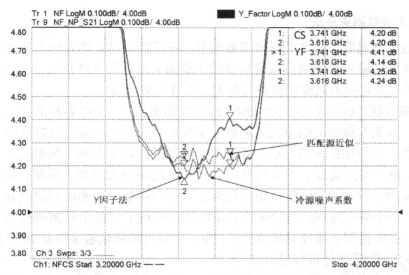

图 6.55　冷源法计算出的噪声系数；同时显示了 Y 因子法的噪声系数以及在假设匹配源下的噪声系数

式(6.35)表述的是非 50 Ω 源的噪声系数，但它不是通常意义上的噪声系数，即 N_{F_50}。它所表述的噪声系数是以源的阻抗为参考阻抗的噪声系数，就像用 Y 因子法测得的 DUT 的噪声系数是以噪声源的冷态阻抗为参考阻抗的。就目前所讨论的信息，很难预测或计算在精确 50 Ω 下的噪声系数。然而，基于冷源法的测量方法，可以得到一个 DUT 的噪声参数，而基于噪声参数，可以准确地求出 50 Ω 时的噪声系数，将在下节详细讨论。

6.7.6　噪声参数

放大器的噪声系数会随着源阻抗而变化。对大多数放大器，噪声系数是在 Z_0 下指定的，通常在 50 Ω 下指定。然而，许多放大器在其他阻抗的时候有更小的噪声系数，因此设计的关键就是设计匹配网络来把 50 Ω 转为最优阻抗以获得最小的噪声系数。

噪声参数是理解一个放大器的噪声系数如何随源阻抗变化的基础。一个器件在任何反射参数下的噪声系数都可表述为有四个变量的式(1.90)

$$N_F = N_{F\text{min}} + \frac{4R_n}{Z_0} \frac{|\Gamma_{\text{opt}} - \Gamma_S|^2}{|1 + \Gamma_{\text{opt}}|^2 (1 - |\Gamma_S|^2)} \tag{6.37}$$

这个公式可以用史密斯圆图上的一个抛物面形象地表述，其距离史密斯圆图的距离即为噪声系数，抛物面的最低点在 Γ_{opt} 之上，其高度代表了最小的噪声系数，如图 6.56 所示。

一个 R_n 比较大的放大器，当源反射系数逐渐偏离 Γ_{opt} 时，其噪声系数增大得更快。在图 6.56 中，箭头所指的噪声系数是当放大器的源阻抗靠近史密斯圆图边缘的时候，其代表放大器的输入端开路的情况。从最小噪声系数开始，图中各个环形的间距一般为 1 dB，通常直接将一个频点的噪声系数圆绘制在史密斯圆图上。

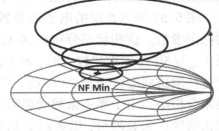

图 6.56　利用噪声参数将噪声系数表达为源阻抗的函数

6.7.6.1　噪声参数测量系统

噪声参数的测量除了标准的噪声系数测量，还需要使用某些方法来改变被测放大器的源阻抗。传统的噪声参数测量系统包括以下设备：矢量网络分析仪，NFA，噪声阻抗调节器，噪声源以及连接不同测量设备的开关，如图 6.57 所示。

源阻抗调节器是由一个可控的"滑动"微带线构成的，一个电容性的探头可在微带线的上方滑动。探头与微带线的垂直距离确定了反射系统，而探头与微带线端头的水平距离确定了相位。在使用此系统之前，需要预先测量阻抗调节器在不同频点下、不同位置上的阻抗值，由此得到成百上千的测量点。然后才能将放大器置入系统，并在各已知阻抗点上测量噪声系统，最后根据式（6.37）来计算噪声参数。此系统的缺点在于它是基于逐点测量：从一个频点跳到另一个频点，并在每个频点下对各个阻抗进行测量。这个过程非常缓慢，在包括调节器校准的情况下，每一个频点的测量通常需要 20 分钟。

把先进的矢量网络分析仪应用于噪声测量后，可以不使用外部开关和噪声源，这使得测量流程大为简化。算法也做了相应的优化，通过调节器位置而不是阻抗点来计算，在被测的频段内分布足够的调节点，可以避免混叠。使用这种测量方法，一次频率扫描可以调节在一个位置，然后同时进行 S 参数和噪声系数的测量。接着变换调节器位置并重新采集数据。由于调节器移动的次数比较少（一个实际的例子是 21 次），测量会非常快，每个点仅需要几秒钟，这要比传统方法快几百倍。

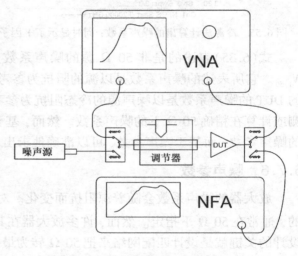

图 6.57　传统噪声参数测量系统

测量噪声参数不需要机械的调节器，已经有一个制造商将电子调节器集成（类似于电子校准件）来提供单次连接的噪声参数测量，使用这种方法，50 Ω 源阻抗的噪声系数可以通过噪声参数精确地计算出来，从而消除了非理想矢量网络分析仪源匹配造成的误差。图 6.58 是该系统的一个例子，噪声源只在校准过程中使用，调节器由一个外部的电子校准件实现其功能。

图 6.57 所示系统的电子调节器只需提供大概 7 个不同状态，就可以计算出 DUT 的噪声参数。这些状态分布在 50 Ω 阻抗点周围，但是没有超出史密斯圆图的边缘。如果 Γ_{opt} 与 50 Ω 差别比较大时，此方法所确定的 N_{Fmin} 和 Γ_{opt} 会有比较大的误差，但是由于这些阻抗状态是围绕 50 Ω 的，其误差是相关的，因此在计算 50 Ω 时的噪声系数时误差会很小。由于噪声系数受源阻抗的幅度和相位的影响，修正它的方法就称为矢量修正的噪声系数测量，以区别于 6.7.5 节所述的标量（只有幅度）修正。图 6.59 所示是一个 50 Ω 矢量修正的噪声系数测量结果，同时给出同一放大器在冷源标量修正下的测量结果。

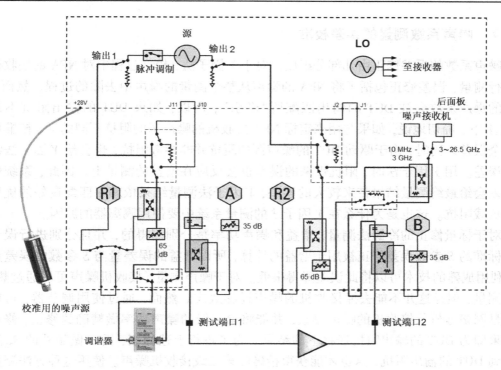

图 6.58　可进行矢量修正的噪声系数测量系统

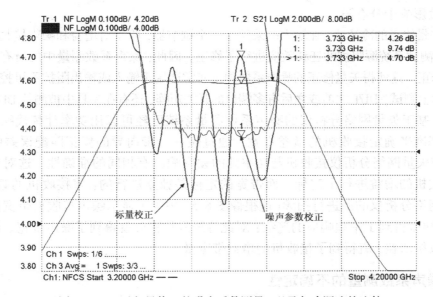

图 6.59　经过矢量修正的噪声系数测量，以及与冷源法的比较

　　测量迹线上的波纹正是由于非理想源阻抗的牵引效应造成。此图的标量校准下的噪声系数会产生更大的波纹，这是因为没有在端口 1 上连接一个 6 dB 衰减器，这么做是为了让矢量网络分析仪的源失配对噪声系数的牵引效应充分展现。只有采用噪声参数修正方法才能将此失配正确修正，下面会做详细讨论。在此例中，测量电缆后的矢量网络分析仪源匹配值大概为 15 dB。经过矢量校准法修正后的有效匹配值要好于 40 dB。

6.7.7　噪声系数测量的误差校准

噪声系数的误差修正由几部分组成。对于 Y 因子法，校准过程中对 NFA 的接收机噪声进行测量，误差修正包括了将 NFA 的噪声从整个测量的噪声中去除的过程。然而，接收机的噪声系数会被 DUT 的输出匹配所"牵引"，所以，如果 DUT 的输出阻抗不是在50 Ω 上下，确切地说，如果与用来定标 NFA 接收机的噪声源的阻抗不同的话，校准后会有残余误差。同时，由于驱动 DUT 的噪声源的阻抗并非参考阻抗，也会给 Y 因子法测量带来误差。用 Y 因子法时，阻抗带来的误差也会反应在增益的测量上。因此，系统中各项误差会给最终测量结果带来较大的误差，Y 因子法测量结果依赖于匹配良好的优质源以及负载阻抗。这也是为什么在 Y 因子法的测量系统中要使用隔离器的原因。

对于标量修正的冷源法测量，增益和噪声功率是分别测得的，并且分别进行误差修正。标准的 S 参数误差修正被用于增益的计算，所以增益的误差量与 S 参数的误差量相当，利用成熟的技术可以将此误差降得很低。对于噪声测量，接收机噪声可以通过热/冷态法测量，但是这并不能去掉接收机的噪声迁移效应。然而，通过使用调节器，可以得到矢量网络分析仪接收机的噪声参数，并能将第二级的噪声功率做精确的修正，修正后的结果即为 DUT 的输出阻抗迁移下的结果。为了进行上述修正，需要做额外的 S_{22} 测量以得到 DUT 的输出阻抗，这也才能获得精确的第二级接收机噪声。使用这种方法测量增益较低的器件时，冷源法的误差会比 Y 因子法小得多。当然，对于高增益器件，第二级的噪声系数影响十分有限。

对于矢量修正的冷源法，在输入端采用了一个调节器，除了对增益和噪声接收机进行了修正，还将测试系统源阻抗的迁移效应进行了修正。因此，噪声系数测量中的所有系统误差都进行了修正。这使得矢量修正的噪声系数测量非常适用于输入或输出阻抗不可控的测量环境。例如片上测试，DUT 之前或之后有多端口的开关矩阵，还有在夹具中被测的 DUT 等。

目前，基于矢量网络分析仪的噪声系数测量系统已经可以用功率计替代噪声源，并以其作为基准来确定接收机的增益带宽。通过做一个带向导的修正匹配误差的功率校准，可以使矢量网络分析仪接收机与功率计的频率响应有相同的准确性。这对矢量网络分析仪接收机的增益进行了定标。而带宽的定标是独立进行的：将接收机的频率固定，同时矢量网络分析仪的源进行扫频（这很像图 6.53 中为了显示噪声接收机带宽而进行的测量），这样就得到了中频响应的迹线；对此迹线进行积分就得到了噪声带宽。结合已经得到的接收机增益，就得到了接收机的增益带宽量。

6.7.8　噪声系数测量的不确定性

噪声系数测量的准确性可能是射频微波领域里了解最少也是最开放的讨论话题。仪器厂商和用户对噪声测量的误差有共同的要求，那就是小于 0.1 dB 的不确定度。这个不确定度中，仪器本身的误差包含在其中，但是很多误差源没有做描述，只是在补充文档中有所表述。客观上讲，仪器厂商没有办法控制外部影响造成的误差，但是这些因素有必要进行分析以衡量整体的不确定度。仪器误差主要包括线性度误差；噪声接收机的失配引起的迁移效应，也是最常引述的误差。然而在很多情形下，仪器误差只是整体误差中最小的部分。庆幸的是，大部分仪器厂商都提供了计算不确定度的软件，影响不确定度的重要因素都被包括进来。由于不确定度与 DUT 本身的特性有关，每个被测件都必须计算各自的不确定度，影响的因素包括：噪声系数，增益，输入输出匹配，噪声源和噪声接收机。事实上，由于输入匹配的噪声迁移效应必须做正确的处理，如果不测得 DUT 的所有噪声参数，噪声系数的不确定度是不能真正预测的。

在不确定度的计算当中，一个首要的误差就是噪声源的 ENR 误差，此误差会被直接传递给噪声系数。这一误差有时会在公布的仪器噪声不确定度指标中忽略，而认为理想状况下，噪声源始终会提供一个准确的校准，并且噪声源不是 NFA 仪表的一部分。然而在现实中，大部分用户所购买的噪声源成品没有经过特别的校准。除了使用功率计校准的矢量网络分析仪系统，所有噪声测量方法都会受 ENR 误差的影响。而功率计校准因子成为矢量网络分析仪噪声测量系统的首要不确定性。

在 DUT 和噪声接收机之间，DUT 输出端的失配误差会影响 Y 因子法时的增益测量，但不会对噪声系数造成太大的影响。这是因为失配误差会同时影响增益和噪声功率，其效应被抵消。但失配误差对 NFA 接收机的噪声系数会有影响，并且会产生迁移效应，尤其对于低增益和低噪声系数的器件。

在实际应用中，最大的误差是由输入失配造成的。这个误差的影响只有在得到 DUT 的噪声参数后才能被完全解析。

6.7.9　噪声系数测量结果的验证

与 S 参数不同，噪声系数测量的验证非常困难，并且目前也没有被广泛接受的验证方法。常规的验证是通过测量一个已知特性的器件，然后通过比较测量值和期望值之间的差来衡量测量的有效性。但遗憾的是，噪声系数比较复杂，其测量误差来源于两方面且难以区分。

一种常用的验证噪声系数的方法是测量一个已知的无源衰减器，其噪声系数应为 $1/S_{21}$，因此可以将测得的噪声系数和期望的 S_{21} 做比较。事实上，这种方法验证的并非是噪声系数，由于其所测的噪声功率是 kT_0B，其验证仅是 S_{21} 的测量。如果噪声接收机有额外的噪声叠加（比如，噪声接收机的噪声系数与 DUT 的匹配有关），所测的噪声就不一定是 kT_0B 的值，可能是大于也可能是小于该值，其误差和校准及测量时采用的平均数有很大的关系。在这种情形下，测量一个无源器件可以验证接收机噪声功率对 DUT 的 S_{22} 的敏感程度。为了清晰地观察这一现象，必须使用一个匹配不良的器件。

无源器件的噪声功率总是要小于接收机本身的噪声功率，而有源器件的噪声要高于 NF 接收机的噪声，因此无源器件的测量结果与有源器件的测量结果完全没有关系。如果 DUT 没有超噪声，那么噪声功率的测量只是反复测量 NFA 自己产生的噪声功率，而无源器件的噪声系数测量所测的不过是噪声功率测量的重复性，与超噪比高的 DUT 测量的准确性几乎没有关系。例如，一个经过校准的噪声测量系统的底噪要比 DUT 的噪声功率小 10 dB，由抖动产生的 NF 误差大约为 0.5 dB，如果 DUT 的噪声功率比系统噪声高 15 dB，NF 误差仅为 0.17 dB。因此，除非确切地知道系统的噪声系数，否则无法预测噪声测量的准确性，使用无源器件来验证噪声测量系统是没有意义的。

有一种更好的验证方法，特别是针对冷源法测量，那就是对每一个误差来源都做分析。在一个冷源法测量系统中有两个因素值得注意：增益(S_{21})的测量误差和噪声功率的测量误差。S_{21}的测量误差已经有很成熟的方法来计算不确定度。而噪声功率的验证可用通过测量一个已知的噪声源来实现。实际上，最好的验证方法之一就是测量一个与校准时使用的噪声源不同的噪声源，其测量误差即为校准误差和噪声源 ENR 不确定度的合成误差。某些矢量网络分析仪和 NFA 有直接测量 ENR 的功能，利用此方法可以容易地分离出噪声校准的误差。

NF 测量还有一个重要的误差来源，那就是输入失配(由于输出失配以同样的方式影响噪声功率和输出功率，其影响在 NF 测量中被相互抵消)。一个验证输入失配对 NF 测量影响的方法就是在 DUT 的输入端连一个低损耗的高质量小型空气线。由于空气线无失配且基本没有损耗，任何 NF 测量结果的变化都是由源匹配误差和 DUT 测量误差引起的。

矢量误差校准法(使用噪声参数)可以将此误差降到最低。图 6.59 清晰地表明了矢量误差参数法优于标量校准法。很明显，矢量法会得到最佳测量结果。

6.7.10　提高噪声测量精度的方法

6.7.10.1　如何提高 Y 因子法测量精度

由于总误差以输入失配误差为主，因此可以采用在输入端加衰减器或隔离器的方法来降低其影响。隔离器通常是窄带的，而衰减器一般都是宽带的，将其连在端口 1 的末端可以有效提高测量的准确性，而只是牺牲极少其他性能。如果在 DUT 前使用了隔离器或衰减器，其带来的损耗一定要考虑，同时，由于这些器件都是电阻性的，要考虑温度的影响。对于 Y 因子法测量，DUT 前的损耗可以通过修改噪声源的 ENR 来补偿，补偿的方法很直接，那就是按如下公式计算一个新热态温度

$$T_{\text{H\_Loss}} = T_H \cdot L + (1 - L) \cdot T_L \tag{6.38}$$

式中损耗为一个线性功率损耗，如果损耗是阻性的，T_L 是损耗的热力学温度。如果损耗是纯电抗性的，公式中只取第一项。

因为 Y 因子法无法消除失配的影响，要尽量少使用电缆和转接头。DUT 和噪声源之间的损耗用式(6.38)补偿。

DUT 后的损耗按同样公式补偿，并影响 DUT 有效噪声温度的计算。但通常 DUT 后的损耗已经包括在噪声系统的校准中，即第二级噪声系数测量中。实际上，其影响直接体现在第二级噪声系数中。

对 Y 因子法测量，使用低 ENR 的噪声源可以从两方面提高测量的准确性：首先低 ENR 噪声源通常会给 DUT 的输入提供良好的匹配，因此减少失配误差。第二，其热态和冷态的变化较小，因此接收机测量的是更小的噪声变化，理论上讲线性度更好。不过目前许多先进的接收机使用数字中频技术，因而在很大范围内有良好的线性度，这方面的影响也就很小。而使用低 ENR 噪声源时需要使用更多的平均来减少抖动对噪声测量的影响，这样会降低 DUT 增益测量的准确性。由于 Y 因子法建立在测量一条直线的斜率之上，所以冷态和热态的跨度越大，固定测量误差所带来的影响就越小。另一方面，在测量高增益器件时，热态功率要足够小，以保证噪声源功率经放大后不会将 DUT 置于压缩状态。

6.7.10.2　如何提高冷源法的测量精度

用冷源法测量噪声系数时精度非常高，但是要避免一些常见问题还是有些事项需要考虑的。

由于增益的测量为标准矢量网络分析仪的 S 参数测量，这就需要保证 S 参数测量的设置不能影响噪声系数的精度。特别是对于高增益或小功率放大器，一定要保保证输入功率不会将被测放大器压缩。对大多数器件来讲，这意味着输入功率要比 1 dB 压缩点功率小至少 20 dB。设置功率时，一定要保证 S 参数校准时的低迹线噪声，建议采用 6.3 节所描述的方法。对于高增益放大器，要保证端口 2 的功率比端口 1 的功率高，其值约为放大器的增益值。

对于矢量网络分析仪接收机的噪声参数校准来说，一定要保证噪声源的 ENR 足够高，以减少矢量网络分析仪本身噪声系数以及 DUT 与矢量网络分析仪之间插入损耗的影响。大多数情况下，高 ENR 的噪声源能提高测量准确性。这和 Y 因子法的要求正好相反。使用 Y 因子法测量时，冷态和热态之间的功率差会由于噪声接收机的线性度而产生误差。而用冷源法时，DUT 的超噪声是在接收机的线性区域内测量的。为了获得最佳测量效果，噪声源的 ENR 应该和 DUT 的超噪声相符。与 Y 因子法不同，冷源法会测量噪声源的失配并将其修正，因此没有必要使用低 ENR 的源来提高匹配性能。

对于高增益器件且超噪比超过 60 dB，或者是宽带器件，从 DUT 输出的噪声会损坏噪声接收机。对于这种情况，在 DUT 的输出端使用一个衰减器可以降低总体增益。如果知道衰减器的 S 参数，冷源测量系统可以对测量系统的输入或输出端进行去嵌入。

如果测量系统的端口 2 有大的衰减，例如测量一个大功率器件或是在一个长电缆的末端，由于从参考面到矢量网络分析仪之间的损耗如此之大，以至于校准用的噪声源的 ENR 被损耗所淹没，于是在衰减的末端几乎没有超噪声。对于这种情况，噪声源就需要直接连在矢量网络分析仪上做校准，而外部的衰减单独进行测量并在校准后去嵌入。

一种新的替代方法是利用功率计来校准矢量网络分析仪接收机并得到增益-带宽量。这种新方法不受端口 2 损耗的影响。作为高级功率校准的一部分，测量参考面之前或之后的衰减量可以通过多步校准来去嵌入，这些校准方法有的已经实现，可以适用于片上、夹具和波导校准。

冷源法（经过标量校准）的测量精度依赖于矢量网络分析仪的源阻抗和参考阻抗 Z_0（50 Ω）的匹配程度。在端口 1 测试电缆的末端加一个衰减器可以有效地提高匹配能力，以及提高噪声系数测量的精度。与 Y 因子法不同，冷源法的校准过程可以将衰减器的损耗补偿而不需要额外的特殊处理。一个 6～10 dB 的衰减器是一个不错的选择，太高的衰减量虽然可以提高匹配性能，但也会使 S_{11} 更容易受到电缆漂移的影响并使方向性变差。

对于矢量校准的噪声系数测量，阻抗状态的分布非常重要。阻抗调节器通常都放置在测量端口耦合器之后，如果端口 1 的电缆损耗比较大，各阻抗点会集中在史密斯圆图的中心，这不利于有效地分离出噪声参数。可以把调节器或者 Ecal 直接放在 DUT 的前端，或端口 1 路径上的某处。这样做的唯一缺点就是 Ecal 或调节器的损耗和非线性会降低最大输出功率或产生失真，特别是要同时做增益压缩和交调失真测量的时候。目前至少有一种矢量网络分析仪解决了这个问题,生产商内置了一个开关可以在非噪声系数测量时旁路调节器。

6.8　X参数,负载牵引测量和有源负载

放大器工作在线性模式下,负载阻抗对输出功率影响完全由 S 参数定义式(1.17)描述,特别是

$$b_2 = S_{21}a_1 + S_{22}a_2 \tag{6.39}$$

当放大器端接负载阻抗 Γ_L 时,这个公式重写为

$$b_2 = \frac{S_{21} \cdot a_1}{1 - S_{22}\Gamma_L} \tag{6.40}$$

传递到负载的功率为

$$P_{\text{del}} = |b_2|^2 - |a_1|^2 \tag{6.41}$$
$$= |a_1|^2 \cdot |S_{21}|^2 \frac{\left(1 - |\Gamma_L|^2\right)}{|1 - S_{22}\Gamma_L|^2}$$

因此传递功率取决于负载阻抗和放大器 S_{22}。然而,大功率时 S_{21} 和 S_{22} 随着驱动功率和负载阻抗变化,不可能用普通技术来预测输出功率。在这些情况下,最常用的评估方法是把放大器驱动到所需电平,同时改变负载来决定哪个负载能提供最大输出功率,以及常常还有在这个负载下的放大器 PAE。通过使用输出端的负载调谐器改变负载阻抗,或者最近更常用的是提供有源负载。这种测量方法通常称为"负载牵引"。

6.8.1　非线性响应和 X 参数

放大器的非线性响应的一方面是增益和有效输出阻抗,以及有时候输入阻抗能随输入驱动电平改变,即使驱动功率不变,也可能随负载阻抗改变。大多数器件的实际工作点比用线性 S 参数描述复杂,而更需要一套新参数(所谓的 X 参数)来完全定义 DUT 的非线性行为[4, 5]。

不用对 X 参数模型进行深入数学推导,可以得到窄带(只考虑基波输入,不考虑谐波)定义,这有助于确定工作点及其线性表示 S_{22} 与 S_{21} 随负载阻抗变化的原因。X 参数最基本的版本构成输入波到输出波的谱图,但每个 X 参数都依赖于输入驱动功率。放大器的输出功率表示为

$$b_2(A_1) = \underbrace{X_{21}^F(|A_1|)P}_{\text{增益项}} + \underbrace{X_{22}^S \cdot a_2 + X_{22}^T P^2 \cdot a_2^*}_{\text{匹配项}} \tag{6.42}$$

其中

$$X_{21}^F(|A_1|) = S_{21}(|A_1|) \cdot A_1, \quad P = 1 \cdot e^{\phi_{A1}}$$

这里 A_1 是大信号,影响工作点和 X 参数,a_2 是从负载反射的小信号。这个 X 参数的简单定义包含两项,增益项和输出匹配项。增益项 X_{21}^F,本质上是 DUT 在任何输入功率 P 下的输出功率,包含输入信号相位。X_{21}^F 是功率的单位而不是增益的单位,似乎不大寻常,但是这样做是为了在使用中提高计算效率;实际上可以认为它与增益有关,增益与功率相关。上标 F 表明这是大输入信号的响应(这个情况只在基波频率下),即在特定输入功

率下，输入输出端基波和任意谐波都好像没有反射的响应。这可以简单定义为增益，但惯例决定功率作为基波响应项。这里 A_1 是输入大信号，用大写字母来表示；DUT 的响应取决于这个激励的大小。然而，第二部分使用小写的 a_2，意味着放大器的小信号响应对于 a_2 幅值而言基本是线性的。

作为匹配的第二项包含 X_{22}^S 和 X_{22}^T（但日常使用称为 S 项和 T 项），组成一对来描述 B_2 功率随负载反射信号而改变，它们共同组成有效输出匹配 $S_{22}^{\text{eff}}(|A_1|,\ a_2)$，称为放大器的真实"热态 S_{22}"。现在 S_{22} 有效值看起来随着负载大小相位变化，但这只是因为 S 和 T 部分随 a_2 大小和相位变化相加和相减造成的。对于任意特定值 $|A_1|$ 和任意大小和相位的 a_2，X 参数模型假定 X_{22}^S 和 X_{22}^T 值不变。这是假定 a_2 足够小，不会影响放大器的实际工作点，这个假定取决于测量的特定器件。如果 X_{22}^S 仅仅完全随 $|A_1|$ 缓慢变化；输入功率小时它退化为小信号 S_{22}，大功率时本质上所测得的是传统上定义但不正确的热态 S_{22} 测量结果的一部分。但这个测量忽略了 T 项，而 T 项作为 a_2 信号的共轭倍数包括在内。通过高阶非线性机制可以创建 T 项，类似于互调分量，随二阶输入信号功率变化。图 6.60 是放大器 S_{21}、S_{22} 和 T_{22} 对输入驱动电平的相对响应。S_{21} 显示了大功率压缩，S_{22} 显示了根据功率的一些小变化，但 T_{22} 按照预期的高阶分量 2∶1 曲线显示了很大的变化。实际它在某种程度上变得比 S_{22} 大，因此对输出功率的影响也比 S_{22} 大。

为了理解 X_{22}^T 上的 a_2 的共轭操作如何影响 DUT 的全反射表现值，考虑一下图 6.61 中的矢量图，其中 a_2 是不匹配负载的结果。图 6.61(a) 是 DUT 输出的所有信号，结果如 X_{21}^F（大浅色误差），$X_{22}^S \cdot a_2$（小深色箭头）和 $X_{22}^T \cdot a_2^*$（也是小深色箭头）所示；所有这些项（由浅色虚线箭头构成）的矢量和被称为真实的"热态 S_{22}"。总功率 b_2 是所有 X 项的矢量和，如图中深黑色箭头所示。图 6.61(b) 是相同的 X

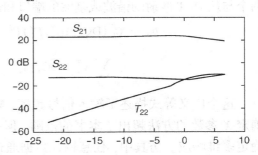

图 6.60　S_{21}、S_{22} 和 T_{22} 随输入功率的变化

参数，但是负载反射 a_2 相位变了，通过增加传输线长度旋转相位可能出现这个情况。

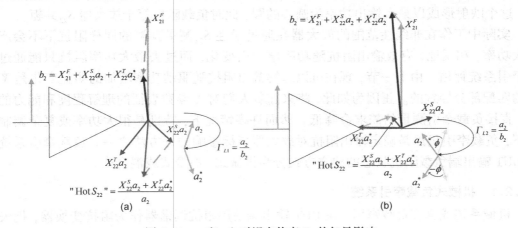

图 6.61　a_2 和 a_2^* 对视在热态 S_{22} 的矢量影响

图 6.61（b）中，$X_{22}^S \cdot a_2$ 对基波输出 X_{21}^F 的相对值，相位随着 a_2 相位改变而改变。这是预期的结果，与线性器件完全一样。但是 $X_{22}^T \cdot a_2^*$ 相位随 a_2 相反方向变化，造成 DUT 有效反射的相对幅值随负载相位变化而变化。这样，热态 S_{22}（前向驱动条件下的 S_{22}）看上去确实随着负载变化，人们可能由此推断放大器工作点随负载变化。而实际上，S 和 T 项是不变的；只是它们的矢量和变了，因为 T 项共轭相位与 S 项相互作用造成热态 S_{22} 响应显示值的变化。这也导致了 b_2 值改变的方式与具有固定值的 S_{22} 不一致。

对预匹配后的放大器，阻抗相对接近 50 Ω，用在如移动电话的窄带应用，建模和实际的基波响应足够一致，基于 X 参数仿真来预测最大功率和效率可得到匹配网络，其仿真优化和真实应用的结果类似。然而，对"裸"三极管来说，需要大量匹配才能转换到50 Ω 环境，在 50 Ω 测量的基波 X 参数可能不足以描述被测件。相反，可能需要负载相关的 X 参数，随输入信号 $|A_1|$ 幅度和负载反射系数 Γ_L 变化。这个情况下 X 参数围绕每个负载提供微扰或差分特性描述，S 和 T 项描述被测件在每个负载点的特性行为。

除了负载相关性，许多放大器也与 DUT 输入输出端谐波反射相关，以及与直流工作点相关。每个谐波项有自己的 S 和 T 项，描述了任一特定谐波（如第 l 次谐波）从任一端口（假定第 j 端口）输出任一其他谐波或基波（如第 k 次）到其他任一端口（如第 i 端口）。因此，通常 X 参数有 4 个索引，其中两个描述 DUT 入射输入信号的端口和谐波次数，如 a_{ik}，两个与从 DUT 散射的谐波或基波的端口和谐波次数有关，如 b_{jl}。因此通常 X 参数表示为

$$b_{ik} = X_{ik}^F (\mathrm{DC}, |A_{11}|, \Gamma_L) P^k + \sum_{j,l} X_{ik,jl}^S (\mathrm{DC}, |A_{11}|, \Gamma_L) P^{k-l} \cdot a_{jl}$$
$$+ \sum_{j,l} X_{ik,jl}^T (\mathrm{DC}, |A_{11}|, \Gamma_L) P^{k+l} \cdot a_{jl}^* \qquad (6.43)$$

这个广义等式描述了输入信号频率、幅值、直流工作点和输出阻抗点的多维相关性。确定 X 参数的方法超出了本书的范围，但一般来说每个自变量要完成一次 X 参数提取来确定多维响应。仿真中，任意输入数据通过 X 参数数据多维插值来确定。

6.8.2　负载牵引、源牵引和负载等值线

负载牵引测量把放大器输出功率映射到输出负载变化上。如果放大器响应是线性的，这个映射形成以最大输出功率为圆心的圆，此时负载阻抗等于放大器 S_{22} 共轭。

实际中工作在非线性范围的放大器在通过线性 S_{22} 测量预测的同样阻抗下不会产生最大功率，相反地，有效输出阻抗随功率增加而变化，而过去最大功率阻抗只能通过负载牵引系统评估。由上一节，现在可以理解输出阻抗随驱动功率增加的明显变化是 X 参数的匹配部分导致的。正因为如此，将来随着人们对 X 参数表征的理解程度和能力的提高，直接负载牵引测量的需求会降低。然而许多情况下，特别是很大功率或复杂调制条件下，负载牵引仍然是确定输出阻抗对放大器指标影响的好方法之一。负载牵引系统根据 DUT 输出端负载阻抗状态的建立方式分为机械式、有源式或混合式。

6.8.2.1　机械式负载牵引系统

机械系统或真实负载牵引，在 DUT 输出端使用阻抗调谐器作为阻抗变换器，把矢量网络分析仪端口 2 阻抗转换为史密斯圆图上的其他阻抗。一些系统使用多调谐器或多段

调谐器来提供基波和谐波需要的匹配阻抗。谐波负载牵引用来确定谐波阻抗匹配以优化放大器性能，是一种相对新的和活跃的研究领域。近期一些研究发现谐波频率下源阻抗对放大器性能也有显著影响，因此源牵引也变得更常见。源牵引和负载牵引系统示例参见图 6.62。

如 6.7.6.1 节所述，源牵引常用于噪声参数表征。有时候也用于研究放大器稳定性，特别是在带外区间。对这些研究来说，设置源调谐器到高反射值，用频谱仪观察放大器输出端，寻找振荡或者甚至是表示有振荡倾向的本底噪声上升。

研究最高增益或最大基波功率传输进行时，完全没有必要进行真实的源牵引，因为源牵引的影响仅仅是改变 DUT 输入端的有效电压。通过计算 50 Ω 源输出功率得到同样的电压，再调节电压可轻松完成。这与有源信号源牵引完全相同，与连续波测

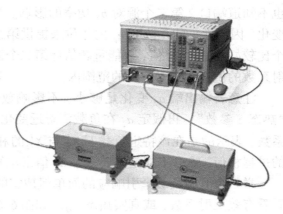

图 6.62　源和负载牵引系统插图。经 Maury Microwave公司许可引用

量中用调谐器的结果一样。然而，不能说谐波源牵引也一样，即必须与被测件产生的二次谐波相关，因此尽管反射可由另一个有源信号源产生，矢量网络分析仪必须在该频率提供真实的有效反射系数。

6.8.2.2　有源负载牵引系统

有源负载牵引或有源调谐可以替代使用机械式调谐器，依靠使用第二个源来驱动放大器输出端，控制它的幅值和相位来产生反射的 a_2 迹线，提供所需负载反射系数，如图 6.63 所示。

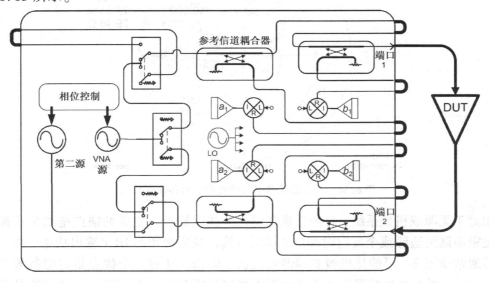

图 6.63　有源负载牵引的矢量网络分析仪框图

　　有源负载牵引中必须监测 DUT 上的所有 4 条波。过程是首先给被测件提供所需功率的输入信号，然后监测输出波 b_2 和矢量网络分析仪负载反射波 a_2。从这些波计算有效反射系数，由输出端的第二个源产生附加信号，与原始反射波相加或相减，产生所需要的反射系数。用式（1.21）由两个激励信号计算 S 参数。第一次测量并不知道 S_{22} 的值，因此也不知道端口 2 第二个源对 b_2 功率的影响。为得到所有 4 个 S 参数，输出信号必须有所变化，因此常见的是改变 a_2 的相位来提供第二组等式求解。解得 S 参数之后，可确定一个比较好的 S_{22} 估计值，再能重新估计第二个源的幅值和相位。重复这个过程直到有效反射系数的值达到预先定义的范围内。

　　注意若输出端 a_2 变化足够小，不影响放大器工作点，这样计算的 S 参数是真实的"热态 S 参数"。再假定 a_2 在负载值附近变化，得出的 S_{22} 是放大器输出端的总有效反射系数，表示的是在该特定负载下 X_{22}^S 与 X_{22}^T 的和。实际上，这个过程与确定被测件 X 参数的过程相似，唯一不同是需要多个 a_2 值来求解 X 参数的定义式（6.42）。

　　举一个有源负载牵引响应的简单但翔实的例子，当围绕史密斯圆图扫描负载阻抗时，看看有效反射系数，或真实热态 S_{22}。如图 6.64 所示，迹线（表示为 Γ_{Load}）是有源负载值。图上还有放大器 S_{22} 的较低功率测量结果（几乎不变的迹线），和负载相位在史密斯圆图上旋转时热态 S_{22} 的点轨迹。这个情况下，设置负载大小与线性 S_{22} 大小匹配，或大约 $-12\ \mathrm{dBc}(\Gamma = 0.25)$。有趣的是，当负载绕圆循环时，查看热态 S_{22} 的轨迹。因为热态 S_{22} 有两个矢量移动（S 和 T 项或 a_2 和 a_2^* 信号），负载响应一次循环，热态 S_{22} 有两次循环。这显示了真实热态 S_{22} 的复杂性，但是必须认识到根本的 S 和 T 项其实不随负载反射变化。

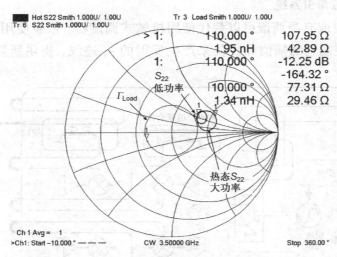

图 6.64　有源负载牵引的输出功率和有效热态 S_{22}

　　相对于无源或机械系统，有源负载牵引有一些优缺点。主要的缺点是如果有源负载接近史密斯圆图边缘或全反射时端口 2 提供的输出功率必须与 DUT 输出功率一样。主要优点是通常快得多，可能比机械式调谐系统快 100 倍。还有一个优点是有源负载不会引起器件振荡，因为当负载阻抗处于放大器不稳定范围时会发生振荡。振荡开始是因为增益接近无穷大, 热噪声放大产生振荡信号。但在有源负载中, 除了精确在连续波源频率处, 放大器上没有负载反射(不同于原始矢量网络分析仪反射), 由于增益失稳噪声的放大也受到用于产生有源负载的端口 2 源最大功率的限制。一旦达到最大功率, 有效有源负载受限, 抑制了振荡。这并非意味着不能检测失稳的范围; 实际上这就是史密斯圆图上有源负载牵引不能达到所需反射系数的区域。这强烈暗示用户 DUT 会在史密斯圆图这些区域失稳。

6.8.2.3 混合式负载牵引系统

某些系统中, 用于基波的机械式调谐器与用于谐波的有源调谐结合在一起, 提供精确/快速的负载调谐。对功率非常大的放大器来说, 产生有源信号把 DUT 驱动到所需状态可能不实际或不可能。这些情况下, 用机械式调谐器作为预匹配网络来近似产生所需负载阻抗。实际上, 当在非 50 Ω 阻抗下测量 X 参数时, 用这个方法来产生负载阻抗。用第二个源在负载阻抗附近进行小的负载牵引, 这样来提取 X 参数。

其他应用中, 机械式调谐器用来产生基波负载匹配, 有源负载用来提供谐波负载阻抗。这样的系统中, 机械式调谐器能在输出端提供大功率反射, 与谐波功率相关的有源负载功率值可以大幅降低, 使得这样的系统更加实用。许多机械式调谐器有一个属性, 当它们在基波频率反射大时, 基本上其他频率的传输线通路损耗就低, 允许驱动有源信号源以不同频率通过调谐器, 如在谐波频率。

6.8.2.4 功率等值线

负载牵引测量中最经典的形式通常是分析显示最大功率的阻抗点以及代表史密斯圆图上的恒定功率线或等值线的点轨迹。从数十或数百个阻抗点收集功率数据产生这些等值线, 把相同功率阻抗点间"连线"。从 X 参数模型仿真也能产生类似的功率等值线, 与实际测量结果有非常好的相关性。基于放大器 X 参数模型仿真的负载牵引与实际负载牵引的结果比较, 如图 6.65 所示。

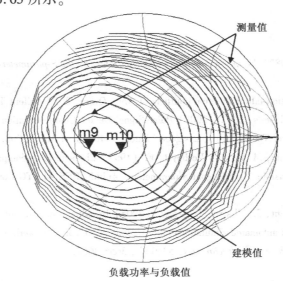

图 6.65 X 参数模型仿真的负载牵引与真实负载牵引值的比较

6.8.2.5　效率等值线

DUT 的负载阻抗也会影响放大器的 PAE，特别是当工作在非线性区域时。如果测量放大器的功率、电压和电流，计算随负载阻抗变化的 PAE，可以产生 PAE 和最大功率的负载等值线。虽然它们往往会类似（最大效率出现在最大功率附近），但也会有一些不同，快速查看特定放大器的最优负载的一个方法是观察功率和 PAE 等值线。也可以产生对于二次或三次谐波负载或二次或三次谐波信号源负载的等值线。PAE 等值线示例如图 6.66 所示。

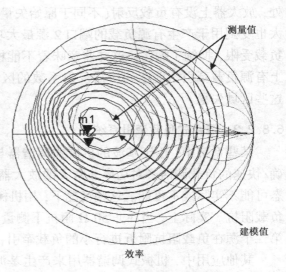

图 6.66　PAE 等值线与负载阻抗

6.9　放大器测量小结

本章广泛介绍了放大器的特性测量，全面详细说明了增益和匹配修正的功率。需要强调几个关键点：需要多花时间对被测放大器进行预测试和优化矢量网络分析仪的设置，避免偏置和设置的错误，甚至可以避免 DUT 和矢量网络分析仪因过载造成损坏。大多数情况下，现代的矢量网络分析仪实质上能测量放大器所需的所有基本特性，包括谐波和互调失真形式的失真测量，噪声和噪声系数测量，功率和效率测量，设置负载牵引测量。使用矢量网络分析仪的重要优势是能把 S 参数测量中特有的高质量校准扩展到其他测量中，这样既快速又能得到误差小的结果。这些包括高级去嵌入技术的方法，即使对如晶片上或夹具上器件这样的非标准连接的器件，也能进行高质量测量。

参考文献

1. Vendelin, G. D. (1982) *Design of Amplifiers and Oscillators by the S-parameter Method*, Wiley, New York. Print

2. Stability circles equation-editor function courtesy of Andy Owen, 2012 Agilent Technologies.

3. Shoulders, R. E. and Betts, L. C. (2008) Pulse Signal Device Characterization Employing Adpative Nulling and IF Gating. Agilent Technologies, assignee. Patent 7340218. 4 Mar. 2008. Print.

4. Verspecht, J., Bossche, M. V., and Verbeyst, F. (1997) Characterizing components under large signal excitation: Defining sensible 'large signal S-parameters' 4ninth IEEE ARFTG Conf. Dig., Denver, CO, Jun. 1997, pp. 109-117.

5. Root, D. E., Verspecht, J., Sharrit, D., *et al.* (2005) Broadband poly-harmonic distortion (PHD) behavioral models from fast automated simulations and large-signal vectorial network measurements. *IEEE Transactions on Microwave Theory and Techniques*, 53(11), 3656-3664.

第7章 混频器与变频器测量

7.1 混频器特性

混频器和变频器是雷达、无线及卫星通信系统的关键元件。对混频器和变频器进行特征描述的要求与对放大器的要求十分接近，包括频率响应以及这些变频器的相位线性度，输出功率和压缩功率，噪声系数，失真和谐波。而变频器独有的还包括高阶组合频率，LO，射频和镜像抑制。

正如放大器可以按照应用分类，变频电路也可按照相似属性和测试需求分组成多个器件类。最宽泛的层面是混频器，它们是简单的三端口器件，有 RF，IF 和 LO 端口。最常见的是由单平衡或双平衡器件组成的，使用被称为本振(LO)的一个外部大信号驱动一组二极管在 LO 波形周期上开/关导通。

图 7.1 是一个单平衡混频器。这个简单的混频器只在 LO 端口上是平衡的，LO 信号导致混频器的二极管在正半周期内导通。平衡 LO 信号通过在低频时使用变换器或在高频时使用平衡到非平衡电路(巴伦)来产生，常常包含有耦合传输线。在导通时电流由 RF 源流入 IF 负载，同时 1/4 波长线防止 RF 驱动端短路二极管上的 LO 信号。RF 信号本质上以 LO 的速率被整流，采样或斩波。混频器输出波形的傅里叶分析将显示 RF 和 LO 信号相加和相减的频率信号及其谐波。由于 LO 是平衡的，在输出端的 LO 信号非常小。图示的

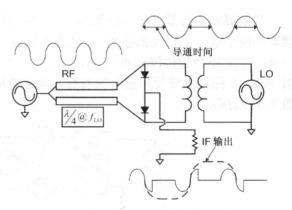

图 7.1 单平衡混频器的输入，LO 和输出波形

例子中，由 IF 输出波形的重复模式可以看出较低频率的 IF。

单平衡混频器十分简单，常常用于非常高的频率，但它的缺点是导通只有 50%，所以与其他型号相比其转换效率比较低。其主要优点是，由于 RF 和 IF 端口不是平衡的，所以不需要使用巴伦，这使得它们结构简单并且带宽相当宽。

对 RF 和微波频率范围内的大多数工作而言，转换效率以及隔离比简单的设计更加重要，双平衡混频器在这两个方面都提供改进。图 7.2 中是一个典型的双平衡混频器[1]，图示了传导到输出端口的信号。LO 波形交替打开二极管对，在每个 LO 半周期，RF 信号的符号被改变，如 IF 端口所示。

双平衡混频器在 RF 和 LO 端口的变换器有天生的隔离，将这些信号与 IF 端口隔离。双平衡混频器的一个变种是将 RF 和 LO 信号分离到两组二极管环路，同时反转 RF 路径，

在第 3 个变换器上组合 IF 信号(此时为异相)。有时这被称为双–双平衡混频器,双环混频器或者三平衡混频器。它的优点是在两个混频器上分割 RF 信号,这样可以降低每个混频器上 RF 的幅度,提高整体混频器的线性度 3 dB。不足之处是增加了复杂度,还有为达到相同的性能而要求 LO 功率高 3 dB。

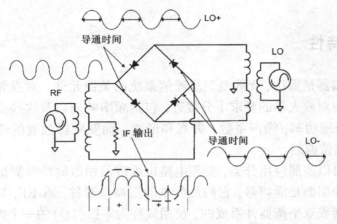

图 7.2　双平衡混频器导通

其他混频器的形式包括镜像抑制或单边带(SSB)混频器,它利用两个混频器,在混频器的两个端口上相位偏移 90°。经典的镜像抑制混频器使用两个混频器和一个 LO,每个 RF 和 IF 路径相位偏移 90°,LO 上连接等相位分路器再接入每个 LO 输入。缺点是在RF 或者 IF 路径上要使用通常只有有限频率响应的 90°混合转换器(hybrid)或移相器,如图 7.3(a)所示。

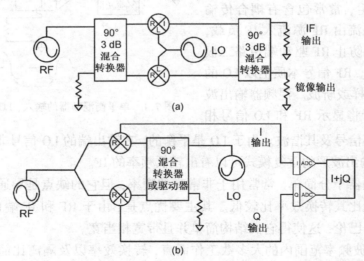

图 7.3　镜像抑制混频器的结构。(a)标准结构;(b)使用数字解调器的结构

镜像抑制混频器的另外一个配置在每个 LO 上和 IF 输出上相位偏移 90°,所以组合输出的信号抑制一个边带同时增强另外一个。该版本常在 MMIC 混频器中看到,LO 的相移使用这样一种方法进行 90°偏置,先乘以 LO 或使用更高频率的 LO,接着相除;另一种

选择形式是在 LO 端口使用可调节的移相器产生该偏置。在每个输出端口，IF 混合转换器常被数字转换器替代(称为 I 和 Q 输出)，以进行 90°求和(即实部与虚部相加)，在图 7.3 中也有显示。该混频器的上变频形式有两个输入，假定相位偏移 90°，常常在输出信号直接居中于 LO 的复杂调制方案中使用。因为 LO 信号在频率上没有转化，有时被称为 I/Q 调制器。而 I/Q 输入端口的任意波形调制 LO 信号在调制器输出端产生相同的基带包络波形。在这些混频器里，LO 抑制是关键指标。

7.1.1　混频转换器的小信号模型

即使混频器的本质是强非线性的，信号从 RF 端口传输到 IF 端口在其行为上大部分都是线性的，可被建模表示，就像一个放大器的 S 参数。虽然频率被转换了，但是如果输入电压加倍，则输出电压也加倍，如果加一个小的调制信号到 RF 输入端，相同的调制信号将出现在 IF 输出端，没有失真，从这些意义上来说它是线性的。二极管的非线性本质对 RF 信号产生斩波，将它转换成 IF 频率，不过是以一个线性方式来这样做的。试想只有 LO 的第一个傅里叶分量作为正弦波输入信号，乘以一个余弦输入信号，数学表达式为

$$\cos(\omega_{In}t) \cdot \sin(\omega_{LO}t) = \frac{1}{2}\left(\sin\left[(\omega_{In} + \omega_{LO})\right]t - \sin\left[(\omega_{In} - \omega_{LO})\right]t\right) \qquad (7.1)$$

因此输出的频率分量中将会有这两个输入信号相加和相减的频率。当然，LO 信号有很多谐波(如果是对称信号则全为奇数)，所以每个谐波与输入信号的相加和相减也将会输出，有时称为互调杂散或高阶组合频率。因此可以创造相加或者相减信号。相加信号永远表示上变频，按惯例输入信号称为 IF 信号(IF 信号永远是输入或输出中较低的那个频率)。如果相减信号是需要的输出，混频器可能是上变频器(如果输入比相减低)也可能是下变频器(如果输入比相减高，或者比 LO 高)。在图 7.4 中用图形表示了这些。图 7.4(a)显示的条件产生上变频和下变频两个信号，输出端的滤波将决定这是个上变频器还是个下变频器。

图 7.4(b)显示的情况只能是上变频器，输出可能是镜像(LO – In)或者正常(LO + In)模式混频器。要注意的一个重要方面是，当输入信号频率向上移动时，输出信号频率可能会向上移动(这称为标准或者正常模式)或者向下移动(这称为镜像模式或反向模式)。对镜像的情况，这个反向关系继续存在于输入信号相位的变化：对标准混频器，输入端相位的一个正变化结果导致输出端相位的一个正变化；对镜像混频器，输入端相位的一个正变化结果导致输出端相位的一个负变化。在确定

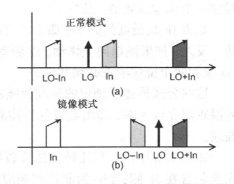

图 7.4　混频器输入和输出信号的图形表示

如何串联混频器，滤波器以及其他元件的影响，或去除测量中电缆和连接器的影响时，这是个十分重要的需要考虑的属性。

使用图 7.5 中显示的定义，可以为混频器开发出一个基于入射和散射波的小信号模型[2, 3]。

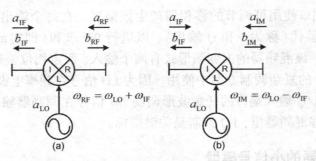

图 7.5 正常(a)和镜像(b)混频器入射和散射波的原理图

对于一个理想的标准混频器，输入信号转换到输出，幅度和相位不发生改变，并且端口没有反射。加到混频器输出端的信号同样地转换为输入频率，幅度相位不发生变化，输出端口没有反射。这样一个理想的混频器可以被数学地表示为

$$\begin{bmatrix} b_{IF} \\ b_{RF} \end{bmatrix} = \begin{bmatrix} 0 & a_{LO}^* \\ a_{LO} & 0 \end{bmatrix} \cdot \begin{bmatrix} a_{IF} \\ a_{RF} \end{bmatrix} \tag{7.2}$$

对应一个标准混频器，且 $|a_{LO}| = 1$。

其中，假设 LO 与混频器以这种方式交互，它的功率变化不影响混频器的转换效率。对于混频器的正常工作点，这个假设成立，所以仅有 LO 的频率和相位影响这个传输函数。这个式子表示一个上变频器的前向和一个下变频器的反向。

在 RF 端口的散射波(输出信号)的频率是 IF 和 LO 的频率相加；若其中任意一个频率增加，RF 也增加，相位也是一样。然而，请注意，IF 端口的散射波取决于 RF 端口的入射波，如果 LO 频率上升，IF 下降，相位也一样，所以在反向 IF 响应与 LO 共轭。理想镜像混频器的响应稍有不同，表示为

$$\begin{bmatrix} b_{IF} \\ b_{IM}^* \end{bmatrix} = \begin{bmatrix} 0 & a_{LO} \\ a_{LO}^* & 0 \end{bmatrix} \cdot \begin{bmatrix} a_{IF} \\ a_{IM}^* \end{bmatrix} \tag{7.3}$$

对应一个镜像混频器，且 $|a_{LO}| = 1$。

如果 IF 是最低的频率，那么这也是一个上变频器，当 IF 向上移动时镜像频率向下移动。反之，如果镜像向上移动，IF 频率向下移动，所以为了正确处理相位响应，其中一个 LO 项和两个镜像项都必须共轭。

这些公式描述了理想的标准混频器和理想的镜像混频器的频率和相位响应，但真实的混频器在输入端，输出端以及传输频率响应上将会有反射，所以必须有一个更复杂的描述。

如图 7.6 所示，有几种方法可以特别描述这些额外的响应。(a)为非理想响应被完全包含在 IF 侧；(b)为非理想响应被完全包含在 RF 侧；(c)为非理想响应分解在 IF 侧和 RF 侧，前向响应分配到 IF 侧，反向响应分配到 RF 侧。所有这些表示同等地有效，描绘了一个包含混频器的非理想行为元素的"误差框"；对正常的混频器，可以从一种形式变到另外一种形式。然而，对于镜像混频器，从输入端移动误差框到输出端时必须特别注意。

对在任何负载条件下的正常混频器，从该图中可以定义一组散射参数来描述这些波

的行为。对一个标准混频器 IF 和 RF 频率的波表示为

$$
\begin{bmatrix} b_{\mathrm{IF}} \\ b_{\mathrm{RF}} \end{bmatrix} = \begin{bmatrix} S_{11}^{\mathrm{IF}} & a_{\mathrm{LO}}^{*} \cdot SC_{12}^{\mathrm{IF}} \\ a_{\mathrm{LO}} SC_{21}^{\mathrm{IF}} & S_{22}^{\mathrm{IF}} \end{bmatrix} \cdot \begin{bmatrix} a_{\mathrm{IF}} \\ a_{\mathrm{RF}} \end{bmatrix} = \begin{bmatrix} S^{\mathrm{IF}} \end{bmatrix} \cdot \begin{bmatrix} a_{\mathrm{IF}} \\ a_{\mathrm{RF}} \end{bmatrix}
$$

或 $\quad \begin{bmatrix} b_{\mathrm{IF}} \\ b_{\mathrm{RF}} \end{bmatrix} = \begin{bmatrix} S_{11}^{\mathrm{RF}} & a_{\mathrm{LO}}^{*} \cdot SC_{12}^{\mathrm{RF}} \\ a_{\mathrm{LO}} SC_{21}^{\mathrm{RF}} & S_{22}^{\mathrm{RF}} \end{bmatrix} \cdot \begin{bmatrix} a_{\mathrm{IF}} \\ a_{\mathrm{RF}} \end{bmatrix} = \begin{bmatrix} S^{\mathrm{RF}} \end{bmatrix} \cdot \begin{bmatrix} a_{\mathrm{IF}} \\ a_{\mathrm{RF}} \end{bmatrix}$ （7.4）

对应一个标准混频器，且 $|a_{\mathrm{LO}}| = 1$。

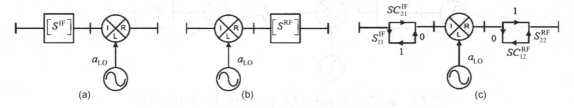

图 7.6　非理想响应混频器的示意图

即使 S 矩阵 S^{IF} 和 S^{RF} 适用于不同的频率，但其元素有相同的值，可以说 $S^{2\mathrm{F}} = S^{\mathrm{RF}}$，但要记住它们按不同频率索引。

因此混频器的真实响应可以从一侧移动到另一侧，允许其他网络元素与混频器响应串联。将此应用到镜像混频器则更复杂和微妙。

可以为镜像混频器定义一个类似的散射矩阵，如

$$
\begin{bmatrix} b_{\mathrm{IF}} \\ b_{\mathrm{IM}}^{*} \end{bmatrix} = \begin{bmatrix} S_{11}^{\mathrm{IF}} & a_{\mathrm{LO}} \cdot SC_{12}^{\mathrm{IF}} \\ a_{\mathrm{LO}}^{*} \cdot SC_{21}^{\mathrm{IF}} & S_{22}^{\mathrm{IF}} \end{bmatrix} \cdot \begin{bmatrix} a_{\mathrm{IF}} \\ a_{\mathrm{IM}}^{*} \end{bmatrix} = \begin{bmatrix} S^{\mathrm{IF}} \end{bmatrix} \cdot \begin{bmatrix} a_{\mathrm{IF}} \\ a_{\mathrm{IM}}^{*} \end{bmatrix}
$$

或 $\quad \begin{bmatrix} b_{\mathrm{IF}} \\ b_{\mathrm{IM}}^{*} \end{bmatrix} = \begin{bmatrix} S_{11}^{\mathrm{IM}*} & a_{\mathrm{LO}} \cdot SC_{12}^{\mathrm{IM}*} \\ a_{\mathrm{LO}}^{*} \cdot SC_{21}^{I*} & S_{22}^{\mathrm{IM}*} \end{bmatrix} \cdot \begin{bmatrix} a_{\mathrm{IF}} \\ a_{\mathrm{IM}}^{*} \end{bmatrix} = \begin{bmatrix} S^{\mathrm{IM}} \end{bmatrix}^{*} \cdot \begin{bmatrix} a_{\mathrm{IF}} \\ a_{\mathrm{IM}}^{*} \end{bmatrix}$ （7.5）

对应镜像混频器，且 $|a_{\mathrm{LO}}| = 1$。

同样，即便这里 S 矩阵 S^{IF} 和 S^{IM} 适用于不同频率，其元素有相似的值，即 $S^{\mathrm{IF}} = S^{\mathrm{IM}}$，但对于镜像混频器，记住它们也是按照不同的频率索引。传输项使用 SC 以指示其为转换。

对于标准混频器，可以绘制一个整体的等效电路将 IF 侧的所有响应移到 RF 侧，包括源失配的影响，如图 7.7 所示。这个等效电路去除了混频器，并且源的频率也发生了改变，但是源失配的值保持不变。

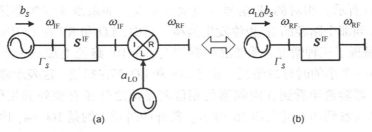

图 7.7　源和标准混频器的实际电路（a）和 RF 等效电路（b）

镜像混频器也可以绘制相同的等效电路,但结果明显不同,如图7.8所示。其中,移动 IF 散射矩阵到输出端,所有项都要共轭。值得注意并且直到今天也不是很清楚的是,

在 IM 频率移动源以获得一个等效版本要求源的矢量电压 b_S 和源失配 Γ_S 两者都必须被共轭。因此式(7.5)也告诉人们如何在混频器之前或者之后串联元件到 IF 或者 RF 路径。由此,可以建立一个包含 IF 的影响及各个元件间失配的整体响应。

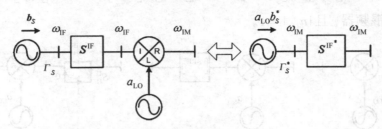

图 7.8　源和镜像混频器的实际电路(a)和 RF 等效电路(b)

在 7.5.3.1 节中讨论的对镜像混频器进行矢量混频器校准中,这个表示法对计算互易混频器的响应有很重要的用途。

7.1.2　混频器的互易性

鉴于式(7.4)和式(7.5)的定义,混频器的互易性有特殊的含义。对于幅度响应,如果 $|SC_{21}| = |SC_{12}|$ 则说混频器是互易的;该行为可以使用本章后面将叙述的标准标量测量来验证。由于混频器从输入端到输出端的相位响应取决于 LO,偏移 LO 也会偏移输出信号,明确地描述混频器的相位响应十分困难,因为如果输入和输出不是谐波关系,它会随时间而变化。也就是说,即使在某个特定时间知道 LO 相位与 IF 的相对关系,之后的某个时间它也将旋转到其他的关系。

因此,当说到相位互易性时,人们通常指的是 SC_{21} 的相位响应对频率的偏差应该与 SC_{12} 的相位响应对频率的偏差相吻合,或者更简洁地说,一个混频器要是互易的,SC_{21} 的群时延应该等于 SC_{12} 的群时延。此定义非常有用,因为测量混频器或变频器的群时延的校准过程是关心混频器互易性本质的一个首要原因。

7.1.2.1　LO 相位响应的注意事项

如果分离源信号进入两个混频器,馈入相同的 LO,用相参接收机比较 IF 信号,就像矢量网络分析仪的测试输入与参考输入,可以展示混频器 LO 相位响应的一个有趣的方面,如图 7.9(a)所示。相对的 IF 信号一直固定不变。如果改变混频器路径上 LO 的相位,结果将会看到那个路径的 IF 相位发生偏移。其中,LO 和 RF 在 1 GHz 跨度扫描并且 IF 固定不变。呈现了三种情况:基准混频器情况,在 RF 路径上加一个小的时延情况和在 LO 路径上加一个小的时延的情况。由于 RF 和 LO 都在扫描,这表示额外的相位变化是频率的函数,可能希望看到在混频器的相位测量值之外还有额外的相位倾斜。对 RF 时延的情况,确实看到额外的大约 36°倾斜。额外的时延大约是 100 ps;因此预期的额外相位将是

$$\Delta\phi = \text{delay} \cdot 360 \cdot \Delta f = 100\text{ps} \cdot 360 \cdot 1\text{GHz} = 36° \tag{7.6}$$

　　然而，当在 LO 路径加上相同的时延，观察到一个反向的大约相同的倾斜。因此 LO 的相位偏移直接地转换至 IF 信号，但是作为共轭相位改变。对于镜像混频器，预期得到相反的结果。这与式(7.4)描述的行为完全一致。这种情况下，测量结果表示 RF 到 IF 的转换，与 SC_{12} 项关联。在图 7.9(b) 中，混频器末端接一个短路查看双程反射进行混频器相位的特征描述，例如在输出端接短路，在输入端查看混频器的等价 S_{11}。

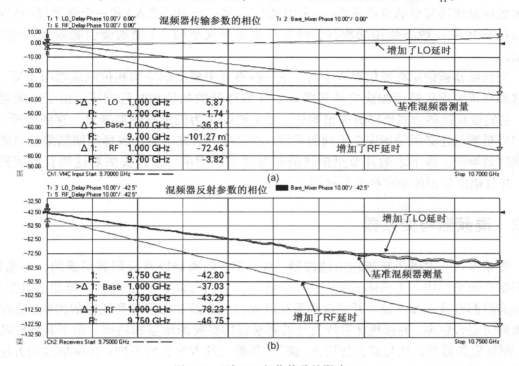

图 7.9　理解 LO 相位偏移的影响

　　忽略其他失配项，反射本质上是 SC_{21} 和 SC_{12} 的乘积。但是真实的响应包含 LO 的影响，所以准确的描述是

$$对于标准混频器\, S_{11}^{IF}\big|_{P2\_Short} = a_{LO}SC_{21}^{IF}a_{LO}^{*}SC_{12}^{IF}\big|_{S_{11}=S_{22}=0}$$
$$对于镜像混频器\, S_{11}^{IF}\big|_{P2\_Short} = a_{LO}^{*}SC_{21}^{IF}a_{LO}SC_{12}^{IF}\big|_{S_{11}=S_{22}=0} \tag{7.7}$$

　　因此，如果混频器是互易的，这个 S_{11} 测量值的平方根就是混频器的转换损耗。由此，可以得出结论，LO 的相位偏移对混频器的 S_{11} 响应的相位表现值没有任何影响，因为 LO 的共轭关系向上和向下变换产生了相似的正向和负向偏移，抵消了任何相位偏移。在图 7.9(b) 中的测量结果正是显示了这样的效果。将时延加在 RF 输入端显示了与图 7.9(a) 相同的响应，但是将时延加在 LO 路径几乎没有显示变化（那些细微的变化可能是由于 LO 端口的一些小失配的影响）。因此，无论端接阻抗如何，不能通过仅仅观察混频器输入端的 S_{11} 来断定 LO 的相位被偏移了。测量混频器的一个方法（参见 7.5.3.1 节）中，输出端端接的反射被用于确定通过混频器的双程转换损耗。从式(7.7)清楚地看到，在这个特征描述中没有包含 LO 端口的相位响应。

7.1.3　标量与矢量响应

前一节中显示的混频器响应是幅度与相位响应的复数值函数。对许多应用来说，只关心幅度响应，通常称为变换损耗。其他响应还包括压缩，输出功率，输出谐波和杂散波。所有这些响应都由标量来表示，通常称这些特征描述为标量混频器测量。在过去，大多数标量使用简单的双源系统(一个用做 LO，另一个用做输入)和一个频谱仪(在混频器特征描述中一般不使用功率计，因为其他组合频率和 LO 馈通会引起较大误差)来测量。

当混频器被使用在通信系统中时，在一些格式中幅度响应和相位响应都很重要，所以这些系统要求在幅度响应之外还需要表征混频器的相位和时延响应。由于响应是复数，它们通常被称为混频器的矢量响应，测量被归类为矢量混频器测量。直到最近，矢量和标量测量还必须使用完全不同的系统，通常很多系统是通过解释调制结果且只能来提供时延响应。接下来的几节里描述的新型技术使用单一系统提供对这些复数值的测量，并且幅度和相位响应精度都很高。

7.2　混频器与变频器

变频器这一术语用来描述由滤波器，放大器，隔离器以及混频器组成的一个系统，它们组合起来创建一个整体的频率转换系统块。它们可以有 1，2 或者甚至更多级混频，每级前后都有放大和滤波。开发这些系统以提供对不需要的信号和镜像的抑制，去除或隔离高阶组合频率，并按整体系统设计的要求提供必要的增益和功率。由于其特殊的属性，测量变频器的方法与那些使用在"裸"混频器上的方法有所不同；这里描述的方法将使用术语"混频器"和"变频器"来区分。

混频器被认为是有损或小增益的(如果是有源混频器)，没有输入和输出滤波，且只有单一转换。无源混频器通常是或者几乎是互易的，能以几乎相同的效率从 RF 到 IF 或者从 IF 到 RF 转换频率。无源混频器的输出端可能有大量高阶频率，有些馈通元素(如 LO)与所需的输出频率一样或甚至更高。图 7.10 显示了一个混频器的频谱示例，进行了两个测量，对输入频率加一个偏移以识别杂散。输出频率的偏移量指示出产生该项的倍乘阶数。有针对地来看看图中的一些谐波、馈通和杂散。例如，由 $\mathrm{Spur}_{21} = 2 \cdot f_{\mathrm{LO}} - f_{\mathrm{RF}}$ 产生的 2:1 杂散显示在游标 5 处，并且由于靠近 IF，它可能在带内。3:1 杂散很大，仅仅比主 RF 输出低 13 dB；这表明该混频器对 LO 的 3 阶谐波有很高的转换效率。还可以看到很多杂散有 RF 的 2 阶组合频率，有一个有 3 阶：游标 9 突出显示的 5:3 杂散，它们的功率随着频率向下移动而改变。游标 4 显示了主要的 RF 和 LO 的相加组合频率。必须知道所有这些输出端的杂散都可能被一个非理想的负载反射回变频器并在其中再组合。

变频器含有滤波器防止不需要的镜像转换，通常包含有源级提供有效的正向增益和级与级间的隔离，并可能有一级或多级混频。多级转换的方法产生的转换与简单的混频器相同，不过它通过在各级间滤波去除了杂散。放大级在反向提供了大量的隔离，所以变频器本质上是单边(一个方向)器件。

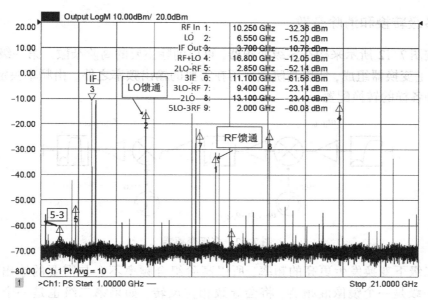

图 7.10　典型的混频器输出响应,显示有谐波和杂散

7.2.1　变频器设计

　　虽然本书无意成为一本设计类的教科书,但理解变频器设计的原则对于理解混频器的高阶频率如何产生及如何利用多级转换去除它们是有帮助的。来看图 7.11 中的图解,它们粗略地按比例绘制。输入(IF)信号的上变换显示在上方的线之上。下方的线显示的是 IF 和 LO 的谐波。上方的线之下显示的是高阶频率的构造:2:1 ,3:2 和 4:3 组合频率,可以看到它们一定会在某些频率与需要的输出频率交叉。此构造中,当高阶频率的高度与 RF 输出的高度相等时出现交叉频率。

　　混频器永远都会有杂散,在变换损耗的测量中,当高阶频率与需要的频率交叉时,转换增益将显示一个非连续异常或尖刺。这不是测量误差,事实上,由于高阶组合频率,混频器的转换损耗在那个频率上确实改变了。如下所述,用精确的多级转换可以将这些频率去除掉。

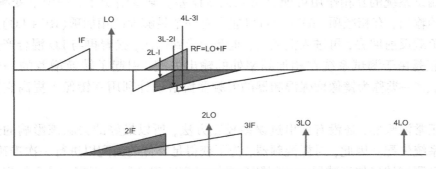

图 7.11　混频器的高阶频率的图解

7.2.2　多级转换和消除杂散

如果按图7.12所示来构造多级变频器,可以消除主要的高阶杂散。第一级由一个带高边LO的上变换器组成,所以高阶频率落在需要的输出频率之外。由频率决定,多级转换器有多种各样的转换配置。

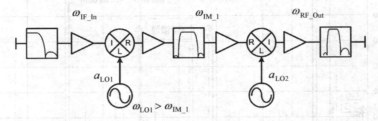

图7.12　多级变频器

在第二级下变换发生更高的频率,所以高阶组合频率不会与需要的输出频率范围交叉。第一级是一个镜像混频器,将会导致相位反转;如果第二级也是一个镜像混频器(高边LO)相位发生第二次颠倒,混频器整体的响应将是正常的。各级提供的滤波保证整体的响应对带外信号不敏感;需要放大来补偿多级和滤波的损耗。通常,用一个输入放大器提高混频器的噪声系数,但常常在建立一个低噪声转换器和因为过载输入混频器而造成失真之间的折中,所以需要很好地理解输入LNA与混频器失真间的相互作用。常常会有一个输入滤波器限制LNA输入频率。类似地,各级间常常添加放大器以提供适当的增益;调整增益分布以保持噪声系数,同时防止高阶频率在放大器中产生失真。

将滤波器加入混频器彻底改变了混频器的整体响应,并且深刻地影响了测量技术。混频器常常有较差的匹配,因此必须精心控制和精确测量滤波器与混频器间的相互作用。因为输入失配很复杂(由输入和输出滤波器的组合而造成),所以测试规范往往较严格以确保失配在规定的范围内。这意味着失配校正技术十分重要,并且测试设置必须支持高精度的失配测量。

一方面,裸混频器的测量会有大量高阶频率从全部三个端口射出(参见7.5节),这些频率与测试系统的互相作用可能会引入大量误差。某些情况下,一个下变频器(作为需要得到的输出,有相减项,RF−LO)可能会有一个足够大的相加项(RF+LO)从矢量网络分析仪负载反射回去,再进入混频器,重新转换到输入,接着再与LO混合产生大量的IF信号。正是由于测试系统在相加频率处的输出失配,引起了转换增益的一个明显变化。实际上,一类称为镜像增强混频器的混频器恰恰设计利用其镜像去提高它们的转换效率。

对于正常混频器,还没有提出过误差校正方法,所以最好的去除该影响的选择是最小化测试系统失配。因此,对裸混频器,为了获得足够低的失配以进行一次准确的测试,可能必须在测试端口加衰减器。该问题只是针对高阶组合频率而言;需要得到的频率下的测试系统的失配可以被表征和去除,如7.5节中所述。

7.3　将混频器看成十二端口器件

　　最普遍的理解中，混频器被视为一个简单的三端口器件，RF 端口只有 RF 频率，LO 端口有 LO 频率，IF 端口只产生 IF 频率。这个简单的理解用看上去像式(7.4)和式(7.5)的转换矩阵来表征。的确，一个精确设计的变频器的确是那样，但一个混频器(不带滤波和隔离放大器)的行为方式更加复杂。

　　现实中，LO 和 IF 端口将有 RF，RF 端口和 LO 端口有 IF，IF 和 RF 端口有 LO，同样 IF 和 RF 端口会有不需要的频率，如 IM，诸如此类，所以即使对一阶组合频率(LO 与输入频率的相加和相减)，混频器也应该被视为一个十二端口器件[4]。或者，它是一个三端口器件，每个端口有 4 种"模式"。数学上，每个频率元素被当成在每个端口的一个独立的输入，所以整体响应用图 7.13 所示公式来描述。事实上，从来没有人对任何实际的影响使用这个混频器描述，但它是一种说明的方法，用来表明所有可能的混合与再混合的影响。

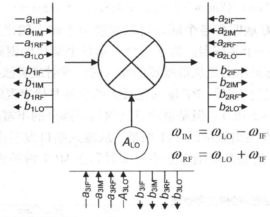

$$\omega_{IM} = \omega_{LO} - \omega_{IF}$$
$$\omega_{RF} = \omega_{LO} + \omega_{IF}$$

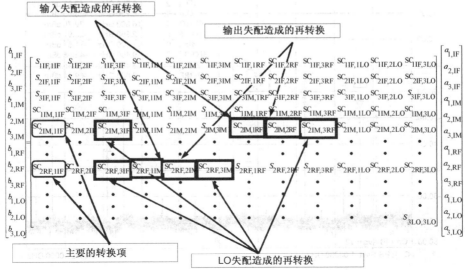

图 7.13　混频器看做十二端口器件来描述所有一阶组合频率

7.3.1 混频器转换项

7.3.1.1 IF 到 RF 转换

图 7.13 描述的混频器是一个上变换器；用编号及那个端口的频率来标识端口。如图所示，如果将端口 1 定为输入，端口 2 定为输出，端口 3 定为 LO，那么 $SC_{2RF,1IF}$ 就是一阶标准上变换增益（LO 与 IF 的相加），$SC_{2IM,1IF}$ 就是一阶镜像（LO 与 IF 相减）上变换增益。图中还显示了一些再转换项的例子。

7.3.1.2 反射与再转换

再转换项表明其中一个端口上的反射或失配如何在输出端产生 RF 或 IM 信号。它们仅代表一阶项，对高阶组合频率也有多组这样的转换项。转换增益测量中，这些再转换项是永远都会存在的波纹的来源，下面的式子显示了这些项的一个采样

$$
\begin{aligned}
误差 = & (\Gamma_{Source} \cdot (S_{1RF,1IF} \cdot S_{2RF,1IF} + S_{1IM,1IF} \cdot S_{2RF,1IM} + \cdots) \\
& + (\Gamma_{LO} \cdot (S_{3IF,1IF} \cdot S_{2RF,3IF} + S_{3IM,1IF} \cdot S_{2RF,3IM} + \cdots) \\
& + (\Gamma_{Load} \cdot (S_{2IF,1IF} \cdot S_{2RF,2IF} + S_{2IM,1IF} \cdot S_{2RF,2IM} + \cdots) + \cdots
\end{aligned}
\tag{7.8}
$$

测试裸混频器时，很好地匹配各个端口可以控制由于输入输出失配造成的再转换，例如可以在每个端口加接一个衰减器。为了完全展示各个端口的混频器频率的本质，来看图 7.14 所示的频谱。它显示的是从混频器的输入端口发射或者散射信号的频谱；这不是混频器的输出端口的测量！当然，RF 输入是最大的信号并代表混频器的 S_{11}（这里输入功率是 0 dBm，所以 S_{11} 是 −5 dB）。但是请注意其他组成部分的丰富频谱；特别注意一些高阶组合频率，例如游标 5 突出显示的 2:1 杂散，从输入端口发射出的功率幅度甚至高于输出端（参见图 7.10）。这些高阶组合频率的反射和在 MUT 内的再组合是混频器测量的一个误差来源。

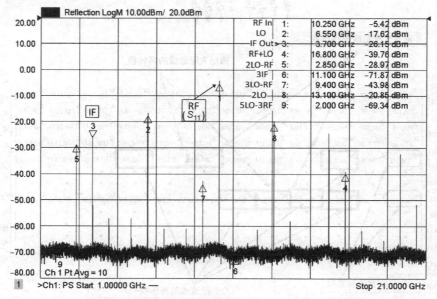

图 7.14　从输入端口发射或散射（反射）回去的混频器信号

7.3.1.3　镜像增强

某些混频器设计,特别是窄带应用中,在镜像频率上使用一个特别的阻抗匹配将其反射回混频器,以利用其再变换项。这个反射的信号按图 7.13 中的 $SC_{2RF,2IM}$ 项被再次转换。用这一项来测量从混频器输出端口(此例中是端口 2)入射的镜像信号到从混频器输出端口输出的 RF 信号的转换增益。在一个正常的理想的双平衡混频器里,输入信号被相等地转换成 RF 和镜像(IM)信号。通过将 IM 信号反射回混频器,在其中再次转换成 RF(可以认为它是一个两次转换,先到 IF 再到 RF),就可以增强到 RF 的转换损耗。虽然没有在实践中广泛使用,但这是再转换可存在有益属性的一个例子。然而,因为相位调整非常困难,这个改进转换损耗的好处可变成有害的。随着混频器带宽的增加,相位调整导致输出抵消而不是增强,所以转换损耗退化了。由于在混频器带宽扫频,失配与混频器间的相位调整也在变化,增强/退化表现为转换损耗波纹。

7.3.1.4　LO 端口的转换

LO 再转换项造成的问题更大,因为混频器测量需的 LO 驱动电平往往是高电平,并且很多系统不可以承受在 LO 端口上加衰减器造成的损耗。在 LO 路径上使用隔离器并不一定会改善该情况,因为即使隔离器能够在 LO 频率提供一个很好的匹配,在 RF,IM 和 IF 频率也通常不能很好地匹配。输入信号会泄漏到 LO 端口,输出和镜像信号也会出现在 LO 端口;沿 LO 向下传播并由 LO 失配反射回混频器,它们将被再转换(是输入或 IM 的情况)或者泄漏(是输出的情况)至输出,并与主输出信号相加或相减。由于是扫频,这个误差信号的相位调整将在测量结果中造成波纹。

在变频器设计中,通常会在 LO 端口使用一个滤波器,这将对其他频率提供一个高反射,如果滤波器和混频器间的长度短,对转换增益的影响将是缓慢变化的,可防止转换增益有过度的波纹。许多情况下,离混频器非常近地放置一个放大器以提高 LO 信号;额外的好处是对其他频率提供隔离,所以防止这些信号以大相位偏移(由于更长的时延)反射,从而最大限度地减小波纹。

对于一个变频器,不需要十二端口混频器模型。在 RF,IF 和 LO 端口的滤波确保只有这些频率的信号从混频器输出,所以只有这些信号与测试系统相互作用。这就是为什么变频器的测量与裸混频器的测量不同的首要原因:从裸混频器而来的宽波段的其他频率与测试系统失配相互作用而产生波纹;只有通过提供优质,良好匹配的端口才能实现高质量的裸混频器测量。变频器在每个端口只产生一个单独的频率,任何测试系统的失配引起的误差都可以被表征并从测量结果中移除。在接下来的章节中讨论这些失配校正方法。

7.4　混频器测量:频率响应

7.4.1　简介

与其他任何测量一样,混频器测量的质量取决于测量设备的质量。在过去,普遍是完全依赖于仪器制造商的源和接收机的平坦度性能(最常见的频谱仪),并且是由用户负责提供后处理以对测量中使用的电缆或连接器进行补偿。

混频器测量不使用旧式的矢量网络分析仪，除了是要测量混频器间的相对相位的情况。在20世纪90年代初，首次实现了矢量网络分析仪的频率偏移模式，它允许源接收机同时在不同的频率上进行扫描。源按某些频率偏移锁相到接收机；对混频器这个频率偏移相当于LO频率。

这个早期的实现不能进行转换损耗测量，仅能测量输出功率，并且精度依赖于准确的源功率校准，只能进行响应校准。在随后的几年里，应用于混频器测量的矢量网络分析仪的能力显著提高，包括高速测量和高质量的校准，所以现在矢量网络分析仪是测量混频器和变频器的首选仪器。

频率响应测量方法的讨论分为几个部分，首先涉及的测量方法有幅度响应（参见7.4.2节），相位响应（参见7.4.3节）其中包括一些群时延测量和基于调制方法的群时延响应（参见7.4.4节）。另外，对扫描LO测量给出了一些特殊的考虑（参见7.4.5节）。本节只讨论测量的概念；7.5节讨论这些测量各自的校准。虽然幅度测量的校准较简单，但相位和时延的校准则更加复杂，大部分的相位测量依赖于一个特征混频器来校准，也有一个例外。7.5节讨论了所有重要的相位校准方法，每一种校准方法都可以应用于一个或者多个测量方法。

7.4.2 幅度响应

一般情况下，混频器有两种不同的使用方式，这要求提供两种不同的激励设置以对这些混频器进行特征描述。第一种工作模式是扫描RF/扫描IF/固定LO，几乎所有的通信混频器和变频器都是按这种方式使用的。通常，变频器被当成一个下变频器块使用，将很多通道或RF信号向下转换成一个共同的IF通道。这有时被称为"固定IF"测量，但这属于用词不当。在每个固定LO频率上，都要测量RF-IF通道的响应，并且对很多LO频率重复该测量。

某些情况下，对由RF和LO的阶梯频率定义的各个通道，只测量通道中心响应的增益。这种情况下，它仍然不是一个真正的"扫描LO"测量，而更恰当的定义为阶梯LO，RF到IF的测量。这个区别很重要，主要是当考虑变频器的群时延响应时：时延的定义指的是RF到IF的转变，所以这意味着RF和IF两者都必须变化（扫描频率）以便有一个确定的群时延。不能简单地固定IF扫描RF和LO并测量IF的相位变化：在7.1节给出的混频器的定义表面，LO的相位会引起IF的相位偏移同时它与通道的特性无关，所以会使时延测量失真。对变频器的时延测量，即使是在一定的LO频率范围上，在采集RF到IF的传递函数过程中，LO也必须保持不变。

在某些有限的应用中，特别是雷达系统中使用的混频器，RF和LO一起扫描，这些情况下，RF和LO间的相对相位和幅度的偏差是重要的属性。因为LO不是恒定的，这种情况必须使用一个参考混频器，将在7.4.3.2节讨论。但是这种情况只能测量出相对相位，因为IF频率根本没有改变，所以不能很好地得出时延信息。因此在输出端不存在形成定义时延的"频率增量"。

7.4.2.1 固定LO测量

一个混频器的幅度响应简单地定义为输出功率除以输入功率，如

$$SC_{21} = \frac{\left| b_{2\_OutputFreq} \right|}{\left| a_{1\_InputFreq} \right|} \Bigg|_{a_{2\_OutputFreq} = 0} \qquad (7.9)$$

在过去，旧式的分析仪不能将源与接收机完全解耦。因为源要被锁相到需要的输入频率，接收机用做源锁相参考，所以在源与接收机间插入被测混频器(MUT)只能测量输出功率。这种情况不可能测量输入信号的功率，所以输入功率的值简单地从源功率设定得到。事实上，最简单的实现将需要两次不同的物理连接，第一次参考通道不接混频器，在输入频率上测量源的输出功率；结果存入内存。接下来连上 MUT，设置频率合成器进行偏置相位锁定，以便源保持在输入频率，同时接收机调谐到输出频率并且测量得到输出响应。假设源功率没有漂移并且接收机响应已经校准，测量得到的响应与内存值的比率就是转换增益。该方法假设本振是独立的；然而，LO 锁相到矢量网络分析仪参考不是必需的。LO 参考与矢量网络分析仪间的任何偏移都会被接收机相位锁定过程所吸收。

然而，源功率的任何变化将要求重新连接重新测量输入功率。这里的一个关键限制是，源不是真正独立于接收机，只能通过在锁相路径放置一个频率转换器(MUT)来偏置。HP-8753 和 HP-8720 是提供了这一功能的首批商业化矢量网络分析仪。

利用现代技术，现在测量混频器的幅度响应的主要方法是直接将混频器从矢量网络分析仪的输入连接到矢量网络分析仪的输出。许多矢量网络分析仪有额外的端口和额外的源；可以直接使用其中一个驱动 LO。图 7.15 中显示了一个典型的连接图。

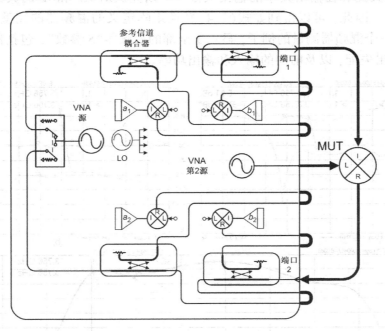

图 7.15　混频器测量的典型连接

进行两次扫描，一次在输入频率一次在输出频率，计算这两个响应的比率得到混频器的转换增益。当然，这需要矢量网络分析仪的接收机与矢量网络分析仪的源能够在频率上解耦，无论是固有的或者作为可选的升级，大多数现代矢量网络分析仪都提供此功能。在第一次扫描中，参考通道测量输入信号，并且也测量输入失配。在第二次扫描中，偏置矢量网络分析仪的接收机，测量输出端的功率。如果每次扫描在一个独立的通道上进行，使用公式编辑器可以显示转换增益。或者，可以在每个点从输入频率到输出频率切换接收机，提供更快的测量间的响应，减少源功率在测量间发生漂移的可能。

　　某些矢量网络分析仪提供针对特定应用的软件自动测量混频器，通过一个软件图形用户界面(GUI)，包括输入和输出扫描，还有自动控制 LO 频率和功率。图 7.16 显示了一个这样的混频器测量的 GUI 的例子。这个例子中，单次和双次转换的测量都支持。

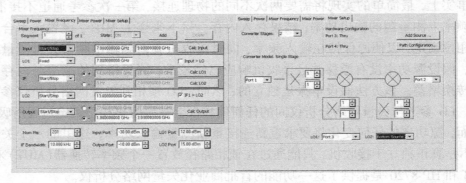

图 7.16　混频器测量的 GUI

　　响应仍然依赖于矢量网络分析仪的输入和输出匹配，但是通过额外测量得到的在输入频率的输入失配和在输出频率的输出失配，可以完成对 RF 和 IF 的失配的校正，将在 7.5 节描述。因此，可以得到如式(7.4)转换矩阵定义的混频器的完整的幅度响应。图 7.17 中是一个混频器测量的例子，显示了全部的混频器"S 参数"，包括前向和反向转换，输入和输出失配，以及前向的输入和输出功率。

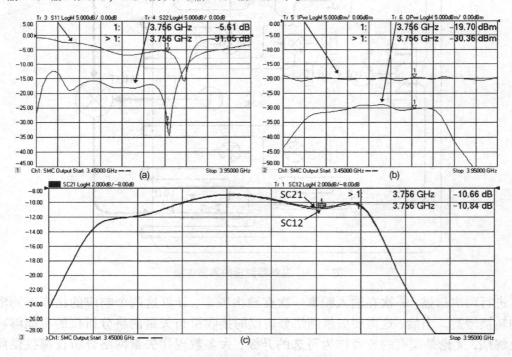

图 7.17　完整的混频器 S 参数测量结果

这是个带有输入和输出滤波器的单混频器的例子，前向的和反向的转换损耗非常近似，表明该混频器在幅度上十分接近互易。由于高阶频率的再组合，不带滤波的混频器的测量结果的互易性可能会差一些。每当测量裸混频器时，强烈推荐在每个测试端口电缆上使用一个 3 ~ 6 dB 衰减以改善端口匹配。某些情况下，即使对使用的频率很好地控制了源和负载失配，带外频率可能会从矢量网络分析仪看到不同的反射。在测试端口加衰减帮助消除由反射和这些高阶频率再组合造成的波纹。

接下来的章节里将展示一些变频器的例子，有时延测量（参见 7.4.4 节）和高增益混频器（参见 7.9.5 节）。7.6 节至 7.8 节讨论除频率响应外的其他测量，如驱动增益，TOI 和噪声系数。

7.4.3　相位响应

随着复杂调制格式使用的增加，混频器和变频器的相位响应成为一个关键测量参数。过去，测量混频器的相位（由此计算时延）十分困难。有些人已经提议了几种方法，但直到最近每种方法都还有实质性的缺陷。在混频器相位测量的最新进展中，一个非常新的方法消除了许多之前的缺陷并且还提供一个简单又精确的校准。以下各节描述了各种混频器相位和时延的测量方法。所有的测量方法都有一个或多个相关的校准方法，将在 7.5 节中描述。

7.4.3.1　向下/向上转换

测量混频器时延的第一个可行的方法使用了一个逆变换混频器，这样输入和输出频率就相同了。测量一对混频器的整体响应，以某种方式（参见 7.5.2 节）补偿逆变换混频器的影响推断出 MUT 的响应。图 7.18 说明了这种测量方法。这里 MUT 包含一个内置的带通滤波器，它主导了频率响应和时延。这种方法的主要优点是它可用于一台标准的矢量网络分析仪。

虽然概念上很简单，但这个方法有一些实质的困难：

- 它需要一个逆变换混频器，与 DUT 混频器的频率范围匹配，但是工作在相反的转换模式，也就是说，如果 MUT 是一个下变换器，逆变换混频器必须是一个上变换器。
- 它要求上和下变换混频器共享 LO；如果任一混频器有内嵌 LO，或者 MUT 是双级混频器，该方法则不可行。
- 为了得到正确的测量结果，必须在混频器间使用一个带通滤波器以去除镜像信号，否则逆变换混频器将对 RF 和 IM 信号两者都进行重新转换，结果产生不正确的响应。必须在整体响应中补偿滤波器的响应的影响，滤波器与混频器间的失配，甚至通带内两个滤波器间的失配也可能在整体测量结果中导致大量误差。
- 此外，落在镜像滤波器带内的高阶频率会在第二个混频器再转换，对整体响应中产生误差，它是不能被滤掉的。
- 校准及精度取决于逆变换混频器的特征描述；多数情况下该混频器必须是互易的才可以进行特性描述。

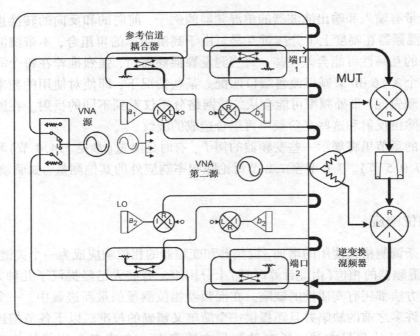

图 7.18　向下/向上转换法测量相位

因为这些困难，所以很少使用该方法，除非是矢量网络分析仪不支持混频器测量从而要求输入和输出频率必须相同的情况下。最常见的使用该方法的情况是在测量有大量相位响应（长时延）的变频器时；这种情况下，逆变换混频器的时延响应可以被忽略。图 7.19 中显示出了一个示例混频器的相位偏差响应的测量，该示例混频器也将被用于其他方法的演示。使用互易的混频器对这个测量进行校准的方法将在 7.5.3.1 节描述。在进行了完全的二端口校准之后，参照 MUT 的输入频率，从端口 2 去嵌入掉逆变换混频器的等效 S 参数得到一个校准后的响应。

图 7.19(a) 显示幅度响应和相位响应。该图中示出了使用一个公式编辑器函数在 MUT 带宽内计算线性相位的偏差。利用该线性相位偏差函数，就能只看通带内的相位响应，不会被通带外的噪声和超响应分散注意力，本书还将使用它来对比几种测量方法。

图 7.19(b) 显示了群时延响应，在中间频段出现了一些看上去奇怪的时延波纹。其中，变频器的内置带通 RF 滤波器的时延是平滑的。该响应中这个额外的波纹来源于 MUT 混频器与逆变换混频间的相互作用。

下面是这个测量的细节：

1. 如 7.5.3.1 节描述的，预先对逆变换混频器进行特征描述。
2. 使用 MUT 和逆变换混频器还有镜像滤波器配置向下/向上转换器路径。通常，将矢量网络分析仪调到最高频率为最佳。如果 MUT 是一个下变换器，将 MUT 的 RF 端口连接到端口 1，并将输出连到逆变换混频器，所以逆变换混频器从 MUT-IF 连到端口 2 。如果 MUT 是一个上变换器，将其连到端口 2，将逆变换混频器连到端口 1 并且其 IF 连接到 MUT 的 IF 输入。一个最佳实践是尽可能使用最低频率去连接混频器对，这常常会削减去除镜像信号的困难。

3. 验证矢量网络分析仪能够测量向下/向上混频器对；检查 LO 在两个混频器间被正确地分割。注意，此方法不适用于自带 LO 的变频器，除非可以将它的参考与逆变换混频器的 LO 的参考锁定。检查以确保两个混频器都没有压缩。

4. 当上面的设置验证无误之后，把混频器对拆下。然后做一次全部两端口校准，这样可以去除端口处的匹配误差。

5. 依据端口的频率，使用标准的去嵌入算法从端口上去嵌入掉逆变换混频器。去嵌入的细节将在第 9 章中讨论。

6. 重新连接和测量混频器对获得图 7.19 中显示的测量结果。

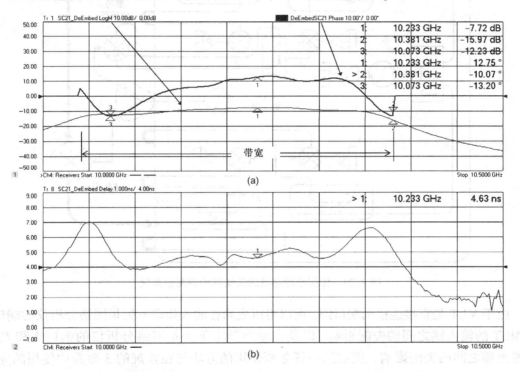

图 7.19　使用向下/向上转换法测量得到的相位响应

一个值得注意的问题：选择镜像滤波器时，可能会选择一个标有相应带宽的滤波器，但它在镜像频率会有寄生通带（正如作者第一次尝试进行图 7.19 的测量时那样）。对带通滤波器尤其如此，众所周知，它在滤波器的三阶谐波附近有寄生通带。如果这个寄生通带出现在混频器的镜像信号（RF + LO）出现的地方，一定会导致错误的测量结果。

使用这种方法，仅能够合理地在混频器的低功率线性区域确定频率响应。由于混频器间的串联连接，测量功率有关的参数有困难。使用接下来的其他方法可以消除这一限制。

7.4.3.2　使用参考混频器的平行路径法（矢量混频器特征描述 – VMC）

新型的矢量网络分析仪允许独立地调整源和接收机（摒弃了老式分析仪所必需的外部锁相路径，如 HP-8753），因此有可能配置这样一个设置：在测试通道上接一个 MUT，并在参考通道上接一个独立相似的混频器，如图 7.20 所示。参考通道的混频器用来测量源或输入信号，但它提供给参考接收机的频率信号与 MUT 提供给端口 2 测试接收机的相同，所以它们的相位关系代表输出信号的相位与输入信号的相位关系。用类似的方法可以识别幅度响应。优化配置中，在参考路径中提供一个开关以便可以忽略参考混频器，所以可以进行常规的 S 参数测量，如 S_{11}。

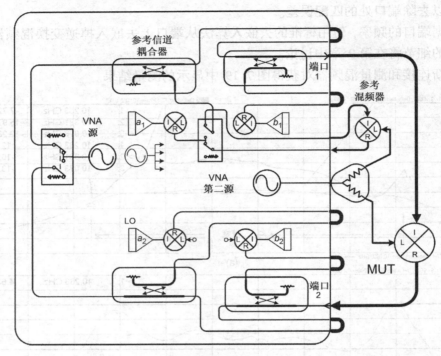

图 7.20　使用平行路径的矢量混频器测量系统

　　由于 MUT 是直接连接到端口间，所以可以去除在输入频率下矢量网络分析仪的端口 1 和 MUT 的输入端之间的失配影响，以及在输出频率下矢量网络分析仪的端口 2 和 MUT 的输出端之间的失配影响。完成这一任务所使用的方法与在常规的 S 参数中使用的完整二端口校准几乎完全相同，不同的是 S_{12} 项要被设成零，因为系统无法测量 MUT 的反向转换损耗。该系统的校准遵循一个常规的二端口校准的方法，但是要求额外的一步，在直通路径放一个校准混频器以建立参考接收机的相位转换。细节将在 7.5.3.1 节描述。校准完成后，用 MUT 替换校准混频器，直接测量得到转换增益。校准去除了失配的影响，但仅仅是针对输入和输出频率。如果矢量网络分析仪端口匹配不是特别好并且没有对 MUT 滤波，从混频器输出的其他频率依旧会再组合并在 SC_{21} 迹线上产生波纹。

　　平行测量系统相对于之前描述的向下/向上法有几个优点：

- 可以对输入和输出信号进行失配校正以改善校正后的性能。
- 参考混频器和校准混频器与 MUT 的转换方向相同。许多情况下，用户会有每种混频器的几个样例，所以这就方便了，可以使用一个作为参考混频器，同时另一个作为测试混频器。
- 测量不要求 MUT 混频器有滤波；矢量网络分析仪自然会只选择所需的输出频率。

- 不需要使用相同的 LO 信号来驱动参考和 MUT 混频器；事实上，它们甚至都不需要被锁相到相同的频率参考。在当 MUT 有自己的内嵌 LO 的情况中，可对矢量网络分析仪接收机编程以跟踪输出信号。这个细节将在 7.9.4 节中讨论。

如果参考混频器的信号电平足够小，以至于整体驱动功率是线性的，那么就可以确定 MUT 的相对 RF 驱动的增益和相位压缩。此外，如果参考和测试混频器使用独立的 LO 驱动，那么也可以确定相对于 LO 驱动的混频器的转换损耗。

图 7.21 中显示了一个混频器相位偏移测量的例子（再一次只显示混频器正常带宽的相位偏差）；测量结果被标记为 SC21_VMC，有时这个平行测量的方法被称为矢量混频器/变频器（VMC）。还显示了相同的混频器在图 7.19 中的响应，它使用了向下/向上法和去嵌入（标记为 SC21_De-Embed）。如 7.5.3.1 节所述对第二个相同的混频器进行特征描述，这个混频器曾在图 7.18 中作为逆变换混频器中使用，以下变换模式使用其作为校准混频器。与 VMC 法比较，向下/向上法和去嵌入得到的响应有更多的波纹，这很可能是误差。VMC 的群时延测量结果（标记为 VC21 以表示矢量转换 21）及相位偏差与该变频器中使用的滤波器的 S_{21} 响应吻合得相当好。VMC 平滑对称的迹线很好地表明了，与向下/向上法相比较，它的校准质量更高。

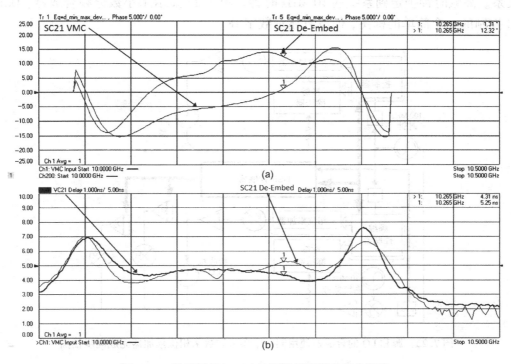

图 7.21 使用平行（VMC）法测量混频器的相位偏移

VMC 法已经在高性能的变频器测试中广泛使用，并且它有一个优点是，LO 的相位噪声在参考和测试通道间互相抵消，因此 VMC 得到的相位和时延响应的噪声非常小。VMC 法甚至能对一个大损耗混频器提供非常好的测量，可以从上面的图中看出在高频率阻带区域,群时延测量结果更加的平滑。主要的困难在于对每一个使用到的 LO 频率都需要一次校准,所以如果一个变频器有很多个通道,必须进行很多次校准,而且对每一个 LO 频率,校准混频器也必须分别进行特征描述。使用 7.5.3.3 节的校准配合下一节中描述的方法,基本上消除了有多个 LO 频率区域的校准的困难。

7.4.3.3 相位相参接收机

2010 年,新硬件和软件的创新为矢量网络分析仪提供了一次功能进步,允许某些矢量网络分析仪(如安捷伦的 PNA-X)的源和接收机以相位同调的方式改变频率,这使得能够对混频器测量进行创新,从而大大地简化了设置和校准流程。

该测量系统由一个集成了多个源和接收机的矢量网络分析仪组成,源和接收机的频率都是由一对频率合成器来确定的。一个合成器提供源激励信号,另外一个合成器为接收机提供 LO。这两个信号的差代表接收机的 IF 频率,由一个集成的数字 IF 采样。

该矢量网络分析仪中的合成器的独特之处在于,它们使用集成了相位累加器的自定制的小数分频合成器芯片组。对其编程用于扫描相位时,相位累加器在每个时钟周期会累加一定量的额外相位,这样就提供了一个与系统时钟同调的合成扫描。DSP 和数字 IF 也锁定到相同的时钟,所以在数据扫描采集中每个源与 LO 以及数字 IF 有一个确定的相位关系。高频时钟锁定到系统的 10 MHz 时钟。图 7.22 显示了小数分频合成器,DSP 和 ADC 控制的一个简单的框图,但没有显示数字 IF。

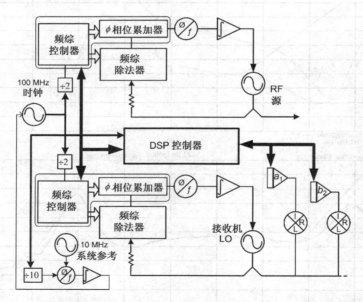

图 7.22   源和 LO 的合成器使用同一个参考和数字相位累加器完成同步扫描

利用这个系统,就有可能测量参考或测试混频器在一个频率跨度上的绝对相位。也就是说,一个混频器的矢量电压 *a* 和 *b* 的幅度和相对相位能被直接测量。一个频率变换系统的数学表示用式(7.4)定义。由此可以看出,输出信号(RF)的相位取决于 LO 的相位和输入信号(IF)的相位,以及由输出端口反射的 RF 信号决定的失配项。现在,混频器

的输出信号可以定义为

$$b_{\rm RF} = a_{\rm LO} S_{21}^{\rm IF} \cdot a_{\rm IF} + S_{22}^{\rm RF} \cdot a_{\rm RF} \tag{7.10}$$

因为可以直接测量出 $b_{\rm RF}$ 和 $a_{\rm IF}$ 的幅度和相位，就可以直接计算得到变频器的 $\rm SC_{21}$；式 (7.10) 还显示其依赖于 $a_{\rm LO}$ 的相位。这一依赖没有补偿，但固定 LO 变频器的 LO 相位是一个不变的偏移量，对信息带宽而言，它不会影响混频器的相位和群时延响应。因此，相位响应可以存在一个任意的偏移量，对内嵌 LO 的变频器应用该方法时可以利用这一点。最后，假设端口 2（本例中是 RF 端口）没有失配，可直接计算。如果 $a_{\rm RF} \neq 0$，那么需要额外的步骤来补偿端口 2 的失配，将在 7.5.3.3 节描述。

为了理解这个系统与标准矢量网络分析仪的不同，考虑图 7.23 中显示的一个单独的接收机的幅度和相位测量的响应。幅度响应平滑且平坦，但在整个频率范围内其相位响应几乎是随机的。

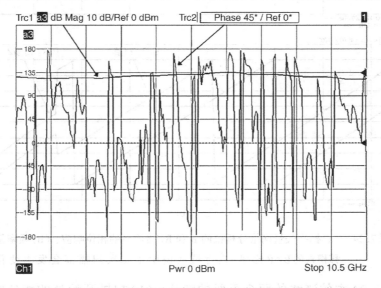

图 7.23　通常的矢量网络分析仪中的单接收机的幅度和相位响应

由于相位响应每次扫描不稳定，所以不可能找到一个恢复单接收机相位响应的校正方法。

使用具有相参接收机的矢量网络分析仪进行标准类型测量，并在源和接收机间加频率偏置，参考接收机 $R_1(a_1)$ 和测试接收机 $B(b_2)$ 的相位响应测量结果显示在图 7.24 中。R_1 和 B 接收机在不同的频率上，并且是从不同的扫描获取各自的数据。图 7.24(b) 中显示了 $B/R_1(b_2/a_1)$ 的相位响应中的变化，数据迹线和存储迹线代表两次不同的扫描。图 7.24(a) 显示了 a_1 和 b_2 单独的相位响应。很明显，相位响应是不稳定的，如果看扫描中在 10.3 GHz（作为输入频率）处的点，相位响应中有一个急剧的不连续，每次扫描不重复；这是由输出接收机中的 4 GHz 频段转换造成的。在标准的矢量网络分析仪模式下很常见，它是对合成器的频段进行复位的一个后果。

虽然每次扫描相位迹线是不稳定的，注意到对合成器的每个频段它保持为某种程度的连续响应。与之形成对比，通常的矢量网络分析仪的单接收机相位响应在逐点基础上是完全随机的(尽管如果在相同频率 B/R 比率将有一个稳定的相位)。但是具有相参接收机的矢量网络分析仪,至少在一个频段,数字 IF 与合成器是同调的,并且在单次扫描中每个接收机的相位关系在一个频带内保持稳定;将利用该特性开发一个新的测量方法。

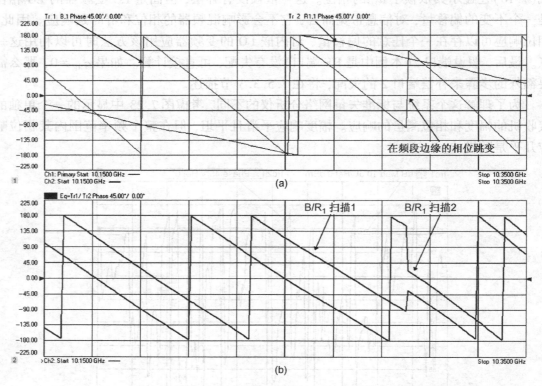

图 7.24　(a)标准矢量网络分析仪的 B 和 R_1 接收机的相位响应;(b)频率偏移模式的B/R比率。内存迹线说明了每次扫描都会发生变化

　　认识到图 7.24 中的迹线的两个重要的特征:(1)扫描开始处的相位响应每次都不同,但除了频带中断处之外,点与点的变化量保持不变;并且(2)即使有相位偏移,频带中断处两侧的相位斜率保持不变。新方法利用这两点来移除每次扫描中接收机相位响应的变化。首先,按扫描第一点的相位对相位迹线进行归一化。从式(7.10)知道,LO 的相位导致一个任意的相位偏移,所以可以简单地把这个相位偏移归于扫描的第一点,从而去除每次扫描的变化。其次,新方法认识到,中断两侧的相位斜率是系统在频段中断附近的响应的群时延,如图 7.25 所示。可以利用这一点延伸相位,从下方频段中断处到 ϕ_L,从上方到 ϕ_H,从而这个方法将每个频段的相位偏移拼接在一起。

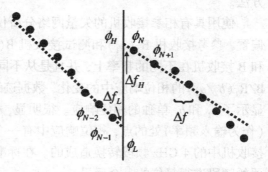

图 7.25　合成器频段的相位拼接

偏移量被计算为

$$偏移量 = \phi_H - \phi_L$$

其中

$$\phi_H = \frac{\Delta f_H (\phi_N - \phi_{N+1})}{\Delta f} + \phi_N \quad 和 \quad \phi_L = \phi_{N-1} - \frac{\Delta f_L (\phi_{N-1} - \phi_{N=2})}{\Delta f} \tag{7.11}$$

图 7.26 显示了相位归一化和拼接的结果。输入和输出信号被标记为 IPwr 和 OPwr。可以看到现在相位响应是连续的，并且更重要的是，每次扫描的相位响应是稳定的；图 7.26(b) 显示的是两次连续扫描的结果(重叠在一起)。这样就能不用参考混频器进行未校准的相位测量，得到一个矢量版本的 SC_{21}。但是这些响应还包含有源，参考通道接收机和测试通道接收机的相位响应，以及与电缆和连接器相关的相位响应。幸运的是，有几个校准方法可以对它们进行补偿，这将在 7.5.3.1 节和 7.5.3.3 节中描述。

由输入接收机(R_1，称为 IPwr) 上的和输出接收机(B，称为 OPwr) 上的游标进行计算，可以看到 SC_{21} 的相位完全不同。

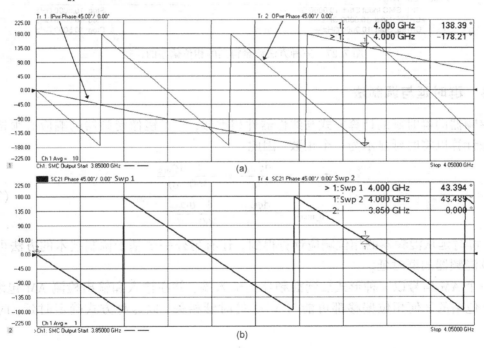

图 7.26　进行相位拼接，现在 IPwr 和 OPwr 的相位响应稳定了

另外，在每次扫描的基础上，相位漂移非常小。图 7.26(b) 显示了两次扫描采集的结果，只有 0.005° 的差别。因为是从两次不同的扫描得到参考相位和测试相位的结果，没有考虑源和 LO 的相位噪声，而它们将会引入迹线噪声。增加更多次平均可以有效地消除它；本例中使用了 10 次平均。

使用相参接收机测试方法，测量图 7.21 中使用过的同一个混频器，校准后测量结果显示在图 7.27 中。这里显示了全部三种测量(去嵌入，VMC 和同调相位)，相互比较它们很相似，并且 VMC 和同调相位法得到几乎相同的答案。

这些测量方法的校准细节将在 7.5 节中讨论。

图 7.27　三种方法测量得到的相位偏差的比较

7.4.4　群时延与调制法

混频器的群时延的计算方式与线性器件相类似，除了镜像混频器的响应必须按共轭相位来计算以将时延显示为一个正数，因此

$$\tau_{d\_std} = -\frac{d\phi_{Rad}}{d\omega} = -\frac{1}{360}\frac{d\phi_{deg}}{df}$$

$$\tau_{d\_image} = \frac{d\phi_{Rad}}{d\omega} = \frac{1}{360}\frac{d\phi_{deg}}{df}$$

(7.12)

其中，群时延从混频器的相位响应计算得到。还有另外一个基于调制技术的方法可以用来计算混频器的群时延。

一个 AM 信号以一种形式加到混频器的输入端，并在输入和输出检测 AM 包络，对比 AM 包络的任何相位偏移都可能与 MUT 的时延相关，以这种方式确定时延，时延计算为

$$\tau_d = \frac{\Delta\phi_{deg}}{360 \cdot f_{mod}}$$

(7.13)

这个测量方法，假设相位检测相同，调制频率越高，测量误差越小。

该方法的另一个选择是使用一个双音激励创建一个实质为抑制载波调幅信号。然而不是检测包络，而是利用一个带双通道检测路径的接收机测量双音信号在输入端的相对相位，与双音信号在输出端的相对相位进行比较。按这种方式，如果 MUT 的 LO 的频率发生漂移，双音都会被加上该漂移，时延测量的结果在一阶不受影响。因此计算群时延可以通过在测量的相位中寻找变化的过量或差量，如

$$\tau_{d\_2-tone} = -\frac{\Delta\phi_{Input} - \Delta\phi_{Output}}{360 \cdot \Delta f_{2-tones}}$$

(7.14)

调制法的校准主要依赖于比较 MUT 的响应与一个校准混频器的响应，很像平行法（VMC），并受到相似缺点的困扰，如果 LO 频率发生改变，必须进行一次新的校准，同样对校准混频器要进行一次新的特征描述。

在图 7.28 中显示了对每种测量方法计算得到的群时延的比较。除了调制法以外每种方法的时延孔径是两倍的点间距(三点孔径)，它是不偏斜数据的最小孔径。调制法有一个固有的时延孔径，音间距或 AM 频率。校准方法各不相同，去嵌入法和 VMC 法的校准方法利用相同的特征互易混频器，前者对它去嵌入，后者将它作为校准混频器。相参接收机法使用相位参考校准(将在 7.5.3.3 节描述)，双音调制法类似 VMC 法，利用对校准混频器进行归一化。除双音法外的所有方法都提供一些端口失配校正，这或许解释了双音法显示的超额波纹。在端口添加衰减器可以减少这一影响。

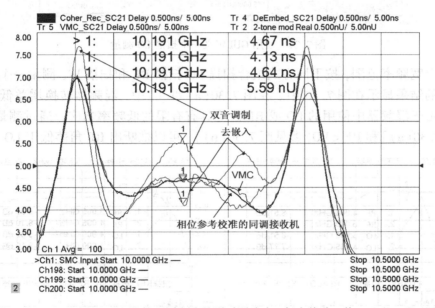

图 7.28　比较不同方法的群时延响应，每个偏移一格

用任意一个调制方法，可以通过积分群时延响应计算得到相位响应。这给出了相位偏差的合理结果，但不适用于任何固定频率的测量，例如相位相对 RF 驱动或相位对 LO 驱动，因为每个频率的相位压缩将是相似的，所以在输出端的相位差将无明显变化。处于同样的原因，在将脉冲包络应用到混频器来看相位响应时，调制法也不适用。

7.4.5　扫描 LO 测量

某些情况下，以一个共同的或固定的 IF 频率，在一个 RF 或 LO 频率范围上定义混频器特征。正如本节介绍部分所描述的那样，大多数情况下，固定 IF 测量真正指的是最终的使用实例，即一个固定 IF 输出通道的变频器，对每组步进的 LO 频率确定出的 RF 到 IF 的传递函数代表着操作的不同通道。这些情况下，以标称响应(通常取 IF 的中心频率)显示 RF 或 LO 频率的整体影响较为方便，所以需要一个准扫描 LO 测量。对于大多数的测量系统，包括基于矢量网络分析仪的系统，需要的唯一的改变是指定 IF 为固定频率而

RF 和 LO 作为扫描。图 7.29 显示了一个这样的实现。在较老式的矢量网络分析仪中, 可能无法直接控制外部 LO; 这种情况下, LO 不能与 RF 同步步进, 替代必须使用一些外部编程控制来进行一系列 CW 步进测量。这是裸混频器上的一个常见的测量, 以允许对每个 LO 和 RF 端口响应简单的特征描述。

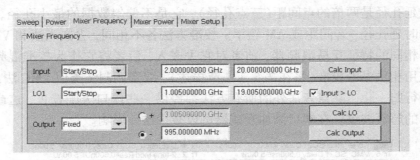

图 7.29　使用 GUI 定义一个扫描 LO 测量

在一个宽频率范围, 按不同方式组合扫描 LO 扫描 RF 和扫描 IF, 测量一个宽带三平衡混频器的结果显示在图 7.30 中。在图 7.30(a)和(b)中, 混频器转换增益低频率响应的滚降是由于混频器中使用的 LO 或 RF 巴伦具有有限的低频率响应。通过测量 RF > LO [参见图 7.30(a)]和 RF < LO[参见图 7.30(b)], 可以推断出 RF 角落低于 LO 角落。

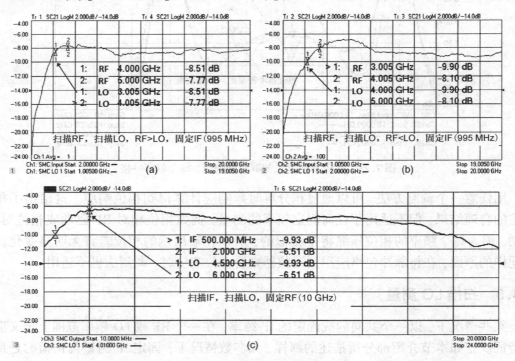

图 7.30　对两个不同的 IF 频率, 固定 IF, 扫描 RF/LO 测量混频器的结果

分别固定 RF, LO 或 IF, 同时扫描其他输入, 是确定混频器不同端口的带宽限制的一个方法。例如, 如果保持 LO 不变时, 扫描 RF 和 IF, 可以确定 RF 和 IF 带宽特征的组合。可以在特定的 LO 频率设定 RF 和 IF 范围, 归一化转换增益响应。每次扫描后, 设定更高

或更低的 LO，保持 IF 扫描不变，这样通过改变 LO 来改变 RF 范围。如果整个迹线响应下降，表明是 LO 带宽的限制；如果转换增益随频率变化，这表明是由于 RF 范围的限制。可以用一个类似的方法评估 IF 范围和 LO 范围。图 7.30(b) 显示了改变 IF 频率对转换增益的影响。RF 范围不变，低频率角落随着 LO 和 IF 的改变而移动。由于角落是在 2 GHz IF，不是 6 GHz LO，可以推测它是受限于 IF 巴伦。

7.4.5.1　扫描 LO 相位测量：雷达系统匹配

某些情况下，特别是使用在雷达或相控阵应用中的混频器，需要了解扫描 RF 和 LO 时 IF 路径的相位响应，包括线性相位偏差。也就是说，在这些系统中，需要几个变频器每个的 IF 相位响应都完全相同。运行中，利用比较 IF 的幅度和相位完成各种任务，包括侦测目标和定向。通过处理这些响应，完成诸如形成电子束等任务。确定这个响应的很大的困难在于 RF 或 LO 路的任何的相位变化将会在固定 IF 路径导致明显的相位偏移。与线性相位的偏差相比，线性相位的改变(如在一个路径加一段线长)有时不那么受关注，但是在一些系统中，要求测量几个变频器间的绝对相位响应。终极的解决方案应可以获取一个单独的变频器的相位响应，以便可以在一个系统中用它与其他变频器进行匹配。但是这将要求除 RF 到 IF 相位响应之外还要获取 LO 的相位；实际上，一些最新的非线性网络仪(NVNA)系统的确能获取 RF，LO 和 IF 的幅度和相位响应，只要信号保持在一个共同的相位参考基础频率(典型的是 10 MHz)；这就是说，每个 RF，LO 和 IF 频率点必须按有理数相关。

除 NVNA 系统外，能做到最好的情况是使用上述的 VMC 技术将一个通道的相位响应与其他通道比较，或与参考混频器比较。在这样的系统中，一个单独的变频器中常常有多个通道，所以可以将一个共同通道接在参考路径，测试 MUT 路径的每一个其他通道，如图 7.31 所示。

该系统可以用校准混频器法进行校准，但是还会有一个不明确的相位响应残留，它是由于 LO 端口的相位导致的，如果不同系统的 LO 路径不相同，则将它记为一个固定相位偏移。如果是相同的系统按相同的方法校准，但在参考或测试混频器的 LO 驱动路径上有改变，那么被测混频器的测试结果显示的路径差则作为一个相位偏移。这种情况下，要求每个系统使用完全相同的校准混频器，以在几个测试系统间比较各个单独通道的变频器测量结果；也就是说，必须在系统间使用一个"黄金"校准混频器作为共同参考。特征描述校准混频器的方法对 LO 驱动的相位无效(参见 7.1.2.1 节)，所以如果两个校准混频器的 LO 路径的相位有差别，这些差别将会错误地出现在使用不同的校准混频器校准的系统所测量的变频器上。

图 7.32 比较了多通道混频器的两个通道的相位响应，使用扫描 LO 固定 IF。两条浅色迹线是使用相同的校准混频器和不同的 LO 路径(不同的 LO 电缆)对同一个混频器测量两次的例子。使用相同的校准混频器校准的系统间，整体误差大约是 ±1°。黑色迹线(MXR1-2)显示了第二个不同的混频器的测量的相位，它本该与第一个相吻合。本例中，不同的混频器间的相位失配大约小于 20°，并且在频段中心处更接近。

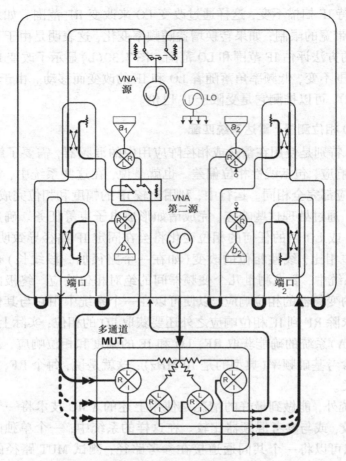

图 7.31　测量多通道固定 IF 混频器的相位响应

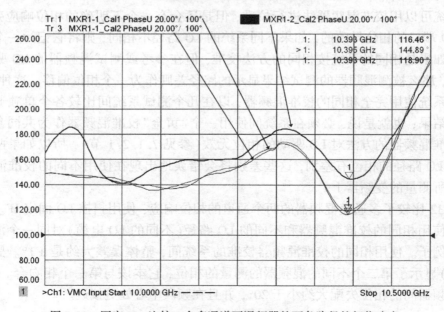

图 7.32　固定 IF，比较一个多通道下混频器的两条路径的相位响应

在 RF 路径和 LO 路径中都存在的一些差别导致了响应的整体变化。每个测量的绝对相位偏差由校准混频器的特定特征确定；改变校准混频器的 LO 路径将导致单条迹线整体的相位移动，但是通道间的相对相位将基本保持不变。可能会略有不同，是由于不同的测试混频器失配的差别在 LO 端口产生一些与失配相关的相位漂移。相似的效应会发生在 RF 和 IF 端口，但是失配校正会去除信号端口上的这些影响。

7.5　混频器测量的校准

每种混频器测量方法可适用一个或多个校准方法。对幅度响应，最直接和准确的测量是对 SMC 测量做功率校准，如下所述。向下/向上法以及 VMC 法，幅度和相位的精度都取决对校准或再转换混频器的特征描述的准确度。

大多数测量方法的相位校准必须依赖于参考一个已校准的混频器；唯一的例外是相参接收机测量，相对于一个已知的相位参考（将在 7.5.3.3 节中讨论细节），它可以独立地对功率和相位进行校准。所有其他测量方法通过不同的方式从一个假设为互易的混频器提取相位响应，每个都会在下面的章节中详细描述。

7.5.1　功率校准

使用标量混频器校准(SMC)法的混频器，其功率测量校准独立于其相位校准，使用的方法与 3.7.1.4 节中描述的相同。当然，参考接收机在输入频率上进行所需的功率校准，测试接收机在输出频率上校准。建立这些功率校准的典型方法是做一个分段增强功率校准，输入频率范围和输出频率范围都要覆盖。这为前向和反向都生成了完整的校准映射，并且一些 SMC 校准方法的实现支持 MUT 的前向和反向转换的全部 4 个 S 参数，如图 7.17 所示。

校准过程分为两步：

1. 在矢量网络分析仪的端口 1 接一个功率计测量源的输入功率，RF 和 IF 频率都要测量。同时，按功率计显示的功率把参考接收机校准至相同的功率值。
2. 在 RF 和 IF 频率上做一个完整的从端口 1 到端口 2 的二端口 S 参数校准。这就获得了输入输出失配校正项，以及两个端口间的传输损耗。

如下所述，从这两个测量计算出在矢量网络分析仪所有端口上测量功率所需的一个完整的校准。功率计和矢量网络分析仪端口间使用的任何连接器或转接器的影响可以通过一个额外的在功率计参考平面的一端口校准来去除。这样就能在功率校准步骤使用一个同轴功率计，接着在 S 参数校准步骤使用任何其他校准方法包括晶圆校准。数学细节如下：

混频器校准的数学符号略有变化，因为输入和输出的响应是在不同的频率，所以校准项必须与各自的端口频率相关联。进行输入频率的功率校正，如

$$a_{1A\_MatchCor} = \frac{a_{1MUT\_In}}{RRF_{In} \cdot (1 - ESF_{In} \cdot \Gamma_{1MUT})} \tag{7.15}$$

其中

$$RRF_{In} = \frac{a_{1M\_Cal\_In}}{P_{Meas}(1 - ESF_{In} \cdot \Gamma_{PwrMeter})}$$

其中，ESF 项是在输入频率下进行一端口或者二端口校准过程中确定的。

类似地，在输出端口频率下确定输出功率校正如下

$$b_{2A\_MatchCor\_Out} = \frac{b_{2MUT\_Out}}{BTF_{Out}} \cdot (1 - ELF_{Out} \cdot \Gamma_{2MUT\_Out}) \tag{7.16}$$

其中

$$BTF_{Out} = ETF_{Out} \cdot RRF_{Out}$$

其中，在输出频率范围上，基于输入端到输出端的传输跟踪计算 BTF 项。参考接收机跟踪项也是在输出频率范围上按式(7.15)来计算，不过是在输出频率上。

转换增益的校正计算如下

$$SC_{21\_Cor} = \frac{b_{2MUT\_Out}}{a_{1MUT\_In}} \cdot \frac{RRF_{In}}{BTF_{Out}} (1 - ESF_{In} \cdot \Gamma_{1MUT})(1 - ELF_{Out} \cdot \Gamma_{2MUT\_Out}) \tag{7.17}$$

这适用于标准混频器，当处理镜像混频器时则需要做一个小修改以考虑频率和相位反转的影响。对镜像混频器，校正为

$$SC_{21\_Cor} = \frac{b_{2MUT\_Out}}{a_{1MUT\_In}} \cdot \frac{RRF_{In}}{BTF_{Out}} (1 - ESF_{In} \cdot \Gamma_{1MUT})(1 - ELF_{Out}^* \cdot \Gamma_{2MUT\_Out}^*) \tag{7.18}$$

因此，混频器和放大器增益的计算十分相似，差别仅存在于失配校正项的一小部分，与回路项 $SC_{21}SC_{12}ESF_{In}ELF_{Out}$ 相关。与低损耗线不同，混频器总有相关的损耗，或放大器总有隔离，这使得回路项的影响变得非常小。

7.5.1.1 幅度响应的分离端口校准

某些情况下，SMC 校准无法在输入和输出间完成 S 参数直通步骤，通常是由于其中一个端口是一个连接器(如波导)，输入和输出频率不能都通过该连接器。如果输入连接器是波导，那么无法计算输出端的 BTF(另一方面，如果输出端是波导连接器，并且输入端能通过波导的频率，那么有可能可以加一个转接头以进行未知直通校准)。处理不兼容连接器的一个方法是，从需要波导连接的端口到混频器的路径上移除波导转接头，然后在完全同轴连接下完成校准，替换上转接头，去嵌入该转接头。过去，这是唯一可用的处理带有波导端口的混频器的方法。然而，在毫米波频率测试的情况下，波导测试端口常常是一个毫米波扩展头(有时称为毫米波倍频器，简称毫米波头)。这种情况下，毫米波频率是在该头中产生的，无法移除它得到一个同轴端口，也不可能使用通常的方法对它以进行混频器测量校准。

通过分离功率和接收机校准到两个独立的功率和反射测量中，一种新方法，有时称为"分离校准"，可以完成该混频器的校准。基本的概念是在每个端口进行一次功率计校准和一次一端口校准。端口 1 的功率计和反射校准可以使输入功率校正完全按照式(7.15)指示的进行计算。接着，在输出频率下应用该新技术的相同步骤到输出端口，也能算出在输出频率范围下的参考响应反向跟踪项 RRR_{Out}(a_2 接收机的跟踪响应)，如

$$RRR_{Out} = \frac{a_{2M\_Cal\_Out}}{P_{2\_Meas}(1 - ESR_{Out} \cdot \Gamma_{PwrMeter\_Port2})} \quad (7.19)$$

由这些测量结果，计算得到 b_2 输出响应跟踪项如下

$$BTF_{Out\_SplitCal} = RTR_{Out} \cdot RRR_{Out} \quad (7.20)$$

误差校正公式为

$$b_{2A\_MatchCor\_Out} = \frac{b_{2MUT\_Out}}{BTF_{Out\_SplitCal}} \cdot (1 - ESR_{Out} \cdot \Gamma_{2MUT\_Out}) \quad (7.21)$$

整体的 SC_{21} 增益的校正公式为

$$SC_{21\_SplitCal} = \frac{b_{2MUT\_Out}}{a_{1MUT\_In}} \cdot \frac{RRF_{In}}{BTF_{Out\_SplitCal}} (1 - ESF_{In} \cdot \Gamma_{1MUT})(1 - ESR_{Out} \cdot \Gamma_{2MUT\_Out})$$

$$(7.22)$$

这里用源失配替换了负载失配，由于在校准过程中无法测量负载失配，因为无法从另一个端口提供信号。另一种方法是在有源测量中测量 MUT 的 a_{2_out}/b_{2_out} 来确定负载失配，并按这个方式校正它。然而，在很多情况下，源失配和负载失配间的差别非常小，特别是当端口 2 DUT 连接与参考耦合器间存在损耗时更是如此。

7.5.2 相位校准

20 世纪 90 年代晚期，出现了几种测量混频器相位的新技术。其中一个例子，使用三个混频器进行三次测量以提取每个混频器的特性。另外一个例子，用混频器输出端反射的响应作为校准基础。最近开发出来的基于非线性矢量网络分析仪技术的新方法，由于其校准的简单性和灵活性，有希望广泛地取代其他方法。下面描述使用每种新方法的细节和最佳实践。

7.5.2.1 三混频器法

首先提出使用矢量网络分析仪测量表征混频器相位响应的方法之一是，利用混频器对其进行三次测量。使用该方法得到校准混频器的相位。因为它是一个多步骤的方法，所以不太适合常规测试意义下的混频器特征描述。图 7.33 显示了该方法。该方法中，混频器 C 是 MUT。另外一个混频器 B 可以将混频器 C 的信号上变频到与 C 相同的输入频率。混频器 A 是一个互易混频器，它既可以替代 MUT 混频器使用（在图示的第一行）也可以替代混频器 B（在图示的第二行）。

由于输入和输出是在相同的频率，所以可以使用完全二端口校准的 S 参数测量来确定三种情况的增益，各自为 G_1，G_2 和 G_3。每个增益的整体响应（排除失配的影响）为

$$G_1 = SC_{21\_A} \cdot S_{21\_IF} \cdot SC_{21\_B}$$
$$G_2 = SC_{21\_C} \cdot S_{21\_IF} \cdot SC_{12\_A} \quad (7.23)$$
$$G_3 = SC_{21\_C} \cdot S_{21\_IF} \cdot SC_{21\_B}$$

这里 S_{21_IF} 是中频滤波器损耗。如果没有使用镜像滤波器，并且混频器产生几乎相等的镜像信号，整体增益可能加倍（如果镜像频率相位相同相加）或也可能为零（如果镜像频率

相位相反，并与标准转换信号恰好相等）。这是不能接受的误差，所以必须使用镜像滤波器来减小误差。

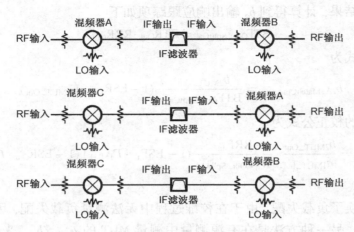

图7.33 矢量网络分析仪三混频器法测量混频器相位

由式(7.23)，计算任意一个混频器的转换增益如下

$$SC_{21\_A} = \sqrt{\frac{G_1 G_2}{G_3 S_{21\_IF}}}$$

$$SC_{21\_B} = \sqrt{\frac{G_1 G_3}{G_2 S_{21\_IF}}} \tag{7.24}$$

$$SC_{21\_C} = \sqrt{\frac{G_2 G_3}{G_1 S_{21\_IF}}}$$

由于所有的增益都是复数，混频器的相位响应可以计算为

$$\phi_{21\_C} = \frac{\phi_2 + \phi_3 - \phi_1 - \phi_{21\_IF}}{2} \tag{7.25}$$

计算相位响应平方根时，必须小心地选取正确的根（细节可参见9.3.1.1节）。

虽然这是确定混频器相位的一个简单方法，但它需要多个步骤，并且至少需要一个混频器是互易的。另外，在该方法中描述了增益没有包含混频器和IF滤波器间的失配影响。如果独立地测量出每个混频器的失配，则有可能计入一些失配的影响，但通常使用一组衰减器以减小混频器间的失配。这种情况下，将衰减器的损耗集中计入滤波器的损耗。当然，其中一个最主要的困难是必须使用三个混频器，创建三个混频器可能是不经济的，尤其是在高频率下。

图7.34中显示了一个应用三混频器技术的例子。该例中，混频器A是互易的，下一节中的例子也将使用它作为校准混频器，如7.5.3.1节所述，并且在图7.19中它曾被提取作为去嵌入混频器。它含有IF滤波器，所以不必增加额外的IF滤波器或补偿它的S_{21}。图中没有显示混频器对的相位，而是显示了每个混频器对的时延，知道它是从相位响应推导得到的。该时延提供了对每个混频器的相对相位的一个很好的直观感觉。

图7.34(a)显示了混频器A的SC_{21}和SC_{12}的标量测量幅度结果。还显示了用三混频器法提取出的上变换和下变换响应。很明显，该方法中存在一些显著的误差（大约2 dB

或更多)。图7.34(b)显示了每个混频器对的群时延测量结果。混频器 A 被严格过滤，但是混频器 B 和混频器 C 没有那么多的严格过滤，当它们作为一对被测量时显示出一个平坦的响应。图7.34(c)显示了使用三混频器法提取的混频器 A 的 SC_{21} 的群时延，还有线性相位的偏差(限制在混频器的通带区域)。这里测量的最大偏差大约是 $\pm18°$。有趣的是，这里在时延迹线中间频段有明显的波纹，恰如7.4.3.1节的向上/向下法那样。和向上/向下法一样，三混频器法也容易受高阶频率对测量结果的影响。

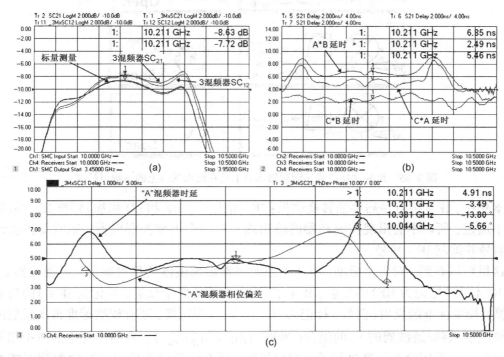

图 7.34　(a)使用 SMC 和三混频器法测量的混频器的幅度响应；
(b)三个混频器对的时延；(c)仅混频器A的相位和时延

由这些测量结果，混频器的任何响应都可以被计算出来，接着任何一个混频器连同它们的相关数据可以被用做校准混频器。然而，时延测量结果中的波纹说明在该特征描述中存在一些误差。在接下来的两节中描述的混频器特征描述的改进方法则没有这些误差影响。

7.5.3　确定互易混频器的相位和时延

几个混频器测量方法都依赖于使用一个已知混频器作为已校正的直通标准。困难在于确定该已知混频器的品质。第一种方法利用混频器输出端的反射来推断混频器的双程响应，接着假设该混频器是互易地计算出其单程响应。第二种方法与未知直通校准相关，也使用了与第一种方法类似的途径。

7.5.3.1　互易校准混频器反射法

用反射的方法进行混频器特征描述时，假设条件是前向和反向的转换损耗相同并且不太大。该方法中，必须在混频器的输出端加一个滤波器来反射或者吸收不需要的镜像，并让需要的频率低损耗地通过。在混频器/滤波器对的输出端连接一系列反射标准，测量每一个反射标准的输入失配。实质上，是在混频器/滤波器组和的输出端口进行了一个一端口校准，如图7.35 所示。

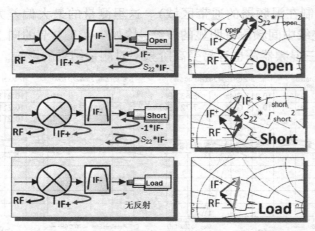

图7.35　反射法特征描述混频器本质上是在输出端口上的一端口校准

本例中，IF − 信号是需要的转换结果；IF + 信号（由 RF 和 LO 相加）将被 IF 滤波器反射而不通过，所以不会出现在混频器的输出端。对一个上变换混频器，滤波器将会通过 IF + 信号并抑制 IF − 信号。

这里可以看到，对每个标准，有4 个主要因素影响整体的反射响应：由混频器 S_{11} 造成的 RF 信号（标记为 RF）的反射，IF + 信号（在滤波器阻带反射，标记为 IF + ）的反射的再转换，校准标准的反射（例如，标记为 $IF^- \cdot \Gamma_{Short}$）再转换，还有校准标准再次反射的信号与校准混频器/滤波器的 S_{22} 的组合（例如，标记为 $S_{22}^* \Gamma_{Short}^2$）。在右半部分的图中用矢量表示它们。如果用每个标准进行了一端口校准，那么结果误差项可以被映射到混频器的响应。对每个标准，S_{11} 和 IF + 反射是不变的，在一端口校准的构造中，它们代表方向性误差项；它是混频器的 S_{11}。通过混频器的双程传输，实质上就是开路和短路响应的平均，代表反射跟踪项，或 $SC_{21} \cdot SC_{12}$。开路和短路的差是一端口校准的源失配项，或者混频器的 S_{22}。

实际中，它是由一个非理想的网络仪来测量的，所以如果在混频器之前做一次一端口校准，并在混频器之后做第二次一端口校准，可以直接应用式（9.20）适配器特征描述算法（细节参阅第9 章）得到

$$S_{11\_MUT} = \frac{(EDF_{MUT} - EDF)}{[ERF + ESF \cdot (EDF_{MUT} - EDF)]}$$

$$S_{21\_MUT} = S_{12\_MUT} = \frac{\sqrt{ERF \cdot ERF_{MUT}}}{[ERF + ESF \cdot (EDF_{MUT} - EDF)]} \quad (7.26)$$

$$S_{22\_MUT} = ESF_{MUT} + \frac{ESF \cdot ERF_{MUT}}{[ERF + ESF (EDF_{MUT} - EDF)]}$$

这里又一次见到了复数平方根项，与式（7.24）的例子一样要留意。对校准混频器之后的第二个一端口校准，要使用输出频率下的校准件，而不是通常的输入频率。如果使

用一个 Ecal，那么 Ecal 的值必须选取输出频率范围；对用户来说通常不容易获得该能力，所以必须依赖制造商的嵌入功能使用 Ecal 完成混频器的特征描述。

该方法的一些说明：需要的混频器与前一节的混频器 A 基本相同，也就是说，混频器要是互易的。这种情况下，IF 滤波器嵌在混频器响应中，所以混频器/滤波器组合总是被看成一个整体。不需要的镜像的任何再转换都被包含在整体响应里；因此响应或许会有大量波纹，但是只要在这个特征描述中获得波纹的真实值，波纹的实际值不重要。按这种方法特征描述一个混频器的例子显示在图 7.36 中，并与前面的三混频器法进行比较。

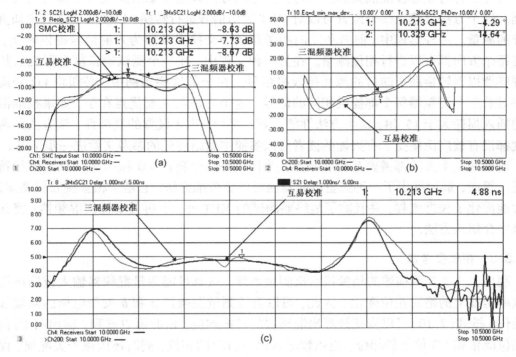

图 7.36　用反射法特征描述混频器

图 7.36(a) 显示了 SC_{21} 幅度的比较；用互易混频器提取的 SC_{21} 与用 SMC 校准得到的 SC_{21} 响应几乎完全相同，与三混频器法比较差别最大。在图 7.36(b) 中，显示了线性相位的偏差；互易法显示了一个几乎理想的原始滤波器形状的响应。相似地，在图 7.36(c) 中，与三混频器法相比，互易提取法得到的所使用的滤波器的时延非常平滑和对称，和期望的一样。

按图 3.39 所示，表明相位误差是幅度误差的函数，或许会假定如果在一定限制下混频器的幅度响应是互易的，那么在式(3.103)提出的限制下，相位响应类似地也是互易的。因此 SC_{21} 和 SC_{12} 的幅度的 SMC 测量结果表现了互易校准的品质。该例中，幅度互易性误差小于 0.09 dB，表明相位互易性小于 0.6°。

该特征描述方法的一些说明：由于混频器输入端的反射往往是测量到的信号的最大组成部分，并且该方法要求在各个标准间这个值是一致的，所以混频器的 S_{11} 的测量结果没有漂移和不稳定是至关重要的。当把校准混频器直接连接到矢量网络分析仪测试端口，没有中间测试电缆时，这个特征描述方法工作效果最好。而且，校准混频器的损耗将加强这个效应；单程转换损耗小于 10 dB 通常没有问题。如果损耗在 10 ~ 15 dB 之间，需要额外的处理，使用更低的 IFBW，并且需要更多的平均来获得好的测量结果。如果单程损耗超过 15 dB，该方法通常不会产生好的测量结果。这在图 7.36 中带外区域嘈杂的时延响应上很明显。这种情况下，或许可以使用下一节的方法。由于稳定性很重要，在输入和输出端都使用 Ecal 进行一端口校准，消除与接头重复性相关的误差。

7.5.3.2 互易校准混频器未知直通法

另外一种对互易校准混频器进行特征描述的方法以第 3 章所描述的未知直通校准为基础。这个方法要建立一个配置可以对 MUT 输出信号进行转换，以便能够进行未知直通校准的测量。一种实现中，前向和反向参考路径中交换混频器为入射信号提供转换，所以在每个方向都可以进行相位测量。在另一种实现中，在一个测试端口耦合器之后加一对混频器以再转换那个端口的源和接收机信号。在全部这些实例中，必须将 LO 分离成三路对着三个混频器每个都提供相同的信号。这个方法的主要优点在于，如果校准混频器的插入损耗大于 15 dB，这个方法性能较好。然而，由于设置的复杂性，该方法的两个实现都没有被广泛接受。有兴趣的读者可以参照本章结尾处的参考文献进一步了解。

前面的三个方法都需要互易混频器，并且对每一个新的 LO 频率必须重新进行特征描述。然而，最近推出了一种矢量混频器测量的新校准方法，它基于相参接收机测试法，大大地简化了校准流程，并且除了最终要测试的 MUT 外，不再需要任何混频器；将在下一节中介绍该方法。

7.5.3.3 相位参考法

利用 7.4.3.3 节描述的相参接收机测量系统，就有可能测量混频器输入或输出端一个频率跨度上的绝对相位变化。因此，可以直接测量混频器 a 和 b 矢量电压的幅度和相对相位，按式 (7.10) 可以直接计算出混频器的转换响应，由此可以看到，输出 (RF) 信号的相位既依赖 LO 信号的相位，也依赖输入信号 (IF) 的相位，同时还依赖于失配项，而这些失配项依赖于输出端反射的 RF 信号。使用相参接收机系统，有可能直接测量 b_{RF} 和 a_{IF}，此外还知道测试端口 2 混频器负载造成的任何反射都影响 a_{RF}。由此，可以直接计算该变换器的 SC_{21}。式 (7.10) 还显示了依赖于本振的相位。这个依赖没有被补偿，但是对于固定 LO 变换器，LO 的相位是一个不变的偏移，对于信息带宽，它不会影响混频器的相位和群时延响应。由此，可以直接计算 SC_{21} (本例中，是一个上变频器) 如下

$$SC_{21} = \frac{(b_{RF}/BTR^{RF})}{a_{LO}(a_{IF}/RRF^{IF})} \cdot \left(\frac{1}{1 - S_{22}^{RF} ELF^{RF}} \right) \cdot \left(\frac{1}{1 - S_{11}^{IF} ESF^{IF}} \right) \Bigg|_{|a_{LO}|=1} \tag{7.27}$$

因为 LO 的相位无法识别，选择一个特定的频点 (通常是中心频率) 作为参考相位点，设置为一个常数，通常为 0°。

从式 (7.27) 可注意到，需要分别确定输入端参考接收机响应跟踪和输出端测试接收机响应跟踪。依据对标准 S 参数校正的理解，可知

$$ETF^{RF} = \frac{BTF^{RF}}{RRF^{RF}} \quad \text{和} \quad ETF^{IF} = \frac{BTF^{IF}}{RRF^{IF}} \tag{7.28}$$

因此如果可以在 RF 和 IF 频率上确定参考或测试通道的相位响应，那么可以通过 S 参数的传输跟踪项求出对应通道的相位。

在之前的校正方法中，校准时使用功率计作为参考分别测量其响应，得到 a 和 b 接收机各自的幅度响应。随后接一个校准混频器测量系统的整体响应。分别测量源和负载失配，最后对一个已知的混频器的测量结果解式(7.27)计算出的相位值(BTF^{RF}/RRF^{IF})。幅度通过功率计校准单独计算得到。这个方法工作效果很好，但是要求已知所使用的校准混频器，确定其特征是一个大问题，而相位参考法消除了这个问题。之前的方法中，校准时使用了一个特定的调谐到一个特定 LO 频率的校准混频器。选择任何其他 LO 频率要求重新校准，重新对校准混频器在每个特定 LO 频率上确定(BTF^{RF}/RRF^{IF})的比率。相位参考法不用借助已知的混频器就可以求出每个接收机各自的相位响应。

该方法由一个从非线性网络仪借鉴的完全不同的校准方法发展而来。NVNA 系统在额外的通道中使用一个谐波梳状波发生器作为相位参考，将谐波的相位与这个已知梳状波进行比较，可以测量信号的幅度和相位以及它们的谐波。由信号的基波和谐波可以精确地重建信号的波形。重建的关键是知道相位参考梳状波发生器的谐波相对相位。这些谐波的相位可以被精确地测量和回溯到国家标准，其误差非常小。图 7.37 显示的相位和群时延响应就是来自于一个这样的相位参考，安捷伦 U9391 型，它带有校准过的相位数据。它可以提供入射信号 $a_{\text{Phase\_reference}}$ 给矢量网络分析仪的输入接收机。

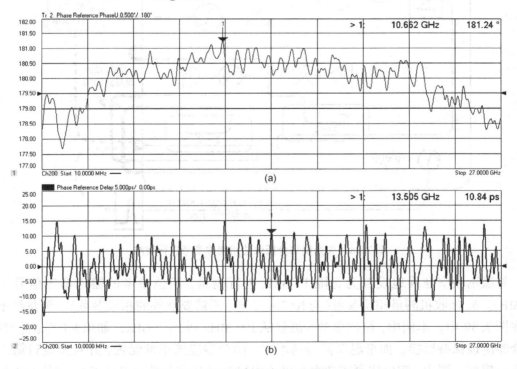

图 7.37　相位参考的相位和群时延响应

由于测量过程有一些噪声，实际使用这个相位参考时做一些平滑可能得到更好的结果。

这个相位参考作为信号源提供信号，本质上是一个脉冲，它提供了基波和所有谐波的一个已知的相位。由于相参接收机系统可以测量单通道响应的相位，这两个因素组合起来建立了一个已校准相位的单通道测量接收机。在校准过程中，相位参考的源是矢量网络分析仪中的 10 MHz 参考振荡器。校准过程中，相位参考的输出接到矢量网络分析仪的 b_2 接收机，如图 7.38 所示。其中，看到对矢量网络分析仪进行配置，反接端口 2 的耦合器，以减小到这个接收机的损耗。为得到最佳性能，这是必要的，因为单个梳齿信号非常小，大约 -60 dBm。因此，从测量中去除耦合器损耗，增强到接收机的信号，但这也在测量中加入了偏移。第二步，做一个完全的二端口校准，它有效地测量耦合器通路的偏移损耗。在进一步的校准步骤里补偿这个偏移。

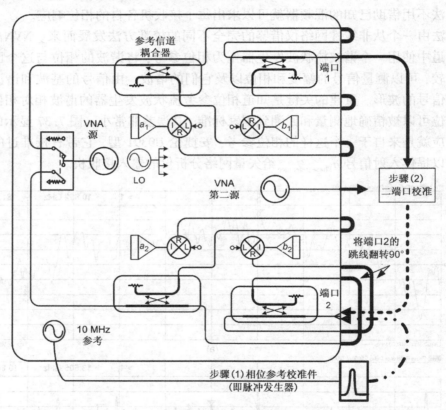

图 7.38　矢量网络分析仪使用相位参考进行校准

将激励频率准确地设置为每隔 10 MHz 进行测量，相位参考的输入参考信号正是 10 MHz。b_2 接收机测量相位参考（与 NVNA 不同，不需要额外的相位参考）。测量结果显示在图 7.39 中。本例中，相位参考的测量从 100 MHz 到 26.5 GHz。如果 MUT 是低增益，耦合器应该保持反接。如果混频器是高增益，耦合器应该正常配置，并且要进行第二个二端口校准。图中，响应比真实功率高出了大约 13 dB（在低频高出更多），这是由于矢量网络分析仪的工厂校准补偿本应该存在耦合器的衰减，但当耦合器被反接时它并不存在。S_{21} 跟踪项中的差捕获了测试端口耦合器损耗的变化，它可以补偿接收机的相位参考校准。

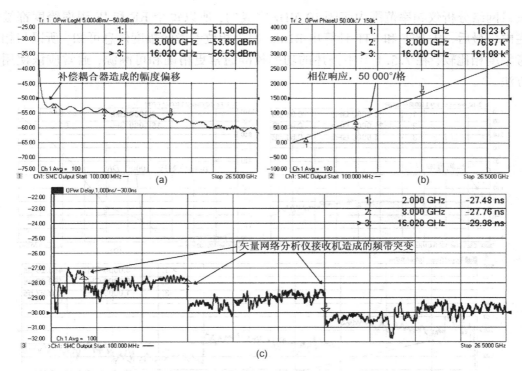

图 7.39　b_2 接收机测量相位参考的幅度和相位响应，包含了反接耦合器的影响

这些测量结果显示了大约 $-50 \sim -60$ dBm 的功率响应，在 26.5 GHz 范围内相位响应从 0° 到超过 250 000°。更方便的是将相位响应按群时延或者到线性相位的偏差的方式来显示。请记住，这是幅度和相位响应的原始值，代表相位响应的组合，包括相位参考的相位响应，以及 b_2 接收机的相位响应（包含 b_2 接收机前端的定向耦合器的响应），还有矢量网络分析仪混频器的 LO 的相位响应（它当然也影响测量的矢量网络分析仪最终 IF 的响应）。

整个频率范围内，相位参考自身的时延非常小并且非常平坦，时延的偏差小于 10 ps。因此，图 7.39 中的相位响应几乎完全是由于接收机的响应，加上电缆长度造成的一些标称时延。另外，时延响应的精细度与该接收机测量的幅度响应的偏差相当。求解矢量网络分析仪接收机跟踪响应，可以去除相位参考的相位响应及其失配，如

$$\mathrm{BTF} = \frac{b_{2\_\mathrm{PhRefMeas}} \cdot \left(1 - \mathrm{ELF} \cdot S_{22\_\mathrm{PhRef}}\right)}{a_{\mathrm{Phase\_reference}}} \tag{7.29}$$

这里 $a_{\mathrm{Phase\_reference}}$ 是相位参考信号的功率和相位。图 7.39 中测量得到的时延中的阶梯实际上来自于矢量网络分析仪接收机，而不是相位参考。

接收机的响应由上面的测量结果计算得到，显示在图 7.40 中。幅度误差相当小，因为很多矢量网络分析仪中已经有出厂幅度校正。

实践中，相位参考的原始 S_{22} 在其连接着的那一步测量得到。下一步中进行一个 S 参数校准提取端口误差项，它可以用来校正相位参考的 S_{22}，也提供了式(7.29)中所需的负载失配误差项。另外，传输跟踪项 ETF 也是在 S 参数校准过程中被确定。由于这是在整

个矢量网络分析仪频率范围内每隔 10 MHz 完成的，所以每个 RF 和 IF 频率跨度都被包括在内。最后，从 BTF 和 ETF 计算出 RRF。因为相位参考的幅度信息可知，所以与相位参考幅度相比较，在 7.5.1 节中描述的功率校准通常更精确和可溯源，通常应该使用这个方法。

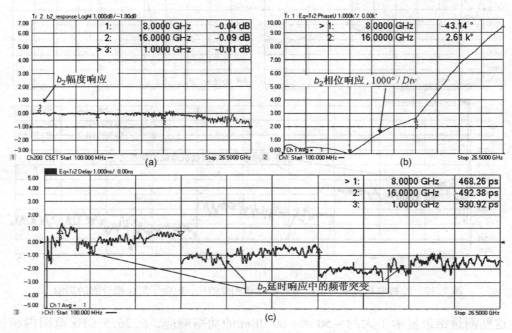

图 7.40　正常模式下 b_2 接收机的幅度，相位偏差和时延

因此，每个接收机的幅度和相位响应都各自被确定了；对任何混频器条件，整体系统的响应可以轻松地被计算出来。图 7.41 显示了 3 条迹线，下面的两条是对一个输入为 $6.5 \sim 26.5$ GHz，输出为 $1.5 \sim 21.5$ GHz 的混频器计算得到的跟踪 b_2^{RF} 和跟踪 a_1^{IF}。还显示了 SC_{21} 跟踪校正项（BTF^{RF}/RRF^{IF}）计算得到的比率。

为了清晰起见，相对混频器的输出频率，以时延格式绘制它们。注意在校正数组中的离散跳变。进一步研究，可以将参考和测试接收机跟踪绘制为每个接收机上的一个频率的函数。图 7.42 按这一方式显示了跟踪响应，发现，离散跳变出现在每个接收机相同的频率上。

这是个特别有趣的结果，它意味着在矢量网络分析仪的参考和测试接收机间的时延上的跳变是由一个共同原因造成的。该共同因素就是驱动两个接收机的 LO。矢量网络分析仪的混频器的行为还必须遵守式（7.4）的响应，所以它们的相位响应肯定也包含来自 LO 的任何响应。检查所使用的矢量网络分析仪的细节，发现其 LO 是通过倍乘和除一个基础 $2 \sim 4$ GHz 振荡器来创建的。在每个倍乘路径之后有一个滤波器，所以在这些倍乘频段会出现离散变化是完全合理的，这正是图中所显示的。当然，每个接收机还有一个高精度的响应与特定的转换损耗以及每个特定接收机前的测量路径中的任何波纹或响应相关。

最后，校正前后的混频器的整体测量结果显示在图 7.43 中。对这个例子，使用的是一个小时延的宽带混频器；它的频率范围跨越了一些矢量网络分析仪接收机的交叉频段。

显示了出众的测量结果，校正的混频器响应在大约 400 ps 时延上是平坦的。基于 7.5.3.1 节中使用的互易混频器法，考虑了使用的滤波器，预计的值与该值十分接近。并且这一校正结果没有使用任何其他混频器来校准或测量。

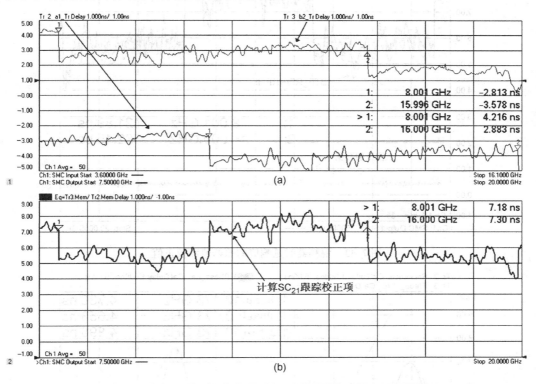

图 7.41　(a)矢量网络分析仪接收机测量的混频器频率输入和输出响应；(b)对这个设置结合了时延校正项

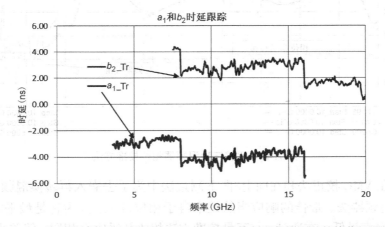

图 7.42　按矢量网络分析仪接收机频率的函数绘制混频器测试的接收机跟踪

做另外一个比较，在之前的两个校准方法中使用的混频器/滤波器组合的测量结果，连同相位参考校准方法得到的结果，显示在图 7.44 中。这是唯一的其校准不依赖于任何其他混频器的方法。

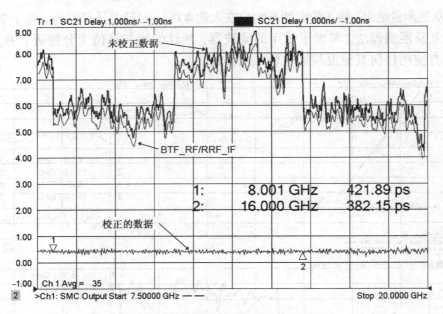

图 7.43　混频器时延响应的原始值和校正值

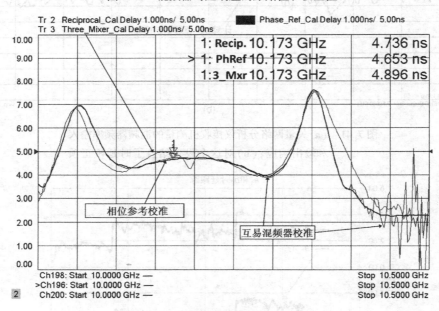

图 7.44　比较三种混频器相位校准方法

请注意，在 VMC 校正法和在向上/向下测量法中为了去嵌入再转换混频器，都是用了"互易–校准"混频器法。最佳的响应当然是来自于相位校准，因为它是最平滑的响应并且在高频的带外噪声最低。在通带，与互易校准方法相比几乎完全相同，偏差小于 85 ps。与之相比，三混频器法偏差大约 500 ps。

最后一个比较，改变该混频器组合的 LO 频率，时延和增益测量结果显示在图 7.45 中。这是唯一的方法，允许改变测试的 LO 频率当不需要重新校准系统或重新特征描述校准混频器。

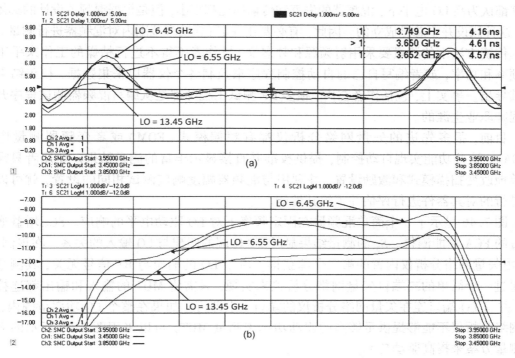

图 7.45　不同的 LO 频率下的时延和增益的测量结果

在这个比较中，保持输入频率不变，使用不同的 LO 频率，这将产生不同的输出频率。一种情况，LO 从 6.55 GHz 偏移 100 MHz 到 6.45 GHz。另外一种情况，LO 从低侧移动到高侧，结果反转最初的输出频率。当 LO 频率有一个小偏移时，时延几乎相同（RF 滤波器在这个频率范围内，斜率小，时延变化缓慢，解释了为什么时延中的双峰不是完全相等）。当 LO 移到高侧到 13.45 GHz，输入滤波器群时延响应完全相同，但是输出滤波器的响应翻转了，结果在时延响应中产生一个大的变化。在图 7.45（b）中的幅度响应的斜率中的一个相等的大的改变也反映了这一个点。正如所预期的，在左手边的响应上幅度响应表现出缓慢的变化，这通常与较低的群时延峰值相关。

7.6　驱动功率对混频器测量的影响

与其他有源器件类似，混频器的特性和工作模式与施加在各端口的驱动电平相关。不同的是，混频器既有高电平驱动（LO）又有低电平输入（信号输入），两者都会影响混频器的响应。为了优化一个电路或系统的工作状态，需要综合考虑 LO 和 RF 的影响，以获得一个混频器的最佳工作点，将在后续章节讨论。

7.6.1　LO 驱动对混频器测量的影响

7.6.1.1　固定频率下混频器对 LO 功率的响应

标准情况下，混频器都被设计在指定 LO 电平下工作。混频器厂商通常会给出一些 LO 电平范围，在此范围内，混频器的特性，特别是传输损耗和失真都认为是相对恒定的。通常大家都认为高 LO 电平下，混频器的失真和传输损耗都很小，但是根据混频器设计的具体情况，这种假设并不总是成立的。因此，有必要在一定 LO 功率范围内对混频器进行测量。

传统方法下的测量要采用射频源和频谱仪，操作者不得不进行枯燥的工作来手工设定频率和功率，或者编写自己的自动控制程序来控制各个仪器以采集数据，校正结果并将其导出。事实上，包括作者在内，很多 RF 测试工程师都是从编写混频器测试程序开始工程师职业生涯的。

目前，很多先进的矢量网络分析仪都有频偏模式（FOM）或者变频器测量应用（FCA），这些功能实现自动控制，提供校准并直接显示丰富的测量结果。使用者只需要简单地改变扫描模式和激励设置，并利用与混频器幅度响应测试相同的设置，就可以简便易行的对其器件进行评估并了解其性能。

图 7.46 显示了一个简单混频器在固定频率下对 LO 驱动电平的响应。SC_{21} 增益通过内置的 FCA 功能测得。S_{33} 的测量结果显示了 LO 端的匹配与 LO 输入的关系。在该例中，LO 由矢量网络分析仪内置的第二个源获得。由于 LO 的响应与 RF 信号无关，其测量也可通过一个简单的二端口矢量网络分析仪来实现，只需将 MUT 的输入和输出都连接负载，并将 LO 端口连在矢量网络分析仪的端口 1 上即可。如果在整个 LO 功率范围内，矢量网络分析仪不能够提供足够高的驱动功率来测量 MUT，可以采用图 6.29 所示的大功率测量方案来提高驱动功率。

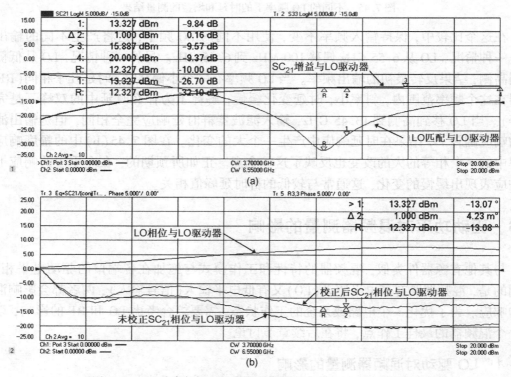

图 7.46　LO 功率扫描下的混频器参数 SC_{21}，S_{11}，S_{33}（LO 匹配）

该混频器的响应中有一个有趣的现象，那就是 SC_{21} 响应与 LO 驱动功率有一个明确的关系曲线。其他类型的混频器也许会有一个能达到最高传输增益的最佳本振值，要视混频器内部二极管的限幅效应和导通结构而定。从 SC_{21} 对 LO 驱动的响应中可以看到，其平坦度和幅宽有效地表征了混频器对 LO 驱动电平敏感度，同时还可以看到 LO 驱动电平对 SC_{21} 的一阶量没有影响。

另外一个有趣的现象就是混频器 LO 端口的输入匹配和 LO 驱动电平之间有密切关系，图中最佳匹配点被当成参考点，以此为参考来分析 SC_{21} 和 LO 驱动功率变化之间的关系，如图中游标 R 所示。游标 2 的结果显示，当 LO 驱动电平偏离最佳匹配点 1 dB 时，SC_{21} 变化 0.16 dB。

在某些时候，LO 端口匹配与 LO 驱动之间的关系可以用来确定最佳 LO 驱动电平，以获得最低传输损耗。S_{33} 的图形清楚地显示了在什么时候 LO 驱动足以将混频器的二极管“打开”；在低 LO 驱动的时候，二极管呈高阻态，大部分的 LO 信号被反射。在此区间，传输特性也很差。当 LO 功率提高并将混频器二极管打开，并在某一功率点获得最佳匹配阻抗。而当 LO 电平不断提高到一定程度后，混频器的二极管效应变得更小，以至于阻抗不再匹配。

图 7.46(b) 显示了 SC_{21} 传输相位与 LO 驱动电平的关系。但是由于 LO 的相位也会随着 LO 驱动电平变化，所以这个未经修正的测量结果是不可信的。如果采用外部源，当幅度靠源衰减器不断变化时，LO 相位也会发生步进变化。当使用内部源时，可以通过 LO 端口上的参考接收机测量 LO 的相位与 LO 驱动电平之间的关系。利用这一测量结果，再加上公式编辑器，就可以求出修正后的 SC_{21} 相位响应与 LO 驱动的关系。使用编辑公式时，要考虑到 LO 相位要取补，这是因为 RF 的频率要高于 LO，所以改变 LO 的相位会使 IF 相位朝反方向变化。此公式为

$$SC_{21\_Corr} = SC_{21\_Raw} \cdot \frac{|a_{LO}|}{a_{LO}^*} \tag{7.30}$$

这个公式将 LO 的幅度归一化，未引起幅度的影响。从修正后的结果中可以看到一个有趣的现象，在 LO 匹配最优的参考游标附近，相位响应近似平坦。

7.6.1.2 扫频下混频器对 LO 驱动的响应

通过上一节可知 LO 驱动电平对混频器性能的影响，对于系统性能优化至关重要，但上一节只局限于 RF 和 LO 都是单频的混频器。当一个混频器在较宽频带下使用时，就需要考虑在整个频段内，如何优化 LO 驱动电平。这可以通过下面两种方法的一种实现。第一种方法，固定 LO 功率，然后在 RF 及 IF 频段对混频器测量，并归一化测量结果，然后将 LO 变到下一个功率值做测量，并比较结果。使用这种方法可以在宽频带内得到 LO 驱动对传输损耗的影响，如图 7.47 所示。图 7.47(a) 显示的是不同 LO 驱动下的 SC_{21}，图 7.47(b) 是 SC_{21} 对 LO 为 +15 dBm 时的 SC_{21} 的归一化结果。显而易见，混频器在不同 RF 频率下对 LO 驱动的响应是不同的。造成这一现象的一个原因可能是 LO 匹配随着功率而变化的。

另外一种情况就是 LO 频率变化的混频器。与图 7.47(b) 类似，LO 功率在 SC_{21} 测量过程中变化，但这种情况下 LO 和 IF 的频率都在扫描，而 RF 频率保持不变（参见图 7.48）。此测量结果为传输增益在不同 LO 功率下，随其频率的变化，测量结果对 LO 为 +15 dBm 时的传输增益做归一化。

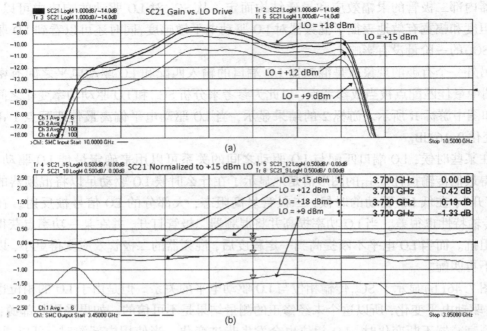

图 7.47　LO 功率在一定 RF/IF 范围内对 SC$_{21}$ 的影响

当 IF 频率变化时，为获得最大传输，需要对 LO 驱动功率取折中。在本例中当 LO 驱动功率为 +9 dBm 时，在某些频率上会恶化传输响应。例如，在中心频率（LO = 8 GHz），当 LO 功率从 +9 dBm 变到 +18 dBm 时，SC$_{21}$ 增益的变化小于 0.5 dB；然而在 9.085 GHz 时，有近 4 dB 的变化。所有这些测量结果都给设计者提供了优化系统性能的信息。显而易见，图 7.46 那样的单频分析是不足以在整个 LO 频段内表征混频器特性的。

在图 7.48 中，一条迹线用输出频率作为 x 轴，其他迹线用 LO 频率作为 x 轴。如果仪器（或选件）支持自由选择 x 轴（也就是扫描参数），并且在同一个图中同时显示测量值的调节范围，那么会给测量带来很多方便。注意图中一条迹线的 x 轴的 RF 频率是反向的（从大到小），这是由于 LO 频率小于 RF 频率，因此 LO 频率增加时，IF 频率减小。

7.6.2　RF 驱动电平对混频器测量的影响

LO 驱动电平实际上确定一个混频器的工作点，就如同偏置电平确定一个放大器的工作点一样。混频器测量的另一个重要内容就是测量传输增益与射频输入电平的关系。与 LO 测量类似，也在单频和扫频下进行。

7.6.2.1　扫频下混频器对 RF 驱动的响应

在 CW 模式下的压缩测量可以得到一个非常直观的混频器压缩曲线，当 RF 频率变化时，混频器的压缩曲线也会发生变化。因此，按照放大器扫频下压缩的测量思路，可以对混频器的 RF 功率进行扫描，然后通过测量传输增益来研究混频器的压缩特性。还是使用上例中使用的混频器，其使用 +12 dBm 并固定频率的 LO，然后将 RF 功率分别采用 0 dBm，+5 dBm，+10 dBm 和 +12 dBm，如图 7.49 所示。同时将传输增益对 0 dBm RF 电平时的增益做归一化。

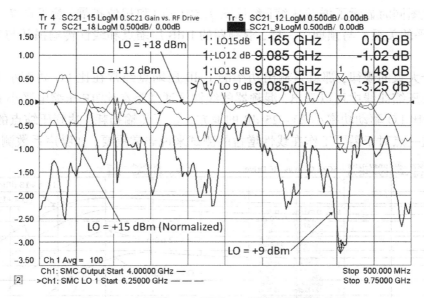

图 7.48　在不同 LO 电平下，RF 增益与频率的关系

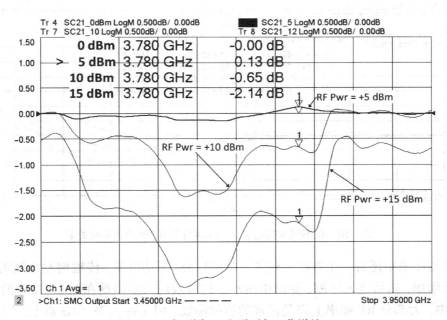

图 7.49　在不同 RF 电平下归一化增益

在这些扫频响应中，可以发现一个有趣的频点，即 3.78 GHz，在此频率上高射频功率（ +5 dBm）会使增益提高。下一节会对这个点做进一步的分析。

7.6.2.2　RF 驱动对单频测量的影响

混频器的压缩测量与放大器类似，都是测量信号（射频）电平变化时的增益变化，但是两者有细微的不同。

如同单频下变化 LO 的功率，观测 SC$_{21}$ 参数，同样可以变化 RF 驱动功率来测试混频器或变频器的线性度。图 7.50 所示是在几个不同 LO 功率下，传输增益与 RF 驱动功率的关系。该图同时显示了增益压缩[参见图7.50(a)]和相位扩展[参见图7.50(b)]与RF输入电平的关系。与预期的一样,混频器的1 dB压缩点和线性传输损耗与LO有很大关系。

有一个大致的规律,那就是输出功率的1 dB压缩点经常在比LO功率小10~15 dB的地方。从压缩曲线中可以看出,混频器的线性区通常是在比RF压缩电平小10 dB的地方,或者是比LO驱动功率小20~25 dB的地方。由于传输损耗,达到压缩点的输入功率非常高。这一点对于需要工作在线性增益的测试来说非常重要,如噪声系数测量。

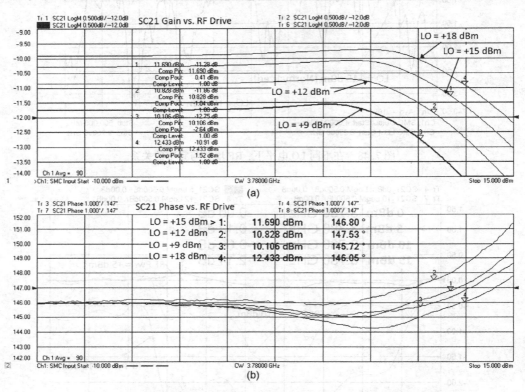

图7.50　在不同本振电平下传输增益与RF驱动功率的关系

混频器压缩中还有一个有趣的现象:对某些LO驱动电平,传输增益会随着RF驱动的增加而增加,然后进入压缩,如图中所示。这种效应大多出现在低LO功率的时候。在图7.50中,大部分RF频率上都是正常的压缩曲线,但是在3.78 GHz点上,增益会先增大再压缩。与放大器不同,这种现象在混频器中很普遍。其原因可能是在低LO功率时,混频器的二极管几乎没有导通,因而有很大的损耗。而不断增加RF输入功率,会引起偏置点的变化,从而帮助LO将二极管导通,使阻抗损耗变小。二极管工作点的变化使得传输增益在某些射频电平上增加,尤其是当LO驱动电平较低或过低的时候发生。在系统设计中,低LO功率通常是为了提高整个系统的DC效率而做的折中,同时因为去掉了LO驱动放大器,而使混频器的复杂度降低。

在混频器的正常工作状态下,高电平LO的混频器的二极管需要高导通电压(或多个二极管串联),与低LO混频器比起来,在同一射频功率上线性度更好。

7.6.2.3　混频器的自动增益压缩测量(GCX)

与放大器类似，1 dB 增益压缩点也是大部分混频器的一个重要指标。1 dB 压缩点可以在单频也可以是在扫频下测得，某些厂商已经提供了这种功能，可以在扫频状态下测得 1 dB 压缩点(或其他任何指定的压缩值)。这种应用是放大器增益压缩应用(GCA)和混频器测量应用(FCA)的组合(GCX；X 外加一个圈就是混频器的通用符号)。这个应用的校准方法与 FCA 测量的校准方法相同(实际上可以使用相同的校准)。测量开始时，在线性功率下扫频以获得参考增益，然后从起始功率(通常会比线性功率要高，以减少测量时间)迭代到终止功率。与 GCA 类似(参见 6.2.4 节)，这种迭代可以通过智能算法很快地找到 1 dB 压缩点，也可以通过频率和功率的二维扫描，然后从二维数据中求出 1 dB 压缩点。

图 7.51 是几个自动增益压缩的测试结果，每个测量都是在不同的 LO 电平下测量的。这些测量对评估不同厂商的混频器非常有用，同时也可以优化特定混频器的系统性能。图 7.51(a)是在不同 LO 功率下，1 dB 压缩时的输入功率；图 7.51(b)是 1 dB 压缩时的输出功率。对于例子中的混频器，将 LO 功率从 +9 dBm 提高到 +18 dBm，可以将最差的 1 dB 压缩点提高 3 dB。

与放大器一样，增益压缩对混频器线性度测量，混频器的非线性会导致输出信号失真。一个重要的失真测量就是双音 IMD 测量，将在下节讨论。

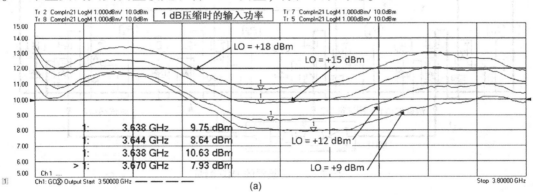

(a)

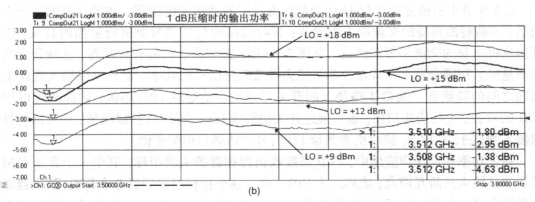

(b)

图 7.51　不同 LO 电平下的自动 GCA 测量

7.7 混频器的 TOI

变频器的失真测量和其他有源器件类似，只是某些定义容易产生混淆。双音三阶交调是最主要的失真测量，通常称为 TOI。对放大器来说，TOI 通常是指三阶互调点，所以也用 IMD 来表示。但是对于混频器来说，互调这一概念也会被用来表示 RF 和 LO 的高阶混频量。在本书中，交调是指混频器的 RF（或 IF）端的两个信号相混合，而 RF 和 LO 的混频量则被称为高阶分量。RF 和 LO 的信号电平都会影响 IMD 测量，会在下节详细讨论。图 7.52 所示是用矢量网络分析仪进行混频器 IMD 测量的典型配置。该测量也可以用三个独立源加一个频谱仪来实现，但是先进矢量网络分析仪提供了内置的测量选件，如扫描 IMD（IMDX），使用此选件可以容易的进行频率和功率的扫描。

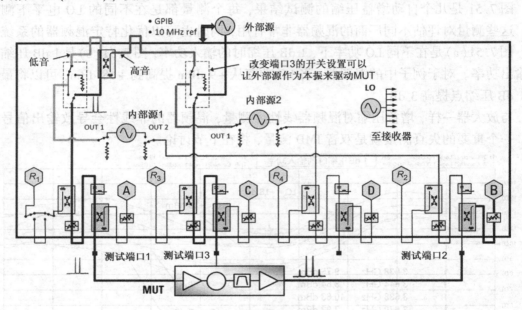

图 7.52　混频器的 IMD 测量

6.6.5 节中所描述的优化 IMD 测量的方法同样适用于混频器。主要注意的几个方面包括：不能将源自身的交调带入混频器；接收机接收到的信号要进行适当的衰减，以保证接收机本身的交调不影响测量。在图 7.52 中，源和接收机都有衰减器，这就是用来优化测量的。用耦合器来代替功分器虽然会降低两路信号的功率，但是可以很大程度上提高源之间的隔绝度。端口 3 路径上的开关可以灵活地选取 IMD 的源：内部源可以用做 IMD 的双音，进行快速扫描；也可通过开关切换成 LO，进行 LO 扫描测量；还可以将外部源接入端口 3，利用 R_3 接收机来测量 LO 信号的功率和相位变化。

在低功率和低噪声应用中，IMD 是接收机混频器的关键指标，其中一个非常有用的参数就是输入三阶互调点，或称之为 IIP3。由于这个指标对混频器非常普遍（放大器通常在意输出 IP3 或 OIP3），下面例子以输入交调点测量为主。输出交调点可以通过 IIP3 减去传输损耗得到。

7.7.1　IMD 与 LO 驱动功率的关系

从某种程度上讲，混频器的工作点是由 LO 功率决定的，因此 IMD 响应与 LO 的驱动电平有很大关系。图 7.53 中的测量包括了三阶和五阶的交调分量，以 dBc 表示，同时还显示了输出功率，传输损耗以及以输入为参考的三阶互调点（IIP3）。随着 LO 驱动功率的变化，交调点，交调分量以及混频器的增益都发生了变化。

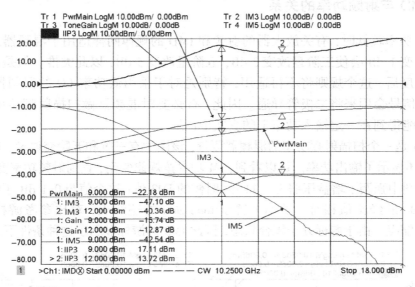

图 7.53　三阶和五阶 IM 量，输出功率，IIP3，增益和 LO 功率的关系

该图中有一个有趣的现象，那就是有两个 LO 功率点可以得到优化的三阶互调性能，即 IIP3，而且三阶量的优化功率和其他高阶量的优化功率不同，实际上，在 LO 为 +9 dBm 时，IM5 要高于 IM3。图 7.54 的频谱图清晰地表明了这一点（RF = −5 dBm，LO = +9 dBm）。

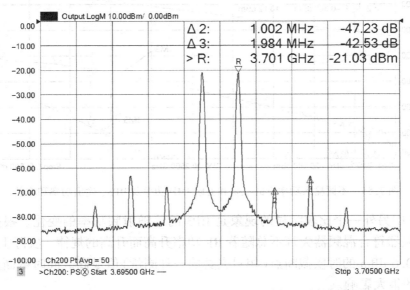

图 7.54　当 RF = −5 dBm，LO = +9 dBm 时，IM 量的频谱图

当 LO 功率为 9 dBm 时，IIP3 达到峰值，当 LO 为 16 dBm 时，IIP3 出现同样的峰值。当 LO 功率在 +12 dBm 到 +15 dBm 区间时（此混频器的标准工作范围），对于设定的射频电平，IIP3 指标没有较低 LO 功率时好。但是，断定 +9 dBm 的 LO 输入对所有射频输入电平都是适用的；会在下一章做单独的分析。

在 7.7.3 节还会看到，混频器各频段的最佳 LO 功率不是恒定的值。

7.7.2　IMD 与射频功率的关系

当输入功率较低时，有关放大器的射频和 IMD 的规律同样适用于混频器。通常情况下双音各改变 1 dB 会使三阶量改变 3 dB，五阶量改变 5 dB，以此类推。但是当射频电平高到一定程度后，这个规则将不再适用，特别是对于采用低功率 LO 的混频器（欠本振）来说，射频信号会用来将二极管导通。因此，有必要对混频器做扫描射频功率的 IMD 测量，这样才能得到在一定输入功率下的真实 IM 值。

图 7.55 是一个扫描射频功率的混频器测量，该图中有三阶和五阶交调量，还有 IIP3 和增益，同时还显示了输出功率。可以看到，IM 功率按规律变化，直到射频功率变得比 LO 功率大得多。图中强调了增益压缩为 0.11 dB 时候的 IM3 值；这个值与 0.1 dB 压缩处 IM3 大约为 −40 dBc 的经验值相符。游标 1 置于 tone-gain 的迹线上，对比参考游标 R 来找到 −0.1 dB 压缩点。由于游标处于耦合状态，因此 IM3 的游标显示了这种条件下的 IM3 值。

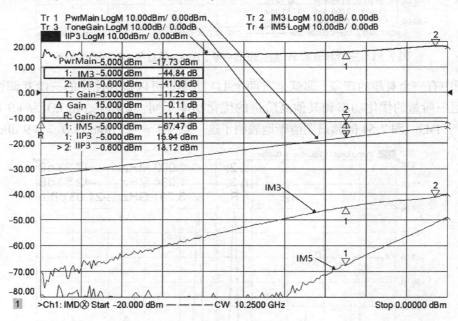

图 7.55　不同输入功率下的三阶和五阶 IMD 功率及 IIP3、输出功率和增益

图 7.55 中另外一个比较明显的现象是 IIP3 的值随射频功率的变化。根据上面提到的，这个混频器符合混频器失真不总随着 RF 功率升高而升高的规律。实际上，在射频输入功率为 −0.6 dBm 的时候截断点（相对失真的一种测量）值最高。同时截断点的值也受到 LO 功率的很大影响。

　　图 7.56 只显示了在扫描射频功率时的主功率，三阶功率和 IIP3，但是采用了两个不同 LO 功率。混频器测量中，经常会显示不同 LO 功率的多个参数，如增益，压缩和失真，这样设计者就可以选择合适的 LO 驱动电平。在低功率接收机电路中，LO 驱动功率是需要最多的电池供电，选择合适的 LO 功率尤为重要。

　　在这幅图中可以看到，最大的交调点不是出现在高 LO 功率测量中，而是出现在本振功率几乎不足的测量中。当 LO 为 +9 dBm 时，有一段射频功率范围内 IIP3 很高，但是在这个范围之外，其 IIP3 要比 LO 为 +15 dBm 时差。因此，系统设计师要全局地分析一个混频器的失真，而不是只看一部分。对于例子中的混频器，可以片面地说其 LO 为 +9 dBm 时，IIP3 可以高于 +20 dBm，但前提是要将射频功率控制在一定范围内。这些特殊的现象都需要系统设计者注意。

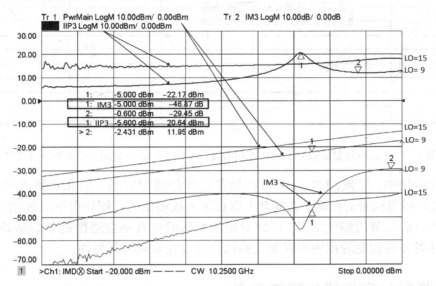

图 7.56　不同 LO 时，扫描射频功率下的主功率、三阶功率和 IIP3

7.7.3　IMD 频率响应

　　由于混频器中采用了巴伦器件和滤波器，其频率响应自然是带限的，有时需要研究其带外的响应。在通带边缘，混频率的特性会有较大的变化。有时混频器会工作在其标称频率范围之外，因此有必要研究混频器的频响是如何变化的。

　　图 7.57 是两个扫频 IMD 测量的例子。图 7.57(a) 显示了 LO 固定，而射频电平变化时的 IIP3。而图 7.57(b) 则是射频功率固定，改变 LO 驱动功率时的 IIP3，射频和 IF 是扫频的。

　　通过图 7.57(a) 可以看出，较高的射频电平会产生较高的 IIP3，在游标所标的频率上尤其高。这说明混频器在高电平的射频驱动下线性度会更高，这也与图 7.55 的测量结果相吻合。同时，在不同本振功率下的 IIP3 响应有些特殊现象。在游标 2 处，LO = +9 dBm，IIP3 提高很快，此行为符合图 7.56 的测量结果，也符合图 7.49 的测量结果。

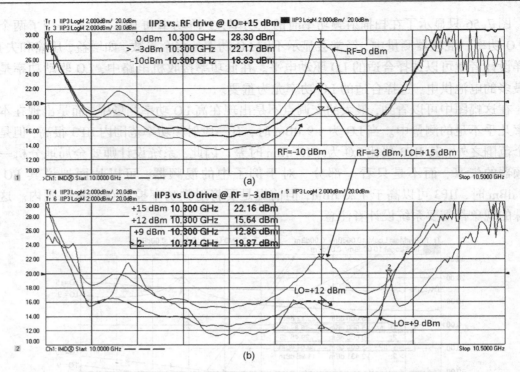

图 7.57　(a)不同射频功率下的 IIP3 和增益；(b)不同 LO 下的同一个混频器的测量

在实际应用中，射频，LO 或 IF 都可能是扫频的或固定的。因此在做混频器的 IMD 测量时，最好做宽频带的校准，这样就可以在输入或输出的任何频段下对混频器做测量。通过本节和以前几节的测量结果，可以看出混频器的失真不会遵循简单的某条规律，这就要求设计者要在较宽的范围内对混频器做测量以完全理解其特性。

7.8　混频器和变频器的噪声系数

在接收机系统中，混频器和变频器往往是天线后面的第一个器件，其噪声系数在整个系统的噪声系统中占主导地位。

大部分变频器都会使用镜像抑制滤波器，并且在混频器前端或后端有放大器，因此有整体增益，其输出端的超噪声要大于无源器件的噪底 kT_0B。因此变频器的噪声系数测量与放大器相似(参见 6.7 节)，先测量超噪声，再测量 MUT 的增益，然后根据这两个值计算噪声系数。Y 因子法和冷源法都可用于变频器。在下一节中，将重点讨论与放大器噪声系数测量不同的地方。

7.8.1　Y 因子法测量混频器的噪声系数

与变频器件测量相比，单独测量一个混频器的噪声系数是比较困难的，这是因为很多无源混频器没有超噪声，其噪声系数仅仅是传输增益的倒数。如果混频器的前端对频率没有选择性，传统的 Y 因子法由于无法精确地测量增益，其噪声测量结果也会有同样的误差，许多放大器的增益测量可能达到 3 dB 的误差！

　　对于图 7.58 所示的混频器(或者没有虚线所示的镜像抑制滤波器的变频器)，在用 Y 因子法测量时，会在输出端分别测量噪声源开启和关闭时的噪声功率。这种情况下，噪声源在射频输入(其中频大于 LO)和镜像输入(其中频小于 LO)上均有超噪声，这两个超噪声都会混入中频，接收机测得的噪声功率是两者的叠加。假如有一个噪声系数为 1 的宽带混频器($T_E = 0$)，其传输损耗在射频和 IM 频率上均为 6 dB，由于噪声源的热噪声在各频率相同，因此在接收端测得的热态噪声功率为 kT_0B 加上射频和 IM 的热态噪声与传输增益的乘积

$$T_{\text{H\_Rcvr}} = T_{h\_\text{RF}} \cdot \left| \text{SC}_{\text{2IF,1RF}} \right|^2 + T_{h\_\text{IM}} \cdot \left| \text{SC}_{\text{2IF,1IM}} \right|^2 + T_0 = T_h \cdot (0.5) + T_0 \qquad (7.31)$$

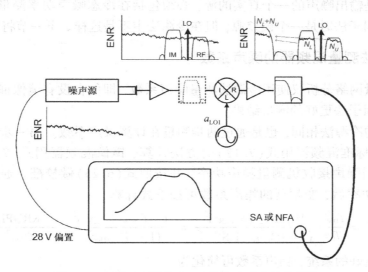

图 7.58　Y 因子法测量时双边带噪声功率的示意图

　　由于此混频器没有超噪声，其冷态噪声为

$$T_{\text{C\_Rcvr}} = T_0 \qquad (7.32)$$

由 Y 因子法计算所得的噪声系数为

$$Y = \frac{T_{\text{H\_Rcvr}}}{T_{\text{C\_Rcvr}}}$$

$$\text{NF}_{\text{DSB}} = 10\lg\left(\frac{\text{ENR}}{Y-1}\right) \quad = 10\lg\left(\frac{\dfrac{T_h}{T_0} - 1}{\dfrac{T_h(0.5) + T_0}{T_0} - 1}\right) \qquad (7.33)$$

$$\text{NF}_{\text{DSB}} \approx 10\lg\left(\frac{\dfrac{T_h}{T_0}}{\dfrac{T_h(0.5)}{T_0}}\right) = 3\,\text{dB}$$

$$\text{NF}_{\text{SSB}} = \text{NF}_{\text{DBS}} + 3\,\text{dB} = 6\,\text{dB}$$

　　事实上，此混频器的噪声系数应该等于传输损耗，即 6 dB，但由于双边带噪声，实际测量的结果是 3 dB。大多数 Y 因子法的仪表都会提供一种模式来补偿双边带噪声，即对测量的噪声系数加 3 dB。但是如果测量的混频器前端有预放，如图 7.58 所示，由于预放

的增益坡度，镜像（较低频率）的噪声功率会比 LO 之上的射频噪声功率高得多。这种情况下的误差就不止 3 dB，如果想确切地修正双边带的影响，就必须知道各个边带的增益，然后分别计算各分量的噪声来修正 Y 因子法的测量结果。

简而言之，Y 因子法测量时的冷态噪声是正确的，但热态噪声是上边带和下边带之和。如果混频器有镜像抑制，可以测得正确的增益并获得合理的测量结果。如果射频增益小于镜像频率的增益，测量误差会大于 3 dB。当在混频器指标范围的边缘对其噪声系数进行评估时，可能会发生这种情况。

在下一节要描述的冷源法测量中，镜像频率的问题通过分别测量各频率的增益而解决。镜像频率是输出噪声的一个真实的源，必须包括在冷态噪声功率测量中。热态下的镜像噪声在 Y 因子法时是一个误差源，但在冷源法中不是这样。下一节将做比较。

7.8.2　冷源法测量混频器的噪声系数

先进的矢量网络分析仪使用冷源法测量噪声系数，即使在没有镜像抑制的情况下也可以获得比 Y 因子法更好的测量结果。

与放大器的冷源法相同，也是通过两步测量在计算噪声系数。第一步先测量混频器的增益，SC_{21}，标准混频器用式（7.17）的方法计算，镜像混频器用式（7.18）的方法计算。第二步利用噪声接收机测量噪声功率，并按照式（6.25）做校准。通过输出功率计算出输入噪声功率后，变频器的噪声系数可按下式计算

$$NF = \frac{T_{Inc}}{T_0} \cdot \frac{|1 - \Gamma_{S\_RF} S_{11\_RF}|^2}{(1 - |\Gamma_{S\_RF}|^2)|SC_{21}|^2} = \frac{|1 - \Gamma_{S\_RF} S_{11\_RF}|^2}{(1 - |\Gamma_{S\_RF}|^2)} \cdot \frac{DURRNPI_{IF}}{|SC_{21}|^2} \quad (7.34)$$

对于一个匹配良好的系统，噪声系数可简化为

$$NF = \frac{DUTRNPI_{IF}}{|SC_{21}|^2} \quad (7.35)$$

此公式表述的是中频的超噪声功率除以传输增益的平方根。如果用 dB 为单位，公式简化为功率减去增益。

如图 7.59 所示，是 Y 因子法和冷源法测量结果的比较。被测件是一个带镜像抑制的变频器（单边带变频器），显示的测量结果分别是增益，相对噪声功率（DUTRNPI）和噪声系数。在该例中，Y 因子法和冷源法测得的增益和 DUTRNPI 基本一致。Y 因子法测得的噪声系数要比冷源法高 0.2 dB，这很大程度上是由于噪声源的源匹配误差造成的。按道理，DUTRNPI 和增益基本一致，根据式（7.35）计算得到的噪声系数应该相同。然而，冷源法会对系统的源匹配做修正，如式（7.34）所示，这也是为什么超噪声系数测量结果要小于 Y 因子法的测量结果。图 7.59（a）显示了矢量网络分析仪测得的 SC_{21} 和 Y 因子法求得的增益，可以看到，在混频器的通带，两者基本相同，但是在阻带，Y 因子法有很大的误差。

对于含有镜像滤波器的混频器，Y 因子法和冷源法都可以获得合理的测量结果。但是在没有射频镜像滤波器的时候，测量结果会完全不同。

在设计变频器时，通常在前端加一个 LNA，然后是镜像滤波器（这种配置可以在补偿镜像滤波器插损的同时，又不会恶化系统的噪声系数，同时在 IM 频段将 LNA 的超噪声

滤除），在混频器之后再加一个 IF 段的低通滤波器以滤除本振泄漏。如果不在 IF 使用 LPF，混频器的本振馈通会将 NF 接收机的 LNA 过载。

为了更好地理解镜像滤波器的重要性，将射频镜像滤波器去掉后，用同样的 LNA/混频器/IF 滤波器组合做另外一个实验。由于 LNA 在 IM 频率的噪声会混入 IF，预期的噪声系数应该比前面测试的要高。在此例中，LNA 的增益有大的变化坡度，所以 LNA 在 IM 频段的超噪声要比射频频段的大。冷源法和 Y 因子法的测量结果都显示在图 7.60 中。

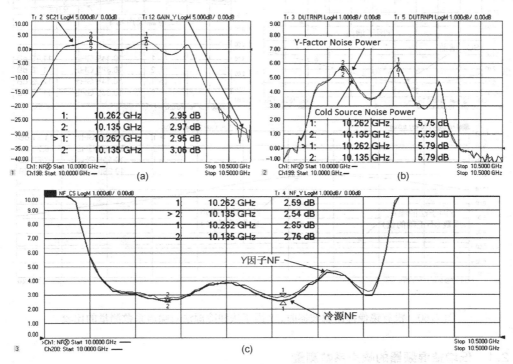

图 7.59　Y 因子法与冷源法对噪声系数测量的比较，同时显示 SC_{21}

图 7.60 中的测量结果显示了 SC_{21} 迹线有更大的波动。这很大程度上是由于输入端的镜像滤波器会在某些频率提升传输增益，在去掉此滤波器后会看到 +/-3 dB 的变化。然而，Y 因子法测得的增益却高达 6 dB！其值已不再等于 SC_{21}。由于 SC_{21} 是由输出功率除以输入功率得到，其值不确定度很小，所以 Y 因子法的增益有很大的误差。一旦 Y 因子法的增益和 SC_{21} 不同，其测得的噪声系数的准确性值得怀疑。

从测量结果中可以清晰地看出，在双边带影响下，Y 因子法的噪声系数误差比预计的 3 dB 还要大。在此例中，镜频比射频频率小得多，而 LNA 在镜频段的增益要更大，因此，在非期望的边带上，无论是冷态还是热态噪声功率都过高了。两种测量方法的 DUTRNPI 测量结果应该是基本一致的，但是由于噪声源的失配和矢量网络分析仪源的失配不相同，而 LNA 又是对匹配较敏感的，所以图 7.60(b) 中的测量结果有细小差别。

将 Y 因子法测量的噪声系数减去 3 dB 后，许多工程师都乐意接受这个结果，然而这是个错误的结果。SC_{21}（参见 7.4.2 节关于混频器测量的描述）是 MUT 的真实增益。而 Y 因子法的增益如此高，从侧面反映了其测量是无效的。遗憾的是，大部分没有经验的人在使用 SA 或 NFA 的 Y 因子法测量噪声系数时，都会犯这个错误而将镜像增益忽视。这种情况下，只有冷源法才能正确测量没有镜像抑制的混频器的噪声系数，该例中镜像噪声将噪声系数恶化了 8 dB。

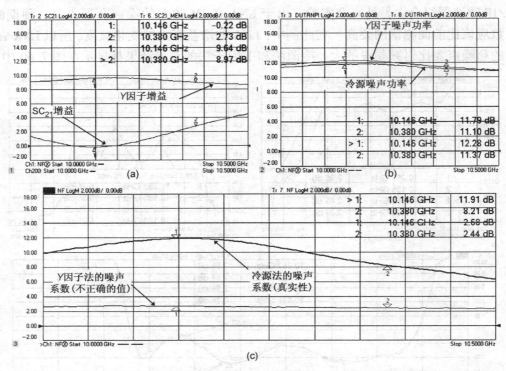

图 7.60　没有镜像抑制滤波器时，Y 因子法和冷源法对噪声系数测量的比较

7.8.2.1　低增益混频器的噪声系数测量

对于单个混频器(或任何损耗器件)，噪声系数的测量实质上就等同或近似器件增益的测量。如果器件没有超噪声，NF 接收机测得的噪声功率接近 kT_0B，因此通常会被 NF 接收机的内部噪声所淹没。作为误差修正的一部分，NF 接收机的噪声会从整个系统噪声中减掉，以获得仅由 DUT 产生的噪声。然而，如果 DUT 的匹配不良，在校准时得到的 NF 接收机噪声不等于对 DUT 进行测量时的噪声。一些先进的矢量网络分析仪系统会先得到接收机的噪声参数，从而消除阻抗变化带来的影响。同时，在噪声测量中会有相位抖动影响，接收机的噪声系数只是个估值；为了测得比较精确的 kT_0B，必然要使用多次测量平均(100 次或更多)。在大多数情况下，由抖动产生的误差会掩盖其他误差，单个混频器的噪声系数包含接收机的抖动误差和冷态下 MUT 的抖动误差。在这种情况下，由测得的损耗来估计噪声系数或许比直接进行噪声系数测量更为有效。其测量方法和无源器件的噪声系数测量验证方法很接近(参见 6.7.9 节)。

7.8.2.2　混频器的本振噪声

在对混频器或带 LO 的变频器进行测量时，通常都认为驱动 LO 端口的源是理想的。但是在有些情况下，在 DUT 之前的 LO 信号路径上会有较高增益的放大，其噪声会对混频器的噪声系数测量带来较大误差。在 LO 端口的任何本振超噪声都会被混入中频，其大小由 $SC_{2IF,3RF}$ 和 $SC_{2IF,3IM}$ 项决定（参见图 7.13）。图 7.61 演示了此超噪声的来源。如果此混频器在 LNA 之后有镜像抑制，放大器的带外噪声都被滤除，只有射频通带内的噪声被混入中频。然而，当此超噪声在 LO 端口时，无论是在射频或镜频的频带，比 LO 频率高和低的信号都会被混入中频。因此，在输出端除了由变频器输入带来的噪声外，还可以看到近似两倍 LO 带宽的噪声。如果放大器的增压足够，射频噪声将会掩盖 LO 噪声。同时，如果 LO 噪声到 IF 的转换率很低，LO 噪声的影响也可以降低。

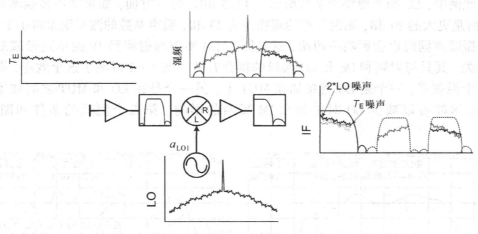

图 7.61　由于本振超噪声带来的误差

为了便于理解，考虑一个具体数值的例子，假设一个使用外部 LO 的有增益的混频器，其超噪声为 30 dB（5 dB 噪声系数，25 dB 增益），从 LO 端口到 IF 的传输为 $SC_{2IF,3RF}$ $=SC_{2IF,3IM}=-16$ dB，因此混频器输出端的总噪声 ENP_{Tot_Hot}（假设 3 dB 增益，15 dB 超噪声的噪声源）为

$$ENP_{Tot\_Hot} = \left|SC_{2IF,1RF}\right|^2 (ENR_{RF} + NF_{Mix}) + \left|SC_{2IF,1M}\right|^2 (ENR_{IM} + 1)$$
$$+ENP_{LO\_RF} \left|SC_{2IF,3RF}\right|^2 + ENP_{LO\_IM} \left|SC_{2IF,3IM}\right|^2 \tag{7.36}$$

在此例中，热态的超噪声为

$$SC_{2IF,1RF\_dB} = 3\,dB, \quad N_{F\_Mix} = 3\,dB$$
$$\left|SC_{2IF,1RF}\right|^2 = 2, \quad \left|SC_{2IF,1IM}\right|^2 = 0\ (由于镜像保护)$$
$$NF_{Mix} = 2, \quad ENR = 10^{15/10} = 31.6;\ ENP_{LO} = 10^{30/10} = 1000 \tag{7.37}$$
$$\left|SC_{2IF,3RF}\right|^2 = \left|SC_{2IF,3IM}\right|^2 = 0.00251$$
$$ENP_{Tot\_Hot} = (2) \cdot 33.6 + 2 \cdot (0.0251) \cdot 1000 = 67.2 + 50 = 117.4$$
$$ENP_{Tot\_dB\_Hot} = 10\lg(117.2) = 20.6\,dB$$

由于本振噪声，热噪声，其增加了 2.4 dB。冷态噪声为

$$ENP_{Tot\_Cold} = \left|SC_{2IF,1RF}\right|^2 (NF_{Mix}) + ENP_{LO\_RF} \left|SC_{2IF,3RF}\right|^2 + ENP_{LO\_IM}\left|SC_{2IF,3IM}\right| \tag{7.38}$$

可以变换为

$$\text{ENP}_{\text{Tot\_Cold}} = (2) \cdot (2) + 2 \cdot (0.025) \cdot 1000 = 4 + 50 = 54$$

$$\text{ENP}_{\text{Tot\_dB\_Hot}} = 10\lg(54) = 17.3\,\text{dB} \tag{7.39}$$

此时 LO 噪声是冷态噪声增加了 11.3 dB! 此例的噪声系数为

$$N_F = 10\lg\left(\frac{\text{ENR}}{Y-1}\right) = 10\lg\left(\frac{31.6}{\left(\dfrac{117.4}{54}-1\right)}\right) = 14.3\,\text{dB} \tag{7.40}$$

在此例中，LO 噪声使噪声系数增加了 11.3 dB。另一方面，如果噪声转换增益不是 3 dB，而是更大的 20 dB，则混频器的超噪声为 23 dB，噪声系数的测量误差将小于 1 dB。

本振噪声同时也会影响冷源法，这是因为 LO 噪声与射频到 IF 的单边带或双边带传输无关，其只与射频和 IM 和 LO 端口的耦合有关。图 7.62 说明了这个效应，图中测量了两个混频器，一个是 LO 直接加在 MUT 上，另一个是在 LO 和 MUT 之间加了窄带滤波器，这样可以减少 LO 对射频和 IM 噪声的影响。第二个测量的条件和图 7.59 相同。

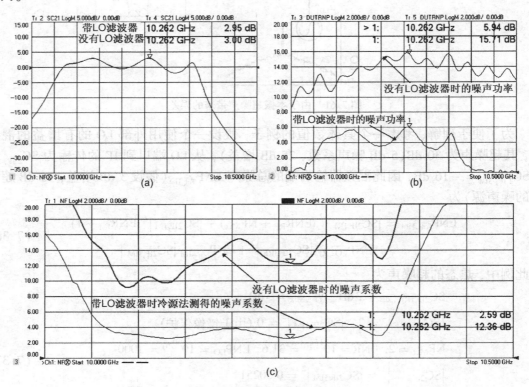

图 7.62 本振噪声对噪声系数的影响

该测量中的混频器在输入端有 11 dB 的增益，噪声系数大约为 3 dB，如同式(7.40) 计算的那样。如果混频器有增益或混频器是有源的(大部分 IC 变频器都是这样的)，LO 端口的超噪声对测量的影响要小一些。此时，由于增益和混频器的噪声系数较大，会淹没 LO 的超噪声。如果混频器前没有增益，就有必要在 LO 端口加滤波器，以消除其对 IF 的影响。大多数变频器的 LO 都是内嵌的，其超噪声都计入了变频器的噪声系数中。在某些情况下，采用高性能的信号源来代替矢量网络分析仪的内部源做本振，可以降低 LO 超噪声的影响。

7.9 特殊混频器测量

在混频器和变频器的测量中，还有一些前面没有触及的特殊情况。这包括在混频器的射频和 LO 路径上有倍频器件，测量高阶分量，测量扫描 LO 的混频器的群时延，测量嵌入(内置) LO 的变频器，还有测量增益非常高的混频器。关于如何提高这些特殊情况的测量效果，将在下文详细讨论。

7.9.1 射频或 LO 倍频的混频器

某些变频器，特别是高微波频段和毫米波频段的变频器，需要使用较低频率的本振，并在混频器结构中直接或间接地加倍频器。大多数情况下，倍频器用双倍或三倍电路来提高 LO 频率，但某些情况下，混频器会工作在 LO 的二阶或三阶，甚至更高阶谐波模式下(平衡混频器通常采用奇次谐波，偶次谐波大都被抑制)。对于理想的开关式混频器，如果没有倍频器，三阶传输增益会比基波增益小 9 dB，五阶增益要减少 14 dB。

内置 LO 倍频器的混频器测量非常直接，仅需考虑 LO 端口上的乘法，其他关于射频，IF 和 LO 的频率的设置和标准混频器测量相同。很多矢量网络分析仪的混频器测量应用都可以直接输入 LO 倍频数，内部软件会自动做相应计算。

在许多混频器应用中，特别是在雷达应用中，射频路径上也会有倍频器。与 LO 类似，许多矢量网络分析仪应用也包括这种情况。然而，这使得相位响应和群时延的计算更加困难。

一个二倍频器可以等同于一个输入和本振相同的混频器。这种情况下的输出频率比输入频率高两倍，这使得群时延的计算有些复杂。当射频路径上有倍频器时，输出信号的相位要除以倍频次数以获得正确的时延。相位和时延的校准尤其困难，这是因为没有互易器件在一个方向是倍频器，在另一个方向是分频器。也不能将混频器的射频和 LO 使用相同的频率，因为扫描本振会带来额外的相位偏移，如式(7.4)所示，其不是射频和 IF 路径的一部分。

目前，为数不多的方法之一就是 7.4.3.3 节中的相参接收机法，可通过相位参考法来校准(参见 7.5.3.3 节)。图 7.63 是一个小型固态倍频器的测量实例，可以看到幅度，相位和群时延响应。该系统由相位参考法校准，倍频器被当成一个 LO 频率为 0 Hz，对射频进行倍频的混频器。可以看到，测量的时延和变频器的物理尺寸基本相符。

为了验证时延测量的有效性，可以在输入或输出端加一个时延已知的器件。如果相位的倍增被正确处理，那么无论是在输入还是输出加时延器件，倍频器时延的变化都是正确的。而如果是在矢量网络分析仪的普通频偏模式下测量，可以看到时延器件加在输出端的时延增加是在输入端的两倍，所以这种情况下的测量是不正确的。

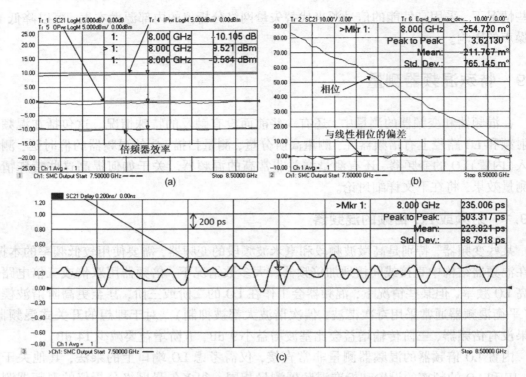

图 7.63　倍频器的幅度，相位和时延响应

7.9.2　分段扫描

矢量网络分析仪的功能之一就是定义多个扫描频段，同时源和接收机频率可以在各频段内相互独立，这一功能对混频器测量非常有用，可以实现在一次扫描下对混频器进行多项测试，而且只需单一校准(这当然也可以通过多测量通道实现，每个测量通道相当于一个频段，但是这种情况下，每个通道都需要单独的校准)。分段扫描下的特殊显示模式可以对各频段的测量进行对比。下一节将详细讲述分段扫描的一些特殊用例。

7.9.3　测量高阶分量

当混频器和变频器用做接收机并在通带内扫频时，经常会有一些高阶分量进入通带。很多厂商会标出某些特定频率的高阶分量功率，通常用一个 $N \times M$ 阶阵列表示，阵列中相应的频率用 $M \cdot LO - N \cdot RF$ 来计算，阵列中各元素的单位一般是以 $M = N = 1$ 元素，即以主中频为参考的 dBc，其中 $M = N$ 处则为中频的谐波。使用传统的源和频谱仪可以直接测得阵列中的各元素值，但是由于需要对 SA 编程在每个频点进行测量，其速度比较慢。

使用矢量网络分析仪的分段扫描功能，可以在某一段内将射频和 LO 设为一个固定值，也可以在某一段内进行扫频，但在每个频段内让接收机频率在扫过所有混频输出。这样可以直接测得高阶分量。如果其中一个分段代表 IF，其他分段可以与其相比较，可以在另外一个通道测得该值，然后通过公式编辑器获得 dBc 值。图 7.64 所示是一个 10 ~ 10.5 GHz 射频，8 GHz LO 和 2 ~ 2.5 GHz 中频的一个混频器分段测量的实例。

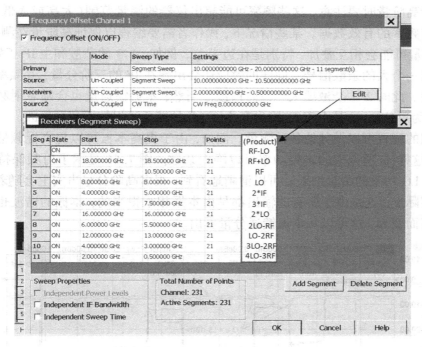

图7.64 分段测量高阶频率分量

图7.65所示的分段扫描的测量实例中，x轴即是对应点的顺序，这样每个分段按顺序显示而与对应的频率没有关系。如图所示，输入分别设为0 dBm和-10 dBm，可以看到一个有趣的现象，较低的射频功率只影响频率为其整数倍的分量，而不会去影响频率为LO频率整数倍的分量。迹线2是在另外一个扫描中获得，其测量的是中频功率(和迹线1的第一个分段功率相同)。

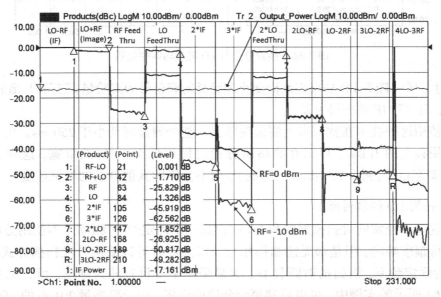

图7.65 通过相互重合的分段扫描测量高阶频率分量

在测量高阶量时要注意,这些频率可能超出仪器的测量范围(太高或太低),因此无法得到所有频率的有效数据。某些情况下,操作者需要编程以保证高阶量在测量频段内。有时,某些量可能会相互叠加,特别是在边带上。例如,4:3 的杂散和主 IF 正好相等,因此可以看到一个大的杂散信号。同样的效应还会出现在 IF 的三阶分量,其频率和 2:1 杂散频率相同。此时 2:1 杂散要大于三阶谐波。当然,本振馈通量也会随着射频降低而变大(以 dBc 为单位),这是由于 IF 输出变小而 LO 的馈通量保持不变的缘故。

用类似的配置可以做其他各种测量。例如,由于提高本振可以提高混频器的线性度(有时并非这样),所以大的本振功率可以降低杂散。图 7.66 显示了射频保持 0 dBm 恒定时,改变 LO 功率的测量结果。可以清晰地看到,很多高阶分量事实上会随着本振提高而变大。实际上,这是由于所有的输出都是由本振相乘得来的;本振的谐波也会随着本振功率提高而变大,这可以从本振馈通分量看出。

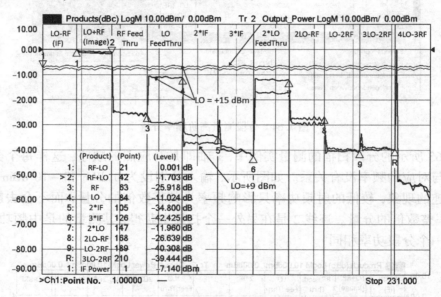

图 7.66　高阶分量与 LO 输入功率的关系

实际上,唯一随着 LO 功率提高而变小的量是射频信号的高阶量,三阶 IF 谐波(3 * IF)提高最多,而二阶 IF 则变得更差。

可以使用这种技术在宽频带上测量混频器。整个测量周期小于 250 ms。由于每个分段可以使用独立的 IFBW,可以在测高阶分量时使用低至 1 Hz 的带宽,这样可以获得 100 dB 的动态范围(近 –120 dBm 的噪底),而不会影响其他分量的测量速度。

7.9.3.1　扫描 LO 的群时延

宽带混频器经常同时扫描射频和 LO 而得到一个固定的 IF 频率。不使用分段扫描虽然可以测得幅度响应,但是却无法测得相位响应。此时可以采用分段扫描方式,将每段的 LO 设为固定频率,而扫描射频和 IF,如果采用手工设置较为烦琐,可以采用编程手段。图 7.67 所示的实例中,可以看到每个分段的设置,由于要测量 201 点的 LO,所以分为 201 段。

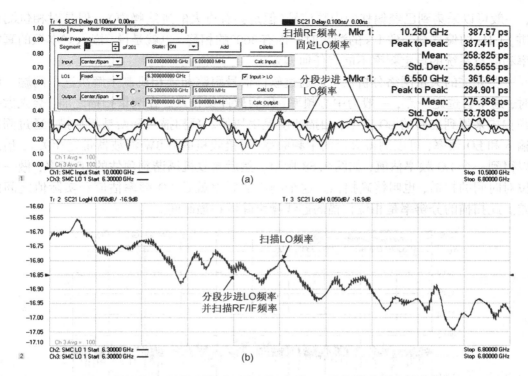

图 7.67 （a）利用分段扫描方式测量扫描 LO 的相位响应；（b）用标准方法和分段方法测量幅度响应

该例使用的矢量网络分析仪是安捷伦 PNA，此应用采用不同的方法来计算时延。由于每段的频率间隔与 LO 频率不同，所以每个分段独立计算时延，即相位变化/频率变化只在每个分段内计算，而不会跨段。在该例中，每个分段只测量两点，其频率间隔就是计算时延的孔径。这样就可以以 LO 频率为横轴，得到一个固定 IF 频率的混频器的时延测量。该测量的校准最好采用相位参考法，这样就不需要宽带的互易混频器，而可以进行任何相位测量。图中可以看到扫描射频与 IF 而固定 LO 的各迹线，其时延差别不大（在 100 ps 内），这也说明射频对时延的响应和波纹影响最大。

图 7.67(b) 是对分段扫描测量结果的验证。其中一条迹线是扫描射频，LO，固定 IF 的测量，显示的是其幅度响应。其他迹线是分段测量的迹线。可以看出，对于幅度测量，各测量方法的测量结果相同。这证明了这种校准和测量配置是有效的。

7.9.4 嵌入式本振的混频器测量

前面所讲的混频器都有明确的射频，IF 和 LO 频率。但是某些变频器（特别是在卫星应用中）有它们内置的本振，这些 LO 是无法直接测量的，而且还可能与系统的 10 MHz 时钟不同步。这些测量通常归纳为"嵌入式本振"测量，这意味着 LO 频率是无法准确得知的。如果没有共同的时基，高精度仪器的射频频率也会相差几千赫兹。例如频率准确度在 1 ppm 的源，30 GHz 的频率就有 30 kHz 的误差。

在测量嵌入式本振的变频器时，如果嵌入式本振的时基与测量系统的时基不同，其中频也会有相应的偏差。对幅度测量来说，因为测量接收机的中频带宽或分辨带宽比较大，一般可以采集到已经偏移的中频信号(但是会有更大的迹线噪声)。但是对相位测量来讲，1 Hz 的偏移会导致 1 s 的测量时间内有 360°的相移，也就是说，嵌入式本振的真实频率和测量系统的设定频率不能有任何偏差。

一些先进的矢量网络分析仪可以通过软件信号跟踪和锁相机制来解决这一问题。测量时，通常会选定一点，一般为中心频率，作为软件锁相点。在测量扫描之前，会先做一些预扫描来得到准确的 LO 频率，扫描速度是很快的。预扫描一开始是粗扫描，通过固定的输入和 LO 频率，可以测得大概的中频频率(与接收机的 IFBW 滤波器带宽相关)，借此可以得到一个 LO 频率估值，如图 7.68 所示。然后接收机调谐到预估的 IF 频率，做一个相位对时间的扫描，也叫精确扫描。这个响应的斜率就是 LO 频率估值和实际值之间的误差。此扫描的分辨率是相位扫描的迹线噪声除以扫描时间。

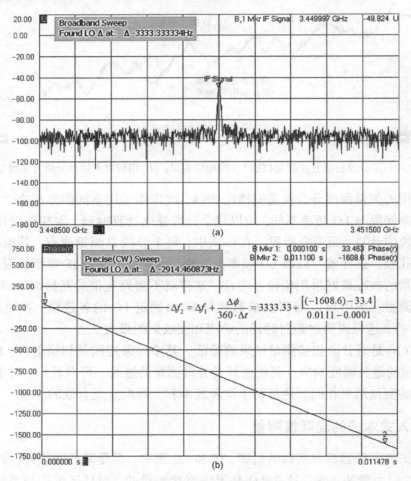

图 7.68　用软件锁相技术测量嵌入式本振混频器

软件跟踪有着和硬件跟踪一样优异的性能，可以用一个带有 10 MHz 参考输入的混频器来做一个实验，如图 7.69 所示。此混频器含有嵌入式本振并有 10 MHz 参考时钟输入，可以分别测量软件跟踪和硬件上锁定时钟的测量，然后比较结果。通过中心点进行迹线数据统计可以看出，测得的群时延是一致的，而代表 LO 锁定稳定度的迹线噪声也基本一致。游标 2 测量的是硬件锁定的两次扫描之间的最大偏差,游标 3 测量的是软件跟踪的两次扫描的最大偏差,可以看出软件扫描的偏差甚至优于硬件跟踪的扫描。

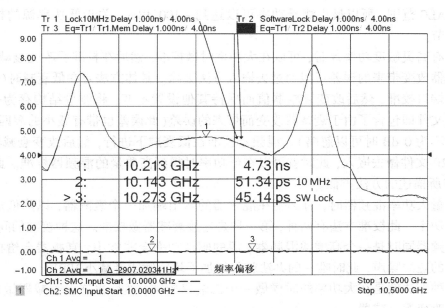

图 7.69　软件跟踪和硬件跟踪

测量通道 2 显示的是当 10 MHz 时钟没有锁定时的频率偏移,可以看出,几秒后偏移了 2～5 Hz,几分钟后偏移了 5～10 Hz。软件跟踪技术为 7.4.4 节的测量提供了另一种解决方法,它可以通过一个标准矢量网络分析仪实现而不需要一个调制的或双音源。

7.9.5　高增益和大功率变频器

大功率或高增益以及在超长、高损耗电缆末端的变频器测量也是需要特殊考虑的一种情况。在这种情况下,一定要避免变频器的过载,有时候 7.5.1 节所讲的匹配校准反而会对变频器造成损害。高增益往往暗示着低输入,某些在卫星上使用的变频器的输入功率要小于 -100 dBm。这种情况下的 S_{11} 或输入匹配测量会充满噪声。对于大功率变频器,有时需要对输出信号进行衰减以免过载测量接收机。这个衰减可能会导致 S_{22} 结果噪声比较大,进而通过输出匹配校正把这个噪声叠回到 SC_{21} 曲线上。在这种情况下,关闭输入和输出匹配校正功能会让结果有所改进。有些 VNA 测量应用把这个功能作为校正方法中的可选项供用户选择。

高增益的变频器功率校准比较困难,这是因为标准的功率校准需要一个功率计在射频频率上测量源的功率。但是目前还没有商用的功率计可以测量 -100 dBm 的信号,所以有必要对标准的测量技术做些修改。

首先,对于低功率信号,最好将端口 1 的测量耦合器反置,这样可以降低驱动信号并提高 S_{11} 测量的噪声性能。然后,矢量网络分析仪的源衰减器要设在一个临界值上,保证其信号为驱动 ALC 电路的最小功率,然后用功率计在其最大功率上测量功率。对于大多数商用功率计，即使采用高灵敏度的探头，最小可测功率为 – 70 dBm，而测量时要保证被测功率比最小可测功率高 10 ~ 20 dB，这样才可以避免噪声功率降低校准质量。这意味着功率校准功率应该为 – 60 ~ – 50 dBm 区间。大部分先进的矢量网络分析仪提供 40 dB 的 ALC 范围，所以最小测量功率可以达到 – 100 dBm。关于低功率源的校准细节参见 6.3 节。

当没有高灵敏度功率计时，可以在大功率时做校准，然后在校准后改变衰减器的值。由于衰减器改变带来的误差可以通过去嵌入方法去除。具体方法是在低衰减时(非 0 dB)做一个二端口校准，然后改变衰减器值而保持其他设置不变，将测量结构存为一个 S2P 文件。此文件即包含了由于衰减器改变而带来的误差(此误差也带有微小的源匹配误差，当衰减量不为 0 dB 时可以忽略)。混频器校准在低衰减下进行，然后改变衰减器值，同时利用 S2P 文件做去嵌入，此时就可以在低功率时得到高质量的混频器校准。此方法与 3.14.3 节所描述的方法类似。

在测量大功率混频器时，有必要在混频器的输出端加一个衰减器，以降低加载在接收机上的功率。此校准方法有两种，第一种是连接衰减器做校准。这种校准的问题在于，如果此混频器同时是一个高增益混频器，源的驱动功率会非常小，衰减器会给校准响应带来较大的迹线噪声，此时唯一的办法就是增加平均次数或者减小 IFBW。

另一种方法就是在大功率的时候做一个二端口校准，然后再连上衰减器做校准，并在校准后改变源衰减器。

7.10　混频器测量小结

混频器和变频器的响应复杂，尤其需要进行特别测量。单个混频器会在各个端口有各种频率分量，这些量的再次混频会造成波纹和其他测量误差。混频器的性能依赖于射频和 LO 驱动，需要在各种条件下进行测量，这是因为其状态是不可控的，尤其是在宽频带下。

混频器的时延和相位响应的校准和测量需要特别注意。本章已经讲述了几种方法，感兴趣的读者可以从参考文献中得到更多信息。此类测量方法在得到不断更新和提高，在理解和简化变频器的时延方面也得到了长足的进步。

混频器的失真测量方法也得到了改进，本章已经做了很多描述。特别值得一提的是，量化失真和射频或 LO 之间的函数关系的方法在很大程度上简化了，同时测量准确性也被提高了。

混频器的噪声系数测量依旧是一个难题，对测量设置要特别注意，特别是对于低增益混频器。对于特别架构的混频器，镜像抑制和 LO 噪声都要综合考虑其对 NF 测量的影响。

最后，还有很多变频器测量的特殊场合，如高增益，大功率和嵌入式本振。很多测量与放大器的相关测量类似，读者可以参考第 6 章的内容以获得更多认识。

虽然对于混频器的理论分析已经有很大进展，但是测试工程师还是会面对各种新的挑战，此时要遵循一些测量的基本原则。基本的测量是不变的：通过预测试理解器件特性，优化测量系统，通过适当的标准做校准，然后分析测量以获得一致的合理测量结果。

参考文献

1. Maas, S. A. (1986) *Microwave Mixers*, Artech House, Dedham, MA. Print.
2. Dunsmore, J., Hubert, S., and Williams, D. (2004) Vector mixer characterization for image mixers. Microwave Symposium Digest, 2004 IEEE MTT – S International, vol. 3, no., pp. 1743-1746 vol. 3, 6-11 June 2004.
3. Williams, D. F., Ndagijimana, F., Remley, K. A., *et al.* (2005) Scattering – parameter models and representations for microwave mixers. *IEEE Transactions on Microwave Theory and Techniques*, 53(1), 314-321.
4. Dunsmore, J. Understanding uncertainties in mixer measurements. WHWE11 (EuMC 2009 Workshop) Practical Approaches to Achieving Confidence in Microwave Measurements; workshop notes.

第8章 矢量网络分析仪平衡测量

8.1 四端口差分与平衡 S 参数

传统上，常见的射频结构包含单输入和单输出器件，有一个共同接地参考。但是随着先进的单片微波集成电路(MMIC)的出现，伴随着在更高的频率下使用 CMOS 技术的趋势，越来越多的射频电路正在使用差分器件进行设计。由于其速率如此之高，甚至连计算机的背板和时钟频率也必须按照射频和微波来考量。正因如此，差分或平衡 S 参数已经成为射频和微波研究和应用的一个重要领域。幸运的是，差分 S 参数原理的理论基础已经建立完备，并且有一个公认的一致定义[1]。

式(8.1)描述了一个四端口网络，有一个 16 项的 S 参数矩阵与它相关联。输入波和输出波由该矩阵来定义。

$$
\begin{bmatrix} b_1 \\ b_2 \\ b_3 \\ b_4 \end{bmatrix} = \begin{bmatrix} S_{11} & S_{12} & S_{13} & S_{14} \\ S_{21} & S_{22} & S_{23} & S_{24} \\ S_{31} & S_{32} & S_{33} & S_{34} \\ S_{41} & S_{42} & S_{43} & S_{44} \end{bmatrix} \cdot \begin{bmatrix} a_1 \\ a_2 \\ a_3 \\ a_4 \end{bmatrix} \tag{8.1}
$$

对于一个差分放大器来说，可以认为差分输入端口包含端口 1 和端口 3，差分输出端口包含端口 2 和端口 4。要注意端口编号是任意的，另外一种定义差分输入和输出端口的选择是端口 1 和端口 2 作为差分输入，端口 3 和端口 4 作为差分输出，最初的参考文献就使用这一定义。但是常见的测试设备通常将端口 1 和端口 3 规定为输入，端口 2 和端口 4 规定为输出，并已经被普遍接受。参考文献大约平均地使用了这两种定义；所以，遵循行业里的普遍做法，这里将奇数端口(1 和 3)定义为输入端口，偶数端口(2 和 4)定义为输出端口。同时必须认识到的是，即使在一对端口被描述成一个差分端口时，也存在一个共同接地点，那么这个端口对 port-pair 上也存在共模信号。因此，所有四端口器件也有共同的接地点，它们必须被正确地描述为，在每个端口对上既有差模又有共模，通常称之为混合模式。

由该描述可知，对差分输入波和差分输出波必须创建一个新的定义。本例中，可以按图 8.1 中所示基于差分输入电压和差分输入电流来定义差分输入(前向)波和散射(反射)波

$$
V_d^F = \frac{1}{2}(V_d + I_d Z_d), \quad V_d^R = \frac{1}{2}(V_d - I_d Z_d) \tag{8.2}
$$

如图中所示，其中 V_d 和 I_d 被定义为端口 1 和端口 3 之间的输入电压差和输入电流差。如果节点电压是 V_1 和 V_3，节点电流是 I_1 和 I_3，那么差分输入电压和电流可以定义为

$$
V_d = V_1 - V_3, \quad I_d = \frac{1}{2}(I_1 - I_3) \tag{8.3}
$$

V_d 的定义很直观，但是 I_d 的定义中的因子 1/2 就不那么直观了，需要进一步的解

释。在单端接地参考电路中，输入电压等于节点电压与地之间的差，电流仅与流入输入节点的电流相等；在计算输入电流时，地上的电流不参与计算；相似地，差分输入电压等于两路输入间的电压差，这时端口 3 充当地的角色；如果是纯粹的差分电路，流入端口 1 的电流将会与流出端口 3 的电流相等。然而，网络的内部连接会导致不相等的电流流入端口 1 流出端口 3；例如，端口 1 可能连着一个电阻然后接地，端口 3 可能是开路的。这种情况下端口 3 中将没有"差分接地"电流流出，那么又如何去计算差分电流呢？解决途径是，对从端口 1 流入并且从端口 3 流出的电流取平均值，假设其为差分电流。这个遗留问题是由于共模电流流入网络并从真实接地节点流出而造成的。因此流入端口 1 的电流一半是差分，而另一半是共模，流出端口 3 的电流一半是差分，另一半是共模。所以，平均差分电流等于端口 1 电流的一半加上端口 3 电流的一半。最后，认识到流出端口 3 的差分电流等于 $-I_3$，所以平均差分电流应该如式(8.3)所示。

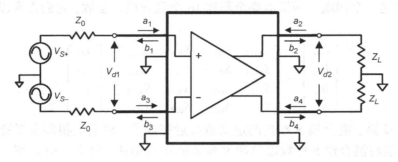

图 8.1 用做平衡放大器的一个四端口网络

共模电压和电流有相应的定义

$$I_c = I_1 + I_3, \quad V_c = \frac{1}{2}(V_1 + V_3) \tag{8.4}$$

这里流入网络的共模电流等于流入端口 1 的电流与流入端口 3 的电流之和(返回电流通过接地节点返回)，共模电压是端口 1 和端口 3 上电压的平均值。如上述定义差分电流同样的方式，因而取每个电流的一半。共模前向和反射电压可以类似地定义为

$$V_c^F = \frac{1}{2}(V_c + I_c Z_c), \quad V_c^R = \frac{1}{2}(V_c - I_c Z_c) \tag{8.5}$$

差模和共模电路的定义的最后一个方面是在式(8.2)中出现的差模参考阻抗以及式(8.5)中出现的共模参考阻抗的定义。单端阻抗简单地等于节点电压除以流入节点的电流。差分阻抗可以定义为等于差分电压除以流入节点的差分电流，共模阻抗等于共模电压除以共模电流。因此如果假设端口对上的两个源阻抗都等于 Z_0，并且源是独立的，也就是说两个源之间没有耦合元素，可以得出

$$Z_d = 2Z_0, \quad Z_c = \frac{Z_0}{2} \tag{8.6}$$

现在最后要做的是定义差分和共模 S 参数，它们可由上述公式推导获得，混合模 a 和 b 矢量电压的一个新定义是

$$a_d = \frac{V_d^F}{\sqrt{Z_d}}, \quad b_d = \frac{V_d^R}{\sqrt{Z_d}}, \quad a_c = \frac{V_c^F}{\sqrt{Z_c}}, \quad b_c = \frac{V_c^R}{\sqrt{Z_c}} \tag{8.7}$$

这里假设了 Z_d 和 Z_c 是实数。由此, S 参数可以定义为

$$\begin{bmatrix} b_{d1} \\ b_{d2} \end{bmatrix} = \begin{bmatrix} S_{dd11} & S_{dd12} \\ S_{dd21} & S_{dd22} \end{bmatrix} \cdot \begin{bmatrix} a_{d1} \\ a_{d2} \end{bmatrix}, \quad \begin{bmatrix} b_{c1} \\ b_{c2} \end{bmatrix} = \begin{bmatrix} S_{cc11} & S_{cc12} \\ S_{cc21} & S_{cc22} \end{bmatrix} \cdot \begin{bmatrix} a_{c1} \\ a_{c2} \end{bmatrix} \tag{8.8}$$

这里也存在与混合模矢量电压相关的端口编号的问题, 端口 d_1 和 c_1 是差分和共模输入端口, 包含端口 1 和端口 3; 端口 d_2 和 c_2 分别是差分和共模输出端口, 包含端口 2 和端口 4。除了式(8.8)中的差模 S 参数和共模 S 参数之外, 网络由一种模式驱动但输出另一种模式也是完全合理的。交叉模式参数有两种版本: 以差分入射波驱动并且测量共模散射波; 或者以共模入射波驱动并且测量差分散射波。它们被定义为

$$\begin{bmatrix} b_{c1} \\ b_{c2} \end{bmatrix} = \begin{bmatrix} S_{cd11} & S_{cd12} \\ S_{cd21} & S_{cd22} \end{bmatrix} \cdot \begin{bmatrix} a_{d1} \\ a_{d2} \end{bmatrix}, \quad \begin{bmatrix} b_{d1} \\ b_{d2} \end{bmatrix} = \begin{bmatrix} S_{dc11} & S_{dc12} \\ S_{dc21} & S_{dc22} \end{bmatrix} \cdot \begin{bmatrix} a_{c1} \\ a_{c2} \end{bmatrix} \tag{8.9}$$

完备地描述一个四端口网络需要全部这 16 个混合模 S 参数, 它们常常以矩阵形式出现, 如

$$\begin{bmatrix} b_{d1} \\ b_{d2} \\ b_{c1} \\ b_{c2} \end{bmatrix} = \begin{bmatrix} S_{dd11} & S_{dd12} & S_{dc11} & S_{dc12} \\ S_{dd21} & S_{dd22} & S_{dc21} & S_{dc22} \\ S_{cd11} & S_{cd12} & S_{cc11} & S_{cc12} \\ S_{cd21} & S_{cd22} & S_{cc21} & S_{cc22} \end{bmatrix} \cdot \begin{bmatrix} a_{d1} \\ a_{d2} \\ a_{c1} \\ a_{c2} \end{bmatrix} \tag{8.10}$$

有了这个矩阵, 混合模 S 参数的定义就接近完成了, 事实上很多参考资料就止步于此。然而, 若能将混合模 S 参数以单端 S 参数的形式描述, 将会十分方便。可以用之前定义的矢量电压来做以下观察; 由式(1.8), 式(1.9), 式(8.2)和式(8.5)可以推导出

$$a_{d1} = \frac{(a_1 - a_3)}{\sqrt{2}}, \ a_{c1} = \frac{(a_1 + a_3)}{\sqrt{2}}, \ b_{d1} = \frac{(b_1 - b_3)}{\sqrt{2}}, \ b_{c1} = \frac{(b_1 + b_3)}{\sqrt{2}} \tag{8.11}$$

并且

$$S_{dd11} = \frac{b_{d1}}{a_{d1}} \bigg|_{a_{c1}=a_{d2}=a_{c2}=0} \tag{8.12}$$

认识到 $a_{c1} = 0$ 意味着 $a_3 = -a_1$, 所以 $a_{d1} = 2_{a1}$, 那么

$$S_{dd11} = \left(\frac{b_1 - b_3}{a_1 - a_3} \right) = \left(\frac{b_1 - b_3}{a_1 - (-a_1)} \right) = \left(\frac{b_1 - b_3}{2a_1} \right) \tag{8.13}$$

结合式(1.17)对端口 1 和端口 3 的版本, 得到

$$S_{dd11} = \left(\frac{b_1 - b_3}{2a_1} \right) = \left(\frac{[S_{11}a_1 + S_{13}a_3] - [S_{31}a_1 + S_{33}a_3]}{2a_1} \right) \tag{8.14}$$
$$= \left(\frac{[S_{11}a_1 - S_{13}a_1] - [S_{31}a_1 - S_{33}a_1]}{2a_1} \right)$$

消去共有的 a_1 得到

$$S_{dd11} = \frac{1}{2}(S_{11} - S_{13} - S_{31} + S_{33}) \tag{8.15}$$

对每一个混合模参数进行一次类似的计算, 可求出它们用单端 S 参数表示的等价式。S_{dd21} 是平衡放大器最重要的属性, 可用单端参数表达式来计算它的值, 已知

$$S_{\mathrm{dd}21} = \left(\frac{b_2 - b_4}{a_1 - a_3}\right) = \left(\frac{b_2 - b_4}{a_1 - (-a_1)}\right) = \left(\frac{b_2 - b_4}{2a_1}\right) \tag{8.16}$$

与式(8.14)同理

$$S_{\mathrm{dd}21} = \left(\frac{b_2 - b_4}{2a_1}\right) = \left(\frac{[S_{21}a_1 + S_{23}a_3] - [S_{41}a_1 + S_{43}a_3]}{2a_1}\right)$$
$$= \left(\frac{[S_{21}a_1 - S_{23}a_1] - [S_{41}a_1 - S_{43}a_1]}{2a_1}\right) \tag{8.17}$$

消去因数,得到

$$S_{\mathrm{dd}21} = \frac{1}{2}(S_{21} - S_{23} - S_{41} + S_{43}) \tag{8.18}$$

有时会用矩阵变换的形式来表达混合模式转换,有

$$\boldsymbol{S}_{\mathrm{MM}} = \boldsymbol{M} \cdot \boldsymbol{S} \cdot \boldsymbol{M}^{-1}$$

$$\boldsymbol{M} = \frac{1}{\sqrt{2}}\begin{bmatrix} 1 & 0 & -1 & 0 \\ 0 & 1 & 0 & -1 \\ 1 & 0 & 1 & 0 \\ 0 & 1 & 0 & 1 \end{bmatrix}, \qquad \boldsymbol{M}^{-1} = \frac{1}{\sqrt{2}}\begin{bmatrix} 1 & 0 & 1 & 0 \\ 0 & 1 & 0 & 1 \\ -1 & 0 & 1 & 0 \\ 0 & -1 & 0 & 1 \end{bmatrix} \tag{8.19}$$

表 8.1 中显示了完整的列表。

表 8.1 用单端 S 参数表示混合模 S 参数

差分模式参数		混合模式参数: 共模到差分	
$S_{\mathrm{dd}11}$	$(S_{11} - S_{13} - S_{31} + S_{33})/2$	$S_{\mathrm{dc}11}$	$(S_{11} + S_{13} - S_{31} - S_{33})/2$
$S_{\mathrm{dd}12}$	$(S_{12} - S_{14} - S_{32} + S_{34})/2$	$S_{\mathrm{dc}12}$	$(S_{12} - S_{32} + S_{14} - S_{34})/2$
$S_{\mathrm{dd}21}$	$(S_{21} - S_{41} - S_{23} + S_{43})/2$	$S_{\mathrm{dc}21}$	$(S_{21} - S_{41} + S_{23} - S_{43})/2$
$S_{\mathrm{dd}22}$	$(S_{22} - S_{42} - S_{24} + S_{44})/2$	$S_{\mathrm{dc}22}$	$(S_{22} - S_{42} + S_{24} - S_{44})/2$
混合模式参数: 差分到共模		共模参数	
$S_{\mathrm{cd}11}$	$(S_{11} + S_{31} - S_{13} - S_{33})/2$	$S_{\mathrm{cc}11}$	$(S_{11} + S_{31} + S_{13} + S_{33})/2$
$S_{\mathrm{cd}12}$	$(S_{12} + S_{32} - S_{14} - S_{34})/2$	$S_{\mathrm{cc}12}$	$(S_{12} + S_{32} + S_{14} + S_{34})/2$
$S_{\mathrm{cd}21}$	$(S_{21} + S_{41} - S_{23} - S_{43})/2$	$S_{\mathrm{cc}21}$	$(S_{21} + S_{41} + S_{23} + S_{43})/2$
$S_{\mathrm{cd}22}$	$(S_{22} + S_{42} - S_{24} - S_{44})/2$	$S_{\mathrm{cc}22}$	$(S_{22} + S_{42} + S_{24} + S_{44})/2$

最常见的混合模 S 参数,解释很简单:$S_{\mathrm{dd}21}$ 是差分增益,$S_{\mathrm{cc}21}$ 是共模增益,但其他交叉模式。参数的实际意义则不那么显而易见。当差分驱动一个器件时,它是自屏蔽的,不过如果在其输出端产生共模信号,那么意味着有大量电流流过公共接地。这种情况可能会导致该器件产生辐射干扰。所以有时 S_{cd} 参数与测量器件是否可能产生辐射干扰联系在一起。类似地,如果一个器件设计为差分输出,对其应用共模信号也输出差分信号,那么这意味着它易受电流的影响,因此 S_{dc} 参数的测量与其测量外部潜在干扰信号的能力有关。

8.2   三端口平衡器件

三端口网络也可以用混合模参数来定义，包含一个单端口和一个混合模端口；混合模端口常常被定义为差分或平衡端口。但又一次必须知道的是，一个对地参考的器件，平衡端口也总有可能支持一个共模信号。图 8.2 显示了这样的一个器件的原理图。

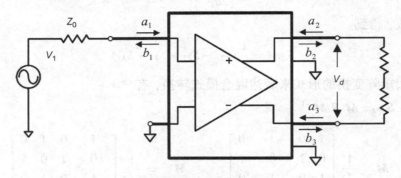

图 8.2   一个单端到平衡的三端口平衡器件

三端口网络的混合模参数定义为

$$
\begin{bmatrix} b_s \\ b_d \\ b_c \end{bmatrix} = \begin{bmatrix} S_{ss} & S_{sd} & S_{sc} \\ S_{ds} & S_{dd} & S_{dc} \\ S_{cs} & S_{cd} & S_{cc} \end{bmatrix} \cdot \begin{bmatrix} a_s \\ a_d \\ a_c \end{bmatrix}
\tag{8.20}
$$

由于三端口情况下各端口是明确的，所以不需要端口编号，可以只引用三端口模式，但也常会在文献中看到包含端口编号的情况，特别是如果在一个四端口网络中定义三端口单端到差分的特性时，那里可能会有多个单端输入。三端口混合模参数也可以通过单端参数计算得到。

对差分和共模信号有与式(8.7)相同的定义，所以三端口混合模参数的计算与式(8.19)类似，不过是三端口形式

$$
\boldsymbol{M} = \frac{1}{\sqrt{2}} \begin{bmatrix} \sqrt{2} & 0 & 0 \\ 0 & 1 & -1 \\ 0 & 1 & 1 \end{bmatrix}, \quad \boldsymbol{M}^{-1} = \frac{1}{\sqrt{2}} \begin{bmatrix} \sqrt{2} & 0 & 0 \\ 0 & 1 & 1 \\ 0 & -1 & 1 \end{bmatrix}
\tag{8.21}
$$

它可以导出以下混合模参数的转换公式

$$
\begin{bmatrix} S_{ss} & S_{sd} & S_{sc} \\ S_{ds} & S_{dd} & S_{dc} \\ S_{cs} & S_{cc} & S_{cc} \end{bmatrix} = \begin{bmatrix} S_{11} & \frac{1}{\sqrt{2}}(S_{12}-S_{13}) & \frac{1}{\sqrt{2}}(S_{12}+S_{13}) \\ \frac{1}{\sqrt{2}}(S_{21}-S_{31}) & \frac{1}{2}(S_{22}-S_{23}-S_{32}+S_{33}) & \frac{1}{2}(S_{22}+S_{23}-S_{32}-S_{33}) \\ \frac{1}{\sqrt{2}}(S_{21}+S_{31}) & \frac{1}{2}(S_{22}-S_{23}+S_{32}-S_{33}) & \frac{1}{2}(S_{22}+S_{23}+S_{32}+S_{33}) \end{bmatrix}
$$

$$
\tag{8.22}
$$

最常用的单端到差分的器件是巴伦（平衡-不平衡变换器），单端测量仪器可用它来

驱动差分器件。过去，矢量网络分析仪最多只有两个端口，做差分测量时广泛地使用到了巴伦，但有时使用得不正确。随着四端口矢量网络分析仪的出现，测量线性无源器件时基本上不再需要巴伦了。然而，即使今天在测试其他一些复杂的特性，如压缩，失真和噪声系数时，它们仍旧是关键元件。

混合模参数的概念不仅局限于三端口或四端口器件。它们实际上可以被扩展到任意端口。混合模参数的方便之处在于，那些熟悉使用单端 S 参数计算的公式同样也适用于混合模 S 参数，包括最大传输功率的概念，稳定度，以及串联网络和去嵌入网络的效应。

8.3　混合模器件测量示例

8.3.1　无源差分器件：平衡传输线

最简单的差分器件或许就是平衡传输线。实际上，有一种最老式的传输线，称为平行双芯线，曾广泛用于电视接收机，其本质上就是平衡传输线。在高速数字通信电路中的高速低电压差分信号（LVDS）通信路径里可以找到平衡或差分传输线的现代实现。如今这些线路倾向于使用 PCB 双布线，将差分驱动信号连接到差分接收机。这些信号路径的一个十分有趣的方面是，与单端传输线相比较，将它们制作为差分线常常可以得到更好的信噪比，降低干扰和改善频响。其中，自屏蔽可能是最重要的方面。

图 8.3 显示的例子是一个用于评估 PCB 传输线特性的测试板。随着当前数字器件的时钟频率接近 3 GHz，数据传输率达到 10 Gbit/s，这些信号线在板层间交换，绕过 PCB 上的过孔，通过连接器过渡，理解这些信号线的完整性变得十分关键。这通常称为通信栈的"物理层"，包括调制，格式化，分页，分帧，所有这些都是为提高信号稳定性而对原始信号做更高级别的处理。对这一领域的研究称为"信号完整性"，它是一个独立的但又与射频和微波通信工程师的研究领域紧密相关。

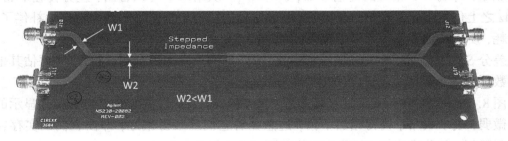

图 8.3　一个测试 PCB，用于特性描述差分线

这块测试板上有一个设计工件，布线在那个区域内变窄，或许代表在 PCB 的某个区域内必须使用更小的封装。对其进行完整的四端口 S 参数特性描述，在图 8.4 中显示其 16 个 S 参数。这个测试版上，输入和输出布线随着其形成一个差分对而收窄，所以差模阻抗保持为一个常量。

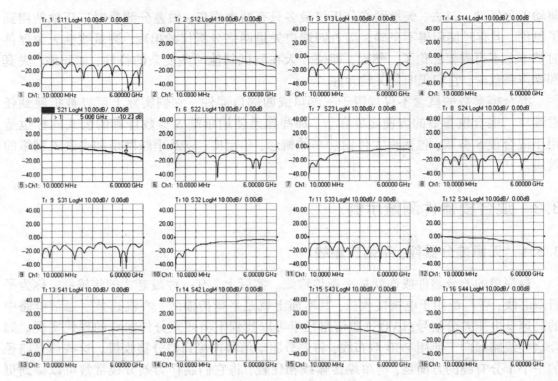

图 8.4　平衡传输线的 16 个 S 参数

虽然显示得非常繁杂，但请注意，可以很快地看出测量结果中是否存在不寻常的方面，所以它是有用的。一个明显的问题是传输路径 S_{21} 和 S_{43} 的高损耗，见迹线 5（高亮显示）和迹线 15。进一步，S_{41} 和 S_{32}（迹线 13 和迹线 10）显示线路间存在十分强的耦合。粗略地看单端传输路径，或许可以断定这些线路最高只能使用到 3 GHz，在那里 S_{21} 低于 -3 dB。

然而，当仔细观察混合模 S 参数时，则呈现出另外一种情况。在图 8.5 中比较了 S_{dd21} 和两个与端口 2 相关的传输参数，S_{21} 和 S_{23}。从结果中可以看出，差分传输非常好，5 GHz 之上仍然小于 -3 dB。事实上，因为信号的特定相位，S_{23} 的耦合精确地补偿了 S_{21} 的损耗，所以看到传输的差模的损耗比单端模式要少得多。

差分 S_{dd21} 中仍然存在一些波纹和损耗（可能是由于阶梯阻抗测试特性），评估其他差分参数可以揭示那些贡献 S_{dd21} 损耗的差分线属性。

图 8.6 显示了所有 16 个混合模参数，每一种模式在一个窗口中。交叉模式显示的信号很微弱，表示线路平衡得相当不错，这意味着它们屏蔽得很好，即便它们确实存在显著的不匹配，差分模式如 S_{dd11} 所示，共模模式如迹线 S_{cc11} 所示。

混合模参数可以按照与单端 S 参数完全相同的方式进行分析，所以可以使用所有的 S 参数分析工具来研究差分线属性，包括时域变换。

图 8.7(a) 显示了 S_{dd11} 和 S_{cc11}，图 8.7(b) 显示了它们的 TDR。从 TDR 清楚地看到，传输上的波纹和反射上的失配是由于线路的阻抗在大约 250 mm 处（如游标 2 所示）出现的不连续改变而造成的。此图展示了一些有趣的要点。首先，请注意游标显示的读数由默认格式变为等效的阻抗（实质上是一个史密斯圆图游标），这是某些现代矢量网络分析

仪中的一个很方便的游标功能。此功能使得能够直接读取线路阻抗。可以看到在 0 时刻（第一个分划线），差分阻抗基本匹配，但是共模阻抗不匹配。这也意味着单端结果也将是不匹配的。因为线路存在紧密的耦合（图 8.5 中的 S_{23} 迹线证明了这一点），必须修改单端线路阻抗以维持差分阻抗不变。由图 8.3 可以看出，线宽从差分线部分开始的地方变窄（差分端口 1 接到右侧测量该 PCB）。

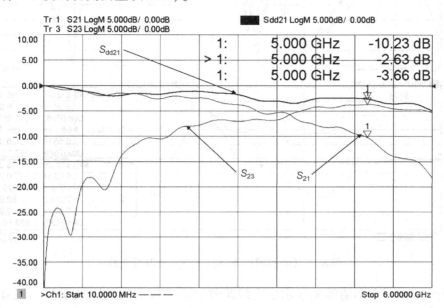

图 8.5 比较 S_{21}，S_{23} 和 S_{dd21}

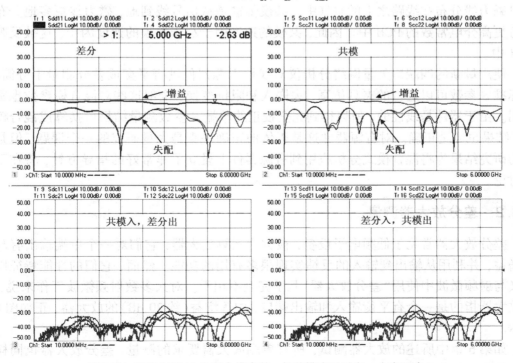

图 8.6 显示全部 16 个混合模参数；每种模式显示在一个窗口中

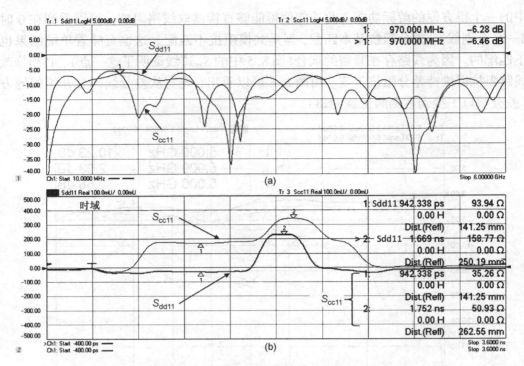

图 8.7　（a）频域；（b）S_{dd11} 和 S_{cc11} 的时域变换

在两个 TDR 图上都清晰地显示出由线路较细那一段造成的阻抗阶梯。但有趣的是，与差模反射相比较，可以看到共模反射里的阶梯稍有延迟。这是由于差分线的电磁场有大量磁力线分布在线路之上的空气中。共模传输是从信号线到地，磁力线更多地分布在具有更高介电常数的 PCB 中。因此，共模的速度因子小于差模的速度因子，这被反映在 TDR 中。

使用最新的四端口矢量网络分析仪对线性无源器件进行平衡或差分测量十分简单。对标准 S 参数可以进行的夹具仿真、去嵌入和阻抗变换，全部这些对混合模参数也都可适用。由于器件是线性的，所以得到完全校正的单端 S 参数测量结果后换算成混合模参数，结果也完全正确。对有源器件这是否依旧正确一直是大量研究的一个课题，但是最近的研究结果为将混合模式分析应用到有源器件上设立了非常好的指导方针，将在下一节讨论。

8.3.2　差分放大器测量

差分放大器常见于低频电子设备，被称为运算放大器，它们对一个单端输出有高差分增益，并利用从输出到输入的反馈实现很多有用的功能。然而，它们的性能特征以及定义与射频微波中使用"差分放大器"几乎完全不相干。对大多数射频微波工作来说，差分放大器指的是一个有平衡输入和输出端口，中等增益（约 20 dB）的放大器，正如图 8.1 所示。

如第 6 章中所述的放大器测试，所有单端放大器要求的测量，差分放大器也同样要求。首先，也是最重要的，是它的线性增益属性。

　　图 8.8 显示的是一种差分放大器的四端口单端测量结果。输入和输出失配显示出它被调谐到大约 1 GHz。前向增益参数十分有趣，它们中 S_{21}［已在图 8.8(b) 里标出］的增益大大地小于其他几个，只有大约 1 dB。S_{41} 增益也稍稍较低，只有 5 dB，S_{23} 和 S_{43} 的增益大约是 8 dB。所有的反向隔离路径都有合理的隔离。该放大器是一个低噪声限幅放大器的原型，通常可以在一个设计项目的早期阶段看到它的行为。因为它不是完全对称的，很多基于差分行为的假设或许就不成立了，必须进行全面的差分分析（也称为真实模式测量）。S_{31} 和 S_{13} 的高幅度指示出，在端口 1 和端口 3 之间存在大量耦合。相比之下，输出端口在低频有更多的隔离，但在高频有一些耦合。端口间的耦合表明共模匹配可能不是很好。对本例来说，该放大器没有遵守真差分放大器应有的行为，因为每个前向增益都不相同。本章稍后还将显示的一个标准的差分放大器的例子，那个例子就不这么有趣了。

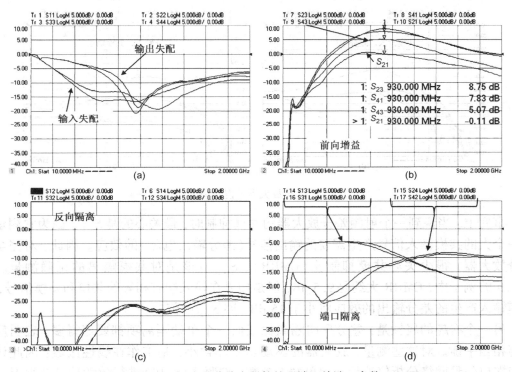

图 8.8　一个差分放大器件的四端口单端 S 参数

　　图 8.9 中，用混合模参数评估同一个放大器。请注意，即使 S_{21} 增益与 S_{23} 增益不匹配，而且它们的峰值在不同的频率，但其差分增益十分平坦开阔。然而，可能是由于 S_{21} 增益较低，共模增益比预期的差分放大器共模增益要高一些，所以该放大器的共模抑制相对较低。差分放大器的共模抑制常引用以下定义

$$\text{CMRR} = \frac{S_{\text{dd}21}}{S_{\text{cc}21}} \tag{8.23}$$

　　这个定义来源于低频运算放大器的定义。射频差分放大器有差分输入和差分输出，与之不同，运算放大器有差分输入但是只有单端输出。但射频平衡系统中很少使用这个定义，因为输出也是差分的。由于运算放大器的输出通常是单端的，所以如果一个大的共模输入信号会产生一些输出信号，那么它将流向下一部分并被检测到。然而，在一个

完全的差分放大器中,输出端的共模信号不会通过系统传播,因为之后部分的共模到差分增益(S_{dc21})通常非常低。

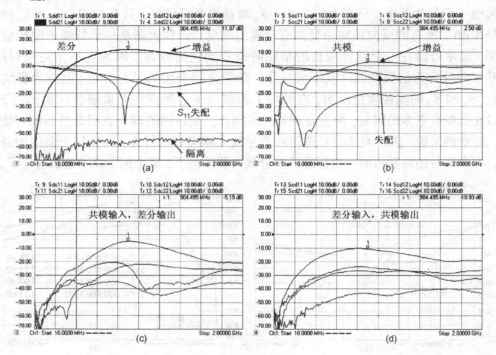

图8.9　差分放大器的混合模 S 参数

事实上,当说到一个射频差分放大器的共模抑制时,最关心的是 S_{dc21},因为它测量的是一个大的共模输入信号产生需要的输出信号(差分输出电压)的效应。因此,对完全的差分放大器,很少关心共模抑制比(CMRR),S_{dc21} 应该是对共模隔离的正确测量。在图8.9的例子中,CMRR 大约是9.5 dB,但是如果在输入端有相等的共模和差模信号,由共模输入产生的差分输出的效应将小于15 dB,即 S_{dc21} 的值。

另一个有趣的属性是,差分反向隔离比任何一个单端隔离项都要好得多,表明反向隔离相当平衡。对这些测量,放大器的驱动功率非常小,是工作在线性区域,因此认为用四端口矢量网络分析仪测量获得单端 S 参数,按照式(8.19)进行数学计算获得混合模参数,也相当准确。

8.3.3　差分放大器和非线性操作

一个常见的说法是,当放大器工作在低功率线性模式时,混合模参数可以由单端四端口测量结果计算得到,但是当放大器受一个大信号驱动工作在非线性模式时,计算结果将不再有效。更确切地说,对非线性特性描述,如 1 dB 压缩点,假设了放大器一定是受真差分信号驱动,通常称为真实模式驱动。

事实证明,这一说法是否成立取决于放大器的配置,并且在大多数情况下,假设放大器有标准的差分行为[2],单端混合模式驱动的确能够为差分放大器的增益压缩提供有效的测量。其中,差分放大器的标准行为包含两个主要方面:

1. 因为放大器输出端的限制，一个正常的放大器通常都会压缩，无论它是否是差分。显然，这是因为在输出端的射频电压和电流比输入端的要高很多。某些放大器在输入端可能会有限制元件（如图 8.9 中使用的示例放大器），它们在输出信号被放大器内部机限制之前对输入信号进行削波，不过这种情况不常见。

2. 一个差分放大器的差分增益应该比共模增益高。某些平衡应用的讨论中，组合两个单端放大器创建一个所谓的"平衡放大器"，它可以放大差分信号，但它也会按相同的增益放大共模信号。按通常理解的定义，这不是一个差分放大器。

为了理解差分放大器非线性响应的影响，设想一下当以单端信号驱动差分放大器时会发生什么，如图 8.10 所示。其中，单端信号可以被分解为一个差分信号分量和一个共模信号分量。因为差模增益大大高于共模增益（正如对一个标准的差分放大器所期望的那样），所以输入的差分信号分量被放大，而共模信号分量被抑制。

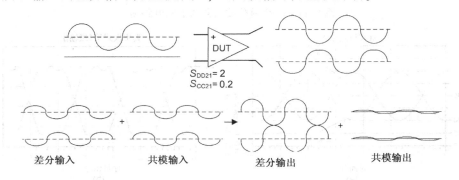

图 8.10　单端信号驱动差分放大器

这个例子中，在正极输入端输入 1 V 单端电压，负极上为 0 V，相当于 1 V 差分电压。本例中的共模电压是 1/2 V。输出为 2 V 差分电压和仅仅 0.1 V 共模电压。放大器的行为抑制了共模电压。

许多差分放大器是多级的，因此在输入端会有一个或多个差分增益级，在输出端常常跟随单端输出缓冲级以获得更高的功率性能。在图 8.11 中，一个示例电路图显示一个有 2 级差分增益（Input Diff-Pair 和 2nd Diff-Pair）和 1 级射极跟随器。十分常见的是，至少在输入级使用发射极耦合或者源耦合对来组成差分放大器。

为了理解差分放大器的非线性行为的影响，设想两种情形，以差模信号驱动放大器或以单端信号驱动。图 8.11 的放大器被这两种驱动输入信号驱动的结果显示在图 8.12(a)和(c)中。图 8.12(b)和(d)显示的是第一级的输出信号。

此例中，差分输入电压完全相同，都等于 0.3 V。只要差分输入电压相等，不论输入驱动模式是哪一种，第一级输出的非线性响应都几乎完全相同。然后该信号驱动输出级，由于驱动下一级的信号几乎完全相同，所以输出波形也应该相同。

考虑另一种不同设计，没有差分输入级，更确切地说，是在差分输入级之前有一个非线性级，如图 8.13 所示。其中，输入级可以用以下模型表示，一个有相等共模和差模增益的平衡放大器，之后接一个差分放大器，并且当正半周期达到约 1.5 V 时输入放大器会产生压缩。

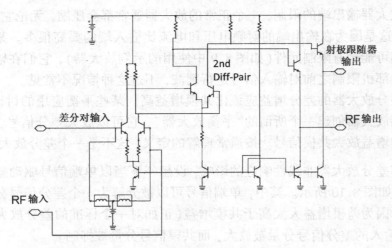

图 8.11 一个差分放大器的示例电路图

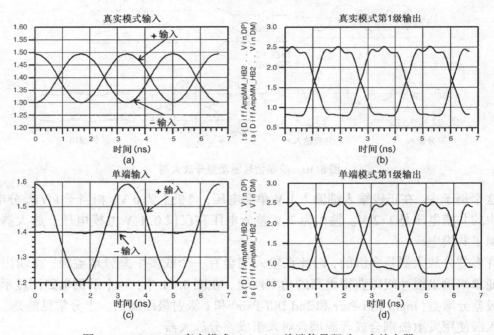

图 8.12 (a)、(b)真实模式;(c)、(d)单端信号驱动一个放大器

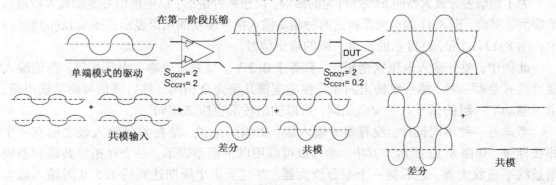

图 8.13 输入端非线性非差分的一个例子

由该图示可以看到第 1 级的压缩会削减上半部分波形。接着，这个限幅波形被差分级放大。共模部分由于共模抑制而被去除，只留下差分信号，但它现在在半周期上是失真(被压缩)的。另一方面，如果将相同差分幅度的真差分信号应用到这对相同的放大器上，第 1 级将不会产生压缩(假设本例中压缩是由于输出信号上升超过 1.5 V 而造成的)，所以最终的输出信号也将不会有输出压缩，如图 8.14 所示。这个例子可以说明，与有着相同差分内容的单端信号相比较，真实模式差分信号对于压缩会提供一个不同的测试结果[3]。

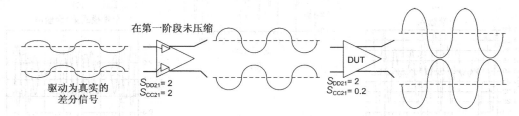

图 8.14　真差分信号驱动非线性非差分输入端，显示更小的压缩

最后，虽然这个推断对于加到放大器上进行常规增益压缩测试的正弦输入无疑是适用的，但一个常见的问题是，当输入信号含有调制内容时它是否还适用。事实上，是适用的。设想以大功率双音信号驱动图 8.11 所示的放大器。为了进一步测试非线性的情况，在放大器上的输入端口间加上一个射频削波电路(二极管串联的形式)，如图 8.15 所示。输入端现在具有了作为非线性的条件，但非线性机制依旧是差分的。

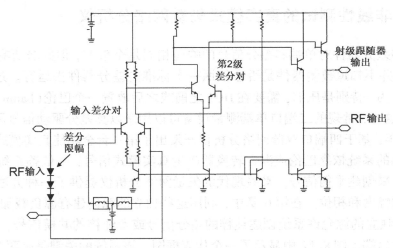

图 8.15　带输入削波电路的放大器

图 8.16 中显示了以双音信号驱动该放大器的测试结果。图 8.16(a)和(d)显示的是输入信号，图 8.16(a)是真差分驱动，图 8.16(d)的是单端驱动。有趣的是，单端驱动信号的负输入电压不为零，这是由于输入二极管的削波行为驱动一些电流流过负输入阻抗，因此出现了一些小电压。然而，经过输入放大器之后的差分电压是完全相同的，如图 8.16(b)所示，两种驱动情况下的差分输入分量重叠在一起，由此可以清楚地看出它们是完全相同的。最后，第 1 级的输出有明显的双音失真，但它对于两种驱动情况都是完全相同的，所以放大器第 2 级和最后一级对两种信号也将有相同的响应。

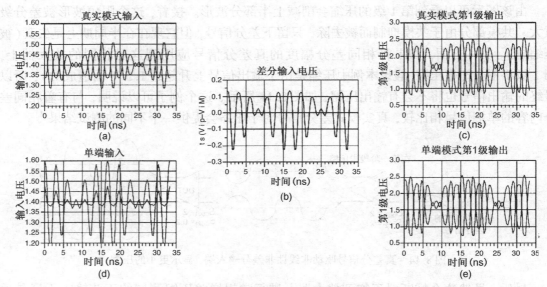

图 8.16 非线性差分放大器的双音响应

这证明了如果一个放大器在产生削波之前有一个差分输入级，或者削波电路本身就是差分的，那么以单端信号驱动或者差分信号驱动测量放大器将得到相同的结果。唯一必须使用真差分模式驱动的时候是，输入级不是差分的，并且输入有非线性且也不是差分的。

8.4 用于非线性测试的真实模式矢量网络分析仪

虽然许多差分器件对单端和差分信号的响应相同是个事实，但并非所有的都是这样的，并且或许并不知道被测器件是否会依照一个标准的差分器件去运行。过去，测试器件的非线性行为，特别是压缩，需要在 DUT 之前或之后放置一个巴伦(balun)或混合转换器(hybrid)，这样，常规的二端口单端测量设备可以用来以真差分驱动信号驱动 DUT。

在 2007 年，基于四端口双源网络分析仪开发出了第一台全功能真实模式矢量网络分析仪[4]。之前的系统依靠巴伦或混合转换器产生真实模式信号，并依赖系统中的电缆和连接器的匹配来创建平衡信号。某些现代的矢量网络分析仪提供了一种方法可以独立地调整两个源的幅度和相位。在第 6 章中，利用这些独立的源创建有源负载加在 DUT 的输出端。其中，独立的源允许系统创建纯粹的差分信号或者纯粹的共模信号，加在 DUT 的输入端或者输出端。图 8.17 中显示了一个代表框图。该系统的关键是有两个独立源，每个源驱动两个端口，允许在端口 1 和端口 3，端口 2 和端口 4 上有独立的信号。由于能够以电子方式精确地控制源的幅度和相位，所以测试系统中的电缆和连接器中的任何偏差都可以被完全补偿。有趣的是，DUT 的失配可能是不平衡的最大来源。

在单端二端口或四端口矢量网络分析仪的使用中，源的相位无关紧要，因为所有的参数都是相对于同一个源相位。在真实模式矢量网络分析仪中，端口 1 和端口 3 的源的相对相位非常重要，因为它设定了绝对差分幅度。第 3 章叙述了一个特征描述和校正矢量网络分析仪接收机绝对功率的方法。现在可以用这些接收机对矢量网络分析仪的源功率和相对相位的特性进行描述。

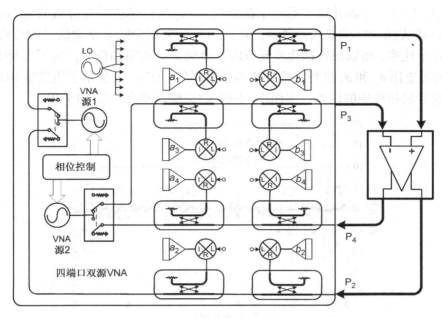

图 8.17　一个四端口双源矢量网络分析仪的框图

如果假设可以对矢量网络分析仪进行一个完整的四端口校准，那么校正后的 a_1 比 a_3 比率应该精确地反映在 DUT 输入端口参考平面处的信号关系。真实模式驱动要求两种输入状态。第 1 种状态是差分驱动，比率必须是

$$\frac{a_1}{a_3} = 1 \cdot \mathrm{e}^{\mathrm{j}\pi} \tag{8.24}$$

也就是说，幅度相等并且相位相差 $180°$。

第 2 种状态是共模驱动或零相位，比率必须是

$$\frac{a_1}{a_3} = 1 \cdot \mathrm{e}^{\mathrm{j}0} \tag{8.25}$$

DUT 接口处的 a_1 和 a_3 矢量电压的比率与 a_1 和 a_3 接收机测量的原始矢量电压不相等。然而，可以按下面的式子直接计算得到校正的矢量电压

$$\frac{a_1}{a_3} = \frac{(a_{1M}\mathrm{ERF}_1 + b_{1M}\mathrm{ESF}_1 - a_{1M}\mathrm{ESF}_1 \cdot \mathrm{EDF}_1)}{(a_{3M}\mathrm{ERF}_3 + b_{3M}\mathrm{ESF}_3 - a_{3M}\mathrm{ESF}_3 \cdot \mathrm{EDF}_3)} \frac{\mathrm{ETF}_{31}}{\mathrm{ERF}_1} \tag{8.26}$$

式子中的下标标识了反射跟踪误差（ERF），源失配误差（ESF），方向性误差（EDF）和传输跟踪误差（ETF）对应的端口。下标 **M** 标识其是测量值。对反向，可用一个相似的公式计算比率 a_2/a_4，如

$$\frac{a_2}{a_4} = \frac{(a_{2M}\mathrm{ERF}_2 + b_{2M}\mathrm{ESF}_2 - a_{2M}\mathrm{ESF}_2 \cdot \mathrm{EDF}_2)}{(a_{4M}\mathrm{ERF}_4 + b_{4M}\mathrm{ESF}_4 - a_{4M}\mathrm{ESF}_4 \cdot \mathrm{EDF}_4)} \frac{\mathrm{ETF}_{24}}{\mathrm{ERF}_2} \tag{8.27}$$

这个对 DUT 接口处的入射波的比率的计算公式给出了正确的校正，同时考虑了 DUT 的失配。意外的是，不需要输入失配直接参与计算，但应该知道测量得到的矢量电压 $\boldsymbol{b}$ 含有 DUT 端口的反射信息。

实践中，打开一个源并调节另一个源直到 a_1/a_3 的比率值对差分或共模驱动分别满足式(8.24)或式(8.25)的要求。通常，由于 DUT 的失配会随着驱动信号的变化而改变，从而影响这个比率，所以必须迭代地调节源以得到需要的驱动信号。为了维持真实模式驱动，对矢量电压 a_1 和 a_3 进行失配校正是很重要的。图 8.18 显示了当忽略 DUT 的失配时在驱动信号的相位中的误差。本例中，DUT 的失配误差大约是 −15 dB。

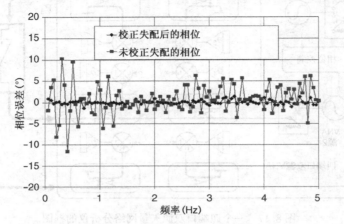

图 8.18　由 DUT 失配造成的相位误差

完整的测量要求所有的 4 种源激励设置：差分驱动端口 1 ，共模驱动端口 1 ，差分驱动端口 2 和共模驱动端口 2 。对每一种驱动设置，2 个参考接收机和所有 4 个测试接收机都要进行测量。用这些测量结果，分别根据式(8.1)或式(8.10)可以计算出单端 S 参数的值或混合模式 S 参数。当然，每个原始测量结果都要进行适当的校正。式(8.1)给出了 4 个描述矢量电压 a 和 b 的关系的公式。用 4 种激励条件产生 16 个联立方程，可以求解出 16 个原始 S 参数，因为

$$b = S \cdot a \tag{8.28}$$

其中 b 和 a 是表示不同激励条件下的 4×4 矩阵，那么

$$S = b \cdot a^{-1} \tag{8.29}$$

一旦得到原始的 S 参数，就可以应用常规的误差修正方法计算得到校正的 S 参数，并由这些参数可以简单地计算出混合模参数。

然而，按照这个思路，必须对常规的 S 参数校正做几处修改。首先，因为当端口 1 作为源时端口 3 也作为源，所以没有使用端口 3 的负载失配误差项 ELF_{31}，而是使用源失配误差项 ESF_3。端口 1 也要做类似的替换，以 ESF_1 替换 ELF_{13}。当然，端口 2 和端口 4 作为源时也要进行同样的替换。最后，由于成对端口的负载失配与推导单端误差校正项时不同，端口对间的传输跟踪误差必须按照下面的公式做修改

$$\mathrm{ETF}_{ji\_TrueMode} = \mathrm{ETF}_{ji} \cdot \left(\frac{\mathrm{ERF}_j}{\mathrm{ERF}_j + \mathrm{EDF}_j \cdot \mathrm{ELF}_{ji} - \mathrm{EDF}_j \cdot \mathrm{ESF}_j} \right) \tag{8.30}$$

应该知道反向跟踪误差项也必须做类似的替换。

8.4.1　真实模式测量

8.4.1.1　测量限幅放大器

有了这些认识，在图 8.19 中，比较图 8.9 中的放大器的真实模式响应和其单端测量值计算得到的混合模参数，比较 –25 dBm 输入和 –5 dBm 输入时的差分参数。输入功率为 –25 dBm 时，单端测量再推导得到的 S 参数与真实模式驱动测量得到的 S 参数没有区别。输入功率变为 –5 dBm 时，真实模式激励下的差分增益压缩了 1.7 dB，但在单端激励下压缩了 2.7 dB。

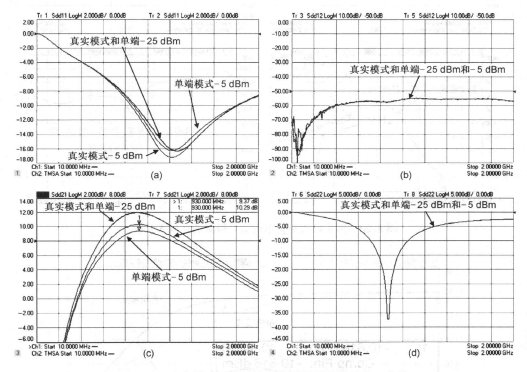

图 8.19　真实模式对比单端模式测量得到的差分 S 参数

相同的两个条件下测量共模参数，测量结果显示在图 8.20 中。

图 8.19（a）和（b）可以清楚地看出，该放大器对真实模式激励的确有不同的响应；实际上，这是一个限幅放大器，其设计功能是对每个输入端口的信号削波。然而，只有前向参数有变化，因为反向参数 S_{dd12} 和 S_{dd22} 没有增益，以至于没有足够的信号对放大器产生非线性行为，所以这是合理的。

正如通常的测试，增益压缩是射频驱动信号幅度的函数，在一个固定的频率它可以被测量和显示。图 8.21 显示了单端和真实模式下测量得到的差分增益 S_{dd21} 的测量结果。该图清楚地表明，真实模式激励给出的 1 dB 压缩点测量结果与单端测量的不同，要更高一些，而且更加准确。这个限幅放大器是一个完美的示例器件，必须使用真实模式激励测量才能准确地确定它的非线性行为。然而，可能会使某些工程师感到惊讶的是，即使这是一个有源器件，图中的单端测量并计算出的混合模参数与真实模式激励的测量结果在低功率部分完全相同，图 8.19 和图 8.20 中 −25 dBm 功率下的测量结果也是这样。无论器件的本质特性如何，在其线性区域测量不要求必须使用真实模式驱动。

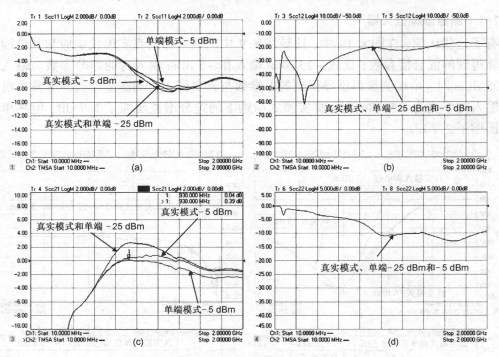

图 8.20   真实模式对比单端测量得到的共模 S 参数

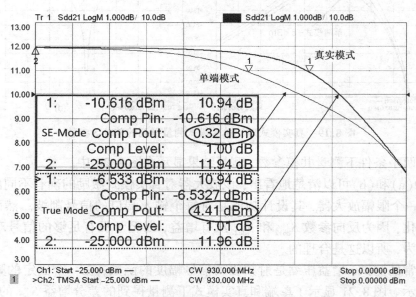

图 8.21   固定频率扫描功率测量差分增益压缩

图中没有显示共模增益压缩测量结果。虽然可以测量它，但实际应用中绝大部分放大器输入端的共模信号通常非常小，以至于它们很少会产生任何非线性行为。

8.4.1.2　测量"标准的"差分放大器

标准的放大器更多地遵循图 8.11 的设计, 限幅放大器的测量结果可以与一个更标准的差分放大器的测量结果进行对比。本例中, 放大器有一个真差分输入级。图 8.22 显示的差分增益 S_{dd21} 在单端和真实模式, 低功率(浅色迹线)和大功率(深色迹线)下测量得到。从这些测量结果可以清楚地看出, 不管是否是真实模式, 该放大器的非线性差分响应都是相同的, 仅在很高的频率处有微小的差别。如果希望进行其他更高级的非线性测量, 如双音 IMD 测量, 那么确定差分放大器的响应与单端驱动信号的本质联系十分重要。

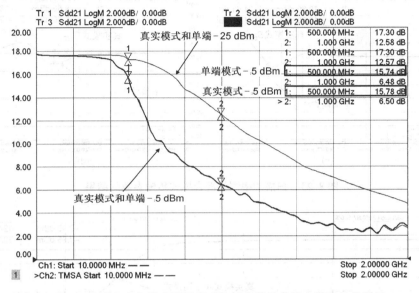

图 8.22　单端和真实模式测量得到的标准的差分放大器的差分增益

为了完整起见, 在图 8.23 中比较 4 种模式下扫描功率测量前向增益 S_{dd21}, S_{cc21}, S_{dc21} 和 S_{cd21} 的测量结果。不出所料, 设置单端驱动信号的幅度以达到相同的差分输入电压时, 差分增益保持不变。真实模式驱动和单端驱动下的共模增益压缩的确不同, 这可能是因为共模信号在输入端发生了削波, 由于共模增益抑制较高, 共模驱动的输出信号非常小。同理, 交叉模式可以看到类似的效果, 有差分驱动的交叉模式项(S_{cd21})与单端驱动显示的压缩相同, 有共模输入的交叉模式显示的压缩与单端驱动和真实模式驱动的不同。真实模式驱动时, 由于放大器的共模增益非常小, 没有足够的输出功率产生非线性行为, 所以共模驱动参数几乎没有压缩。单端驱动时, 评估共模非线性性能, 输入信号含有大量共模内容, 所以明显产生了一些非线性行为。

差分放大器的非线性行为不但影响幅度响应, 也可能影响相位响应。在单端模式和真实模式下测量本例中的这个标准的差分放大器, 得到 S_{dd21} 的幅度和相位显示在图 8.24 中。这里可以看出, 无论哪种驱动模式, 相位响应都是完全相同的, 直到压缩超过 10 dB。

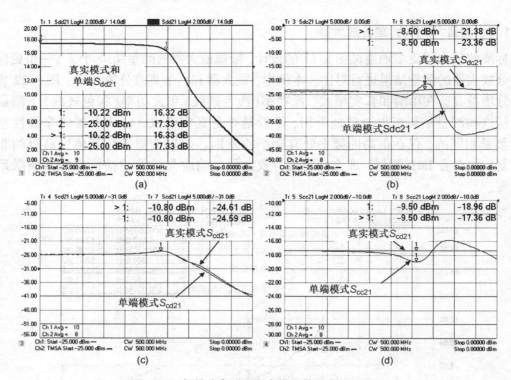

图 8.23　扫描功率测量混合模式传输参数的结果

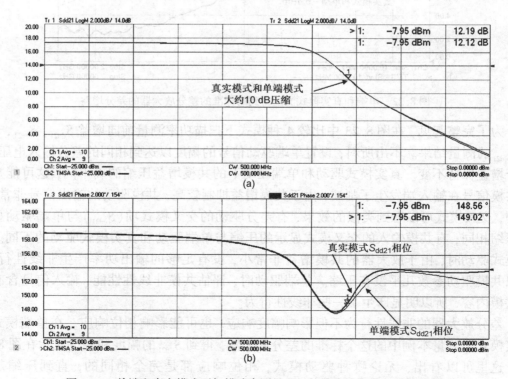

图 8.24　单端和真实模式下扫描功率测量 S_{dd21} 的非线性幅度和相位响应

　　所有这些单端驱动测量中，驱动功率必须比真实模式驱动功率高 3 dB，以保证单端驱动时所应用的差分电压与真实模式情况下相同。这是因为在真实模式下应用的功率，一半电压应用到放大器的正输入，相反符号的另一半电压应用到放大器的负输入。为了使单端信号在输入端口对上获得相同的总电压，单端功率必须高 3 dB。功率高 3 dB 也就是相当于 2 倍的功率，看上去会产生 4 倍的电压，单端负载阻抗是 50 Ω，对应的差分阻抗是 100 Ω，所以增加 3 dB 的单端功率在等效 100 Ω 电阻上产生 2 倍电压。在图 8.24 中，矢量网络分析仪应用了源功率偏置功能来实现这一点。如果不能使用矢量网络分析仪内建的偏置功能，可以简单地将单端驱动的起始和终止功率调高 3 dB。

8.4.2　确定差分器件的相位偏斜

　　差分器件的设计初衷是对差分输入产生增益，并对共模输入产生损耗，但设计中布局和其他误差会导致一些相位偏斜，这样导致对相差 180° 的差分输入信号的增益不是最大的。

　　某些带有真实模式驱动功能的矢量网络分析仪为研究相位偏斜的影响提供了便利，它们允许驱动源在用户自定义的范围内进行相位扫描，同时观测 DUT 的差分增益。在通常意义上，DUT 的增益不会随驱动信号而变化，换言之，如果没有特殊考虑，标准的测量和校正流程将移除驱动信号的任何相位偏移，如果工作在线性模式下 DUT 的差分增益测量将返回一个常量。然而为了测量相位偏斜，从校正数组中去嵌入掉源的相位偏置，获得的效果相当于在 DUT 的一个端口前增加了一个移相器。这个虚拟的移相器使得相位偏斜的研究变得简单和方便。

　　图 8.25 显示了一个真实模式矢量网络分析仪相位控制的例子。该例中，突出显示了相位扫描设置。特别值得注意的是选中 Offset as fixture。正是这个选择项允许了以虚拟移相器的方式应用相移，这样就能直接测量相位偏斜。

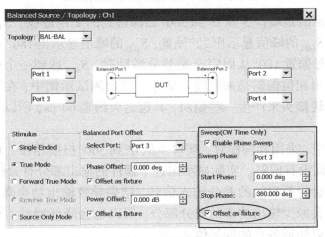

图 8.25　设置相位扫描的用户界面

　　如果我们怀疑相位偏斜是由外部影响造成的，例如未补偿的测试夹具的相位偏差，可以将相位偏斜测试得到的值作为固定偏差应用到 Balanced Port Offset 设置下。这种情况下，此偏差将被当成一个夹具来补偿外部造成的影响。为了完整起见，这个示例用户界面对幅度和相位都可以进行偏移。

从 $0° \sim 360°$ 扫描相位，对图 8.22 中使用过的放大器进行相位偏斜测试。或许会认为最大的差分增益应该出现在 $180°$ 时，但是这里的偏移指的是与期望相位的偏移，所以这里的 $0°$ 偏移指的是差分驱动信号准确地相位相差 $180°$。偏移是 $180°$ 时驱动信号相位相同，也就是说它们是共模的。使用游标搜索功能找到 S_{dd21} 增益的最大值，游标的激励读数代表 DUT 的相位偏斜，如图 8.26 所示。

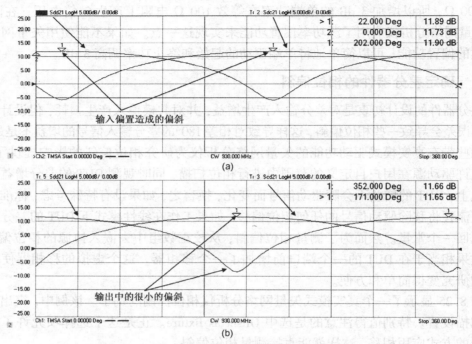

图 8.26   差分放大器的相位偏斜测试

图 8.26（a）显示的是端口 3 从 $0°$ 到 $360°$ 扫描得到的 2 条迹线。S_{dd21} 和 S_{dc21} 对输入信号的偏斜很敏感。S_{dd21} 的峰值显示出 $22°$ 偏置，S_{dc21} 的峰值显示出 $180° + 22°$ 偏置。期待看到，当共模驱动信号偏置 $180°$ 从而完全是差分激励时，S_{dc21} 达到一个极大值。这里的相位偏置确定地指示出相位偏斜是来自输入信号。这个测试示例中，在其中一个输入端口上接了一个小延迟转接头来产生一些偏斜，其延迟大约是 60 ps，所以在 930 MHz 应该产生大约 $20°$ 偏斜。

在图 8.26（b）中，采用相同配置，端口 4 从 $0°$ 到 $360°$ 扫描相位。由于输出端口上未接额外的延迟，应该没有偏斜。实际显示出这个器件的输出部分有大约 $8°$ 或 $9°$ 的偏斜。

输入中的偏斜会降低有效的差分输入信号，结果导致输出功率降低，进而增益也降低。输出中的偏斜会减少输出功率的差分部分，所以也会降低增益。分别对输入和输出都进行扫描测量可以知道各自的偏斜值。

8.5   使用巴伦，混合转换器和变换器进行差分测试

某些情况下，例如没有四端口真实模式矢量网络分析仪时，必须依靠使用巴伦来特征描述差分器件。虽然它们已被使用多年，随着理解的深入和去嵌入能力的提升，使用

巴伦进行测量直到最近才得以简化和提高。任何将单端信号转换成平衡信号的器件都可以被当成巴伦，它们主要分为两类：混合转换器和巴伦转换器。即便混合转换器提供平衡信号，它们通常也不被称为巴伦。

8.5.1 转换器与混合转换器

变换器和巴伦这两个术语常常交替使用，一般指将单端信号转换成平衡信号的三端口器件。多数情况下，它们实际上都是很小的变换器，不过偶尔也会用到传输线结构。巴伦至少有一个单端输入和一个差分输出对。图 8.27 中显示了几个例子。巴伦平衡端口的共模阻抗通常不定义，但一般而言对未接地的变换器[参见图 8.27(a)]，其共模阻抗非常高(开路)，或者对中心抽头式的变换器[参见图 8.27(c)]，其共模阻抗非常低(短路)。某些巴伦由串联结构构成，共模阻抗由该巴伦接地引脚的寄生电感决定[参见图 8.27(b)]。

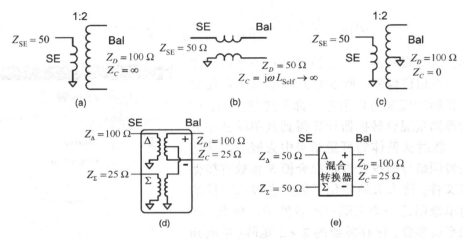

图 8.27　几种射频转换器、巴伦和混合转换器的例子

某些巴伦设计为四端口器件，实际将在右侧的混合模式划分到左侧的 2 个独立端口上：Δ 端口测量差模，Σ 端口测量共模。在仿真中常常用到该结构[参见图 8.27(d)]以创建 2 个独立的端口各自分析 2 种模式。每个变换器都是 1:1，上方为中心抽头式以提供共模连接。标准的混合模 S 参数定义差分端口阻抗为 100 Ω，共模端口阻抗为 25 Ω。该定义保证了平衡端口的每个单端口对地都是 50 Ω 单端阻抗。由巴伦的本质决定，它是否可以提供阻抗变换。如果巴伦不提同阻抗变换，必须确定合适的差分端口阻抗定义。例如，图 8.27(b) 中的转换器的平衡端口对差分器件呈现 50 Ω 的平衡阻抗。该结构通常由一个同轴电缆在外导体上加射频扼流圈而形成。这种情况下，共模阻抗由芯(core)的自感决定。很多矢量网络分析仪都提供夹具仿真软件，允许以数学计算方式重定义端口阻抗，可以将测量的 S 参数换算到任何需要的阻抗。

混合转换器是四端口器件，它有一个同相输入端口(通常称为 sum 或者 Σ 端口)，一个差相输入端口(通常称为 delta 或者 Δ 端口)，还有一个平衡端口对作为输出。当同相端口连接射频源时，平衡端口对的输出是共模。当差相输入端口连接源时，平衡端口对的输出是差模。多数混合转换器要求不使用的端口必须使用 50 Ω 端接。混合转换器有一个很好的属性是它的平衡端口间是隔离的,当同相和差相输入端口使用 50 Ω 端接时,混合转换器为平衡端口对中的每个端口都提供 50 Ω 的匹配。这使得平衡端口的差模阻抗为 100 Ω,共模阻抗为 25 Ω。这也意味着混合转换器与图 8.27(d) 所示的电路不同,它们不是 1:1 变换器,因为在同相端口和差相端口的阻抗不是 Z_d 和 Z_c,而是 50 Ω。使用混合转换器进行平衡非平衡转换得到的结果与真实模式矢量网络分析仪的结果近似,不需要进行任何额外的阻抗变换计算。

巴伦分割源的驱动信号,每个端口得到一半的功率(0.707 倍的电压)。使用单端口驱动时的差分功率与单端输入功率是相等的,不过功率进入的是平衡器件的 2 个负载。由于每个负载得到一半功率,所以总功率不变。从电压的角度来考虑,正极端口得到 0.707 倍电压,负极端口得到 −0.707 倍电压,所以差分电压是 1.4 倍的单端电压。但是差分阻抗是单端阻抗的 2 倍,所以差分功率等于

$$P_{\text{Diff}} = \frac{V_{\text{Diff}}^2}{Z_{\text{Diff}}} = \frac{\left(\sqrt{2} \cdot V_S\right)^2}{100} = \frac{2V_S^2}{100} = \frac{V_S^2}{50} = P_S \tag{8.31}$$

当然,所有真实的混合转换器都有一些额外损耗,还有一些相位偏斜,所以它们的输出不是完美平衡的。正确的校准可以消除一部分这些影响,按三端口器件测量混合转换器计算得到其单端到差分的 S 参数,然后从整体的测量结果中去嵌入。某些现代的矢量网络分析仪允许将混合模 S 参数直接保存为 S2P 文件,这大大地简化了创建去嵌入文件的工作。简单地创建一个三端口或者四端口校准,测量单端到平衡参数,保存需要的 2×2 矩阵(单端到差分或单端到共模)到一个 S2P 文件。图 8.28 显示了这种保存到文件功能的一个用户界面示例。本例中,使用两个不同的单端输入测量混合转换器,一个输出得到差分信号,一个输出得到共模信号。图中选中了去嵌入单端到差分时需要的矩阵。

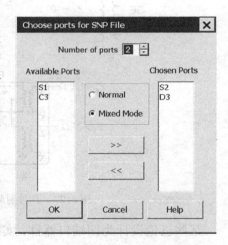

图 8.28   保存混合模参数到
S2P文件的用户界面

作为示例,在图 8.29 和图 8.30 中显示了测量一个射频混合转换器的结果。图 8.29 显示的是从 Δ 输入到平衡端口的测量结果。图 8.29(a) 显示的是 Δ 输入时,平衡端口的差模损耗和共模隔离。图 8.29(b) 显示的是 Δ 输入失配,以及平衡端口的差模和共模失配。请注意差分阻抗接近 100 Ω,共模阻抗接近 25 Ω。图 8.29(b) 显示的是,对从输入端口到正极输出和负极输出的信号的直接测量结果,显示为幅度平衡度和相位平衡度。由于驱动信号来自 Δ 端口,所以相位平衡度相对于 180°。

图 8.30 中,对 Σ 或共模输入进行类似的测量,损耗与隔离几乎相同。混合转换器的任何不平衡在 Δ 或 Σ 输入时的表现通常都是相同的。请注意在 Σ 输入情况下,幅度平衡度几乎相同,但是相位平衡度当然是相对于 0° 相位偏置。

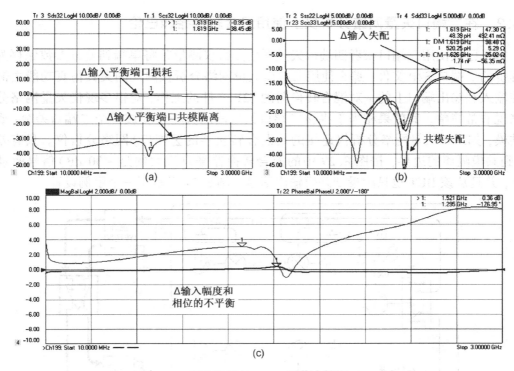

图 8.29　差相端口输入单端信号测量射频混合转换器的差分响应

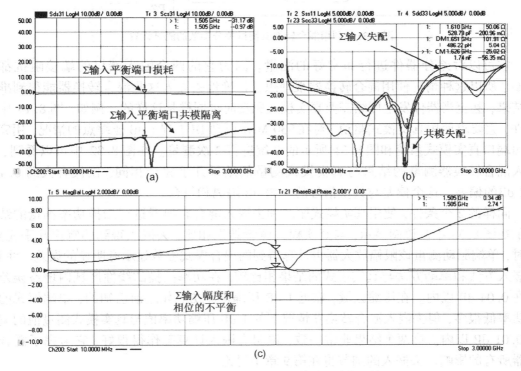

图 8.30　混合转换器 Σ 输入测量单端到共模的结果

8.5.2　在二端口矢量网络分析仪上使用混合转换器和巴伦

　　如果已经使用三端口或者四端口矢量网络分析仪测量并将单端到差分参数保存为一个等价的二端口 S2P 文件,那么使用二端口矢量网络分析仪内建的夹具仿真功能去嵌入接在输入和输出端口上的一对混合转换器的 S2P 文件的工作,对很多现代矢量网络分析仪来说非常简单。其效果相当于将该二端口矢量网络分析仪变成一个二端口差分(或者是共模,如果该矢量网络分析仪连接的是混合转换器的 Σ 端口)网络分析仪。只有差模(直到共模隔离的边界,按图 8.29 中的混合转换器来自说大约是 −30 dB)信号驱动该 DUT,并且从该 DUT 也只测量到差模输出信号。图 8.31 显示了一个示例设置。

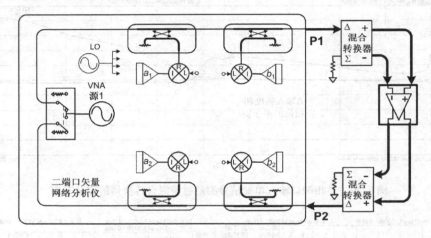

图 8.31　利用混合转换器测试差分参数的测试设置

　　它可以对差分器件进行非常好的测量。因为它的两个输入端口的端接阻抗都是 50 Ω,所以这种情况使用混合转换器很理想。正确地去嵌入这些混合转换器能得到准确的结果,甚至当器件发生压缩需要真实模式驱动时也同样是这样的。例如,图 8.19 中的器件,它要求使用真实模式驱动,对在 930 MHz 驱动 DUT 到 1 dB 压缩点的情况,用完全的四端口真实模式系统和图 8.31 所示的系统进行 2 次测量。在图 8.32 中可以看到,去嵌入混合转换器测量的结果与真实模式测量的结果几乎完全相同,仅仅有大约 0.1 ~ 0.2 dB 的偏差。这个偏差与共模信号的 −30 dB 隔离相符合。

　　同样的 2 个条件,使用真实模式驱动和去嵌入混合转换器进行扫描功率测量的结果显示在图 8.33 中。该图显示,与真实模式测量结果相比,去嵌入得到的响应几乎完美。同时,单端驱动测量该限幅放大器再计算得到的混合模式参数显示有明显的误差。注意,去嵌入方法和单端方法与真实模式的结果相比较,在功率扫描的线性区域内增益误差保持在 0.04 dB 以内。在压缩区域,靠近 1 dB 压缩的地方,如之前已知的,单端模式的压缩功率低很多,但去嵌入混合转换器情况下的 1 dB 压缩功率值与真实模式测量值的偏差在 0.01 dB 以内。这两个结果非常一致,说明去嵌入计算工作得很好,它考虑了混合转换器所有的影响。去嵌入的细节将在第 9 章中讨论。

　　确认了去嵌入混合转换器建立的测量系统有很好的差分测量能力,可以使用相同的设置对差分器件进行失真和噪声测量,这在接下来的两节中讨论。

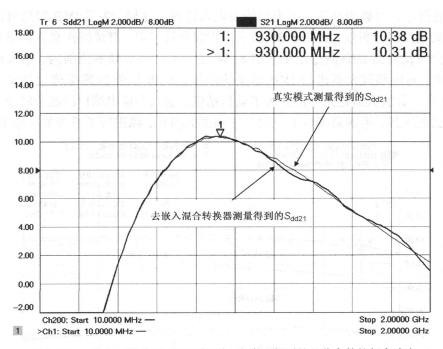

图 8.32 −5 dBm 驱动(1 dB 压缩)时,去嵌入得到的差分参数的频率响应

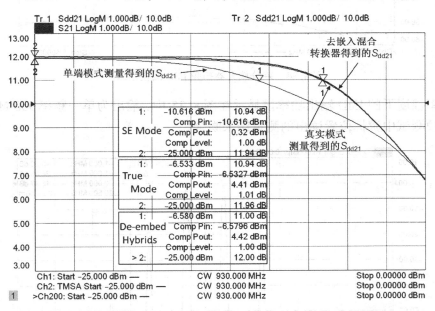

图 8.33 功率扫描并使用混合转换器测试 S_{dd21} 得到的非线性响应

8.6 差分器件的失真测量

对差分器件进行失真测量可能会十分困难,特别是如果必须采用真实模式驱动时,如限幅放大器的例子。不过新型的矢量网络分析仪内建了服务于 IMD 测量的校准和应

用,允许进行与 S 参数增益和功率类似的去嵌入计算。这样,为了 IMD 测量可以校准一个二端口矢量网络分析仪,按图 8.31 所示应用混合转换器,继续操作直到简单直接地从矢量网络分析仪读出 IMD 测量结果。图 8.34 显示了在整个频率范围内,输入功率接近 1 dB 压缩点,对限幅放大器进行 IMD 测量的结果。1 dB 压缩的典型值大约是 − 26 dBc IM3,对这个差分放大器也是如此。为了确保精度,输入和输出端口的混合转换器已从测量结果中去嵌入掉,考虑到端口 1 上混合转换器的损耗,源进行了适当的功率偏置。

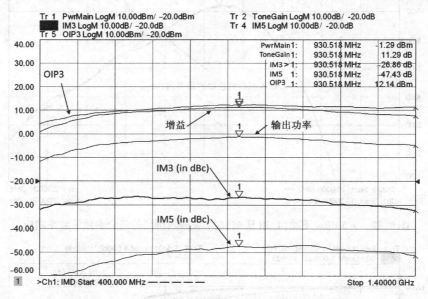

图 8.34　差分放大器扫频 IMD 测量结果

该功率幅度下的 IMD 输出功率谱显示在图 8.35 中,输出为单一频率 930 MHz,这个结果与扫频测试中游标位置读出的测量结果吻合。

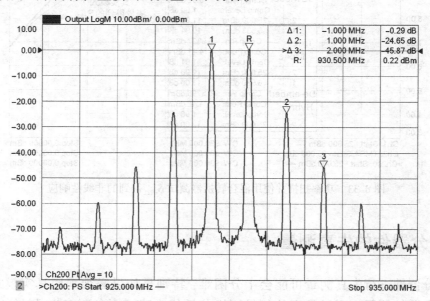

图 8.35　使用混合转换器测量差分放大器的 IMD 输出功率谱图

游标显示输出频率间有轻微偏斜误差,可能是由于增益的不同或者放大器内的失配。游标 1 显示低音比高音低大约 0.4 dB,平均功率(按 dB 计算)为 -1.1 dBm,与扫频测量结果图中的功率紧密地吻合。同样,IM3 误差在约 0.5 dB 以内,IM5 误差也在约 0.5 dB 以内,都在矢量网络分析仪的频谱仪模式的幅度测量精度范围内。

最后,用扫描功率 IMD 测试,该放大器对于驱动功率的 IMD 行为也能容易地显示出来,如图 8.36 所示。

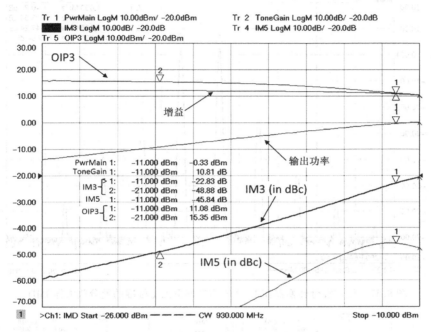

图 8.36   限幅放大器的扫描功率 IMD 的测量结果

从该图中可以清楚地看到,当输入功率高于大约 -21 dBm 时 OIP3 开始下降,并且接近 1 dB 压缩点,IM3 相对于按通常的 IM3 dBc 幅度与射频驱动功率为 2:1 所预测的值明显大了许多。基于 -21 dBm 处的读数预测 -11 dBm 处的值应该是 -22.8 dBc,但它仅有 -22.8 dBc。IM5 迹线在大功率时向下的现象表明可能是由 IM5 功率转换额外增加了 IM3 的值。

8.6.1 比较单端与真实模式 IMD 的测量

对于一个标准的差分放大器,如果调节单端驱动信号的幅度达到与真实模式测量时相同的差分电压,预计输入单端驱动信号测量单端输出信号得到的 IMD 结果应该与使用巴伦测量的结果非常近似。结果证明几乎的确如此。按图 8.31 所示使用去嵌入巴伦的方法对一个标准的差分放大器进行 IMD 测量,结果显示在图 8.37 中。图 8.38 显示了从每个输入端口到每个输出端口,未使用混合转换器的 4 个单端测量结果。为了使放大器获得相同的差分电压,单端测量时的输入功率必须高 3 dB,并且输出功率读数会低 3 dB,因为单端输出只测量了一半输出功率,换言之就是一个单端负载上的功率。

其中,每个输入驱动信号都表现出接近的输出功率和失真。图 8.38(d) 显示的是驱动负极输入端口测量负极输出端口得到的结果, 输出功率(游标 R)稍微偏高, IMD 结果偏低但近似相等。其他每个输出的信号都稍偏低(从图 8.37 中的结果推算应该是 -0.5 dBm)并且 IMD 幅度非常接近。从这个测量结果可以得出结论, 对于标准的差分放大器, 如果单端增益项都匹配得很好, 测量单端 IMD 可以很好地预测差分 IMD, 不过功率幅度要低 3 dB。请注意未使用的端口要使用匹配负载端接。

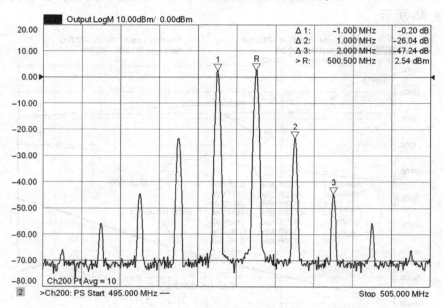

图 8.37　使用混合转换器在 1 dB 压缩功率下测量标准的差分放大器 IMD

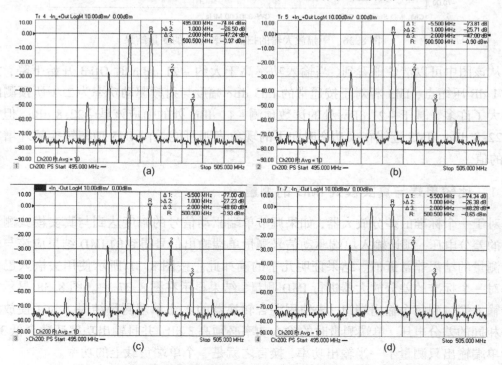

图 8.38　单端驱动单端测量标准的差分放大器得到的 IMD 测量结果

　　然而，相同的测试对限幅放大器的结果则有显著不同，CW 信号下它对单端驱动信号和真实模式驱动的响应大不相同（参见图 8.33）。图 8.35 显示测量结果中，DUT 产生 1 dB 压缩时的驱动功率是 −11.7 dBm，该功率下的 IM3 是 −27 dB。图 8.39 显示了对同一个放大器使用单端驱动时的结果；提高单端驱动功率至 −8.7 dBm，以在输入端产生相同的差分电压。但这个放大器不是一个标准的差分放大器，其测量结果极不寻常。对每个驱动信号（一个驱动 + 端口，一个驱动 − 端口）的输出功率都完全不同，也取决于在哪个输出端口（ + 或 − ）上进行测量。事实上，看到图 8.8 中的增益不相等便可以预测到这一点。还值得注意的是，每个路径上的 IM3 值都有很大的不同。增益最低的那条路径，尽管绝对功率值最低，IMD 值（按 dBc 算）是最高的。从这些单端测量结果很难辨别其差模 IM 行为会是什么样。该器件与图 8.34，图 8.35 和图 8.36 中使用的是同一个模式，这个例子说明某些情况下只有真实模式测量才能产生正确的差分行为。

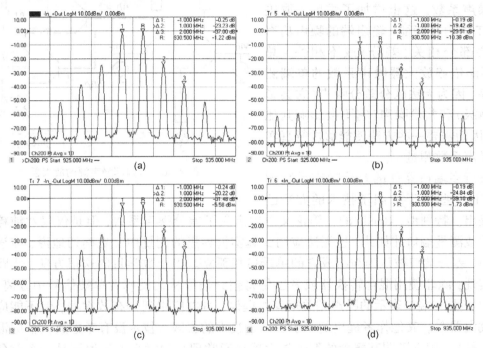

图 8.39　单端测量限幅放大器显示出糟糕的差分行为预测

8.7　差分器件的噪声系数测量

　　在前面的章节里，已证明对低功率测量，单端混合模式测量差分放大器的线性行为与在真实模式驱动条件下测量是完全相同的。并且对于标准的差分放大器，失真和压缩特征也相同。对于非标准差分放大器，例如对输入信号限幅或者差分前向路径的增益不相等的放大器，低功率下的单端混合模式测量与真实模式测量相吻合，但是对功率的增益压缩和 IMD 响应则完全不吻合。四端口真实模式方法可以方便地测量增益压缩，并已证明它与正确地去嵌入混合转换器后的非线性响应完全吻合。接着使用了该混合转换器表征的 IMD 响应。

一般认为噪声系数是一种小信号测量，其基础测量为增益和噪声功率测量，它们总是在放大器工作在线性模式时进行的。然而，分析噪声系数定义可以非常清楚地发现必须在差分放大器的输出端使用至少一个巴伦或混合转换器，否则噪声系数的结果可能是无效的。对任何种类的差分放大器，无论是标准的或限幅的或任何介于两者之间的，都是这样的。

考虑图 8.40 所示的一个内部有噪声源的放大器的原理图。该放大器既有共模噪声源（如电流源共模引线上的噪声）又有差分噪声源（差分对输入端的噪声）。在这个系统中，共模噪声或许不会像差分噪声那样被放大，但共模噪声会被注入到任意级，这使得估算噪声参数非常困难。

正如一个差分放大器有 4 个增益，取决于放大器的用途可能也会要求 4 个差分噪声系数，这也增加了难度。取决于 DUT 的内在特征，输出端的噪声功率可能会部分相关（差分）或不相关。总之，不能依赖放大器噪声系数的单端测量结果，因为无法区分差分噪声（它会影响其他级）和共模噪声（它不会影响其他级）。因而需要一些方法使能够进行真实模式噪声系数测量。

进行多端口器件的差分噪声系数测量，其他一些基于 Y 因子技术的方法已

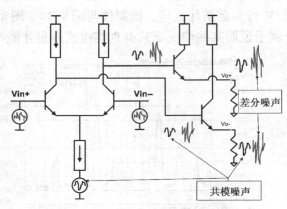

图 8.40　有内部噪声源的放大器

经被提出。特别地，Randa 的一篇论文[5]中定义了差分噪声系数，但是仅仅对纯粹的差分检波或测量端口才如此，这无法应用到真实世界里的测量中。更确切地说，在该理论设置中，差分端口被认为与组成它的单端口相孤立。出于数学目的这很方便，实践中却不可实现，除非使用混合转换器或者巴伦将差分信号从共模或者单端信号中分离出来。已有的一些 N 端口表示的噪声相关矩阵的提议，可以应用到分布放大器，但不能应用到差分放大器[6]。其他作者提出的基于 Y 因子技术的去嵌入技术没有考虑放大器的混合模式，事实上，用于证明其概念的那个放大器在通常理解的意义上来说不是一个差分放大器，因为其共模增益和差分增益完全相同，CMRR 值为 0 dB[7]。这也不能作为差分放大器的一个有趣的代表实例。进一步来说，Y 因子仅提供了噪声系数测量，没有给出任何噪声参数的指示读数。

8.7.1　混合模噪声系数

理想的是，有一个更完整的测量差分放大器的方法，允许按照混合模式方法的思路去测量差分器件的噪声系数。另外，希望以噪声参数项来表示这些噪声特征，从而以混合模参数项来阐明最小噪声系数和噪声性能最佳匹配的各个方面。

由之前讨论的差分信号矢量电压 a_{d1}，a_{c1}，b_{d1}，b_{c1} 自然地联想到差分噪声矢量电压的概念，进而想到差分噪声参数矩阵。从这个基础，混合模式噪声参数现在可以被定义为

$$\mathrm{NF}mn_{xy} = \frac{Smn_y/Nmn_y}{Smn_x/Nmn_x} \tag{8.32}$$

其中，NF 是噪声系数，m 和 n 各自是输出和输入的模式，x 和 y 各自是输出和输入端口号。变换该公式，例如，差分噪声系数可表示为

$$\mathrm{NF}_{dd21} = \frac{\mathrm{DUTRNPI}_{d2}}{S_{dd21}} \tag{8.33}$$

其中，$\mathrm{DUTRNPI}_{d2}$ 是入射到连接在平衡端口 2 上的一个差分负载的差分相对噪声功率（正如在其他章节讨论噪声功率所说的，RNP 是相对噪声功率，相对于输入端为 kT_0B 噪声功率），S_{dd21} 是混合模差分增益。该公式表面要测量混合模噪声系数，所有必须要做的一个是测量输出端的噪声，另外一个是测量器件的增益，每个测量都在正确的模式下进行。这个公式代表的是将第 6 章里讨论的所谓"冷源"法测量噪声系数扩展到差分放大器。该方法去除了在测量过程中对任何噪声源的需求，这有利于开发混合模噪声系数测量。

下面描述的方法不仅可以对源和负载的影响进行完全的矢量错误校正，也可以对噪声接收机进行矢量校正，因为在噪声校准和测量过程中采用了一个等效噪声调谐器（以 Ecal 模块的形式）。事实上，该系统测量 DUT 的噪声参数，从而计算出在系统阻抗下的噪声系数。

冷源法的一个关键特性是它能够将噪声校准平面（校准中使用同轴噪声源和功率计）移到任意参考平面，使用 S 参数校准就可以完成。正如对压缩和 IMD 那样，二端口噪声校准外加去嵌入混合转换器可以组成一个系统特征描述被测放大器的混合模噪声参数和噪声系数。

8.7.2　测量设置

使用 6.7 节中所述的标量冷源技术，图 8.31 显示的设置可以被用做差分噪声测量系统。一个调谐器如 Ecal 模块可能会被加在端口 1 的测试端口耦合器之前，以用于完整的矢量噪声测量。平衡非平衡转换使用混合转换器电路，它既有 Σ 输入也有 Δ 输入。请注意噪声系数和噪声参数校准平面将是在混合转换器之前，因此仅使用标准校准流程即可得到这二端口同轴平面处校准后的噪声系数。

该系统在校准阶段中使用调谐器"牵引"噪声接收机并建立噪声参数或噪声关联矩阵供校准使用，之后完全校正矢量网络分析仪的噪声接收机的噪声参数。同样地，在同一参考平面进行一个 S 参数校准，提供了一个方法对调谐器阻抗进行完整的特征描述。

接下来进行差分测量，可以基于混合转换器的三端口混合模参数建立混合转换器输入和输出网络的二端口等效表示，如图 8.29 所示，并从噪声校准中将它们去嵌入掉。当完成一个噪声测量后，结果只显示混合转换器所连接的输入输出模式（共模或差分）。图 8.41 显示了 S 参数和噪声系数测量的例子。

图中还显示了 DUT 相对噪声入射功率（DUTRNPI）。它指的是传送到一个无辐射，无反射负载的相对于 kT_0B 噪底的噪声功率。两种 DUTRNPI 突出显示在图 8.41(b) 中。第一个是常规测量结果，在调谐器被设置到它的标称匹配条件下测量得到；遗憾的是，这种设置

的源失配有些高，所以 DUTRNPI 在高频有较大的波动。另外一个 DUTRNPI 结果测量时采用混合转换器提供差分输入，混合转换器连接了匹配得很好的负载。根据噪声系数和增益，这个响应与预期的响应更加相符。实践中，DUTRNPI 应该等于 S_{21} 增益加上输入器件的噪声系数(按 dB)，但是 DUTRNPI 没有针对输入失配进行矢量校正。该参数在比较不同条件下 DUT 的输出噪声功率时很有帮助，可以当成 DUT 输出端的超噪声(在 kT_0B 之上的)。

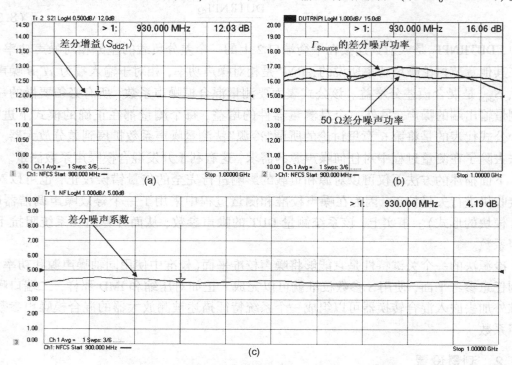

图 8.41　差分放大器的噪声系数，增益和 DUTRNPI 测量

噪声系数在 930 MHz 处大约是 4.2 dB，相对来说这符合一个低噪声放大器的要求。这是该放大器差模输入/输出情况下的测量。

图 8.42 中，同样是这些参数，在共模情况下测量该放大器。使用相同的方法便可完成这个测试，不过这种情况下混合转换器的输入要使用共模(Σ)。有趣的是，即便这里共模噪声系数明显地更高(8.41 dB)，但是共模噪声功率，DUTRNPI(超噪声)事实上比差模下测量得到的噪声功率要低约 5.5 dB。

共模噪声比预期的仍然高了许多，因为 CMRR 值(差分增益/共模增益)大约是 10 dB。如果只在输入端有噪声产生，并且每个模式都相等，那么预期的 DUTRPNI 在共模情况下应该低 10 dB：比 kT_0B 噪底只高 6 dB。该结果意味着在输出级存在大量的不相关的(就差分意义而言)噪声，更准确地说是大量与共模相关的噪声。

图 8.43 显示了单端情况下测量该放大器的噪声系数，输入是端口 3，输出是端口 2，从图 8.8 可以知道这是那条增益最大的路径，其他端口都用 50 Ω 端接。

这个噪声系数测量中，增益比差分增益低 3 dB，但令人吃惊的是，噪声系数却高出约 1.7 dB。一个常见的误解是测量放大器单端噪声系数能很好地预估其差分噪声系数，但是这里的实验表明情况并非如此。即使增益低 3 dB，噪声功率仅仅低 1.5 dB。因为单端情况下噪声功率在 2 个负载电阻间分配，所以可以取 1/2 的差分噪声加上 1/2 的共模噪声（按线性相加）来估计共模噪声对单端噪声的影响，然后换算回 dB，如

$$\mathrm{DUTRNPI}_{\mathrm{SE\_estimate}} = 10\lg\left(\frac{10^{\frac{16.07}{10}}}{2} + \frac{10^{\frac{11.8}{10}}}{2}\right) = 14.44\,\mathrm{dB} \tag{8.34}$$

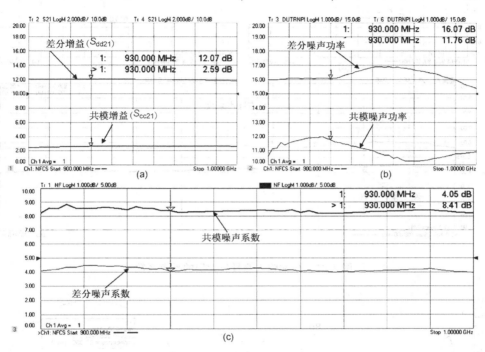

图 8.42　共模增益和噪声系数

　　可能是由于该放大器端口对之间的增益很不一致，所以这个估计值比测量单端超噪声得到的估计值要稍低一点。导致差异的另一个合理的来源可能是由于 DUTRNPI 有一些与源失配成函数关系的波纹误差，如图 8.41(b) 所示。

　　最后在图 8.44 中显示了差分放大器的噪声参数。它们可以从用于矢量噪声系数校正的噪声关联矩阵提取出来。从这个测量结果可以看出，在增益区域与最小噪声系数接近吻合，但还可以有 0.3 ~ 0.4 dB 的改进。因为调谐器应用在混合转换器的差分输入端，在测量中只有差分阻抗发生变化，产生真差分噪声参数，不依赖相关噪声源。这个例子中，噪声校准方法是用功率计特征描述接收机，所以完全不需要噪声源。

　　从这些噪声参数看出，串联一些小电容来匹配 $Z_d = 100\,\Omega$ 的情况可以优化噪声系数，大约是

$$C_{\mathrm{Match}} = \frac{1}{2\pi f \cdot Z_{\mathrm{Match}}} = \frac{1}{2\pi \cdot 930 \cdot 10^6 \cdot 54} = 3.17\,\mathrm{pF} \tag{8.35}$$

　　对标准的差分放大器进行类似的实验也在输入端产生了不希望有的共模超噪声。这些实验清楚地表明，要对一个差分放大器的噪声系数进行准确的估计，必须只检测输出端的差分相关噪声，因为假设之后的一级也同样有共模抑制它也将只检测差分噪声。

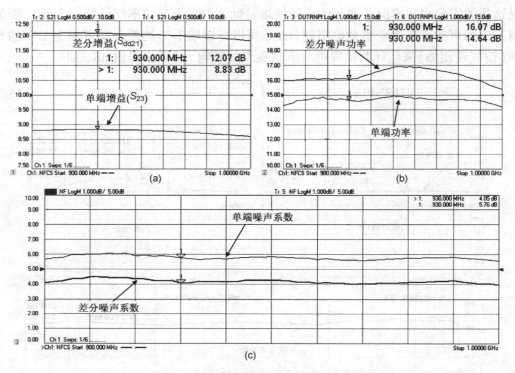

图 8.43 单端输入测量放大器的噪声系数

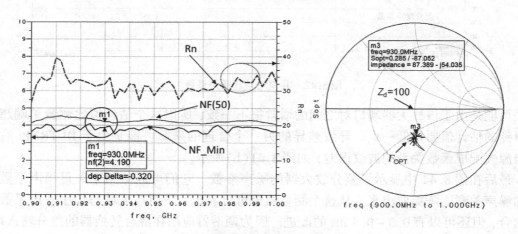

图 8.44 差分放大器的噪声参数

8.8   差分器件测量小结

本章中讨论了特征描述差分器件的测量方法,从中得出一些结论:

对于有共模抑制并且输入部分没有非线性行为的标准的差分器件,由单端混合模式测量得到的结果与完全差分真实模式测量的结果几乎相同。但只在测量方法(如矢量网络分析仪)能够对输出的测量结果进行数学差分(按矢量方式)时成立。

　　对于没有幅度和相位结果的测量，如 IMD 或者噪声功率和噪声系数，必须认识到差分输出要使用混合转换器或巴伦。使用现代科技，非理想的混合转换器带来的影响几乎可以完全从测量结果中去嵌入掉。如果 DUT 有明显的共模或跨模式项，并且没有进行良好的共模端接，那么共模反射和模式转换可能导致结果有误差。

　　对于非标准的差分放大器，例如在输入级或者差分级之前限幅的放大器，必须使用真实模式测量它们，包括带真实模式激励的矢量网络分析仪，或借助混合转换器或巴伦来产生和检测真实模式信号。有了这些技术，完整的特征描述差分器件就是可能的。

参考文献

1. Bockelman, E. and Eisenstadt, W. R. (1995) Combined differential and common mode scattering parameters: Theory and simulation. *IEEE Trans. on MTT*, 43(7), 1530-1539.

2. Dunsmore, J. (2003) New methods and non-linear measurements for active differential devices. microwave sym. Digest, 2003 IEEE MTT-S, Volume: 3, 8-13 June 2003, pp. 1655-1658.

3. Dunsmore, J. (2004) New measurement results and models for non-linear differential amplifier characterization. Conference Proc. 3fourth European Microwave Conference, 2004, pt. 2, vol. 2, pp. 689-692.

4. Dunsmore, J., Anderson, K., and Blackham, D. (2008) Complete True mode Measurement System. Symp Digest, 2008 IEEE MTT-S June 2008.

5. Randa, J. (2001) Noise characterization of multiport amplifiers. *IEEE Trans. Microwave Theory Tech.*, 49(10), 1757-1763.

6. Moura, L., Monteiro, P. P., and Darwazeh, I. (2005) Generalized noise analysis technique for four-port linear networks. *IEEE Transactions on Circuits and Systems I: Regular Papers*, 52(3), 631-640.

7. Abidi, A. A. and Leete, J. C. (1999) De-embedding the noise figure of differential amplifiers. *IEEE Journal of Solid-State Circuits*, 34(6), 882-885.

第 9 章　高级测量技术

对于之前讨论的所有测量技术而言，稳定和可靠的校准是精确测量的保障。在实际测量中还有很多高级应用的情况，通常由于引入了额外的元器件或夹具，基本的同轴校准技术不能够满足要求。本章概要介绍了一些高级测量技术。

9.1　创建自己的校准件

射频和微波测试工程师经常需要测试一些特殊的器件，该器件的连接器没有与之对应的校准件。最常见的情况是器件贴装在 PCB 上，与之相邻部件的连接器类型很特殊，如盲插或按压式的连接器。虽然有很多种方法处理这些情况，但最直接的方法是创建与 DUT 特定接口相匹配的校准件。

SOLT 和 TRL 是两种主要的校准方法，每种都需要不同的校准件。TRL 是一种很直观的方法，只需要一个特性未知的反射件和两条阻抗已知的传输线。TRL 经常被应用到研发环境的 PCB 测试中，这是因为研发环境比较方便设计包含不同长度传输线的测试板。在低频测量中，由于制作非常长的传输线不切实际，TRL 被 TRM 代替，因此还需要一个理想的负载元件。在生产线测试中，测试夹具可能被嵌进一个机械装置上，没有办法使用很长的线，因而无法使用 TRL。

SOLT 或 SOLR(未知直通)需要反射系数已知的校准件，通常使用开路、短路和负载，有时还会用到一组偏置短路件。对夹具内校准来说，由于夹具很短，TRL 的方法不太实用，因而需要固定的校准件。如果能够制作出具有良好阻抗特性的直通，则倾向于使用 TRM；如果不能，则倾向于使用 SOLR(未知直通)。在本节中，我们制作了一整套 PCB 校准件，然后通过多种方法确定它的校准质量。

9.1.1　PCB 实例

图 9.1 显示了一个获取 PCB 上 SMT 器件特性的实例。这块板子上有一个短路件、两个负载和一个开路件。由于相同长度的传输线之间的耦合可能使校准件产生谐振，因此在短路件附近放置开路是不合适的。在本例中，我们制作了两个不同的负载。上面的负载由两个 100 Ω 的 SMT 电阻(1206 封装)并接地构成，从而得到 50 Ω 的阻抗。下面的负载由一个 50 Ω 的 SMT 电阻接地构成。每个器件的 SMA 连接器都焊接到正反两侧的地线上。在本例中我们将使用单电阻负载。

通常由开路确定参考平面。直通的长度被精确设计为开路的两倍，但有时在对开路进行建模时，为了考虑其边缘电容的效应，会在开路的模型中多加入一些时延。这种情况下直通可能比开路要长。为了保证负载和开路之间的距离足够宽，上有负载和开路的电路板的尺寸一般比上有直通的电路板要大一些。对这块板子来说，我们假设负载完全没有反射，因此其时延不重要，可以将负载做得短些。但后续的验证过程会发现这个负载有很强的反射；通过对负载进行建模，即便是很差的负载也可以用做精确的校准件。这时，包含电感效应对负载建模的方法要求由负载的位置确定参考平面。图中最右边显示了在一条与直通长度相同的微带线末端并联了两个旁路器件。短路件的制作是通过在开路件的参考平面上放置 PCB 过孔完成的。

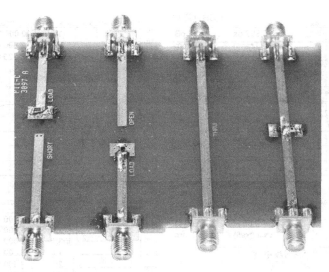

图 9.1 为表征 SMT 器件而设计的 PCB

9.1.2 评估 PCB 夹具

对 PCB 夹具和校准件的考察必须先从 PCB 夹具本身开始，更具体地讲，就是 PCB 上的连接器。一种非常通用的创建 PCB 夹具的方法如图 9.1 所示，制作包含校准件和传输线的电路板，有时为了评估 PCB 的射频特性，还需包含一些射频器件，如嵌入的滤波器，然后测量每个器件并确定它们的特性。一个非常重要却常被忽视的问题是 SMA 到 PCB 的连接器的质量和一致性。这里的质量主要指回波损耗，而一致性是指一个 SMA 连接器与其他相邻连接器的相似程度如何。在使用 PCB 夹具时，通常会假定夹具经过校准之后，连接器的效应可以忽略；但这只在所有连接器都完全相同时才成立。因此，评估 PCB 夹具的第一步就是仔细检查连接器的一致性。在上面的例子里，校准件共有 6 个连接器。我们可以直接用时域分析的方法对它们进行比较。

一种通用的方法是用时域选通来隔离每个连接器的回波损耗。将其中一个连接器作为参考，然后将其他连接器的时域选通响应与参考连接器相比较得到它们的矢量差。这个矢量差显示为 dB 格式能够表示连接器的一致性。这个夹具的目标工作频率为 6 GHz 以下，但为了更适于做时域分析，我们采用更宽频带的扫描，本例中为 26.5 GHz。扫描频率为目标工作频率的 4 倍，这样能提供足够的时域分辨率，以得到更多有价值的信息。

9.1.2.1 对直通件进行表征

为了设置合适的时域选通，首先要确定夹具的电长度，为此我们需要用到直通件。

图9.2显示了直通的几种测量：图9.2(a)显示的是直通传输(S_{21})的时域响应(有时这也称为T_{21})，并用一个游标指向峰值。这个游标的时间对应夹具的总长度。图9.2(c)显示了S_{11}和S_{22}的时域响应。注意游标1设到了与S_{21}迹线上的游标相同的时间；这个时间恰好在直通S_{11}的一半长度位置。对反射参数来说，由于信号向前传输再向后反射，信号在S_{11}和S_{22}中走了两倍夹具长度的距离。

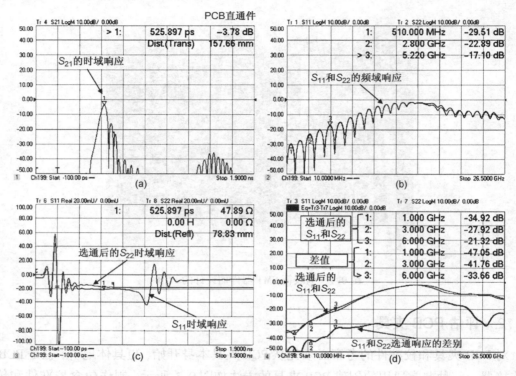

图9.2　对直通进行分析

由于第4章介绍的原因，对反射参数进行时域选通时，选通范围应在有实际意义的情况下尽可能宽，并以要保留的反射为中心。我们使用了带通选通模式，选通的中心时间设为100 ps，选通范围设为1040 ps，从而使选通截止时间恰好在夹具的中心点附近。这个选通只会显示一个连接器的响应，S_{11}迹线的输入端连接器和S_{22}迹线的输出端连接器。

图9.2(b)显示了直通的S_{11}和S_{22}原始频域响应，而图9.2(d)显示了经过选通之后S_{11}和S_{22}的数据，并包含一条显示两个选通响应差别的迹线。

我们可以看到两个连接器非常相似，在3 GHz回波损耗约为28 dB，在6 GHz约为20 dB。对本例而言，我们的目标是使校准件在6 GHz以内达到最优性能。回波损耗之差在6 GHz约为33 dB；这个差值表示连接器的一致性，这是理论上能达到的最佳校准结果。我们将用同一条参考迹线与其他校准件相比较，以确定它们相对于直通的一致性。

9.1.2.2　对单端口校准件进行表征

对单端口PCB校准件的考察从负载开始，它决定了SOLR和TRM校准的质量。图9.3显示了对其中一个负载的连接器进行与上面类似的测量。图9.3(a)是连接器和负载整

体的 S_{11}。图 9.3(c)是它的时域响应,可以看到负载端的响应比直通的一半稍靠前一点 (70.9 vs 78.8 mm)。通过负载时域响应的峰值可以对负载的时延做出初步估计,但稍后可以看出,这并不是确立参考平面最好的方法。

　　图 9.3(b)显示的是经过时域选通后得到的负载连接器的频域响应。而从图 9.3(d)可以看到,这个响应比直通的连接器的时域选通响应稍差,图中还显示了二者的矢量差。这个矢量差比直通两端的连接器的矢量差要差一些。

　　为了理解这个差别需要进一步研究。在图 9.2(c)中,时域响应显示了在连接器附近有一个波峰和一个波谷。而图 9.3 中的响应只有一个波谷。直通连接器的波峰波谷型的响应在低频可能会改善回波损耗,但为此付出的代价是在 14 GHz 左右的回波损耗会差很多,已经接近 0 dB 了。一个常见的错误是在 PCB 的背面、连接器和地之间留下一定的间隙;在普通的电路板焊接中通常需要这种间隙,但它经常会造成校准件之间的不一致,这表现为更大的残留方向性误差和残留失配误差。在图 9.4 中,对 PCB 进行检查,发现直通的连接器背面的地没有焊上(普通的电路板焊接方式)但负载的地焊上了。负载的连接器有更好的高频性能和更小的时域波动。

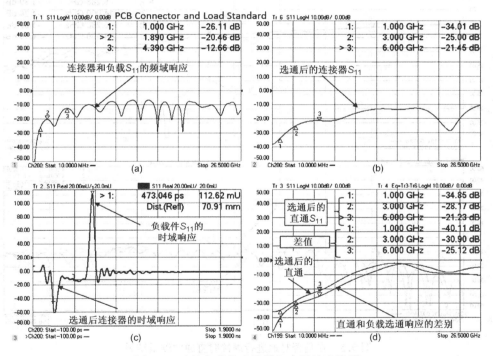

图 9.3　比较负载的连接器和直通的连接器

　　负载和直通的连接器的 S_{11} 迹线差别不太大,但由于反射对相位的影响,二者实际的差别很大(如在某一频点上,其中一个连接器反射的幅度为 0.1 相位为 0°,另一个连接器反射的幅度为 0.1 相位为 180°,二者幅度相同,但实际差别为 0.2,比其中任意一个反射的幅度都大。这种情况下使用 PCB 校准件实际上增加了误差而不是去除误差。因此,对 PCB 校准件的连接器来说,使它们的反射在幅度和相位上保持一致比让它们尽可能小更加重要)。连接器的最佳残留一致性只有 −25 dB,而不是 −40 dB 以上。

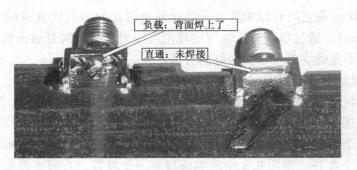

图 9.4　比较负载连接器和直通连接器的焊接

我们需要对直通件进行修改,以使它的连接器跟负载保持一致。总体来说,在检查 PCB 夹具上的不同连接器之间的差别并加以修正时,一定要格外小心,这样才能由它们得到很好的校准质量。我们首先在修改直通的接地之前对它进行测量,然后在直通的 SMA 的地被焊上之后再次测量;图 9.5 显示了对前后两次测量进行比较的结果。

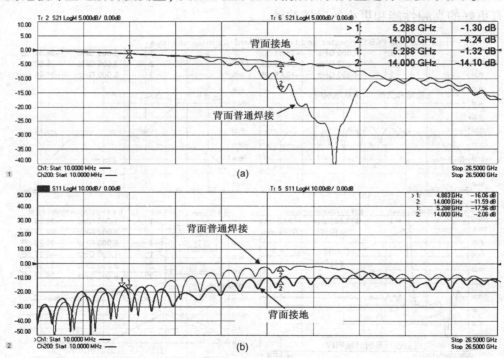

图 9.5　在是否对地进行焊接时直通的测量结果

实际上,普通的背侧接地方法在低频(最高至 6 GHz)时表现得更好,但其响应在高频时要差很多,在 S_{21} 中有一个非常明显的谐振损耗。很可能是因为图 9.2(c)所示的感性波峰补偿了过量容性响应,在低频抵消了一部分反射的影响。对直通的连接器进行重新焊接之后,可以再将其与负载的连接器进行比较,如图 9.6 所示。我们可以看到,在 3 GHz,二者的差别显著缩小,最差情况的一致性提高到 −38 dB;但是,6 GHz 的性能几乎没有变化,其中一个连接器的一致性达到 −30 dB,而另一个仍在 −25 dB 左右。这可能是这种连接器在普通焊接的条件下能达到的极限了。

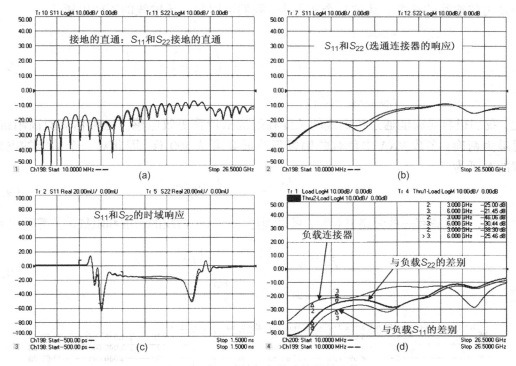

图 9.6　直通两端与负载连接器的比较

9.1.2.3　考查负载件

在图 9.3 中，负载的时域响应与连接器相比幅度很高，因此需要对负载做进一步研究。图 9.7 显示了对负载的连接器做凹形(notch)选通之后将其影响去除之后的结果。图 9.7(b)显示了选通之后的 S_{11} 迹线，其回波损耗在 6 GHz 较差。人们一般会认为这个负载不能用做校准件的负载，但实际上如果能对其进行表征，它仍可以做合格的校准件。这个负载是单 SMT 电阻，以前的一些文献表明这种结构通常会显示出强感性。

图 9.7(d)显示了负载经过选通之后的 S_{11} 的史密斯圆图，以输入连接器为参考。这张图中的数据最高显示到 6 GHz。我们在 S_{11} 上加时延对其进行旋转，直到圆图上几个频率点上的实部都非常接近(本例中为 50 Ω)，圆图上的迹线表示恒电阻与一个电感串联，此时引入的电时延为 462 ps。图中特别指出了等效电感值，它是一个相当恒定的值，为 590 pH ±3%。这是对负载串联电感很好的估计。我们可以用它创建一个几乎可以在任何 VNA 中工作的负载等效模型。

第 3 章中给出的负载模型为一条偏置阻抗传输线与电阻串联。可以调整传输线的阻抗和长度以得到图 9.7 中负载的串联电感。传输线的阻抗和速率因子为

$$Z_{\text{Line}} = \sqrt{\frac{l}{c}}, \quad v = \frac{1}{\sqrt{l \cdot c}} \tag{9.1}$$

式中 l 和 c 是单位长度的电感和电容。传输线的时延为

$$\tau = \frac{d}{v} \tag{9.2}$$

式中 d 为传输线的长度。从这几个式子中，我们可以得到传输线的等效电感为

$$
\begin{aligned}
L_{\text{Equivalent}} &= l \cdot d \\
&= \sqrt{l}\sqrt{l}\frac{\sqrt{c}}{\sqrt{c}}d = \sqrt{\frac{l}{c} \cdot \left(\frac{\sqrt{l \cdot c}}{1}\right)}d = Z\frac{d}{v} \\
L_{\text{Equivalent}} &= Z \cdot \tau
\end{aligned}
\tag{9.3}
$$

因此，我们很容易就能通过传输线的长度和阻抗来计算等效电感。这种估算对高阻抗的情况最为精确；多数 VNA 中负载的偏置阻抗最高可达 500 Ω，因此对一个给定的电感，负载的时延为

$$
\tau_{\text{Load\_L}} = \frac{L_{\text{Equivalent}}}{Z_{\text{Offset\_Line}}} = \frac{L_{\text{Equivalent}}}{500}
\tag{9.4}
$$

与此类似，当负载有一些旁路电容时，可以通过下式从传输线的长度和阻抗计算等效电容

$$
\frac{1}{Zv} = \sqrt{\frac{c}{l}} \cdot \frac{\sqrt{l \cdot c}}{1} = c \quad \text{F}\Big/\text{m}
\tag{9.5}
$$

$$
C_{\text{Equivalent}} = c \cdot d = \frac{1}{Z}\frac{d}{v} = \frac{\tau}{Z}
$$

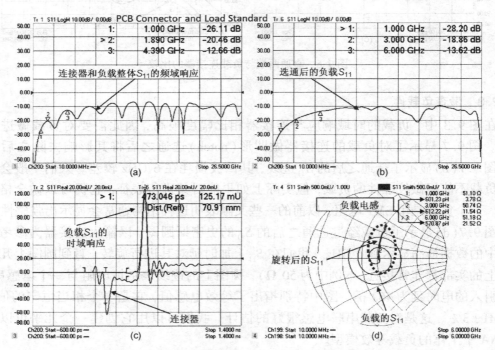

图 9.7　通过凹形时域选通去掉连接器，以单独测量负载的响应

对这个负载来说，由给定的偏置长度(1.18 ps)和偏置阻抗(500 Ω)可以计算出等效电感是 590 pH。保证校准质量的关键是使实际负载和它的模型尽量匹配。我们对一个 500 Ω 偏置阻抗的负载端接 51 Ω 进行仿真，将仿真数据导入到 VNA 的一条迹线上。图 9.8(a)是在史密斯圆图上显示实际负载的时域选通响应与负载模型相比的结果，在图 9.8(b)显示的是二者的回波损耗(dB)，以及它们的矢量差。

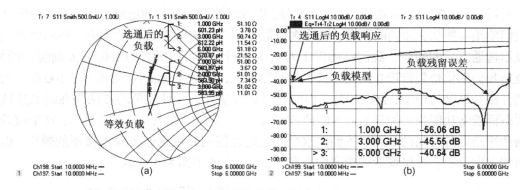

图 9.8 等效负载模型的残留误差

模型对这个负载的表征在 6 GHz 以内要好过 40 dB, 因此这个负载可以在校准中用做一个良好的负载, 尤其是考虑到连接器的一致性低于 -25 dB(如图 9.6 所示)。

9.1.2.4 开路、短路的表征和建模

最后要考察的元件是开路和短路。在图 9.9 中, 我们将开路和短路的所有连接器的一致性与负载进行比较, 最差的情况大致在 6 GHz 时为 -28 dBc, 在 3 GHz 时大约为 -33 dBc。这些数据从总体上决定了 PCB 校准的质量。在这个过程中我们在输入连接器附近使用了时域选通。在传输线的端接为强反射的情况, 如开路或短路, 使用时域选通的方法可能不太可靠, 这是由于对时域响应在时间趋于无穷时回归到零的假设已不再成立, 以及 VNA 的时域变换有周期性。由于时域响应的周期性, 在时域范围 $1/\Delta f$ 之外的信号会以镜像的方式叠加到当前响应的范围内, 从而造成当前的响应失真。

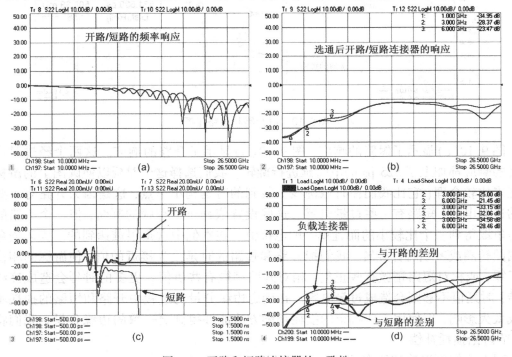

图 9.9 开路和短路连接器的一致性

最后一步是确定短路和开路的偏置时延，以及开路可能存在的过量边缘电容。在图9.10中我们使用与图9.9相同的数据，但这次我们是用选通去除连接器的效应，并用史密斯圆图显示选通之后的响应。我们在圆图上对响应进行旋转，使所有的游标都读到统一的值。对短路我们期望得到接近0的电感值。对开路来说，电容应该很小，通常小于100 fF。为了得到开路和短路的模型，首先应对它们的时延进行估计。一种简单的方法是在时域迹线上使用游标搜索功能找到幅度为0.5的位置(短路是 −0.5)。如图9.10(c)所示，这个位置在开路和短路上升时间的中点。我们在这个区域附近使用时域选通去除连接器的效应，以及后面的二次反射。这里设置的选通中心在525 ps，选通范围为450 ps。

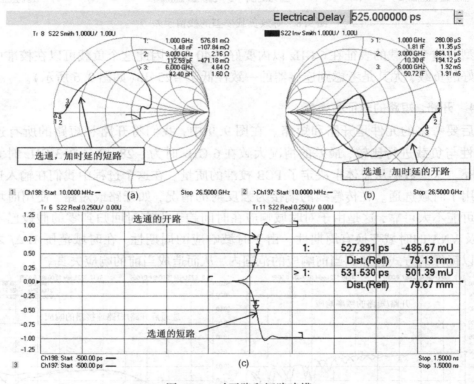

图9.10 对开路和短路建模

图9.10(a)显示了短路的响应，图9.10(b)显示了开路的响应。这两个经过时域选通后的响应都加上了525 ps的电时延进行旋转。我们选择这个时延以使圆图上的游标值看起来比较合理；它比我们在时域迹线上找到的时延稍小一点，这是因为开路有一些额外的边缘电容，短路有一些过量电感。这些设置依赖于工程师的判断，但一个不错的做法是争取得到一个比较小的而且单一的电抗值。在本例中这是很难达到的。为了避免造成圆图转圈或者顺时针旋转，我们把开路和短路的时延设为接近的值，使游标的相位接近于零，或相对短路稍微有些正值，相对开路稍微有些负值。更多的时延会造成迹线的反转；时延值不够则会造成过量电容。在确定边缘分量的过程中开路和短路的损耗不会造成太大影响，但使用一些特定的损耗补偿方法能够得到更一致的边缘分量。我们将在9.4节讨论损耗补偿。

现在我们可以确定所有校准件的模型了。

9.1.2.5　创建校准件模型

因为这个校准件不够理想，我们用负载件来设定参考平面。开路和短路可以用一条特征阻抗为 Z_0 的传输线以及一定量的偏置时延表示，而负载必须使用该传输线的阻抗以容纳其串联电感。由于多数校准件都只提供单一的偏置，因此校准件的参考平面由负载确定。上例中负载件的参数为 $R = 51\ \Omega$，$Z_{\text{Offset\_delay}} = 500\ \Omega$，偏置时延为 $\tau = 1.18\ \text{ps}$。偏置还提供了一个损耗值，在这里使用默认值就可以。这些负载的参数，以及开路、短路和直通的参数都显示在表 9.1 中。

表 9.1　实例 PCB 校准件的参数

校　准　件	元　　件	偏置 Z_0	偏置时延（ps）	等　效　值
负载	$R = 51$	500	1.18	585 pH
开路	$C_0 = 0$，$C_1 = 200$，$C_2 = 1000$，$C_3 = 0$	50	31.5	
短路	$L_1 = 0$，$L_2 = 0$，$L_3 = 1000$，$L_4 = 0$	50	31.5	
直通		50	63	

在对负载进行旋转寻找合适的电抗的过程中，我们引入了 462 ps 的时延。我们对开路和短路加上了 525 ps 的时延，得到了图 9.10 中的结果。我们对开路和短路的参数进行估计，使其匹配 3.3.2 节的等效模型。在本例中，我们用了四个模型参数中的三个，尽管使用了这么多的参数，仍可能得不到有效的数据模型。因为校准件测量是有损的，真实值和图中显示的多少会有些区别。

寻找合适的模型最直接的方法是用 3～4 个未知数直接对模型参数进行求解，但这有时会得到无意义的解。如在上例中的电感，前两个频率点上的电抗实际是较小的负值。我们对表 9.1 中的参数值做一个三参数模型的匹配，得到了图 9.11 中的曲线；为了避免得到两个值很大但符号相反的参数，我们对直接计算得到的值进行了调整，因此曲线与实际数据的拟合是不完全一致的，但曲线上的响应得到了合理的控制。用矩阵法直接从测量数据中算出的模型参数能使模型曲线与测量数据的拟合完全匹配，但可能会得到很大的参数值，一些是正的一些是负的，它们能互相抵消，在数据点间得到合理的曲线，但如果做外插就会得到非常差的结果。因此，除非使用了测量频率范围中比较靠近两端的频率点，我们必须注意使该多项式模型在该范围以外仍保持有效。

开路和短路的偏置时延是它们与负载的电时延之差的一半。因为电时延定义为往返时延，但校准件定义中的时延只使用单向的传输时延，因此我们必须用电时延的一半。如果是用端口延伸对相位进行旋转（端口延伸作用于所有的迹线；而电时延只作用于某一迹线），端口延伸的时延表示了单向的时延，因此可以直接被用来计算校准件的时延。开路和短路的偏置时延也已在表 9.1 中列出。

最后，由于直通的物理长度是开路或短路的两倍，比用做参考的负载长度的两倍还长，因此我们在直通中加入一个固定的时延，在本例中恰为开路或短路时延的两倍。

用这个校准件做 PCB 校准，我们将使用负载端口做参考平面，如果测量直通，我们会看到 63 ps 的时延。如果把参考平面定义在直通线的中间，需要对每个端口做31.5 ps 的端口延伸。

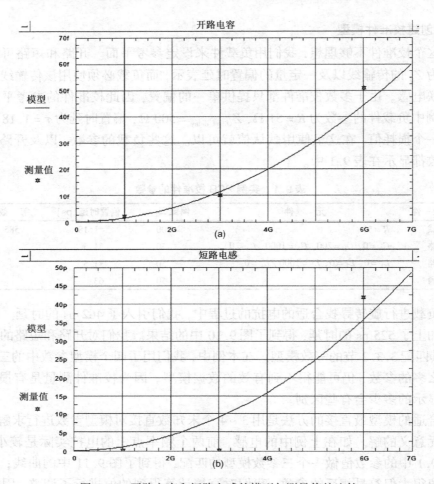

图 9.11　开路电容和短路电感的模型与测量值的比较

9.1.2.6　使用 PCB 校准件的测量结果

现在我们可以用这个 PCB 及其校准件定义对 VNA 进行校准，将参考平面移到 PCB 连接器，然后可以在参考平面上对元器件进行测量。建议先在一个宽频率范围内进行校准，看看校准件有没有问题。一个常见的问题是，为了在某一特定应用中测量一个特定的元器件，在一个窄频率范围内定义了校准件。后来，该校准件又被用在了不同的频率范围内，用户却没有意识到校准件参数是为某一频率范围做了优化的。对在某一窄频率范围定义的边缘参数多项式做外插的结果会很差。用这个校准件在 26.5 GHz 的频率范围做未知直通(SOLT)校准的结果如图 9.12 所示。在本例中，在 20 GHz 以上有较大的波动，很可能是由于开路和短路在高频没有足够的区分。这种情况下，二者的反射可能相互叠加，使校准在这些点上出现未定义的情况。这个宽带扫描显示，校准件在目标工作频率 6 GHz 的两倍以上都没有问题。

因为这个校准件中包含了开路、短路和负载的定义，我们可以使用未知直通校准。由于直通是一个独立的校准件，校准后重新测量直通的响应可以得到很多校准质量的信息。即便校准件将被用于一个窄频率范围，在做这类验证时，仍需使用宽频带的扫描；

例如，这个校准件在 6 GHz 内进行了优化，但我们仍用 26.5 GHz 的扫描，这为做进一步分析提供了良好的时域分辨率。图 9.12 显示了直通测量的几个方面，其中最重要的一个是图 9.12(b) 显示的 S_{11} 时域响应。在图 9.12(c) 中，显示了校准后直通 S_{11} 的频域响应。直通从定义上讲应该有 0 dB 的插入损耗，没有回波损耗，但这里我们在 6 GHz 看到了 21 dB 的回波损耗。这张图中还显示了时域选通后直通的响应。在输入连接器和输出连接器的影响被去掉之后，我们看到了一个更好的响应。

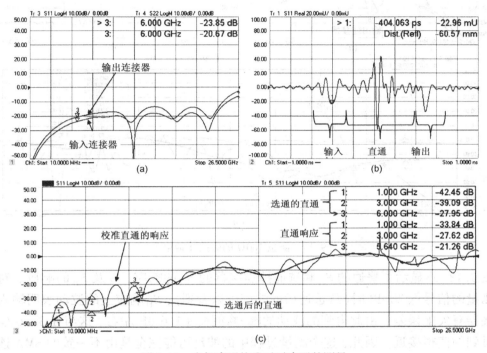

图 9.12　未知直通校准后对直通的测量

这些连接器的影响本应在校准的过程中去掉了，但是因为连接器之间的一致性不够好，存在着残留失配误差。图 9.12(a) 显示了用时域选通在 S_{11} 迹线中得到输入连接器、在 S_{22} 迹线中得到输出连接器的响应。这些跟之前对连接器一致性进行估计的图很相似，但结果稍微差些。因为它们不仅包含了连接器之间的一致性误差，还包含了对开路、短路和负载的估计误差，这些都会造成对端口特性表征的误差。直通(用时域选通去掉输入和输出连接器)的响应中最主要的误差是负载件的误差，以及负载和直通连接器一致性的误差(开路和短路测量带来的源失配误差，对直通这样的匹配良好的器件的回波损耗影响不大)。因此，可以用选通后的直通的响应对负载的残留误差做很好的估计。残留误差是指负载模型与负载的真实特性的差别。这个测量显示了负载有很好的性能，在 3 GHz 时将近 40 dB，在 6 GHz 时性能有一些下降。

测量一个匹配较差的器件可以帮我们检查源失配误差项。在本例中，我们在 PCB 的中间加上了一个 100 Ω 的旁路接地电阻。图 9.13 显示了这个器件的响应。这里输入和输出连接器的残留回波损耗比测量直通的时候要好，表明这组 SMA 连接器(在图 9.1 的最右边)与负载的 SMA 连接器更加一致，残留误差在 3 GHz 时大约为 40 dB，在 6 GHz 时为 30 dB。

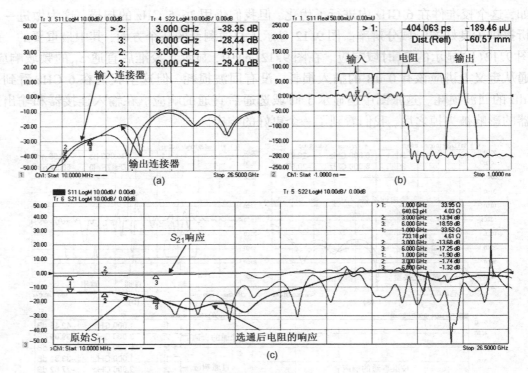

图 9.13　测量 100Ω 的旁路接地电阻

图 9.13（c）显示了普通的 S_{11} 和选通掉连接器的 S_{11} 的响应，以及 S_{21} 的响应。对总误差比测量的信号低 20 dB 时（从选通后的响应可以看到），S_{11} 响应上的波动表明输入和输出连接器有失配误差。由此得到的波动的峰–峰值在 ±1.6 dB 左右，这与在 3～6 GHz 之间测量到的值很接近。因此，这个测量过程中的波动可能完全是由不一致的 SMA 连接器造成的。

作为最后的验证，我们用 PCB 校准件对同一个器件仅测量到 6 GHz，并创建一个类似的仿真模型，该模型由一个旁路电阻与寄生电感串联，再加上一小段传输线表示直通的中心到参考平面的偏置，如图 9.14 所示。这个简单的模型给出了 S_{21} 和 S_{11} 响应的期望值。

模型的电感是从 DUT 测量中的 S_{21} 迹线中获取的。传输线的时延是从 S_{11} 的史密斯圆图得到的。图 9.14（a）和（b）同时显示了实测的 S_{11}、S_{22} 以及模型的 S_{11}。很明显又是源失配导致了迹线上的波动，使它们偏离了模型曲线。从这个波动中可以用式（3.85）估计出方向性和源失配误差的总和。这里，在 3 GHz 时波动为 0.45 dB，跟模型有些偏差。这个波动很可能是测量误差，因为模型在所有频点上都满足 $S_{11}=S_{22}$。当然，这个简单的模型可能不是对旁路电阻最精确的描述，因此与模型的额外的偏差可能是由于模型太简化了。

由 0.45 dB 的波动，我们可以估计出残留误差约为 –40 dB。其中一部分来自于连接器，另一部分也可能是由于对校准件中开路和短路的定义不完全精确造成的，从而导致了源失配误差。因为我们在图 9.12 的时域选通响应中估计出的方向性误差约为 –39 dB，波动可能完全是由它导致的。在 3 GHz 连接器的残留失配误差在输入端是 –38 dB，在输出

端是 $-43\ \text{dB}$。可以把它们加到 S_{11} 上（用波动的中间值进行估计，在 3 GHz 时约为 $-14\ \text{dB}$）来观察整体的误差效应。如果残留方向性误差以及每个连接器误差造成的波动总和比观察到的总波动小，差值肯定是源失配误差；如果差值很小，那么源失配误差（由未准确定义的开路和短路造成）一定很小。这些对总体波动造成影响的各部分误差分别计算如下

$$\text{EDF}_{\text{Linear}} = 10^{-39/20} = 0.011,\quad \Delta_{\text{Conn1}} = 10^{-38/20} = 0.013,\quad \Delta_{\text{Conn1}} = 10^{-43/20} = 0.007$$

$$S_{11\text{Linear}} = 0.2,\quad\quad S_{21\text{Linear}} = 0.82$$

$$\text{Error}_{\text{EDF}} = \frac{20\lg}{2}\left(\frac{1 + \dfrac{\Delta\text{EDF}}{S_{11}}}{1 - \dfrac{\Delta\text{EDF}}{S_{11}}}\right) = 20\lg\left(\frac{1 + 0.055}{1 - 0.055}\right) = 0.48\ \text{dB}$$

$$\text{Error}_{\text{Conn1}} = \frac{20\lg}{2}\left(\frac{1 + \dfrac{\Delta_{\text{Conn1}}}{S_{11}}}{1 - \dfrac{\Delta_{\text{Conn1}}}{S_{11}}}\right) = 20\lg\left(\frac{1 + 0.013}{1 - 0.013}\right) = 0.56\ \text{dB} \tag{9.6}$$

$$\text{Error}_{\text{Conn2}} = \frac{20\lg}{2}\left(\frac{1 + \dfrac{S_{21}^2\,\Delta_{\text{Conn2}}}{S_{11}}}{1 - \dfrac{S_{21}^2\,\Delta_{\text{Conn2}}}{S_{11}}}\right) = 20\lg\left(\frac{1 + 0.005}{1 - 0.0005}\right) = 0.2\ \text{dB}$$

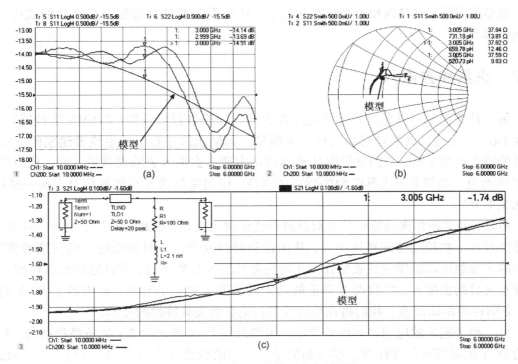

图 9.14　旁路电阻的模型和实际测量

从上述计算可以看出，第一个连接器的误差就相当于 3 GHz 的全部波动，负载的响应也可能起了很大作用。但是，由于负载和被测件（100 Ω 电阻）位于同一物理平面上，由负载建模误差造成的方向性误差项会随着频率缓慢变化，细密的波动很可能是连接器的误差，因为它们与 DUT 有一定的距离，可能造成相位的正负叠加误差。

这个测量指出对适当的回波损耗来说(−14 dB)，即便很小的残留误差也可能在整个测量中造成比较严重的误差。因为这些失配误差项每项都比较小，对 S_{21} 的影响就比较小，在模型上表现为一个很小的波动。S_{21} 的误差可以计算为

$$ESF_{Raw} \approx ELF_{Raw} \approx -12.66\,\text{dB}, \quad \text{或 0.23 线性}, (\text{最差情况 3~6 GHz})$$

$$ESF_{Residual} \approx ELF_{Residual} \approx -40\,\text{dB}, \quad \text{或 0.01 线性}$$

$$\Delta S_{21\_p-p} \approx 2 \cdot 20\lg(1 + ESF_{Raw}\,ELF_{Residual} + ESF_{Residual}\,ELF_{Raw})$$

(9.7)

$$= 2 \cdot 20\lg[1 + (0.23) \cdot (0.01) + (0.01) \cdot (0.23)] = 0.08\,\text{dB}$$

与图 9.13 中显示的波动非常符合。

9.1.2.7　有关 PCB 夹具小结

为 PCB 或其他类型的夹具制作校准件是一种改进测量性能的合理方法。只要多加注意，就可以定制校准件并对它们进行表征，从而定制夹具内校准。本节内介绍了多种方法对校准件进行表征和验证，包括对各个元器件的测量以及与估计出模型的比较。通过使用未知直通的 SOLT 校准，我们可以用直通做一个独立的验证器件，使用时域选通，我们可以检查连接器的一致性以及负载模型的响应。本例中，我们用一个特性可控的旁路器件(100 Ω 电阻)模型对校准件的质量进行了额外的验证。

很多情况下，夹具内校准都很难进行，因此我们需要其他方法补偿夹具的效应，如下面内容所述。

9.2　夹具和去嵌入

另一种处理元器件夹具的方法是用普通的同轴连接器做校准(如 SMA 连接器)，然后在 DUT 上连接夹具并对它们进行整体测量。如果能通过独立测量或者建模的方式对夹具的特性有所了解，我们就可以从整体测量中通过去嵌入去除夹具的效应，从而得到 DUT 的响应。如果有与夹具匹配的特定校准件，得到夹具的 S 参数就相对容易一些(参见 9.3.1 节)。

但是，通常制作夹具校准件并对其进行建模都比较难，因此人们开发出来一些方法，测量夹具和一些校准件的整体响应，从而得到部分或全部夹具的效应。通过这些方法，夹具的 S 参数可以被确定或被估计。在得到夹具的 S 参数之后，可以通过修改校准参数完成对夹具的去嵌入，之后误差修正的结果既去除了夹具的效应，也去掉了 VNA 的失配、方向性和跟踪误差。我们将在后续几节讨论获取夹具特性的技术。

另一种去嵌入的应用是多端口测试。很多时候 DUT 都包含 $2 \times N$ 条路径结构，N 端口的 DUT 测量需要包含任意二端口的测量。一般的校准过程需要$(N-1)(N/2)$条校准路径(例如，十端口的 DUT 需要 45 个二端口校准)，但是用去嵌入技术，总的校准次数可以减少到一个二端口校准和$(N-2)$个单端口校准。

去嵌入技术还可以用于修改 VNA 的有效端口阻抗，将系统阻抗 Z_0 下测量得到的 DUT 特性转换为其他阻抗下的特性。这在平衡器件测量中尤其有用，因为它们的输入阻抗通常跟 VNA 的系统阻抗 Z_0 不匹配。

端口匹配是一种与阻抗变换相关的去嵌入技术，它可以从测量的 DUT 的 S 参数映射出在其输入端或输出端加上虚拟器件时的响应，这叫做端口匹配或者叫嵌入。一种比较常见的情况是 IC 匹配不好，此时希望用 IC 以外的其他元器件来实现功能，这时就会希望得到 IC 加上匹配元器件之后的响应特性，如 6.1.5.1 节中所述的一样。当把 DUT 置于 S 参数已知的电路中时，可以通过只测量 DUT 本身并使用端口匹配功能来去掉电路中其他元器件的特性，进而对整个系统的响应进行建模。经常需要通过调整 DUT(如偏置)的特性来达到整体的系统性能。一个这方面的例子是在 CATV 放大器的测量中用端口匹配加上 CATV 电缆的插入损耗的效应。放大器的指标定义了它在由一条长电缆(长达几千米)驱动时的频率平坦性。在以前的测量系统中会使用一条真实的 CATV 长电缆，但每条电缆的损耗都有些差别，因此每一个测试台的结果都与其他的不同。通过嵌入来模拟电缆的损耗，可以从测量结果中除去这种不一致造成的误差。

9.2.1　去嵌入的数学推导

使用去嵌入以去除夹具效应最常用的方法是修改校准参数。图 9.15 中显示了前向误差项的信号流图。

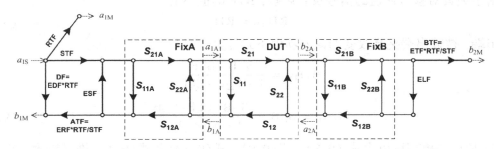

图 9.15　夹具和 DUT 测量的信号流图

有很多种方法能在整体信号流图上从系统误差项中计算夹具的效应，一种不常用但比较方便的方法是使用流图中的中间变量，并使用特定情形下的 DUT 的 S 参数。考虑一种简单的情形，DUT 匹配良好并且是单向的，即 $S_{11} = S_{12} = S_{22} = 0$ 和 $S_{21} = 1$，我们可以得到图 9.16 中的信号流图。选择什么样的 DUT 对误差项没有影响，所以我们可以用这种方式简化误差项的计算。

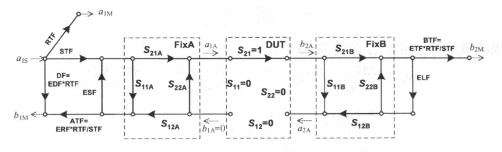

图 9.16　由单向 DUT 得到的夹具信号流图

为了计算夹具效应，我们把误差项转换成图 3.23 中的简化等效模型，用夹具的误差项代替标称误差项。注意这个信号流图中包含了源损耗和参考跟踪。在去嵌入的过程中，我们对所有的误差项进行修改，从而使新的误差模型涵盖了夹具的效应。尽管这种技术已被使用多年[1]，但直到 2011 年初，商用 VNA 上才出现了它在源和接收机功率校准上的应用。

在图 9.16 中，$b_{1A} = 0$。图中的回路项只有输入端的 ESF 和 S_{11A}，以及输出端的 ELF 和 S_{22A}。通过观察我们可以发现

$$DF_{Fix} = \frac{b_{1M}}{a_{1S}}\bigg|_{S_{11}=S_{12}=0} = DF + \frac{STF \cdot S_{11}A \cdot ATF}{1 - ESF \cdot S_{11}A} \tag{9.8}$$

$$STF_{Fix} = \frac{STF \cdot S_{21}A}{1 - ESF \cdot S_{11}A} \tag{9.9}$$

$$ATF_{Fix} = \frac{ATF \cdot S_{12}A}{1 - ESF \cdot S_{11}A} \tag{9.10}$$

$$ESF_{Fix} = S_{22}A + \frac{S_{12}A \cdot ESF \cdot S_{21}A}{1 - ESF \cdot S_{11}A} \tag{9.11}$$

由于夹具对参考通道的信号没有影响，RTF 的值不变

$$RTF_{Fix} = RTF \tag{9.12}$$

在输出端，被输出端夹具改变的误差项由下式计算

$$BTF_{Fix} = \frac{S_{21}B \cdot BTF}{1 - S_{22}B \cdot ELF} \tag{9.13}$$

$$ELF_{Fix} = S_{11}B + \frac{S_{21}B \cdot ELF \cdot S_{12}B}{1 - S_{22}B \cdot ELF} \tag{9.14}$$

传统 12 项误差模型可以由式 (9.8)、式(9.9)、式(9.10)和式(9.13)推导得到。误差项 DF 和传统的 EDF 误差项之间的差别为到参考耦合器的损耗

$$EDF = \frac{DF}{RTF} \tag{9.15}$$

夹具校准的 EDF 与 12 项误差模型的关系为

$$EDF_{Fix} = \frac{DF_{Fix}}{RTF} = \frac{DF}{RTF} + \frac{STF \cdot S_{11}A \cdot ATF}{RTF(1 - ESF \cdot S_{11}A)}$$

$$= EDF + \frac{ERF \cdot S_{11}A}{(1 - ESF \ S_{11}A)} \tag{9.16}$$

反射跟踪误差项也可由 12 项模型得到

$$ERF_{Fix} = \frac{ATF_{Fix} \cdot STF_{Fix}}{RTF_{Fix}} = \frac{1}{RTF} \cdot \frac{ATF \cdot S_{12}A}{1 - ESF \cdot S_{11}A} \cdot \frac{STF \cdot S_{21}A}{1 - ESF \cdot S_{11}A}$$

$$= \frac{ATF \cdot STF}{RTF} \cdot \frac{S_{21}A \cdot S_{12}A}{(1 - ESF \cdot S_{11}A)^2} \tag{9.17}$$

$$= \frac{ERF \cdot S_{21}A \cdot S_{12}A}{(1 - ESF \cdot S_{11}A)^2}$$

夹具校准的 ETF 为

$$\text{ETF}_{\text{Fix}} = \frac{\text{BTF}_{\text{Fix}} \cdot \text{STF}_{\text{Fix}}}{\text{RTF}_{\text{Fix}}} = \frac{1}{\text{RTF}} \cdot \frac{\text{BTF} \cdot S_{21}B}{1 - S_{22}B \cdot \text{ELF}} \cdot \frac{\text{STF} \cdot S_{21}A}{1 - \text{ESF} \cdot S_{11}A}$$

$$= \frac{\text{BTF} \cdot \text{STF}}{\text{RTF}} \cdot \frac{S_{21}A \cdot S_{21}B}{(1 - \text{ESF} \cdot S_{11}A)(1 - S_{22}B \cdot \text{ELF})} \tag{9.18}$$

$$= \frac{\text{ETF} \cdot S_{21}A \cdot S_{21}B}{(1 - \text{ESF} \cdot S_{11}A)(1 - S_{22}B \cdot \text{ELF})}$$

考虑模型的完整性，最后一个未知的误差项是串扰，跟 RTF 相似，串扰也不受夹具的影响

$$\text{EXF}_{\text{Fix}} = \text{EXF} \tag{9.19}$$

反向的误差项的计算与前向类似。

9.3　确定夹具的 S 参数

对夹具做去嵌入最好的方式是确定夹具的所有 S 参数。但如果不存在能校准每个夹具端口的校准件，确定夹具的 S 参数会很难。一种方法是用线性仿真对夹具建模或用三维电磁结构仿真，这种方法经常被用在晶圆探针测试中，用来消除 IC 器件上连接的焊盘的影响。另一种方法是用端口延伸技术确定夹具的损耗和时延。此外还有一些技术，将一对夹具用直通连接起来，然后对整体做时域选通，并经过特殊的数学处理分割夹具的效应。这些方法将在下节中详细阐述。

9.3.1　用单端口校准获取夹具的特性

获取夹具或适配器特性最简单的方法是通过二端口校准直接测量它们的特性。但是这经常是做不到的，因为可能没有整套校准件可供使用，或者由于物理上的限制，无法在校准之后对夹具或适配器进行测量。然而，如果能在连上夹具前后都做一个单端口校准，就可以完全确定夹具的 S 参数。式 (9.11)、式(9.16)以及式(9.17)提供了计算夹具 S 参数的基础。

这些误差项的公式是在一个已校准端口上加上一个夹具的情况下推导出来的，也可以被用到在连上一个未知夹具前后做单端口校准，然后确定该夹具的 S 参数。然而，尽管有四个未知的 S 参数，一个单端口校准只能提供三个误差项方程。可以通过假设夹具或适配器是无源双向的来减少未知数，即 $S_{21} = S_{12}$。这时我们有三个方程和三个未知数。如果第一级校准(在夹具或适配器的输入端)的误差项为 EDF，ERF 和 ESF，第二级校准(在夹具或适配器的输出端)的误差项为 EDF_{Fix}，ERF_{Fix} 和 ESF_{Fix}，那么夹具或适配器的 S 参数可通过下面的公式计算

$$\begin{aligned} S_{11\_\text{Fix}} &= \frac{(\text{EDF}_{\text{Fix}} - \text{EDF})}{[\text{ERF} + \text{ESF} \cdot (\text{EDF}_{\text{Fix}} - \text{EDF})]} \\ S_{21\_\text{Fix}} &= S_{12\_\text{Fix}} = \frac{\sqrt{\text{ERF} \cdot \text{ERF}_{\text{Fix}}}}{[\text{ERF} + \text{ESF} \cdot (\text{EDF}_{\text{Fix}} - \text{EDF})]} \\ S_{22\_\text{Fix}} &= \text{ESF}_{\text{Fix}} + \frac{\text{ESF} \cdot \text{ERF}_{\text{Fix}}}{[\text{ERF} + \text{ESF}(\text{EDF}_{\text{Fix}} - \text{EDF})]} \end{aligned} \tag{9.20}$$

这与第 3 章介绍的适配器移除校准的公式是一样的。

9.3.1.1　计算复频率响应的平方根

在计算 S_{21} 的相位时有一个小问题：平方根函数有一个正解和一个负解；在复数形式，它表现为 S_{21} 的相位有 $180°$ 的不确定性。如果没有其他条件，我们无法确定哪个才是正确的解，但只需知道一点额外的信息，特别是标称时延，就可以得到合适的解，使相位响应与从时延估计的相位尽量接近。另一种确定相位响应的方法是画出 S_{21}^2 的展开的相位对频率的函数，然后除以 2。如果相邻频点之间的相位变化小于 $180°$，这种方法能得到正确的相位和时延。唯一的不确定性是在第一点的相位。为了得到它可以先确定相位的斜率，然后将其反向延长到 DC，或者换一种方式，用适配器的时延预估迹线在第一点的相位偏置。与实际 S_{21} 相位有一定偏置的相频响应计算如下

$$\phi_{(f)\text{Offset}} = \frac{\phi_{(f)\_\text{Unwrap}}}{2} + \left(\text{Int}\left[\frac{(\phi_N - \phi_0)}{(f_N - f_0)} \cdot \frac{f_0}{360} \right] \right) \cdot \frac{360}{2} \tag{9.21}$$

式中 N 是在迹线上选择的一个点，用来计算群时延。使用整条迹线估计群时延得到的噪声最小，但当夹具在高频的时延不为常数时可能没有实际意义。这种方法在夹具或适配器的群时延几乎为常数时得到的结果很好，但当适配器是带限的，如波导的适配器时，这种方法可能并不适用。特别是当适配器的波导部分的时延在不同频率下不为常数，而同轴部分的时延为常数时，可能就会有问题。

图 9.17 显示了计算相位响应的一个实例，用的是一个适配器从 8 GHz 开始的一个窄频率范围内的特性。图中显示了适配器的普通（折叠的）相位响应——"初始相位数据"，以及用展开的初始相位除以 2 得到的平方根相位——"相位数据/2"。将数据从 8 GHz 反向延长到 DC，我们可以看出如果希望初始相位在 DC 为 $0°$，我们需要加上 $180°$ 的相位偏置。偏置后的初始相位标记为"时延偏置的数据"。最后，正确的平方根相位可以通过对该相位响应除以 2 得到，标记为"偏置数据/2"。如果可能的话，可以通过测量适配器的真实 S_{21} 响应对结果进行验证，或者在更宽的频率范围内（接近 DC）获取它的特性，从而保证没有丢掉任何相位折叠的信息。事实上，在使用相对带宽较宽的器件时，最好在更宽的频率范围内对它进行测量。测量到更低的频率可以避免这里讨论的相位折叠问题，到更高的频率更容易发现其他效应，如断续的连接。

在为了进行去嵌入而获取适配器特性的过程中，最后一点值得注意的是，尽管结果只有 4 个 S 参数，但端口号的顺序有时候让人迷惑。一般情况下，去嵌入网络的端口 1 面向 VNA 的测试端口。这在对端口 1 做去嵌入时很正常，因为这种顺序在对适配器进行测量时也很自然。但是，如果用同样的方法对适配器测量，但是对端口 2 做去嵌入，正常的逻辑顺序是适配器的端口 2 面向测试端口。但这种逻辑在多于二端口的情况下是不成立的。因此，对去嵌入网络的规定是端口 1 总面向着测试端口，这保证了对 1、2 或 N 端口 VNA 都有统一的操作。有时候这要求对适配器的数据做翻转，交换端口 1 和端口 2，因此 S_{11} 变成了 S_{22}，对无源的适配器的 S_{21} 和 S_{12} 没有影响，因为 $S_{21} = S_{12}$。在大多数现代网络分析仪中，都在去嵌入的设置中提供了对去嵌入网络进行端口翻转的选项，图 9.18 显示了一个例子。

另一个去嵌入的要点是使去嵌入网络的频率范围与目标测量相匹配。本例中，S2P

文件的范围只是测量范围的一部分。新的 VNA 提供了对 S2P 文件外插使其覆盖测量频率范围的能力。对一些如衰减器之类的器件来说，这可能不太合理，我们需要仔细考虑外插对特定的适配器或夹具是否有效。

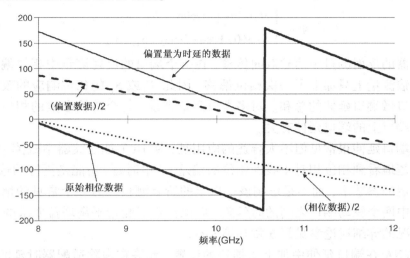

图 9.17 确定 S_{21} 的相位响应

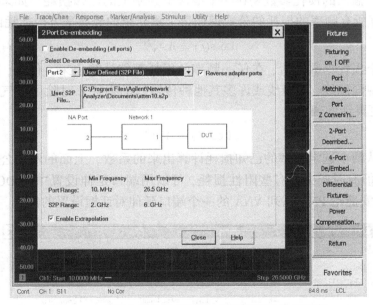

图 9.18 去嵌入的设置对话框，允许任意的端口顺序

9.3.1.2 端口延伸

在测量微波元器件时，很常见的做法是先校准到同轴参考平面，然后接上适配器或夹具以连接 DUT。这些连接器通常匹配良好，但由于适配器的相位偏移或电时延，导致了 DUT 的 S 参数测量误差。最初的 VNA 使用了一种称为线延伸器的机械装置，以补偿测试夹具或适配器的时延，有时候叫做长号线，因为拆开之后这种结构的中间导体像一个长号。这些线延伸器用在 VNA 比值测量的一条路径上，从而在参考通道增加一些时延，以补偿适配器或夹具对测试端口造成的电时延。

从 HP-8510A 开始，线延伸器就被一个数学功能取代，该函数从 DUT 的相位响应增加或减少时延，这个功能叫端口延伸。端口延伸的工作原理是在测量的相位数据上增加一个与时延等效的相位偏移。对一个给定时延的相位偏移由下式计算

$$\phi = \begin{cases} 360 \cdot \text{Freq} \cdot \text{Delay} : S_{21}, S_{12} \\ 2 \cdot 360 \cdot \text{Freq} \cdot \text{Delay} : S_{11}, S_{22} \end{cases} \tag{9.22}$$

因为在适配器的反射测量中信号双向传输，在每个端口的反射测量中相位偏移被计算了两次。在传输测量上只加上了一次相位偏移，因此 S_{21} 或 S_{12} 的相位响应的改变量是对涉及的每个端口做端口延伸的总和。对多端口测量来说，每个传输参数的相位变化都和该参数涉及的端口上的端口延伸有关。

一个对端口延伸很常见但不太合适的应用是，从 DUT 如滤波器中减掉一些时延，从而可以更清楚地看到相位相对于线性相位的偏差。"电时延"功能是更好的选择，因为它只作用在选定的参数上，而不是影响该端口上的所有测量。另一个常见的情况是去除平衡器件测量中两个驱动端口之间的时延差，以保证正确测量平衡增益要求的 180° 的相位差。这些情况的详细讨论参见第 5 章和第 8 章。

最近，VNA 在端口延伸中加上了损耗的设置，允许在去除适配器时延的同时，也去掉少量的损耗。输入的损耗参数是在一个或两个频率上的已知损耗。如果只使用单个已知的损耗，计算所有频率的损耗的公式遵循第 1 章介绍的经典平方根损耗函数，即

$$\text{Loss}(f) = A \cdot \sqrt{f} \tag{9.23}$$

知道某一个损耗参数之后，在任一频率的损耗都能计算出来。但是，这个损耗曲线不能表示非理想同轴线、微带线或许多其他种传输线的损耗。对除了空气线之外的传输线，使用一个更灵活的函数

$$\text{Loss}(f) = A \cdot f^b \tag{9.24}$$

其中 A 和 b 是从两个选定频率的已知损耗计算出来的系数。上面的两个公式里都假设在 DC 没有损耗，但有时候夹具有些阻性损耗，可以用端口延伸设置中的 DC 损耗项涵盖；图 9.19 显示了安捷伦 PNA 系列 VNA 的一个端口延伸对话框设置的例子。

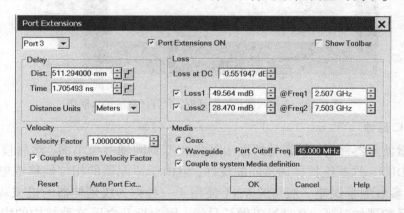

图 9.19　包含损耗和波导补偿的端口延伸对话框

为了简便，新的网络分析仪可以用时间或距离的时延作为端口延伸的输入，距离和

时间的关系为

$$\text{Dist}_{\text{Delay}} = \text{VF} \cdot c \cdot \text{Time}_{\text{Delay}} \tag{9.25}$$

其中 c 为自由空间的光速，VF 是介质的速度因子，真空的 VF 是 1(非常接近空气的值)。

　　由于波导传输线有很强的色散，对只有一个端口延伸时延的传输线来说，需要考虑在不同频率上的不同相位偏移。如果选择的介质类型是波导，时延与波导的物理长度有关，相位根据式(3.36)可以计算为

$$\phi_{(f)} = \left(360 f \sqrt{1 - \left(\frac{f_c}{f} \right)^2} \right) \cdot \text{Time}_{\text{delay}} \tag{9.26}$$

　　端口延伸的损耗和时延有时候是用去嵌入具体实现的，被应用到校准数据上。过去的网络分析仪只使用相位偏置项，它只是在数据处理的最后一步的一个比例函数，而现代的网络分析仪还提供了其他夹具特性，使用端口延伸有时候要求它的计算在其他去嵌入函数之前，如端口匹配或阻抗变换。如果在校准数据中应用了夹具或去嵌入功能，同样必须在上面加上端口延伸的效应。这导致了在新旧网络分析仪做测量以及应用端口延伸在功能上有所不同。

　　如果用做比例函数，端口延伸只是简单地在最终的参数结果加上一定的相位偏移，如式 (9.22)所述，可以应用在原始未校准的数据上。如果是在校准过程中用去嵌入实现，必须做一个完整的二端口测量，以包含端口延伸需要的所有误差项。这时即便显示的是未校准的原始测量，也会在后台创建一份理想的单元校准数据(所有传输项的误差项为 1，反射项的误差项为 0)，端口延伸的特性会从这份校准数据中被去嵌入掉。因此，对 S_{21} 迹线用夹具功能打开端口延伸时，会导致 VNA 进行两次扫描。总体来讲用这种方法做端口延伸更可靠，而且它也保证了打开其他的夹具功能时有合理的计算顺序。一般来说，现在用夹具功能打开的端口延伸都是用去嵌入实现的。

9.3.1.3　确定端口延伸的参数

　　一般情况下，在连上夹具或适配器并进行端口延伸之前，最好在测试端口做一个完整的误差校正(单端口、二端口或 N 端口)。单端口校准可以去除该端口在夹具之前的所有失配误差和方向性误差。如果夹具经过了良好的设计，它的失配误差会很小。一个设计良好的夹具在 RF 的失配误差应该小于 26 dB，在微波频段的失配误差应小于 20 dB。

　　一个用端口延伸校正适配器或夹具误差的难点是确定端口延伸的时延。在老一点的网络分析仪中，不能对损耗进行补偿。通常通过在夹具的 DUT 平面上不连接任何器件，然后观察夹具的相位迹线来确定时延。理想情况下，这个开路反射响应应该在整个频带内有接近 0° 的相位。实际上，采用这种方法得到的时延可能会过长，因为开路的相位偏移在低频时由于边缘电容的影响可能只有几度，但在微波频段可能大很多。我们可以通过估计夹具的边缘电容来对开路的边缘效应进行补偿，这种估计是基于夹具与其他连接器的相似性(同轴适配器的情况)或用建模的方式对开路夹具的边缘电容进行估计(PCB 微带线夹具的情况)。

　　许多网络分析仪有一个"电时延"的比例因子，它根据输入的时延值增加或减去一些相位值。这个时延偏置是设置显示格式的一部分，它不能像端口延伸那样对反射测量的双向响应起作用。许多 VNA 都有一个叫"用游标得到时延"(marker to delay)的功能，计算相位迹线上一个游标附近的范围内(一般是 ±10%)的群时延，然后将其用做电时延的值。如果把它用在反射测量中，需要用它一半的值做端口延伸。如果在史密斯圆图上显示开路夹具的 S_{11}，可以通过调整电时延或端口延伸的值，直到游标读数为 0°，或者更好的是，读数与边缘电容的值一致。这个过程必须在需要做端口延伸的所有端口上重复进行。

9.4　自动端口延伸

　　在为夹具做端口延伸时确定时延的过程很烦琐，得到的值可能由于噪声或 S_{11} 迹线上失配造成的微小扰动而造成很大差别。最近，确定端口延伸值的过程很大程度上自动化了，因此它现在就跟做一个第二级的响应校准一样简单。

　　在测试端口连上夹具之后，通常会看到一条幅度响应有波动、相位响应变化很快的迹线。波动几乎总是由于同轴到 PCB 的过渡部分，以及夹具开路的再反射引起的。当 DUT 在信号连接的同一平面上有对地连接时，做一个与 DUT 封装同样大小的短路模块(实际为一小块导体或金属)非常容易。由于无屏蔽的开路有辐射，有时候短路为端口延伸提供的参考比开路更加稳定。

　　在使用自动端口延伸(APE)时，VNA 测量一个开路或短路，或者两者都测，然后用最小二乘法拟合相位响应的时延。图 9.20 显示了一个 APE 的设置对话框的实例。如果使用开路，目标相位响应是 0°；如果使用短路，目标相位响应是 180°。如果二者都用，会对测量做平均(补偿短路的 180° 相位偏移)，然后对平均的相位响应做最小二乘拟合。

　　这个对话框提供了几个选择，可以在测量的当前范围内做最小二乘拟合，或是在用户指定的范围内去做。有时候，DUT 使用的夹具在频带的高频部分有剧烈变化的相位响应，但测量的关注点只在频带的一部分，通常是中间或低频部分。用于测量蜂窝手机的小陶瓷或声表面波滤波器的夹具就是这样。这种情况下，用通带中心附近的一个窄频带来设置端口延伸的值就很方便。第三个选择是直接使用当前的游标，计算迹线上某一点的时延。

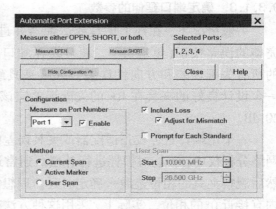

图 9.20　自动端口延伸设置

　　确定损耗是在夹具的幅度响应上使用一个类似的过程。对幅度来说，最小二乘拟合是对式(9.24)找到最佳拟合。找到最佳拟合之后，整条曲线的值就可以由三个频点确定：频带上距离起始频率 1/4 和 3/4 位置以及直流点。

图 9.21(a)显示了夹具的开路和短路响应。幅度迹线上的波动很明显，而且开路的波动几乎与短路的波动相反。对宽带测量来说，对开路和短路的平均做最小二乘拟合跟单独使用开路或短路做拟合得到的结果几乎相同。而对窄带测量来说，使用开路和短路的平均可以避免波动带来的偏置误差。使用这些方法之后，可以大大减小夹具输入端的失配误差对端口延伸损耗值的影响。相位响应的处理过程也是类似的。图 9.21(b)显示的是自动端口延伸的结果，计算得到的时延和损耗显示在端口延伸工具栏上(显示在两张图上面)。

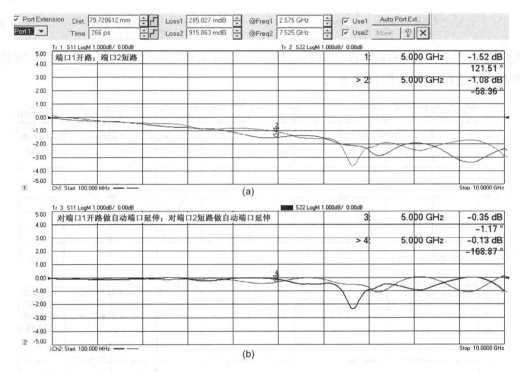

图 9.21　(a)开路和短路夹具的测量；(b)自动端口延伸之后

然而这种方法也有缺点，如果直接对损耗进行补偿，开路和短路的波动会导致 S_{11} 在 0 dB 以上，也就是 S_{11} 的幅度大于 1。在使最大误差最小化的过程中，如果 DUT 的数据有很强的反射，那么在电路仿真中这种补偿结果会造成很大的问题。例如，放大器通常有一个预匹配网络，它在关心的频带外有很强的反射。如果 S_{11} 幅度大于 1，很多计算就会失败，例如稳定因子，优化也会变得很困难。这是因为所有的无源器件和大多数有源器件的 S_{11} 都小于 1。

APE 有一个特殊的功能是允许用户选择忽略端口延伸的失配或根据失配的波动对损耗加上一定的偏置，从而使损耗补偿不会导致 S_{11} 大于 1。图 9.22 显示了 APE 补偿的结果，图 9.22(b)显示的是直接用最小二乘拟合的结果，图 9.22(a)显示的是对失配进行补偿的 APE 结果。对失配进行补偿的算法本质上是对损耗进行修改，使测得的响应(开路或短路)的峰值低于 $S_{11}=1$(或 0 dB)的基准线。对失配进行补偿后，理论上的最大误差变大了，正的误差趋于 0，而负的误差是波动的两倍；但是，S_{11} 迹线很正常，对仿真更有帮助。

APE 对多端口或平衡器件测量的夹具部分用起来非常方便。甚至有可能在 PCB 夹具上焊有 DUT 模块的时候仍能使用 APE。图 9.23 显示的是一个 S_{11} 的测量,该测量是一个 10 pF 旁路电容从直通夹具的中心线上接地而成。浅灰色的迹线是未经补偿的 S_{11},从它上面看不出任何 DUT 的特性。深色的迹线是应用 APE 的结果。在 300 MHz 附近的低频响应上,迹线通过 j50 Ω 的导纳线(导纳为 0.02 S),游标 1 显示了旁路电容的正确读数。游标 2 寻找最强反射的位置,显示了自激频率约为 1.35 GHz。由此我们可以计算出这个电容的有效串联电感是

$$L_{SRF} = \frac{1}{(2\pi f_{SRF})^2 \cdot C} = \frac{1}{(2\pi (1.35 \cdot 10^9))^2 \cdot 10 \cdot 10^{-12}} = 1.4 \text{ nH} \tag{9.27}$$

这跟用其他方法估计 SMT 电容的串联电感得到的结果相符。使用 APE 是从器件测量中去除夹具效应的一种很简便的方法。

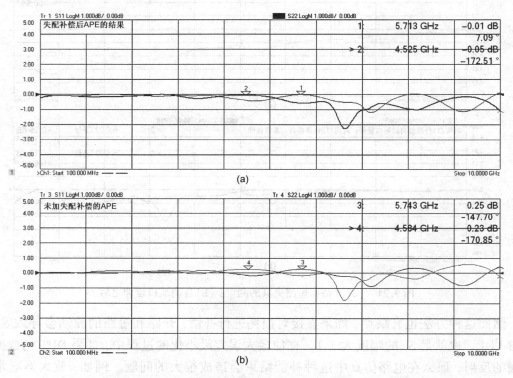

图 9.22　是否进行失配补偿的情况下,APE 之后的 S_{11} 响应

图 9.24 为所有 S 参数的对数幅度格式的显示。对电路设计工程师的特别说明是,从 S_{21} 迹线[参见图 9.24(c)]可以清楚地看出,即便是在较低的 RF 频率,串联电感主导了响应,使得这个 10 pF 的电容并没有在宽频带上显示为一个低阻抗的旁路电容。当它被用做一个滤波器元件时,必须在设计中考虑串联电感的效应,否则这个滤波器的响应很可能往更低的频率偏移。

许多 RF 器件在未加电时有很强的反射,因此 APE 甚至可以在夹具上连有未加电的 DUT 时使用。如果该器件有较强的反射,对相位的补偿是有效的。这种情况下,除非已知未加电时该器件的阻抗能提供一个全反射,否则应该关闭损耗补偿。

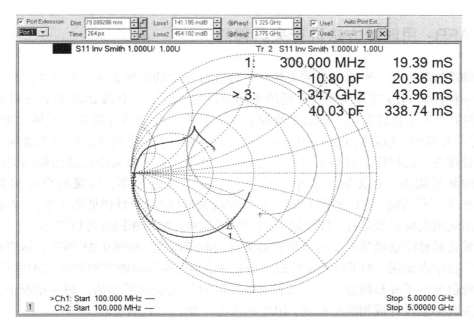

图 9.23　10 pF 旁路电容的测量；（浅灰色）连同夹具的测量；（深色）应用 APE 之后

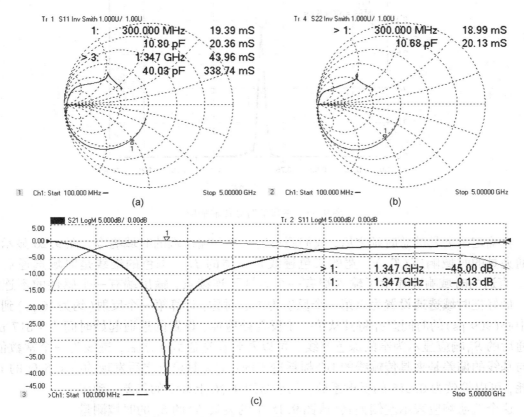

图 9.24　使用 APE 的 10 pF 旁路电容的完整测量（S_{21} 是深色迹线）

9.5　AFR：用时域方法进行夹具移除

　　自动端口延伸是一种对夹具的损耗和时延进行补偿的简单方法，可以处理单端口夹具。另一种补偿 PCB 或其他夹具损耗的常用方法是：制作一个跟 DUT 夹具一样的测试夹具，但提供一个直通连接。最简单使用直通夹具进行补偿的方法是用同轴校准件（如SMA）进行校准的，然后用 Data→Memory 和 Data/Memory 的功能将迹线用直通响应归一化。尽管这在一定程度上起到了归一化的作用，但测试夹具输入端和输出端的失配会导致较大的测量误差，在传输测量中会高达 ± 1 dB。最近几年，高级的自动夹具移除（AFR）技术不断涌现，它们利用 PCB 夹具的时域测量（时域测量详见第 4 章）来补偿输入端和输出端的失配以及损耗，即便输入端和输出端的失配不相同也可以工作[2]。

　　时域夹具移除法的第一步是测量直通夹具的时域响应，如图 9.25 所示。尽管夹具可能只在窄频带内使用，为了得到最佳时域分辨率，仍应在尽可能宽的频率范围进行测量。响应的峰值显示了夹具的总时延，或者可以用群时延响应的平均值。很多情况下，输入和输出夹具都被设计成相等的长度，DUT 的参考平面在夹具的中心。

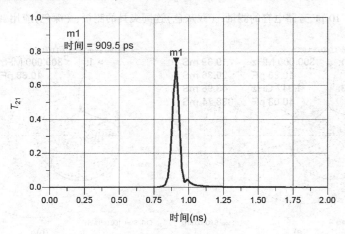

图 9.25　夹具的时域传输响应

　　在确定了夹具的总时延之后，我们测量输入端和输出端的时域响应。图 9.26 显示了直通夹具的时域响应（T_{11}）。宽的灰色迹线是总体的 T_{11}，深色的细线是时域选通后的 T_{11}。直通的时域响应显示了输入端有一个容性不连续点，输出端有一个感性的不连续点。最好把时域选通设置为以第一个反射为中心对称：计算第一个反射（约为 46 ps）到直通中心（909 ps）的时间差并将其从第一个反射处剪掉，设置的选通起始时间为 − 817 ps。选通后的 S_{11} 响应显示为窄的深色迹线。可以看到在选通截止之后，迹线为一个常数值。它与基线的偏差是夹具传输线的 DC 损耗造成的；对夹具检查之后发现约有 1.5 Ω 的 DC损耗，可以等效为 0.015 的反射系数，几乎与图 9.26 上显示的偏差一致。

　　这个选通响应表示左侧夹具（或图 9.15 中的夹具 A）的 S_{11} 的时域测量。

　　图 9.27 中，浅色的窄线表示直通夹具的总体响应（DUT 被直通代替的夹具），它有较大的波动。同时显示了直通夹具的 S_{11} 选通响应，S_{11A}（深色迹线），以及独立测量得到的

夹具 A 的实际 S_{11A}（宽的浅灰色迹线）。能明显看出选通响应与夹具的实际响应非常接近。

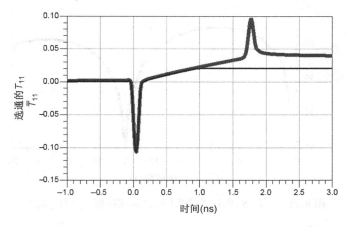

图 9.26　直通夹具的时域响应（灰色，T_{11}）和选通响应（黑色，T_{11_Gated}）

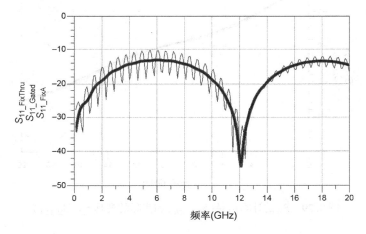

图 9.27　直通的频率响应（$S_{11\_FixThru}$，浅色窄线），选通 S_{11}（S_{11_Gated}，黑色宽线）以及夹具的实际 S_{11}（S_{11_FixA}，灰色宽线）

夹具 B 的 S_{22B}，即直通夹具的输出端响应，可以通过类似的方式对直通夹具的 S_{22} 做时域选通得到。现在我们得到了 6 个已知量：夹具 A 的 S_{11A}，夹具 B 的 S_{22B}，以及直通夹具的 4 个 S 参数，我们可以表示为 S_{11T}，S_{21T}，S_{12T}，S_{22T}。现在每个夹具还剩下三个未知 S 参数。

夹具 A 和夹具 B 剩下的 S 参数可以通过假设 $S_{21A} = S_{12A}$，$S_{21B} = S_{12B}$ 得到，所以总共只剩下 4 个未知量：S_{21A}，S_{21B}，S_{22A}，S_{11B}。从直通的 4 个 S 参数可以得到足够多的独立方程，从而对这些未知量进行求解。

图 9.28 显示了示例夹具通过计算得到的 S_{22A}（黑色迹线），以及独立测量得到的实际值（灰色宽线）。结果几乎完全重合，只是在频带边缘有微小差别。

图 9.29 显示了通过 AFR 技术计算得到的 S_{21A}（S_{21A_AFR}，黑色窄线）与独立测量得到的夹具 A 的 S_{21A}（S_{21_FixA}，浅灰色宽线）的比较结果，几乎完全重合。

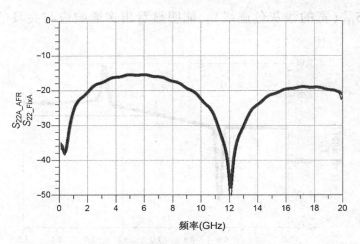

图 9.28   夹具 S_{22} 的计算结果(S_{22A})和实际值 S_{22}(Fix_S_{22})

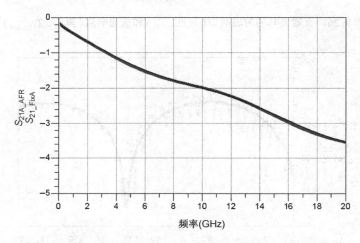

图 9.29 S_{21} 的计算结果(S_{21A_AFR})和实际的夹具 S_{21}(S_{21_FixA})

因此，即使是在夹具的失配不对称的情况，也可能通过直通测量得到输入夹具(夹具 A)和输出夹具(夹具 B)的所有 S 参数。图 9.30 显示了一个夹具内的滤波器测量(Filter_Fix$_{11}$，灰色粗线)，以及同一测量经过 AFR 处理的结果(Filter_AFR，黑色细线)，还有独立测量的实际滤波器特性(Filter_Actual，浅灰色细线)，图 9.30(a)显示的是 S_{11}，图 9.30(b)显示的是 S_{21}。只用了一个直通测量和 AFR 技术的处理就使滤波器响应相比有夹具时有了重大的改进。

有些时候，DUT 不在夹具的中心，因此夹具 A 和夹具 B 的损耗和时延不相等。这种情况下，可以对偏置的损耗和时延进行补偿，具体做法是：首先在夹具中连上直通时做一次 AFR，然后在插入 DUT 的位置放置开路夹具，并测量夹具的开路响应。有了开路响应，我们可以使用 9.4 节介绍的 APE 得到相对于直通在夹具中心时的损耗和时延。这会导致在一个端口有一个小的正端口延伸，在另一个端口有一个等量但是负的端口延伸。

这些夹具移除技术代表了最新的一些处理 PCB 和类似的夹具方法。这些技术还可以进一步用于平衡测量，用平衡 S 参数代替单端 S 参数。

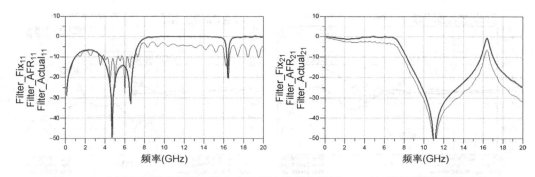

图 9.30　实际的滤波器测量、带有夹具的滤波器和使用 AFR 处理的测量结果的比较

9.5.1　AFR 测量实例

用 9.1.1 节的 PCB 和 DUT 实例可以对 AFR 进行简单有效的验证。先在一个宽频率范围内做一个校准，然后测量直通的特性。用上述的 AFR 技术计算输入端和输出端的夹具特性。图 9.31 显示了得到的夹具 S 参数结果。

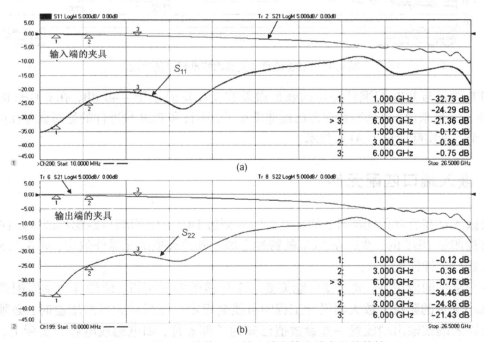

图 9.31　用 AFR 计算 PCB 输入端和输出端夹具的特性

得到的夹具输入和输出回波损耗与图 9.2 中通过时域选通对直通输入和输出失配的估计非常接近。

AFR 的最后一步是在校准数据上用去嵌入去掉输入端和输出端的夹具，该校准数据就是测量直通时的那份数据。去嵌入之后，对第一个例子中的 100 Ω 旁路电阻进行重新测量，图 9.32 显示了数据比较的结果。

虽然只用了一个直通，但 AFR 得到的结果相当好。S_{11}、S_{22} 以及 S_{21} 的测量都与用 PCB 校准件测量得到的结果非常一致。

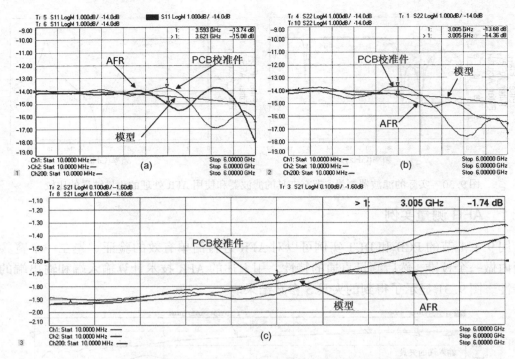

图 9.32　AFR 测量与夹具内校准测量的比较

AFR 测量与 PCB 校准件测量的残留误差在 3 GHz 时小于 − 40 dB，在 6 GHz 时小于 − 30 dB。一般来说，这些残留误差已经非常小了，而且和 PCB 校准件的绝对误差在同一量级。这个测量实际验证了 AFR 技术。

9.6　嵌入端口匹配元件

去嵌入是在有其他元器件，如夹具的时候测量 DUT 的，而端口匹配和嵌入是在 VNA 端口直接测量 DUT 的，然后在 DUT 的特性上加上其他虚拟的元器件效应，如 6.1.5.1 节的放大器稳定性匹配。

一个常见的应用是：放大器可能需要一个外接的匹配网络，使最佳功率匹配条件从 50 Ω 减小到别的阻抗。放大器设计工程师可能会规定在测量放大器的增益时，必须在放大器的输入端或输出端放置一些参数值已知的外部器件，如电感或电容。实际上，生产线上的测试系统保证外接器件有统一的参数值是很难的。如果需要在晶圆器件上做端口匹配就更困难了。一些探针生产厂家会提供带有端口匹配器件的定制探针，但它们会很昂贵，交付周期很长，而且很难验证它们的参数是否正确。

可以用与去嵌入类似的技术在数学上做虚拟的端口匹配。事实上，只要认识到嵌入一个 S 参数网络等效于去嵌入它的逆网络，我们就可以直接用去嵌入技术来实现。逆网络 S^A 定义为：当它与网络 S^N 串联时，会构成一个单元 S 参数矩阵 S^U，该网络的特性为 $S_{11} = S_{22} = 0$，以及 $S_{21} = S_{22} = 1$；图 9.33 显示了它的信号流图。注意还有另外一种定义方式，将逆网络放在后面，而不是像图中那样放在前面[3]，这会产生不同的逆网络的参数。

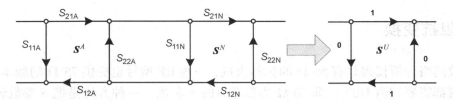

图 9.33　逆网络的信号流图

我们使用图 9.33 的信号流图计算逆网络的 S 参数。首先计算逆网络的输出项

$$S_{22}^A = \frac{S_{22}^N}{\left(S_{11}^N \cdot S_{22}^N - S_{21}^N \cdot S_{12}^N\right)} \tag{9.28}$$

然后用它推导逆网络的所有传输项

$$S_{12}^A = \frac{\left(1 - S_{11}^N \cdot S_{22}^A\right)}{S_{12}^N} \tag{9.29}$$

$$S_{21}^A = \frac{\left(1 - S_{11}^N \cdot S_{22}^A\right)}{S_{21}^N} \tag{9.30}$$

它们被用来计算逆网络的输入项

$$S_{11}^A = \frac{S_{21}^A \cdot S_{12}^A \cdot S_{11}^N}{\left(S_{11}^N \cdot S_{22}^A - 1\right)} \tag{9.31}$$

很多文献都把逆网络放在正网络后面，但这种结构与通常情况下使用去嵌入网络面向 VNA 端口的设置不相称。

图 9.34 显示了在 DUT 前面和后面都加上了一个逆网络/网络对。注意在做去嵌入之前，整个串联结构的 S 参数与原始 DUT 的 S 参数相同。从这张图可以看出，如果从端口 1 去嵌入掉匹配电路的逆网络，从端口 2 去嵌入掉右边的逆网络，得到的结果就是在 DUT 上嵌入端口 1 和端口 2 的网络效应。

这种技术使我们可以用去嵌入功能完成端口匹配。现代网络分析仪一般都有去嵌入和嵌入功能（经常叫做"端口匹配"），因此不需要自己计算逆网络。计算逆网络最后要注意的是：因为计算过程中分母包含两项相减（如计算 S_{22A} 时），逆网络的参数在某些频率可能出现无定义或者无穷大的情况。其他的计算方法，如使用 T 参数或 ABCD 网络，也有它们自身的计算问题，但是可能在无法得到逆网络时能用来做端口匹配。

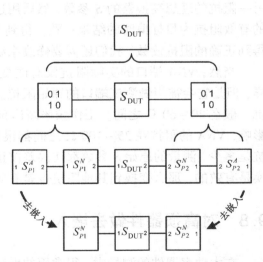

图 9.34　DUT 输入和输出端口匹配的示意图

9.7　阻抗变换

多数网络分析仪都只有 50 Ω 的标称阻抗，一些 RF 型号也提供 75 Ω 的版本。但是，很多时候都需要知道 DUT 以非 50 Ω 为参考时的 S 参数。一种方法是把 S 参数转换成不依赖于端口阻抗的其他参数类型，例如 Z 参数（参见第 2 章）。但我们也可以用夹具或去嵌入技术提供一种简单的替代方法，只需要把阻抗变换当做一个理想无损的 S 参数模型，然后把它嵌入到测量中即可。图 9.35 显示了一个理想的阻抗变换器[3]，可以从一个阻抗变换到另一个阻抗，其 S 参数可以由阻抗的比值计算出来。

对一个阻抗变换器来说，阻抗变换的效应为 n^2 量级。因此为了将参考阻抗 Z_0 转换成负载阻抗 Z_L，变换比的计算式为

$$n = \sqrt{\frac{Z_L}{Z_0}} \qquad (9.32)$$

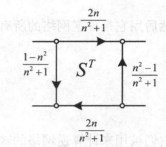

阻抗变换器的 S 参数为

$$S_{11}^T = \frac{1-n^2}{n^2+1}, \quad S_{12}^T = \frac{2n}{n^2+1}$$
$$S_{21}^T = \frac{2n}{n^2+1}, \quad S_{22}^T = \frac{n^2-1}{n^2+1} \qquad (9.33)$$

图 9.35　理想阻抗变换器的 S 参数

为了修改 VNA 测试端口阻抗的有效值，我们可以先在一个阻抗下校准，计算变换到另一阻抗的理想变换器的 S 参数，然后用这些 S 参数做去嵌入，使得 VNA 的读数与 VNA 的有效阻抗为目标值时的结果一致。得到的 S 参数是正确的，但是为了在史密斯圆图上得到正确的阻抗读数，我们还需要修改系统 Z_0 的值，它确定了史密斯圆图的中心点。

当然，VNA 端口的实际阻抗没有改变。它很有可能跟上面讲的两个阻抗值都不一样，但是它会被当做测试端口的原始阻抗。50 Ω 参考阻抗的 RF VNA，其实际的端口阻抗一般在 40 ~ 60 Ω 之间。工作频率高达 50 ~ 70 GHz 的高频 VNA，其本身的失配有很大影响，VNA 的阻抗在 25 ~ 100 Ω 之间都很正常。我们需要认识到不管测试端口提供的阻抗是多少，测量的原始 S 参数都在误差校正的过程中变换为以 50 Ω 为参考。如果这个变换是有效的，那么变换到其他阻抗也是有效的。

9.8　对高损器件做去嵌入

在大功率器件的测量中，很常用的做法是在 DUT 的输出端加上一个大衰减器，从而降低传输到 VNA 的功率以避免损坏。因为有较大的损耗，输出端口的匹配测量可能很差，二端口校准技术不能得到满意的结果。例如，因为在 VNA 端口上看到的不同阻抗状态差别很小，电子校准件无法完成自动识别自身的端口跟哪个 VNA 的端口相连。一个经验值是：如果器件或夹具的单向插入损耗不到 10 dB，就可以轻松地对它们做去嵌入。如果损耗不到 15 dB，反射也比较弱（衰减器符合这个要求，但滤波器在阻带内不符合），可

以通过细心地用平均和低中频带宽来做去嵌入。如果去嵌入的器件有大于 20 dB 的插入损耗，去嵌入的结果一般会很差。

考虑一个对 VNA 的端口 2 和放大器的输出端之间的 20 dB 的衰减器做去嵌入的情况。由于放大器的增益，虽然有 20 dB 的衰减，S_{21} 迹线仍然是一个大信号。但 S_{22} 信号却很小，而且噪声很大。这很可能是由于衰减器匹配本身造成的反射比放大器的反射信号还要大。在应用了去嵌入的公式之后，ERF 的值会非常小，误差校正的结果会导致用两个非常大的值（其中一个值的噪声还很大）相减得到 S_{21} 迹线；也就是，S_{22} 的噪声和误差会被转加到 S_{21} 迹线上（在第 6 章详细讨论过）。由于在作为 DUT 的放大器端看到的衰减器的匹配通常很好，端口 2 匹配的误差校正会增加更多的误差，而不是减小误差。第 3 章介绍的增强响应校准可以在这里使用，得到不错的结果。

我们用图 9.36 显示的实例来分析去嵌入的极限。图 9.36(a) 显示了 20 dB 衰减器的 S_{11} 和 S_{21}。回波损耗很不错，约为 –34 dB，插入损耗比较平，为 –20 dB。

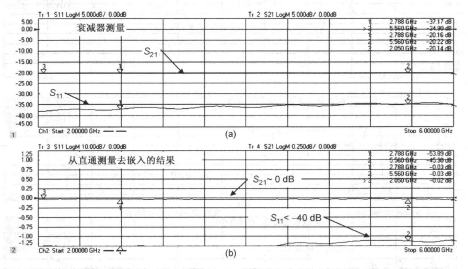

图 9.36　(a) 衰减器的 S_{11} 和 S_{21}；(b) 对衰减器做去嵌入

这个衰减器被连到 VNA 的端口 2 上，然后被去嵌入掉；再后测量一个直通，图 9.36(b) 显示了它的测量结果。这里，去嵌入看似正常工作，测量得到的 S_{21} 非常接近 0 dB。S_{11} 的测量实际上是在端口 2 上测量的衰减器的 S_{22}（习惯将面向 VNA 端口 2 的去嵌入器件的端口标定为端口 1）。

但是，端口 2 上测得的 DUT（这里是一个直通）的 S_{22} 非常不稳定。因而在衰减器和 DUT 之间的端口 2 失配的误差校正也不稳定。多数情况下，这种不稳定比想消除的误差都大，因此将去嵌入器件的 S_{22} 设为 0 可以改善测量结果。

在对有大损耗，并且有强反射的器件做去嵌入时，失配误差的影响会更大；在阻带内的滤波器是这种情况的一个例子。这种情况下，由于要去嵌入的滤波器端口 2 收到的反射信号，滤波器的 S_{22}（记住去嵌入器件的端口 2 面向 DUT）对 DUT 表现为很差的负载匹配，原始的 S_{22} 值很大。由于是对较大的原始误差进行补偿，对误差项的不精确测量会导致 S_{21} 测量有很大的误差。

在传输测量中对损耗网络进行有效去嵌入，并避免对匹配误差校正的烦琐计算的方法是：将去嵌入网络面向 DUT 的反射项（通常为 S_{22}）设置为 0。如果把它设置为 0，而损耗很大，夹具的负载匹配在计算中的影响也几乎不存在，也几乎没有对 S_{22} 的匹配进行校正。对滤波器进行去嵌入可以清晰地显示这种情况。

图 9.37 显示了要去嵌入的滤波器的 S_{11} 和 S_{21} 响应。它的测量存成了一个 S2P 文件，然后从端口 1 被去嵌入掉。得到的中间图中的 S_{21} 迹线本来应该是在全频带为一条水平直线，但当滤波器的损耗大于 -10 dB 时，测量的噪声、漂移和误差都会导致 S_{21} 迹线在水平线上下波动，在通带的下边沿和上边沿的游标显示了这一点。很多用户都不理解为什么对损耗不太大的滤波器也不能成功做去嵌入。滤波器的回波损耗在这些频带边沿接近 0 dB（全反射），因此对匹配校正非常敏感。

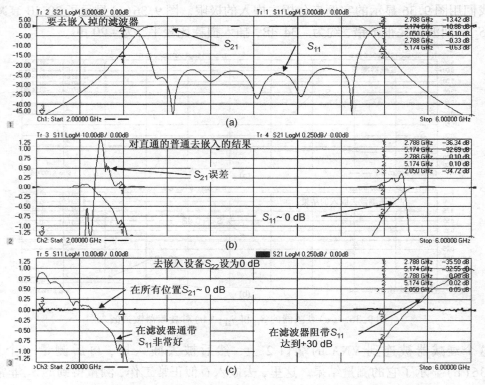

图 9.37　（a）滤波器的 S 参数；（b）普通的去嵌入之后的
结果；（c）将滤波器 S_{22} 设为 0 之后的去嵌入结果

令人惊奇的是，对滤波器 S 参数的一个简单修改就可以显著改善 S_{21} 的测量。图 9.37（c）中显示的是用同一个网络做去嵌入，但这次将去嵌入网络（滤波器）的 S_{22} 设为 0。这次可以明显看到在滤波器有损耗的频率范围，去嵌入之后 S_{21} 的质量显著改善了。但是普通的去嵌入在去嵌入网络的损耗约为 10 dB 时，测量误差大于 0.1 dB，在损耗为 20 dB 时误差大于 1 dB，而图 9.37（c）中显示的是在损耗大于 45 dB 时测量误差小于 0.05 dB。当然，去嵌入之后的匹配在滤波器的通带之外误差很大，但这里测量的主要指标是传输测量的质量。而且，普通的去嵌入得到的 S_{11} 也很差；这个例子里 DUT 是一条回波损耗为 -50 dB 的直通线，两种去嵌入的方法在滤波器损耗为 20 dB 时给出的 S_{11} 都为 0 dB；只是从纯数学角度看，新的去嵌入方法在更高的损耗下得到结果更差（得到的 S_{11} 为正值）。

把去嵌入网络的 S_{22} 设为 0 可以在测量中消除很多不稳定性的影响。从数学角度来看这个结果，因为将去嵌入网络的 S_{22} 设为 0 使负载匹配的误差校正消失了，这很类似于将二端口校准加去嵌入变成一个增强响应校准。在第 6 章中详细讨论过，增强响应校准是解决端口 2 大损耗问题的一种好方法。

9.9　理解系统稳定性

系统稳定性描述了系统随时间、温度和测量连接的变化维持校准和测量质量的能力。虽然 VNA 系统本身的长期稳定性也存在一些问题，毫无疑问，不稳定的最大来源是测试端口的电缆。下一节将介绍评估测试端口电缆的质量和稳定性的方法。

9.9.1　确定电缆传输的稳定性

可以用三种方法对电缆的稳定性进行测试，以确定它对 VNA 测试系统的影响。第一种测试是对传输稳定性的简单测试。将电缆连到 VNA 的两个端口上，并显示两条 S_{21} 的迹线，一条是幅度，一条是相位。对电缆的响应做归一化（如用"数据到内存"和"数据除以内存"的功能）。然后使电缆弯曲。必要的话，还可以卸下来重新连接。记录下最差的幅度和相位偏差。一些 VNA 有自动跟踪响应的最小值或最大值的功能，如在安捷伦的PNA 中，用公式编辑器中的 Maxhold（mag（S_{21}））函数可以得到每个频点上的最大偏差。图 9.38 的例子中，显示了一条计量级的电缆和一条低成本柔性电缆的幅度稳定性。每条电缆都做了归一化，然后卸下来做 10 次弯曲，再重新连上。计量电缆在传输上几乎没有变化（低于 0.01 dB）。而编织（型）电缆在大部分频率范围内的偏差都接近 0.1 dB，在 16GHz 左右有一个大的偏差（很可能由于电缆的高次模谐振）。即便不考虑这个大的偏差，计量电缆的稳定性也比柔性电缆好 20 倍。

9.9.2　确定电缆失配的稳定性

电缆通常有传输稳定性的指标，但实际上在校准测量中产生问题最大的是匹配的稳定性，尤其是对反射测量的影响更大。电缆匹配的稳定性一般没有指标，而且对它的测量也没有专门的文献或统一的方法。一种测量匹配稳定性的不错方法是，用不同的负载对电缆进行端接，然后在弯曲电缆的同时关注响应的变化。

电缆的输入失配产生了一个必须通过校准去掉的反射。这个反射成为原始方向性的一部分，这个匹配的稳定性直接被加入残留方向性。为了测试匹配稳定性，使用一个负载对电缆进行端接，然后将电缆的响应存入内存，并将界面显示的公式设置为数据减去内存，或 Data-Mem。对电缆匹配自身的反射做减法（矢量减法）是评估电缆性能很重要的一环。界面显示的公式是对线性的矢量数据操作的，因此对它取 LogMag 格式可以直接得到显示为 dB 的方向性稳定性。这种用数据减去内存来分析失配效应的方法也可以用在很多其他应用中。

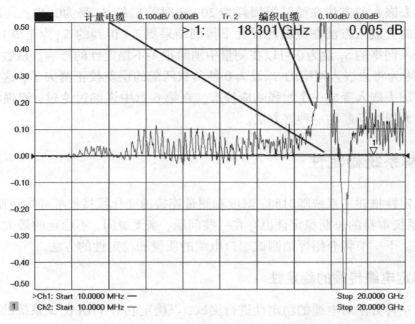

图 9.38　一条计量电缆和一条柔性编织电缆的稳定性比较

　　然后对电缆进行弯曲，在几个弯曲位置上记录最差的回波损耗。我们可能会发现当电缆弯曲之后，回波损耗的稳定性会变得很差，但当电缆恢复到保存内存迹线的位置时，稳定性又变好了。如果是这样的话，我们就可以使电缆在校准和连接到 DUT 进行测量的时候保持相似的位置，以减小弯曲造成的误差，改善校准性能。图 9.39 显示了一条计量级电缆和柔性编织电缆方向性的稳定性实例。

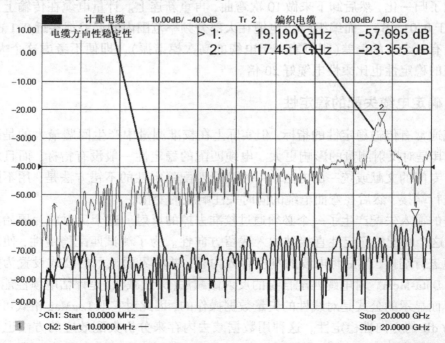

图 9.39　连接负载的计量电缆的方向性稳定性(深色)；连接负载的柔性编织电缆的方向性的稳定性(浅色)

如同第 3 章所述,负载可以用来分辨残留方向性,而对短路的测量可以用来分辨残留源匹配,所以这里我们也可以用短路来确定电缆的源匹配稳定性。与负载一样,我们把短路端接到电缆上并将测量结果存到内存中。界面显示了应用公式,数据减去内存,就被用来显示残留源匹配。在用负载对电缆进行端接时,电缆远端的失配会被负载吸收,不会显现为稳定性误差。使用短路则得到上述的方向性误差加上失配误差以及电缆相位或时延误差的总和。这是因为短路会产生大的矢量反射。如果只有相位的变化,那么内存数据和电缆弯曲后的测量的矢量差是残留源匹配误差,误差的幅度是相位变化的反正切。

图 9.40 显示了对一条计量电缆和一条编织电缆端接一个短路,然后显示的公式设为数据减内存的结果。很明显这个结果比方向性的稳定性要差很多。这个结果显示源匹配稳定性是残留方向性和在开路(或短路)测量中的误差的总和。源匹配稳定性对强反射的器件测量非常重要,从式(3.68)的误差分析显示的残留源匹配效应可以看出,源匹配稳定性是一个关键因素。在这个公式中,由源匹配造成的误差是反射系数平方的函数。对负载或其他有良好匹配的器件的测量,源匹配稳定性的效应可以忽略。

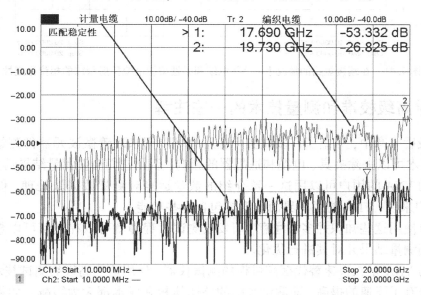

图 9.40　计量电缆的源匹配稳定性(深色);柔性编织电缆的稳定性(浅色)

9.9.3　反射跟踪的稳定性

最后,在连着同一个短路的情况下,将显示的公式改为数据除以内存,并测量 S_{11} 的 LogMag 格式的迹线和一条相位的迹线(两条迹线都用 Data/Mem)。在这个测量中,电缆的任何损耗和相位的变化都会直接显示到短路的双向测量中。总体的趋势应该和传输稳定性的测量比较一致,但反射测量有时候更加方便,因为只需把电缆的一端连到 VNA 上,另一端可以自由弯曲。但是,如果电缆有失配,失配的相位与短路的反射叠加会产生波动。图 9.41 显示了计量电缆和柔性编织电缆反射跟踪的相位稳定性。

注意相位稳定性的波动部分跟失配测量中的相位稳定性基本一致。在测量短路时通过相位稳定性的正切可以预测失配的稳定性。在图 9.41 中，3° 的相位稳定性转换成 −26 dB 的源匹配稳定性。通常情况下，电缆的稳定性是校准质量的最后一层限制。

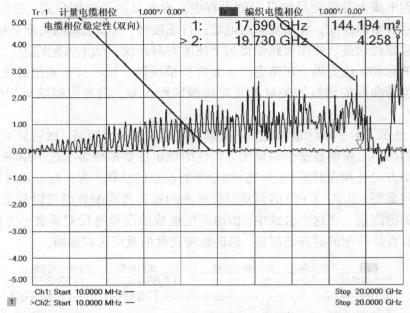

图 9.41　在端接短路的情况下，计量电缆和柔性编织电缆反射跟踪的相位稳定性

9.10　对高级校准和测量技术的一些注解

在这最后一章中，介绍了许多在实际应用中可以用来改善微波元器件测量的高级技术，这些技术可以去除夹具、电缆和适配器的影响，否则它们会使测量结果畸变。

旧式的 VNA 的用户可以用这一章介绍的数学运算对测量数据做处理，但是对现代 VNA 的用户来说，VNA 的用户界面上直接包含这些功能。

只需要使用这些知识并多加注意，研发或测试工程师就可以在任何可以想到的测试条件下得到测量结果并对其进行优化。

现代的 VNA 正在快速替代摆满机柜的测试仪器，使用这些高级的测试技术，测试精度和速度都有了飞速的提高，而测试系统的整体体积和成本都大为缩减。如果不能有效利用这些新方法，公司和测试工程师会在竞争中处于劣势。作者希望这本书的内容能对整个业界有所贡献。

参考文献

1. Agilent AN 1287-9 In-Fixture Measurements Using Vector Network Analyzers Application Note；available at http://www. icmicrowave. com/pdf/AN%201287-9. pdf.

2. Dunsmore, J., Cheng, N., and Zhang, Y.-X. (2011) Characterizations of asymmetric fixtures with a two-gate approach. Microwave Measurement Conference (ARFTG), 2011 77th ARFTG, pp. 1-6, June 2011.

3. Hong, J.-S. and Lancaster, M. J. (2001) *Microstrip Filters for RF/microwave Applications*, Wiley, New York. Print.

附录 A 物理常数

符号	定义	值
c	光在真空中的速度	2.9979×10^8 m/s $\approx 300 \times 10^6$ m/s
ε_0	真空介电常数	8.854×10^{-12} F/m $\approx (1/36\pi) \times 10^{-9}$ F/m
μ_0	真空磁导率	$4\pi \times 10^{-7}$ H/m
η_0	真空阻抗	$\sqrt{\dfrac{\mu_0}{\varepsilon_0}} \approx 120\pi \, \Omega \approx 376.73 \, \Omega$
k	玻尔兹曼常数	1.38065×10^{-23} J/K
kT_0B	290 K 温度下指定带宽的噪声功率	4×10^{-21} W/Hz ≈ -173.98 dBm in 1 Hz BW

附录 B 常见的射频和微波连接器

名称/注释	外导体直径 （空气介质）	额定频率 （GHz）	主模频率 （空气介质）	最大使用频率
7/16	16 mm	7.5	8.1 GHz	7.5 GHz
N 型精密型(50 Ω)	7 mm	18	18.6 GHz	26.5 GHz[a]
N 型经济型(50 Ω)	7 mm	12	12.5 GHz	15 GHz
N 型精密型(75 Ω)	7 mm	18	18.6 GHz	18 GHz
N 型经济型(75 Ω)	7 mm	12	12.5 GHz	15 GHz
7 mm（如 APC-7）	7 mm	18	18.6 GHz	18 GHz
BNC	介质接口	4	18.6 N/A	11 GHz
TNC（螺纹式 BNC）	介质接口	4	N/A	11 GHz
SMA	介质接口	18	N/A	22 GHz
QMA（卡扣式 SMA）	介质接口	6	N/A	~18 GHz
SMB(卡扣式)	介质接口	4	N/A	10 GHz
SMC （螺纹式 SMB）	介质接口	4	N/A	10 GHz
3.5 mm	3.5 mm	26.5	28 GHz	33 GHz
SSMA	介质接口	36	N/A	36 GHz
2.92mm(K)	2.4 mm	40	44 GHz	44 GHz
2.4mm	2.4 mm	50	52 GHz	55 GHz
1.85 mm(V)	1.85 mm	67	68.5 GHz	70 GHz
1 mm	1 mm	110	120 GHz	~125 GHz

a：由于此类连接器非常坚固耐用，有些仪器生产厂商将这类连接器用于 26.5 GHz 的仪表上，它与 N 型连接器和
　　7 mm连接器具有相等的主模频率。

附录 C 常见的波导

E.I.A标准名称	美国工作波段	正常频率范围 （GHz）	较低截止频率 （GHz）	下一个模式截止频率 （GHz）
WR-284	S(part)	2.60 ~ 3.95	2.08	4.16
WR-187	C(part)	3.95 ~ 5.85	3.15	6.31
WR-137	C(part)	5.85 ~ 8.20	4.30	8.6
WR-90	X	8.2 ~ 12.4	6.56	13.11
WR-62	Ku,P[a]	12.4 ~ 18.0	9.49	18.98
WR-42	K	18.0 ~ 26.5	14.05	28.10
WR-28	Ka,R[a]	26.5 ~ 40.0	21.08	42.15
WR-22	Q	33.0 ~ 50.0	26.35	52.69
WR-19	U	40.0 ~ 60.0	31.39	62.78
WR-15	V	50.0 ~ 75.0	39.88	79.75
WR-12	E	60.0 ~ 90.0	48.37	96.75
WR-10	W	75.0 ~ 110.0	59.01	118.03
WR-8	F	90.0 ~ 140.0	73.77	147.54
WR-6	D	110.0 ~ 170.0	90.79	181.58
WR-5	G	140.0 ~ 220.0	115.714	231.43
WR-4	Y	170.0 ~ 260.0	137.242	274.49
WR-3	J	220.0 ~ 325.0	173.571	347.14
WR-2		325 ~ 500	295.07	590.14
WR-1.5		500 ~ 750	393	786
WR-1		750 ~ 1100	590	1180

a 另一种波段名称。

附录 D 校准套件开路和短路的一些定义

连接器	标准件	定义
7/16 mm（安捷伦 85038A）	开路（阴性或阳性接头） 短路（阴性或阳性接头）	时延 $=66.734$ ps, 损耗 $=0.63$ GΩ/s $C_0 = 32 \times 10^{-15}$ F $C_1 = 100 \times 10^{-27}$ F/Hz $C_2 = -50 \times 10^{-36}$ F/Hz^2 $C_3 = 100 \times 10^{-45}$ F/Hz^3 时延 $=66.734$ ps, 损耗 $=0.63$ GΩ/s $L_0 = 0 \times 10^{-12}$ H $L_1 = 0 \times 10^{-24}$ H/Hz $L_2 = 0 \times 10^{-33}$ H/Hz^2 $L_3 = 0 \times 10^{-42}$ H/Hz^3
7 mm（安捷伦 85050D）	开路 短路	时延 $=0$ ps, 损耗 $=0.7$ GΩ/s $C_0 = 90.4799 \times 10^{-15}$ F $C_1 = 763.303 \times 10^{-27}$ F/Hz $C_2 = -63.8176 \times 10^{-36}$ F/Hz^2 $C_3 = 6.4337 \times 10^{-45}$ F/Hz^3 时延 $=0$ ps, 损耗 $=0.7$ GΩ/s $L_0 = 0.3566 \times 10^{-12}$ H $L_1 = -33.392 \times 10^{-24}$ H/Hz $L_2 = 1.7542 \times 10^{-33}$ H/Hz^2 $L_3 = -0.0336 \times 10^{-42}$ H/Hz^3
N 型精密型 （安捷伦 85054B）	开路 （阳性接头）	时延 $=57.993$ ps, 损耗 $=0.93$ GΩ/s $C_0 = 89.939 \times 10^{-15}$ F $C_1 = 2536.8 \times 10^{-27}$ F/Hz $C_2 = -264.99 \times 10^{-36}$ F/Hz^2 $C_3 = 13.4 \times 10^{-45}$ F/Hz^3
	开路 （阴性接头）	时延 $=22.905$ ps, 损耗 $=0.93$ GΩ/s $C_0 = 104.13 \times 10^{-15}$ F $C_1 = -1943.4 \times 10^{-27}$ F/Hz $C_2 = 144.62 \times 10^{-36}$ F/Hz^2 $C_3 = 2.2258 \times 10^{-45}$ F/Hz^3
	开路 （阳性接头）	时延 $=63.078$ ps, 损耗 $=1.1273$ GΩ/s $L_0 = 0.7563 \times 10^{-12}$ H $L_1 = 459.88 \times 10^{-24}$ H/Hz $L_2 = -52.429 \times 10^{-33}$ H/Hz^2 $L_3 = 1.5846 \times 10^{-42}$ H/Hz^3
	开路 （阴性接头）	时延 $=27.99$ ps, 损耗 $=1.3651$ GΩ/s $L_0 = -0.1315 \times 10^{-12}$ H $L_1 = 606.21 \times 10^{-24}$ H/Hz $L_2 = -68.405 \times 10^{-33}$ H/Hz^2 $L_3 = 2.0206 \times 10^{-42}$ H/Hz^3

（续表）

连接器	标准件	定义
3.5 mm（安捷伦 85052D）	开路 （阳性接头或阴性接头）	时延 = 29.243 ps，损耗 = 2.2 GΩ/s $C_0 = 49.433 \times 10^{-15}$ F $C_1 = -310.13 \times 10^{-27}$ F/Hz $C_2 = 23.168 \times 10^{-36}$ F/Hz^2 $C_3 = -0.159\,66 \times 10^{-45}$ F/Hz^3
	短路 （阳性接头或阴性接头）	时延 = 31.785 ps，损耗 = 2.36 GΩ/s $L_0 = 2.0765 \times 10^{-12}$ H $L_1 = -108.54 \times 10^{-24}$ H/Hz $L_2 = 2.1705 \times 10^{-33}$ H/Hz^2 $L_3 = -0.01 \times 10^{-42}$ H/Hz^3
2.92 mm（Maury 8770D）	开路 （阳性接头）	时延 = 14.982 ps，损耗 = 1.8 GΩ/s $C_0 = 47.5 \times 10^{-15}$ F $C_1 = 0 \times 10^{-27}$ F/Hz $C_2 = 3.8 \times 10^{-36}$ F/Hz^2 $C_3 = 0.19 \times 10^{-45}$ F/Hz^3
	开路 （阴性接头）	时延 = 14.883 ps，损耗 = 1.8 GΩ/s $C_0 = 45.5 \times 10^{-15}$ F $C_1 = 100 \times 10^{-27}$ F/Hz $C_2 = 0.3 \times 10^{-36}$ F/Hz^2 $C_3 = 0.21 \times 10^{-45}$ F/Hz^3
	短路 （阳性接头或阴性接头）	时延 = 16.83 ps，损耗 = 1.8 GΩ/s $L_0 = 0 \times 10^{-12}$ H $L_1 = 0 \times 10^{-24}$ H/Hz $L_2 = 0 \times 10^{-33}$ H/Hz^2 $L_3 = 0 \times 10^{-42}$ H/Hz^3
2.4 mm	开路 （阳性接头或阴性接头）	时延 = 20.837 ps，损耗 = 3.23 GΩ/s $C_0 = 29.722 \times 10^{-15}$ F $C_1 = 165.78 \times 10^{-27}$ F/Hz $C_2 = -3.5386 \times 10^{-36}$ F/Hz^2 $C_3 = 0.071 \times 10^{-45}$ F/Hz^3
	短路 （阳性接头或阴性接头）	时延 = 22.548 ps，损耗 = 3.554 GΩ/s $L_0 = 2.1636 \times 10^{-12}$ H $L_1 = -146.35 \times 10^{-24}$ H/Hz $L_2 = 4.0443 \times 10^{-33}$ H/Hz^2 $L_3 = -0.0363 \times 10^{-42}$ H/Hz^3
1.85 mm	所有	基于数据的标准定义[a]
1 mm	所有	基于数据的标准定义[a]
Type-N 75 ohm （Agilent 85036B/E）	开路 （阳性接头）	时延 = 17.544 ps，损耗 = 1.13 GΩ/s $C_0 = 41 \times 10^{-15}$ F $C_1 = 40 \times 10^{-27}$ F/Hz $C_2 = 5 \times 10^{-36}$ F/Hz^2 $C_3 = 0 \times 10^{-45}$ F/Hz^3

（续表）

连接器	标准件	定义
	开路 （阴性接头）	时延 = 0 ps，损耗 = 1.13 GΩ/s $C_0 = 63.5 \times 10^{-15}$ F $C_1 = 84 \times 10^{-27}$ F/Hz $C_2 = 56 \times 10^{-36}$ F/Hz^2 $C_3 = 0 \times 10^{-45}$ F/Hz^3
	开路 （阳性接头）	时延 = 17.544 ps，损耗 = 1.13 GΩ/s $L_0 = 0 \times 10^{-12}$ H $L_1 = 0 \times 10^{-24}$ H/Hz $L_2 = 0 \times 10^{-33}$ H/Hz^2 $L_3 = 0 \times 10^{-42}$ H/Hz^3
	短路 （阴性接头）	时延 = 0.93 ps，损耗 = 1.13 GΩ/s $L_0 = 0 \times 10^{-12}$ H $L_1 = 0 \times 10^{-24}$ H/Hz $L_2 = 0 \times 10^{-33}$ H/Hz^2 $L_3 = 0 \times 10^{-42}$ H/Hz^3

a 基于数据的标准定义并不符合通常的多项式模型，而是使用了基于明确幅度和相位的频率反射响应。

缩 略 语

ACPL adjacent channel power level　邻近信道功率值

ACPR adjacent channel power ratio　邻近信道功率比

ADC analog-to-digital-converter　数模转换器

AFR automatic fixture removal　自动夹具移除

ALC automatic level control　自动电平控制

AM amplitude modulated　调幅

APE automatic port extension　自动端口延伸

arb arbitrary-waveform generator　任意波形发生器

ATF A-receiver transmission forward　A 接收机前向传输

ATS automated test system　自动测试系统

balun BALanced-UNbalanced transformer　巴伦(平衡–不平衡转换器)

BTF B-receiver transmission forward　B 接收机前向传输

BW bandwidth　带宽

CMRR common mode rejection ratio　共模抑制比

CPW coplanar waveguide　共面波导

CSV comma separated values　逗号分隔数据

DANL displayed average noise level　显示平均噪声功率

dBc dB relative to the carrier　相对于载波的功率 dB 值

DDS direct-digital synthesizer　直接数字式频率合成器

DFT discrete Fourier transform　离散傅里叶变换

DUT device under test　被测件

DUTRNPI DUT relative noise power incident　DUT 的相对噪声功率输入

Ecal electronic-calibration　电子校准件

EM electromagnetic　电磁

ENR excess noise ratio　过噪比

ERC enhanced response calibration　增强响应校准

EVM error vector magnitude　矢量幅度误差

FBAR film bulk acoustic resonator　薄膜块状声谐振器

FCA frequency-converter application　频率转换应用

FN fractional-N　小数分频

FOM frequency offset mode　频率偏差模式

FPGA field-programmable gate array　现场可编程门阵列

GCA gain compression application　增益抑制应用

GPIO general-purpose input/output　通用输入/输出

GUI graphical user interface　图形用户界面

IBIS input output buffer information specification　输入输出缓冲信息规范

IDFT inverse discrete Fourier transform　离散傅里叶逆变换

IF intermediate frequency　中频

IFFT inverse fast Fourier transform　快速傅里叶逆变换

IFT inverse Fourier transform　傅里叶逆变换

IIP input intercept point　输入截断点

IM intermodulation　互调

IMD intermodulation distortion　互调失真

IM3 third-order IM product　三阶互调产物

IP3 third-order intercept point　三阶截断点

IMD intermodulation distortion　互调失真

IPwr input power　输入功率

KB Kaiser-beta　凯塞窗的 β 值

LNA low-noise amplifier　低噪放大器

LO local oscillator　本振

LTCC low-temperature cofired-ceramic　低温共烧陶瓷

LVDS low voltage differential signaling　低压差分信令

MMIC monolithic microwave integrated circuit　单片式微波集成电路

MUT mixer under test　待测混频器

NF noise figure　噪声系数

NFA noise figure analyzer　噪声系数分析仪

NOP normal operating point　正常工作点

NVNA non-linear vector network analyzer　非线性矢量网络分析仪

OPwr output power　输出功率

PAE power added efficiency　功率增加效率

PCB printed circuit board　印制电路板

PIM passive intermodulation　无源互调

PMAR power-meter-as-receiver　用功率计做接收机

QSOLT quick short open load thru　快速开路短路负载直通

RBW resolution bandwidth　分辨带宽

RRF reference-receiver forward　参考接收机前向

RMS root-mean-square　均方根

RNPI relative noise power incident　相对噪声功率输入

RTF reference transmission forward　参考传输前向

SA spectrum analyzer　频谱分析仪

SAW surface acoustic wave　声表面波

SCF source calibration factor　源校准因子

SE single-ended　单端

SMC scalar mixer calibration　标量混频器校准

SMT surface mount technology　表(面)贴(装)技术

SMU source measurement unit　源测量单元

SNA scalar network analyzer　标量网络分析仪

SOLR short open load reciprocal　短路开路负载互易

SOLT short open load thru　短路开路负载直通

SRF self-resonant frequency　自谐振频率

SRL structural return loss　结构性回波损耗

SSB single sideband　单边带

SSPA solid-state power amplifier　固态功率放大器

STF source transmission forward　源传输前向

SYSRNPI system relative noise power incident　系统相对噪声功率输入

TD time domain　时域

TDR time-domain reflectometer　时域反射计

TDT time-domain transmission　时域传输

TEM transverse-electromagnetic　横向电磁场波

TOI third-order intermodulation　三阶互调

TR transmission/reflection　传输/反射

TRL thru reflect line　直通反射传输线

TRM thru reflect match　直通反射匹配

TVAC thermal vacuum　热真空

TWT traveling wave tube　行波管

UT unknown thru　未知直通

VCO voltage-controlled oscillator　压控振荡器

VMC vector mixer/converter　矢量混频器/转换器

VNA vector network analyzer　矢量网络分析仪

VSA vector signal analyzer　矢量信号分析仪

VSWR voltage standing wave ratio　电压驻波比

YIG yttrium-iron-garnet　钇铁石榴石

YTO YIG-tuned-oscillator　钇铁石榴石调谐振荡器

索　引